DAS NEUE UNIVERSUM

DAS NEUE UNIVERSUM

FORSCHUNG
WISSEN · UNTERHALTUNG
EIN JAHRBUCH

BAND 88

UNION VERLAG STUTTGART

REDAKTION: Heinz Bochmann

Schutzumschlag: Entwurf Klaus Bürgle
Farbfotos Anthony, Bavaria,
Leser, NASA

Einband: Wolfgang Nestler

Graphische Mitarbeiter: Heinz Binder, Klaus Bürgle,
Franz Fritzen, Federic Grawe,
Heinz Keller, Wolfgang Nestler,
Johann Perathoner,
Christof Sandberger.

ISBN 3-8002-6009-3

Gesamtherstellung: Union Druckerei GmbH Stuttgart 1971

INHALTSÜBERSICHT

ERZÄHLTES UND ERLEBTES

AUS HEIMAT UND FERNE

VON LAND ZU LAND — WEGE DES VERKEHRS

GEHEIMNISVOLLES LEBEN

TECHNIK UND BAUWERKE

VON DER TÄGLICHEN ARBEIT

DIESES UND JENES

SPORT UND SPIEL

ZUM KOPFZERBRECHEN

DIE ERDE UND DAS WELTALL

KRAFT UND STOFF

KUNST UND KULTUR

DIE WELT IN BUNTEN BILDERN

SPORT *oder* SCHAU?

Eine kritische Betrachtung im Jahr der Olympischen Spiele

VON WALTER UMMINGER

Das vielumstrittene Wahrzeichen einer Spirale, das die Ausstrahlung der Olympischen Spiele in München versinnbildlichen soll, hat ein Computer ausgerechnet. Und da angesichts solch einer geometrischen Figur weniger das breite Publikum als vielmehr Mathematiker ins Schwärmen geraten, überrascht es nicht, daß der Engländer Eric Temple Bell die Spirale als Muster jeder inneren Entwicklung bezeichnet, soweit sie Energie, Erkenntnis und das Leben schlechthin betrifft. Wenn die Ausrichter der Spiele diesen Anspruch vielleicht auch nicht so bewußt mit der Spirale verknüpft haben, ist doch nicht daran zu zweifeln, daß die Veranstaltung in München eine Menge Energie beansprucht, zu einigen wertvollen Er-

Ein Fest aller Völker, das sind die Olympischen Spiele heute. Vor 75 Jahren, am Nachmittag des 5. April, kurz vor 16.00 Uhr, wurden in Athen die ersten Spiele der Neuzeit eröffnet. 19mal sind sich seitdem Sportler aus der ganzen Welt im olympischen Wettkampf begegnet.

kenntnissen verhelfen und auf unser aller Leben — auch über das Jahr 1972 hinaus — nicht ohne Einfluß bleiben wird. Olympische Spiele sind kein Sportereignis unter vielen anderen: Sie nehmen sowohl ihrem sittlichen Wert als auch ihrem Ausmaß nach eine Sonderstellung ein. Deshalb sind sie leidenschaftlich umstritten, und gerade das spricht zumindest für ihre Lebenskraft.

Bevor die Eröffnungsfeier am 19. August 1972 den Auftakt zu den XX. Olympischen Spielen geben wird, hat schon ein Wettbewerb stattgefunden, der seit ihrer Wiedereinführung zu immer größeren Anstrengungen anspornt. Olympische Spiele stellen eine Herausforderung an die Sportarchitektur dar. Das galt schon im Jahre 1896, als dank der großherzigen Spende eines griechischen Millionärs das klassische Athener Stadion in penteli-

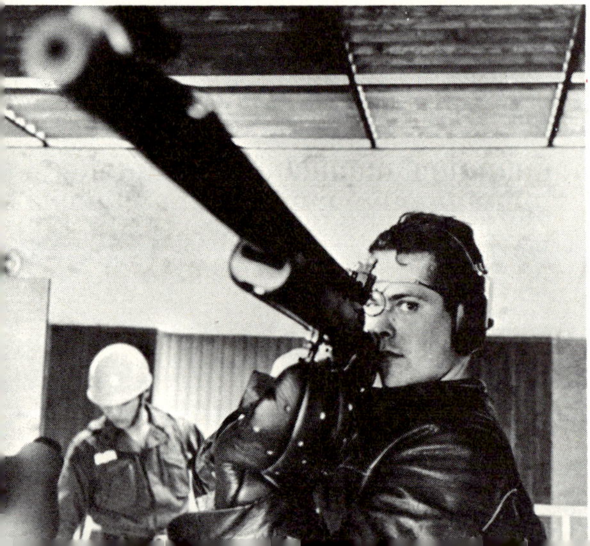

Freude am Sport führt Teilnehmer und Besucher aus aller Herren Länder zusammen. So verschieden die Zunge, so verschieden sind Temperament und Lebensart der olympischen Gäste. Um jedermann gerecht zu werden, bedarf es einer wohldurchdachten Ausgestaltung. Doch sollte der festliche Rahmen den Sinn der Spiele, den Gedanken der Völkerbegegnung, nicht verfälschen.

schem Marmor wiederaufgebaut wurde. Auch für die Spiele in London 1908, Stockholm 1912, Amsterdam 1928 und Los Angeles 1932 wurden eigens olympische Stadien geschaffen. Das Berliner Olympiastadion von 1936 ist noch heute ein Sportfeld, das allen Anforderungen genügt.

Nach den großzügig gestalteten Bauten des Italieners Luigi Nervi in Rom 1960, des Japaners Kenzo Tange in Tokio 1964 und des Mexikaners Pedro Ramirez Vasquez in Mexiko-City 1968 mußte man sich fragen, wie München bei solchen Maßstäben bestehen sollte. Mit einem „Olympia der kurzen Wege" allein war es nicht getan, auch nicht mit jenem Modell des Oberwiesenfeldes, das man noch bei der förmlichen Bewerbung im Jahre 1966 in Rom vorgezeigt hatte. Die Spiele mußten ein bauliches Wahrzeichen erhalten, das ihre Eigenart überzeugend ausdrückt. Man wollte keinen protzigen Prachtbau schaffen, trotzdem aber Einfallsreichtum beweisen. So wird dem Oberwiesenfeld das größte Zeltdach, das die Erde je gesehen hat, unverkennbare Umrisse verleihen. Der kühne Vorstoß in ein Neuland der Baukunst verspricht Linien von beschwingter Heiterkeit und Grazie.

Von solcher Art wünscht man sich den Geist der Spiele, der im Widerstreit steht mit dem Ungeist der Zeit. Kein Gottesfrieden wird wie in der Antike die Spiele schützen. Die Waffen werden nicht schweigen und politische Gegensätze nicht begraben sein, wenn die Jugend der Welt sich an-

Auch im Sport gibt es nirgends Stillstand. Wer in München dabeisein will, muß Mindestleistungen aufweisen, die ihm 1968 in knapp einem Drittel der Wettbewerbe für Männer und in sechs von acht der für Frauen eine Medaille eingebracht hätten.

Mit Recht wird bestaunt, wer den 2 kg schweren Diskus 59 m weit werfen kann, die 800 m in mindestens 1:47,6 min zurücklegt, 7,80 m weit springt oder 5,10 m mit dem Stab überquert. Und doch hat er damit „nur" die Mindestleistung für München erfüllt. Trotzdem wird die Zahl der Olympioniken groß sein, denn diese Einschränkung gilt bloß, wenn ein Land in einer Sportart mehrere Teilnehmer stellt.

schickt, ihr Friedensfest zu begehen. München wird leuchten mit seinem lichtdurchlässigen Zeltdach, mit der Gastfreundschaft seiner Bewohner, mit einem reibungslosen Ablauf, den die Welt bei den Deutschen als selbstverständlich betrachtet. Ungewiß bleibt, ob die Millionen Besucher der Stadt und die Milliarde von Zuschauern an den Fernsehgeräten in aller Welt dieses Leuchten erwärmt oder blendet. Denn wo viel Licht ist, ist auch viel Schatten.

Was bedeuten Olympische Spiele heute? Um darauf zu antworten, muß man die Olympischen Spiele der Neuzeit an den Absichten messen, die ihr Begründer, der französische Baron Pierre de Coubertin, damit verbunden hat. Schon zu seinen Lebzeiten ist er oft mißverstanden worden, und so verwundert es nicht, wenn er über drei Jahrzehnte nach seinem Tod bei vielen als überholt gilt. Gegen solches Vorurteil verteidigt man den leidenschaftlichen Pädagogen am besten mit seinen eigenen Worten.

„Der Olympismus", schrieb er im Jahre 1918, „ist keine starre Ordnung, sondern eine geistige Haltung. Die verschiedensten Formeln können ihn sich zu eigen machen, und es kommt keiner Rasse und keiner Zeit zu, ihn für sich allein in Anspruch zu nehmen." Diese „Offenheit" bewirkt, daß heute die olympische Idee in der UdSSR mit fast den gleichen Worten begründet wird wie in den USA, in Afrika oder Indonesien. Die Begründungen mögen von unterschiedlichen Voraussetzungen ausgehen und anders verstanden werden — in der geistigen Haltung ist man sich einig.

Eine entscheidende Frage, die sich Coubertin angesichts der Entwicklungen im Sport stellte, hat auch in der Gegenwart nichts an Bedeutung verloren: „In welcher modernen und den Gegenwartsbedürfnissen entsprechenden Denkordnung finden wir das sittliche Gegengewicht, das den sportlichen Wettkampf davor bewahren könnte, in die Geschäftemacherei hineingezogen zu werden und so schließlich im Schmutz zusammenzubrechen?" In der Antike war — wenigstens für einige Jahrhunderte — die kultische Bedeutung der Spiele ein solches Gegengewicht. In unserer Zeit bildete das nur der olympische Eid mit seiner Verpflichtung auf die sportlichen Regeln. Er wurde inzwischen in ein olympisches Versprechen abgewandelt, das aber nicht weniger bindend sein soll. Darüber hinaus soll der festliche Rahmen der Olympischen Spiele eine Stimmung schaffen, die die Wettkämpfer sich davor scheuen läßt, gegen die Gesetze der Fairness zu verstoßen.

Mit der vierjährigen Wiederkehr des olympischen Festes aber verband Coubertin noch eine andere Absicht. Er meinte, ebenfalls im Jahre 1918: „Glauben Sie nur nicht, eine Demokratie könne bestehen, wenn es, um die Bürger zusammenzuhalten, nur die Gesetzestexte und die Aufrufe zur Wahl gibt. Früher hatte man die glanzvollen Feierlichkeiten der Kirche und den verschwenderischen Prunk der Monarchie. Wodurch will man das ersetzen? Durch Einweihungen von Denkmälern und Ansprachen im Gehrock etwa?"

Jede menschliche Gesellschaft, gleich, ob es sich dabei um einen Stamm primitiver Eingeborener oder um eine hochzivilisierte „pluralisierte" Ordnung handelt, braucht Feste, die über den Alltag erheben und ein gemeinsames Erlebnis vermitteln. Unsere Zeit träumt von einer Menschheit, die sich auf dem Planeten Erde zusammenschließt. Wie weit wir von diesem Wunschbild noch entfernt sind, lehrt jeden Tag ein Blick in die Zeitung.

Ein gemeinsames Fest aber gibt es schon für eine derart geeinte Menschheit der Zukunft, ein einziges, und das sind die Olympischen Spiele. An ihnen nehmen mehr Völker teil, als in der UNO — der Organisation der Vereinten Nationen — vertreten sind. Das heißt, die Olympischen Spiele sind keineswegs ein Überbleibsel des 19. Jahrhunderts, sie sind viel eher ein Vorgriff auf das 21. Jahrhundert. Die Idee Coubertins reicht weit über seine eigene Zeit hinaus. Es fragt sich nur, auf welche Weise sie im Wandel der Zeiten verwirklicht wird.

Als Coubertin die Olympischen Spiele „erfand", gab es noch nicht einmal eine gemeinsame Welt des Sports. Die einzelnen Sportarten strebten eigensüchtig nebeneinander her und wollten nichts miteinander zu tun haben. Es bestand die scheinbar unüberbrückbare Kluft zwischen Turnen und Sport. Man glaubte, ein Reiter und ein Ruderer, ein Fechter und ein Leichtathlet hätten so wenig miteinander gemein, wie ein Eskimo mit einem afrikanischen Neger oder ein Chinese mit einem Europäer. Die olympische Wettkampffolge allein schon war umwälzend.

Heute droht das Wettkampfprogramm den Rahmen des Festes zu sprengen. Jeder Versuch, die Zahl der Sportarten einzuschränken, endete damit, daß es mehr wurden. Immer neue drangen in den Kreis der olympisch anerkannten Übungen hinein. In München werden 1972 in 21 Sportarten Siegesmedaillen vergeben. Die alten Griechen hatten sich noch mit einer Dauer von fünf Tagen begnügt, in denen sie außer den Wettkämpfen auch noch kultische Umzüge, Opferhandlungen und Siegesfeiern brachten. In München werden sechzehn Tage lang von frühmorgens bis oft nach Mitternacht Wettkämpfe ausgetragen — eine Veranstaltungsflut, der niemand zu folgen vermag, nicht einmal vor dem Fernsehschirm. Ganz zu schweigen von dem kulturellen Rahmen, der in München üppiger zu werden verspricht, als je zuvor bei Olympischen Spielen. Wer im Sommer 1972 in München nach Kunst sucht, kann bei dem umfassenden Angebot die Spiele leicht als lästige Begleiterscheinung empfinden.

Das alles vollzieht sich nach einer Eigengesetzlichkeit, die Coubertin nicht ahnen konnte. Mit zwei- bis dreitausend Teilnehmern war das olympische Fest noch überschaubar. So konnte man im Jahre 1912 in Stockholm für alle Beteiligten, Sportler und offizielle Begleitpersonen, auf dem Rasen des Olympiastadions als Abschluß ein Festessen unter freiem Himmel geben, wodurch fast noch so etwas wie Clubatmosphäre aufkam. Ein halbes Jahrhundert später ist das nicht mehr denkbar.

Die Olympischen Spiele haben Ausmaße angenommen, die dem veranstal-

Der Sport ist kein ausgespartes Stück heiler Welt — er ist ein, wenn auch nur kleiner, Spiegel des Lebens mit Spiel und Arbeit, Freude und Tränen, Boxen und Streicheln, Gewinnen und Verlieren, mit Bescheidenen, Mutigen, Dummen und Klugen. Das sollten wir nie vergessen, wenn in München Fanfarenklang die XX. Olympischen Spiele eröffnet.

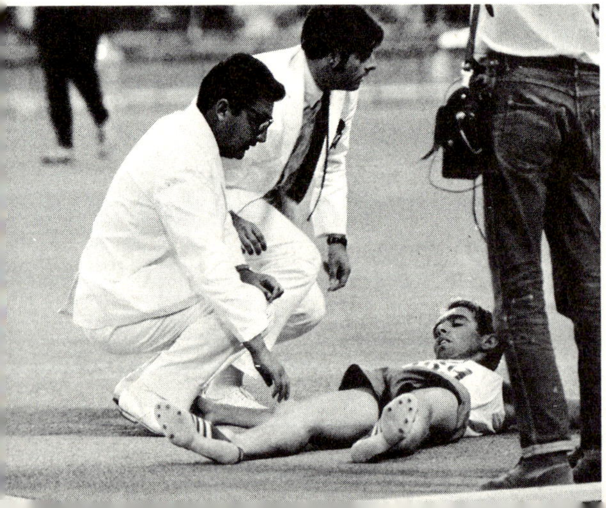

Was wären die Wettkämpfe ohne die Kulisse begeisterter Zuschauer? Das Fernsehen trägt darüber hinaus das olympische Fest bis in die äußersten Winkel der Welt. Doch sollte es bei der reinen Berichterstattung bleiben. Allzugroß ist die Gefahr, daß die Spiele zum „Fernsehprogramm", zum Schau-Geschäft werden.

tenden Land ungewöhnliche Aufgaben stellen. Mit Recht beklagt man den unaufhaltsamen Zug zur Riesenhaftigkeit der Spiele. Doch bei allem Willen zur Einfachheit kommt kein Veranstalter darum herum, 10 000 Athleten, 4 000 Journalisten, Millionen von Besuchern und fast die halbe Menschheit an den Fernsehschirmen zu Gast zu bitten. Jede Stadt, die die Spiele ausrichtet, hat den Ehrgeiz, solche Ansprüche zu erfüllen. Sie braucht gar nicht den Vorgänger übertrumpfen zu wollen, sie hat schon genug zu tun, nicht gegen ihn abzufallen. Diese Aufgabe stellte sich Tokio gegenüber Rom, Mexiko-City gegenüber Tokio, und München muß sich nach den Maßstäben richten, die diese drei Städte gesetzt haben. Es geht dabei gar nicht um Geltungssucht — es entsteht ein Zwang, dem sich niemand entziehen kann.

Mexiko-City hatte den Sportlern derart vorbildliche Wettkampfstätten geboten, daß sich ihnen gegenüber die ursprünglichen Planungen Münchens als unzureichend erwiesen. Die Olympischen Spiele sind zur Visitenkarte des Landes geworden, in dem sie stattfinden. Zwar kommt sie teuer zu stehen, sie bietet aber andererseits eine ausgezeichnete Gelegenheit, das

Die olympische Flamme, in Athen feierlich entzündet, leuchtet von der Eröffnungsfeier bis zum Schlußzeremoniell über dem Stadion — so will es das Protokoll; Menschen suchen das Erhebende.

Erscheinungsbild, das „Image", eines Landes aufzupolieren. Für die Bundesrepublik Deutschland sind die Olympischen Spiele zweifellos eine einmalige Möglichkeit, Freunde zu gewinnen. Dafür lohnt es sogar, 2 Milliarden Mark auszugeben.

Die Japaner ließen sich die Sommerspiele in Tokio 1964 7,6 Milliarden Mark kosten, das ist der höchste Betrag, der jemals aufgewandt worden ist. Eine genaue Aufteilung zeigt freilich, daß für die neuerstellten Sportanlagen und die eigentliche Organisation nur 257 Millionen ausgegeben wurden, eine Summe, die sich noch in vertretbaren Grenzen hält. Das meiste Geld wurde gebraucht, um die Verkehrswege zu verbessern und die Nachrichtenübermittlung auszubauen, also für die sogenannte Infrastruktur. Alle diese Anlagen hätte die Stadt ohnehin schaffen müssen, aber sie wurden dank der Spiele in viel kürzerer Zeit getätigt. Die Olympischen Spiele sind längst zu einem Posten in der Volkswirtschaft geworden.

Die Winterspiele in Grenoble 1968, die über eine Milliarde Francs verschlungen haben, förderten den wirtschaftlichen Unterbau der Stadt und ihres Einzugsbereiches um volle zwei Jahrzehnte. Auch München hätte den Ausbau seiner U-Bahn und Ringstraßen nicht in dem Tempo vornehmen können, das die Spiele vorschreiben. Es werden also nicht nur neue Wettkampfstätten und Sportmittelpunkte geschaffen, die eines Tages ohnehin erforderlich gewesen wären, sondern es wird auch die städtebauliche und raumplanerische Entwicklung der Stadt gefördert. Und was die Zugkraft einer solchen Veranstaltung allein für die Fremdenverkehrswerbung bedeutet, liegt auf der Hand.

Olympische Spiele dienen nach Coubertins Vorstellungen der Völkerbegegnung. Ein Allheilmittel gegen die Krankheitszeichen seines Jahrhunderts freilich sah er darin nicht. Im Jahre 1896 hielt man es bei uns noch mit der „Ehre eines deutschen Mannes" für unvereinbar, sich an Olympischen Spielen zu beteiligen, und in Paris empfand man es im Jahre 1900 als Skandal, deutsche Sportler einzuladen. Coubertin vertrat die Ansicht: „Von den Völkern zu verlangen, sich gegenseitig zu lieben, ist eine Art Kinderei; sie aufzufordern, sich zu achten, ist keine Utopie; aber um sich zu achten, muß man sich zunächst kennen." In dieser Hinsicht haben die Olympischen Spiele manches Gute bewirkt und im Laufe der Zeit Vorurteile abgetragen. Das gilt vor allem für die teilnehmenden Sportler, während sich die Zuschauermenge von nationalen Gemütsbewegungen noch lange nicht frei gemacht hat. Erschwert wird der Ausgleich unter den Völkern dadurch, daß die Auseinandersetzungen über unterschiedliche Gesellschaftsordnungen in das Olympiastadion hineingetragen worden sind. Seit die UdSSR sich an den Olympischen Spielen beteiligt, sollen Olympiasiege die Überlegenheit der sozialistischen gegenüber der kapitalistischen Gesellschaftsordnung beweisen. Diese Gegenüberstellung wird im Münchener Olympiastadion 1972 ausgerechnet bei deutschen Sportlern in voller Schärfe sichtbar werden.

Daneben bekommt die Rassenfrage immer stärkeres Gewicht. Die Gleichheit aller Rassen war für Coubertin oberstes Gesetz. Heute sehen die Völker der jungen afro-asiatischen Staaten in olympischen Erfolgen ihrer Athleten eine Selbstbestätigung, die ihnen auf anderen Gebieten in diesem Maße verwehrt bleibt. Trotzdem ist es ein Vorteil, daß sich solche Spannungen auf friedliche Weise lösen.

Die Versuchung, an einem Unternehmen wie der Ausgestaltung Olympischer Spiele zu verdienen, ist zu groß, als daß ihr nicht nachgegeben würde. Hin und wieder dringt der Lärm widerstreitender Geschäftemacher an die Öffentlichkeit, sei es, daß es um die richtige Bedachung der Zeltkonstruktion, um die beste Zeitmessung oder um den widerstandsfähigsten Kunststoffbelag für die Laufbahnen geht. Aber damit ist nur die Spitze eines Eisberges sichtbar, von dem der größte Teil unter der Oberfläche verborgen bleibt. Auch für große Firmen sind Olympische Spiele eine willkommene Gelegenheit, sich in ein günstiges Licht zu stellen, und ein Blick in die Zeitungen zeigt, daß sie kräftig genutzt wird.

Das Olympische Organisationskomitee befindet sich demgegenüber von vorneherein in einer Zwangslage. Jedes wirtschaftliche Unternehmen, das Milliarden umsetzt und diese Gelder dazu noch öffentlich zu verantworten hat, kann sich auf eine erfahrene und „eingespielte" Mannschaft stützen. Ein Olympisches Organisationskomitee dagegen wird eigens für diese gewaltige Aufgabe gegründet und muß sich zuerst einmal Mitarbeiter suchen, die für einen begrenzten Zeitraum zur Verfügung stehen. Die Rechnung für eines der größten Bauvorhaben der Bundesrepublik hat also gewissermaßen mit lauter Unbekannten begonnen. Für jeden Fehler und jeden Irrtum mußte

Lehrgeld bezahlt werden, zumal alle Arbeiten unter dem unerbittlichen Diktat von Terminen stehen. Erfahrungen, die man bei früheren Veranstaltern Olympischer Spiele zu sammeln sucht, lassen sich meist nicht übertragen, da die Verhältnisse zu unterschiedlich sind.

Damit öffnen sich für jede Art von Geschäftsleuten, anständigen wie zwielichtigen, Tür und Tor. Wo man ihnen einen Zugang verschließt, entdecken sie einen anderen. Um diesen unvermeidbaren Begleiterscheinungen zu entgehen, hat man wiederholt vorgeschlagen, die Olympischen Spiele künftig — wie in der Antike — immer an ein- und demselben Ort zu veranstalten. Damit könnte man die hohen Anlagekosten besser ausnutzen, ein ständiges Organisationskomitee einrichten, das auf seinen Erfahrungen weiter aufbaut, und das Geschäftswesen besser überwachen. Aber dieser Plan hat vorerst wenig Aussicht, verwirklicht zu werden. Denn welche Stadt und welches Land möchten sich die Vielzahl günstiger Gelegenheiten entgehen lassen, die die Olympischen Spiele bieten — einschließlich eines blühenden Geschäfts und der großen Schau?!

Was aber sehen diejenigen in den Olympischen Spielen, die sie eigentlich bestreiten, die Athleten aus — in München voraussichtlich — rund 130 Ländern? Das Wort von der Teilnahme, die wichtiger sei als der Sieg, gilt für die Mehrzahl, die sich von vorneherein gar keine Siegeschance ausrechnen kann, noch immer. Von 10 000 Olympiateilnehmern werden tausend eine goldene, silberne oder bronzene Medaille erhalten, etwa die gleiche Zahl wird es schon als Erfolg buchen, den Olympischen Endkampf erreicht zu haben. Dem großen Rest bleibt das Erlebnis, dabei gewesen zu sein.

Diese letztgenannten Teilnehmer — ausgenommen die Favoriten, die versagt und enttäuscht haben — sind noch am ehesten zu beneiden. Unbelastet können sie ihren sportlichen Wettkampf in einem Rahmen bestreiten, wie ihn der Sport nicht glanzvoller bieten kann. Sie haben auch den Lohn ihrer Trainingsmühen vorweg, denn mit dem Einmarsch in das Olympiastadion haben sie schon das Ziel erreicht, das sie angestrebt haben. Bei den Wettkämpfen haben sie nichts zu verlieren, sondern können mit ihren Leistungen nur noch angenehm überraschen. Oft genug schon hat aus diesem Kreis ein Sportler unversehens eine Medaille errungen, weil er — nervlich unbelastet und darum körperlich unverkrampft — im entscheidenden Augenblick weit über sich selbst hinausgewachsen ist. Das sind Glücksfälle in des Wortes wahrer Bedeutung. Viel schwerer haben es jene Athleten, denen man einen Sieg oder doch einen vorderen Platz zutraut. Diese Höchstleistungssportler stehen unter einem Leistungsdruck, der ihren persönlichen Ehrgeiz weit übersteigt. Ihrer Forderung oder Erwartung, von der Gesellschaft, der sie als Aushängeschild dienen, unterstützt zu werden, wird heute in nahezu allen Ländern auf irgendeine Weise entsprochen. Mag diese Hilfe auch durchaus berechtigt sein — kann doch kaum jemand noch sportliches Höchstleistungstraining nebenbei betreiben — so hat sie auch Nachteile. Sie

Ist Sport, so wie er bei den Olympischen Spielen stattfindet, wirklich noch „die schönste Nebensächlichkeit der Welt"? Wo es um das nationale Ansehen geht, wo nicht nur die Athleten auf den Aschenbahnen, sondern auch geschäftstüchtige Manager um die Wette laufen, nimmt er manchmal dramatische Formen an. Doch — wo viel Licht ist, ist auch viel Schatten.

Alle Fotos: Erich Baumann, Heinrich von der Becke, dpa, Rupert Leser, Horst Müller, Schirner-Bild

Sportlicher Wettkampf und Schau gehen Hand in Hand — einmal sind es die Zuschauer, deren Sensationslust ihr Teil dazu beiträgt, ein andermal die Sportler selbst, die der Bewunderung der Menge und dem Ruhm erliegen. Ein gewisses Maß an Schau gehört wohl auch zum Wettkampf selbst: Es gilt, den Gegner zu beeindrucken, und sei es nur mit dem großen Namen.

erlegt dem Sportler Zwang auf zum Erfolg und löst Angst vor dem Mißerfolg aus. Beides wird noch dadurch gesteigert, daß Bewährung und Versagen sich auf der größten Schaubühne abspielen, die es überhaupt auf der Erde gibt. Tatsächlich sind die Olympischen Spiele das einzig wirkliche Massentheater. Es verfolgt keinen bestimmten Zweck, wird nicht gelenkt, und in der Regel sind seine Entscheidungen unanfechtbar. Das sichert seinen Erfolg auf lange Sicht, und man nimmt dafür auch so manche überalterte feierliche Formen in Kauf, die an die verstaubten Kulissen einer Opernaufführung erinnern mögen. Für die Teilnehmer bleibt es darum doch das große Abenteuer dieser Zeit.

Das Ausmaß, das der Sport in den Olympischen Spielen erreicht hat, ist weit vom sportlichen Alltag entfernt. Das spiegelt sich nicht nur in den Leistungen wider, so augenfällig das hierbei auch zutage tritt.

Coubertin konnte noch hoffen, das Beispiel der Olympischen Spiele werde bahnbrechend sein für eine breite sportliche Betätigung in allen Ländern. Als er im Jahre 1925 sein Amt als Präsident des Internationalen Olympischen Komitees niederlegte, erklärte er: „Die ganze Welt des Sports muß in der Zukunft nach einheitlichen Richtlinien arbeiten: Weniger Lärm, weniger Reklame, weniger Organisation, weniger unduldsame Verbände und schwerfällige Rangordnungen, dafür aber soll der Sport in den verschiedensten Formen — Reiten inbegriffen —, womöglich unentgeltlich, allen Bevölkerungsschichten zugänglich gemacht werden. Dies wäre eine der vornehmsten Pflichten des modernen Staates." Diese Forderung ist heute noch zeitgemäßer als je zuvor. Die „vornehmste Pflicht" des Staates kann sich nicht darauf beschränken, Leistungszentren einzurichten, um Olympiakandidaten zu „züchten". Dabei steht zu sehr politisches Geltungsbedürfnis Pate. Wenn dem Staat am Gemeinwohl der Bevölkerung in einer technisierten Arbeits- und Freizeitwelt gelegen ist, muß er in Zusammenarbeit mit den Sportverbänden auch die Gelegenheiten für eine vielseitige sportliche Betätigung schaffen, die jedermann leicht zugänglich sind.

Man kann sich heute nicht mehr darauf verlassen, daß der Sog des Hochleistungssports die Allgemeinheit mitzieht. Eher ist das Gegenteil der Fall: Die Mühen des Hochleistungssports schrecken viele ab. Die gemeinsamen Anstrengungen, wie sie für eine so aufsehenerregende Aufgabe wie die Olympischen Spiele erbracht werden, dürfen nicht geringer sein, wenn es darum geht, die Grundlagen des Breitensports planmäßig zu erweitern. Olympische Spiele sollen sein, Breitensport muß sein. Vielleicht — und das ist zu hoffen — werden die Olympischen Spiele in München 1972 insgesamt als ein Erfolg bewertet werden. Ein gelungenes Fest wird die Welt uns danken, und für uns wird es eine Genugtuung sein. Ob diese Olympischen Spiele zu einem Erfolg des Sports werden, wird sich erst später zeigen; er wird daran zu messen sein, inwieweit die letzte Forderung des Begründers der Olympischen Spiele erfüllt wird.

FERNSEHEN nach Wunsch

VON HEINRICH KLUTH

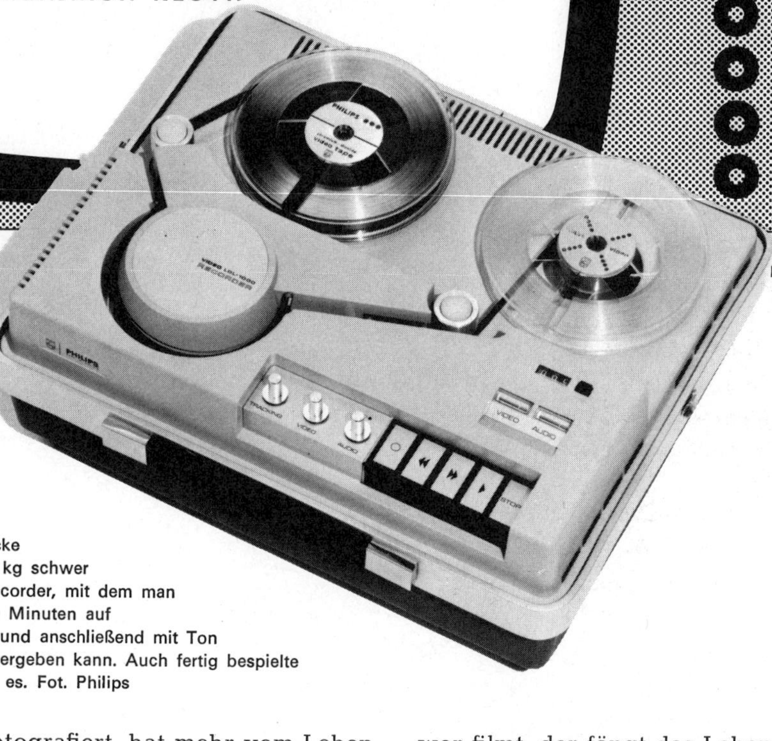

Nicht größer als eine dicke Aktentasche und nur 12 kg schwer ist dieser Heim-Video-Recorder, mit dem man Bildsendungen bis zu 30 Minuten auf Magnetband aufnehmen und anschließend mit Ton auf dem Bildschirm wiedergeben kann. Auch fertig bespielte Bänder in Kassetten gibt es. Fot. Philips

„Wer fotografiert, hat mehr vom Leben — wer filmt, der fängt das Leben selbst ein". So oder ähnlich lautete vor vielen Jahren ein Werbespruch der Fotoindustrie. Sie wollte damit Freunde für ihre Erzeugnisse gewinnen. Heute könnte man den Slogan erweitern und formulieren: „Wer videorecordert, kann sein Fernsehprogramm selbst gestalten". Und das hat seine Vorteile. Man kann sich dann unterhalten lassen, wenn man dazu aufgelegt ist, oder, wenn man zur Sendezeit gerade keine Zeit hat, ein Fernsehprogramm einfach auf eine spätere Stunde verschieben. Man kann sich belehren lassen, wenn man glaubt, besonders aufnahmefähig zu sein, in fremde Länder „reisen", wenn einen das Fernweh quält, und — um noch ein weiteres Beispiel zu nennen — eine gute Theater- oder Opernaufführung mit erstklassigen Darstellern sehen und hören, wann immer man dazu Neigung hat.

Wie das möglich ist? Nun, mit einem sogenannten Video-Recorder läßt sich jedes Fernsehprogramm, das einem gefällt, wie eine Rundfunkdarbietung auf Magnetband aufzeichnen und zu jeder Zeit und beliebig oft über das Fernsehgerät wiedergeben — ohne besondere Gebühren, in Schwarzweiß oder sogar „in Farbe".

Das ist aber nicht der einzige Weg, der vom „Fernseher" zum „Heimkino" führt. Nach einem anderen Verfahren, das sich „Electronic Video-Recording and Reproduction" — abgekürzt EVR — nennt, kann man auf einem besonderen Film aufgezeichnete Ton-Bild-Programme über den eigenen Bildschirm verfolgen. Alles, was man dazu braucht, um das in einer handlichen „Kassette" enthaltene, einstündige Programm vorzuführen, ist ein Abspielgerät, das sich an die Antennenbuchsen des Fernsehgerätes anschließen läßt und etwa so groß ist wie ein Plattenspieler.

Aus Amerika kommt auch das Selectavision-System. Wie beim EVR-Verfahren lassen sich damit nur fertig gekaufte Programme wiedergeben, die in diesem Falle aus einem Kunststoffilm bestehen, dessen Oberfläche plastisch verformt ist und mit Hilfe eines Laserstrahls abgetastet wird. Plastisch verformt sind — wie bei der Schallplatte die eingravierten Tonschwingungen — auch die Bild- und Tonschwingungen auf der in Deutschland entwickelten Bildschallplatte. Sie kann gleichzeitig abgesehen und abgehört werden.

Aber bleiben wir zunächst bei den Video-Recordern. Man kann damit nicht nur Fernsehsendungen jederzeit selbst aufzeichnen und nach Lust und Laune wieder abspielen, sondern mit einem „Fernsehauge" auch — wie mit einer Amateurschmalfilmkamera — Programme selbst „produzieren", aufzeichnen und wiedergeben: mit Bild und Ton, wie bei einer richtigen Fernsehsendung und ohne daß man auf die „Entwicklung" warten muß. Wenn einem die Aufnahmen nicht mehr gefallen, löscht man sie wie ein Tonband und überspielt neu. Das Band ist also beliebig oft zu verwenden. Natürlich lassen sich die Aufnahmen aber auch als Erinnerung oder Andenken für spätere Jahre aufheben.

Grundsätzlich unterscheidet sich der Video-Recorder (aus: lateinisch videre = sehen und englisch record = Aufzeichnung, Schallplatte) kaum von einem Tonbandgerät. In beiden Apparaten werden durch elektrische Schwingungen magnetische Felder verändert und von fein verteiltem, magnetisierbarem Metallpuder auf einem mehr oder weniger breiten Band festgehalten. Von ihm können sie mit geeigneten Mitteln wieder in Form elektrischer Schwingungen abgenommen und damit in das Original — Bild oder Ton — zurückverwandelt werden. Das klingt umständlich, ist im Grunde genommen aber eine recht einfache Sache.

Magnetische Ton- und Bildaufzeichnungen unterscheiden sich nur durch die Zahl der Schwingungen, die in einer Zeiteinheit aufgezeichnet werden. Darin lag in der Tat lange eine Schwierigkeit, die allein durch einen Trick überwunden werden konnte. Während hörbare Töne aus bis zu 20 000 Luft-

Links: Mit dem EVR-Verfahren, das aus den USA kommt, lassen sich gekaufte Kassetten-Programmfilme im Fernsehgerät mit Ton vorführen. Die Bedienung ist nicht schwieriger als die eines Plattenspielers.

Wer dazu noch eine Fernsehkamera hat, kann seine „Fernsehsendungen" sogar selbst herstellen. Die aufgenommenen Szenen sind im Heim-Video-Recorder sofort abspielbereit — mit Ton. Fot. Philips schwingungen in der Sekunde bestehen, verlangt das aus Zeilen und Punkten aufgebaute Fernsehbild in der Sekunde nicht weniger als 13 015 825 Punktwechsel, wobei jeweils zwei eine elektrische Schwingung ergeben. Denn das Fernsehbild setzt sich — wie heute wohl jeder weiß — aus 625 Zeilen zusammen, von denen jede aus 833 Bildpunkten besteht. Das ergibt 520 625 Punkte je Bild. Um das durch den Bildwechsel auftretende Flimmern möglichst klein zu halten, finden — wie im Film — in jeder Sekunde 25 Bildwechsel statt. Daraus ergibt sich die Zahl der Punktwechsel. Das mit allen Feinheiten wiedergegebene Fernsehbild setzt also theoretisch 13 015 625 : 2 = 6 507 812,5 oder rund 6,5 Millionen Schwingungen oder „Hertz" (Hz) in der Sekunde voraus. Man sagt dazu auch 6,5 Megahertz (MHz). In Wirklichkeit beschränkt sich das Fernsehen aber auf 5 MHz = 10 Millionen Bildpunkte. Die dadurch bedingte kleine Unschärfe fällt kaum auf, weil Bilder, bei denen wirklich alle Einzelheiten deutlich erkennbar sein müssen, nur selten vorkommen.

Diese 5 Millionen Schwingungen je Sekunde müssen von jedem Bildträger — gleich welcher Art — aufgezeichnet werden. Wenn jede Schwingung nur 1/1000 Millimeter Platz beansprucht, so ergäbe das je Sekunde einen Bandverbrauch von 5000 Zentimeter. Das wäre außerordentlich kostspielig und, wenn überhaupt, technisch überaus schwierig zu lösen.

Da kam eine Idee zu Hilfe, die in Deutschland während des Krieges ausgenutzt worden war. Die Morsezeichen von Maschinentelegraphen, die so dicht aufeinander folgen, daß sie vom Ohr nicht mehr zu unterscheiden sind, wurden auf Tonband aufgezeichnet und durch einen schnell umlaufenden Abhörkopf zeitlich „gedehnt". So konnte man Nachrichten selbst von stillstehenden Bändern beliebig langsam abhören, weil es im Grunde genommen gleichgültig ist, ob das Band — wie in jedem Tonbandgerät üblich — an einem stillstehenden Hörkopf mit seinem Spalt vorübergeführt wird, oder ob der bewegte Kopf an einem Stück des stillstehenden Bandes vorbeisaust. Umgekehrt kann dieses Verfahren natürlich auch dazu benutzt werden, ein Stück Band durch einen schnell daran vorbeihuschenden Sprechkopf mit vielen Schwingungen zu beschriften. Das ist sogar senkrecht zur Laufrichtung des Bandes möglich, also in Richtung Bandbreite. Wird das Band dabei langsam bewegt, dann lassen sich tatsächlich die von der Fernsehnorm geforderten 10 Millionen Bildpunkte auf einem 2 Zoll (= 50,8 mm) breiten Band unterbringen, das sich mit einer Geschwindigkeit von nur 38 cm/sek bewegt. Die erste Vorführung dieser Art hat am 30. November 1956 in einem Laboratorium der Ampex Corporation in den USA stattgefunden. Inzwischen arbeiten fast alle Fernsehanstalten der Welt mit der jetzt auch farbtüchtigen magnetischen Bildaufzeichnung. Die Qualität ist so gut geworden, daß sie selbst der Fachmann vom Original nicht mehr unterscheiden kann. Für ihn ist eine „Maz" (Magnetische Aufzeichnung), wie es im Fernsehjargon heißt, heute eine Selbstverständlichkeit.

Und das kann auch für den Fernsehzuschauer bald der Fall sein. Heute gibt es bereits Video-Recorder, die weniger als 2000 Mark kosten. Sie erfordern nur eine Magnetbandbreite von ½ Zoll oder 12,7 Millimetern. Mit einem 300 Meter langen Band, dessen Preis bei etwa 100 Mark liegt, läßt sich ein 30-Minuten-Fernsehprogramm einschließlich Ton aufzeichnen. Das ganze Gerät wiegt kaum 12 Kilogramm und ist etwa so groß wie eine dicke Aktentasche, also auch leicht zu transportieren.

Wie nun ist es möglich geworden, die einst als so schwierig erkannte Technik zu bewältigen und damit den Preis von 200 000 Mark für ein im Fernsehstudio übliches Ampex-Gerät auf unter 2000 Mark für ein Amateurgerät herabzudrücken? Aus der Zeitspanne von 13 Jahren, die darüber vergangen ist, läßt sich schon erkennen, daß dieser Schritt nicht ganz einfach gewesen sein muß. Zunächst entstanden Geräte für 1 Zoll breite Bänder. Sie kosteten zwischen 100 000 Mark und zuletzt 7000 Mark. Dann erinnerte

Das Geheimnis der magnetischen Bildaufzeichnung bei langsamer Bandgeschwindigkeit besteht in schnell umlaufenden „Video-Köpfen" senkrecht zur Bandbewegung. Bei dem zuerst verwirklichten Ampex-Verfahren dient ein 2 Zoll breites Magnetband als Träger der Bild- und Tonspur. — AEG-Telefunken

Unten: Die Kopftrommel mit den beiden umlaufenden Spurköpfen für die Bildaufzeichnung ist leicht geneigt. Ton- und Synchronkopf liegen an einer Stelle. — Grundig

Spurschema auf dem ½-Zoll-Magnetband. Ton- und Synchronspur sind am Rand des Bandes untergebracht. Die Synchronspur gewährleistet, daß die Bänder auf allen Geräten des gleichen Typs benützt werden können. Das Schrägschriftverfahren wird heute in der ganzen Welt angewendet. — Philips

Unten rechts: Wie der große griechische Buchstabe Omega umschlingt das Magnetband die Trommel mit den beiden umlaufenden, um 180° versetzten Video-Bildköpfen. — AEG-Telefunken

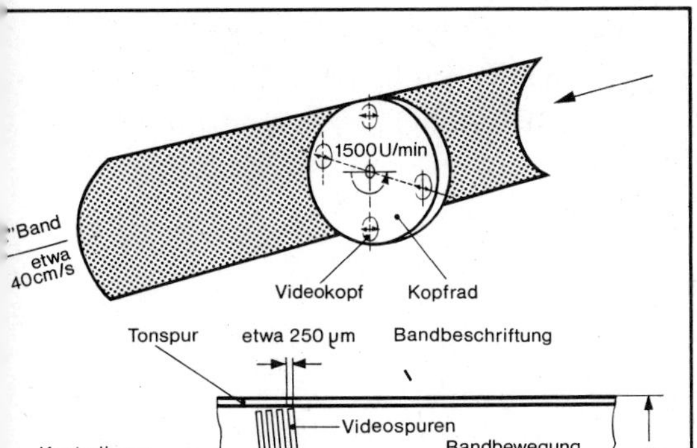

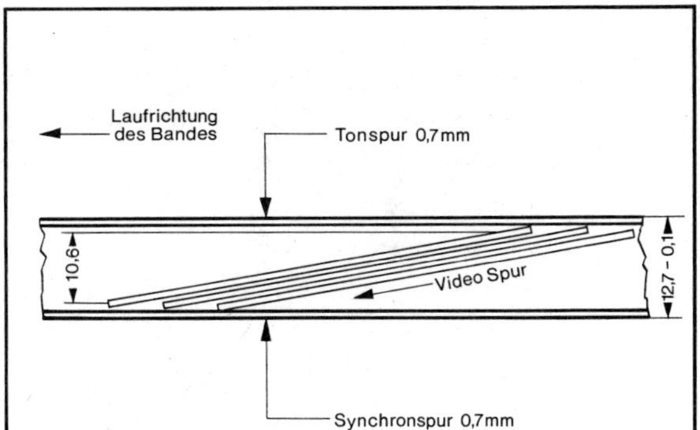

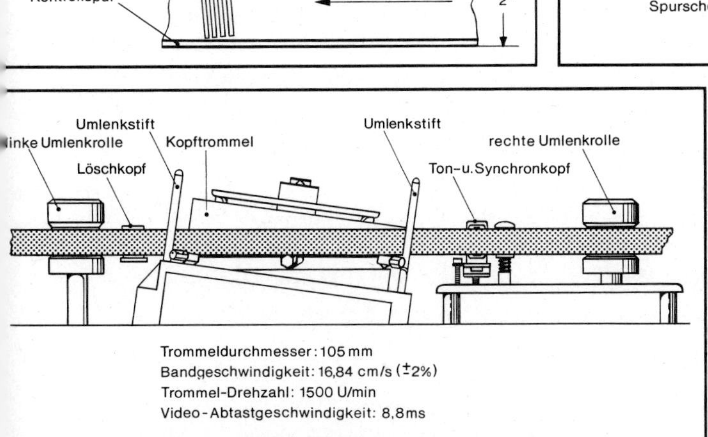

Bandführung und Schräglage der Kopftrommel

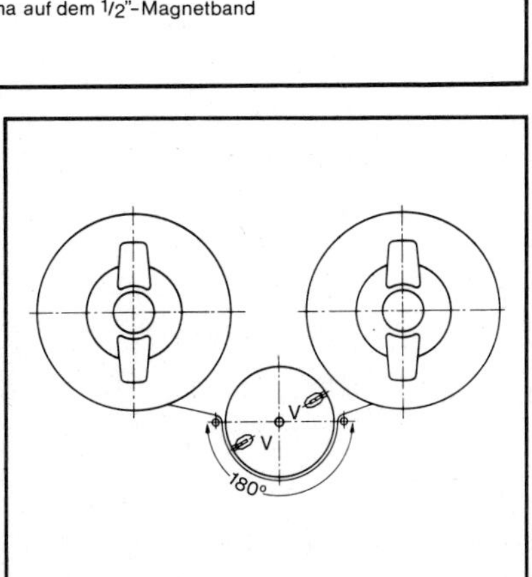

180°-Ω-Bandführung

man sich an ein im Jahr 1955 dem Hamburger Diplomingenieur Eduard Schüller patentiertes Verfahren, bei dem die Spuren nicht senkrecht zur Laufrichtung des Bandes, sondern unter einem verhältnismäßig kleinen Winkel schräg liegend aufgezeichnet werden. Dieses Verfahren führte zu Geräten mit einer „Bildtrommel“ von 105 Millimeter Durchmesser, in der um 180 Grad versetzt zwei „Bildköpfe“ angeordnet sind. Durch einen Schlitz stehen sie etwas aus der Trommeloberfläche hervor. Das Band umschlingt 180 Grad der um eine leicht geneigte Achse rotierenden Trommel, so daß die Köpfe dabei Spuren mit dem Bildinhalt aufzeichnen, die schräg von einer Bandkante zur anderen laufen. (Dafür hat sich auch der Begriff „helical scan“ eingeführt.) Begrenzt werden diese Bildspuren an der einen Kante von einer nur 0,7 Millimeter breiten Tonspur, an der anderen von der ebenfalls 0,7 Millimeter breiten Synchronspur, die dafür sorgt, daß Bandgeschwindigkeiten und damit Bildwechsel stets übereinstimmen. Die Synchronspur ermöglicht es zugleich, daß die Bänder auf allen Geräten gleicher Art abgespielt werden können, daß sie — wie der Fachmann sagt — kompatibel sind.

Um den Video-Recorder mit dem Fernsehgerät zu verbinden, ist vorerst noch ein besonderes Anschlußstück erforderlich, das mit einer Buchse für das Video-Ton-Verbindungskabel und für die Stromversorgung ausgerüstet ist. Es wird vom Fachhändler eingebaut. Früher oder später wird es bei neuen Geräten bereits vorhanden sein.

Am Video-Recorder gibt es außer fünf Drucktasten, mit denen alle Abläufe gesteuert werden, nur noch drei kleine Drehknöpfe. Damit lassen sich — nachdem das Fernsehbild am Empfänger gut eingestellt worden ist — über die Zeiger zweier eingebauter Meßinstrumente Bild- und Tonsignal einregulieren. Dann braucht man nur noch die Taste für „Aufnahme“ und die Starttaste zu drücken, und nach einer Einlaufzeit von etwa 5 Sekunden „steht“ die Aufzeichnung der auf dem Bildschirm gezeigten Darbietung. Die Aufzeichnung wird durch Drücken der Stoptaste unterbrochen (während das Programm auf dem Bildschirm weiterläuft). Der Rücklauf des 300-m-Bandes dauert etwa drei Minuten. Nun kommt der große Augenblick der Wiedergabe. Nach Betätigung der Starttaste verschwindet die gerade laufende Fernsehdarbietung, und auf dem Bildschirm erscheint die aufgenommene Sendung fast in Originalqualität. Gleichzeitig ist der Ton zu hören. Bildhelligkeit, Kontrast und Lautstärke können, falls erforderlich, am Fernsehgerät nachgeregelt werden. Sollten Bildverzerrungen auftreten oder sollte der Bildstand zu wünschen übrig lassen, genügt eine kleine Drehung an dem mit „Tracking“ (Spurlage) bezeichneten Knopf, um den Fehler zu beseitigen.

Fußballfans können sich selbstaufgezeichnete Spielszenen, etwa von einem umstrittenen Tor, so oft vorführen, wie sie wollen, ja sie können das Band sogar anhalten und sich Einzelheiten ansehen oder einen Spielzug vorwärts und rückwärts in Zeitlupe studieren — sie müssen das Band bloß entsprechend langsam durchlaufen lassen. Natürlich wird der Ton dabei unverständlich verzerrt; bei Stillstand bleibt er sogar ganz weg. Man kann also mit dem Video-Recorder spielen wie mit einem Filmprojektor und Situationen zaubern, die durch ihre groteske Art ebenso verblüffen wie begeistern und immer wieder Beifall finden. Die Video-Recorderaufzeichnung dient aber nicht nur der Unterhaltung, sondern ist auch ein ausgezeichnetes Hilfsmittel für Studien-, Ausbildungs- und Lehrzwecke.

Noch reizvoller ist es, wenn man sich neben dem Video-Recorder auch eine Fernsehkamera leistet. Dann besteht die Möglichkeit, sich seine Programme ganz nach eigenen Wünschen zu gestalten. Man kann sich selbst, etwa bei Sprech- oder Gesangsdarbietungen, aufnehmen und anschließend sofort sein Verhalten vor der Kamera überprüfen und verbessern, man kann Werbespots erproben, Familienangehörige überraschen, die Körperhaltung bei sportlichen, gymnastischen oder tänzerischen Übungen überwachen, Verhaltensforschung treiben oder bei besonderen Anlässen Erinnerungsaufnahmen aufzeichnen. Dabei macht der Gleichlauf zwischen Bild und Ton, der jedem Filmamateur selbst mit erheblichem technischem Aufwand nur in einer Sternstunde gelingt, keinerlei Schwierigkeiten. Er wird sozusagen mitgeliefert. Nach einem Verfahren, an dem das Philips-Forschungs-Laboratorium in Eindhoven arbeitet, besteht sogar die Aussicht, jeden gewöhnlichen Fotoapparat in eine Fernsehkamera zu verwandeln. Man braucht dann anstelle des lichtempfindlichen Films nur eine fotoempfindliche Halbleiterplatte einzuschieben. Sie besteht aus einer entsprechenden Zahl mosaikartiger Schaltkreise, die zeilenweise hintereinander geschaltet sind und zur Weiterleitung der Information Reihe für Reihe abgefragt werden. Mit einem Zusatzteil können auch Fotos, Zeichnungen oder Gemälde aufgezeichnet und wiedergegeben werden.

Das „Kassetten-Fernsehen" nach dem EVR-Verfahren bietet nicht nur Unterhaltung — seine besondere Bedeutung gewinnt es durch die Lieferung von Lehrfilmen für Unterrichtszwecke. Auch in Deutschland sollen solche Geräte gebaut und vertrieben werden. Fot. EVR Partnership

Gymnastische oder tänzerische Bewegungsstudien lassen sich ebenso wie schauspielerische oder rednerische Übungen oder Filmszenen mit Hilfe einer Fernsehkamera auf Magnetband aufzeichnen und sofort wiedergeben. Seine Haltung und sein Auftreten kann man so selbst korrigieren. Rechts das Abspielgerät. Fot. Philips

Demgegenüber bieten das eingangs erwähnte EVR-Verfahren, das Selectavision-System und die Bildschallplatte nur fertige Programme, die es für den Kassetten-Video-Recorder natürlich auch gibt und die man leihen oder kaufen und beliebig oft abspielen kann. Auch das ist sicher reizvoll, denn ohne Zweifel werden bald unterhaltende und belehrende Fernsehsendungen angeboten werden, die wert sind, daß man sie in sein Archiv stellt, und die man sich immer wieder vorführen wird.

Für das EVR-Verfahren, das der Schöpfer der ersten Langspielschallplatte, Dr. Peter Goldmark, bei der Columbia Broadcasting Systems entwickelt hat, sollen in aller Welt sowohl Abspielgeräte als auch Spiel-, Lehr- und Dokumentarfilme vertrieben werden. Die bis zu 250 Meter langen, unperforierten Filme sind nur 8,75 Millimeter breit und haben außen — also an den Rändern — zwei Magnettonspuren, zwischen denen nebeneinander zwei Bildreihen liegen, die fotografisch mit einem Elektronenstrahl zeilenförmig aufgezeichnet werden. Jedes der Einzelbildchen ist nicht größer als 2,54×3,3 Millimeter. Die Spieldauer einer solchen Spule, die 17,78 Zentimeter Durchmesser hat, beträgt zweimal 30 Minuten, also eine volle Stunde. Es sollen aber auch Filme mit 48, 40, 30 oder 20 Minuten Spieldauer auf den

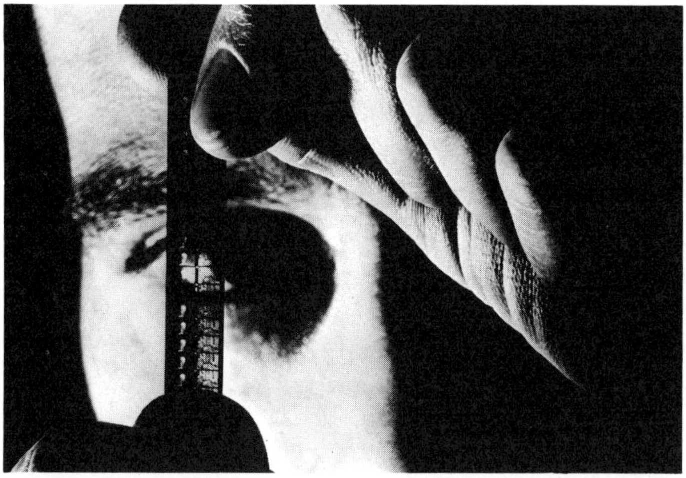

Nur 8,75 mm breit ist der EVR-Film. Er enthält zwei Bildspuren, die nacheinander abgespielt werden. Jedes Einzelbildchen mißt 2,54×3,30 mm. Dennoch sorgen die elektronische Aufzeichnung und Abtastung für eine gute Bildwiedergabe.

Unten: Ein einstündiges Programm enthält diese EVR-Kassette. Sie ist noch nicht einmal halb so groß wie eine 16-mm-Filmspule für gleiche Spieldauer. Fotos EVR-Partnership

Rechte Seite: Der neuentwickelte Bildplattenspieler arbeitet nach einem ungewöhnlichen Prinzip: Der abtastende Diamant wird nicht durch die Rillenauslenkung bewegt, sondern empfängt in starrer Lage von der sich elastisch verformenden Bildplatte Druckimpulse im Rhythmus der gespeicherten Signale. Ein Druckwandler setzt die Signale so um, daß sie auf einem Fernsehempfänger sichtbar werden. Fot. AEG-Telefunken/Teldec

Markt kommen. Da die Filme nicht ruckweise, sondern stetig — mit einer Geschwindigkeit von 12,7 cm/sec — abgespielt werden, sind sie selbst nach 500maliger Verwendung noch ohne bemerkenswerte Schäden. Trotz der winzigen Einzelbildgröße, die kleiner ist als bei dem Doppel-8-Amateurfilm mit 3,6 mal 4,8 mm, ist die Bildschirmqualität ausgezeichnet, da sowohl Aufzeichnung als auch Wiedergabe mit Hilfe eines sehr feinen Elektronenstrahls erfolgen und ein besonderes, kornloses Filmmaterial verwendet wird. Bei Farbprogrammen wird nur eine Bildreihe benutzt; der Platz der zweiten bleibt für die Farbinformationen.

Ein anderer Weg, sich sein Programm auf dem Bildschirm selbst zusammenzustellen und in das Fernsehprogramm der Rundfunkanstalten einzugreifen, besteht darin, einen dafür besonders eingerichteten Super-8-Filmprojektor mit dem Fernsehgerät zu koppeln. Damit kann man selbstgedrehte, geliehene oder gekaufte Super-8-mm-Filme schwarzweiß oder — wenn es sich um Color-Filme handelt — farbig vorführen und dabei die Möglichkeit der elektronischen Abtastung ausnutzen. Nur die Tonwiedergabe muß über eine Magnetspur oder ein besonderes Magnetbandgerät erfolgen. Nach diesem Verfahren gibt es, vor allem für Ärzte, heute schon Lehrfilme, die in Kassettenform verliehen werden.

Das Allerneueste auf diesem Gebiet aber ist die Video- oder Bildplatte: eine papierdünne Kunststoffscheibe, die — wie eine Schallplatte — mit einer Spirallinie beschriftet ist. Mehr oder weniger tief, enthält sie die Bild- oder Toninformationen. Die Rillenbreite ist dabei so gering, daß auf einem Millimeter 120 bis 140 Linien untergebracht werden können. Bei 1500 Umdrehungen in der Minute lassen sich tatsächlich bis zu 5 Millionen Bild- und Tonschwingungen aufzeichnen und wiedergeben, sogar mit den erforderlichen Farbinformationen. Diese Video-Platte, die in Gemeinschaftsarbeit von AEG-Telefunken und Teldec von Redlich, Klimp, Schüller und Dickopp entwickelt wurde, läßt sich — wie eine Schallplatte — leicht durch Pressen vervielfältigen und soll sehr preiswert sein. Zur Wiedergabe dient ein besonderer Plattenspieler, mit dem natürlich nur Bildplatten abgespielt werden können. Es gibt also, wie man sieht, allerlei Möglichkeiten, sein Fernsehprogramm selbst zu gestalten und sich von seinem Sender unabhängig zu machen — mit oder ohne dessen Hilfe. Man muß nur über das notwendige „Kleingeld" verfügen. Immerhin sind die Kosten geringer als die Aufwendungen für eine vollständige Tonfilmausrüstung, und sie liegen weit unter den Beträgen, die ein Auto erfordert...

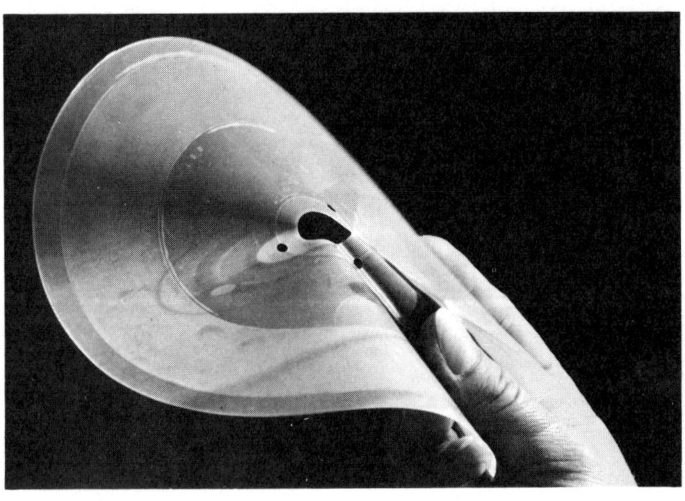

Eine papierdünne, schmiegsame PVC-Folie ist die Bildplatte. Sie enthält in jeder ihrer Rillen — gegenüber 15000 Schwingungen bei der Schallplatte — drei bis vier Millionen Bild- und Tonschwingungen, die in einer Sekunde abgespielt werden müssen. Der Plattenteller rotiert mit genau 1500 Umdrehungen je Minute. Dabei werden entsprechend der Fernsehnorm 25 Bilder übertragen. Eine 21-cm-Bildplatte liefert 5 Minuten Programm.

Rechts: Vier deutsche Ingenieure schufen die Bildplatte, von der sich fertige Fernsehprogramme auf den Bildschirm eines Fernsehempfängers übertragen lassen. Erstes Bildplattenprogramm der Welt: „Alles und noch viel mehr" mit dem deutschen Schlagerstar Manuela. Fotos AEG-Telefunken/Teldec

Im Höhlenpalast am Rio Warunta

VON KARL HELBIG

Eines Tages traf ich Professor Türmer, einen Fachgelehrten für Altertumskunde über Mittelamerika. „Sie wollen doch demnächst nach Honduras reisen, da habe ich einen interessanten Bericht für Sie", überfiel er mich und blätterte in seiner Brieftasche.

„Hier ist er!" Und er las auf spanisch vor:

„Tegucigalpa, 5. Dezember. Aus La Mosquitia, unfern der Grenze von Nicaragua, erreicht uns erst jetzt die Nachricht, daß vor einigen Jahren zwei indianische Jäger hundert Meilen stromaufwärts am Río Warunta in einem unbesiedelten Gebiet auf eine bisher unbekannte Höhle gestoßen sind. Der Zugang war dicht verwachsen. Als sie ins Innere traten, trauten sie ihren

Augen nicht. Sie standen in einer prächtigen Halle, 20 Meter hoch, getragen von kunstvollen Säulen. Von ihr führten Gänge zu verschiedenen Gemächern. Es war ein riesiger, unterirdischer Palast. Ein großer Tisch, aus Stein gehauen, stand in der Mitte der Halle, umgeben von Bänken. In mehreren Nischen waren Ruhebetten zu sehen, ebenfalls aus Stein. Dort standen große Krüge und Schalen aus kostbarem, blauem Mineral. Auf den Betten aber lagen menschliche Skelette. Als jedoch die beiden Jäger sie anrührten, zerfielen sie zu Staub, und nichts blieb davon übrig. Es kann keinen Zweifel geben, daß man hier auf ein Zeugnis uralter Kulturen gestoßen ist!"

Professor Türmer hatte zu Ende gelesen. Er blickte erwartungsvoll auf und fragte: „Was meinen Sie dazu?"

„Eine Tropfsteinhöhle und eine gute Portion Phantasie!"

„Meine ich auch", nickte er.

„Können sich denn Skelette vollständig zu Staub auflösen?"

„Beliebte Schauergeschichten um alte Knochen!" lachte er humorvoll. „Sie können auseinanderbröckeln, aber nicht gänzlich zerfallen."

„Ob an dem Bericht überhaupt etwas Wahres ist?"

„Ansehen sollte man sich die Sache auf jeden Fall", meinte Professor Türmer trotz allem. „Selbst von diesem Río Warunta kennen wir bestenfalls den Namen, mehr nicht ... Also erinnern Sie sich gelegentlich dieser Nachricht! Viel Erfolg!"

Und damit trennten wir uns.

Jawohl, ich erinnerte mich: Verschwommenes, Unbekanntes hat mich stets gelockt. Es war ein Jahr später, als ich in eben jenem Tegucigalpa, der Hauptstadt von Honduras, eintraf. Tegucigalpa ist einer kleinen Provinzstadt vergleichbar. Nicht einmal eine Eisenbahn führt dorthin. Meine Reise in die Mosquitia und zu den dort lebenden Mískitos war für mich eine beschlossene Sache: Ich wollte auf jeden Fall versuchen, den „unterirdischen Palast" zu finden. Allerdings waren die Angaben „hundert Meilen stromauf am Río Warunta" sehr vage. Selbst Kenner des Landes konnten mir nicht sagen, wo der Río Warunta zu finden sei.

„Sie müssen versuchen, die beiden indianischen Jäger ausfindig zu machen", riet mir ein Regierungsbeamter. Kunststück nach so vielen Jahren! Vermutlich waren sie längst weitergewandert. Und wer kannte ihre Namen? Da steuerte der Rektor der Landesuniversität einen guten Tip bei: „In Kaurkira, einem kleinen Ort an der Küste der Mosquitia, finden Sie Professor Gaméro, Don Miguel Gaméro. Merken Sie sich den Namen, Doktor! Don Miguel hat von uns den Auftrag, sich um die Einrichtung von Schulen für die Mískitos zu kümmern. Bisher ist in dieser Hinsicht nicht viel getan worden. Vielleicht kann er Ihnen helfen."

„Muchas gracias, Señores", bedankte ich mich, „in einem halben Jahr werden Sie wieder von mir hören, wenn alles gut geht!"

„Adios", riefen mir beide zu.

Es war ein harter Marsch durch ein wildes und beschwerliches, aber schönes Land, über Hochflächen und Gebirge, durch ein einsames Küstenland voller Flüsse und Sümpfe. Zehn Wochen später kam ich in Kaurkira an, einem weltentlegenen Nest, unfern der Grenze von Nicaragua. Es bestand aus ein paar Dutzend Häusern, erbaut auf sandigen Dünen zwischen unübersichtlichen Lagunen der Karibischen See. „In eine der Lagunen mündete der Río Warunta ein, das hatte ich inzwischen herausbekommen, und auch den Namen von einem der beiden indianischen Jäger: Njasse! Doch wo er sich aufhielt, wußte niemand. Jäger und Buschläufer haben keinen festen Wohnsitz. Über die Höhle und ihre Lage war nichts zu erfahren.

Ich traf in Kaurkira Don Miguel Gaméro an, „Professor" und Leiter der Schulmission für die Mískitos. Er machte den Eindruck eines eleganten und sehr überheblichen Mischlings. Er schien nicht in die Wildnis und in die indianische Umgebung zu passen.

„Eine Höhle am Warunta? Nein, davon habe ich nichts gehört. Ich soll hier Schulen einrichten, um Höhlen kann ich mich nicht kümmern."

„Entschuldigen Sie, Professor", beruhigte ich ihn, „es war ja nur eine Frage. Dann werden Sie auch keinen Njasse kennen?"

„Njasse? ... Njasse?" wiederholte er mehrere Male. „Das ist kein hondurenischer Name. Das kann nur ein ungetaufter Indio sein."

„Allerdings", bestätigte ich. „Hondureños dürften sich nicht viele in der Mosquítia aufhalten."

Herablassend beendete er das Gespräch: „Also doch, ein Indio! Nein, Señor! Mit den Indios mögen sich später die Lehrer in den Schulen abgeben. Ich bin hier, um den Schulbetrieb zu organisieren, muy estimado, Señor!"

Ich verstand. Professor Gaméro würde mir nicht helfen. Der verzehrte hier in Ruhe sein Gehalt und kümmerte sich um nichts. Die Hauptstadt war weit!

Doch da lernte ich Lee Haylock kennen, einen ebenso beschlagenen wie biederen Händler. In ihm mischte sich spanisches und indianisches Blut, dazu noch etwas von englischen Seeräubern und afrikanischen Vorfahren. Er stand mit den Indios auf gutem Fuß, sprach Mískito so fließend wie Englisch und Spanisch. Wir hatten sofort besten Kontakt.

„Njasse?" fragte er genau wie Professor Gaméro, „Njasse? Soll mich der Teufel holen, wenn er mir nicht schon über den Weg gelaufen ist. Ich erinnere mich eines kleinen, ziemlich dunkelhäutigen Mannes."

„Sollte er wieder bei Ihnen auftauchen, halten Sie ihn fest", bat ich eifrig.

„Well!" sagte er. „Ich forsche nach. Sobald ich ihn ausfindig mache, schreibe ich Ihnen. Wohin gehen Sie jetzt, Don Carlos?"

Ich nannte ihm meine Marschroute. „Vielleicht haben Sie Erfolg!"

„Bueno!" lachte er gutmütig, „la carga se regla con el camino!"

„Sie meinen", übersetzte ich frei, „mit der Zeit schaukelt sich alles zurecht?" — „Genau das!"

In besseren Händen konnte mein Anliegen nicht sein. Eines Tages über-

brachten mir Leute aus Kaurkira ein Briefchen:

„Seien Sie am ersten Dienstag des folgenden Monats auf der Halbinsel Auratá an der Warunta-Lagune. Ich hole Sie dort mit einem motorisierten Einbaumboot ab und begleite Sie den Warunta hinauf. Njasse und einige Leute werden vorausgeschickt, um ein Lager zu bauen. Bringen Sie noch einen Mann mit. Bye-bye! L. H."

Donnerwetter, war das eine Nachricht! Njasse gefunden?!

Mit meinem Träger Manuel, einem jungen, getauften Miskito-Indianer, wartete ich an dem angegebenen Tag in einem windigen Buschkamp inmitten einer menschenleeren Wildnis. Vergebens. Kein Lee Haylock war in Sicht. Enttäuscht legte ich mich schließlich nieder.

Da, gegen drei Uhr, wurde ich von einem Geräusch wach, das in diese Stille nicht hineinpaßte. Es war das Tuckern eines Motors. Weitab im Dunkel über der Lagune sah ich mehrfach als winzigen leuchtenden Punkt eine Stablampe aufblitzen. Dann verstummte der Motor.

„Olá! Manuel!" rief ich meinem in tiefem Schlaf liegenden Begleiter zu. „Wach auf! Sie kommen. Wirf Holz auf das Feuer, daß sie ein Zeichen haben!"

Manuel gähnte und lallte schläfrig: „Si, si, Señor — aber nichts hören!"

„Eben war es ganz deutlich. Da sieh! Dort ist auch die Lampe wieder!" Manuel hatte sich gemächlich halb aufgerichtet und bohrte, gleich mir, seine Augen in die dicke Finsternis.

„Ah, ich verstehen", sagte er schließlich. „Lagune hier sehr flach und viel Kraut am Boden. Schlecht für Schraube von Motor. Müssen staken, mit palancas." Damit meinte er lange Stangen.

„So wird es sein. Aber nun Holz her, sonst finden sie uns niemals in dieser Dunkelheit."

Bald knisterte und prasselte ein helles Feuer. Eine gute halbe Stunde später schob sich unterhalb unseres Lagers der lange, schmale Einbaum ans Ufer. Der Kies knirschte, Stangen wurden ins Boot geworfen, Männer stiegen aus. Den Stimmen nach mußten es mindestens drei sein. Da hörte ich auch schon Lee Haylock rufen: „Hallo, Doktor, sind Sie da?"

„Yes, Mister Haylock! Wir warten schon", rief ich erfreut zurück.

Wir schüttelten uns die Hände. In diesem Augenblick sah ich hinter ihm Don Miguel stehen, den „Professor" aus Kaurkira. Nanu, was wollte der hier? Überrascht fragte ich Haylock: „Wen bringen Sie denn da noch mit?"

„Das bin ich! Professor Gaméro!" antwortete sein Begleiter. Und mit einer lächerlich wirkenden Geschwollenheit fuhr er fort: „Die Ehre meiner Nation erfordert, daß ich mich an dieser wichtigen Entdeckung beteilige."

„Aaah, Don Miguel!" Ich tat überrascht und konnte ein wenig Spott nicht unterdrücken: „Ganz selbstverständlich! Ich gönne Ihnen diese Ehre." Dann zwang ich mich zu der gebotenen Höflichkeit: „Achtung! Geben Sie mir Ihre Hand! Den Hang hinauf ist es glitschig."

Er folgte mir gehorsam. Was wußte dieser Städter von der Wildnis? Nach Kaurkira war er teils mit dem Flugzeug, teils mit dem Küstendampfer gekommen, keineswegs auf den gleichen beschwerlichen Überlandwegen wie ich. Um so erstaunlicher fand ich seinen Entschluß, sich unserer Expedition anzuschließen. Was steckte da wohl dahinter?

Erschöpft ließ er sich neben dem Feuer, auf dem Manuel einen wärmenden Kaffee bereitet hatte, nieder. Gierig griff er nach dem starken Getränk. „Gott sei Dank!" lallte er aufatmend. Er war halbtot von der langen Fahrt in dem engen, schwankenden Einbaum.

Mittlerweile waren auch die anderen den Hang heraufgekommen.

„Hier ist noch Pedro", stellte mir Haylock seinen Maschinisten vor, „ein tüchtiger Mann. Daß wir so spät kommen, ist nicht sein Verschulden. Wir hatten auf den Lagunen heftigen Wind, der uns nicht vorwärtskommen ließ — und dann das verdammte Kraut! Pedro wird uns gute Dienste leisten. Die Fahrt den Warunta hinauf ist nicht einfach.

Ich begrüßte den Maschinisten: „Freut mich, daß Sie mitmachen, Don Pedro." Und er erwiderte mit klarer, sicherer Stimme: „Es ist mir eine Ehre, Sie kennenzulernen, Señor!"

„Waren Sie schon auf dem Warunta?" fragte ich.

„Viele Male, Señor!"

„Bei der Höhle?"

„No, die kenne ich nicht. Es wohnt dort weithin niemand."

Lee Haylock mischte sich ein: „Ich gehe zum ersten Male so weit den Fluß hinauf. Hundert Meilen sind ein verteufeltes Stück in dieser Wildnis." Lachend fügte er hinzu: „Das alles Ihnen und der Wissenschaft zuliebe! Ich denke, mit der ersten Sonne brechen wir auf. Einverstanden?" Ich war es. Ein prächtiger Typ, dieser Haylock.

Endlich, kurz vor der Abenddämmerung, hatten wir unser Ziel erreicht. Hunderte von Schleifen des einsamen Flusses, die Ufer von Urwald gesäumt, hatten wir durchfahren. Eine gewaltige Barriere aus Treibholz hatte uns mehrere Stunden lang aufgehalten. Es war ein lebensgefährliches Stück Arbeit gewesen, sie zu überwinden, und Don Miguel war dabei fast vor Angst gestorben. Die Ufer waren allmählich höher geworden. Da — auf einem Vorsprung sah uns ein kleiner, dunkler, bärtiger und wenig bekleideter Mann entgegen. Pedro stellte den Motor ab, ratternd lief er langsam aus.

„Das ist Njasse!" sagte Lee Haylock und rief ihm laut zu: „Olá, Njasse! Wie steht's?" Eine rauhe, dunkle Indiostimme antwortete: „Guten Abend! Danke! Die Champa ist fertig." Champa ist ein Buschlager, ein Regendach aus Baumstangen und Blättern.

„Steigen wir aus!" sagte Lee Haylock. „Verdammt steil hier!" meinte er und sah an der etwa acht Meter hohen Uferwand hinauf. Sie setzte sich in einer Mauer aus Bambusgebüsch und Urwald fort.

Njasse dirigierte von oben her: „Wir haben Stufen gegraben. Hier, Señores, hier herauf!"

Einer nach dem anderen kletterten wir die Lehmwand hoch. Ein schmaler, frisch gehauener Pfad führte wie ein Tunnel durch das Dickicht. Am Anfang stand Njasse.

„Nur dreißig Schritt zum Lager", sagte er kurz.

Don Miguel, den wir mit vereinten Kräften die steile Ufertreppe emporgezogen hatten, wußte nichts Besseres zu fragen als: „Gibt's auch was zu essen?" In seiner Stimme lag etwas Schmachtendes, Verzweifeltes. Er wäre besser in Kaurkira, noch besser in Tegucigalpa geblieben. Njasse antwortete: „Waikma, meine Frau, hat gekocht." Dies schien eine wahre Erlösung für den „Professor" zu sein. Er verdoppelte das Tempo, blieb aber im gleichen Moment an einem abgeschlagenen Bambusrohr hängen und fiel der Länge nach auf den feuchten, mulmigen Boden.

Eine Frauenstimme lachte hell auf. Am Ende der kurzen Schneise stand eine Indianerin, mit einem zerlumpten Röckchen bekleidet, und sah uns Fremden mit großen Augen entgegen. Es war Waikma. Don Miguels Sturz amüsierte sie köstlich.

Die Abendmahlzeit bestand aus gekochten Plátanos, Mehlbananen, und gedämpften Iguanas, das sind Rieseneidechsen. Sie mundete uns prächtig. Nur unser „Professor" stocherte unlustig darin herum.

„Gibt es denn keinen Reis?" fragte er enttäuscht.

„Noch keine Ernte, Señor", klärte Waikma ihn auf. Bald darauf lagen wir auf den Wildbananenblättern unter der Champa. Jeder hängte einen „pavillón", die kleine, dachartige Mückengardine, über seine Lagerstätte. Einer nach dem anderen verstummte. Nur die schrillen Stimmen der Zikaden drangen in die Stille dieser Tropennacht.

Am anderen Morgen gingen wir auf die Suche nach dem sagenhaften Palast. Lee und ein Teil der Leute blieben zurück. Der Händler nutzte die Gelegenheit und ließ die Nachbarschaft nach nutzbringenden Wildgummibäumen absuchen. Nur der Forschung halber und mir zuliebe war er denn doch nicht so weit flußauf gefahren. Die Höhle und ihre Geheimnisse überließ er gerne „der Wissenschaft", die brachte ihm keinen Centavo ein.

Seit Njasses erstem Besuch war mehr als ein halbes Dutzend Jahre vergangen, wie er uns vorzurechnen wußte. Er war seitdem nicht wieder hier gewesen. Aber die Richtung schien er noch zu wissen. Einen alten Vorderlader über der Schulter, den Machete in der Hand, so bahnte er mit Pedro zusammen einen Pfad durch die wuchernde Wildnis. Ich folgte mit Manuel, der meine Instrumente trug. Dann kamen die anderen, ganz zum Schluß keuchend und fluchend Don Miguel.

Wir schwitzten alle nicht schlecht. Die Sonne stieg höher und höher. Das Gelände, zerfressene Kalkfelsen, verlangte uns allerhand ab. Erst gegen Mittag hörten wir Njasses Stimme: „Olá! Hierher!" Gleichzeitig knallte ein Schuß, das verabredete Zeichen. Manuel hatte die Richtung sofort erkannt.

„Hier nach links, Señor!" wies er mich an.

„Hier Njasse Zweig abgeschlagen. Hier — durch kleine Barranca (Schlucht)!" Bald darauf hörte ich Pedros Stimme: „Bei der großen Mimose ein wenig rechts halten! Dann aufwärts auf die Felsnase zu. Gleich hinter ihr liegt der Eingang."

Wir arbeiteten uns hinauf. Noch ein paar Schritte: Vor mir stand, auf seine Flinte gelehnt, der kleine Buschläufer, versteckte Befriedigung in den Augen. Unmittelbar vor uns gähnte ein schwarzer, gezackter Schlund, der Eingang zur Höhle. Ich brannte darauf, sie zu betreten.

„Haben wir alles zur Stelle?" rief ich in die Runde. „Die Stablampen, die Fackeln, die Macheten, die Schaufel?" Alles dies war vorsorglich mitgeführt worden.

„Manuel, wo ist die Schnur? Wir wollen sie am Eingang befestigen, damit wir wieder zurückfinden, falls es tiefer in den Berg hineingeht."

„Hier, Señor!" Manuel legte die Rolle vor mich auf den Boden.

„Du kannst sie hinter dir herziehen", sagte ich. „Ich werde als erster gehen, bleibe dicht hinter mir."

Mit diesen Worten ging ich auf den Eingang zu, als Manuel sehr entschieden ausrief:

„Ich? Ich gehe nicht mit!"

„Wie?" fragte ich überrascht. Ich glaubte, nicht recht gehört zu haben. Daß meine Begleiter sich weigern könnten, mir in die Höhle zu folgen, war mir überhaupt nicht in den Sinn gekommen. Doch wiederholte Manuel bestimmt:

„Ich gehe nicht mit!" Und ganz unumwunden fügte er hinzu: „Ich fürchte mich."

Auch alle anderen Indios, Njasse eingeschlossen, fürchteten sich, und trotz aller Überredungskünste und lockender Versprechungen kamen sie nicht mit. Sie hatten Angst vor der Finsternis und vor den Skeletten, obwohl die ja zu Staub zerfallen sein sollten. Nur Pedro, der Maschinist, meldete sich: „Ich werde Sie begleiten, Señor!"

„Danke, Don Pedro!" Ich sagte es ehrlich, ich war wirklich dankbar. Ich fragte noch den „Professor", denn die „Ehre seiner Nation" erforderte doch seine Teilnahme:

„Und Sie, Don Miguel?"

Er hatte sich, völlig von Kräften, auf einen Felsblock niedergelassen. Er raffte sich zusammen. Seine Antwort kam reichlich unsicher: „Ich — äh — ich auch, Don Carlos — wenn Sie es wünschen." Vielleicht hoffte er noch, ich würde auf seine Teilnahme verzichten. Da fiel ihm zum Glück auch noch seine Lieblingsformel ein, ich wußte es ja: „Die Ehre meiner Nation erfor ...". Ich konnte es schon nicht mehr hören.

„Bueno! Also gehen wir drei! Die Stablampe, Manuel!"

Der Junge reichte sie mir herüber. Und wir gingen zusammen zum Eingang des „Palastes".

Wir fanden, wie vermutet, eine Tropfsteinhöhle und weiter nichts. Keine Ruhebetten, Skelette, kostbaren Krüge und künstlichen Säulen. Wir gingen und krochen über drei Stunden durch geräumige und enge Gänge, mit keuchenden Lungen in der dumpffeuchten Luft, die Kleider vollgesogen von Schweiß und nassem Lehm. Wir? Das waren nur noch Pedro und ich. Unser „Professor" hatte keine zehn Minuten durchgehalten. Die Angst hatte ihm in allen Knochen gesessen. Gleich am Anfang mußten wir einen tiefen, steilen Schacht durchklettern. Unversehens lag er vor uns, es gab keine Möglichkeit, ihn zu umgehen. Der Abstieg war nicht einfach. Es galt, ein wüstes Gewirr von scharf zerfressenen Steinblöcken zu überwinden und mit Klimmzügen und sonstigen Kunststücken wieder hinaufzugelangen. Pedro und ich fluchten nicht wenig, doch wir schafften es. Don Miguel hingegen warf es vollends um, er mochte es aber nicht zugeben. Er behauptete, sein Bein verletzt zu haben und nicht weiter zu können. Wir brachten ihn mit Mühe zum Eingang zurück und begannen unser Abenteuer von vorn.

Einige Monate später war ich nicht schlecht erstaunt, als ich auf meiner Rückreise bei einer Poststation einen Zeitungsausschnitt vorfand, den mir meine Bekannten nachgeschickt hatten. Da stand zu lesen: „Der Höhlenpalast am Río Warunta", und darunter: „El fin de una leyenda": Das Ende einer Legende. Mein Bericht war es nicht, ich wollte ihn ja gerade zur Post geben.

Caramba, wer war mir denn da zuvorgekommen? Sollte zufällig eine andere Expedition am Warunta gewesen sein? Davon hätte ich doch etwas hören müssen! Mit einiger Spannung las ich weiter — und konnte ein Lächeln nicht unterdrücken. Mit diesem Bericht hatte ich es nun schwarz auf weiß, daß nämlich Don Miguel Gaméro, Vertreter der Kulturbetreuung in der Mosquitia, als Held der Wiederentdeckung dieser Höhle gefeiert wurde, „zur Ehre seiner Nation"!

Die Polizei kommt aus den Wolken

VON GUNTHER KREIS

Ein Flattergeräusch unterbricht den singenden, blechernen Pfeifton. Aus dem heiteren Blau des Himmels ertönt plötzlich eine Stimme: „Hier spricht die Polizei! Fahren sie bitte rechts und links ran! Machen sie eine Gasse frei für den Krankenwagen!"

Eine Vision aus dem Kapitel eines Zukunftsromans? Über die nicht endenwollende Autoschlange quirlt ein Polizeihubschrauber dahin. Für die Männer der Flugbereitschaft der Hessischen Landespolizei gehört das fast zum Dienstalltag. „Ohne die ‚fliegenden Polizisten' wäre der Urlaubsverkehr im Jahre 1970 auf vielen Strecken zusammengebrochen", so urteilen Verkehrsfachleute, und sie sind sich darüber im klaren: Man kann in Ballungszentren auf die Verkehrsregelung durch Polizeihubschrauber nicht mehr verzichten.

Für die Handvoll Polizeibeamten der hessischen Flugbereitschaft hatte die Zukunft bereits im Jahr 1964 begonnen. In einer Ecke des Flugplatzes Egelsbach — unweit des Frankfurter Rhein-Main-Flughafens — schlugen die Polizisten, die dem Regierungspräsidenten in Darmstadt unterstehen, ihr Quartier auf. Egelsbach liegt inmitten des Ballungsgebietes Rhein-Main, wo die Autobahnen rund um das Frankfurter Kreuz als mächtige, pulsierende Verkehrsadern die Landschaft durchschneiden. Die Männer haben mit ihren

beiden Hubschraubern französischer Bauart, Typ „Alouette II", längst ihre Bewährungsprobe bestanden, und das nicht nur auf dem Gebiet der Verkehrsüberwachung, sondern auch als Helfer der Vollzugspolizei und nicht zuletzt bei Rettungseinsätzen. Fliegen, für manche Menschen eine Leidenschaft, für andere ein Hobby und für wieder andere gar nur ein Traum, ist für die Beamten der Flugbereitschaft, nüchtern ausgedrückt, nichts weiter als Mittel zum Zweck. Diese „Nebensache" beherrschen die Polizeipiloten jedoch so mustergültig, daß nicht nur von der Allgemeinheit, sondern auch unter Fliegern das Können der Besatzungen bewundert wird.

Die Polizei hat den Hubschrauber mit seinen Flugeigenschaften in ihren Aufgabenbereich einbezogen. Mit dem Hubschrauber kann man auf kleinstem Raum landen, und man kann mit ihm Flugbewegungen ausführen, die mit einem „richtigen" Flugzeug, einem Starrflügler, nicht möglich sind. Er kann über Flüsse springen, unter Hochspannungsleitungen hinwegtauchen oder über einem verdächtigen Ort stehenbleiben. Er kann auf der Stelle drehen und auf genau dem gleichen Kurs wieder zum Ausgangspunkt zurückkehren.

Die Flugzeugführer der Egelsbacher Flugbereitschaft — alles Polizeibeamte mit Sonderausbildung — sind während der Einsätze „Aircraft-Commander", das heißt, sie haben Befehlsbefugnis an Bord. Damit tragen sie auch alle Verantwortung bei oft schwierigen Entscheidungen. Sie kennen ihr Einsatzgebiet, das Hessenland, aus der Vogelperspektive wie ihren Garten daheim, sie wissen, wo sie eingreifen müssen, wenn sich plötzlich der Verkehr massiert, wie sie den Rettungswagen am schnellsten zu einer Unfallstelle bringen, wie sich eine Stauung entwirren und im Verein mit den Polizeikollegen am Boden der stockende Verkehrsstrom wieder flottmachen läßt. „Teamwork" wird groß geschrieben: Einsatzleiter, Piloten und Mechaniker arbeiten Hand in Hand. In Hessen will man eine zweite Flugbereitschaft für den nördlichen Teil des Landes gründen, die den Raum um Kassel überwachen soll.

Linke Seite: Für die Männer der Polizeihubschrauber hat die Zukunft bereits begonnen — hier überwachen sie einen Engpaß auf der Autobahn Frankfurt—Kassel; der Polizeidienst auf den Fernstraßen reicht nicht mehr aus.

Ein Polizeihubschrauber der Flugbereitschaft der Hessischen Landespolizei über dem Frankfurter Autobahnkreuz. Als mächtige pulsierende Verkehrsadern durchschneiden die Autobahnen das Ballungsgebiet an Rhein und Main.

Wie wird man Hubschrauberpilot? Zuerst einmal muß der Bewerber die übliche Polizeiausbildung durchlaufen. Daran schließt dann — vorausgesetzt, er ist geistig und körperlich voll flugtauglich — die fliegerische Ausbildung an. Wer die Prüfung als Hubschrauberpilot bestanden und seinen Berufspilotenschein erhalten hat, muß sich alle zwölf Monate einer strengen ärztlichen Untersuchung unterwerfen, die nicht auf Herz und Nieren beschränkt ist. Für den Beamten der Flugbereitschaft gilt es, körperlich immer „topfit" zu sein, darüber hinaus müssen diese Männer aber auch heute noch etwas von jenem Geist aufbringen, der die Fliegerei der Pionierzeit beseelte. Im Gegensatz zu ihren Kollegen in den Jumbo-Jets, die sich während des Fluges auf die neuesten technischen Geräte stützen können und von der Flugsicherung und dem Bodenleitsystem geführt werden, sehen sich die Hubschrauberpiloten der Polizei immer wieder in einer überraschenden Lage, die sie meistern müssen. Sie sind in ihren Entscheidungen völlig auf

Hubschrauberpiloten der Polizei sind „Selfmade-Männer": Sie beherrschen die Wartung der Maschinen genauso wie das Fliegen. Das Auftanken ist nach der Rückkehr vom Einsatz die erste Bodenarbeit, denn schon in der nächsten Minute kann es wieder losgehen.

Im Hangar. Die ,,fliegenden Polizisten'' kennen ihr Gerät bis in die letzte Einzelheit. Gemeinsam verrichten Piloten und Hubschrauberwarte die technischen Arbeiten, von denen nicht nur die Einsatzbereitschaft, sondern auch das Leben der Männer abhängen.

sich allein gestellt; denn angesichts der vielfältigen Aufgaben, die die Besatzung eines Polizeihubschraubers erledigen muß, kann ihr kein Flugleiter am Boden einen Rat geben. Bei dieser Art von Fliegerei muß der Mensch die Luftfahrt noch wie ein Handwerk beherrschen. Allein Nebel lähmt die Einsatzbereitschaft; denn Pilot und Bordwart, dem als Kopilot die polizeiliche Beobachtungsaufgabe zufällt, müssen nach Sicht arbeiten. Unter allen zugelassenen Luftfahrzeugen besitzen nur Polizeihubschrauber das Sonderrecht, die gesetzlich vorgeschriebene Mindestflughöhe zu unterschreiten.

Ständig im Funkkontakt mit der Leitstelle der Hessischen Landespolizei in Wiesbaden, greifen die Hubschrauberbesatzungen ein, wenn sie auf den Autobahnen grobe Verstöße wahrnehmen. Mit einem 300-Watt-Lautsprecher wenden sie sich an jene Kraftfahrer, die sich im Verkehr danebenbenehmen. Aber die Jagd auf Verkehrssünder ist nicht ihre Hauptaufgabe, und nur, wenn es besonders kraß zugeht, rufen die Männer im Hubschrauber den Autobahnstreifenwagen. Der Verkehrsteilnehmer wird dann aufgefordert,

Hilfe im Zeitraffertempo: Mit Blaulicht rast ein Streifenwagen von der Blutspenderzentrale in Karlsruhe über die Autobahn nach Frankfurt. Dort übernimmt ein Hubschrauber das Päckchen und bringt es in die Niederlande, wo eine bestimmte Blutkonserve dringend benötigt wird.

Rettung zwischen Himmel und Erde. Die Polizeipiloten müssen auf alle Möglichkeiten vorbereitet sein. Mit einer am Hubschrauber befestigten Winde wird hier ein Verunglückter an Bord gehievt. Solche Rettungsübungen aus der Luft gehören zur Ausbildung. Alle Fotos Georg Wegemann

den nächsten Parkplatz anzusteuern, wo die Kollegen am Boden den Strafzettel ausstellen. „Wir versuchen aber, vor allem erzieherisch zu wirken", erklären die fliegenden Polizeibeamten in Egelsbach.

Die beiden im Hubschrauber eingebauten Lautsprecher sind das wichtigste „Handwerkszeug", gleichgültig, ob es sich um Verkehrsstauungen, um Katastrophen oder um Suchaktionen handelt. Einer Hubschrauberbesatzung gelang es damit im Herbst 1970, durch gutes Zureden einen Selbstmordkandidaten zur Rückkehr zu bewegen, der vom Schornstein einer Fabrikanlage in Rüsselsheim herunterspringen wollte. Das Logbuch der Egelsbacher Polizeiflugbereitschaft weist vielfältige Polizeieinsätze aus, die nur mit einem Hubschrauber gelöst werden konnten. Es sind Geschichten, die der Alltag geschrieben hat; hätte sie ein Buch- oder Drehbuchautor zu Papier gebracht, wäre man geneigt, sie für die Ausgeburt übersteigerter Phantasie zu halten. Da ist der Rettungseinsatz, bei dem ein schwerverletzter Arbeiter von dem einhundert Meter hohen Schornstein einer Darmstädter Fabrik geborgen werden mußte. Der Mann war, als Bauteile plötzlich zusammenbrachen, im Schornsteininnern eingeklemmt worden. Von unten war keinerlei Hilfe möglich. In höchster Not alarmierte man den Polizeihubschrauber. Böige Winde und ein Mast mit Warnleuchten für den Flugverkehr, der ganz in der Nähe stand, erschwerten die Rettungsarbeit. 15 Meter über dem Unfallschornstein konnte der Hubschrauber endlich im Schwebeflug gehalten werden. Unter Lebensgefahr und großen Mühen gelang es, dem Eingeklemmten einen Rettungsgurt umzulegen und ihn zum Hubschrauber zu hieven. — Das seltene Schauspiel einer Schweinehatz aus der Luft lieferten die Polizeipiloten an der Autobahn bei Bad Homburg vor der Höhe, als ein

POLIZEI

Mit Argusaugen beobachtet der Kopilot den Verkehr, um die Ursache einer Stauung ausfindig zu machen. Über Funk erteilt er den Polizeikollegen am Boden Weisungen. Hubschrauberbesatzungen kennen sich in ihrem Revier aus.

Viehtransporter bei einem Überholmanöver umgekippt war. Im Handumdrehen stoben die quiekenden Schweine aus den Fahrzeugtrümmern in das wellige Gelände. Die bodengebundenen Verfolger verloren im Nu die Übersicht über die „Riesenschweinerei" und forderten Luftunterstützung an. Vom Hubschrauber aus glückte es endlich, die „Wutzen" in Schach zu halten und sie in die Arme der Treiber zu lotsen.

Noch eine andere Begebenheit ist den Hubschrauberpiloten in Erinnerung. Da wurde ein kleines Mädchen einsam und verlassen an einem Autobahnrastplatz an der Strecke nach Mannheim aufgegabelt. Papa sei fortgefahren, berichtete die Kleine, schilderte Papas Wagen — und sofort hetzte man eine Hubschrauberstreife hinter ihm her. Als die den großen Kombibus des merkwürdigen Vaters aus der Luft gesichtet hatte, forderte sie den Fahrer auf, er solle doch den nächsten Parkplatz ansteuern. Dort wurde der überraschte Mann, der sich den Großaufwand immer noch nicht erklären konnte, gefragt: „Vermissen sie denn niemanden?" Erst jetzt löste sich das Rätsel. Aus dem Kombibus quollen nicht weniger als elf Kinder. Papa zählte ab. Und siehe da, eines fehlte. Das zwölfte Kind, die verlorene Tochter, eilte strahlend in den Kreis der nun wieder vollständigen Familie zurück, und die Reise gen Süden konnte weitergehen.

Eine Fahndung mit kriminellem Einschlag hatten die Männer von der Flugbereitschaft zu erledigen, als sie der Anruf erreichte: „Im Mannheimer Gebiet ist aus einem Auto auf andere Verkehrsteilnehmer geschossen worden!" Bei Viernheim sichtete man den Verdächtigen und forderte ihn auf, anzuhalten. Als der Hubschrauber nahe einer Böschung gelandet war und einer der Beamten ausstieg, um den Verdächtigen zu vernehmen, gab der schon wieder Gas und versuchte zu entkommen. Der Pilot handelte blitzschnell und setzte sich im wahrsten Sinne des Wortes vor die Windschutzscheibe des Wagens. Erst als die Hubschrauberkufen fast das Glas berührten, gab der Mann, blaßgeworden, auf. Warum hatte er auf seine Mitmenschen geschossen? Der rabiate Zeitgenosse hatte sich, als er kurz zuvor überholen wollte, obwohl es völlig sinnlos war, im Verkehrsstau eingeengt gefühlt. Im Besitz einer Schreckschußpistole, wollte er die Ellenbogen gebrauchen und feuerte, als er schließlich seinen Vordermann schneiden konnte, wütend einen Schuß ab. Diesem Verkehrsanarchisten brummte übrigens das Gericht den saftigen Denkzettel von einem Jahr Gefängnis ohne Bewährung auf.

Gute Arbeit leisteten die „Fliegenden Polizisten" nach einem Banküberfall im Odenwald. Fünf Verdächtige waren in einem Auto mit der Beute entkommen. Man hatte sie bis zu einem unübersichtlichen, hügeligen Waldstück verfolgt. Dort verschwanden Auto und Täter. Streifenwagen rasten heran — vergeblich! Erst aus der Luft entdeckte man die Täter, konnte sie weiterverfolgen und so verhindern, daß sie über unwegsames Gelände hinweg entkamen. „Ohne Hilfe des Hubschraubers hätten wir die Bankräuber nie gefaßt!", räumten später die Verfolger auf der Erde ein. Auch bei solchen Einsätzen ist der Lautsprecher ein wichtiges Hilfsmittel. Verständigungsschwierigkeiten gibt es nur dann, wenn die auf dem Erdboden stehenden Personen gegen die Durchsagen aus luftiger Höhe anschreien und glauben, die Besatzung des Polizeihubschraubers müßte sie ebensogut verstehen wie umgekehrt.

Anerkennung findet die wichtige Arbeit der Helfer aus der Luft von allen Seiten. Sogar zwei Lausbuben, elf Jahre jung und von daheim ausgerissen, gestanden: „Wir hätten nie gedacht, daß man uns so schnell findet!" Die beiden hatten sich nach langen Fußmärschen gut versteckt und ließen sich auch durch Lautsprecheransagen vom Hubschrauber aus nicht erweichen, sie stellten sich vorerst taub. Als Polizeibeamte sie später fragten: „Habt ihr denn die Durchsagen nicht gehört?", antworteten sie: „Na klar, aber wir wollten halt mal sehen, ob ihr spurt!"

DER TIGER DES MEERES

VON HANNS-WOLF RACKL

Die Mitarbeiter der Smithonian Institution in Washington brauchen keine Krimis, um das Gruseln zu lernen. Es genügt, wenn sie eine in der Bibliothek ihres Instituts geführte Kartei aufschlagen, eine Karte ziehen und sich vom Computer den dazugehörigen Bericht aus dem Magazin holen lassen. Denn diese Kartei enthält umfangreiche Niederschriften von Haiangriffen auf Menschen.

„Am 26. Juni 1967 wurde vor Perth, Australien, der Sporttaucher Robert Bartle von einem Makohai angefallen. Sein entsetzter Tauchkollege sah nur noch den Unterkörper von Bartle, während der Hai mit dem Oberkörper im Maul davonschwamm", heißt es etwa auf einer Karte, frei aus der Computersprache übersetzt. Oder „Vor Opatija, jugoslawische Adriaküste, attackierte ein Hai eine Schwimmerin aus Augsburg, zog sie unter die Wasseroberfläche und verschwand mit ihr". Wenn irgendwo in der Welt eine Veröffentlichung über solche Unglücksfälle erscheint oder auch nur über unblutig verlaufene Angriffe von Haien auf Menschen, liefern Zeitungsausschnittbüros und Korrespondenten alle darüber erreichbaren Nachrichten nach Washington. Trotzdem ist diese Sammlung, die jährlich um 300 bis 350

Fälle mit ernstem Ausgang anwächst, nicht annähernd vollständig. In Indien, Indonesien und anderen Ländern, in denen alljährlich Millionen Menschen verhungern, nimmt man von einem solchen Todesfall kaum Notiz, und in vielen Industriestaaten hüten sich die Fremdenverkehrsbehörden, etwas von Haiunglücken in die Öffentlichkeit dringen zu lassen, weil das die Badegäste abschrecken könnte. Wenn ein Unfall in Washington erfaßt ist, bemüht sich das Institut sofort um einen möglichst vollständigen Bericht. Aber nur in wenigen Fällen gelingt es, ihn zu beschaffen, denn bei vielen Haiunglücken gibt es keine Augenzeugen.

Die aufschlußreichsten Schilderungen stammen von Angegriffenen, die mit dem Leben davongekommen sind. So schrieb der 21jährige australische Sporttaucher Brian Rodger, der vor Südaustralien bei der Unterwasserjagd von einem Weißspitzenhai angefallen worden war: „Ohne Warnung schnappte der Hai nach meinem linken Bein und verletzte es schwer. Bei meiner unwillkürlichen Abwehrbewegung zerfleischte er auch noch den linken Arm — dann ließ er von mir ab und umkreiste mich in etwa drei Meter Entfernung. Als er erneut zum Angriff ansetzte, traf ihn meine Harpune unmittelbar hinter dem Auge. Der große Fisch zitterte, als habe er einen Schock erlitten, und schoß ins Meer hinaus. Stark blutend schwamm ich auf die Küste zu, wobei ich nur das rechte Bein und den rechten Arm benützen konnte. Als ich merkte, daß mich der Blutverlust zu schwächen begann, band ich mir mit dem Gummistrang der Harpune den linken Oberschenkel ab."

Den Nichtfachmann überrascht an diesem Bericht, daß der Hai Brian Rodger nicht sofort tötete, und daß Rodger nicht bewußtlos wurde. Haie töten selten mit einem Biß. Meistens stoßen sie ihr Opfer erst zur Erkundung an, beißen in einem zweiten Anlauf kurz zu, reißen dann ein Stück ab. Die Verletzten bleiben sehr lange bei vollem Bewußtsein, spüren jedoch keinen Schmerz. Der Schmerz wird durch den Schock überdeckt, manchmal auch durch übermenschliche Anstrengungen, den Hai abzuwehren und sich

Titelbild: Der mit vielen Reihen messerscharfer, spitzer Zähne bewehrte Rachen und ein Kaudruck von mehreren Tonnen machen den Hai auch für den Menschen zu einem gefürchteten Gegner, der immer wieder Opfer fordert.

Mit dem „achten Sinn" können Fische Gegenstände unter Wasser regelrecht anpeilen. Die Sinnesorgane dafür sitzen beim Hai auch am Kopf und sind hier besonders stark ausgeprägt. Fotos Bavaria

zu retten. Das belegen vor allem Berichte von Schiffbrüchigen und abgestürzten Fliegern. Solche Mitteilungen häuften sich während des zweiten Weltkrieges bei den Haiforschern, sie gehen aber auch heute noch ein, denn immerhin versinken jährlich über 300 Schiffe.

Die Haiforscher, die diese Berichte auswerten, suchen vor allem Antwort auf zwei Fragen: Was hat den Hai zum Angriff gereizt, und womit ist er erfolgreich abgewehrt worden? Man verzeichnet sorgfältig die Zahl der Unfälle, um die Größe der Haigefahr abschätzen zu können und besonders bedrohte Küstengebiete sowie angriffslustige Haiarten zu ermitteln. Nur 27 von 250 Haiarten sind als Menschenfresser bekannt.

Umfangreiche Forschungsarbeit dieser Art am Schreibtisch lag hinter dem Wiener Privatgelehrten Dr. Hans Hass, als er zur Karibischen See aufbrach — sie gilt als besonders haiverseucht —, um dort als einer der ersten Menschen mit einer Freitaucherausrüstung in die „Schweigende Welt" vorzudringen. Trotzdem waren er und seine Freunde nicht mit schweren Waffen ausgerüstet. Sie trugen zwar scharfe Dolche, doch vor allem vertraute der Wiener Wissenschaftler auf seine „Theorie". Hans Hass ging von den Feinden des Haies aus. Haie sind zwar Raubfische von ungeheurer Kraft, Schnelligkeit und Geschicklichkeit — doch keineswegs die Herren ihrer Reviere. Mit einem einzigen Schluck verschlingt ein ausgewachsener Pottwal einen Hai von zwei, drei Metern Länge. Mörderwale zerfetzen Haie mit ihrem mächtigen Raubtiergebiß. Selbst Delphine wissen sich der Haie gut zu wehren: Im Schwarm stürzen sie sich auf die Angreifer, decken sich gegenseitig gegen Haibisse und stoßen die Haie mit wuchtigen Hieben ihrer knochenharten Schnauzen und Stirnen zu Tode. Selbst ein einzelner Delphin ist einem gleichgroßen Hai zumindest an Schnelligkeit und Ausdauer überlegen; nur junge und kranke Tiere sind gefährdet. Ein Raubtier aber, das so starke Feinde fürchten muß wie der Hai, zeigt auch starke Fluchtreaktionen. Es kommt nur darauf an, diese Fluchtreaktionen auszulösen, folgerte Hans Hass. Die Taucher mußten dem Hai zeigen, daß sie keine Furcht vor ihm hatten, sie mußten so tun, als seien sie die Stärkeren.

Die Überlegung des Wiener Forschers erwies sich als richtig! Eine Begegnung mit Haien nach der anderen überstanden er und seine Freunde in der Karibischen See, ohne daß sie in Schwierigkeiten gekommen wären — bis sie eines Tages vor der Insel Curaçao mit einem harpunierten Zackenbarsch zur Oberfläche zurückschwammen. Da tauchten aus der Ferne drei Haie auf und schossen so schnell auf die Taucher zu, daß Hass und seine Freunde das wilde Peitschen der Haischwänze im Wasser hören konnten. Einer der Taucher stieß unter Wasser einen gellenden Schrei aus. „Wie von einem Zauberwort zurückgeschlagen, riß es alle drei Haie knapp vor uns wieder herum, und sie jagten davon, so schnell, wie sie gekommen waren", erzählte Hans Hass über diese Begegnung.

Ein sicheres Abwehrmittel gegen den „Tiger des Meeres" ist das An-

Haie, auch solche der angriffslustigen Arten, sind wie dieser Weißspitzenhai zunächst meist nur neugierig. Sie stoßen ihr Opfer zur Erkundung an und beißen erst beim zweiten Anlauf von rückwärts kurz zu.

Nicht alle Haifische sind Menschenfresser. Dieser Katzenhai, ein mächtiger Bursche, ist ungefährlich. Das beste Abwehrmittel ist ein Haifischstock, mit dem man den Angreifer gegen die Kiemen stößt. Fotos P. Kopp

Das lange Haimesser ist gegen 1000 kg Muskelmasse eine unzulängliche Waffe. Messerstiche sind selten tödlich und reizen selbst „harmlose" Haie zu erbitterten Angriffen. Außerdem lockt der Blutgeruch, der sich blitzschnell im Wasser verbreitet, noch weitere Raubfische an.

Unterwasserharpunen versprechen nur gegen kleinere Tiere Erfolg. Dann aber müssen alle Griffe sitzen, denn Schnelligkeit ist Trumpf. Am sichersten ist es, die natürliche Fluchtreaktion des Haifisches auszulösen, indem man den Eindruck zu erwecken sucht, man sei der Stärkere. Fot. Unterwasserkrause

schreien allerdings nicht. Manche Tiere haben ihre natürliche hohe Empfindlichkeit gegen Schallwellen verloren. Unterwassersprengungen der Dynamit-Fischer und das Geräusch der Schiffe haben sie abgehärtet. Das mußte Hans Hass erfahren, als er einige Jahre später im Roten Meer auf einem Korallenblock saß und einen Hai filmte. Als er sich umdrehte, sah er hinter sich einen Weißhai: „Einen unvergeßlichen Augenblick lang sah ich den breiten Kopf auf mich zukommen ... Ich schrie auf. Ruhig und unbeirrt rückte das Maul näher. Ich hatte nur noch die bloßen Hände, um mich zu verteidigen! Und ich durfte den Hai keinesfalls gegen die Nase schlagen, denn dann klappte er einfach das Maul zu und meine Arme landeten zwischen den Zähnen. Erst als seine Nase mir schon ganz nahe war, stieß ich mit der rechten Hand zu, am Maul vorbei, gegen die Kiemen. Ich fühlte einen Wasserdruck — der Hai schwamm davon. Er machte einen Bogen und kam wieder. Jetzt hatte ich die Harpune gepackt und stieß sie ihm gegen den Kopf. Die Spitze drang kaum in seine Haut ein, aber er schlug wieder einen Bogen. Dann sah ich, daß mich der andere Hai — jener, den ich gefilmt hatte — nun ebenfalls angriff. Mit aller Kraft drehte ich den Speer seitlich herum und traf ihn, dann wendete ich die Waffe wieder zurück — und traf den anderen."

Doch der Speer war zu lang und unhandlich. Er bot im Wasser zuviel Widerstand. Nur mit knapper Not konnte Hans Hass seinen Rückzug abdecken. Das Erlebnis regte ihn zu der Erfindung eines „Haistockes" an. Er nahm künftig zum Tauchen einen 1,3 Meter langen, hölzernen Stock mit, an dessen einem Ende er als Spitze einen Nagel angebracht hatte. Der Stock war handlich und doch lang genug, um sich damit einen Hai vom Leibe zu halten. Viele Sporttaucher haben inzwischen dank eines solchen Hans-Hass-Haistocks gefährliche Begegnungen mit Haien bestanden.

Immer wieder werden Taucher, die in ihre Arbeit unter Wasser vertieft sind oder Unterwasserjagd auf ein Beutetier machen und von ihm in einen Kampf verwickelt werden, von Haien im Rücken angegriffen. Manchmal attackieren auch ganze Rudel eine Tauchergruppe im freien Wasser. Die Tiere sind im Rudel angriffslustiger als einzeln. Gelingt es ihnen, auch nur einen der Taucher leicht zu verletzen, verbreitet sich der Blutgeruch blitzschnell im Wasser und die Raubtiere geraten in wilde Raserei. Der französische Unterwasserforscher Jaques-Yves Cousteau ließ deshalb einen Stahlkäfig bauen, in den sich die Taucher bei Gefahr zurückziehen konnten. Er wurde von einem Kran auf seinem Forschungsschiff ins Wasser gelassen.

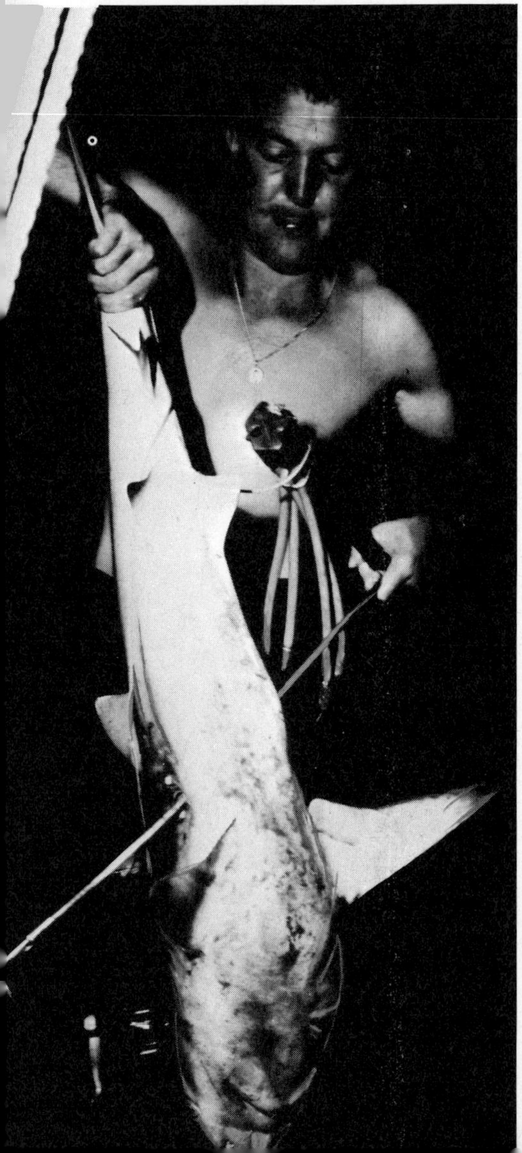

Unterdessen arbeiten „Haiforscher" im Meer und in Aquarien eifrig daran, Abwehrmittel gegen Haie zu entwickeln. Sie sollen vor allem Schiffsbrüchigen helfen. Bei Schiffsuntergängen und Flugzeugunglücken finden sich oft Rudel dieser gefährlichen Raubfische an den Untergangsstellen ein und zerren im Blutrausch ihre Opfer sogar von Rettungsflößen herunter, bringen Boote zum Kentern und zerfetzen Schlauchboote. Ebenso sind Badegäste gefährdet. Vor den Küsten Floridas, Kaliforniens, Südafrikas und Australiens schwimmen Haie bis ins seichte Wasser, um sich auf Badende zu stürzen. Auch an den Küsten Jugoslawiens, Griechenlands und Süditaliens sind in den letzten Jahren Haie immer zahlreicher aufgetaucht.

Die große Entdeckung im Kampf gegen die Haigefahr schien im Jahr 1942 gelungen zu sein. Der amerikanische Zoologe Dr. Harald J. Coolidge, der sich besonders mit den Meerestieren beschäftigte, war von der US-Armee gedrängt worden, eine sichere Haiabwehrmethode ausfindig zu machen, hatten sich doch unter den abgestürzten alliierten Fliegern und den Schiffbrüchigen torpedierter Schiffe die Haie schon viele Opfer geholt. Coolidge verfiel auf den Gedanken, ein chemisches Präparat zu suchen, das die Haie vom Angriff abhielt. In einem Aquarium wurden gefangene Haie mit blutigen Fisch- und Fleischbrocken angelockt. Dann wurden Chemikalien in der Nähe der Köder ins Wasser geschüttet. Eine ganze Reihe chemischer Stoffe störte die Haie nicht weiter, doch bei Kupfersulfat und Ammoniumacetat — das auch von verwesenden Haikadavern abgesondert wird — schwammen sie voller Abscheu von den Brocken weg. Die Forscher vermischten deshalb die beiden Stoffe und unternahmen damit im haiverseuchten Golf von Guayaquil, Ecuador, Freiwasserversuche. Und tatsächlich verschmähten sogar die gierigen Grau- und Hammerhaie die vergällten Köder. Ähnlich wirkte auch der Farbstoff Nigrosin. Die Amerikaner rüsteten nun Rettungsboote und Schwimmwesten mit einem „Hai-Schreck" aus, der aus Nigrosin, Kupfersulfat und Ammoniumacetat bestand.

Der Schrecken der Fachleute war groß, als die französischen Taucher Cousteau und Dumas berichteten, daß sie im Atlantik trotz Haiabwehrmittel hartnäckig von drei Haien angegriffen worden waren. Und als im Jahr 1955 bei einem Flugzeugunglück zwei von vier Besatzungsmitgliedern, die den Absturz überlebt hatten, trotz „shark chaser" von Haien gefressen wurden, war klar, daß Coolidge keinen zuverlässigen Schutz gegen Haie gefunden hatte. Hans Hass und der deutsche Biologe Irenäus Eibl-Eibesfeldt wollten nun der Geschichte auf den Grund gehen. Warum hatten die Haie im Golf von Guayaquil das Mittel gefürchtet, die Haie aber, die Cousteau und Dumas angriffen, sowie jene, welche die beiden Flieger töteten, nicht?

Bei einer Unterwasserexpedition schoß Eibl-Eibesfeldt einen großen Zakkenbarsch und legte ihn drei Grauhaien hin. Einer sägte den Barsch entzwei und jagte mit seiner Beute davon. Der Blutgeruch und das Sägen des anderen brachten die beiden leer ausgegangenen Räuber in wilde Erregung. Weitere Köder lockten ein ganzes Rudel gieriger Haie an. Vierzehn Tiere drängten sich schließlich um die Taucher. Eibl-Eibesfeldt steckte nun einem Köderfisch einen ganzen Beutel Kupfersulfat ins Maul. Die Chemikalie störte die Haie kurze Zeit, doch dann gewann die Raubgier Oberhand. Ein Hai verschlang den Köderfisch, dem das Kupfersulfat aus Maul und Kiemen rauchte. Der Schluß aus diesem Verhalten war einfach: Wenn Haie erst in Blutrausch geraten sind, stört sie der „Hai-Schreck" nicht mehr.

Einige andere Beobachtungen, die Taucher gemacht haben, sind nicht weniger beunruhigend: Haie sehen nicht nur gut und haben einen feinen Geruchssinn, sondern auch ihr „Radar" ist leistungsfähiger als das fast aller anderen Fische. Dieser „achte Sinn" der Fische ist ein komplizierter Ferntastsinn. Wir erkennen das Wahrnehmungsorgan dafür, wenn wir einen Fisch genau betrachten: Auf seinen beiden Seiten läuft eine Linie vom Kopf bis zum Schwanz. Unter dem Mikroskop bemerkt man feine Poren in dieser Seitenlinie, die in einen schleimführenden Kanal unter der Haut münden. In diesen Kanal ragen von darunterliegenden Sinnesknöspchen, nervenähnlichen Gebilden, gallertige Spitzen. Druckwellen im Wasser pressen in die Poren, die Spitzen biegen sich um und auf die Sinnesknöspchen wird ein Druck ausgeübt. Diese Vorrichtung der Fische ist sehr empfindlich und spricht auf verschiedene Wellenstärken im Wasser an — auf Schwingungen so niedriger Frequenzen, daß sie kein Ohr mehr hören kann. Der Fisch kann aber nicht nur „empfangen", sondern auch „senden" und auf diese Weise Gegenstände regelrecht anpeilen. Seine Bewegungen erzeugen nämlich selbst Wellen, die von der Umwelt zurückgeworfen werden und die er wieder empfängt. Da die Wellen von weichen Gegenständen, wie anderen Fischen, und harten, wie Felswänden, verschieden zurückprallen, kann der Fisch an der Art der zu ihm zurückkehrenden Wellen auch bei vollkommener Dunkelheit erkennen, was um ihn herum los ist.

Der Hai hat außer den Seitenlinien ähnliche Sinnesorgane auch am Kopf, die besonders stark ausgeprägt sind. So kann er zappelnde Fische oder Schwimmer schon von weitem ertasten, noch bevor er sie gesehen oder gerochen hat. Und er kann selbst bei Dunkelheit schnelle Angriffe mit großer Genauigkeit schwimmen, ohne daß er in Gefahr gerät, sich an Felsen oder Korallenriffen zu verletzen. Dieser empfindliche Sinn der Haie könnte auch eine ihrer schwachen Stellen sein, überlegten amerikanische Wissenschaftler. Sie erprobten Elektroden, die mit jeweils einer Sekunde Abstand einen starken Stromstoß von 10 Millisekunden Dauer aussenden. Taucher erhielten diese von einfachen Trockenbatterien versorgten Geräte in den Tauchanzug eingepaßt und näherten sich damit den als gefährlich bekannten Haiarten. Die Haie griffen an, doch einige Meter vor den Tauchern drehten sie

Wie ein Torpedo gleitet der lange, schlanke Rumpf des Marderhais durch das Wasser — ein Bewohner der Korallenriffe des Roten Meeres. Alle Bemühungen der Wissenschaftler, ein wirksames Abwehrmittel gegen die Haifischgefahr zu entwickeln, die Schiffbrüchige wie Badende bedroht, waren bisher vergebens. Fot. Sillner

blitzschnell ab. Auch mit Schall werden Versuche unternommen. Haie reagieren auf laute Musik. Beat schreckt ab, klassische Musik zieht an. Doch alle diese Abwehrmittel haben den Fehler, daß sie noch nicht ausreichend erprobt sind. Tests in Aquarien sind nicht zuverlässig, denn Großhaie — die sich sehr schwer in Gefangenschaft halten lassen und sich meist schnell an den Aquarienwänden zu Tode stoßen — verhalten sich in Gefangenschaft weniger angriffslustig als im Meer. Dort sind sie stets unberechenbar.

Einstweilen können die Wissenschaftler nur den Rat geben, haiverseuchte Gewässer zu meiden, in gefährlichen Gebieten weder Unterwasserjagd zu betreiben noch etwa mit blutenden Wunden zu schwimmen, Badestrände mit Stahlnetzen zu sichern und sich notfalls mit herkömmlichen Waffen zu verteidigen — mit dem Haistock oder einer Harpune. Für einen gut ausgerüsteten Freitaucher ist auch ein Hai kein unüberwindlicher Gegner. Südseebewohner jagen Haie mit langen, nadelspitzen Speeren aus Hartholz. Australische Sporttaucher hatten erst die Haijagd mit den üblichen Harpunen versucht. Bei kleineren Tieren blieben sie meist Sieger. Doch gegen Haie von acht, zehn und mehr Metern Länge erwiesen sich die Stahlpfeile der gewöhnlichen Unterwassergewehre, die wegen des Wasserwiderstandes schon auf einige wenige Meter Entfernung fast die ganze Durchschlagskraft verlieren, als wirkungslos. Waren die Haie erst einmal angeschossen, so stand die Sache der Schützen schlecht. Sie hatten gegen die rasenden Tiere nur mehr ihre langen Haimesser. Mit dem Dolch gegen eine Muskelmasse von mehr als tausend Kilogramm, gegen eine Reibeisenhaut, bei deren Berührung dem Taucher Haut und Fleisch weggefetzt werden, gegen einen Rachen mit vielen Reihen messerscharfer, spitzer Zähne und einen Kaudruck von mehreren Tonnen ... Nachdem einige Taucher zu Tode gekommen, andere schwer verletzt worden waren, rüsteten sich die australischen Taucher mit „Dynamitlanzen". Mit Stäben, an deren Ende große, wasserdichte Dynamitpatronen befestigt sind, erwarten sie den Angriff eines Hais. Genau zwischen die Augen des Hais muß die Dynamitlanze treffen — dann tötet ihn die Explosion der Patrone sofort.

Haijagd ist für die Australier nicht nur Sport und Kampf gegen die Haiplage an ihren Küsten: Der Hai liefert auch Nahrung und Futtermittel. Haifischflossensuppe gilt als Delikatesse, die Haut liefert gutes Leder, aus Fleisch und Knochen wird Fischmehl hergestellt. Bei einigen Haiarten ist sogar das Fleisch ein Leckerbissen: So sind „Schillerlocken" Streifen geräucherten Fleisches von den Grundhaien der Nordsee.

Überraschende Erkenntnisse brachte die Haiforschung für die Gesundheit des Menschen. Haie sind im Gegensatz zu anderen Tieren kaum für Krebs, Herz- und Kreislaufkrankheiten anfällig. Das Nationale Institut für Krebsforschung der USA versucht nun herauszufinden, wie die krebserregenden Stoffe im Körper dieser Fische entgiftet werden und welche Besonderheit ihrer Organe sie vor Herz- und Kreislauferkrankungen schützt.

VON GÜNTER SANDSCHEPER

„Ja, grüezi God, Fra Stirnemann", jodelte ein Computer in Rüschlikon bei Zürich der Besuchergruppe entgegen, während ein anderer die gleichen Leute mit einem freundlichen „Bonjour, Monsieur" in La Gaude an der Côte d'Azur begrüßte. In einwandfreiem Französisch nannte der Automat, nur um seine „Intelligenz" zu zeigen, noch einige Abflugzeiten — die Ingenieure hatten ihn für die Ansage auf einem Flughafen entworfen —, dann war sein Latein zu Ende. Mehrmals angesprochen, zeigte er keine Gegenwirkung. Für ihn war das Gespräch vorbei. Dabei handelte es sich hier schon um einen „Klassenprimus" unter den Computern. Zwar drucken Rechenautomaten heute mit 100 000 Zeilen in der Stunde ihre Ergebnisse aus und lassen Zahlen und Figuren über den Bildschirm rasen, doch in freier Rede Sätze zusammenstellen oder gar beliebig gesprochene Worte ihres Gesprächspartners verstehen können sie kaum. Bisher reagieren Computer nur auf in einem bestimmten Schema geschriebene Befehle; sie dürfen um keinen Buchstaben verändert sein, sonst rührt sich die Maschine nicht. Der Zeitpunkt, wo ein Automat sich frei mit einem Menschen unterhält, ihm vielleicht sogar Befehle erteilt, liegt noch fern, so fern, daß selbst Zukunftsforscher nur ganz ungenaue Vorstellungen darüber besitzen.

Könnten Computer sprechen und Sprache verstehen, dann könnte jeder Analphabet mit ihnen umgehen. Denn auch heute, in der Zeit des Fernsehens und bei täglich Tausenden Tonnen bedruckten Papiers, werden noch immer neun von zehn Nachrichten durch die Sprache von Mensch zu Mensch ausgetauscht. Das ist der Grund, weshalb Wissenschaftler in einigen Laboratorien, die über die ganze Welt verstreut sind, versuchen, die Computer zum Sprechen zu bringen. Sprechende Automaten sollen aber nicht wie Tonbänder arbeiten — dort wird nur etwas festgehalten und wiedergegeben. Wünscht man aus einem so aufgezeichneten Gespräch nur bestimmte Nachrichten, so muß man aus dem Band die einzelnen Stellen herausschneiden und geschickt verknüpfen, damit der Zuhörende nicht merkt, daß geschnitten worden ist. Ein Automat, der sprechen soll, müßte sich dagegen die Sätze aus den einzelnen Buchstaben oder aus noch kleineren Einheiten selbst folgerichtig zusammenstellen. Wenn das Ganze dann auch noch gut klingen soll, ahnt man vielleicht, wie schwierig das ist.

Die Schwierigkeiten gehen aber noch weiter. Gibt man einem Rechenautomaten beispielsweise ein a ein, das bei der Wiedergabe aus dem Lautsprecher ebenso klingen soll wie vom Tonband, dann braucht er, um dieses a auch nur eine Sekunde klingen zu lassen, etwa 50 000 Informationen aus seinem Speicher. Der Speicher ist das Gehirn des Computers, in dem kleine Magneten, durch einen Strom angeregt, eine Nachricht — eine Information — festhalten und auf Abfrage wieder freigeben.

So ein „Computergehirn" hat selten mehr als 1 Million solcher Speicherstellen. Vereinfacht ausgedrückt heißt das, wenn der Automat 20 Sekunden lang a gesagt hat, dann wäre sein Wissen erschöpft. Die Forscher, die solche sprechenden Automaten bauen wollen, müssen deshalb ein Verfah-

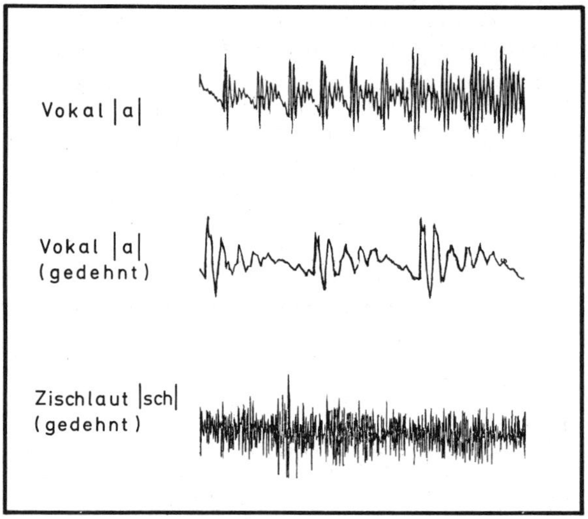

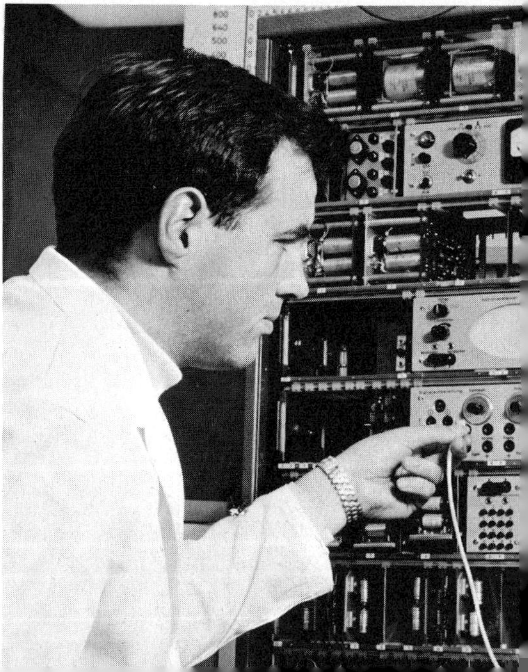

ren finden, bei dem der Computer ohne zu hohen Speicheraufwand — wie der Mensch — Worte und ganze Texte formulieren kann. Aber die Forscher verlangen noch mehr von der Maschine: Sie wollen den Computern beibringen, auch gesprochene Worte zu verstehen. Der Automat soll also in der Lage sein, menschliche Worte zu erkennen und ihren Sinn zu erfassen. Wie schwer das ist, wissen wir alle, denn Aussprache und Satzbildung einzelner Menschen machen uns im Alltag genügend zu schaffen. Manche halten deshalb den verstehenden Computer für ein Wunschbild, andere hingegen meinen, daß es tatsächlich möglich sein wird, einen Automaten zu entwikkeln, der Sprechen und Verstehen „erlernt". Sind Erkennungsautomaten auch noch fern, der sprechende Computer liegt heute in greifbarer Nähe.

Bevor aber die Forscher daran gehen konnten, sprechende Computer zu entwickeln, mußten sie erst einmal untersuchen, was Sprache eigentlich ist. Sie fanden heraus, daß es sich bei dem Ausstoß von Sprachlauten um einen Vorgang handelt, bei dem eine Reihe von stimmlosen Lauten, etwa ein s, und von stimmhaften, wie etwa ein a, erzeugt wird. Stimmhafte Laute entstehen, wenn unsere Stimmbänder als Schallquelle vibrieren. Stimmlose Laute bilden sich an Verengungen und Spalten im Atemweg, sobald Luft dort vorbeiströmt. Alle diese Laute zusammen, von den Sprachforschern „Anregungssignal" genannt, werden in Rachen-, Mund- und Nasenhöhle, die wie der Resonanzboden einer Geige wirken und als „Artikulationsteil" bezeichnet werden, in ihrer Klangfarbe so verändert, daß daraus eine Lautfolge, eben unsere Sprache entsteht. In der Lautfolge sind die beiden wichtigsten Merkmale der Sprache enthalten, die Schallanregung und die Schallartikulation.

Sprache kann man niemals gelöst vom Menschen untersuchen, der sie

Links: Die beiden Grundelemente unserer Sprache — Vokal und Zischlaut — unterscheiden sich durch die Anzahl der Schwingungen je Zeiteinheit. Wir sprechen von stimmhaften (obere Kurven) und stimmlosen Lauten (unten).

Unten: So stellt man sich den Sprechtrakt vor. Die im „Anregungsteil" erzeugten Signallaute werden im „Artikulationsteil" in ihrer Klangfarbe so verändert, daß daraus eine Lautfolge, eben unsere Sprache, entsteht.

Mitte: Ein „elektronischer Mund". Aufmerksam lauscht der Wissenschaftler den künstlichen Worten, die aus dem Lautsprecher dringen. Der Rechner stellt auf Befehl bestimmte Sätze selbsttätig zusammen. Er achtet auf Betonung, Stellung und Trennung der Worte und damit auf den Sinn. Sehr begrenzt ist der Automat bereits in der Lage, gesprochene Sätze zu verstehen. Fot. AEG-Telefunken

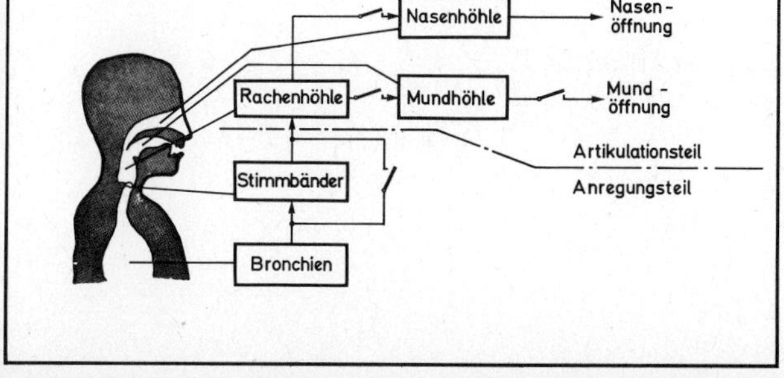

Links oben: Die „Zweistufensprache" zeigt, auf dem Bildschirm wiedergegeben, nur rechteckige Sprünge. Es ist eine entfeinerte Umgangssprache, um das „Computergehirn" zu entlasten. Je nach der Klangfarbe des Gesprochenen kennen die Signale nur „Oben" und „Unten".

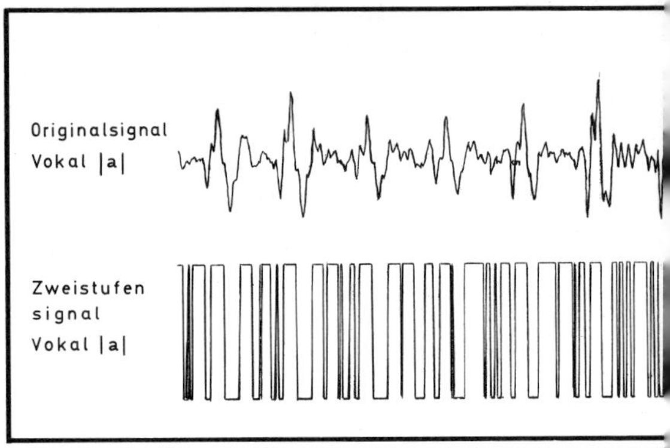

Bei der Delta-Modulation muß man sich die Sprünge viel feiner denken. Dadurch wird das Klangspektrum annähernd getroffen und die Klanggüte ist sehr viel besser. Freilich ist dann auch der technische Aufwand um vieles größer.

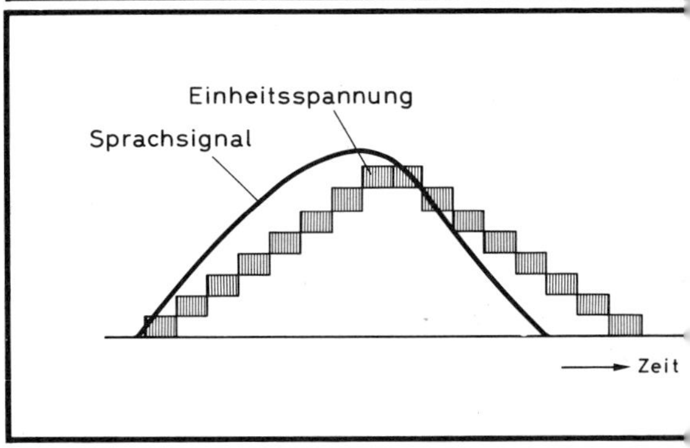

Rechts oben: Diese Darstellung veranschaulicht die Ähnlichkeit der Zerlegung der Laute und des Wiederzusammenfügens bei Mensch und Sprechautomat. Der Aufbau ist grundsätzlich derselbe: Die Signale, die bei der Zerlegung entstehen, steuern bei der Zusammenstellung von Wörtern eine Anregungsquelle und den Artikulationstrakt.

spricht, ihr Bedeutung gibt oder einen Sinn aus ihr herausliest. Hier liegt die Hauptschwierigkeit: Dem empfindungslosen Computer muß erst einmal ein Teil der Erfahrung mitgeteilt werden, die der Mensch von Kindheit an besitzt. Anfangs haben die Forscher versucht, diese Erfahrungen Stück um Stück dem Computer zu vermitteln, doch erkannten sie bald, daß das viel zu aufwendig ist. Der Speicher war schnell verstopft. Heute simulieren die Wissenschaftler sprechende Computer erst einmal mit gewöhnlichen Computern, das heißt, sie suchen sich gewisse Teilgebiete der Aufgabe heraus und prüfen deren Beziehungen untereinander und zum Rechner. Da sie bis dahin noch kein besonderes Gerät gebaut haben, können sie bestimmte Eigenschaften so lange verändern, bis sie ihnen richtig erscheinen.

Auf diese Weise hoffen die Wissenschaftler Verfahren zu finden, die das „Computergehirn", den Speicher, beim Sprechen nicht allzusehr belasten. Zunächst einmal geht es weniger darum, Sätze zu bilden, als vielmehr in wenigen Impulsen die Umgangssprache gut verständlich wiederzugeben. Die einfachste Art, das zu tun, ist die sogenannte „Zweistufensprache". Die Signale kennen dabei je nach der Klangfarbe des Gesprochenen nur „Oben" und „Unten". Würde man diese Sprache auf einem Bildschirm wiedergeben, dann sähe man dort nur rechteckige Sprünge, etwa so, wie sie ein Kind auf kariertem Papier zeichnet, wenn es die Kästchen nachmalt. Was man hört, gleicht rauhem Orgelgedröhn, bleibt aber verständlich. Bessere Klanggüte bei kniffligerer Technik liefert die sogenannte Delta-Modulation. Hier muß man sich die Sprünge viel feiner vorstellen, so daß das Klangspek-

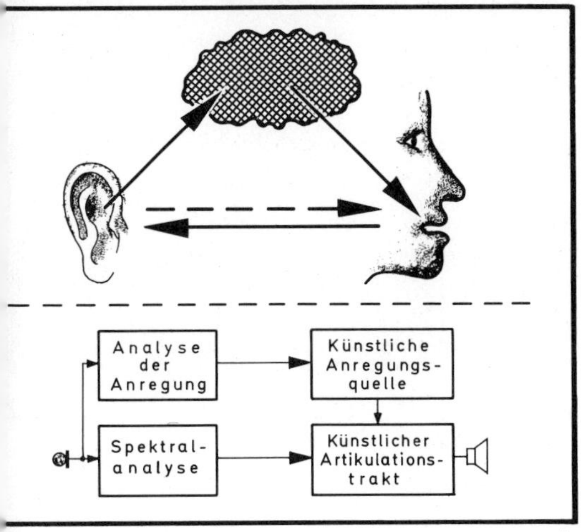

Unten: Der „sprechende Computer" hat seine ersten Rundfunk- und Fernsehauftritte bereits hinter sich, wie z. B. in dem Hörspiel „Der Monolog des Terry Jo". Die Aufnahme dazu wurde in einem Ulmer Laboratorium gemacht, wo man sich mit dem Phänomen der von Rechnern „hergestellten" Sprache beschäftigt. Hier der „elektronische Mund". Der Lautsprecher in der Mitte ersetzt praktisch die Lippen. Fot. AEG-Telefunken

trum — die Vielfalt der Sprechschwingungen — annähernd getroffen wird. Zusätzlich verhelfen einige elektronische Tricks zu einem fast natürlichen Klangbild.

Bei den bisher besten, aber auch verzwicktesten Sprechautomaten wird das vorgegebene Sprachsignal in eine Anregungsverrichtung und in eine Artikulationsverrichtung aufgespalten. Die Maschine bildet also genauso einen Laut wie der Mensch. Nur hat sie den Vorteil, daß sich die beiden Signalbestandteile getrennt wiedergeben lassen und damit Speicherplätze und Bandbreite gespart werden. Bandbreite — das ist der Bereich der Schwingungszahlen, der für die Wiedergabe eines Lautes nötig ist — spart man deshalb, weil man dem eingegebenen Laut nur ganz bestimmte Informationen entnimmt. Das Verfahren ähnelt, indem es die für seinen Sprachschatz angegebenen Laute zerlegt und später selbsttätig wieder zusammenstellt, dem Zusammenspiel von menschlichem Gehör- und Sprechtrakt. Die Maschine behält gleichsam den Klang im „Ohr", denn die Signale, die bei der Zerlegung entstehen, steuern bei der späteren Zusammenstellung von Wörtern eine elektronische Anregungsquelle und ein elektronisches Artikulationsmodell, die zusammen auf einem Lautsprecher arbeiten. Damit wird der Automat zum „idealen Nachsprecher" des Menschen. Der „Vocoder" plaudert in seiner halbsynthetischen Sprache, er bezieht ja praktisch nur einmal die „Sprechrichtlinien" vom Menschen, mit leicht elektronischem Unterton, wie wir ihn von Weltraumwesen aus Hörspielen kennen.

Einfachere Ausführungen des „Vocoders" verführen zwar durch die Eintönigkeit ihres Vortrages noch zum Einnicken, aufwendigere Modelle dagegen lassen Zweifel aufkommen, ob ein Mensch oder ein Automat gesprochen hat. Die französischen Ingenieure in La Gaude zum Beispiel haben zu Experimentierzwecken einen „Vocoder" entwickelt, der einen Frequenzumfang von rund 8000 Hertz bestreicht. Sein Frequenzumfang ist damit um fast das Dreifache besser als der in einem normalen Telefon. Das bedeutet sprachlich so hohe Qualität, daß die Anlage, einmal fertigentwickelt, ohne weiteres zur computergesteuerten Ansage in Flughäfen, Bahnhöfen und Kaufhäusern eingesetzt werden kann. Das Verfahren braucht für die Bildung der Sprache und ihre Übertragung zum Lautsprecher nur noch ein Zehntel der Speicherplätze, wie für die Wiedergabe normal digitalisierter, das heißt in einzelne kleine Sprünge aufgelöster Sprache, nötig wären.

Doch auch dieser Erfolg befriedigt die Computer-Wissenschaftler nicht. Sie wollen die Zahl der erforderlichen Speicherplätze noch weiter herabsetzen. Damit soll es dem Computer möglich gemacht werden, ohne daß er vorher einmal Sprache „gehört" hat, an der er sich orientieren kann, selbst Wörter und Sätze zusammenzustellen. Das wäre die „vollautomatische Sprachsynthese". Ihr gegenüber stünde die schon erwähnte „automatische Spracherkennung". Beide Verfahren sind technisches Neuland. Die Forscher müssen, um die automatische Sprachsynthese zu verwirklichen, erst einmal feststellen, welche Teile des Klangbildes eines Wortes die Verständlichkeit ausmachen. Aus dieser planvollen Arbeit erhalten sie dann Aussagen, wann ein Wort gut oder schlecht wiedergegeben wird.

Zunächst geht es bei der automatischen Sprachsynthese darum, aus einem geschriebenen Text, den der Computer „liest", möglichst natürlich klingende und verständliche Sprachsignale zu erzeugen. Ingenieure in Murray Hill und Ulm sind dem schon sehr nahegekommen. Ein elektronischer Artikulationstrakt — ein Apparat, in dem alle Teile des Sprechorgans nachgebildet sind,

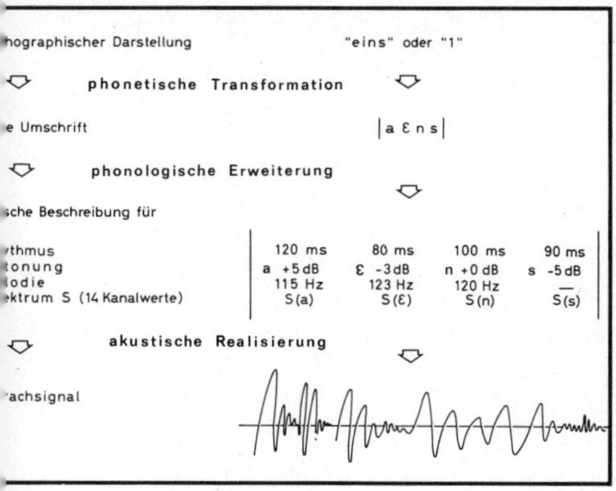

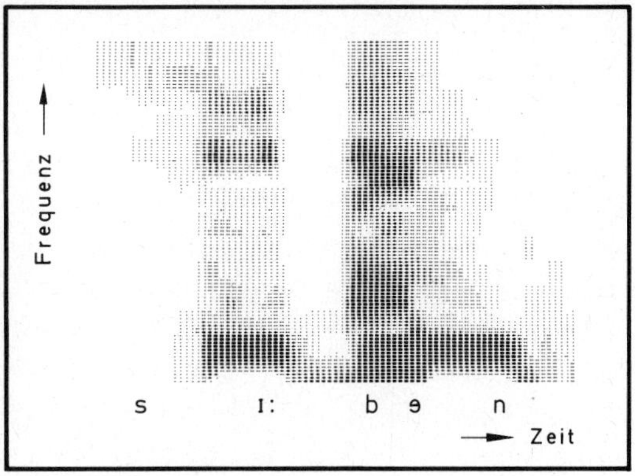

der „Mund" ist ein Lautsprecher — wird an einen Rechenautomaten angeschlossen, der so programmiert ist, daß er für einen ausgeprägten Klangfarbenverlauf der einzelnen Laute und ihrer Übergänge sorgt. Die Klangfarbe richtet sich nach den in einem Laut enthaltenen Schwingungszahlen, die sich durch die Stellung von Mund-, Nasen- und Rachenhöhle ergeben. Damit werden die erzeugten Frequenzen genau nach dem Bewegungsablauf der Sprechorgane beim menschlichen Sprechen gesteuert. Indem die Wissenschaftler diese Bewegungen beobachten und die entstehenden Signale nachbilden, gewinnen sie die Regeln, nach denen das von Menschenhand gebaute Sprechorgan elektronisch gesteuert werden muß.

Die akustische Wiedergabe bedeutet aber nur die eine Seite der Medaille. Zur automatischen Sprachsynthese muß der geschriebene Text sprachwissenschaftlich vorverarbeitet werden. Man überträgt ihn deshalb zunächst in die Lautschrift, die anschließend durch Angaben über den Rhythmus (Lautdauer), die Betonung (Lautstärke), die Melodie (Tonhöhe) und die Mischung der in Frage kommenden Frequenzen ergänzt wird. Diese Frequenzmischung, das Spektrum, läßt sich natürlich am besten durch sehr viele Schwingungszahlen wiedergeben. Leider steigt jedoch gleichzeitig der Rechenaufwand und damit der Bedarf an Speicherstellen gewaltig an. Man muß sich also in der Güte beschränken.

Oben links: Schema der Sprachsynthese. Damit der Sprechautomat möglichst natürlich klingende und verständliche Sprachsignale erzeugen kann, muß der geschriebene Text sprachwissenschaftlich vorverarbeitet werden.

Oben rechts: Das Sprachspektrum der gesprochenen Ziffer „Sieben" — darunter die phonetische Umschrift der Laute. Messungen an solchen Sprachspektren ermöglichen es dem Rechner, auch schlecht gesprochene Worte zu erkennen.

Ganz links: Als elektronischer Auskunftsbeamter könnte dieser Rechner eines Tages arbeiten. Er soll den Inhalt eines Gesprächs verstehen und darauf in künstlicher Sprache antworten. Hier verlangt das Mädchen in einem Ulmer Institut gerade Auskunft über die beste Verkehrsverbindung von Ulm nach Hamburg — mit dem Flugzeug oder mit der Bahn.

Mitte: In Murray Hill arbeitet Dr. Coker an einem System, das geschriebene Texte in Sprache überträgt. Die Veränderungen des Sprechtraktes kann er auf dem Bildschirm rechts verfolgen. Fot. Bell

So entsteht die lautkundliche Beschreibung eines Textes, die alle für die akustische Wiedergabe durch einen Sprechautomaten notwendigen Daten enthält. Damit ist die Aussprache aber immer noch nicht vollständig festgelegt. Zusätzlich müssen Sprechfolgen, wie beispielsweise „ein Name" im Unterschied zu „Einnahme" oder im Englischen „a nice man" zu „an ice man" beachtet werden. Ferner sind Hinweise über die Teilung von Sätzen, die Trennung von Satzteilen und die Bedeutung von Wortverbindungen nötig. Erst sie machen das „richtige Verständnis" einer Nachricht möglich.

So verwirrend die Vielfalt all der bisher verwendeten Begriffe und Verfahren sein mag, sie erscheinen den Forschern vergleichsweise einfach gegen das, was sie bei der automatischen Spracherkennung erwartet. Das hat seinen Grund in der Vielfarbigkeit der „Sprechinformation", die der Mensch dem Computer bietet. Der Mensch ist als „Informationsempfänger" in der Lage, auch von einem Menschen schlecht gesprochene oder durch das Telefon miserabel übertragene Laute bei einiger Gewöhnung zu erkennen. Der Computer besitzt diese Gewöhnung bisher nicht. Die Wissenschaftler nehmen deshalb stichprobenartige Messungen am Sprachspektrum vor, um dem Rechner so Anhaltspunkte zu geben. Diese Erkennungsverfahren sind dann jedoch von dem Sprecher abhängig, der als Versuchsperson gedient hat. Immerhin können die Wissenschaftler die „Intelligenz" des Computers so ausbauen, daß er sich auch beschränkt auf andere Sprecher einzustellen vermag. Ob es einmal möglich sein wird, ihn automatisch der Qualität des jeweils Sprechenden anzupassen, scheint im Augenblick zwar grundsätzlich, aber doch nur begrenzt denkbar.

Übrigbleiben wird letzten Endes, daß der Mensch der Maschine entgegenkommt, denn er ist der Intelligentere. Das geschieht, indem der Mensch dem Automaten durch irgendwelche festgelegten Sätze zu erkennen gibt, daß er mit ihm sprechen will und welches Thema die Unterredung haben soll. In den Laboratorien arbeiten solche Anlagen im kleinen Rahmen bereits, etwa als Zugauskunft für eine begrenzte Zahl von Richtungen. In „Computer-Zentralen" aufgestellt, könnten sie, über Telefon mit Ziffernfolgen für das jeweils interessierende Gebiet angewählt, Fragen beantworten. Sie hielten immer die neuesten Konto- und Lagerstände bereit, meldeten Börsenkurse und ihre Veränderungen innerhalb von Sekunden, übermittelten fortlaufend Wetter- und Straßenzustandsberichte, die noch nicht veraltet sind, und Fahrpläne sogar mit dem Hinweis auf gerade eingetretene Verspätungen. Das wäre möglich, weil die Computer ständig alle Nachrichten am Ort des Geschehens selbst sammelten, verarbeiteten und unmittelbar wiedergäben. Ihre Ansagen auf Bahnhöfen, Flugplätzen und bei Massenveranstaltungen wären fehlerfrei und immer brandneu. Auf die „allwissende Bibliothek" freilich, die über Telefon angewählt, auf eine freiformulierte Frage Antwort gibt, werden wir noch lange warten müssen.

Rauschgift en gros

VON EVA EMDE

Wer in Leben und Vergangenheit von Rauschgiftlieferanten hineinleuchtet, findet meist schlichte Gemüter, die genausogut Hosenträger verkaufen könnten, und keineswegs abenteuerumwitterte Gestalten. Aber es gibt Ausnahmen. Es gibt sie mindestens dann, wenn wir uns, von soviel Schlichtheit enttäuscht, vom Menschen ab- und dem einzig wirklichen Haschischlieferanten zuwenden, dem Hanf.

Schon seine Herkunft ist dunkel, trotz einer überaus ehrbaren engeren Familie. Dahin gehört der Maulbeerbaum, der mit süßen Früchten und, auf dem Umweg über die Seidenraupe, auch mit dem Laub eine Menge Menschen ernährt; die Feige, deren Nützlichkeit allenfalls bei den Blättern, nicht

Seit Jahrtausenden ist die Hanfpflanze dem Menschen unentwegt Begleiter. Sie machte sich nützlich, und sie machte Geschichte. Sie lieferte den Seilern fast unzerreißbare Schiffstaue und Stricke, und auf Hanfsegel konnten die Seefahrer lange Zeit nicht verzichten.

aber bei den Früchten überschätzt werden kann, und schließlich sogar der über jedes Lob erhabene Hopfen. Der Hanf begleitet den Menschen vermutlich länger als sie alle, sicher schon seit tausend Jahren vor Beginn unserer Zeitrechnung. Aber als was? Als Faserpflanze, Ölfrucht oder Rauschgift? Und wer hat sich zuerst mit ihm eingelassen? Herodot, griechischer Geschichtsschreiber im fünften vorchristlichen Jahrhundert, vermutet seine Heimat bei den Skythen. Sie saßen in Südrußland und benutzten ihre künstlerische Begabung unter anderem dazu, die Schädeldecken ihrer Feinde zu hübschen Trinkschalen zu vergolden. Man sagt ihnen aber Räusche nach, die mit Alkohol allein kaum zu erklären sind, und ihre Damen trugen bevorzugt Hanfmodelle. Schon im neunten Jahrhundert vor der Zeitwende jedoch meldet Indien den Anbau einer Pflanze, die Fasern, Betäubungsmittel und Rauschgift lieferte, und nicht viel später China. So mag der Hanf wohl aus dem Osten zu den Skythen gekommen sein — reiselustig war er immer. Auf alle Fälle ist von da an seine ost-westliche Wanderrichtung zu verfolgen. Bald hatten ihn die Slawen und Germanen, auf südlicheren Wegen kam er zu Griechen, Römern und Galliern. Sie werden das neue Gewebe nicht gerade als große Modeneuheit betrachtet haben, immerhin kannten sie schon Wolle, Seide, Leinen und Baumwolle. Aber der Hanf hatte von jeher mehr abenteuerliche als vornehme Neigungen, und bei Soldaten und Seefahrern war er sehr willkommen. Er lieferte wasserbeständige und fast unzerreißbare Fasern für Segel, Taue und Drillichanzüge, teilweise bis auf den heutigen Tag. Die erste Entdeckung Amerikas wäre ohne ihn möglicherweise ausgefallen und die zweite hätte später stattgefunden. Denn Leif Erikson wäre ohne Hanfsegel und Hanftaue kaum im Jahre tausend zur Ostküste Amerikas gesegelt, und wer weiß, wie Kolumbus sich ohne sie beholfen hätte! Den Ruhm solcher Unternehmungen ernten nachher freilich die Kapitäne, nicht die Matrosen, und die Segel und Taue schon gar nicht. Und auf einem anderen Gebiet, das der Hanf ganz und gar für sich eroberte, kann von Ruhm erst recht keine Rede sein. Wer immer „mit des Seilers Tochter Hochzeit machte" oder, nach englischem Sprachgebrauch, „am Halse aufgehängt wurde, bis er tot war", dem legten sie einen Hanfstrick um. Mit Hanf banden sie ihm die Hände zusammen, mit Hanf hängten sie den zum Ertränken Verurteilten einen Stein um den Hals, Hanf fesselte die Hexen an den Brandpfahl. Hanf war Henkerswerkzeug.

Da sich sein Ruhm also weder auf Soldaten und Seeleute noch auf Hausfrauen und Henker gründet, müssen andere als seine in verschiedener Hinsicht haarigen Eigenschaften daran schuld sein, und das seit sehr alter Zeit. Als noch kein Mensch ans Weben dachte, waren nahrhafte, ölhaltige Samen schon ebenso willkommen wie saftige Blütenrispen — besonders wenn sie angenehm bitter den Durst löschten und dazu noch schöne Träume brachten. Beides fand man an derselben Pflanze, gleich vor der Höhlentür, weil der wilde Hanf genau wie die Brennessel menschliche Siedlungen liebt — des gutgedüngten Bodens wegen. Reste in Steinzeithöhlen berichten von solch einfacher Verwendungsweise. Als man es zur Kunst des Schreibens gebracht hatte und Bemerkungen über den Hanf auf Tontafeln oder Papyrus schrieb, war man in seiner Verwendung längst nicht mehr so anspruchslos. Mit dem Öl als Haushaltsware machte zwar niemand viele Umstände, aber viele Wege führten zu den Träumen. Noch rauchte man nicht, sondern atmete Räucherdampf ein, es gab Getränke nach Art des Tees, Kügelchen des berauschenden Harzes wurden gekaut oder zu Süßigkeiten verarbeitet. Im alten Testament gibt es zwei Stellen, wo die Forscher Haschisch wittern: Dort wird von Honig gesprochen, der in kleinen Mengen rasch „trunken" macht. Haschisch hieß all das freilich damals noch nicht. Jede Gegend hatte eigene Rezepte, in denen verschiedene Teile der Hanfpflanze verwendet wurden, man tauschte Rezepte aus und vertauschte Namen dabei, bog sie für die eigene Sprache zurecht, und außerdem bekam das liebe Kind noch viele Kose- und Tarnnamen, nicht anders als heute. Sehr lieb blieb das Kind auf die Dauer aber nicht, wenn es sich auch jahrtausendelang als Betäubungsmittel bei Operationen nützlich machte. Zuerst einmal wuchs der Verbrauch gewaltig an in den Ländern, denen Mohammed den Alkohol verbot, und das wurden durch die Ausbreitung des Islams immer mehr. Da sich Mohammed wörtlich gegen berauschende Getränke ausgesprochen hatte, erfreuten sich Haschischraucher und -esser eines engelreinen Gewissens, das sich — wie sich bald herausstellte — bemerkenswert erweitern ließ. In Nordpersien entstand zu Beginn der Kreuzzüge eine Sekte fanatischer Moslems, die sich Haschaschinen, Haschischesser, nannten. Unter dem Drogeneinfluß zogen sie aus zum Meuchelmord an Herrschern, Kreuzrittern und mißliebigen Leuten ihres eigenen Volkes und übten fast zweihundert Jahre eine stille Schreckensherrschaft aus. Heute noch zeigt das französische Wort „assassin", Mörder, wie weit ihr Einfluß nach Westen vordrang.

Der Haschisch aber blieb vorerst eine Sache des Ostens und Südens. Die Germanen schätzten die soliden Räusche ihres häuslichen Mets, die Gallier labten sich schon bald an Riesling und Trollinger, von keines Propheten Weinverbot gehindert. Arabische Sklavenhändler aber brachten, was sie zu Hause als „Schirah" rauchten, in den Kongo, wo sich das Rauschgift als „Liamba" rasch ausbreitete und ihnen die Arbeit gewinnbringend erleichterte.

Keine Pflanze, die Jahrtausende mit dem Menschen lebte, hat das mit so wenig Anpassung überstanden wie der Hanf. Noch heute sind die Unterschiede zwischen seinen Wild- und Kulturformen gering, offenbar hat er nicht die geringsten Zweifel, wer bei dieser alten Bekanntschaft nachzugeben und Persönlichkeitsänderungen auf sich zu nehmen hat. Er ist züchterisch ebenso schwer zu fassen wie bei der Bestimmung seiner Inhaltsstoffe, der Zusammensetzung seiner Drogen, der Gültigkeit seiner Namen. Hanf ist zweihäusig, es gibt also weibliche und männliche Pflanzen. Genau wie beim Menschen bestimmt ein gleiches Chromosomenpaar das weibliche, ein ungleiches das männliche Geschlecht. Natürlich tragen die weiblichen Pflanzen Blüten mit Narbe und Fruchtknoten, die männlichen Staubgefäße. Aber auch die Wuchsformen der beiden Pflanzen unterscheiden sich deutlich, und das ist ungewöhnlich.

Solche Bilder hanfrauchtrunkener Neger bewiesen dem geneigten Leser vor 200 Jahren die Sittenlosigkeit der Schwarzen; von den Praktiken der Sklavenhändler erfuhr er nichts. — Historia

Kamelkarawanen befördern fern von Autopisten und Zollstationen Handelsware und Schmuggelgut. Wer weiß, ob unter den Säcken welche mit Hanfblättern, in den Kamelmägen Büchsen mit Haschisch sind?

Hanf ist hübsch — wäre es jenem Gärtner in Mexico City sonst gelungen, ihn in den städtischen Anlagen anzupflanzen und unter den Augen der Polizei einen schwunghaften Haschischhandel zu treiben? Fotos Bavaria

Im Gewühl nordafrikanischer Märkte kann auch die schärfste Kontrolle nicht verhindern, daß außer harmlosen Stricken noch andere Hanferzeugnisse in Mengen den Besitzer wechseln.

Die weibliche Pflanze wirkt laubig und gedrungen, ihre Blüten sitzen in den Achseln der großen, handförmigen Blätter und verdichten sich nach oben zu einer Rispe. Männliche Pflanzen sind kleinblättrig und locker und ausgebreitet im Wuchs, ihre Blüten tragen sie an vielen Zweigenden.

Eine so einfache Unterscheidung der Geschlechter könnte dem Züchter nur recht sein, gäbe es nicht auch Pflanzen mit völlig weiblichem oder männlichem Wuchs, aber gemischten Blüten, und das in jedem nur denkbaren Mengenverhältnis, und gäbe es nicht dazu noch weiblich wachsende, aber rein männlich blühende und umgekehrt. Erst als man in neuerer Zeit die Vererbungsverhältnisse des Hanfs genau erforscht hatte, ließ sich das Durcheinander lichten. Moderne mitteleuropäische Hanfsorten sind einhäusig; denn die zweierlei Hanfgeschlechter haben für den Anbauer ihre Tükken. Männliche Pflanzen blühen zwei bis drei Wochen vor den weiblichen, wer also Hanfsaat und Fasern ernten wollte, mußte in Kauf nehmen, daß

Sechs Säcke voll Hanfkraut, zusammen fast zwei Zentner, wurden im nördlichen Marokko Schmugglern abgejagt. Damit das beschlagnahmte Schmuggelgut restlos in Flammen aufgeht, wird es mit Benzin übergossen, denn sonst würden die zähen, harzigen Hanfpflanzen nur schwelen wie in der Zigarette. Fot. dpa

bei der Ernte die männlichen Pflanzen schon abgeblüht und vertrocknet waren und eine schlechte Faser lieferten. Also rupfte man alle erkennbar männlichen Pflanzen rechtzeitig aus, machte damit das Feld weiblich und nannte das nach dem lateinischen „feminina" in verbogenem Klosterlatein „femeln". Darunter konnten sich die landbebauenden Mönche etwas vorstellen, die Bauern aber nannten die männliche Hanfpflanze, auf die es beim Femeln ja offenbar ankam, den Femel, und folgerichtig kam dann für die weibliche Pflanze der Name „Maskel" dazu, vom lateinischen „masculinum", männlich. Der Hanf ist eben nie das, was man von ihm glaubt.

Er bildet auch nicht zweierlei Arten, obwohl er bei uns lange grüne Triebe liefert und im Süden kurze Blütenbüschel, er ist nur eine Kurztagpflanze. Er will seine zwölf Stunden Licht täglich, und wenn man ihm, wie in nördlicheren Breiten, zur Hauptwachstumszeit mehr aufdrängt, dann wächst er weiter statt zu blühen. Wachsen läßt er seine faserigen Stiele, das als Berauschungsmittel wirkende Harz aber bildet er an den weiblichen Blütenständen — und schon ist der Unterschied von nördlichem Gewebehanf und südlicher Rauschdroge fertig. Ein wenig hat er sich auch angepaßt, und so wächst er heute um den ganzen Erdball herum in Afrika, Südeuropa, Asien und Mittelamerika. Als Ölpflanze, versteht sich. Aber trotzdem gibt es Haschisch, Bangh, Churrus und Ganjah in der Alten Welt. In der Neuen, wohin erst spät die Spanier den Hanf gebracht haben, trägt die Trösterin der Armen Mädchennamen: Marijuana, Rosamaria, Donna Juanita und, seit das zu bekannt wurde, Mota oder Sonadora.

Eine Trösterin der Armen ist Marijuana wirklich. Der Hanfrausch vergoldet die Wirklichkeit, ohne sie verschwinden zu lassen, er vergrößert Angenehmes und läßt Schwierigkeiten versinken. Marijuana machte den Gefangenen, den hoffnungslos Unterdrückten und Besitzlosen ihr Dasein erträglicher. Inzwischen ist er weit verbreitet, Hanfrausch gilt als hübscher kleiner Umweg bei Schwierigkeiten, die man eben morgen bewältigen wird — Kleinigkeit, er macht ja nicht süchtig. Nun hat man das auch vom Kokain gesagt; als es neu war, hat man es geradezu von Amts wegen als harmloses Anregungsmittel empfohlen und erst nachher gemerkt, daß Kokainsucht schwerer zu heilen ist als selbst Morphinismus. Aber süchtig im strengen Sinne, so nämlich, daß Entzug der Droge schwere körperliche Störungen verursacht, wird man vom Haschisch wirklich nicht. Also, heißt es, brauche der Patient das Rauchen ja nur zu lassen — wenn nicht, Willensschwäche sei schließlich nicht krankhaft. Ist schon jene Auffassung an sich anfechtbar, so macht Willensschwäche jedenfalls oft genug krank. Denn der Haschischraucher läßt seinen „joint" so sicher nicht wie die Dreizentnerdame ihren täglichen Kuchenberg. Die angenehme Täuschung ist ja soviel näher als die Herzwassersucht oder die Nervenklinik. Denn trotz der vielgepriesenen Harmlosigkeit führt dauernder Haschischgebrauch in die Nervenklinik — auch dann, wenn kein tüchtiger Handelsmann ein bißchen Gratis-Heroin zum Angewöhnen in den „pot" gemischt hat. Er hat schon viele dorthin gebracht, nicht nur bei uns, sondern auch in Indien, das immer als Musterländle harmlosen Haschischgebrauchs genannt wird. Natürlich kann man von solch einem Chamäleon von Pflanze, wie der Hanf es ist, nicht erwarten, daß er zu jeder Zeit und unter allen Breitengraden die gleiche Mischung seiner vielen Wirkstoffe liefert. Kein Mensch erwartet von Sekt, Bier und Schnaps den gleichen Rausch, jeder Pilzsammler weiß, daß der Fliegenpilz hierzulande die Leute umbringt und hinter dem Balkan gern gegessen wird. Aber ausgerechnet die noch nicht einmal völlig bekannten Hanfgifte werden abgehandelt, als wären sie nach Chemie und Wirkung so simpel wie Karlsbader Salz. Und noch nicht einmal das vertragen alle Leute gleich!

ERICH KRUG

Die Heimat im Weltall

Der Völkerkundler und Forscher Theodor Koch-Grünberg, der hauptsächlich die riesigen Urwaldgebiete Südamerikas bereiste, erzählte einmal, wie ihm die Indianer mit großer Freude ihre Sternbilder gezeigt hatten. Das schimmernde Band der Milchstraße verglichen sie — dem Geschehen in der Natur ihrer Heimat entsprechend — mit einem dichten Zug kleiner Frösche, wenn diese von dem Ort ihrer Entstehung in Massen auswandern, um sich einen neuen Lebensraum mit ausreichender Nahrung zu suchen. „Meine braunen Freunde", berichtete Koch-Grünberg, „bewiesen stets große Bereitwilligkeit, mir ihre Gestirne zu erklären. In klaren Nächten hockten wir, nach des Tages Last und Hitze die erfrischende Kühle genießend, auf dem Dorfplatz zusammen und trieben Astronomie."

Das mattschimmernde Band der Milchstraße, das die alten Mexikaner poetisch die „Schwester des Regenbogens" nannten, umgürtet die ganze Himmelskugel, durchsetzt von hellen Sternwolken, von sternarmen und sternreichen Gebieten. In allen Kulturkreisen regte ihr eindrucksvolles Bild

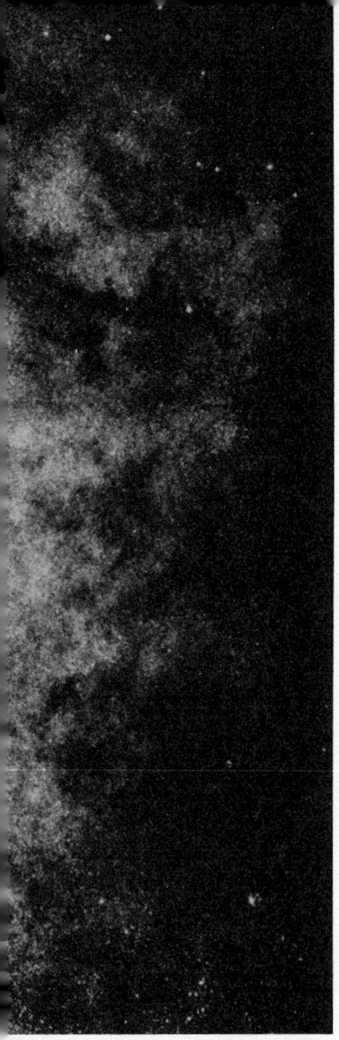

Riesige Sternwolke im Sternbild Schütze. In dieser Richtung liegt das Zentrum unserer Milchstraße. Ausgedehnte Staub- und Gaswolken in diesem Gebiet versperren den Durchblick. Nur die aus der Milchstraßenmitte kommenden Radiowellen, die von dem zwischen den Sternen befindlichen Wasserstoff ausgesendet werden, dringen durch. Fot. Palomar-Observatorium

die Phantasie der Menschen zur Legendenbildung und zu Vorstellungen aus der Götter- und Sagenwelt an. Aber schon bei manchem Gelehrten und Philosophen des Altertums dämmerte der Gedanke, daß die lichte Himmelsbrücke irgendeine, für die Erkenntnis des Weltgebäudes bedeutsame Rolle spielen müsse. Den ersten ernsten Versuch, Aufbau und Gestalt

Astronomen ermitteln Gestalt und Aufbau unseres Milchstraßensystems

der Milchstraße durch planvolle Beobachtungen zu ergründen, machte gegen Ende des 18. Jahrhunderts der ehemalige Musiker Wilhelm Herschel aus Hannover mit einem seiner selbstgebauten, großen Spiegelteleskope. Um diese Aufgabe zu lösen, wählte er die Methode der Sternzählungen, aus der sich später als ein besonderer Zweig der Himmelsforschung die sogenannte Stellarstatistik entwickelte. Mit größter Sorgfalt durchmusterte er 1080 Felder am Himmel und zählte alle Sterne, die im Gesichtsfeld des Fernrohrs erschienen. Im Verlaufe dieser Arbeit konnte er deutlich erkennen, daß die Anzahl der Sterne in einem Feld um so größer war, je näher dieser Bereich dem Band der Milchstraße stand. Schon in der Nähe des Bandes machte sich also die zunehmende Sternhäufung bemerkbar. Aus seinen Beobachtungen leitete Herschel ab, daß unsere Milchstraße die Form eines flachen Gebildes haben müsse. Nicht weit von der Mitte befand sich darin unsere Sonne. Damit war zum erstenmal die Gestalt unserer Milchstraßenheimat umrissen. Aber war dieses Bild tatsächlich richtig?

Hundert Jahre nach Herschel mußten sich die Sternforscher eingestehen, daß während des 19. Jahrhunderts die Erforschung der Milchstraße erstaunlich wenig vorangekommen war. Der holländische Astronom Kapteyn, der sich dreißig Jahre lang mit dem Aufbau unseres Sternsystems befaßte, entwarf im Jahre 1922 in seinem Lebenswerk ein Modell, das jenem Herschels ähnelte und ein abgeplattetes Aussehen zeigte, wobei sich die Sonne ebenfalls in der Nähe des Mittelpunkts befand. Noch immer aber kannte man kaum Einzelheiten in dem Gefüge jener großen Sterneninsel, in der wir uns befinden und die wir deshalb nicht — wie ein außenstehender Beobachter — in ihrer Gesamtheit überblicken können.

Eine neue wichtige Erkenntnis brachten die Forschungsarbeiten eines damals noch jungen Astronomen vom Mount-Wilson-Observatorium in Kalifornien, Harlow Shapley, der sich der Untersuchung der kugelförmigen Sternhaufen widmete. Er fand in diesen Haufen eine bestimmte Art veränderlicher Sterne, deren Helligkeit gesetzmäßig schwankt, und zwar mit einer Periode von etwa einem Tag. Dabei sind die näher gelegenen Veränderlichen dieses Typs etwa hundertmal heller als unsere Sonne, und Shapley durfte mit Recht annehmen, daß die in den sehr weit entfernten Kugelsternhaufen beobachteten veränderlichen Sterne die gleiche Helligkeit haben wie ihre uns benachbarten Artgenossen. Damit hatte er eine astronomische „Meßkette" in die Hand bekommen, die es ihm ermöglichte, die ungefähre Entfernung einer größeren Anzahl dieser Kugelhaufen zu bestimmen. Er bemerkte auch, daß diese als Haufen bezeichneten Sternzusammenballungen in der Nähe der großen Sternwolke im Sternbild Schütze deutlich zunehmen.

Was war daraus zu folgern? Der Kern des Systems der kugelförmigen Sternhaufen fiel mit dem Mittelpunkt der Milchstraße zusammen. Shapley schätzte, daß er in der Richtung zur großen, auch für das freie Auge auffälligen Sternwolke im Schützen liegt und daß der Lichtstrahl etwa 50 000 Jahre braucht, um die Strecke Sonne—Milchstraßenzentrum zu durcheilen. Im Bild der Milchstraße hoben sich immer deutlicher Umrißlinien ab. Die im Jahre 1918 veröffentlichte Arbeit Shapleys war für das astronomische Weltbild nicht weniger umstürzlerisch als das Werk des Kopernikus. Dieser hatte bewiesen, daß sich die Erde nicht im Mittelpunkt des Sonnensystems befindet. Shapley zeigte, daß unsere Sonne nicht das Zentrum der Milchstraße ist, sondern mehr an ihrem Rande liegt.

Der nächste große Forschritt in den Kenntnissen über unsere Welteninsel war in erster Linie durch umfangreiche und genaue Meßdaten zu erwarten, gewonnen aus den Bewegungen der nur scheinbar feststehenden Sterne. Zahlreiche Astronomen machten sich an diese mühevolle Arbeit, die von dünnverteilter Materie in den Räumen zwischen den Sternen, von riesigen lichtverschluckenden Gas- und Staubwolken zusätzlich erschwert wurde. Aus der Zusammenstellung der ermittelten Werte ergab sich unter anderem die bedeutsame Erkenntnis, daß unser Milchstraßensystem als Ganzes sich in schneller Umdrehung um seinen Mittelpunkt befindet. Es rotiert aber nicht wie ein fester Körper, sondern jeder einzelne Stern hat innerhalb des Systems noch seine eigene Bahn. Am Ort unserer Sonne beträgt die Umlaufsgeschwindigkeit 250 Kilometer in der Sekunde und die Dauer eines Umlaufes 200 Millionen Jahre.

Die allgemeine Form und die Grenzen unserer großen Sternenheimat waren den Astronomen inzwischen bekannt geworden, und die meisten von ihnen waren schon seit vielen Jahren der Meinung, daß unsere Milchstraße oder Galaxis einen spiralförmigen Aufbau habe. Die Untersuchungen aber, die das endgültig beweisen sollten, mißlangen zunächst völlig. Einer der auf diesem Gebiet arbeitenden Astronomen sagte damals — in den dreißiger Jahren —, daß er keine Hoffnung hätte, daß das Rätsel des Gefüges der Milchstraße noch zu seinen Lebzeiten gelöst würde.

Und doch — er erlebte es! Kaum ein Dutzend Jahre nach seinem Ausspruch. Die Hilfe kam gewissermaßen von außen. Unsere Sterneninsel ist nicht die einzige im unermeßlichen Raum. In ihrer „Nachbarschaft" und in immer größeren Fernen gibt es zahllose andere. Sie sind im Fernrohr oder auf der Photoplatte in ihrer Gesamtheit zu sehen, und ihre Gestaltung ist in zahlreichen Fällen mit allen Einzelheiten deutlich zu erkennen. Kann nicht so manche dieser Galaxien als ein Spiegelbild unserer eigenen Galaxis

Der Andromedanebel — eine Nachbarmilchstraße — ist etwa 2 Millionen Lichtjahre von uns entfernt. Eine bestimmte Art von Riesensternen und leuchtende Gaswolken, die nur in seinen Spiralarmen vorkommen, ermöglichten es, das Spiralgefüge unserer Milchstraße zu erforschen. Alle Fotos Sammlung Krug

angesehen werden? Die Erscheinungsformen sind zwar sehr vielfältig, aber sie lassen sich doch auf drei Grundtypen zurückführen. Wir kennen elliptische, spiralförmige und unregelmäßig geformte Welteninseln. Wenn man sich in die Lage eines Beobachters im Innern dieser drei typischen Sternsysteme versetzt, dann ist es nicht schwer, zu entscheiden, zu welcher Klasse unsere eigene Milchstraße gehört. Nur die Spiralanordnung kann von geeigneten Standpunkten aus ein unserer Milchstraße ähnliches Band auf die Himmelskugel projizieren. Die Aufgabe lautete nun: Es sollte doch möglich sein, für bestimmte Teile der Milchstraße eine Übereinstimmung mit bestimmten Teilen von Spiralarmen zu finden.

Ein entscheidender Schritt in diese Richtung wurde Ende der vierziger Jahre getan. Der deutsche Astronom Walter Baade, der an den großen Fernrohren der Mount-Wilson- und Palomar-Observatorien arbeitete, entdeckte, daß zwei bestimmte Arten von Sternen und Gaswolken, die es auch in unserer Milchstraße gibt, den Verlauf der Spiralarme in den anderen Sternsystemen kennzeichnen. Die Untersuchungen wurden hauptsächlich am Andromedanebel durchgeführt, der der Milchstraße benachbarten Galaxis im Sternbild Andromeda. Indem er Farbfilter und rotempfindliche photographische Platten verwendete, konnte Walter Baade nachweisen, daß leuchtende kosmische Gaswolken, die nicht regellos verteilt sind, die Spiralarme des Andromedanebels flankieren wie eine Reihe von Straßenlaternen. Eine ähnliche Rolle spielen die heißen, blauweißen Überriesen-Sterne, die zwar in den Spiralarmen, aber nicht außerhalb der Arme vorkommen. Gerade diese Sterne, die 10 000- bis 100 000mal heller sind als unsere Sonne, sind wichtige Merkmale für die Gestaltung. Die Astronomen brauchten nur noch diese Überriesen im Sterngewimmel unserer Milchstraße zu finden, ihre Entfernungen zu messen und ihre Stellungen in eine Karte einzutragen, um die Spiralen unserer Welteninsel festzustellen.

Drei Grundtypen von Welteninseln: Der elliptische Spiralnebel NGC 891 im Sternbild Andromeda. In der Ebene dieses Sternsystems ist eine Schicht dunkler Materie zu sehen, wie sie auch in der Milchstraße vorkommt.

Die Große Magellansche Wolke ist ein unregelmäßiges Sternsystem und einer der beiden Begleiter unserer Milchstraße. Viele Millionen Sonnen und Nebel sind darin vereinigt. Die Sterninsel ist 170 000 Lichtjahre von uns entfernt.

Weit ausgreifende Spiralarme zeichnen dieses Milchstraßensystem im Sternbild Schwan aus. Diese Sterneninsel wendet ihre Breitseite zur Erde und bietet damit ihr inneres Gefüge ohne perspektivische Verzerrung dar.

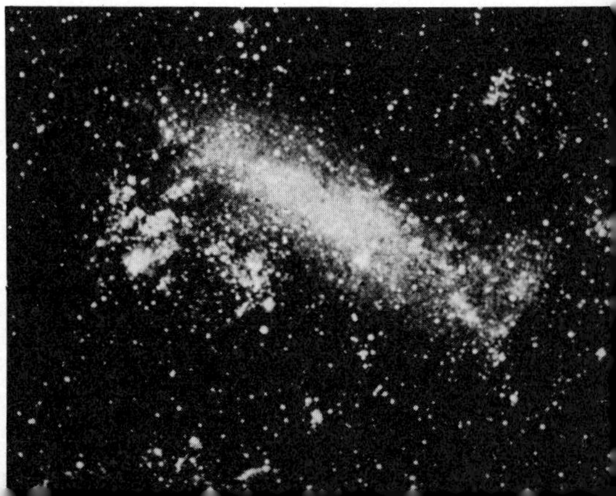

Die Forscher machten sich an die Arbeit, und im Laufe von zwei Jahren hatten sie so viel Material zusammengetragen, daß sie damit beginnen konnten, ein Diagramm der Spiralarme in der Umgebung der Sonne zu entwerfen. Dieses Milchstraßenmodell erregte großes Aufsehen. Vor den Augen der Astronomen begann sich zum ersten Mal die Spiralstruktur unserer Galaxis abzuzeichnen. Deutlich war zu erkennen, daß ein riesiger Arm aus Sternen, der sogenannte „Orionarm", aus der Gegend des Bildes Orion kommt und — unsere Sonne mit ihren Planeten umfassend — in die Richtung zum Sternbild Schwan abbiegt. Ein anderer Arm, einige tausend Lichtjahre weiter vom Milchstraßenzentrum entfernt, erhielt die Bezeichnung „Perseusarm", weil der schöne Doppelsternhaufen im Perseus sein markantestes Gebilde ist. Etwas später fand man einen dritten Arm angedeutet, der dem Mittelpunkt unseres Sternsystems etwa 5000 Lichtjahre näher liegt als der „Orionarm". Die Entdeckung des Baustils unserer großen kosmischen Heimat erfolgte gewissermaßen in Raten.

Die Spiralarme unseres Milchstraßensystems nach radioastronomischen Beobachtungen (Zeichnung). Das Kreuz bezeichnet das Milchstraßenzentrum; der Pfeil weist auf den Ort der Sonne. Sie befindet sich — und mit ihr unsere Erde — an der Innenseite eines äußeren Spiralarms. Oben die Milchstraße von der Seite gesehen.

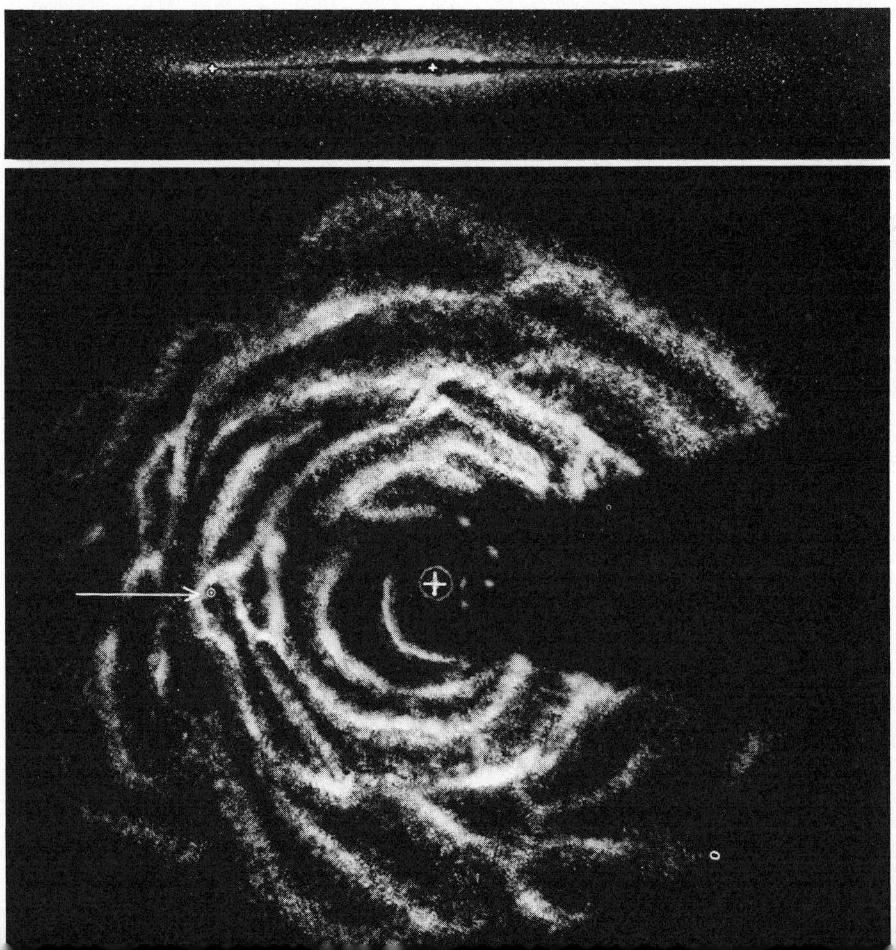

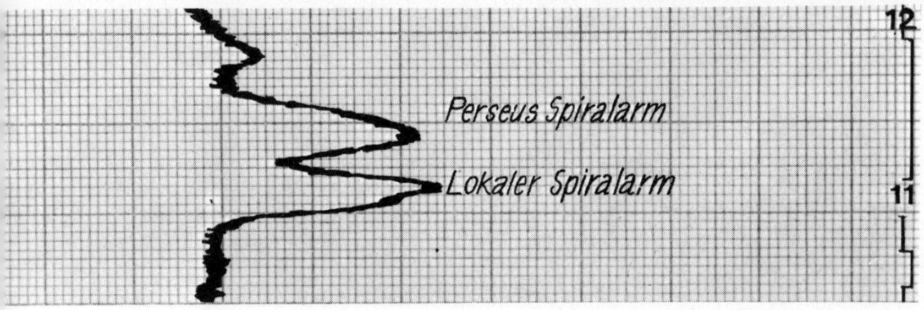

Aufzeichnung des Empfangs einer Radiostrahlung am 7. Juni 1966. Die Empfangsrichtung des Radioteleskops wies zu einem Spiralarm der Milchstraße. Die beiden Spitzen zeigen die Strahlung des Wasserstoffgases aus unserer Milchstraße, nämlich aus dem sogenannten lokalen Spiralarm und dem des Perseus. Die Gasmassen in den beiden Spiralarmen bewegen sich mit verschiedenen Geschwindigkeiten gegenüber uns.

Noch immer aber waren nicht alle Fragen beantwortet. Wieviel Spiralarme hat die Milchstraße? Haben sie enge oder weite Windungen? Gibt es Verzweigungen der Arme? Diese und einige andere Einzelheiten wurden erst in der Gegenwart erkannt, und zwar nicht zuletzt mit Hilfe der Radioastronomie, die viel weiter in den Raum blickt als die optische Astronomie. Ausgedehnte Wolken aus neutralem Wasserstoff zwischen den Sternen senden Radiosignale aus, die von den großen Radioteleskopen empfangen werden und als Rauschen hörbar sind. Diese „Geräusch-Astronomie" wurde auch für die Milchstraßenforschung wichtig. Von der Himmelsfläche wird eine neue Art von Karten hergestellt, auf der Linien die Stärke des Radiorauschens darstellen. In diesem eigenartigen Kartenbild tritt das lang ausgezogene Band der Milchstraße deutlich hervor. Die Karten werden für verschiedene Wellenlängen angefertigt, und die Himmelsforschung kann aus ihnen wichtige Einzelheiten über das Gefüge unseres Milchstraßensystems ableiten, die sich der Wahrnehmung durch das Auge entziehen.

Aus der Vielzahl aller Beobachtungen konnte in jüngster Zeit ein Bild unseres Sternsystems entworfen werden, das der Wirklichkeit schon recht nahe kommen dürfte. Ungefähr 100 Milliarden Sterne bauen unsere Sterneninsel auf. Da zu ihrem Baustoff auch Riesensonnen gehören, dazu große Massen kosmischen Staubes und Gasnebel, spricht man in der Astronomie auch von 200 Milliarden Sonnenmassen. Unsere Milchstraßenwelt ist so riesengroß, daß die Sterne nur einen winzigen Bruchteil ihres Raumes einnehmen. Der Lichtstrahl braucht rund 100 000 Jahre, um ihren Durchmesser in der Ebene zu durcheilen. Die Dicke dieser flachen, linsenförmigen Sterneninsel im Gebiet des Kerns hat nur ein Sechstel dieser Ausdehnung. Der Mittelpunkt des Ganzen liegt in Richtung des Sternbilds Schütze, wo die Milchstraße ihren größten Glanz entfaltet, und ist nach neuen Messungen etwa 32 000 Lichtjahre von der Sonne entfernt. Mit guter Sicherheit weiß man heute, daß unsere engere kosmische Heimat, die Sonne mit ihren Planeten, sich an der Innenseite eines äußeren Spiralarms befindet.

Kürzlich haben die Astronomen die Struktur von 50 Spiralnebeln in der näheren und weiteren Milchstraßennachbarschaft eingehend untersucht, um einen solchen herauszufinden, bei dem ein Teilbereich eine ähnliche Gestal-

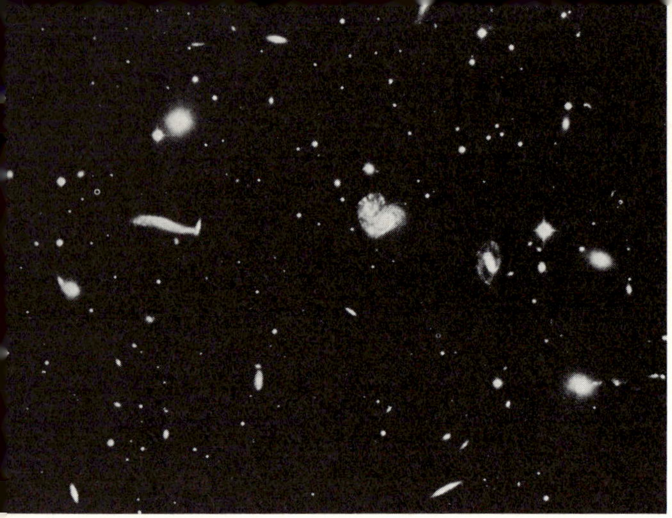

Ein Galaxienhaufen im Sternbild Herkules zeigt die Vielfalt der Erscheinungsformen. Wie Fischlein im Wasser, so schwimmen die Sterneninseln im Ozean der Welten dahin.

„Spiegelbild" unserer kosmischen Heimat? Eine Aufnahme des Sternsystems NGC 1232, das in seinem Aufbau und in der Anordnung seiner Spiralarme mit unserer Milchstraße die größte Ähnlichkeit hat.

tung aufweist wie ein gut bekannter Teil unserer Milchstraße. Eine solche Übereinstimmung in einem wesentlichen Gebiet dürfte einer genäherten Übereinstimmung im ganzen entsprechen. Es fand sich unter den 50 Systemen tatsächlich nur ein einziges, dessen Auflockerung der Spiralarme und gleichzeitig deren Gruppierung um das Kerngebiet eine große Ähnlichkeit mit unserer eigenen Sterneninsel haben. Es ist das System, das die Katalognummer NGC 1232 hat, mit einer Spiralanordnung von mittlerem Auflösungsgrad und recht auffälligem Kerngebiet. Es hat einen Durchmesser von 100 000 Lichtjahren und ist damit genau so groß wie unser Milchstraßensystem. Sollte das nur ein Zufall sein? Wenn wir unsere Milchstraße „von außen" betrachten könnten, würde sie etwa ebenso aussehen wie der Spiralnebel NGC 1232.

Jahrhunderte sind dahingegangen, ehe Gestalt und Aufbau unseres Sternsystems vorstellbar wurden. Die Weltraumfahrt des Menschengeistes hat in unablässigem Ringen um das Erkennen unserer Stellung im Universum ein wichtiges Ziel erreicht. Die zurückweichenden Horizonte führen zu einem immer größeren, immer erhabeneren Weltbild. Wir verstehen, was der große französische Astronom Flammarion gemeint hat, als er einmal sagte: „Die Erde ist nur eine Stätte im himmlischen Vaterland und der Mensch ein Bürger des Himmels."

ZAUBERN mit der Gummilinse

VON FRITZ MEISNITZER

Vor ungefähr fünfzehn Jahren tauchte in den Fotozeitschriften ein neues Wort auf — Zoom. Damals schrieb man es allerdings noch Z-o-o-m und setzte ein Ausrufezeichen dahiner. Denn als Lautmalerei gedacht und mit langem „uuu" gesprochen, bedeutete es ungefähr dasselbe wie heute „Wumm" mit Sternchen bei Asterix und Obelix — einen weitausgeholten Schlag also, gefolgt vom sicheren Treffer.

Seither ist Zoom zu einem Begriff geworden, den man in allen Ländern kennt. In der Fotografie spricht man von „Zoom-Bildern", beim Film von der „Zoom-Fahrt". Und so unterschiedlich die Ergebnisse auch sind — ermöglicht werden sie alle durch Objektive besonderer Bauart. Sie sind so eingerichtet, daß sich die Brennweite bei gleichbleibender Bildschärfe stufenlos verstellen läßt. Manche Hersteller deuten diese Eigenschaft schon an, indem sie Zoom zum Namensbestandteil ihrer Objektive machen, andere verwenden den Begriff „Vario" und sagen damit, daß die Brennweite variabel, also veränderlich ist. Eindeutige Auskunft aber gibt stets die Gravur auf der Objektivfassung, die neben Namen und Lichtstärke den Brennweitenbereich in Millimetern ausweist — zum Beispiel Tele-Variogon

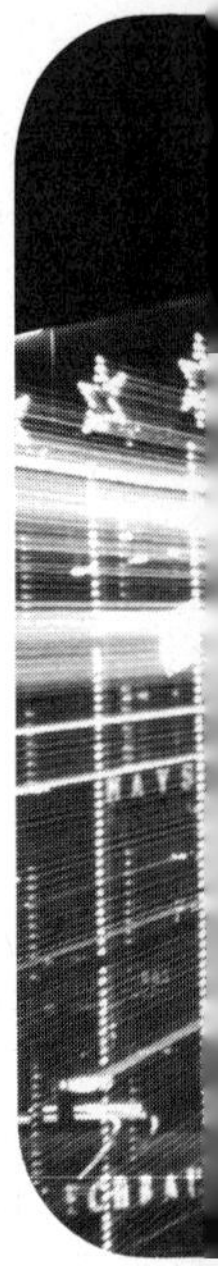

1 : 4/80—240 mm, was besagt, daß bei diesem Objektiv die höchste Lichtstärke 1 zu 4 beträgt und man jede beliebige Brennweite zwischen 80 und 240 Millimetern einstellen kann. Ein Zoom- oder Varioobjektiv ist demnach ein Objektiv, bei dem innerhalb seines Bereiches unendlich viele Brennweiten stufenlos eingestellt werden können — Brennweiten, die gleitend ineinander übergehen. Und diese Tatsache hat ihm bei uns den Namen „Gummilinse" eingetragen. Durch das Verstellen der Brennweite kann man sich den Bildausschnitt gewissermaßen hinziehen, wie man ihn braucht.

Genau das aber war der Wunsch der Fotografen wie der Kameramänner. Sowohl beim Film als auch bei Farbdiapositiven wollten sie auch vom ungünstigen Aufnahmestandpunkt aus den verfügbaren Bildausschnitt ganz mit dem Motiv füllen, ohne etwas „verschenken" zu müssen. Sie wollten weder unwichtige Dinge am Bildrand mit aufnehmen, noch gezwungen sein, das Motiv anzuschneiden. Genau das aber muß man bei Wechselobjektiven mit ihren festen Brennweiten oftmals tun — sehr zum Nachteil für das Ergebnis, denn weder der Film noch das Farbdiapositiv erlauben bei der späteren Verarbeitung, den Ausschnitt zu korrigieren.

Theoretisch schien ihr Traum gar nicht so schwer zu erfüllen: Man nehme drei Objektive und baue sie zu einem zusammen — und schon hat man, was man will. Die optische Rechnung freilich erwies sich als nicht so einfach, denn es galt, eine ungewöhnlich große Zahl von Linsen aufeinander abzustimmen und besonders sorgfältig auszukorrigieren. Ein Zoomobjektiv für das Kleinbildformat besteht aus 12 bis 16 Linsen und erfordert in seiner Fertigung ein entsprechend hohes Maß an Genauigkeit. Ein Grund natürlich, warum die Dinger so schwer und so — teuer sind.

Doch was der Mensch braucht, das erfindet er gewöhnlich auch. Die ersten Zoomobjektive für Filmkameras tauchten bereits vor dem letzten Weltkrieg auf. Die Fotografen hingegen mußten etwas länger warten.

Die Linsen eines Zoomobjektivs sind gewöhnlich in drei Gruppen zusammengefaßt. Die erste Linsengruppe entwirft vom Motiv ein Zwischenbild, das stets von gleicher Größe ist. Die zweite Linsengruppe „sieht" dieses Zwischenbild und vergrößert oder verkleinert es entsprechend dem

So funktioniert die Gummilinse: Indem man die zweite Linsengruppe (1) verschiebt, verändert sich der Abbildungsmaßstab des Objektivs. Die Linse 2, die automatisch mit verschoben wird, sorgt dafür, daß im gesamten Brennweitenbereich die Bildschärfe gleich bleibt.

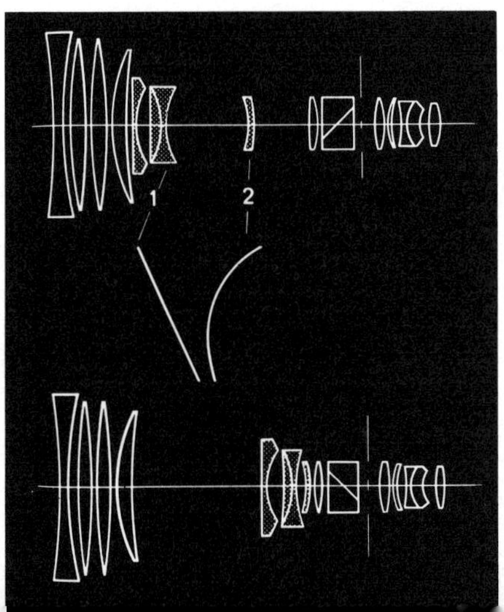

Geradezu eine Vision löst diese reizvolle Aufnahme eines Kaufhauses im Weihnachtsschmuck aus. Es wurde mit einem Zoom-Objektiv bei „voller Fahrt" fotografiert. Solche Bilder erfordern Erfahrung, viel Geduld und nicht zuletzt ein Quentchen Glück.

Abbildungsmaßstab, der mit der gewählten Brennweite eingestellt ist. Sie entwirft also ein zweites Zwischenbild, das jedoch bereits in seiner Größe der Wunschbrennweite entspricht. Dieses Zwischenbild „sieht" nun die dritte Linsengruppe und wirft es zunächst auf den Sucherspiegel, über den es der Fotograf korrigieren kann, und anschließend auf den Film, der es festhält. Damit dieses Bild aber bei all den unendlich vielen Einstellmöglichkeiten auch stets scharf ist, fährt zwischen der zweiten und dritten Linsengruppe — über eine Steuerkurve geführt — noch eine Korrekturlinse mit. Strenggenommen hat sie mit der Linsenanordnung, die der Fachmann „pankratisch" nennt, nichts zu tun. Die Konstrukteure haben sie nur eingefügt, um dem Benutzer das lästige Nachstellen der Schärfe zu ersparen: Die Schärfe, einmal eingestellt, bleibt dank dieser kleinen Linse beim Durchfahren des gesamten Brennweitenbereiches erhalten. Woran aber wahrscheinlich anfangs niemand dachte: Kraft dieser kleinen Linse kann man mit dem Zoomobjekt „optisch zaubern".

Die Filmer kamen zuerst darauf. Sie erfanden die optische Fahrt. Statt die Kamera auf das Motiv zu- oder von dem Motiv wegzufahren, „fuhren" sie die Brennweite: Sie verstellten das Objektiv während des Filmens langsam in Richtung auf die längste Brennweite und holten sich damit das Motiv näher heran. Oder sie verstellten das Objektiv in Richtung auf die kürzeste Brennweite und fuhren damit scheinbar vom Motiv weg. Heute ist das nichts Aufregendes mehr, denn fast jede Schmalfilmkamera ist mit einem

Zoomobjektiv ausgerüstet, und sehr viele haben obendrein einen eingebauten Elektromotor, mit dessen Hilfe die Brennweite schön gleichmäßig und ruckfrei verstellt werden kann. Aber den alten Haken hat die Sache immer noch: Vom gleichen Standpunkt aus erfassen die verschiedenen Brennweiten zwar einen unterschiedlich großen Bildausschnitt, doch sie erfassen ihn stets unter dem gleichen Blickwinkel. Eine kurze Brennweite zeigt nicht nur einen großen Bildausschnitt, sie bildet auch Vordergründiges im Verhältnis zu Dingen im Hintergrund stark vergrößert ab. Eine lange Brennweite dagegen zwingt dem stark verkleinerten Bildausschnitt die verflachte Tele-Perspektive auf: Dem Bild fehlt die räumliche Tiefe. Wer später eine solche Zoomfahrt im Film sieht, der hat den — zwar objektiv falschen, trotz allem aber recht unbehaglichen — Eindruck, als ändere sich die Darstellung der Raumverhältnisse fortlaufend. Böse Zungen sprechen dann von der Anfängerkrankheit „Zoomeritis".

Freilich, so überraschend ist das nicht: Wer zum ersten Male durch ein Zoomobjektiv schaut und erlebt, wie sich das Bild fortlaufend wandelt, wie es sich entwickelt und in seiner Aussage sammelt, der muß einfach begeistert sein. Was er erlebt, ist eine „optische Vision", die sich jedoch im Film zumeist nicht wiedergeben läßt. Denn hier verbinden sich unbewußt zwei grundverschiedene Eindrücke — der wirkliche Anblick des Motivs und das anschließende Anfahren mit der Gummilinse. Der Filmbetrachter nimmt nur diesen letzten Eindruck wahr. Und wenn da im Motivraum nichts geschieht, was ihn begeistert,

Lichtreklame — einmal anders gesehen. Die „Fahrt" des Zoomobjektivs verändert während der Aufnahme den Bildausschnitt — alle Linien werden nach den Gesetzen der Zentralprojektion verwischt.

Von eigenartiger Schönheit ist dieses Bild der hinter einem Baukran untergehenden Sonne. Das Foto entstand durch drei in der Höhe verschobene Teilbelichtungen und unveränderte Brennweite.

dann ist er eben nicht mitzureißen: Die Szene bleibt filmisch der Wirklichkeit verhaftet und — leer.

Anders dagegen beim Foto. Verstellt man bei einer Aufnahme während der Belichtung die Brennweite, so nimmt man der Aufnahme auf jeden Fall einen Teil der Wirklichkeit. Und wenn man sehr viel Glück hat, dann zwingt man statt dessen ein wenig von der optischen Vision hinein. Voraussetzung ist, daß man die Mittel und Möglichkeiten genau kennt, viel Phantasie und das schon erwähnte Glück. Daß jede gelungene Zoom-Vision außerdem noch eine Menge Film kostet, sei warnend am Rande erwähnt.

Doch zunächst die Mittel und Möglichkeiten: Zoomobjektive für die Stillbildfotografie lassen sich nur an einaugigen Spiegelreflexkameras verwenden, denn nur der Spiegel gestattet das Einstellen der Brennweite. Dieser Spiegel wird während der Belichtung des Films hochgeklappt, das Sucherbild verschwindet. Wer also die Brennweite während der Belichtung ändern will, der muß es „blind", das heißt ohne Augenkontrolle, tun. Dabei hilft nur eines: die gewünschte Brennweitenverstellung vor der Aufnahme „trocken" fahren und sich Anfangs- und Endpunkt genau merken. Die wichtigsten Brennweiten sind auf der Objektivfassung eingraviert und können als Anhaltspunkte dienen.

Das Verstellen der Brennweite beansprucht Zeit. Während einer Momentaufnahme läßt es sich nicht durchführen. Das beschränkt die Motivwahl: Nur ein Motiv, das man mit einer langen Belichtungszeit aufnehmen kann,

Das zweite Gesicht. Bei Doppel- und Mehrfachbelichtungen lassen sich mit Hilfe der veränderlichen Brennweite des Zoomobjektivs die Einzelmotive in ihrem Abbildungsmaßstab genau aufeinander abstimmen, wie hier bei einem Porträt Profil und Frontalansicht. Alle Fotos Meisnitzer

kommt in Frage. Lange Zeiten aber erzwingen stets die Verwendung eines Stativs. Und weil während der Aufnahme an der Kamera oder vielmehr am Objektiv eine Verstellung vorgenommen wird, muß es ein standfestes, schweres Stativ sein, damit das Bild nicht verwackelt.

Ganz sind die Erschütterungen gewöhnlich nicht auszuschalten, denn die meisten Zoomobjekte sind für die Brennweitenverstellung mit einem Schneckengang ausgerüstet. Und dreht man an diesem Schnekkengang, dann verreißt man das Objektiv immer ein wenig, mag es noch so bombenfest stehen. Fotografiert man Straßenlichter, führt das zu einem leichten „Zittern" der Lichterlinien, das im Bild sehr reizvoll sein kann. Vermeiden läßt sich das nur bei Objektiven, bei denen die Brennweite durch ein Verschieben des Tubus verstellt wird.

Moderne Filme sind alle ziemlich „schnell" Wenn die Sonne strahlt, erlauben sie selbst bei kleinster Blende keine langen Belichtungszeiten. Motive für Zoom-Visionen setzen also stets — für normale Fotografie — „schlechte" Lichtverhältnisse voraus. Außerdem dürfen sie sich, sollen sie auf der Aufnahme annähernd erkennbar sein, nicht bewegen. Personen kommen nur in Frage, wenn sie freiwillig oder zufällig stillhalten.

Trotzdem gibt es keine wirklich scharfen Bilder, denn durch das Zoomen werden alle Linien verwischt. Dieses Verwischen jedoch erfolgt, weil der Blickwinkel unverändert bleibt, nach den Gesetzen der Zentralprojektion. Dadurch entstehen neue, genau bestimmte Linien und Wischerflächen, die dem Bild besondere Tiefe und scheinbar eine zusätzliche Dimension geben — gewissermaßen die vierte Dimension „Zeit". Wie diese neuen Linien verlaufen, läßt sich während der Probeverstellung ungefähr beurteilen.

Besonders deutlich sichtbar machen aber kann man sie, wenn man Lichtreklamen aufnimmt. Leuchtschriften erscheinen wie mit einem „Block" versehen. Die Projektionsrichtung dieses Blockes hängt von dem Aufnahmewinkel ab, unter dem die Kamera die Schrift erfaßt hat, die Tiefe des Blocks von der Länge des durchfahrenen Brennweitenbereiches und von der Aufnahmeentfernung. Die Schrift selbst hebt sich klar von der dunklen zeichnungslosen Umgebung ab und wirkt dadurch scharf. Wer sich zum ersten Male auf diesem reizvollen Gebiet der Fotografie versuchen will, findet keine besseren Motive als Straßenlichter und Leuchtschriften, die er zusätzlich durch Doppel- oder Mehrfachbelichtung vereinigen und einander durchdringen lassen kann. Die Belichtung ist nicht schwierig: Bei Kodachrome II und Blende 16—22 hat man je nach Leuchtkraft der Schrift 8 bis 12 Sekunden Zeit, um alle gewünschten Verstellungen vorzunehmen. Und wem die Farbpalette der vorhandenen Leuchtschriften nicht ausreicht, der kann sie durch Farbfilter beliebig ändern. Um klare Zeichnung zu erzielen, verharrt man während der Belichtung zunächst kurz in der Anfangsstellung, verstellt sodann langsam, doch gleichmäßig und ruckfrei die Brennweite und wartet in der Endstellung wiederum 2 bis 3 Sekunden, bevor man den Kameraverschluß schließt.

Wer auf diese Weise Erfahrungen gesammelt hat, kann versuchen, sie auf andere Motive zu übertragen und beispielsweise Zoom-Porträts zu machen. Allerdings nimmt dabei die Trefferquote rasch ab — oft ist nicht ein einziges brauchbares Bild auf einem ganzen Film. Doch gibt es auch noch andere, reizvolle Möglichkeiten, die Verstellbarkeit der Brennweite zu nutzen: Doppel- und Mehrfachbelichtungen, bei denen die Einzelmotive in ihrem Abbildungsmaßstab genau aufeinander abgestimmt sind. Als Motive bieten sich beispielsweise an, bei einem Porträt Profil und Frontalansicht auf einem Bild zu vereinigen oder auch die hellerleuchteten Umrisse eines Gegenstandes vor schwarzem Hintergrund, die — einander in gleichmäßigem Abstand überlagernd — in Mehrfachaufnahme zusammengefaßt werden. Aufnahmen dieser Art kann man natürlich nicht nur mit einem Zoomobjektiv, sondern auch mit gewöhnlichen Wechselobjektiven oder gar einem einzigen Objektiv und geschicktem Variieren der Aufnahmeentfernung machen. Dennoch haben auch sie ein wenig von dem, was an den „gefahrenen" Zoomfotos das Besondere ist: Sie durchbrechen die nüchternsachliche Wirklichkeit. Sie machen sichtbar, was das Auge normalerweise nicht sehen kann. Und dadurch werden sie der wichtigsten Aufgabe gerecht, die die Fotografie hat: Sie bereichern unser Sehen.

ALBRECHT DÜRER in neuer Sicht

VON SEPP SCHÜLLER

Die 500. Wiederkehr des Geburtstages von Albrecht Dürer gibt Anlaß, unseren Blick auf Gestalt und Werk des größten deutschen Malers und Graphikers zu richten. Weit über seine Zeit hinaus hat Dürer bis in die Gegenwart gewirkt und ist zum Inbegriff des deutschen Künstlers und Menschen geworden, so wie etwa Rembrandt die Holländer vertritt. Viele, denen der Name Albrecht Dürers wenig oder gar nichts sagen mag, kennen trotzdem seine Werke: Volkstümlich im wahren Sinne des Wortes ist noch immer das Bild des „Hasen", der nicht nur zu Ostern gern herausgestellt wird, sondern auch sonst als Zimmerschmuck beliebt ist. Der Darstellung der „Betenden Hände" begegnet man allerorten, sei es als Druck, Holz- oder Metallbild, und in dem Kupferstich „Ritter, Tod und Teufel" spiegelt sich für viele das Urbild des deutschen Ritters. Die „Vier Apostel", auch als „Vier Temperamente" bekannt, lassen in gewisser Weise die deutsche Reformation sichtbar werden. Nicht zuletzt sieht man in dem christusartigen Selbstporträt Dürers das deutsche Künstlerbild schlechthin. Ohne daß wir uns dessen bewußt sind, begleitet uns Dürer tagtäglich: in den beiden Frauenporträts auf unseren Fünf- und Zwanzig-Mark-Geldscheinen.

Sogenannte „Moderne" haben gesagt, Dürer könne heute, nach so vielen Jahrhunderten, gar nicht mehr „aktuell" sein, seine Kunst habe uns in der Zeit des Aufbruchs auf allen Gebieten nichts mehr zu sagen. Sie haben darauf hingewiesen, daß Dürer für die Malerei jene Wirklichkeit erschlossen habe, die wir, nicht nur in der abstrakten Kunst, zum großen Teil wieder aufgegeben hätten. Sie verkennen dabei, daß in Wahrheit Dürer der Malerei Neuland erschlossen hat, auf dem die nachfolgenden und auch unsere modernen Künstler aufbauen konnten. Dürer schreibt: „Das Leben in der Natur gibt

Ein Meisterwerk Albrecht Dürers: sein Selbstbildnis als junger venezianischer Edelmann aus dem Jahre 1498, entstanden in Nürnberg. Wie mit seiner Kunst schlechthin, hat Dürer mit seinen Selbstdarstellungen Neuland erschlossen. Sie stehen am Anfang einer langen Reihe von Selbstporträts großer Künstler.

zu erkennen die Wahrheit dieser Dinge ... Wahrhaftig steckt die Kunst in der Natur, wer sie heraus kann reißen, der hat sie." In unseren Tagen ist es Picasso, der im gleichen Sinne fortfährt: „Ob es dem Menschen paßt oder nicht: Er ist das Werkzeug der Natur. Sie ist stärker als der stärkste Mann. Es liegt nur in unserem eigentlichen Interesse, wenn wir uns gut mit ihr stellen ... Es gibt gar keine abstrakte Kunst. Man muß immer mit etwas beginnen. Nachher kann man alle Spuren des Wirklichen entfernen. Dann besteht ohnehin keine Gefahr mehr, weil die Idee des Dinges inzwischen ein unauflösliches Zeichen hinterlassen hat."

Dürer steht am Anfang der Neuzeit und verkörpert den Künstler so, wie wir ihn uns vorstellen. Er ist nicht mehr der schlichte mittelalterliche Mensch und Maler, der im Dienste der Kirche bescheiden zurücktritt und auf jede persönliche Anerkennung verzichtet. Im Gegenteil, Dürer war zweifellos geltungssüchtig, eitel, prunkliebend und geschäftstüchtig. Er hatte Freude am Besitz und glaubte als bedeutender Künstler ein Anrecht auf Anerkennung zu haben. Dürer verkörperte den Geist seiner Zeit, die mittelalterlich-weltfremde, enge religiöse Auffassungen mutig niederriß und den Blick für die Schönheit der irdischen Welt öffnete. Die Malerei wurde dadurch frei und selbständig und ließ sich nun auch durch die Sinne statt durch den Glauben und die Andacht genießen. Dürer bedient sich dabei der seinerzeit neu aufkommenden Techniken: der Kunst des Buchdrucks und der Graphik. Auf diese Weise macht er seine Bilder weiten Kreisen zugänglich. Seine Graphiken, und nicht die Gemälde, begründen seinen Ruhm unter den Zeitgenossen — und später über Europa hinaus bis zum Fernen Osten und dem neu entdeckten Amerika.

Obwohl sich Dürer religiös gebunden fühlte und er die Kunst als ein Mittel betrachtete, „Gott durch sie zu ehren", war er weltoffen und voll Forscherdrang unentwegt darauf aus, Neues zu finden, zu lernen und damit die Aufgaben der Malerei zu erweitern. Er malte eigenständige Landschafts- und Städtebilder, die nicht mehr — wie vormals — nur als Hintergrund kirchlicher Darstellungen dienten. Er ordnete auch das menschliche Porträt nicht mehr als Stifterbild klein und bescheiden in das religiöse Bildthema ein. Die naturgetreue Darstellung des menschlichen Antlitzes wurde zu einem selbständigen und gleichberechtigten Thema der Malerei.

Typisch für seine Einstellung zur Welt ist die Tatsache, daß sich Dürer zugleich als Ausgangs- und als Mittelpunkt seiner Kunst betrachtet. Indem er sich wiederholt porträtierte, suchte er Abstand von sich zu gewinnen und entdeckte zugleich sich selbst als nächstliegendes Motiv. Mehr als

Der große deutsche Maler und Graphiker machte die naturgetreue Darstellung des menschlichen Antlitzes zu einem selbständigen Thema der Malerei. Wenige Jahre vor seinem Tode schuf Dürer das ausdrucksstarke Bildnis des 52jährigen Hieronymus Holzschuher, Bürgermeister von Nürnberg. — Galerie Berlin-Dahlem.

HOLTZSCHVER · ANNO · DÕNI · 1526
SVE 52

Zufall erscheint es uns heute, daß er sich als erster Maler diesseits der Alpen durch alle seine Lebensabschnitte hindurch in Selbstporträts festgehalten hat — angefangen von der frühen Silberstiftzeichnung des Dreizehnjährigen über stolze Repräsentationsbilder bis zu jenen, die bereits die eigene Krankheit andeuten. Diese Dürerschen Bildnisse stehen am Anfang einer langen Reihe von Selbstdarstellungen großer Künstler, die über Rembrandt bis in unsere Tage, etwa zu Max Beckmann und Oskar Kokoschka, führen. Neuartig waren auch Dürers Schriften, die als Familienchronik, Reisetagebuch und Kunsttheorien wertvolle Ergänzungen seines Werkes bringen. Auch diese Anregung haben viele Maler übernommen. Lange hat man die Schriften Dürers übersehen und ein romantisches „Idealbild" des großen Meisters geprägt, das sicher nicht immer begründet war. Heute lehnen wir uns gerade an die von ihm selbst gegebenen Hinweise an, und Dürer erscheint uns damit in neuer Sicht.

Albrecht Dürer wurde am 21. Mai 1471 in Nürnberg geboren. Sein Vater war Goldschmied und aus Ungarn über die Niederlande in die freie Reichsstadt gekommen. Nürnberg entwikkelte sich im 15. Jahrhundert zu einem Mittelpunkt des Handels, der sich damals über die Ländergrenzen hinweg auszudehnen begann, zu einem Mittelpunkt des Handwerks und der Künste. Martin Luther bezeichnete Nürnberg als „Auge und Ohr Deutschlands", und Melanchthon schrieb, diese „Stadt hat sich schon längst durch Reichtum, Gebäude und kunstreiche Meister so ausgezeichnet, daß man sie mit Recht jeder der hochberühmten Städte des Altertums an die Seite stellen kann". Wenige Schritte vom Elternhaus Albrecht Dürers hatte der in Nürnberg wohlangesehene Maler und Holzschneider Michael Wolgemut sein Atelier. Er gab dem jungen Albrecht den ersten Zeichenunterricht. Nach einer dreijährigen Lehre ging Albrecht Dürer von 1490—94 auf Wanderschaft. Er arbeitete als Graphiker in Colmar, wo der von ihm hoch verehrte Martin Schongauer gerade verstorben war, und weiter in Straßburg und Basel bei Buchdruckern als Graphiker. Das heute im Louvre zu Paris aufbewahrte Selbstporträt vom Jahre 1493 läßt uns erkennen, daß Dürer auch als Maler auf dieser Wanderschaft viel gelernt hat.

Im Jahre 1494 weilte Albrecht Dürer wieder in Nürnberg. Aber noch im gleichen Jahre, nach der von den Eltern vereinbarten Heirat mit Agnes Frey, setzte Dürer seine Wanderschaft fort. Er brach nach Venedig auf. Zwischen Brenner und Gardasee entdeckte er auf dieser Reise seine Ideallandschaft. Ihre Berg-, Burg- und Seemotive klingen in fast alle die folgenden Gemälde, Holzschnitte und Kupferstiche hinein. Erhalten sind einige auf der Reise entstandene Aquarelle und Zeichnungen von Innsbruck, Trient

Links: Das alte Nürnberg, eine kunstsinnige Handelsstadt, bot dem jungen Dürer Gelegenheit, die Grundlagen für sein späteres künstlerisches Schaffen zu erwerben. Hier das Heilig-Geist-Hospital.

Leicht und beschwingt, in zarten Farben gehalten, ist dieses Aquarell. Es zeigt die Stadt Innsbruck, von Norden her gesehen. Dürer malte es auf seiner ersten Venedigreise im Jahre 1494.

und Arco als fesselnde Belege frühdeutscher Landschaftsmalerei. In Venedig fand die Begegnung des in der deutschen Spätgotik wurzelnden Malers mit der italienischen Renaissance statt, die für sein späteres Schaffen entscheidend sein sollte. Dürer studierte eingehend die Arbeiten von Bellini, Mantegna und anderen venetianischen Malern und wurde nicht müde, sich mit den Gesetzen der menschlichen Körperproportionen und der Perspektive vertraut zu machen. Der deutsche Maler näherte sich in dieser Zeit so stark den Italienern, daß manche seiner Arbeiten in der Folge als italienische Werke betrachtet wurden. Wie Dürer antike Vorbilder in christliche umsetzen wollte, bezeugen seine Schriften: „... in der gleichen Weise, wie die Alten die schönste Gestalt haben zugemessen ihrem Abgott Apollo, also wollen wir dasselbe Maß brauchen zu Christo, dem Herren. Und wie sie gebraucht haben Venus als das schönste Weib, also wollen wir dieselbe Gestalt keuschlich darlegen der Jungfrau Maria."

Nach seiner Rückkehr entstanden in Nürnberg Dürers erste Meisterwerke, die bis in die Gegenwart hinein Bewunderung finden. Hatte er sich am Ende der Wanderjahre noch etwas schüchtern als Bräutigam mit der „Männertreu" gemalt, so porträtierte er sich jetzt in dem Prado-Selbstbildnis von 1498 stolz als junger venezianischer Edelmann vor der Alpenwelt. Auch andere hervorragende Porträts, wie das der Elsbeth Tucher, das wir auf unseren Zwanzig-Mark-Geldscheinen finden, haben die grandiose Bergwelt zum Hintergrund. Es entstanden die Holzschnitt- und Kupferstichfolgen der „Apokalypse" und des „Marienlebens". Sie gelten als geniale Schöpfungen seiner gedruckten Kunst, denen keine andere seiner Graphiken gleichkommt. Vor allem die im Jahre 1498 im Selbstverlag Dürers erschienene Bildfolge der „Apokalypse“ ist ein unerhört kühner Wurf jugendlich-schöpferischer Kraft. Die Visionen der Offenbarung mit ihren leidenschaftlichen Kämpfen beim göttlichen Strafgericht sieht Dürer „wie in Flammenschrift aufgeleuchtet“.

Als Dürer in den Jahren von 1505 bis 1507 zum zweiten Male nach Venedig und weiter nach Bologna fuhr, kam er nicht mehr als Unbekannter und Lernender. Nun war sein Künstlertum anerkannt, und er wurde als „ein zweiter Apelles“ gefeiert. Im Auftrage deutscher Kaufleute malte er für die deutsche Kirche in Venedig das Altarbild mit der Darstellung des Rosenkranzfestes. Dürer arbeitete fünf Monate daran und war auf dieses Werk besonders stolz. Dem Freunde Pirckheimer berichtete er mit Genugtuung, „daß ein besseres Marienbild im Lande nicht sei, denn alle Künstler loben es und sagen, daß sie ein erhabneres, lieblicheres Gemälde nie gesehen haben ... Ich habe auch die Maler alle beruhigt, die da sagten, im Stechen wäre ich gut, aber im Malen wüßt ich nicht mit Farben umzugehen. Jetzt spricht jedermann, er habe schönere Farben nie gesehen.“ Wir hören, daß der Doge Lorenzo Loredan das Rosenkranzbild besichtigte und daß er den deutschen Maler mit einem Jahresfixum von 200 Gulden in Venedig halten wollte. Dürer hat Venedig trotzdem verlassen. Sein Altarbild kam später nach Prag, wo es — leider schwer beschädigt — nur einen schwachen Glanz der ursprünglichen Farbenpracht vermittelt. Noch andere bedeutende Gemälde schuf Dürer in Venedig, so auch mehrere Frauenporträts, von denen wir die „Venezianerin“ von unseren Fünf-Mark-Geldscheinen kennen. Er studierte auch jetzt wieder die Meisterwerke südlicher Kunst, so die berühm-

ten antiken Pferde über dem Haupteingang von San Marco und das Reiterdenkmal des „Colleoni". Aus diesen Anregungen entstand Jahre später in Nürnberg sein „Ritter, Tod und Teufel". Dürer war von Venedig begeistert, und der Abschied fiel ihm schwer. Dem Freunde vertraute er im letzten Briefe an: „Oh, wie wird mich nach der Sonne frieren. Hier bin ich ein Herr, daheim ein Schmarotzer." Wie ein „Herr" ließ sich Dürer auch in Bologna feiern, wohin er für kurze Zeit fuhr „um der Kunst der heimlichen Perspektive willen, die mich einer lehren will".

Doch die Liebe zur Heimat war mächtiger als alle verlockenden Angebote im Süden. Als er nach siebzehn Monaten wieder nach Nürnberg kam, erhielt er Auftrag über Auftrag und kaufte sich ein stattliches Haus. Es liegt unterhalb der Kaiserburg am Tiergärtner-Tor und ist uns heute als Dürerhaus vertraut. Hier entstanden in der von ihm neu eingerichteten Druckpresse zahlreiche alte und neue Arbeiten, wie die drei Meisterstiche „Ritter, Tod und Teufel", „Hieronymus" und „Melancholie". Viele Gemälde, wie das Allerheiligenbild und die beiden Kaiserbilder von Karl dem Großen und Sigismund, die er im Auftrage der Stadt malte, reihten sich an. Mit Kaiser Maximilian ist Dürer wiederholt zusammengetroffen. Für ihn entwarf er den „Triumphzug" und Randzeichnungen für sein Gebetbuch. Im Jahre 1515 porträtierte Dürer den Kaiser in Augsburg. Im gleichen Jahr ließ ihm Maximilian eine jährliche Leibrente in Höhe von 100 Gulden aussetzen — ein Betrag, der den Lebensunterhalt des Meisters für die Zukunft sicherstellen sollte. Nach dem Tode des Kaisers jedoch verweigerte die Stadt Nürnberg die weitere Auszahlung der Leibrente, und Dürer war gezwungen, von Karl V., Nachfolger Maximilians, eine Bestätigung dieses „Leibgedings" zu

Die Visionen des Evangelisten Johannes über die leidenschaftlichen Kämpfe beim göttlichen Strafgericht gewannen in Dürers Holzschnittfolge der „Apokalypse" zwingende Form. Hier zwei Ausschnitte aus „Michaels Kampf mit dem Drachen". Der große Graphiker entwickelte diese neue Technik zur Vollendung.

Das Reiterdenkmal des italienischen Söldnerführers „Colleoni" von Andrea del Verrocchio (1436—88). Immer wieder studierte Dürer diese Plastik, die ihn zu einem seiner bekanntesten Stiche anregte.

Wie kaum ein anderer Künstler seiner Zeit beobachtete Dürer das Leben und Treiben des einfachen Volkes. Treffsicher erfaßt sein Zeichenstift dabei die Szene. Links „Der Dudelsackpfeifer" und „Bauernpaar beim Tanz" — zwei Graphiken aus dem Jahr 1514.

Einen Höhepunkt in Dürers Schaffen bilden — neben der „Apokalypse" — die Blätter des „Marienlebens". Unten rechts das Titelblatt dieser Bildfolge: „Maria im Strahlenkranz".

erbitten. Dies bildete den äußeren Anlaß zu Dürers Niederländischer Reise in den Jahren 1520 und 1521. So fuhr er über den Main und Rhein und über Köln nach Antwerpen. Von dort reiste er zur Krönung Karls V. nach Aachen. Abstecher führten ihn nach Brüssel, Brügge, Gent, Mecheln und Seeland. Durch sein Reisetage- und Skizzenbuch sind wir über diese Fahrt so gut unterrichtet wie über keinen anderen Lebensabschnitt. Wir hören, welche Menschen, Städte und Bauten Dürer besonders beeindruckt haben und mit welchen großen Künstlern er zusammengetroffen ist. Auch auf dieser Reise wurde Dürer, besonders in Antwerpen, „wie ein großer Herr" gefeiert, und er erhielt das Angebot, gegen eine feste Jahressumme von 300 Philippsgulden — das sind etwa 4500 Mark — und ein „wohlgebaut Haus" dort zu bleiben. Dürer begegnete Quentin Massys, Lucas van Leyden und Joachim Patinir. Portugiesischen Freunden schenkte er seinen „Hieronymus", das beste Ölbild, das wir von dieser Reise kennen und das auf seine berühmte Porträtzeichnung eines 93jährigen Mannes zurückgeht.

Krank kehrte Albrecht Dürer von den Niederlanden nach Nürnberg heim. Man vermutet heute, daß er auf seiner Fahrt nach Seeland von der Malaria befallen wurde. Nur noch sieben Jahre waren ihm vergönnt, aber in dieser kurzen Zeit entstanden einige seiner Hauptwerke und bedeutendsten Porträts: Die Bildnisse der Nürnberger Bürgermeister Jakob Muffel und Hieronymus Holzschuher sowie die „Vier Apostel", wohl Dürers größtes Werk überhaupt. Wie ein geistiges Testament scheinen uns diese gewaltigen Darstellungen der vier Temperamente, die ursprünglich als Seitenflügel eines Marienaltars gedacht waren und später unter dem Einfluß der Reformation zu selbständigen Tafeln wurden. Die italienischen und niederländischen Anregungen, die Dürer auf seinen Reisen empfangen hat, vereinen sich hier zu einem Höhepunkt deutscher Malerei. In den letzten Jahren seines Lebens malte Dürer wenig. Er legte das Hauptgewicht seines Wirkens darauf, gewonnene Lebenserfahrungen an die Nachfolger weiterzugeben. So schrieb er Bücher über Zentralperspektive, Proportions- und Befestigungslehre und seine „Speis der Malerknaben". Am 6. April 1528 starb er, 57jährig, in Nürnberg.

Albrecht Dürer hat rund 80 Gemälde, 1500 graphische Arbeiten und drei Lehrbücher hinterlassen. Seine Bücher und Graphiken machten ihn zuerst weit über Deutschland und sogar über Europa hinaus bekannt. In Italien wurden Dürers Stiche schon zu Lebzeiten des Künstlers kopiert, nachgedruckt und als Fälschungen verbreitet. Missionare brachten sie an den indischen Hof der Mogulfürsten, und im 17. Jahrhundert wurden verschiedene Dürerfiguren von einheimischen Malern in das typische Rankenwerk indischer Handschriften eingefügt. Dürers Bücher erschienen bald nach seinem Tode in deutscher, lateinischer, französischer, italienischer, portugiesischer, holländischer und englischer Sprache. Sie wurden zu grundlegenden Darstellungen für die Kunstwelt. Selbst ein Rembrandt besaß sie und scheute sich nicht, Gestalten aus Dürer-Stichen in seine Radierungen zu übernehmen.

Jede Zeit und jedes Land hat Dürers Werke mit anderen Augen gesehen und beurteilt. Die Romantik schwärmte vom „deutschesten aller deutschen Maler" und gab damit sicher ein nicht ganz zutreffendes und vorurteilsfreies Bild des Meisters. Wir gehen heute zurück bis an die Quelle seines Schaffens und versuchen, die Kunstwerke aus der Entstehungszeit, aus Dürers erhaltenen Schriften und Briefen heraus zu verstehen. Über Jahrhunderte hinweg tritt uns dabei diese Kunst ungemein lebendig vor Augen, und trotz aller Bestrebungen der Moderne scheint uns Dürer noch immer Entscheidendes zu sagen. Ist es nicht bemerkenswert, daß Picasso in seiner Frühzeit von einem Dürerschen Holzschnitt so angetan war, daß er ihn zu besitzen wünschte und sich von einem Freunde das Blatt schenken ließ?

Wie Dürer aber von der Kunstwelt bewertet wird, das zeigen die Preise auf Auktionen in aller Welt. In London wurden im Jahre 1969 für einen Abzug der „Melancholie" 4800 Pfund, also rund 42 000 Mark, bezahlt. Einen Weltrekord errang der Dürer-Stich des hl. Eustachius, für den im Jahre 1970 in London 6200 Pfund, d. h. etwa 55 000 Mark, geboten wurden. Für Zeichnungen und Aquarelle Dürers waren die Preise entsprechend höher, seine Gemälde sind heute überhaupt nicht mehr im Handel zu finden. Im Jahre 1969 wurde ein Dürersches Aquarell mit der Darstellung eines Insekts in der Größe von 14,2 zu 11,5 cm für 50 000 Pfund, also für über eine halbe Million Mark, verkauft. Dies ist der höchste Preis, der bisher für die Handzeichnung eines alten Meisters gezahlt worden ist. Kann man die Wertschätzung Dürers in unseren Tagen deutlicher zeigen?

REINHOLD SAUTTER

Vorschub ins Nichts

Die Brücke über den Rio Caroni

„Also gut", sagte der Chef während der Mittagshitze in Stuttgart zu mir, „sehen Sie zu, was Sie erwischen können!" und zog sich in seinen kühlen Garten in der oberen Bopserwaldstraße zurück. Ich aber flog nach dem noch wesentlich heißeren Venezuela, wo die vielbesprochene Brücke über den Rio Caroni ihrer Fertigstellung entgegenging. Es handelte sich dabei um eine neue Art des Brückenbaues, wie sie in dieser Form und dieser Größe zum erstenmal auf der Welt verwirklicht wurde: Man fertigte die Brücke in einzelnen Teilen an Land, spannte sie mit Stahltrossen zusammen und schob sie in einem Stück, 480 Meter lang und viele tausend Tonnen schwer, über den Fluß bis an das andere Ufer.

So, und wer das nicht für eine tolle Sache hält, der kann ruhig die nächsten Seiten überschlagen!

Nun macht man natürlich solche großen Anstrengungen mit einer Brücke nur, wenn dafür zwingende Gründe vorliegen. Um das zu verstehen, muß man folgendes wissen: Inmitten eines Gebietes mit reichhaltigen Erzvorkommen und großen Energievorräten entsteht am Fluß Caroni, nur wenige Kilometer von seiner Einmündung in den Orinoco entfernt, die neue Stadt Santo Tomé de Guayana, die sich an die älteren Orte Puerto Ordaz und San Felix angliedert. Diese völlig neue Industriestadt mit zunächst etwa 250 000 Einwohnern wird von der Planungsgemeinschaft der Corporación Venezolana de Guayana aufgebaut, einer Behörde, die vom venezolanischen Staat eigens dazu gegründet worden ist, das Guayanagebiet zu entwickeln. Herzstück dieser neuen Industriestadt ist die Caroni-Brücke, die beide Teile verbindet und zwischen ihnen den Verkehr pulsieren läßt.

Der zehn bis zwanzig Meter tiefe Fluß bringt im Sommer, zur Zeit der tropischen Regenfälle, in der Äquatorgegend starke Hochwasser, die den Wasserspiegel des Caroni um gut zehn Meter ansteigen lassen. Die Strömung erreicht dabei eine Geschwindigkeit von fünf Metern in der Sekunde. Aber auch der Rückstau des etwas früher einsetzenden Orinoco-Hochwassers beeinflußt häufig seinen Wasserstand. Diese Hochwasser dauern nahezu sieben Monate und erschweren die Arbeit im Fluß außerordentlich; vor allem ist an Lehrgerüste kaum zu denken. Die Ingenieure wählten für die geplante Brücke deshalb ein Bauverfahren, bei dem sie auf ein Lehrgerüst im Fluß verzichten konnten. Von einer Stahlbrücke sahen sie wegen der hohen Korrosion ab und zogen, auch weil sich dabei einheimische Baustoffe verwenden ließen, eine Bauweise in Beton vor: trapezförmiger Kastenquerschnitt von 5,40 Meter Höhe und 11 Meter Fahrbahnbreite sowie beiderseits unten angehängte Fußgängerwege.

Eine 80 Meter breite Rinne im Flußbett, wo sich erst in 45 Meter Tiefe tragfähiger Fels findet, bestimmte die Spannweite der vier Brückenmittelfelder. Sie beträgt jeweils 96 Meter. Das Neuartige der Brücke aber be-

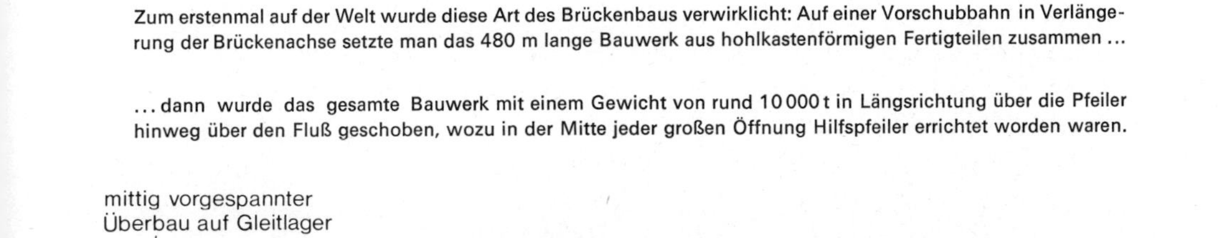

Zum erstenmal auf der Welt wurde diese Art des Brückenbaus verwirklicht: Auf einer Vorschubbahn in Verlängerung der Brückenachse setzte man das 480 m lange Bauwerk aus hohlkastenförmigen Fertigteilen zusammen ...

... dann wurde das gesamte Bauwerk mit einem Gewicht von rund 10 000 t in Längsrichtung über die Pfeiler hinweg über den Fluß geschoben, wozu in der Mitte jeder großen Öffnung Hilfspfeiler errichtet worden waren.

Die Fertigbauteile — auf der Verschiebebahn vorgerichtet. Die Aufnahme wurde vom Turmdrehkran aus gemacht, weshalb die mächtigen Hohlkästen wie Spielzeugklötzchen aussehen. Tatsächlich ist die Fahrbahnplatte oben 11 m breit.

Unten: Beim Bau der Hauptpfeiler bereitete die Gründung auf nacktem, stark zerklüftetem Fels unerwartete Schwierigkeiten. Mit Stahlrahmen mußten Spundwandkästen über Wasser zusammengebaut und auf die Felssohle abgelassen werden. In diese Kästen wurden die Fundamentblöcke aus Beton geschüttet.

Rechts: Die Stahlschalung für die 9,6 m langen Fertigteile. Soeben wird der Hohlkern eingefahren. Nachdem die Bewehrung in den Zwischenraum eingebracht worden ist, wird er mit Beton ausgegossen.

steht — wie bereits angedeutet — darin, daß der ganze Überbau an Land hergestellt worden ist, und zwar in 50 Fertigteilen. Diese Teile reihte man auf einer Verschiebebahn auf und spannte sie zunächst mit waagerecht in Schwerpunkthöhe verlegten Hauptspannkabeln mit rund 5000 Tonnen Zug zusammen. Dann wurde das Ganze über die Pfeiler geschoben.

Um das Überhängen, der Fachmann sagt: das Kragmoment, beim Einschieben zu vermindern, verkürzten die Brückenbauer die Spannweite durch zwischengestellte Hilfspfeiler jeweils auf 48 Meter. Nachdem der Überbau am anderen Ufer angelangt war, wurden die Spannkabel über den Hauptpfeilern und in der Mitte der Brückenfelder der Höhe nach verschoben und so in die endgültige, wellenförmige Lage gebracht. Dann konnten die Hilfspfeiler entfernt werden.

Die 50 Hohlkastenfertigteile des Überbaues, jedes 170 Tonnen schwer, wurden in einer ortsfesten Stahlschalung im Taktverfahren hergestellt, was eine Leistung von zwei Stück in der Woche ermöglichte.

Für den Verschiebemechanismus hatte man zu beiden Seiten des Überbaues Widerlager im Erdboden verankert. Die Schubvorrichtung selbst bestand jeweils aus einem Winkelstück mit Gegenplatte, einer 20 Meter langen Zahnstange, zwei hydraulischen Pressen von 2 Meter Hub und einer Rückholpresse. Gegenplatte und Winkelstück wurden, um die Schiebekraft zu übertragen, an die Betonwand angepreßt. Ein massiver Mitnehmer verband Winkelstück und Zahnstange, die von zwei Kolben hydraulisch vorwärtsgedrückt wurde.

Um die Reibung beim Verschieben der ungeheuren Last zu vermindern, hatten die Brückenbauer Kunststofflager gewählt, die auf einer polierten Chromstahlplatte glitten. Nach einem Vorschub von 96 Zentimetern mußte die Brücke jedesmal ganz wenig angehoben werden, damit die Kunststofflager in die Ausgangsstellung zurückgezogen werden konnten. Dieser Vorgang wiederholte sich 500mal.

Der Druck, den die vier Pressen insgesamt ausübten, lag zwischen 370 Tonnen und 430 Tonnen. Damit überwand man die Reibung von etwa 10 000 Tonnen Brückengewicht und verschob den Überbau täglich um 19,20 Meter. Das alles ist programmgemäß verlaufen.

Der zu erwartende starke Fußgängerverkehr machte breite Gehwege erforderlich. Hätte man sie, wie allgemein üblich, in die Höhe der Fahrbahnplatte gelegt, so wäre ein sehr breiter Hohlkasten mit weit ausladenden Konsolen entstanden. Die beiden 3 Meter breiten Gehwege wurden deshalb unten am Boden des trapezförmigen Hohlkastens beidseitig angebaut. Dadurch können die Fußgänger den Fluß auf einem überdachten Weg überqueren und werden außerdem von den Kraftfahrzeugen nicht belästigt. Wie den ganzen Überbau, so hat man auch die Gehwege aus Fertigteilen zusammengesetzt, und ebenso bestehen die Gehweg- und Fahrbahnbrüstungen aus Fertigteilen. Der Wegfall des Fußgängerverkehrs auf der Fahrbahn bringt noch einen weiteren Vorteil: Man konnte deren Brüstungen niedrig halten, und dem Kraftfahrer bleibt so der freie Blick auf die Landschaft.

Von zwei Kolben hydraulisch vorwärts gedrückt, schiebt sich der Überbau über den Fluß. Hier läuft der Vorbauschnabel auf Pfeiler 4 auf. Zwischengestellte Hilfspfeiler verkürzen die Spannweite beim Einschieben auf 48 m. Sie wurden später, nachdem der Überbau das andere Ufer erreicht hatte und verspannt war, entfernt.

Elegant überspannt die neue Caroni-Brücke den bis zu 20 m tiefen Fluß: Herzstück einer neuen Industriestadt. Am Boden des trapezförmigen Hohlkastens beidseitig angebaut, verlaufen 3 m breite Gehwege für den Fußgängerverkehr. Niedrige Brüstungen säumen die Fahrbahn und gewähren dem Autofahrer einen freien Ausblick.

460 Meter unter dem Meeresspiegel

HANS G. MEYER

Ein Tieftauchrekord im Trockenen

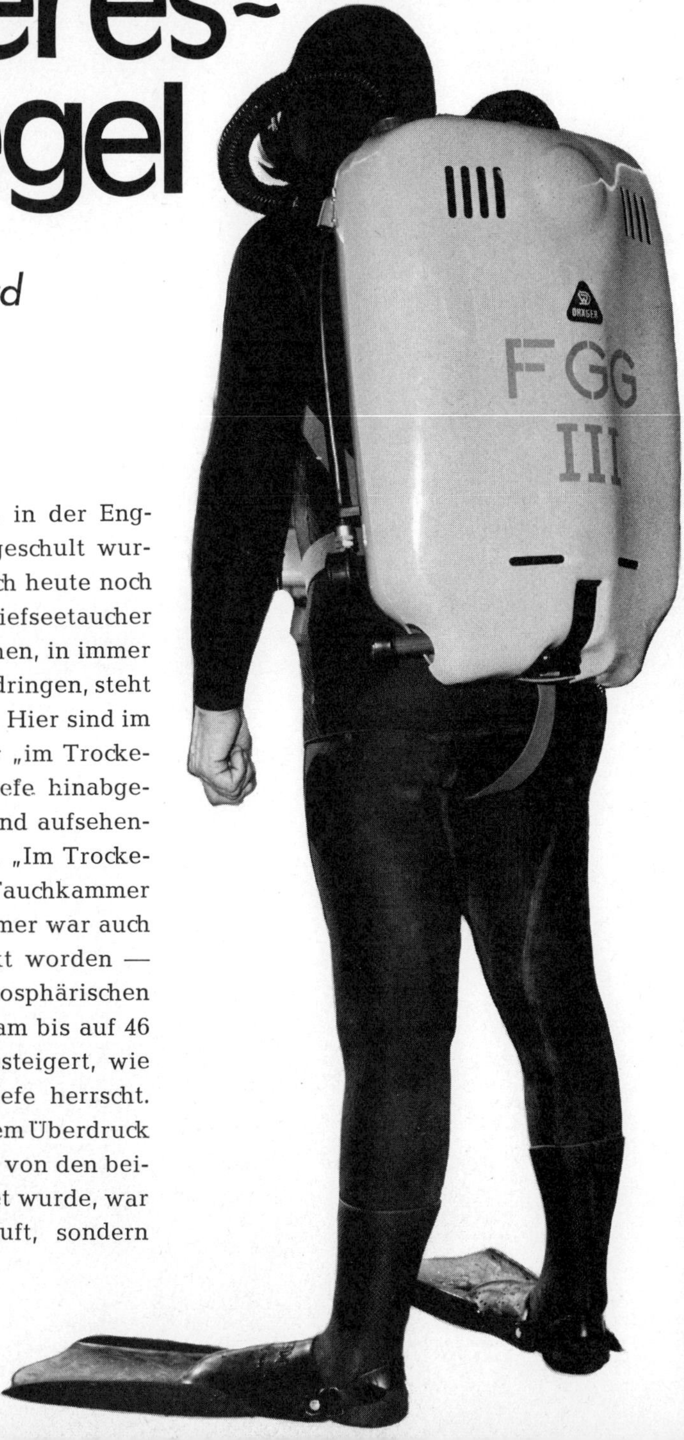

Die große Tauchkammer, in der Englands erste Froschmänner geschult wurden und mit deren Hilfe auch heute noch die besten und kühnsten Tiefseetaucher der britischen Inseln versuchen, in immer größere Meerestiefen vorzudringen, steht in Alverstoke bei Plymouth. Hier sind im Frühjahr 1970 zwei Taucher „im Trockenen" bis auf 460 Meter Tiefe hinabgetaucht. Das war ein neuer und aufsehenerregender Tieftauchrekord. „Im Trockenen" heißt: Sie hatten ihre Tauchkammer nicht verlassen, und die Kammer war auch nicht ins Meer hinabgesenkt worden — aber man hatte den atmosphärischen Druck in der Kammer langsam bis auf 46 Atmosphären Überdruck gesteigert, wie er in 460 Metern Meerestiefe herrscht. Und das Gas, das unter diesem Überdruck die Tauchkammer füllte und von den beiden Tauchern frei eingeatmet wurde, war nicht mehr gewöhnliche Luft, sondern ein Helium-Sauerstoff-Gemisch aus 99 Teilen Helium und nur einem Teil Sauerstoff.

Der Versuch zeigte, daß ein Mensch, der mit einem Atemgerät in geschlossenem Kreislauf ein solches Gasgemisch atmet, in 460 Metern Meerestiefe frei im Meere zu schwimmen vermag. Von diesem im Laborversuch erbrachten Beweis bis zur Ausführung eines echten Tauchversuchs im freien Meer ist der Weg allerdings noch weit. Auch heute noch wird der Tieftauchrekord im offenen Wasser von dem jungen Schweizer Taucher Keller gehalten, der vor einigen Jahren für kurze Zeit bis in 300 Meter Wassertiefe vorstieß. Es bedarf noch vieler Mühe, technischer Entwicklung und Geldmittel, ehe die englischen Taucher es wagen können, ihre Druckkammer tatsächlich auf 500 Meter Tiefe abzusenken, die Luken zu öffnen und ins freie Meer hinauszuschwimmen. Sie stehen dabei in scharfem Wettbewerb mit französischen Marinetauchern in Marseille. Ihnen gelang es in den letzten Tagen des vergangenen Jahres, den englischen Rekord zu überbieten: Zwei französische Taucher erreichten in der Überdruckkammer bereits 520 Meter „Tiefe" im Trockentauchen.

Dennoch ist der englische Rekord ein Meilenstein auf dem Weg in die Tiefe. Mit ihm wurde zum erstenmal die bis dahin verbreitete Ansicht widerlegt, daß es im freien Tauchen nicht möglich sei, bis zur 500-Meter-Tiefengrenze vorzudringen, weil selbst mit einem Helium-Atemgemisch schon vorher der „Tiefenrausch" einsetze.

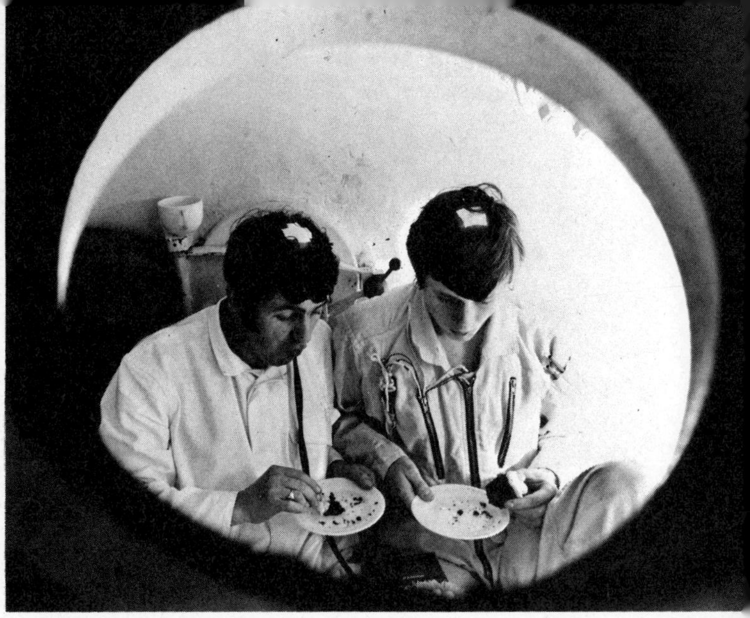

Unten links: Gymnastische Kraftübungen unternehmen hier schwedische Taucher in einer Druckkammer, um den Energieverbrauch bei einer simulierten Tauchtiefe von 100 m zu messen.

Oben links: Nach ihrem Weltrekord im künstlichen Tieftauchen verlassen die Franzosen Chemin und Reullier die Druckkammer, in der die Bedingungen von 520 m Meerestiefe herrschten.

Rechts: Und das sind die beiden Engländer Sharphouse und Bevan, die es zuvor auf 460 m „Tauchtiefe" gebracht und bewiesen hatten, daß der Mensch solche Tiefen erträgt. Fot. Keystone

Wie geht ein solcher Tiefentauchversuch im Trockenen vor sich, und was erleben die Taucher dabei? Einer der wissenschaftlichen Leiter dieses Experiments, Wilton-Davies, berichtet: „Als die Luken der Überdruckkammer hinter unseren beiden Rekordanwärtern dicht gemacht wurden, hatten sie für eine ganze Weile von der Außenwelt Abschied genommen. 14 Tage lang war nun nur noch diese enge, zylindrische und fensterlose Kammer, in der sie nicht einmal aufrecht stehen konnten, ihre Welt. Wir draußen in den Laborräumen, mit den Steuerpulten und Schalttafeln und den vielen Schreib- und Anzeigegeräten, standen zwar ständig über Bildschirm und Lautsprecher mit ihnen in Verbindung, und wir konnten sie auch durch ein kleines Guckloch in der Druckkammerwandung unmittelbar beobachten. Sonst aber waren wir von ihnen genauso unüberbrückbar getrennt wie beim Tauchen im Meer: durch 460 Meter Höhen- oder — was mehr besagt — 46 Atmosphären Druckunterschied!

Die Pumpen setzten ein. Die Zeiger rückten langsam aus der Null-Lage. An den zuckenden grünen Lichtkurven der Oszillographen und an den Bioschreibern konnten wir den Herz- und Atemrhythmus der Taucher verfolgen. Im Gegensatz zu einem Astronautenstart läuft hier zu Beginn alles recht ruhig ab. Die Spannung liegt mehr bei den Technikern. Für sie sind das die kritischen Minuten, in denen sich der riesige Aufwand

an Apparaturen, der mit einem solchen immer gefahrvollen Tauchversuch verbunden ist, bewähren muß.

Die Taucher selbst zeigten keinerlei Veränderung der Lebensvorgänge: Herzschlag und Atemrhythmus blieben normal. Wir mußten sehr langsam

absteigen — das heißt also, den Druck in der Kammer erhöhen. Zugleich mußte sich das Atemgemisch selbsttätig der laufenden Druckänderung anpassen. Das alles klappte einwandfrei, obwohl wir diese Anlage zum erstenmal voll im Betrieb hatten."

Alle solchen Tieftauchversuche gehen heute nach der Methode des „Sättigungstauchens" vor sich. Im Blut und im Körpergewebe sind unter normalen Verhältnissen die Gase der umgebenden Atmosphäre gelöst, also Stickstoff, Sauerstoff und Edelgase. Steigt der Stickstoffgehalt im Blute jedoch über den Normalwert, so führt das zu betäubungsähnlichen Erscheinungen, die sich zu Anfang als Bewußtseinstrübung und später als eine Art Rauschzustand äußern. Das ist der gefürchtete Tiefenrausch, in dem der Mensch die Kontrolle über die Sinneskräfte und seinen Willen verliert, und — wenn er nicht vorher schon bewußtlos wird — der Lockung der Tiefe folgt und weiter taucht, obwohl dies den Tod bedeutet. Viele Taucher haben auf diese Weise ihr Leben verloren.

Schon ab 30 Meter Tiefe setzt diese berauschende Wirkung des Stick-

Innenansicht einer Druckkammer. In Geräten dieser Art, die zur langsamen Dekompression zurückkehrender Taucher und für medizinische Zwecke verwendet werden, kann man Menschen den gleichen Bedingungen aussetzen, wie sie in großer Wassertiefe angetroffen werden.

Links: So etwa könnte der Taucher in großer Meerestiefe die Druckkammer durch eine Luftschleuse verlassen und ins freie Meer hinausschwimmen.

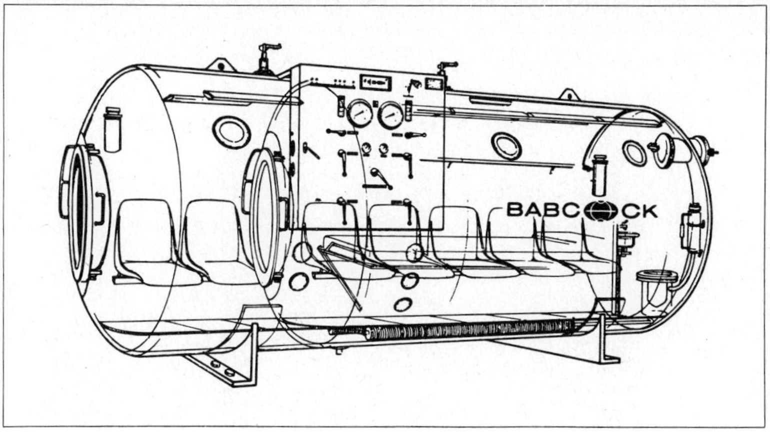

stoffs ein. Deshalb muß bei tieferen Tauchversuchen das Stickstoffgas aus dem Körper ausgetrieben und durch ein weniger gefährliches „Ballastgas" ersetzt werden. Ein solches Gas ist Helium. Das Edelgas Helium hatte im Tierversuch auch in Tiefen von Hunderten von Metern, bei denen das Körpergewebe bis zur Grenze seiner Aufnahmefähigkeit in diesen Tiefen mit gelöstem Gas gesättigt war, keine Rauschwirkung gezeigt. Aber galt das auch für den Menschen? Bis in 300 Meter Tiefe war Keller getaucht: ohne Tiefenrausch! Allerdings war er von einem starken Zittern und Schütteln der Gliedmaßen befallen worden, so daß er sehr schnell wieder auftauchen mußte. Dennoch lag hier offenbar noch nicht die gefährliche Grenze; ein britischer Wissenschaftler war später im Trockenversuch mit Heliumatmung auf 360 Meter Tiefe gegangen, und der Versuch war gelungen.

„So hatten wir also", berichtete Wilton-Davies, „bis in diese Tiefe wenig Sorgen. Dennoch senkten wir unsere Rekordanwärter sehr langsam ab, damit das Stickstoffgas im Blute weichen und dem Helium Platz machen konnte. Erst nach mehr als zwei Tagen hatten die Männer in der Kabine 30 Atmosphären Druck und damit die erste kritische Grenze erreicht: 300 Meter Tauchtiefe.

Jetzt lebten die beiden Taucher bereits in einer fremden Welt: Über 95 Hundertteile betrug der Heliumgehalt in ihrem Atemgas! Dennoch reichten die restlichen 5 Prozent Sauerstoff für die Atmung aus. Der unter so hohem Druck zusammengeballte Sauerstoff ergibt in den Lungen — auf normale Körperverhältnisse entspannt — sogar noch mehr Sauerstoff, als man in Meereshöhe einatmet: Der ,Sauerstoffteildruck' im Körper stand also etwas über dem normalen atmosphärischen Anteil von 180 Millimeter Quecksilbersäule.

Aber schon meldete sich eine andere Erscheinung. Beide Männer hatten, wenn sie mit uns sprachen, hohe, fast kreischende, grotesk verzerrte Stimmen. Sie sprachen wie die Walt-

Das erste deutsche Unterwasserhaus. Soll eine solche Unterwasserstation in Tiefen über 200 m eingesetzt werden, muß die Atmosphäre im Innern der Station aus einem geeigneten Gasgemisch bestehen. Fot. Babcock

Rechts: Eine „Tauchkammer" auf dem Trockenen. Während die „Taucher" in ihrem engen Gehäuse langsam in immer größere „Tiefen hinabsteigen", werden an den Meßgeräten alle Lebensvorgänge aufmerksam verfolgt. Droht der gefürchtete Tiefenrausch? Fot. Dräger-Werke

Unten: Gucklöcher in der Druckkammerwandung erlauben es, die Versuchspersonen während des „Tauchvorganges" unmittelbar zu beobachten. An der Schalttafel rechts läßt sich der Druck im Innern regulieren. Fot. Keystone

Disney-Ente ‚Donald Duck'. Manchmal schüttelten wir uns oben vor Lachen. Das dünne Heliumgas hat eine höhere Schallgeschwindigkeit. Auch die Stimmbänder schwingen mit viel höherer Frequenz, was diese lächerlich hohen schnatternden Piepsstimmen zur Folge hat.

‚Wie geht's Euch, friert Ihr?' fragten wir die Männer. Das dünne Heliumgas schützt weit weniger gegen Wärmeverluste als gewöhnliche Luft. Man friert also sehr rasch und empfindlich. Um das zu verhindern, muß die Innentemperatur der Kabine immer etwa 10 Grad wärmer sein als normale

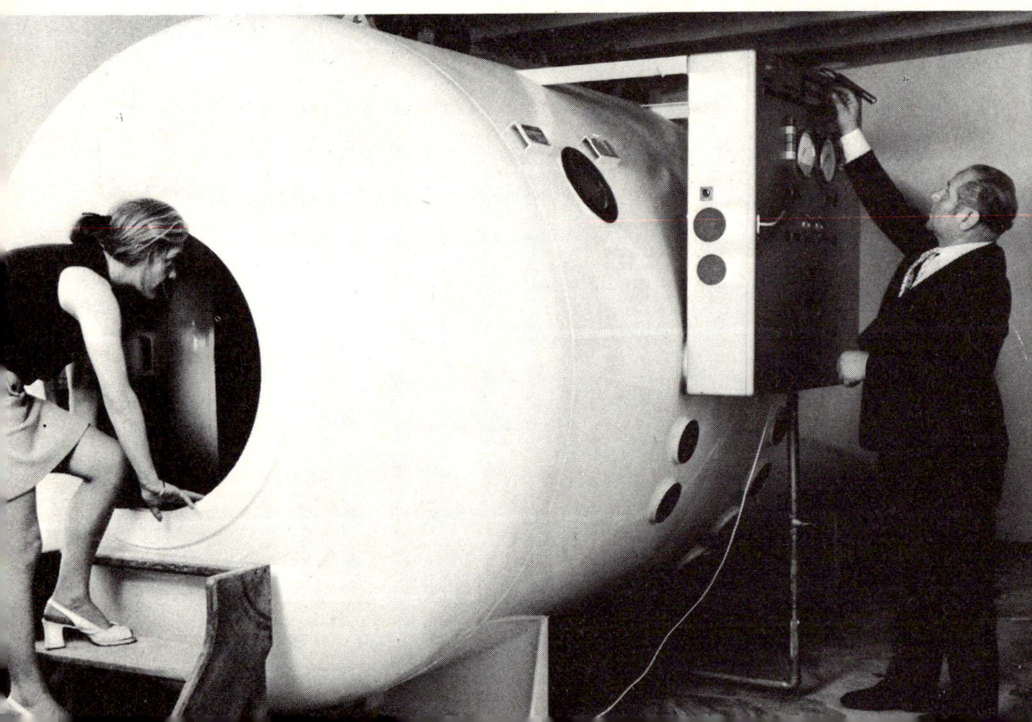

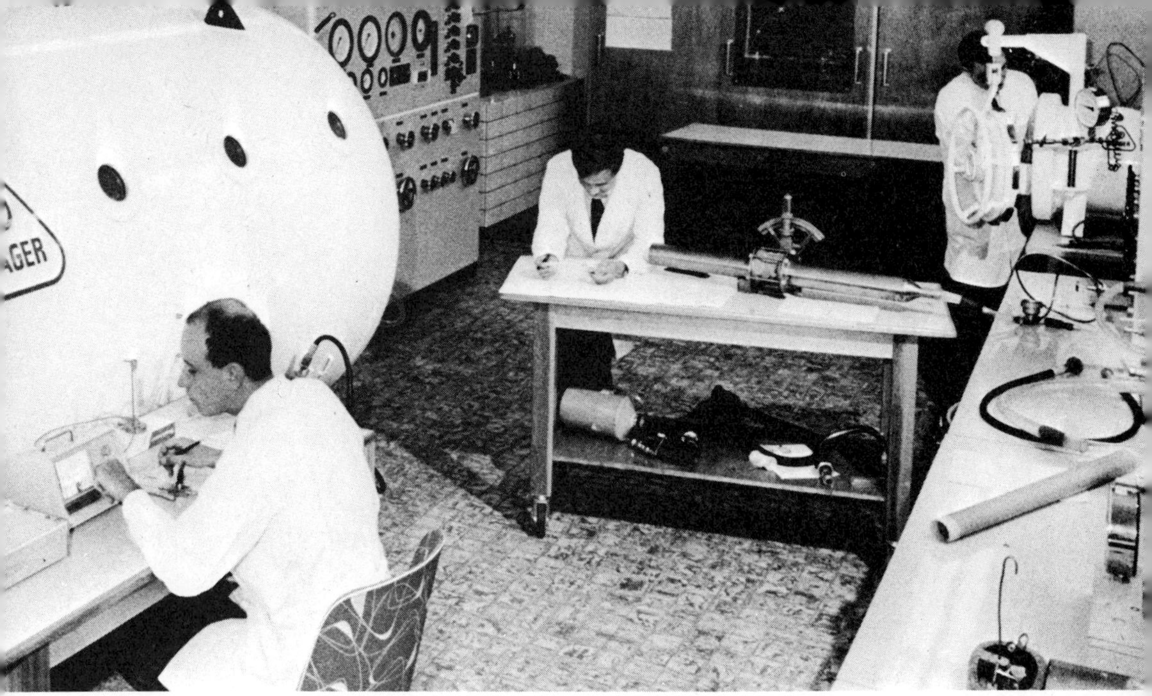

Raumtemperatur. Die Tauchkammer war daher dick in Isolierschichten verpackt und mit Heizdrähten umwickelt, um eine Kammertemperatur von mindestens 30 Grad Celsius zu halten. Die Männer hatten warme Wollsachen mit auf die Trockentauchfahrt genommen, die sie jetzt trugen. Zum Schlafen krochen sie in Schlafsäcke. Und wir oben paßten höllisch auf, daß ja die Klimaanlage nicht ausfiel. Der Versuch hätte dann sofort abgebrochen werden müssen.

Aber alles klappte einwandfrei, und die Männer in der Kammer erreichten ohne Schwierigkeiten den bis dahin bestehenden Tauchrekord von 360 Metern. Jetzt allerdings wurde es kritisch. Wir wollten nichts riskieren. Also verlangsamten wir den weiteren Abstieg noch mehr und teilten ihn nach Stufen ein: Es ging jeweils nur 30 Meter tiefer, und auch das sehr vorsichtig. Dann hielten wir an und begannen eine Reihe von Versuchen.

Wir waren nun in Neuland, oder besser ‚Neu-Meer'. Laufend wurde die Hirnaktivität der Männer beobachtet. Wir verfolgten sie auf Hirnstromkurven — Enzephalogrammen —, die wir in jeder neuen Tiefenstufe aufnahmen und überprüften; argwöhnisch achteten wir auf die kleinste Änderung im Zackenverlauf. Denn zerebrale Störungen, also Schwierigkeiten in der Sauerstoffversorgung des Hirns waren das Schlimmste, was unseren Tauchern zustoßen konnte. Die Elektrokardiogramme zeigten eine ruhige und kräftige Herztätigkeit an. Auch die Atemmeßwerte waren gut. Unter dem hohen Atmosphärendruck fällt selbst das Ein- und Ausatmen schwer;

wir mußten sehr darauf achten, daß die beiden Rekordtaucher nicht schon dadurch überanstrengt wurden.

Und schon gab es das erste Alarmsignal: ‚Ich kann kaum den Bleistift greifen, mir zittern die Hände. Dabei ist mir gar nicht kalt', meldete Jack, Versuchsperson Nr. 1.

‚Mich schüttelt's auch', rief Roy, Nr. 2. ‚Ich will die Hände still halten, aber es geht nicht! Auch in den Beinen zuckt's!'

‚Ruhe, Ruhe', mahnten wir. Rasche Überprüfung aller Daten. Sie zeigten nichts Ungewöhnliches. Also abwarten! Das waren offenbar die bekannten Tremor-Erscheinungen. Wenn sie nicht schlimmer wurden ...

Fünf Minuten später war alles vorüber: Die Taucher hatten sich angepaßt. Von da an erlebten wir bei jeder Tauchstufe das gleiche: Kaum waren die beiden eine Zeitlang in einer neuen Tiefe, begann das Zittern und Schütteln der Gliedmaßen. Doch ging es immer schnell vorüber, und wir konnten mit unseren Messungen und den Arbeitstests beginnen: Roy und Jack mußten gymnastische Kraftübungen ausführen. Wir maßen dabei ihren Grundumsatz, also ihren Energieverbrauch. Dann mußten sie Stahlkugeln für Kugellager mit Pinzetten aufnehmen und sie durch kleine Löcher fallen lassen. In bestimmter Zeit mußten Muttern auf Bolzen geschraubt werden, und mit verbundenen Augen — nur nach Gefühl — hatten sie Kugeln verschiedener Größe in Kästchen zu sortieren. Sie waren dabei, wie wir auf den Bildschirmen beobachten konnten, bemerkenswert gut.

Als Roy und Jack die 400-Meter-Grenze überschritten, was wir oben mit großem Hallo feierten, trat etwas sehr Merkwürdiges ein. Wir hatten im Überwachungslabor eine besondere Apparatur in die Lautsprecheranlage eingebaut, durch die die Stimmen der Taucher für uns oben auf normalen Klang heruntermoduliert wurden. Wir hörten sie also ganz normal sprechen:

‚Verstehst du denn nicht', sagte Nr. 2, Roy, plötzlich unwirsch, ‚du sollst mir mal den Block da rübergeben ...'

‚Was willst du? Sprich doch deutlicher ... Ich verstehe kein Wort', antwortete Nr. 1, Jack, ebenfalls etwas unfreundlich.

Wir horchten auf. Bahnte sich etwa ein Streit an? Wurden die beiden nervös?

‚Nun gib das Ding schon rüber — und beweg dich 'n bißchen ...'

‚Also hör mal, wenn du was von mir willst, dann mußt du das schon deutlich sagen. Sprich langsamer, dein Geschnatter ist doch überhaupt nicht zu verstehen ...!'

‚Wie?' fragte nun wieder Nr. 2, ‚was hast du gesagt. Willst du nicht, oder was ist los? Fehlt dir was? Kannst du denn nicht mehr klar sprechen ...?'

Wir im Labor sahen uns entgeistert an. Was war da los? Wir hörten sie doch völlig einwandfrei!

Unser Tontechniker, ein Mann aus Cambridge, der die Frequenzwandler

Die Aquanauten stoßen in immer größere Tiefen vor. Dekompressionskammern sollen es dem Körper ermöglichen, sich den veränderten Druckverhältnissen anzupassen. Das Stickstoffgas im Blut muß weichen und Helium Platz machen. Fot. USIS

entworfen hatte, schaltete kurz auf Direktverbindung um ... Nun vernahmen wir sie im Originalton, so wie sie sich selber hörten ... Und das war wirklich erschreckend. Ihre Stimmen waren so hoch ins Fisteln und Piepsen geraten, daß man beim besten Willen nicht mehr erfassen konnte, was sie redeten. Das gleiche geschah ihnen offenbar unten. Sie hörten wohl, daß der andere etwas sagte, verstanden aber bei den hoch in den Diskant gekletterten Stimmen nichts mehr.

Von da an mußten wir oben im Labor den ‚Dolmetscher' spielen. Sie konnten sich untereinander nur noch auf dem Umweg über uns mit Kopfhörern und Frequenzwandler verständigen. Im unmittelbaren Gespräch verstanden sie nicht mal mehr ihre eigenen Worte.

In 460 Meter Meerestiefe beendeten wir den Versuch, obwohl Roy und Jack sich noch längst nicht am Ende ihrer Kräfte fühlten und noch tiefer gehen wollten. Eine Rekordsteigerung um 100 Meter — das schien uns wirklich genug, zumal sich bei noch längerer Tauchzeit eine Reihe Schwierigkeiten beim geplanten Versuchsablauf ergeben würden."

Zehn Stunden lang hielten die beiden Weltrekordtaucher in dieser Tiefe aus. Das reichte aus, um sie voll mit der Überdruckatmosphäre zu sättigen. Hätten sie nun die entsprechenden Tauchanzüge mitgeführt und wären sie wirklich mit ihrer Kammer in 500 Meter Tiefe auf dem Meeresboden angelangt, so hätten sie jetzt unbesorgt ins freie Meer hinausschwimmen können — die Tauchflaschen auf dem Rücken, aus denen sie das gleiche Gasgemisch unter gleichem Druck während des freien Schwimmens in dieser Tiefe atmen würden. Es stand nun fest, daß Helium als Atemgas beim Tieftauchen bis zu 500 Metern nicht zum Tiefenrausch führt. Die 500-Meter-Tiefe jetzt auch im freien Tauchen im Meer zu erreichen, ist das nächste Ziel, und das ist kein Wunschtraum mehr. Bald wird es soweit sein.

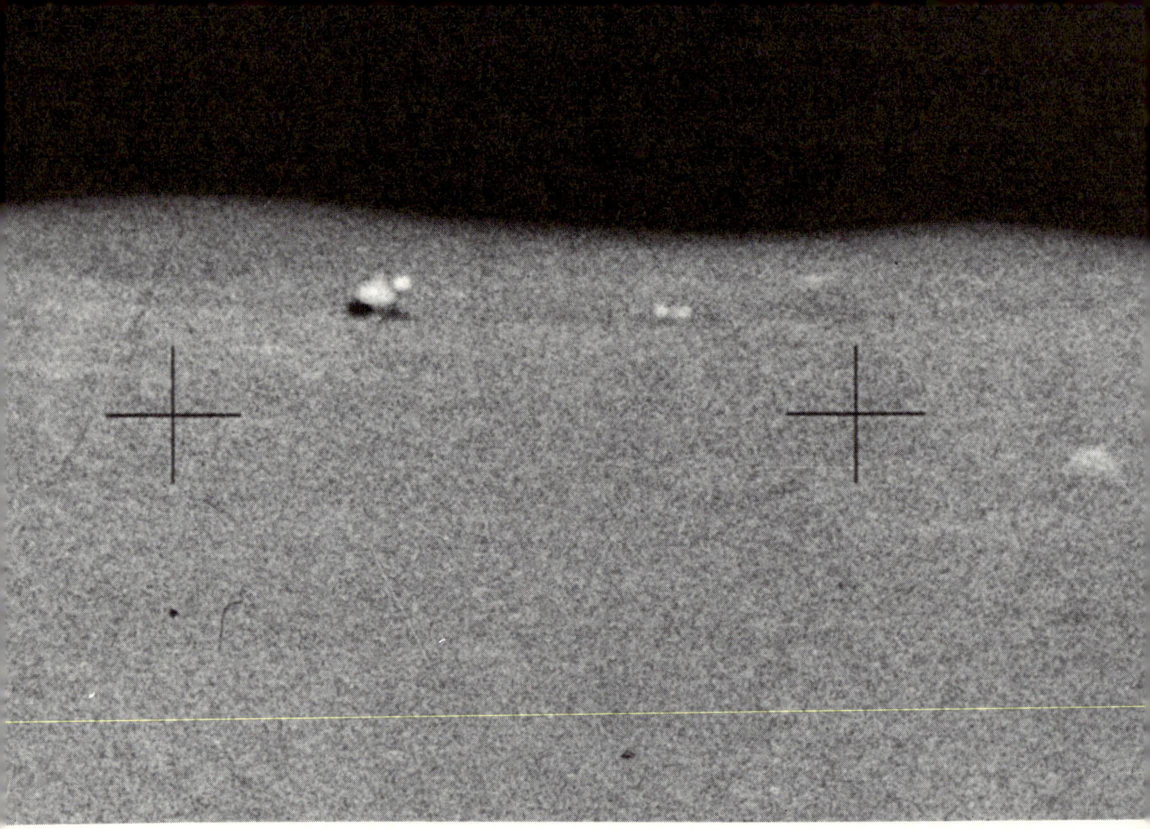

WERNER BÜDELER

APOLLO 14

Meilenstein der Monderkundung

„Es wird niemals einen Flug zum Mond geben, in dessen Verlauf nicht Überraschungen und Schwierigkeiten auftauchen. Dazu ist das technische Gerät, das wir verwenden müssen, viel zu kompliziert!" Diese Worte sprach Jerry Griffith, einer der Flugdirektoren, die während der Apollo-Flüge den Flugkontrollraum im Raumfahrtzentrum Houston leiten. Sie bringen zum Ausdruck, daß Flüge zum Mond auch heute, nach mehreren erfolgreichen Mondlandungen, noch immer keine Routinesache sind und dies auch noch nicht so bald sein werden. Entscheidend ist nicht, so fuhr Griffith sinngemäß fort, daß keine Probleme auftreten. Entscheidend ist vielmehr, daß wir stets brauchbare Lösungen dafür finden.

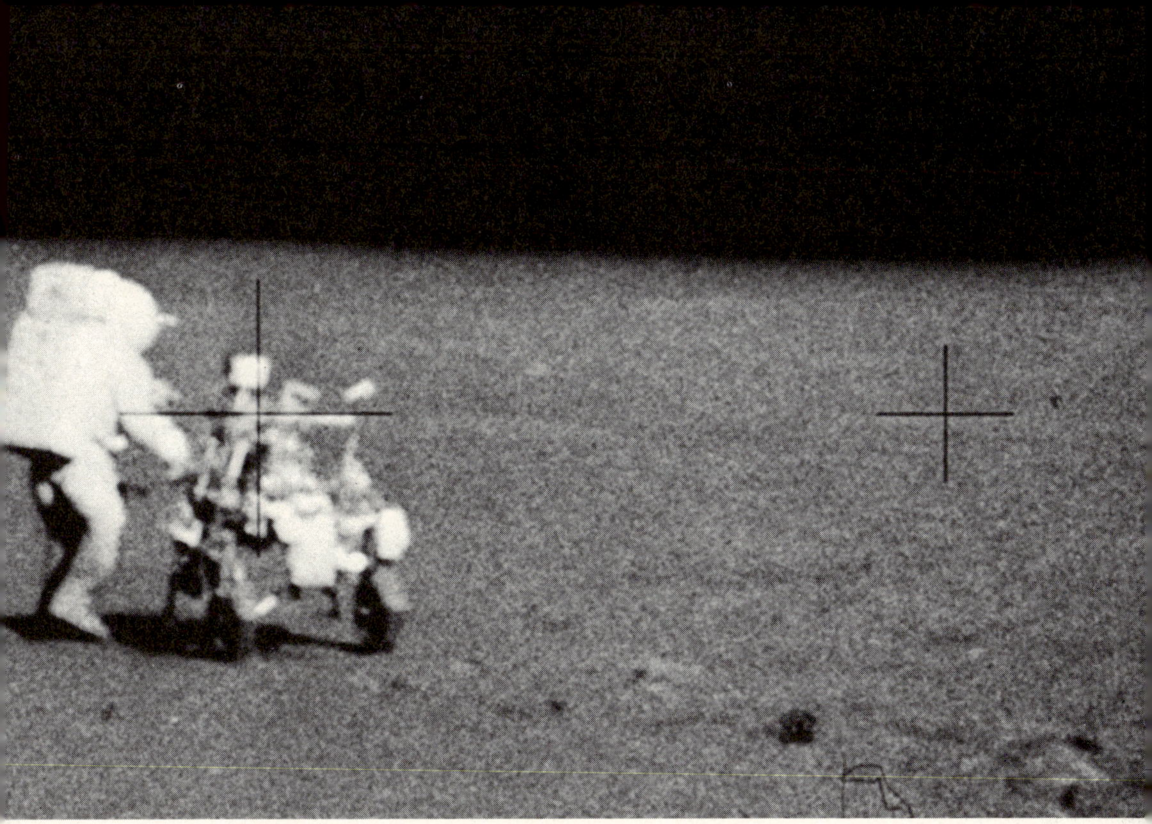

Jerry Griffith machte diese Bemerkung, als er während des Fluges von Apollo 14 auf die Schwierigkeiten angesprochen wurde, die sich bei diesem Unternehmen eingestellt hatten. Zwei Zwischenfälle ließen Zweifel aufkommen, ob es gelingen würde, mit der Mondfähre „Antares" auf dem Erdbegleiter zu landen, oder ob auch Apollo 14 gleich seinem Vorgänger Apollo 13 — wenn auch unter weniger dramatischen Umständen — wieder unverrichteter Dinge würde zur Erde zurückkehren müssen.

Das erste Hindernis trat bereits gut drei Stunden nach dem Start auf, als die Astronauten ihre Raumkapsel zum Kopplungsmanöver mit der Mondfähre gedreht hatten und nun beide Geräte miteinander verbinden wollten: die Kopplungsvorrichtung — eine hochkomplizierte mechanisch-elektrische Einrichtung — rastete nicht ein. Erst als der Astronaut Stuart Roosa, Pilot der Raumkapsel, beim sechsten Versuch seine Kapsel mit größerer Wucht gegen den Kopplungstrichter der Mondfähre donnerte, griffen die Fanghaken zu und das Manöver gelang. Im weiteren Flugverlauf überprüften die drei Astronauten Shepard, Mitchell und Roosa den Mechanismus (den sie nach erfolgter Kopplung ohnedies auszubauen hatten, um aus der Raumkapsel in die Mondfähre gelangen zu können) peinlich genau, ohne indessen irgendeinen Fehler entdecken zu können. Auch im

Laboratorium am Erdboden untersuchte man, was den Zwischenfall ausgelöst haben konnte — ebenfalls ohne auf etwas Besonderes zu stoßen. Das Zentrum der NASA für bemannte Raumfahrzeuge in Houston hat von allen wichtigen Geräteteilen einige Stücke auf Lager, mit denen man in Simulationsvorrichtungen die Manöver im Weltall nachahmen kann, um so mögliche Fehlerquellen aufzufinden. Die Herstellerfirmen der Bauteile besitzen entsprechende Anlagen. Elektronische Rechengeräte vervollständigen diese Prüf- und Überwachungseinrichtungen.

Was die Störung am Kopplungsteil von Apollo 14 betrifft, so kam man zu der Auffassung, daß sich wahrscheinlich ein Stückchen Kork (er wird als Abdichtung benützt) gelöst hatte. In der Schwerelosigkeit, die während des Fluges herrscht, schwebte es umher und war schließlich unter einen der Fanghaken der Kopplungsvorrichtungen geraten. Erst bei den mehrmaligen Kopplungsversuchen Roosas war dieses Korkstückchen herausgedrückt worden, wonach das Gerät wieder arbeitsfähig war.

Hätten die Astronauten es nicht geschafft, Raumkapsel und Mondfähre fest miteinander zu verbinden, so hätte man zwar die Mondlandung aufgeben müssen, aber in Gefahr hätten sich die Astronauten dadurch nicht befunden; sie hätten mit ihrer Raumkapsel unbeschadet zur Erde zurückkehren können. Was die Astronauten und die Männer in der Bodenkontrollstelle in Houston bei dem Zwischenfall vor allem beunruhigte, war, daß die Kopplungsvorrichtung für die Astronauten bei der Rückkehr von der Mondoberfläche, wenn sie mit ihrer Mondfähre an der Raumkapsel anlegen, lebensentscheidend ist. Das „grüne Licht" für die Mondlandung konnte Houston deshalb erst geben, nachdem die Männer überzeugt davon waren, daß sich die Störung nicht wiederholen würde.

Ein zweiter Zwischenfall, der ebenfalls nicht gefährlich war und doch die Mondlandung hätte verhindern können, trat kurz vor dem Abstieg der Mondfähre „Antares" aus der Mondumlaufbahn zur Mondoberfläche auf. Als Shepard und Mitchell ihren Computer noch einmal überprüften, stellten sie fest, daß dieses elektronische Rechengerät während des Abstiegs an einer ganz bestimmten Stelle das „Landeabbruch-Signal" geben würde. Die-

Die ungastliche Öde der Mondoberfläche spricht aus diesem Bild eines Geröllfeldes nordwestlich der Landefähre. Es wurde von den beiden Apollo-14-Astronauten bei einem ihrer mehrstündigen Erkundungsgänge aufgenommen.

Ein besonders großer Gesteinsbrocken des Trümmerfeldes, aus der Nähe fotografiert. Deutlich ist der Unterschied im Gesteinsgefüge zwischen der Spitze und dem unteren Teil zu erkennen. Die Geologen ziehen hieraus wichtige Schlüsse.

ses Signal sollte normalerweise nur ausgelöst werden, wenn eine technische Störung vorhanden war, die die Mondlandung vereitelte. Das Signal führt dazu, daß die Landestufe der Mondfähre selbsttätig abgestoßen und das Triebwerk der Startstufe gezündet wird, womit die Mondfähre wieder in die Umlaufbahn um den Mond aufsteigt. Shepard und Mitchell überprüften ihr Raumfahrzeug und stellten fest, daß es technisch in Ordnung war, der Computer das Landeabbruch-Signal also fälschlich gab. Eine ganze Gruppe von Computer-Fachleuten arbeitete in Houston und an der Technischen Hochschule von Massachusetts, wo der Computer entwickelt worden war, daran, das Programm so umzuschreiben, daß der Computer den sinnlosen Landeabbruchbefehl nicht geben konnte, trotzdem aber in der Lage sein würde, den Landeanflug abzubrechen, wenn dies infolge eines echten technischen Problems gerechtfertigt und notwendig sein sollte.

Gerade noch rechtzeitig, knapp vor dem Zeitpunkt, zu dem der Landeanflug der Mondfähre beginnen sollte, hatten die Techniker diese Aufgabe gelöst. In aller Eile wurden Shepard und Mitchell die Daten, die sie dem Computer als neues Programm einzuspeisen hatten, zugefunkt. Ein neuer Test zeigte, daß die Störung beseitigt war, und wenig später ging „Antares" pünktlich auf den vorgeschriebenen Landekurs. Mühelos setzten die beiden Astronauten am 5. Februar um 10 Uhr 16 Minuten Mitteleuropäischer Zeit (MEZ)

Kommandant Alan B. Shepard verstaut vor dem ersten Erkundungsgang Geräte und Werkzeug auf dem Handkarren (im Vordergrund links), mit dem die Astronauten die zahlreichen Ausrüstungsgegenstände bei ihren beiden Ausflügen über die Mondoberfläche beförderten. Neben dem Gefährt sind die Fußabdrücke zu sehen.

im Vorgebirge des Mondkraters Fra Mauro — nur 10 Meter vom Zielpunkt entfernt! — inmitten der Stein- und Staubwüste des Mondes auf.

Apollo 14 wurde damit zur dritten erfolgreichen Landung von Menschen auf dem Mond. Die Fachleute der NASA hatten dem Unternehmen ebenso wie die Öffentlichkeit mit besonderer Spannung entgegengesehen. Man entsann sich noch mit Sorge der Notlage, in die die Astronauten Lovell, Haise und Swigert neun Monate zuvor mit Apollo 13 geraten waren und die die Welt um ihr Leben bangen ließ. Der Untersuchungsbericht über den mißglückten Flug von Apollo 13 hatte über 1200 Schreibmaschinenseiten gefüllt und zu zahlreichen baulichen Veränderungen am Geräte- und am Kommandoteil geführt. Man wußte, daß sich der Fehler von Apollo 13 nicht wiederholen konnte, aber man wußte auch, daß es irgendeine andere unliebsame Überraschung geben konnte.

Um so größer war die Freude über den einwandfreien Verlauf des Unternehmens Apollo 14 und über den erfolgreichen Aufenthalt der beiden Männer auf dem Mond. Zweimal verließen Shepard und Mitchell während der 33½ Stunden, die sie auf dem Erdbegleiter weilten, die Mondfähre „Antares", um die Mondoberfläche zu erkunden und die ihnen gestellten Aufgaben zu erfüllen. Von einer Tageszeitung wurden sie als „die bisher fleißigsten Arbeiter auf dem Erdtrabanten" bezeichnet, und in der Tat, die Männer erfüllten ein Programm von solchem Umfang und solcher Konzentration, daß sie manchmal regelrecht ins Schwitzen gerieten.

Der erste Erkundungsgang der beiden Astronauten begann am 5. Februar 1971 um 16 Uhr 50 Minuten MEZ. Gegenüber dem Flugplan bedeutete das eine Verspätung von 49 Minuten. Sie war durch Verständigungsschwierigkeiten zwischen der Kontrollstelle Houston und Shepard bei Verwendung des Funkgeräts am Raumanzug verursacht worden. Die Hauptaufgabe der Astronauten während dieses Aufenthalts auf der Mondoberfläche bestand darin, die wissenschaftlichen Meßinstrumente einer automatischen Station, ALSEP genannt (= *A*pollo *L*unar *S*urface *E*xperiment *P*ackage, wissenschaftliches Experimentierpaket für die Mondoberfläche), aufzustellen und Gesteinsproben einzusammeln. Die Astronauten brachten mit diesen Tätigkeiten über vier Stunden zu. Die Meßgeräte, die sie in Betrieb setzten, übermitteln noch heute eine Reihe wissenschaftlicher Daten — ebenso übrigens wie jene, die die Astronauten des Fluges Apollo 12 im November 1969 auf dem Mond zurückgelassen haben. So messen die Apparaturen des ALSEP von Apollo 14 Mondbeben, Gasausbrüche der Mondoberfläche und Kernteilchen, die ihren Ursprung in der Sonne haben und als „Sonnenwind" bezeichnet werden. Auch künstliche Miniatur-Mondbeben haben die Astronauten von Apollo 14 ausgelöst: Sie zündeten Sprengladungen, und die Erschütterungen wurden durch „Geophone" aufgezeichnet.

Der zweite Erkundungsgang auf die Mondoberfläche, der auf Wunsch der Astronauten bereits 2 Stunden 27 Minuten früher als geplant begann, am

Aufmerksam betrachten die beiden Apollo-14-Astronauten Edgar Mitchell (links) und Alan Shepard im Zentrum für die bemannte Weltraumfahrt in Houston die Gesteinsproben, die sie vom Mond mitgebracht haben. Schon im Mondempfangslabor nahmen Wissenschaftler die ersten vorläufigen Untersuchungen des Mondgesteins vor. Fotos NASA

6. Februar um 9 Uhr 11 Minuten MEZ, wurde zum eigentlichen Höhepunkt des ganzen Unternehmens. Bei diesem „Ausflug" entfernten sich die Astronauten rund 1,2 Kilometer weit von ihrer Mondfähre, um den Rand des „Kegel"-Kraters zu erklimmen und unterwegs photographische Aufnahmen zu machen, Messungen verschiedener Art vorzunehmen und Gesteinsproben einzusammeln. Mit sich führten sie, wie bereits beim ersten Erkundungsgang, einen kleinen Handkarren, den sie hinter sich herzogen. Auf ihm war das Arbeitsgerät — geologische Hämmer, Kameras, Bohrgestänge usw. — untergebracht, und hier verstauten sie auch die Gesteinsbrocken, die sie während ihres Marsches über den Mondboden aufgelesen hatten.

Der Versuch, den Rand des Kraters zu erklimmen, wurde für die Astronauten zu einer ziemlichen Anstrengung. Außerdem wurden sie durch große Felsblöcke behindert, die sich vor ihnen auftürmten und die sie mühevoll umwandern mußten. Diese Brocken waren bis zu 3 Meter hoch, versperrten ihnen häufig die Sicht und erschwerten damit die Orientierung. Es war zum ersten Mal, daß Astronauten mit solchen Felsblöcken in Berührung kamen, denn die vorausgegangenen Mondlandungen von Apollo 11 und Apollo 12 hatten in flachen Mare-Gebieten stattgefunden. Apollo 14 war der erste Flug, der Menschen in eine — wenn auch noch bescheidene — Vorgebirgsgegend des Mondes führte.

Rund 100 Meter vor dem eigentlichen Kraterrand gaben Shepard und Mitchell ihren Versuch, bis auf die höchste Stelle der Kraterböschung zu steigen, auf. Zuvor waren sie bereits einmal der Meinung gewesen, sie hätten den Kraterwall erreicht. Sie kehrten weniger aus körperlicher Erschöpfung als des Zeitplanes wegen um, befanden sie sich doch eine halbe Stunde im Rückstand. Hätten sie weitere Zeit darauf verwendet, die Böschung zu erklimmen, hätten sie auf dem Rückweg zur Mondfähre auf wichtige Messungen verzichten müssen. In Übereinstimmung mit Houston entschieden sie sich für die Umkehr. Auf dem Weg zur Mondfähre, der sie entlang eines anderen Kurses führte, sammelten sie nochmals Gesteinsproben ein, hoben sie einen 45 Zentimeter tiefen Graben aus und gingen auch noch einmal bei der Instrumenten-Station vorbei, um ihre Antenne besser auf die Erde auszurichten.

Vier Stunden und 20 Minuten nach Beginn des Erkundungsganges bestiegen sie müde, aber glücklich über das Erreichte, wieder die Mondfähre „Antares". Als Ausbeute hatten sie 43 Kilogramm Mondgestein und Mondstaub — darunter Felsbrocken von knapp 30 Zentimeter Durchmesser — und mehrere Dutzend photographische Aufnahmen an Bord.

Der Rückflug zur Erde verlief völlig planmäßig. Am 9. Februar 1971 um 22 Uhr 05 Minuten MEZ — nur eine Minute später als in den Flugplänen vorgesehen, die Monate zuvor errechnet worden waren — setzte die Raumkapsel „Kitty Hawk" mit Shepard, Roosa und Mitchell im Pazifischen Ozean auf. Es war eine Wasserung, die dank günstigen Wetters rund 500 Millionen Menschen in aller Welt an den Fernsehschirmen miterlebten.

Der Flug von Apollo 14 hat einen Aufwand von 404 Millionen Dollar verursacht, das gesamte Apollo-Programm bisher 24 Milliarden Dollar gekostet. Diese 24 Milliarden Dollar sind der fünfte Teil dessen, was bisher für den Krieg in Vietnam ausgegeben worden ist.

Das Apollo-Programm wird mit dem Flug Apollo 17 im Dezember 1972 enden. Sechsmal werden dann Menschen auf dem Mond gewesen sein, insgesamt zwölf der über drei Milliarden Menschen, die auf der Erde leben. Diese zwölf Männer werden auch in der Zukunft zu jenen zählen, die in der Geschichte der Menschheit einen Markstein gesetzt haben. Darüber hinaus werden wir ihnen und den kühnen Flügen, die sie unternommen haben, eine Fülle neuer Erkenntnisse über den Mond, aber auch über unsere Erde und das Weltall zu verdanken haben. Apollo 14 setzte die umfangreiche wissenschaftliche Erforschung des Mondes fort, die mit Apollo 12 begann, nachdem Apollo 11 die technischen Voraussetzungen für die Landungen von Menschen auf dem Mond geschaffen hatte.

PETER RAABE

Luftbahnhöfe

Muß der Betrieb auf einem der großen internationalen Flughäfen — aus welchen Gründen auch immer — vorübergehend eingestellt werden, hat das recht unangenehme Folgen. In der Zeit des Spitzenverkehrs sitzen dann heute etwa 3000 Passagiere fest. Morgen, das heißt um die Mitte dieses Jahrzehnts herum, wären es bereits 5000 Luftreisende, die auf ihren Abflug warteten. Übermorgen, im Jahre 1980, würde die Zahl der wartenden Menge sich schließlich auf 10 000 Menschen verdoppelt haben! In Ballungsgebieten des Luftverkehrs ist es längst an der Tagesordnung, daß die Flugzeuge vor der Landung längere Zeit im „Warteraum" kreisen müssen, weil die Flughäfen überfüllt sind. Verspätungen bis zu zwei und sogar drei

für morgen und übermorgen

Stunden ergeben sich daraus, beispielsweise auf New Yorks interkontinentalem Flughafen, dem John F. Kennedy Airport ...

Die aus den Nähten platzenden Luftbahnhöfe beschränken sich keineswegs auf Amerika, und so verändern nicht nur jenseits des Atlantischen Ozeans Umbauten und Neubauten von Flughäfen ständig die Landschaft. In der Bundesrepublik Deutschland gibt es gegenwärtig elf große Flughäfen für den Linienverkehr. Neue Großflughäfen sind im Münchener und im Hamburger Raum geplant. Der weiträumigste und dank seiner Lage im Herzen Europas am stärksten benutzte deutsche Luftbahnhof ist der Frankfurter Flughafen Rhein-Main. Sowohl hier als auch auf dem im Bau befindlichen zukünftigen Flughafen Paris-Nord können wir sehen, was sich — mehr oder weniger ähnlich — auch anderswo in der Welt abspielt: Die Triebfeder für den Ausbau der Flughäfen ist hier wie dort das stürmische Anwachsen des Weltluftverkehrs.

Das Gebiet um den Frankfurter Flughafen herum war in den vergangenen sechs Jahren der größte Bauplatz des Hessenlandes. Mit seinem Fassungsvermögen rangiert der Rhein-Main-Flughafen in Europa nach London-Heathrow und Paris-Orly an dritter Stelle. Bis zu 600 Flugzeuge — Düsengiganten aus aller Herren Länder im Linien- und Charterverkehr ebenso wie kleine private Reisemaschinen — geben sich hier täglich ein Stelldichein. Beinahe pausenlos startet oder landet ein solch metallener Vogel auf einer der beiden, fast vier Kilometer langen und in West-Ostrichtung weisenden Betonpisten. Im Jahr 1969 ergab das einen Tagesdurchschnitt von etwa 22 000 Passagieren, an besonders lebhaften Tagen waren es über 30 000. Genau 39 550 Fluggäste wurden am 31. Juli vorigen Jahres auf dem Rhein-Main-Flughafen gezählt. Insgesamt traten im Jahre 1970 zwischen 9,2 und 9,4 Millionen Passagiere an die Abfertigungsschalter, außerdem wurden 34 000 Tonnen Fracht und etwa 59 000 Tonnen Post verladen. (In der Luftpostabfertigung steht der Rhein-Main-Flughafen übrigens an der Spitze aller europäischen Flughäfen.)

Diese Zahlen werden sich innerhalb der nächsten fünf bis sechs Jahre verdoppeln, soweit sie den Fluggastanteil betreffen. Das Frachtaufkommen dagegen dürfte noch schneller anwachsen. Im Jahre 1980 wird es soweit sein, daß die Jumbojets — wie die Boeing 747, MacDonall Douglas DC 10, Lockheed L 1011 Tristar und der europäische Airbus A-300B — Hauptanteil an der Personen- sowie an der Frachtbeförderung haben. Es läßt sich voraussagen, daß auf dem Rhein-Main-Flughafen dann täglich kleine Völkerwanderungen stattfinden werden, wobei dieser Vergleich in Anbetracht des international gemischten Publikums in doppelter Beziehung passend ist: Zu diesem Zeitpunkt werden je Tag an die 74 000 Fluggäste — soviel Menschen, wie Bamberg Einwohner hat — das Drehkreuz des europäischen Luftverkehrs am Main passieren. Der gewaltige Berg umzuschlagender Güter wird bis zu 7000 Tonnen täglich betragen. Die Flughäfen haben, was die Menschenscharen angeht, die sie durchlaufen, das Erbe der Seeschiffhäfen und der Fernbahnhöfe des Schienenverkehrs angetreten.

Doch kein Seeschiffhafen oder Bahnhof vergleichbaren Alters hat ähnliche Prozeduren über sich ergehen lassen müssen wie der Rhein-Main-Flughafen. Erst im Jahre 1936 eingeweiht — zunächst als Basis des Luftschiffsverkehrs —, zerwühlten ihn im Krieg die Bomben. Seit es dann nach

Ein Bild gespenstiger Betriebsamkeit bietet die nächtliche Zwischenlandung einer Boeing 737 auf dem Frankfurter Flughafen. Bis zu 20 Fahrzeuge sind notwendig, um ein einziges Düsenflugzeug wieder startklar zu machen, und an die 40 Personen sind mit den Wartungs- und Reinigungsarbeiten beschäftigt. Fot. Wegemann

dem Krieg mit dem Luftverkehr schließlich richtig „losgegangen" ist, wird beinahe pausenlos an ihm herumgebaut. Ende 1971 wird die neue, als „Terminal Mitte" bezeichnete Empfangsanlage West fertiggestellt sein. Flughäfen wurden bisher stets zu klein geplant und hinken immer hinter der Gegenwart her. Mit dem „Terminal Mitte" wird Frankfurt am Main einen Flughafen der Zukunft besitzen — der nächsten Zukunft jedenfalls. Der verwandelte Frankfurter Luftbahnhof wird ausreichen, jährlich über 24 Millionen Fluggäste samt ihrem Gepäck durch seine Pforten zu schleusen.

Ein Teil dieser eindrucksvollen Anlage war bereits Mitte 1970 verkehrsreif. Am sogenannten Fingerkopf Ost des mittleren Y-förmigen Flugsteigs stand der erste auf deutschem Boden gelandete Jumbojet vom Typ Boeing 747. An einer solchen Dockanlage können bis sieben Flugzeuge beliebiger Größe gleichzeitig abgefertigt werden. Wenn der Frankfurter „Terminal Mitte" endgültig dem Verkehr übergeben wird, werden insgesamt 36 Flugzeuganlegestellen auf dem Vorfeld zur Verfügung stehen und 72 Fluggastbrücken die Passagierfluten bewältigen.

Der Flughafen Frankfurt Rhein-Main, der drittgrößte in Europa, aus 2000 m Höhe. Im Vordergrund das Frankfurter Autobahnkreuz. Die Start- und Landebahnen sind 3900 und 3750 m lang. Etwa in Bildmitte die alten Fluggast-Abfertigungsanlagen, darüber das neue „Terminal Mitte", das bis Ende 1971 fertiggestellt sein wird.

Rechte Seite: Mehr als 24 Millionen Fluggäste im Jahr sollen auf dem „Terminal Mitte" abgefertigt werden — eine wahre Völkerwanderung. 72 Fluggastbrücken werden die Passagierfluten bewältigen.

Drei Jumbo-Jets der Deutschen Lufthansa und zwei Langstreckenflugzeuge Boeing 707 an einem der Fingerköpfe des neuen Terminal. Über die ziehharmonikaartig ausziehbaren Fluggastbrücken gelangt der Luftreisende auch bei schlechtem Wetter trocken an und von Bord.

Lufthansa
Lufthansa
Lufthansa

Diese Fingerköpfe — Inseln, aus denen die Fluggastbrücken wie die Finger aus einer Hand herausragen — machen es dem Luftreisenden bequemer: Er gelangt, nachdem er einen freundlichen Warteraum durchquert hat, gegen Regen und Wind geschützt, trocken an Bord seines Flugzeugs sowie in der umgekehrten Richtung aus dem Flugzeug zum Abfertigungsgebäude. Die ziehharmonikaartig ausziehbaren und nach oben oder unten verstellbaren Fluggastbrücken lassen sich jedem der zur Zeit eingesetzten Flugzeugtypen anpassen. Aber sie werden auch noch für die erst morgen in Dienst zu stellenden Maschinen brauchbar sein. Während an eine vierstrahlige Boeing 707 nur eine solche Brücke angeschlossen wird, sind es beim Jumbojet drei Brücken, eine steuer- und zwei backbord. Verschiedenfarbige Bordkarten lassen den Passagier eines Jumbojets schnell die richtige „Tür" für den Ein- oder Ausstieg finden. Was der Ausbau eines modernen Großflughafens kostet, läßt sich ermessen, wenn man hört, daß sich der Preis einer solchen Fluggastbrücke auf 300 000 Mark beläuft.

Ein Jumbojet faßt bis zu 365 Passagiere, dazu kommt eine Batterie von 30 Containern, von denen jeder 60 Gepäckstücke oder sonstige Fracht aufnimmt. Zu den Alpträumen der Flughafendirektoren gehört die schwierige Frage, wie sich das Gepäck bei einem Großraumtransport rasch aus- und einladen läßt. Auch diese Klippe wurde auf dem Rhein-Main-Flughafen geschickt umschifft, indem man eine elektronisch gesteuerte, teilweise unterirdische Gepäckförderanlage einrichtete. Diese Anlage ist einmalig in der Welt: Insgesamt 30 Kilometer lang sind die bis weit auf das Flughafenvorfeld hinausreichenden Förderbänder, und sie sind schneller, als jede ähnliche Einrichtung — Koffer und Taschen bewegen sich mit einer Geschwindigkeit von zweieinhalb Metern in der Sekunde vorwärts. Wenn erst einmal alles eingespielt ist, wird die Anlage in den Stunden des Spitzenverkehrs bis zu 10 000 Gepäckstücke befördern.

Ein Jumbo-Jet wird gewartet. Die Großraumflugzeuge vom Typ Boeing 747 gehören längst auf dem Frankfurter Flughafen zum alltäglichen Bild. Im Hintergrund das neue Abfertigungsgebäude.

Hangar V — die größte Flugzeug-Wartungshalle der Welt. Hier können gleichzeitig 6 Jumbo-Jets oder 14 Langstreckenflugzeuge Boeing 707 gewartet werden. Das Bauwerk ist so hoch wie ein 11stöckiges Hochhaus. Fotos Flughafen Frankfurt/Main AG

Gleich vor der künftigen Abfertigungshalle, wo 240 Schalter für die Fluggäste bereitstehen, hat die Deutsche Bundesbahn einen Tiefbahnhof angelegt. Er schließt den Frankfurter Flughafen unmittelbar an das Schienennetz an. Während zwei der Bahnsteige den Fern-Schnell- und Eilzügen dienen werden, ist der dritte für die innerstädtische S-Bahn vorgesehen. Sie wird den Rhein-Main-Flughafen innerhalb von sieben Minuten mit dem Frankfurter Hauptbahnhof verbinden. Der Mann mit der roten Mütze soll hier noch vor September 1972 das erste Mal den Signalstab heben.

Die dreistöckige Tiefgarage des neuen „Terminal Mitte" hat Platz für 6000 Autos. Allein dafür wurden 215 000 Kubikmeter Beton und 11 000 Tonnen Baustahl verarbeitet. Neue Zubringerstraßen sowie der unmittelbare Anschluß an das aus der Luft so charakteristische Frankfurter Autobahnkreuz und an die Bundesstraße 43 verbinden den Verkehr zu Lande und in der Luft.

Im Westen des sich weithin verlierenden Geländes entstand ein Bauwerk, das das Zeitalter der Jumbojets — morgen werden sich ihnen die Überschalliner hinzugesellen — sinnbildlich darstellt: der Hangar V. Wenn man auf die mächtigen, je 160 Tonnen schweren acht Tore dieses Kolossalbauwerkes in riesigen Lettern die Worte malen würde „Ich bin die größte Flugzeughalle der Welt", so wäre das keine Übertreibung. Heute jedenfalls noch nicht. Wohl gibt es gewaltigere Montagehallen, doch eine Halle von 321 Meter Länge und 100 Meter Tiefe —

das sind die Maße des Hangars V — findet sich bisher auf keinem anderen Flughafen. Auch das 34 Meter hohe, eigenwillig geschwungene Hallendach beeindruckt. Wahrhaftig, ein monumentales Haus für die „Fliegenden Elefanten" der Lufthansa. Bis zu sechs Jumbojets lassen sich darin nebeneinander abstellen oder 14 ihrer kleinen Geschwister, der Langstrecken-Boeings 707. Um es noch bildhafter auszudrücken: In dieser Riesenhalle ließen sich zu gleicher Zeit vier Fußballspiele veranstalten.

Morgen werden neben den Jumbo-Massentransportern die SST's, die Supersonic Transports, Heimatrecht auf den Großflughäfen beanspruchen. Der anglo-französischen Concorde und der sowjetischen Tupolew 144 wird später der amerikanische Wettbewerber folgen. Sie alle werden den Atlantik in der Hälfte der Zeit überspringen, die die Verkehrsflugzeuge heute benötigen. Damit verändern sich Bewegungsfluß und Abfertigungsrhythmus auf den Flughäfen wiederum einschneidend. Elektronische Roboter werden auf den Flughäfen, die in ihrer Geschäftigkeit schon heute an Bienenkörbe

Der „Super-Flughafen von übermorgen". Aus fünf Aérogares — Luftbahnhöfen — wird der neue Flughafen Paris-Nord bestehen. Jede dieser kreisrunden Abfertigungsinseln hat einen Durchmesser von 180 m; sie liegen zum Teil unter der Erde.

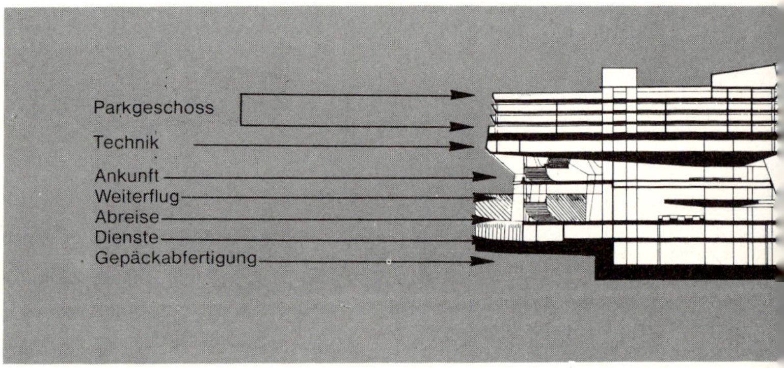

erinnern, das Geschehen zukünftig von A bis Z bestimmen.

Hätte man am Wasserflugzeug — am Großflugboot, das ursprünglich die Ära der Weitstreckenflüge einleitete — festgehalten, wäre gewiß alles anders verlaufen. Die den Küsten vorgelagerten Wasserflächen hätten es überflüssig gemacht, wertvolles Land in Startbahnen umzuwandeln und ungeheure Summen für den Bau der Flughäfen aufzubringen.

Im übrigen ist die Idee, Start- und Landestützpunkte im Wasser anzulegen, durchaus wieder zeitnah, wenn auch in abgewandelter Form. Der für London neben Heathrow und Gatewick vorgesehene dritte Flughafen soll in der Themsemündung bei Foulness Island gebaut werden. Er könnte schwimmende Start- und Landebahnen bekommen. Die Oberfläche dieser Runways würde aus Beton und geschäumtem Polystyrol, einem besonders leichten und widerstandsfähigen Kunststoff, bestehen. Modellversuche in

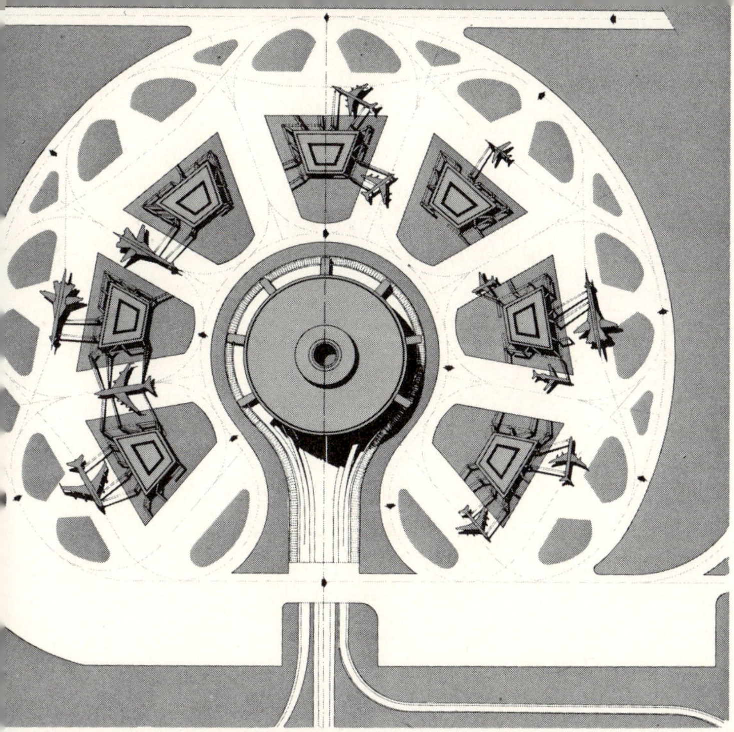

Ein Ring von 7 Fingerköpfen umgibt die Abfertigungsinsel. Aller Verkehr auf dem Flughafen Paris-Nord wickelt sich unterirdisch ab, sowohl zwischen dem Aérogare und seinen Satelliten als auch zwischen den Aérogares untereinander.

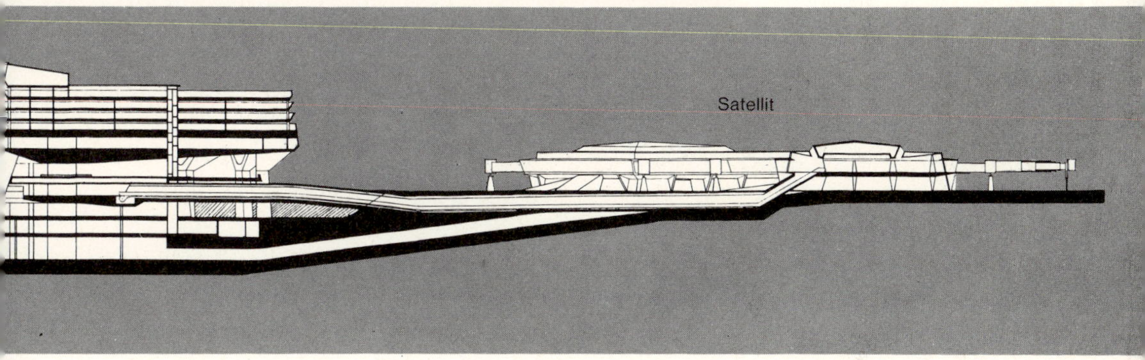

der Universität Southampton sowie im Staatlichen Physikalischen Laboratorium haben gezeigt, daß sich derartige schwimmende Flughäfen verwirklichen ließen. Doch das ist noch ein bißchen Zukunftsmusik.

So eindrucksvoll sich der Rhein-Main-Flughafen nach seiner Fertigstellung auch geben wird, mit Paris-Nord entsteht in Roissy-en-France Europas erster „Super-Flughafen von übermorgen". Schon im Jahr 1974 soll er eröffnet werden, also kurz nach der Indienststellung der Concorde. Zu diesem Zeitpunkt wird der erste von insgesamt fünf zum Flughafen Paris-Nord gehörenden „Aérogares" den Betrieb aufnehmen. Die Gesamtfläche dieser neuen „Flugstadt" wird beinahe 30 Quadratkilometer betragen. Das ist ein Gebiet, auf das in der Pariser Innenstadt der Arc de Triomphe, der Gare du Nord, der Eiffelturm, der Invalidendom und die Kathedrale von Notre Dâme verteilt sind . . .

Wenn Paris-Nord voll ausgebaut sein wird, werden hier jährlich 30 Millionen Passagiere abgefertigt werden. Orly, der südlich der Seine-Metropole gelegene gegenwärtige Flughafen, wird ebenfalls vergrößert. Doch selbst nach diesem Umbau werden hier höchstens 15 Millionen Flugreisende im Jahr abgefertigt werden können.

Paris-Nord wird sich von den heutigen Flughäfen dadurch unterscheiden, daß es kein zentrales Abfertigungsgebäude mehr gibt. Statt dessen wird jeder der fünf selbständigen Luftbahnhöfe aus einer kreisrunden Abfertigungsinsel bestehen. Eine solche Insel wird 180 Meter Durchmesser haben und 50 Meter hoch sein — jedoch wird das Bauwerk nur 30 Meter über den Grund ragen. Unterirdisch ist es mit den anderen Aérogares verbunden. Wie die Sonne von den Planeten, werden die Abfertigungsinseln ringförmig von sieben Fingerköpfen — sogenannten Satelliten — umgeben sein. An jedem dieser Satelliten können drei Jumbojets oder Überschalltransporter anlegen. Anstelle 21 solcher Mammutvögel können an den sieben Satellitendocks auch 42 kleinere Flugzeuge, wie die dreistrahlige Boeing 727, oder 26 Maschinen mittlerer Größe „festmachen".

Gegenüber der für Roissy-en-France vorgesehenen Wartungs- und Überholungsbasis erscheint der Frankfurter Lufthansa-Hangar V geradezu bescheiden. In der gewaltigen Wartungshalle werden 24 Vierstrahl-Boeings 707 und 24 Jumbojets oder Überschallmaschinen gleichzeitig Platz finden.

Für den Flugbetrieb stehen vier Hauptpisten zur Verfügung. Je zwei Bahnen laufen parallel und befinden sich im Norden und Süden. Der Abstand der beiden Doppelbahnen voneinander beträgt drei Kilometer, so daß auf der südlichen und nördlichen Anlage gleichzeitig Maschinen starten und landen können, ohne sich gegenseitig zu gefährden. Schließlich wird noch eine etwas kürzere „Querwindpiste" angelegt. Sie wird von kleineren Privatflugzeugen benutzt, wenn auf den Hauptpisten Seitenwind herrscht. Den großen Flugzeugen macht er nichts aus. Selbstverständlich wird dieser Superflughafen alle elektronischen Einrichtungen aufweisen, die für vollautomatische Landemanöver erforderlich sind. Als weit über das Land ragendes Symbol wird sich der Tower — der Flughafenkontrollturm — bis zu einer Höhe von 80 Metern erheben ...

Ist ein Ende in der Zunahme des Luftverkehrs, im Wachstum der Flugzeuge selbst abzusehen? Werden alle diese Anlagen, die unvorstellbare Geldmittel verschlingen, spätestens im Jahre 2000 nicht schon wieder veraltet, hoffnungslos zu klein sein?

Wenn man diese Frage Luftverkehrsfachleuten stellt, so zucken die einen verlegen mit den Schultern, die anderen geben sich zuversichtlich. Und diese Zuversicht ist in der Zukunft des Kurz- und Senkrechtstartflugzeugs begründet, denn beide könnten entscheidend dazu beitragen, die drangvolle Enge, die selbst auf den weiträumigen Flughäfen von übermorgen droht, zu entwirren.

H.-J. MATTHÄI

ANTILOPEN IN AMERIKA

Auf einer mehrtägigen Autofahrt, die mich zusammen mit meinem kanadischen Freund in den äußersten Süden Kanadas, die Provinzen Alberta und Saskatchewan, führte, beobachteten wir in weiter Ferne hin und wieder eine mir unbekannte, auffallend gezeichnete Wildart. Auf meine Frage erklärte mir mein Begleiter, der sich in der Tierwelt des Landes auskannte: „Das sind die ebenso seltenen wie scheuen Gabelantilopen oder Gabelböcke. Wir nennen sie hier ‚Pronghorn Antilopes'."

„Wie kommen denn Antilopen nach Amerika, ich denke, die sind in Afrika zu Hause?" wollte ich wissen.

„Unsere Gabelantilopen sind keine echten Antilopen, sie sind noch nicht einmal mit den afrikanischen Antilopen verwandt. In früherer Zeit faßte man Horntiere, die weder Schafe, Ziegen oder Rinder waren, unter dem Gattungsbegriff ‚Antilope' zusammen. Hierzu rechneten auch die Gabelantilopen des nordamerikanischen Westens. Sie sind geborene Amerikaner, die letzten Überlebenden einer einst sehr formenreichen Familiengruppe, die

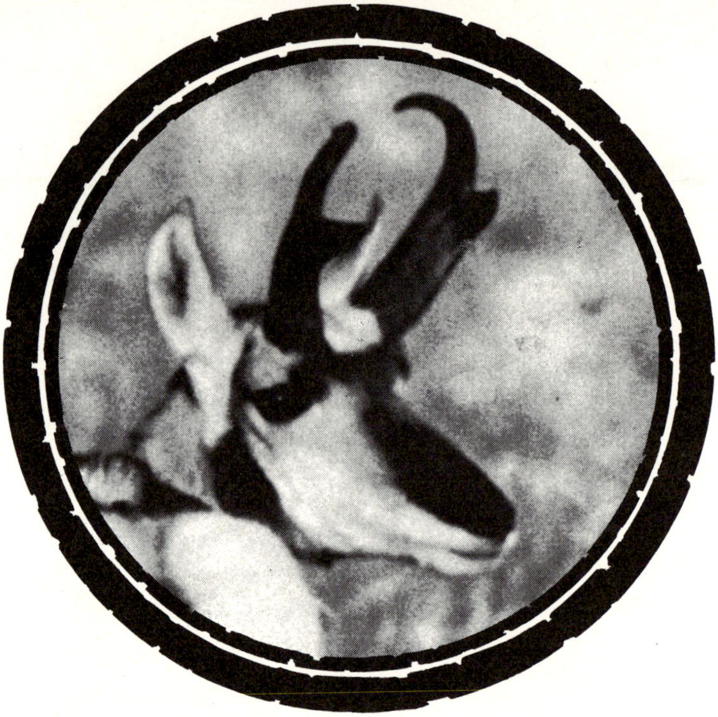

Ein stolzes, prächtiges Gehörn ziert die Gabelböcke. Der Vorderhöcker am Stirnzapfen führt dazu, daß sich zwei Spitzen ausbilden. Dieser Kopfschmuck wächst den Gabelantilopen in jedem Jahr neu.

Rechts: Die Gabelantilope spreizt die langen, weißen Spiegelhaare: Das bedeutet Alarm! Dieses weithin leuchtende Signal wird von den anderen Tieren sofort weitergegeben.

ausschließlich auf Nordamerika beschränkt war und sich wahrscheinlich unabhängig von den Horntieren entwickelt hat. Auf Grund fossiler Funde hat man nachgewiesen, daß diese Wildart schon lange, bevor die anderen großen Paarhufer einwanderten, im fraglichen Raum bodenständig war."

„Und wie unterscheidet sich die Gabelantilope von den Antilopen Afrikas?"

„Die Antilopen tragen wie alle anderen Horntiere ein ungegabeltes, hohles Gehörn und behalten diesen stolzen Kopfschmuck ihr ganzes Leben hindurch. Unsere Gabelantilope aber wirft ihre Hornscheide alljährlich im frühen Winter ab. Nur der knöcherne Stirnzapfen verbleibt und läßt die Hornscheide im Sommer wieder nachwachsen."

„Weiß man, wie dieser Wechsel des Gehörns vor sich geht?"

„Ja, die tütenförmige Hornscheide wird von der Knochenhaut des Stirnzapfens, der ovalen Querschnitt hat, abgestoßen. Gleichzeitig sprießen aus dieser feuchtklebrigen Knochenhaut Haare hervor, die sich immer mehr verdichten, verkleben und um den verhältnismäßig hohen Stirnzapfen das neue Horn entstehen lassen. Die Gabel des Horns erklärt sich aus einem Vorderhöcker am Stirnzapfen, der dazu führt, daß sich zwei Spitzen ausbilden."

„Gibt es noch weitere typische Merkmale?"

„Das Farbmuster des Felles ist für Schalenwild recht ungewöhnlich. Die Grundfarbe des Tieres, das ein Reh an Größe überragt, in der baumlosen, weiten Prärie aber noch größer wirkt, ist ein sattes Braun mit breiten, weißen Flecken auf Rumpf und Hinterrücken (vom Jäger ‚Spiegel' genannt) sowie auf Hals und Kopf. Diese weißen Spiegelhaare sind besonders lang und können bei Gefahr gesträubt werden. Sie leuchten dadurch auf und wirken so als Alarmsignal, das von den anderen Tieren sofort weitergegeben

wird. Gleichzeitig sondern Duftdrüsen einen scharfen Geruch ab. Die verhältnismäßig großen Augen der Gabelböcke — sie kommen an die eines Pferdes heran — verleihen ihnen außergewöhnliche Sehschärfe. Die Hörner der Geißen sind ungegabelt und schwächer, häufig fehlen sie ganz. Afterklauen, zwei kleine Hufspitzen, die von den Hinterläufen der anderen Spalthuftiere herabwachsen, sind weder bei Böcken noch Geißen vorhanden.

Im vorigen Jahrhundert bevölkerten die Gabelantilopen in großer Zahl die ausgedehnten Präriegebiete zwischen Felsengebirge und Mississippi, erlitten dann aber, als der nordamerikanische Westen besiedelt wurde, das gleiche traurige Los wie die Bisonherden. Als um die Jahrhundertwende die Gefahr bestand, daß sie gänzlich ausgerottet würden, setzten sich einsichtige Männer nachdrücklich für den Schutz der bedrohten Tierart ein. Daraufhin entschloß sich die Regierung, weiträumige Zufluchtsstätten einzurichten. Hier erholte sich der Bestand im Laufe der Zeit wieder, und heute ist sogar ein örtlich, zeitlich und zahlenmäßig begrenzter und streng überwachter Abschuß zugelassen."

Die Gabelböcke unterscheiden sich nicht nur ihrem Aussehen nach von unserem heimischen Wild, auch ihre Lebens- und Verhaltensweise ist anders. Die bis zum fernen Horizont reichende Prärie ist ihre natürliche Heimat. Sie bevorzugen die offenen, welligen Flächen, wo ihnen ihre außergewöhnliche Sehschärfe zustatten kommt und ihre erstaunliche Schnelligkeit (sie sind die schnellsten Säugetiere dieses Erdteils) sie vor ihren Feinden schützt. Bei Gefahr versuchen sie nicht, sich wie anderes Wild zu drücken oder in Deckung zu bringen, sondern streben in freies Gelände, wo sie sich sicher fühlen. Sie sind allem Fremden gegenüber sehr mißtrauisch. Schon auf Hunderte von Metern werden sie unruhig und flüchten, oft ohne auch nur einmal zu verhoffen, meilenweit. Sie kennen keinen festen Stand und keine bestimmten Wechsel; sie ziehen im Sommer in kleinen, zerstreuten Rudeln in der unbegrenzten Weite umher auf der Suche nach nahrhaftem jungen Gras und nach ihrer Lieblingsäsung, den filzigen, hellgrünen Trieben der Salbeibüsche, sowie nach Wasser.

Mit unseren Jagdgläsern konnten wir sie auf weite Sicht gut ausmachen. Immer hatten sie zur Nahrungssuche und als Ruheplätze Stellen mit freiem Ausblick gewählt. Einzelne besonders wachsame Tiere sicherten sie davor, überrascht zu werden.

Wurde ein Rudel nicht allzuweit von der Straße flüchtig, machten sich die Gabelböcke mitunter den Spaß, längere Zeit neben unserem Auto her zu rennen, wurden dann schneller, überholten es, überquerten vor ihm die Straße und ließen endlich auf der anderen Seite in der Geschwindigkeit nach, als wären sie befriedigt, gezeigt zu haben, was sie können. Sie halten über mehr als einen Kilometer eine Geschwindigkeit von ungefähr 80 Stundenkilometern durch. Kein Präriewolf (Coyote) oder Fuchs, ihre schlimmsten Feinde, sind imstande, sie einzuholen. Die unbegrenzte Weite mit ganz bestimmten Nahrungspflanzen ist ihr Lebenselement. In Freigehegen und zoologischen Gärten sind sie deshalb selten anzutreffen.

Das Verhalten der Tiere bei unseren unermüdlichen Fahrten gab mir wenig Aussicht, zu den erhofften Fotos zu kommen. Da unser Personenkraftwagen in dem Präriegelände mit seinen Erdhornlöchern und Kaktusstacheln abseits der Wege nicht zu verwenden war, riet mir mein kanadischer Freund zur Fußpirsch. Ich entdeckte eine natürliche Salzquelle, wo den vielen frischen und unverkennbaren Gabelbockfährten nach das Wild die feuchte, salzhaltige Erde geleckt hatte. Bei günstigem Wind und gut gegen Sicht gedeckt, saß ich mehrere Tage an, doch ohne Erfolg. Ähnlich erging es mir an einer Wasserstelle. Nach einer längeren Trockenperiode glaubte ich, die durstigen Tiere würden die Stelle, zu der regelrechte Trampelpfade führten, bestimmt aufsuchen. Aber ich hatte mich auch hier getäuscht. Ich versuchte nun, indem ich die kleinen Geländemulden ausnutzte, mich dem Wild unbemerkt zu nähern (mit dem schweren Fotogerät kein reines Vergnügen!); ich durchkroch Stacheldrahtzäune, wobei ich mir Löcher in die Kleider riß, und erschrak vor einer Klapperschlange, die unmittelbar vor meinem Gesicht auftauchte, als ich durch einen Salbeibusch robbte. Klapperschlangen kommen, wie ich nachher erfuhr, dort nicht selten vor.

Mein Freund rückte dann mit einem angeblich unfehlbaren Mittel heraus: „Gabelböcke sind unglaublich neugierig, ich bringe dich an einen hoch-

In der unbegrenzten Weite der amerikanischen Prärien sind die Gabelantilopen, die schnellsten Säugetiere dieses Erdteils, zu Hause. Ebenso scheu wie neugierig, streben sie bei Gefahr in freies Gelände, wo sie sich sicher fühlen. Die Grundfarbe ihres Felles ist ein sattes Braun, getupft mit weißen Flecken. Fot. H.-J. Matthäi

gelegenen Platz, den die vorbeiziehenden Tiere bestimmt nicht übersehen können. Dort legst du dich auf den Rücken und strampelst mit den Beinen. Die Antilopen werden, von Neugier gepackt, sich nähern, um nachzusehen, was da los ist. Und wenn das nicht hilft, nimmst du dein weißes Taschentuch, bindest es an einen Stock und wedelst damit in der Luft. Sogar Antilopen, die Meilen entfernt stehen, werden kommen, um der Sache auf den Grund zu gehen." Ich habe stundenlang gestrampelt und anschließend ebensolange gewedelt: Keine Antilope ließ sich blicken! Meine Annahme, von meinem lieben Freund angeführt worden zu sein, erwies sich jedoch als unbegründet. Wie ich von Fachleuten hörte, haben diese Verfahren früher gelegentlich zum Erfolg geführt.

Alle diese Fehlschläge bestärkten mich darin, daß es ein aussichtsloses Unterfangen ist, sich zu Fuß auf Fotonähe an dieses ungewöhnlich scheue Wild heranzupirschen, zumal es hier nicht gerade zahlreich vertreten ist. Ich verabredete mit meinem Gefährten daher, daß wir im Sommer unser Heil von neuem versuchen wollten, diesmal in der reinen Präriewildnis des Staates Colorado (USA), wo die meisten Gabelantilopen vorkommen. Wir nahmen einen Landrover, ein schweres, offenes Fahrzeug mit starkem Motor und dicken Reifen, und befestigten einen vierbeinigen Tisch — mit der Platte nach unten — auf der Ladefläche, so daß ich mich, zwischen den vier Beinen stehend, anlehnen und nach allen Seiten „schießen" konnte.

Links: Das drei bis vier Monate alte Kitz ist fast erwachsen. Die Gabelantilopen gehören zu den ältesten Wildarten Nordamerikas und sind die letzten Überlebenden einer formenreichen Familiengruppe. Fotos H.-J. Matthäi

Rechts: Die oft kleinen Hörner der weiblichen Gabelantilopen sind ungegabelt und schwer erkennbar. Nur dort, wo die Tiere Schutz genießen und vom Menschen nicht beunruhigt werden, gelang es, sie vor die Kamera zu bekommen.

Eine Woche lang fuhren wir von morgens bis abends unzählige Meilen in der unbesiedelten Präriewildnis umher, auf Wegen, die oft nur ausgewaschene Wildwechsel waren; hin und wieder sahen wir auch Gabelantilopen. Sie wurden aber flüchtig, sobald sie unser Auto in der Ferne erspähten, und boten mir keine einzige Gelegenheit, zu einem brauchbaren Schnappschuß zu kommen. Der Grund wurde uns bald klar: Wir erfuhren, daß in diesem Gebiet, in dem es besonders viele Gabelantilopen gab, in jedem Herbst eine bestimmte Anzahl von Tieren zum Abschuß freigegeben ist und daß die Jäger dazu Autos benützen dürfen.

Ich mußte also ein Gebiet ausfindig machen, wo die Gabelböcke völligen Schutz genießen und in keiner Weise beunruhigt werden. Ein solches Territorium fand ich in dem Wildreservat „Wind Cave" in Süd-Dakota (USA), wo die wellige — „rollende" — Prärie mit Hunderten von Präriebüffeln, mit vielen Rudeln prächtiger Gabelantilopen, mit Kolonien von Präriehunden (eine Art Erdhörnchen) und vielen Coyoten dem Besucher einen Eindruck davon vermittelt, wie die riesigen Präriegebiete einst ausgesehen haben. Hier, wo dieses überaus scheue Wild nicht gejagt wird, gelang mir endlich, es ungestört zu beobachten und nach Herzenslust zu fotografieren. ■

EISENERZ reist per Pipeline

VON DR. HARALD STEINERT

Im März 1970 legte der 52 000 Tonnen große Turbinenfrachter „Marconaflo Merchant“ an der Pier der Oregon Steel Mills in Portland an. Das Schiff löschte eine Ladung von 41 000 Tonnen peruanischem Eisenerz. Diese Ladung strömte durch eine Schlauchleitung an Land! Eisenerz floß wie dickflüssiges Rohöl von Bord in vorbereitete Becken; weder Bagger noch Schiffskräne, Lastwagen und Eisenbahnwaggons wurden gebraucht, um die Erzladung zu löschen. Auf ähnliche Weise war die „Marconaflo Merchant“ in dem Abgangshafen in Peru beladen worden. Im Überseeverkehr von Massengütern dürfte damit ein neues Zeitalter angebrochen sein. Feingemahlen und mit Wasser vermischt, werden Erz und Kohle durch Rohrleitungen gepumpt wie Rohöl oder Erdgas — billig, einfach und staubfrei, was wegen der Luftreinhaltung wichtig ist.

Die Idee, feste Minerale für den Transport zu verflüssigen, ist keineswegs neu: Im Kohlenbergbau zum Beispiel wird feingemahlene Kohle aufgeschwemmt und dann flüssig durch Röhren verfrachtet — das Trocknen der Kohle ist immer noch billiger als die umständliche Beförderung in festem Zustand. Pipelines für Öl, Erdgas und auch für Milch sind nur der Anfang eines Transportverfahrens, das sich immer mehr ausdehnt und für das man das unschöne Schlagwort von der „Vertubung“ der Frachten (lateinisch: tubus = Röhre) geprägt hat. Doch welch geradezu ungeheuerliche Möglichkeiten diese „Vertubung“ tatsächlich bietet — das wurde erst durch die amerikanische Firma „Marcona Corporation“ in San Francisco ausgelotet. Sie erfand den Überseetransport von verflüssigtem Eisenerz, den die „Marconaflo Merchant“ erfolgreich erprobte.

Allem Anschein nach bereitet sich hier wirklich eine Umwälzung vor, die für die gesamte Mineralienwirtschaft der Welt (in erster Linie Bergbau und Hüttenwesen) Folgen haben wird.

und Tanker

Auch bei dem „Marconaflo" getauften Verfahren wird das feste Transportgut verflüssigt, indem man es in Wasser aufschwemmt. Das hat eine Voraussetzung: Es muß fein gemahlen werden. Dann kann man mit verhältnismäßig wenig Wasser große Mengen von Feststoffen in einen Schlamm verwandeln, der etwa wie dickflüssiges Rohöl durch Schlauchleitungen und Röhren strömt und dank der Schwerkraft oder mit Pumpen über beliebige Entfernungen verfrachtet werden kann. Schwierig wird es erst, wenn Meere überbrückt werden müssen, über die man keine Pipeline bauen kann: In einem solchen Fall muß das Erz im „Tanker" reisen.

Das peruanische Eisenerz wird teilweise nach den USA, vor allem aber nach Japan ausgeführt. Die Transportkosten über so große Entfernungen mit herkömmlichen Erzfrachtern sind sehr hoch, der Wettbewerb der Eisenerzlieferanten auf dem Weltmarkt ist groß. So kam man in San Francisco auf die Idee, die Transportkosten durch die „Vertubung" des Eisenerzes zu senken.

Der erste Erztanker der Welt: der 52000 t große Turbinenfrachter „Marconaflo Merchant".
Um die ungewöhnliche Fracht — Erzschlamm — befördern zu können, hat man einen herkömmlichen Erz-Öl-Frachter zu diesem ganz neuartigen Schiffstyp umgebaut.

Der eigentliche Trick liegt dabei, wie gesagt, bei der Überbrückung von Seestrecken. Anfangs glaubte man, das mit rund 30 Hundertteilen Wasser aufgeschwemmte Erz könnte und müßte in flüssigem Zustand wie Rohöl in Schiffstanks gefahren werden, um es beim Empfänger der Erzladung wieder bequem an Land pumpen zu können. Man baute in einen normalen Erzfrachter einige Tanks für Erzschlamm ein und brachte etwa 5000 Tonnen auf einer Versuchsreise von Peru nach Japan. Als man die „Erztanks" dort öffnete, konnte der Kapitän auf dem vormaligen Schlamm spazierengehen, ohne Fußeindrücke zu hinterlassen: Der Erzschlamm war völlig fest geworden und konnte nicht mehr an Land gepumpt werden. Man mußte ihn baggern.

Nach diesem Mißerfolg hatte man in eine zweite Versuchsladung Rührgeräte eingebaut, die ein Absetzen des Erzschlamms verhindern sollten. Der Dieselmotor dieser Rühreinrichtungen gab jedoch schon am fünften Fahrttage den Geist auf: Die Schlamm-Masse war zu schwer — sie wurde während der Fahrt zusehends dicker und schwerer.

Weder Bagger noch Krananlagen sind notwendig, um den Erztanke zu beladen: Das aufgeschwemmte Eisenerz wird durch Schlauchleitungen in die Bunker gepumpt Die biegsamen Rohrleitungen passen sich dem veränderten Tief gang während des Ladens an.

Diese ersten praktischen Versuche, Erz in einem Tanker zu befördern, zeigten, daß es nicht möglich sein würde, jemals das verflüssigte Eisenerz (oder sonstiges Transportgut) über längere Zeit auf Seereisen auch flüssig zu halten: Flüssig bleibt die Aufschwemmung von 70 Teilen schweren Erzes in 30 Teilen Wasser nur, wenn sie dauernd bewegt wird, wenn sie ständig fließt. Kommt dieser Schlammfluß jedoch in den Erztanks eines Schiffes über Wochen zur Ruhe, so setzen sich die Feststoffe aus dem Schlamm ab und es entsteht durch die Vibration der Schiffsmotoren und die Schaukelbewegungen der Wellen eine steinharte Masse. Diesem Schicksal kann die „Tankladung" nicht entgehen.

Nach dieser Erkenntnis dachte man bei „Marcona" um. Man sah davon ab, Erzschlamm mit verhältnismäßig hohem Wasseranteil über etliche tausend Kilometer durch den Stillen Ozean zu fahren, und machte aus der Not eine Tugend: Heute wird der Erzschlamm noch im Abfahrthafen entwässert, indem man ihn sich einfach im Tank setzen läßt. Das überstehende Wasser wird abgesaugt und ins Hafenbecken geleitet. Der „Erztanker" fährt Erz-

Wie dickflüssiges Öl strömt das Erz durch die Pipeline. Feingemahlen und mit Wasser vermischt, kann das feste Transportgut auf dem Land über beliebige Entfernungen verfrachtet werden. Man spart auf diese Weise die kostspieligen Verladevorgänge.

schlamm mit nur etwa 5 vom Hundert Wassergehalt zum Zielhafen. Dort wird die verfestigte Erzmasse wieder verflüssigt, indem man durch Düsen am Boden der Tanks Wasser mit mehreren hundert Atmosphären Druck in die steinharte Schlamm-Masse einspritzt. Rund um die Düsen sind Abflußöffnungen in den Tankboden eingebaut, durch die das verflüssigte Erz abfließt und dann mit Rohrleitungen von Bord gepumpt wird. Es kommt also wieder über die Pipeline — billig, bequem, ohne Schaufeln, Kräne oder Transportfahrzeuge irgendwelcher Art — beim Empfänger an, so wie es beim Absender, bei dem Erzbergwerk, auf die Reise gegangen ist: mit rund 30 Hundertteilen Wassergehalt.

Ganz so einfach, wie hier geschildert, ist die Sache natürlich nicht. Die technischen Bauteile — Pumpen, Pipelines, Erztanks an Bord der Schiffe — sind zwar nicht umwälzend, man muß aber wissen, wieviel Düsen wo am Tankboden einzubauen sind, mit welchem Druck das Wasser versprüht werden muß, um das Erz wieder zu verflüssigen, wie schnell die Düsen rotieren und anderes mehr. Das Verhalten des Erzes in der Aufschwemmung und seine Fließfähigkeit ist wieder von der Größe der Erzkörner, ihrem spezifischen Gewicht und ihren Oberflächeneigenschaften — zum Beispiel ihrer Neigung zu kleben — abhängig. Kennt man alle diese Einzelheiten erst einmal und beherrscht man sie technisch, so kann ein Transport mit Marconaflo mehr als die Hälfte der Frachtkosten einsparen — bei einer Übersee-Entfernung von rund 8000 Kilometern von der Erzgrube bis zum Abgangsplatz des Schiffes, wohlgemerkt: Abgangsplatz, denn für diese Art der Verfrachtung bedarf es

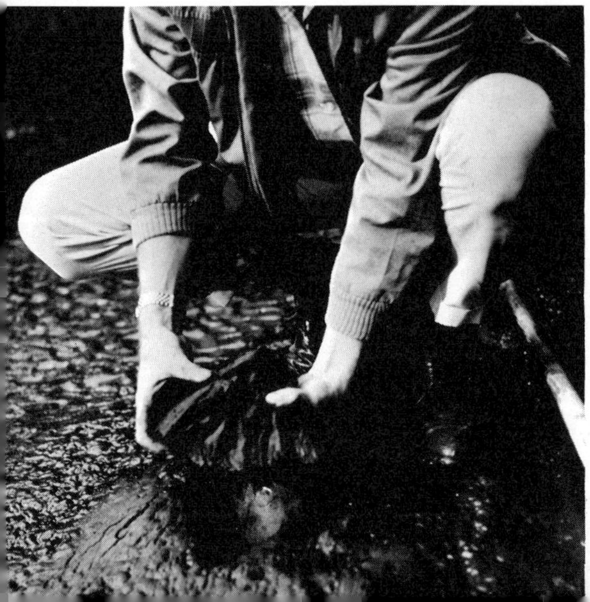

Am Schluß der Ozeanreise besteht die Schlammladung aus einer festen, zementartigen Masse, die nur noch 5 Hundertteile Feuchtigkeit enthält. Nach dem neuen Marconaflo-Verfahren wird sie wieder mit Wasser aufgeschwemmt und von Bord gepumpt. Sind im Bestimmungshafen keine Pipeline-Anlagen vorhanden, wird das Erz herkömmlich mit Greifbaggern entladen.

Der Tankboden mit einem der rotierenden Düsenköpfe — in ausgefahrener Stellung — vor dem Beladen. Durch die im Tankboden befindliche Abflußöffnung fließt später das wiederverflüssigte Eisenerz ab. Über Schlauchleitungen und Pipelines kommt das Transportgut so beim Empfänger an, wie es auf der Erzgrube abgesandt worden ist.

keiner kostspieligen Hafenanlagen mit Kais, Kränen und Bahngleisen. Der Erztanker der Zukunft kann seine Fracht, an einer Boje liegend, auf offener See aus der Pipeline zapfen wie der Öltanker sein Öl.

Bei diesen Berechnungen mag die Firma günstig kalkuliert haben. Trotzdem ist das grundsätzliche Verfahren so überzeugend, daß man erwarten darf, daß auch für andere Massen-Mineralgüter, die eine feine Zerkleinerung vertragen, die Transportkosten in etwa der gleichen Größenordnung liegen wie beim Eisenerz oder sogar noch darunter. Die Erztanker werden in ihren Tanks wahlweise Erzschlamm oder Öl befördern können und sollen deshalb künftig „OSO"-Schiffe heißen, „Ore-Slurry-Oil"-Schiffe, ähnlich den „OBO"-Frachtern (Oil-Bulk-Ore), die wahlweise Öl, Massengüter und Erze laden.

Nach der erfolgreichen Reise der „Marconaflo Merchant", die am 3. März 1970 in Portland-Oregon endete, hat die Firma bereits drei weit größere OSOs bauen lassen — mit je 130 000 Tonnen Tragfähigkeit. Ein 250 000-Tonnen-Erztanker, dessen Abmessungen in die der größten Öltanker dieses Jahrzehnts hineinreichen, ist geplant.

Das neue Förderverfahren hat die Firma in die Lage versetzt, in Indien eines der größten Eisenerzlager der Welt abzubauen: Die Lagerstätte von Kudremusch enthält rund 5 Milliarden Tonnen nichthochprozentiges Erz. Um es zu erschließen, hätte man eine 240 Kilometer lange Eisenbahnlinie nach Magalore bauen müssen — zu einem Hafen, der nur verhältnismäßig kleine Erzfrachter bis zu 60 000 Tonnen Tragfähigkeit aufnehmen kann. Die Pipeline-Entfernung von der Lagerstätte zum Meer jedoch beträgt nur 50 Kilometer.

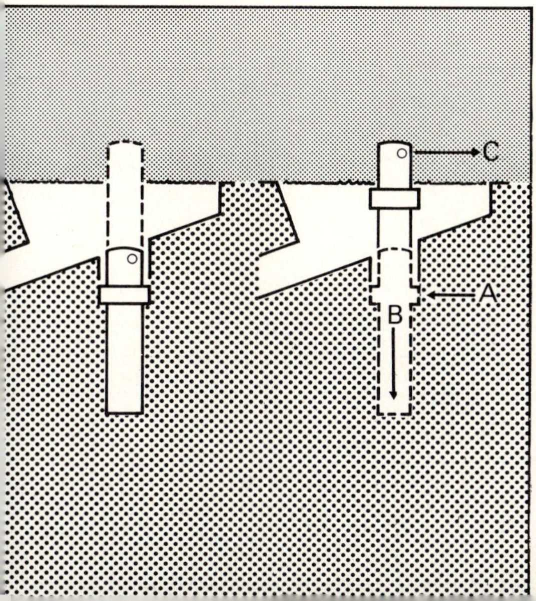

So einfach funktioniert die Verladeeinrichtung eines Erztankers: Während des Beladens wird der Düsenkopf in den Abflußtrog versenkt (links). Beim Löschen der Ladung versetzt der Wasserdruck das Gerät in Rotation (A), hebt es über den Gitterrost hoch (B) und schickt einen waagrechten Strahl durch die Ausströmöffnungen (C).

Unter hohem Druck sprühen die rotierenden Düsenköpfe das Wasser in die steinhart gewordene Schlamm-Masse, die dadurch wieder verflüssigt wird. Dank der Schwerkraft fließt das Ladegut nach unten in Sammelrohre und Sammeltanks und wird von dort aus durch sogenannte Überbord-Krümmer schließlich an Land gepumpt. Alle Fotos Marcona Corporation

In einem mächtigen Strahl schießt der dunkle Erzschlamm, der zu 70 Hundertteilen aus Feststoffen und zu 30 Hundertteilen aus Wasser besteht, aus der Rohrleitung in ein Auffangbecken, wo er zunächst gelagert wird. Ein Saugbagger pumpt das feinkörnige Erz später zur Weiterverarbeitung in die nahegelegene Preßanlage.

13 Kilometer vor der Küste können Mammut-OSOs ihr Erz auf See tanken. Die Möglichkeit, das riesige Vorkommen zu erschließen, ohne daß Eisenbahn und Hafen gebaut werden müssen, macht diese Lagerstätte abbauwürdig: Das eine Erzfeld wird eines Tages 20 Millionen Tonnen Eisenerz im Jahr liefern, fast dreimal soviel wie der ganze westdeutsche Bergbau und nicht viel weniger als Schweden.

Dieses neue Transportverfahren kann als technische Großtat nicht für sich gesehen werden: Es war möglich, weil die technisch-wirtschaftliche Entwicklung gerade jetzt für solche Verbilligung von Massentransporten reif geworden ist. Die schnell wachsende Eisen- und Stahlindustrie hat auf ihrer Jagd nach neuen Rohstoffen Erzfelder erschlossen, an deren Nutzung vor dem Krieg nicht zu denken war. Hunderte von Millionen Tonnen Eisenerz gelangen im Jahr über den Atlantik und Pazifik, über Entfernungen, über die man so geringwertige Erze früher niemals transportiert hätte. Brasilianisches

Mehr als 2000 t Eisenerzschlamm fließen stündlich durch die beiden Rohrleitungen der Löschanlagen bei Portland-Oregon; im Hintergrund die S. S. „Marconaflo Merchant" an der Pier. Zum Entladen des Schiffes bedarf es nicht eines einzigen Hafenarbeiters, der gesamte Vorgang wird von der Bordanlage überwacht.

Erz kommt zu den deutschen Hochöfen, peruanisches und australisches Erz wandert nach Japan und den USA, Marokko und Liberia sind Eisenerzlieferanten für Westeuropa. — Außerdem hat es eine neuentwickelte Hüttentechnik möglich gemacht, auch feingemahlenes Erz zu verwerten. Bis vor kurzem waren grobstückige Erze das Ideal des Hüttenmanns. Heute preßt man feinkörnige Erze zu „Pillen" zusammen, bevor sie in den Hochofen geschüttet werden: Diese „Pille für den Hochofen" hat hüttentechnisch eine Menge von Vorteilen und gewinnt immer mehr an Boden. Ohne dieses Verfahren wäre die Erfindung des Pipelinetransports von Eisenerz nutzloser Geistesaufwand gewesen.

Mit Sicherheit wird die Anwendung nicht auf die Verfrachtung von Eisenerzen beschränkt bleiben. Die „Vertubung" dringt auch sonst schnell vor, und man darf mit Recht gespannt sein, was zur Jahrtausendwende schon alles fließend verfrachtet werden wird.

Läßt sich der Mensch verändern?

THEO
LÖBSACK

Die erste künstliche Erzeugung eines Gens und ihre Folgen

Wenn die Biologie weiter so rasche Fortschritte macht wie jetzt, dann ist es nicht auszuschließen, daß ein verdutztes Elternpaar beim weihnachtlichen Einkaufsbummel eines Tages unter den Spielbaukästen für die wißbegierige Jugend eine Neuheit entdeckt: das „Biologische Laboratorium".

Auf dem farbenprächtigen Karton würde zum Beispiel zu lesen sein: „Für junge Forscher und solche, die es werden wollen! — Inhalt: Eine Auswahl künstlicher Gene zu erbbiologischen Versuchen an einzelligen Lebewesen — vollständig mit Mikroskop, Nährflüssigkeit, Viruskultur und Experimentiergeräten für nur 350 Mark." Und eine beiliegende Beschreibung würde den Kauflustigen verraten, daß lernbeflissene junge Menschen hier nach eigenem Ermessen die Eigenschaften von Mikroben verändern können, ihre Farbe, ihre Freßgewohnheiten, ihr Bewegungsverhalten im Wassertropfen und dergleichen mehr.

Ein solches „Biologisches Lehrmittel" könnte der praktische Niederschlag einer Entwicklung sein, die im Sommer 1970 begonnen hat. Damals, am 3. Juni 1970, war es dem indischen Nobelpreisträger Dr. Har Gobind Khorana und seinen Mitarbeitern gelungen, zum erstenmal ein Gen, den stofflichen Träger einer Erbanlage, künstlich zu erzeugen. In einer „Vollsynthese", so hieß es, sei eines jener verzwickt gebauten Moleküle hervorgebracht worden, die mithelfen, die Erbeigenschaften eines Lebewesens zu prägen — in diesem Fall einer Hefezelle.

Schon im Dezember 1969 hatte eine ähnliche Meldung aufhorchen lassen: Eine Gruppe junger amerikanischer Forscher von der Harvard Medical School unter Leitung von Dr. Jonathan R. Beckwith und Dr. James Shapiro hatten ein einzelnes Gen aus dem Erbanlagenbestand des Darmbakteriums Escherichia coli herausgelöst. In diesem Fall handelte es sich um eines von drei Genen, die vereint das Darmbakterium befähigen, Milchzucker zu verdauen, indem sie die chemische Erzeugung des Enzyms Galaktosidase in der Zelle steuern.

Beide Erfolge haben dazu beigetragen, daß die Wissenschaft tiefen Einblick in die Wirkungsweise der Erbanlagen oder Gene nehmen konnte. Es zeichnet sich aber noch mehr ab. Man kann jetzt daran denken, Erbanlagen in Gestalt herausgelöster Gene oder künstlicher „Ersatz"-Gene auf solche Lebewesen zu übertragen, denen die betreffende Anlage fehlt — vielleicht wegen einer Erbkrankheit. Der nächste Schritt, der nach den Erfolgen Khoranas und Beckwiths zu erwarten ist, bestünde also darin, mit solch einzelnen Genen zu experimentieren.

Der indische Nobelpreisträger Dr. H. Gobind Khorana. Ihm und seinen Mitarbeitern ist es nach schwierigen Vorbereitungen gelungen, ein Gen — eine Erbanlage — künstlich herzustellen. Damit ist die Möglichkeit nähergerückt, eines fernen Tages das menschliche Erbgeschehen gezielt zu beeinflussen. Fot. USIS

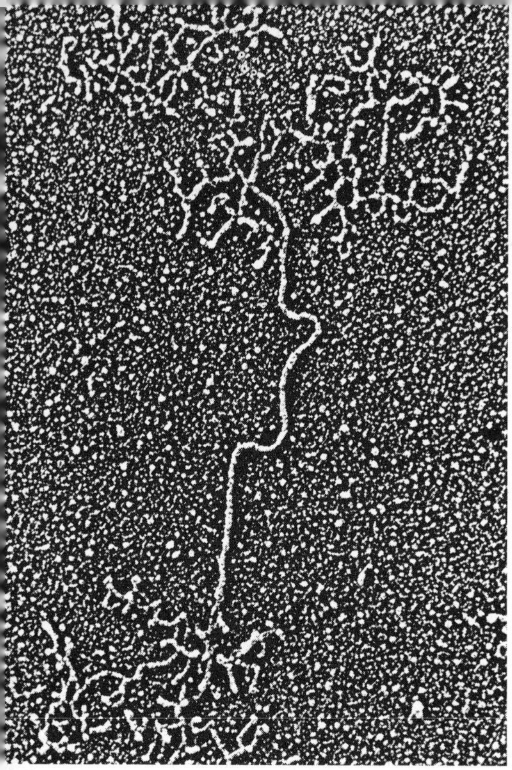

Ein Gen unter dem Elektronenmikroskop. Das langgestreckte Gebilde in der Mitte des Bildes enthält die Herstellungsanweisung für einen ganz bestimmten Eiweißstoff, den die Zelle braucht. Aufbau und Arbeitsweise der Gene zu erkennen und sie im Reagenzglas künstlich zu erzeugen, waren bis vor kurzem noch ferne Traumziele der Biologen. Das abgebildete Gen ist wenig länger als ein tausendstel Millimeter.

Das Atom der lebendigen Welt — so hat man das Molekül der Desoxyribonucleinsäure (DNS) genannt, dessen Bausteine die Gene sind. Die Mikroaufnahme zeigt die DNS eines Virusteilchens in Gestalt zweier in sich geschlossener Fäden. (Vergleiche Modellbild auf der nächsten Seite). Fotos USIS

Diese Aussicht aber erhitzt die Gemüter. So hieß es im Leitartikel einer deutschen Zeitung, damit wäre die Möglichkeit nähergerückt, den Menschen zu planen — ihm erwünschte Eigenschaften zu geben und unerwünschte zu entfernen. Zwar sei der Schritt, so las man weiter, das künstlich gezeugte Gen in der lebenden Zelle wirksam werden zu lassen, noch lange nicht getan. Doch wäre wohl der Fortschritt in keinem Lebensbereich fragwürdiger als in der Erbwissenschaft, wenn die Macht, Menschen nach Wunsch zu verändern, in die Hand von Staatssystemen geriete, die alles ihrer Kontrolle unterwerfen.

Nun, der „Schritt", ein künstlich erzeugtes Gen in einer Zelle wirksam werden zu lassen, wird sich vielleicht als kleiner erweisen, als es der Zeitungsberichter vermutet. Auch etwas anderes wird immer wieder falsch eingeschätzt. Um menschliche Erbeigenschaften nach Belieben zu beeinflussen, dazu müssen wir sehr viel tiefer in die Geheimnisse des Lebens eindringen, als dies bis heute der Fall ist. Wir wollen versuchen, das zu begründen.

Alle Hoffnungen und Befürchtungen, die mit der „genetischen Manipulation" des Menschen zusammenhängen, gehen auf Erkenntnisse zurück, die in den letzten Jahren vor allem bei Versuchen mit Bakterien und Viren gewonnen worden sind. Danach führen chemisch sehr verwickelt gebaute Stoffe in der lebenden Zelle sozusagen die Regie über alle Lebensvorgänge. Chemisch handelt es sich um Nukleinsäuren, deren Moleküle — unsichtbar für das Auge — wie verdrillte Strickleitern gebaut sind. Man weiß heute, daß diese Moleküle aus vier verschiedenen Bausteinen bestehen,

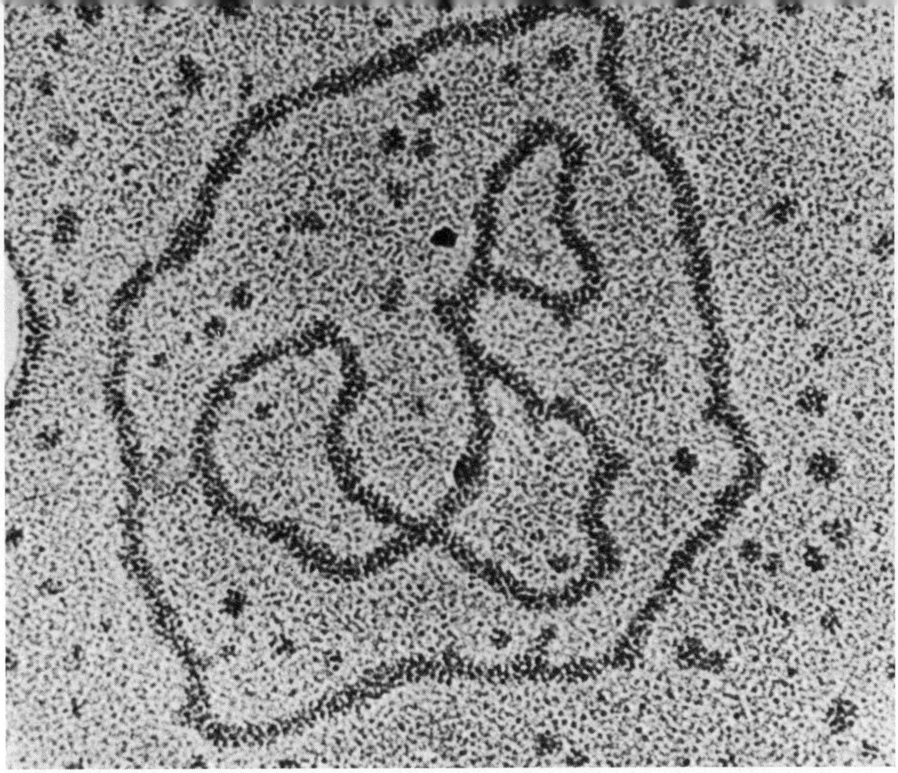

und daß die Bausteine wiederum in einer Art chemischen Schrift angeordnet sind. Die Zelle vermag diese „Schrift" zu entziffern und zu übersetzen — der „Text" beschreibt den Bau- und Arbeitsplan des betreffenden Lebewesens. Er enthält, wie man sagt, die „Erbinformation".

Die Erbanlagen oder Gene sind in diesem Bild nichts anderes als mehr oder weniger lange Abschnitte auf den kettenförmigen Molekülen der Nukleinsäuren. Allerdings sind verzwickte, teils durch Enzyme gesteuerte Vorgänge dafür verantwortlich, daß die Erbinformation der Gene abgelesen und in das umgesetzt werden, was wir schließlich als die „Erbeigenschaften" eines Lebewesens wahrnehmen.

Man kann daher sagen: Sobald es den Biologen einmal gelungen ist, Teilstücke der geheimnisvollen Schrift in Gestalt von Genen oder Gengruppen im Reagenzglas chemisch „nachzubuchstabieren", wird es auch nicht mehr lange dauern, bis sie selbst erbliche Veränderungen an Lebewesen auslösen und damit lenkend in die Lebensvorgänge eingreifen können.

Das weckt freilich den Argwohn, die Biologen könnten ihr Wissen um die Bedeutung der chemischen Schrift in den Zellkernen einst dazu benutzen, den Text der Erbinformation eines Lebewesens auf eine unerwünschte oder gefährliche Weise zu verändern. Es könnte ihnen einfallen, Pflanzen, Tiere oder gar den Menschen mit neuen und fragwürdigen Erbeigenschaften auszustatten, politisch willfährige Menschengruppen zu züchten und dergleichen mehr. Diese Sorge ist, wenn auch für eine noch ferne Zukunft, gewiß ernstzunehmen. Auf der anderen Seite erhebt sich die

Im Modell erkennt man den Feinbau des DNS-Moleküls: Die DNS hat die Gestalt einer Doppelwendel. Der nachmodulierte Abschnitt stellt nur einen winzigen Ausschnitt des langen Fadenmoleküls dar, auf dem die Gene hintereinander folgen wie Perlen auf einer Schnur. Fotos USIS und dpa

Die menschlichen Chromosomen, sortiert und in sieben Gruppen geordnet. Diese Darstellung des Erbträgers, der die DNS als Erbsubstanz enthält, wurde durch einen Computer möglich. Die 2500fache mikroskopische Vergrößerung einer Zelle wird von einer elektronischen Kamera aufgenommen und an den Computer weitergegeben, der die Bilder der einzelnen Chromosomen isoliert, mißt, numeriert und gruppenweise zusammenstellt. Man erhofft sich von dem Verfahren rascheren Aufschluß über Krankheiten, die am Erscheinungsbild oder an mehrfachem Vorhandensein einzelner Chromosomen erkennbar sind.

Frage, ob es nicht vielleicht einmal notwendig werden könnte, das Erbgut des Menschen zu beeinflussen. Um sie zu beantworten, muß man davon ausgehen, wie es heute mit den Erbanlagen beim einzelnen Menschen und innerhalb der Bevölkerung steht. Man sollte beispielsweise fragen, ob es etwa unabwendbare Einflüsse gibt, die unser Erbgut in wachsendem Maße schädigen, und ob wir dann nicht etwas gegen die Auswirkungen dessen, was wir da unfreiwillig erdulden, tun müssen — kurz: ob nicht eines Tages eine Art „genetische Heilbehandlung" wünschenswert sein könnte.

Sosehr man nun das eine ablehnen und das andere bejahen mag: Alle diese Zukunftsaussichten sind heute noch höchst fragwürdig. Die bisherigen Versuche, die stofflichen Träger von Erbanlagen abzusondern und künstlich herzustellen, sind an Bakterien und Viren und damit an Lebewesen vorgenommen worden, die keine Chromosomen in der Art besitzen, wie sie als Träger der Erbanlagen höhere Lebewesen und den Menschen kennzeichnen. Außerdem haben diese einfachen Lebensformen nur verhältnismäßig wenig Gene — bis zu einigen Hundert —, während wir beim Menschen immerhin mit einigen Millionen rechnen müssen, Millionen Genen, die dazu noch in weitgehend unbekannter Weise auf 46 Chromosomen verteilt sind. Was es da bedeutet, ein einzelnes Gen dingfest zu machen, kann man nur ahnen. Es hieße wahrhaftig, die Stecknadel im Heuhaufen suchen.

Erbanlagen zu beeinflussen, wäre aber selbst dann noch ziemlich hoffnungslos, wenn wir wüßten, w o einzelne Gene im Chromosomenbestand zu finden wären und welches chemische Gefüge sie haben. Denn zahlreiche Merkmale, namentlich solche im geistig-seelischen Bereich, entstehen erst, indem verschiedene Anlagen unter dem Einfluß von Erziehung und Tradition zusammenwirken. Es würde also darauf hinauslaufen, daß mehrere zuvor bestimmte Gene in den Keimzellen verändert werden müßten, die

Keimzellen im Reagenzglas zusammengeführt und der sich entwickelnde Keim einer Amme zum Austragen anvertraut werden — einer Pflegemutter aus einer richtig gewählten gesellschaftlichen Schicht. Erst dann — oder unter ähnlichen Voraussetzungen — könnten wir darauf hoffen, wenigstens einen Teilerfolg zu erzielen. Die Gefahr, einen Mißgriff zu tun, läge hier so dicht neben der Aussicht auf ein Gelingen, daß es — wenn es überhaupt dazu kommt — sicher noch lange dauern wird, bis man ein einigermaßen erfolgversprechendes Verfahren für solche Eingriffe gefunden hat.

Die kühnen Voraussagen, die heute zu hören sind, ähneln den Vorstellungen des kleinen Fritz, der an eine besonders feine Pinzette denkt, mit der man die Erbanlagen in der Zelle ergreift, um sie wie kleine Rädchen an anderer Stelle wieder ins Uhrwerk des Lebens einzufügen oder sie, nachdem man sie „verändert" hat, an ihren ursprünglichen Platz zurückzubringen.

Trotzdem müssen wir uns davor hüten, die kommenden Möglichkeiten auf diesem Gebiet zu unterschätzen und, was noch schlimmer ist, sie schon im voraus zu verteufeln. So wird den Biologen mitunter der Vorwurf gemacht, sie wollten „Hand an den Menschen legen", ohne daß sie einen Maßstab dafür hätten, was dem Menschengeschlecht eigentlich nützt und was ihm schadet. Man würde in diesem Fall, so meinte der englische Kybernetiker Donald MacKay dazu, nach einem Markierungszeichen segeln wollen, das am Bug des eigenen Schiffes befestigt sei.

Auch hier wird zweierlei durcheinandergebracht: einmal die den Biologen unterstellte böse Absicht, am Menschen und seinen Erbeigenschaften herumzubasteln oder zum Zeitvertreib einen neuen Menschentyp züchten zu wollen, und ein andermal die gewiß segensreiche Aussicht, erbkranken Menschen eines Tages zu helfen. Für die letztgenannte Möglichkeit gibt es

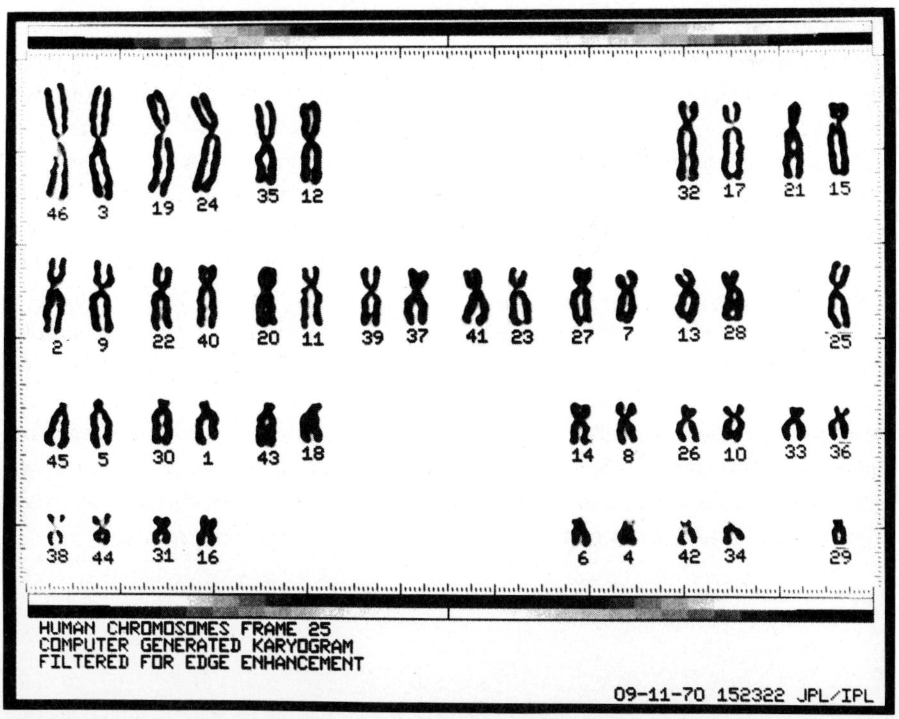

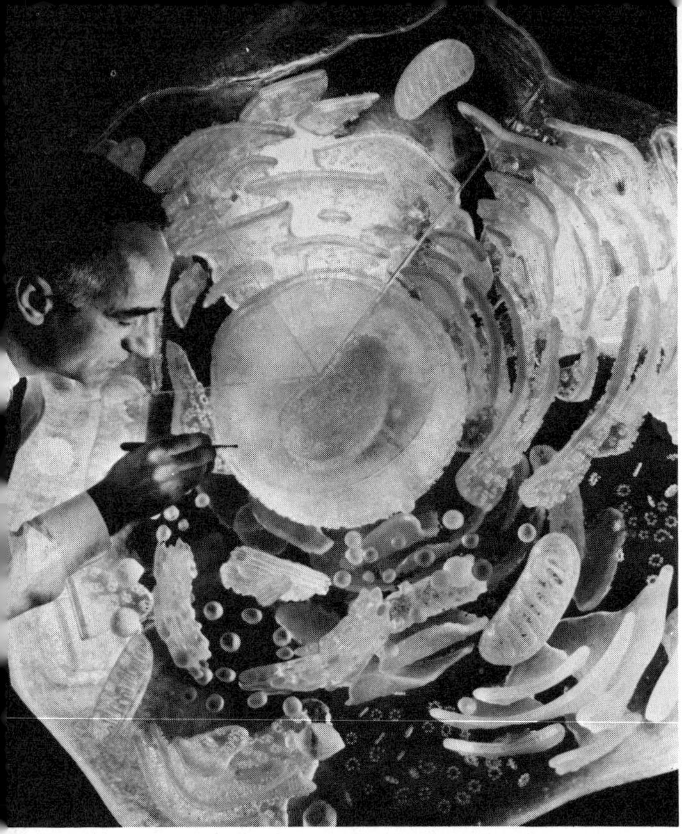

Modell einer lebenden Zelle. Ohne „ausführendes Organ" wären die Gene nicht wirksam: Ihre „Produktionsanweisungen" müssen von bestimmten Bestandteilen der Zelle in die Tat umgesetzt werden. Zu Anschauungszwecken hat hier ein amerikanischer Wissenschaftler eine Zelle aus Plexiglas nachgebildet. In der Mitte der Zellkern, der die Erbsubstanz enthält — die DNS. Fot. USIS

bereits Vorschläge. So wäre es denkbar, erbliche Stoffwechselkrankheiten, wie z. B. eine besondere Form des Schwachsinns, auf erbbiologischem Wege zumindest zu lindern. Schon heute ist es möglich, Viren zu züchten, die auf Grund ihrer Erbeigenschaften bestimmte Enzyme erzeugen können: Substanzen, die für den Stoffwechsel der Lebewesen unerläßlich sind. Wenn der Patient dann mit solchen Viren geimpft würde, könnten sie sich in seinem Körper vermehren und ihm das fehlende Enzym liefern. Diese Art einer „genetischen Manipulation" bliebe allerdings auf den einzelnen Menschen beschränkt. Da sich die Keimzellen dabei nicht verändern, wäre für etwa ebenfalls erbkranke Kinder die gleiche Behandlung notwendig.

Mit Hilfe solcher Viren ließe sich unter Umständen auch eine Erbanlage in den menschlichen Körper einschleusen, die das Enzym Zellulase erzeugt. Damit würden wir in die Lage versetzt, uns nicht nur von Fett, Eiweiß und Zucker zu ernähren, sondern auch von Holz und Papier. Wir könnten es den Termiten gleichtun und die morgendliche Zeitung nach der Lektüre einem völlig neuen, verblüffenden Zweck zuführen, indem wir sie als Nachtisch verzehrten. Ob das Enzym Zellulase freilich im Körper auch wirklich dahin gelangt, wo es gebraucht wird, um die Papierzellulose chemisch aufzuspalten, also in den Verdauungskanal, ja, ob ein solches Gen die Zellulase auch dann erzeugt, wenn es sich dem „Konzert" der übrigen Gene und ihrem Einfluß im Körper ausgesetzt sieht, das steht durchaus dahin.

Däumlinge im Auto

ELEKTRONIK ERLEICHTERT DAS FAHREN

VON HEINZ THOMASS

Auch für das Auto ist das elektronische Zeitalter angebrochen. Das Automobil vereinigt in sich eine Fülle technischer Vorgänge, die voneinander abhängen. Einige davon werden vom Fahrer veranlaßt und überwacht, wie zum Beispiel das Schalten der Gänge, ein den Wetter- und Straßenverhältnissen angepaßtes, „gefühlvolles" Bremsen, die Beobachtung der Kontrollinstrumente wie Lade- und Öldruckkontrolleuchte, Kühlwasserthermometer, Kraftstoffanzeige und so weiter. Bei anderen werden die Abhängigkeiten technisch gesteuert. Man denke an die Tätigkeit des Unterbrechers, der immer im richtigen Augenblick den hochgespannten Zündstrom an die Zündkerzen freigibt; an den Verteiler, der den Zündstrom zu dem jeweils mit verdichtetem Benzin-Luftgemisch gefüllten Zylinder leitet; an den von Drehzahl und Motorbelastung abhängigen Zündzeitpunkt, an den Thermostat, der abhängig von der Wärme des Motors den Kühlwasserkreislauf regelt, um nur einiges zu erwähnen.

Das Ziel der Automobilbauer ist es, das Autofahren sicherer zu machen. Deshalb ist es notwendig, den Fahrer von körperlichen und gedanklichen Leistungen so weit wie möglich zu entlasten, dabei aber die technischen Vorgänge im Auto betriebsgerecht abzustimmen und verkehrsgerecht ablaufen

zu lassen. Hierzu ist eine Einrichtung erforderlich, die Meßwerte und Kontrolldaten aufnimmt, einander anpaßt und als Folge optimale Funktionen im Fahrzeug auslöst. Diese Anlage darf für das Auto nicht zu teuer sein, muß ohne umständliche Schaltmechanismen auskommen, soll wenig Platz beanspruchen und muß genau und vor allem schnell arbeiten. Alle diese Anforderungen erfüllt die Elektronik.

Die Elektronik ist ein Kind der Atomwissenschaft. In einem Atom, dem kleinsten Teil eines chemischen Grundstoffes, wird der Atomkern von Elektronen umkreist. Sie bilden die Atomhülle, sind in Metallen die Träger des elektrischen Stromes und stellen die elektrische Leitfähigkeit her. Neben

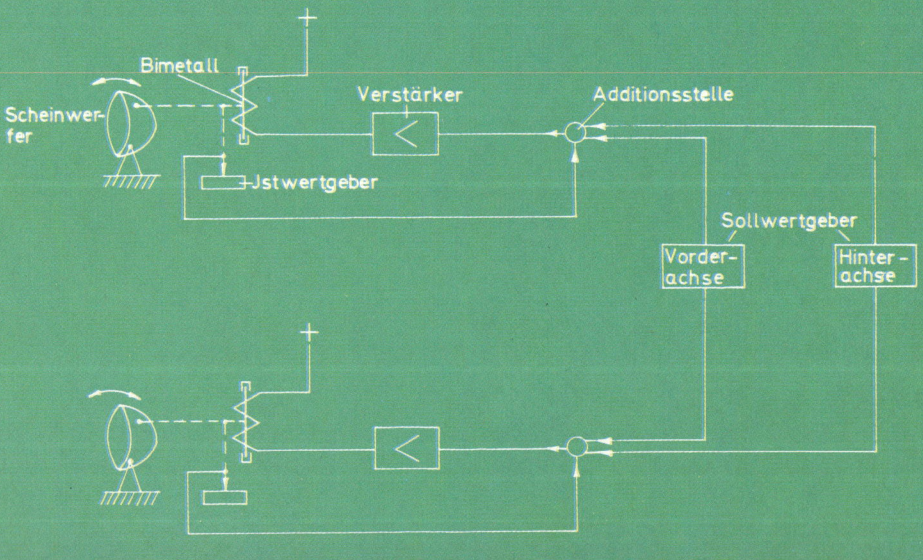

Aus Silizium-Scheiben von 30—50 mm Durchmesser — hier bei einer automatischen Prüfung — werden die winzigen Halbleiterelemente für Transistoren und Dioden hergestellt.

Mitte: Die Geschwindigkeitsfühler einer Blockierschutz-Anlage an der Radnabe eines Personenwagens. Am drehenden Teil des Rades ist der Geberring befestigt, an der Achse der Impulsaufnehmer.

Unten: Schema einer elektronischen Blockierschutz-Anlage. Zwischen Hauptzylinder (am Bremspedal) und Radbremszylinder sind Bremsmindergeräte eingeschaltet. An jedem Rad befinden sich Sensoren, die die Radumdrehung „fühlen". Sobald ein Rad zu rutschen beginnt — sich also langsamer dreht, als der Geschwindigkeit angemessen, meldet es der Sensor dem Steuergerät. Dieses steuert sofort das Bremsmindergerät an, das den Bremsdruck senkt. Wenn das Rad wieder faßt, setzt erneut der Bremsdruck ein. Dieser Wechsel vollzieht sich 10—20mal in einer Sekunde.

Links oben: Ein Zündverteiler wird geprüft. Die Kerzenkabel sind abgeklemmt. Knisternd bahnt sich der hochgespannte Zündstrom eigene Wege, die elektronisch gemessen werden.

Links unten: Schema der elektronischen Leuchtweiten-Regelung. Die Sollwertgeber ermitteln aus dem Abstand der Achsen vom Karosserieboden die Längsneigung des Aufbaues. Die Istwertgeber stellen fest, wie die Scheinwerfer stehen. Die Additionsstellen errechnen, wie sie stehen sollen, und stellen sie über Verstärker und Bimetallelemente so ein, daß das Abblendlicht nicht blendet, wenn sich das Heck des Wagens senkt. Werkbilder Bosch

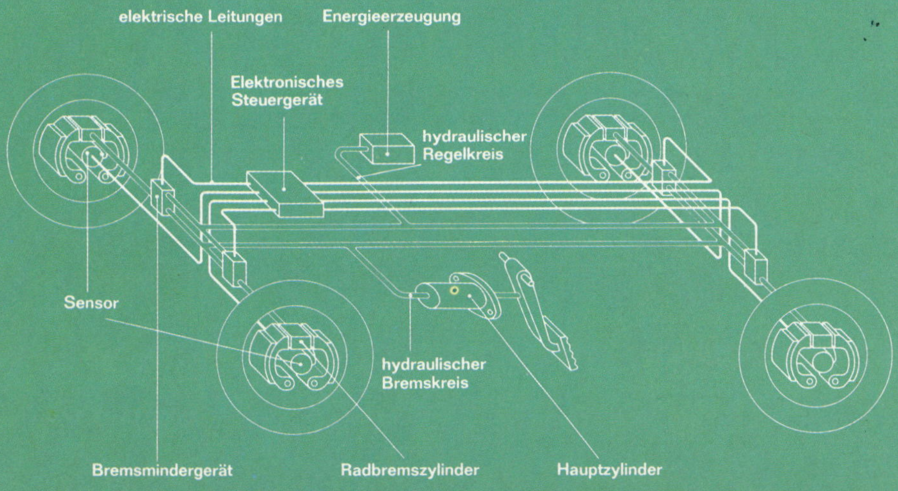

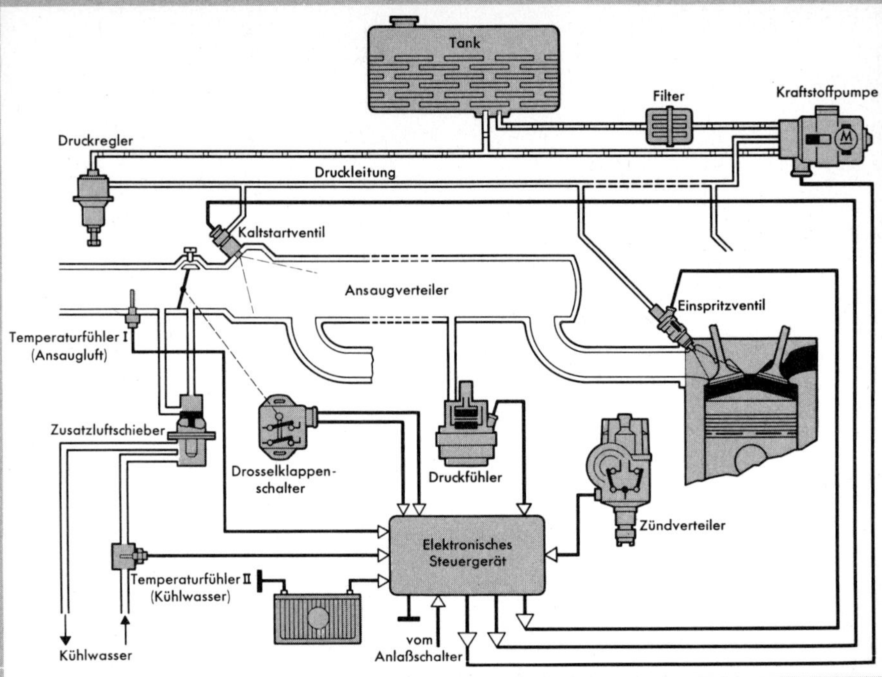

leitenden Materialien kennt die Elektrotechnik Halbleiter. Das sind Stoffe, die in ihrer elektrischen Leitfähigkeit zwischen den Metallen und den Nichtmetallen liegen. Diese Grenzstellung macht sich die Elektronik zunutze. Je nach ihrer Zusammensetzung und elektrischen Beeinflussung können nämlich die Halbleiter durch die Anzahl und Bewegung der Elektronen ihren Widerstand verändern, sie können die Fließrichtung der Ströme bestimmen, können Ströme verstärken oder sperren und können Wechselströme in Gleichströme verwandeln. Zwei der grundlegenden Bausteine der Elektronik sind die Diode und der Transistor. Sie werden hauptsächlich als Gleichrichter, Schalter, Regler und Verstärker benützt.

Die Elektronik findet in der Kraftfahrzeugtechnik bereits vielfältige Anwendung: Die Transistorzündung, die ohne wartungsbedürftige Unterbrecherkontakte arbeitet, erzeugt eine hohe und gleichmäßige Zündspannung. Der Transistorregler sorgt für Ladestrom, ohne daß bewegliche und daher verschleißanfällige Teile erforderlich sind. Die elektronische Leuchtweitenregelung für Scheinwerfer „ertastet" die Längsneigung des Wagenaufbaues und richtet die Scheinwerfer entsprechend ein. Der Bremsblockierschutz mindert den Bremsdruck jeweils an dem Rad, das zu rutschen beginnt, und schließlich paßt die elektronisch gesteuerte Getriebeautomatik die Schaltstufen den Fahrbedingungen an. Noch gehören die meisten dieser Geräte nicht zur serienmäßigen Ausrüstung der Neufahrzeuge. Als Zusatzausstattung aber können sie bereits heute Sicherheit und Wirtschaftlichkeit der Autos erhöhen.

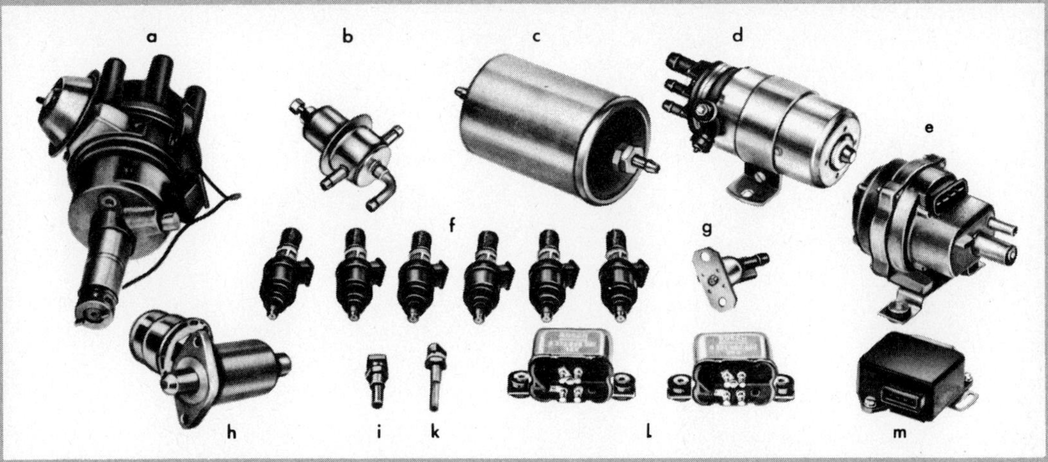

Oben: Die Einzelteile der elektronischen Kraftstoff-Einspritzung. a Zündverteiler mit Impulsauslöser, b Druckregler, c Kraftstoff-Filter, d Kraftstoff-Pumpe, e Druckfühler, f Einspritzventile, g Kaltstartventil, h Zusatz-Luftschieber, i Temperaturfühler für das Kühlwasser, k Temperaturfühler für die Ansaugluft l Relais für die Stromversorgung und die Kraftstoff-Pumpe, m Drosselklappenschalter

Links: Prinzip der elektronischen Kraftstoff-Einspritzung. (Aus Gründen der Übersichtlichkeit ist nur ein Zylinder dargestellt.)

Bei der Kraftstoffversorgung zeigt die Elektronik besonders deutlich, was sie kann: eine Vielzahl technischer Werte erfassen und Arbeitsabläufe steuern. Daß der Motor immer genau die richtige Kraftstoffmenge bekommt, hängt von vielerlei Bedingungen ab. Um ihnen gerecht zu werden, genügt es keineswegs, daß wir mit dem Fuß das Gaspedal betätigen. Gewiß, der Vergaser hat dem Motor Jahrzehnte hindurch brav das Kraftstoffgemisch geliefert. Aber die leistungsstarken Motoren von heute sind anspruchsvoller geworden. In einem zweizylindrigen Oldtimer gab es in einer Sekunde etwa 30 Verbrennungen. In dem 6-Zylinder-Hochleistungsmotor eines Opel Commodore GSE beispielsweise verbrennen in einer Sekunde 300 Gemischfüllungen und mehr. Bei Maschinen, die einen so weiten Leistungsbereich haben, reicht die Anpassungsfähigkeit von Düsen mit gleichbleibendem Querschnitt oft nicht mehr aus. Erhöhter Verbrauch, verminderte Leistung und schadstoffhaltige Abgase sind die Folgen.

Dioden und Transistoren sind in der Lage, die Kraftstoffeinspritzung so zu steuern, daß der Motor in jeder Leistungsstufe das Kraftstoffgemisch erhält, das er nach Menge und Gehalt braucht. Sie bemessen die Menge außerordentlich genau, und ebenso präzise bestimmen sie die Zeit. Das elektronische Steuergerät ist ein regelrechter Computer, der Nachrichten — Informationen — entgegennehmen und Steuerungsvorgänge einleiten kann, der die unterschiedlichsten Eingaben verwertet und die entsprechenden Arbeitsgänge auslöst.

Schauen wir uns einmal an, wie eine elektronische Einspritzung technisch

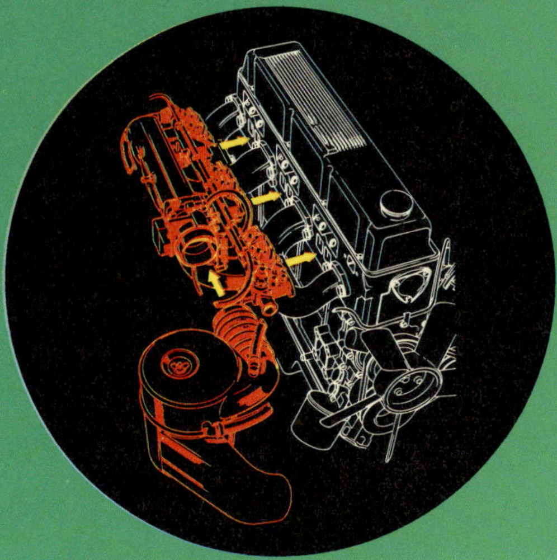

Links: Schemazeichnung eines Opel-Motors mit elektronischer Einspritzung. Der Luftfilter mit der Harmonikamanschette ist abgenommen. Man sieht in das Sammelsaugrohr, von dem die Einzelsaugrohre abzweigen. Vergeblich sucht man den Vergaser. Oberhalb der Einzelsaugrohre verläuft die Kraftstoff-Druckleitung.

Rechts: Das elektronische Steuergerät einer Kraftstoff-Einspritzanlage. Es ist so groß wie eine flache Zigarrenkiste und besteht aus 300 Bauteilen, darunter befinden sich 30 Transistoren und 40 Dioden. Werkbilder: ADAM OPEL AG

aufgebaut ist. Als Beispiel wählen wir die von Bosch entwickelte „Jetronic". Der Motor sieht zunächst nicht viel anders aus als ein üblicher Sechszylinder. Bei näherem Hinschauen vermißt man jedoch den oder die Vergaser. Vom Luftfilter geht ein Rohr unmittelbar zum Ansaugstutzen, in dem sich lediglich eine Drosselklappe befindet. Dort, wo die Saugrohre einzeln in den Zylinderkopf münden, sitzen die Einspritzventile. Zu ihnen führen Panzerschläuche, sie vereinigen sich in einem Rohr, das sich irgendwo im Dunkeln unter dem Wagen verliert. Es geht — wir wollen es gleich verraten — zur elektrischen Kraftstoffpumpe, die in der Nähe des Tanks am Wagenboden liegt. Wer sich auskennt, bemerkt noch ein paar Kabelanschlüsse und Kabelstränge, die sich zu dem elektronischen Steuergerät hinzuschlängeln oder von ihm herkommen. Das Steuergerät ruht unter dem Handschuhkasten. Dort ist es gegen Erschütterungen, Temperaturschwankungen und Witterungseinflüsse geschützt. Es ist so groß wie eine flache Zigarrenkiste und besteht aus 300 Bauteilen, darunter 30 Transistoren und 40 Dioden.

Nun setzen wir die Anlage in Betrieb und verfolgen ihre Arbeitsweise. Sobald die Zündung eingeschaltet wird, fängt die Kraftstoffpumpe an zu fördern. Sie erzeugt in den Leitungen, die zu den Einspritzventilen führen, einen Druck von 2 atü. In dem Augenblick, in dem der Anlasser zu arbeiten anfängt, sprüht ein Kaltstartventil fein zerstäubten Kraftstoff zusätzlich in den Ansaugverteiler. Es ist ebenso wie die Einspritzventile an die Druck-

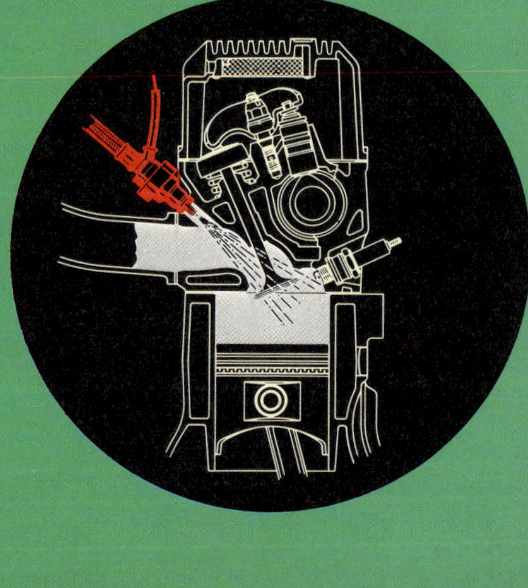

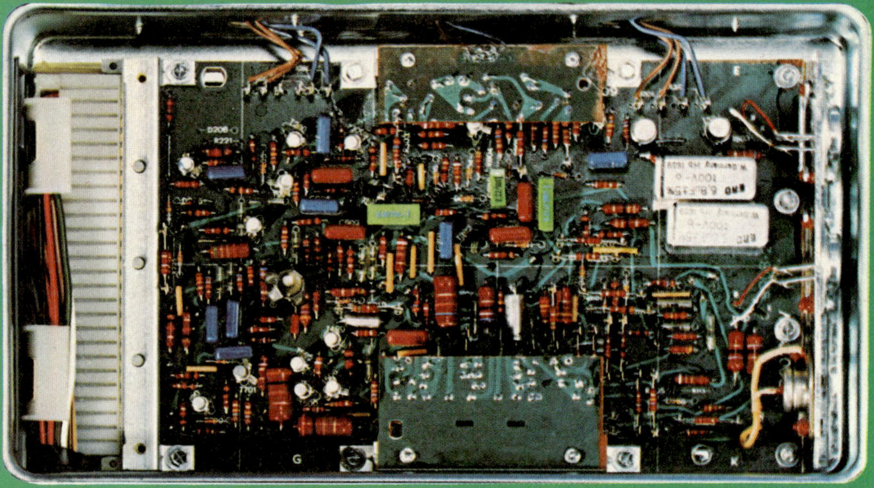

leitung angeschlossen. Dies geschieht aber nur, wenn der Motor kalt ist und darum ein fetteres Gemisch benötigt. Ein Temperaturfühler im Kühlwasser, der unterhalb von + 15° C anspricht, löst den Vorgang aus.

Jetzt tritt das elektronische Steuergerät in Tätigkeit. Abwechselnd hebt es magnetisch die Düsennadeln in den Einspritzventilen. Durch den vorgelagerten Druck von 2 atü wird der Kraftstoff vor die Einlaßventile ge-

Linke Seite: Zylinderkopf im Augenblick des Einspritzens. Das Einlaßventil ist geöffnet, das Einspritzventil sprüht fein zerstäubten Kraftstoff in den Zylinder. Je nach Kraftstoffmenge dauert der Vorgang zwei- bis achttausendstel Sekunden.

Ein Motor mit elektronischer Kraftstoff-Einspritzung auf dem Prüfstand. Die zahlreichen Einflüsse, die bei einer richtigen Aufbereitung des Kraftstoffgemisches zu berücksichtigen sind, werden genau gemessen, um danach die Teilgeräte einzustellen.

sprüht. Er verwirbelt dort mit der im Ansaugverteiler vorhandenen Luft, und immer, wenn ein Einlaßventil aufgeht, strömt ein brennbereites Gemisch in den Verbrennungsraum. Wann die Einspritzung einsetzen muß, erfährt der Computer von einem „Impulsauslöser", der an der Verteilerwelle sitzt und im Gleichlauf mit den Drehzahlen arbeitet. Bis der Motor seine volle Wärme hat, muß er etwas mehr Kraftstoff bekommen. Darauf achtet wieder der Temperaturfühler am Kühlwasser. Er schickt eine entsprechende Nachricht an das Steuergerät, das den Befehl an die Einspritzventile erteilt: Einspritzzeit verlängern! Denn die Kraftstoffmenge wird nicht durch den Düsenquerschnitt oder — wie bei der mechanischen Einspritzung — durch einen unterschiedlichen Pumpenhub bestimmt, sondern einzig und allein durch die Einspritzdauer. Sie schwankt zwischen zweitausendstel und achttausendstel Sekunden.

Der zum Warmlaufen zusätzlich eingespritzte Kraftstoff braucht natürlich auch mehr Luft. Hierfür sorgt ein Zusatzluftschieber, der ebenfalls von der Kühlwasserwärme beeinflußt wird. Er läßt Luft in den Ansaugverteiler gelangen, ist bei — 20° C ganz offen, schließt sich allmählich und ist bei + 70° C völlig geschlossen. Auch im Leerlauf reguliert der Zusatzluftschieber die Luftzufuhr.

So lange, wie wir das Warmlaufen geschildert haben, dauert es allerdings nicht. Im Gegenteil. Es ist ja gerade einer der großen Vorteile der Einspritzung, daß man sofort und ohne Stottern anfahren kann. Wir fahren also los und beschleunigen ganz normal mit dem Gaspedal. Dabei bewegt sich die Drosselklappe. Mit ihr ist ein Drosselklappenschalter verbunden. Er spricht nicht auf die Stellung der Drosselklappe, sondern auf die Drehbewegungen an, die sie beim Gasgeben ausführt. Daraus macht er eine „Information" für das Steuergerät, das seinerseits die Einspritzzeiten verlängert und damit die Kraftstoffmenge erhöht: Das Auto beschleunigt. Es ist die sogenannte Übergangsanreicherung, die den Motor schnell auf Touren bringt. Dann meldet der Impulsauslöser am Verteiler die steigenden Drehzahlen an den Computer weiter, der unverzüglich längere Einspritzzeiten auslöst. Leider steigt der Kraftstoffbedarf nicht gleichmäßig mit der Drehzahl, sondern „überproportional" an. Diese Erscheinung kennen wir aus der Erfahrung, daß ein Motor bei hohen Geschwindigkeiten „säuft". Die drehzahlabhängige Kraftstoffmenge genügt also nicht. Wenn der Motor auf hohen Touren läuft, entsteht im Ansaugrohr ein starker Sog. Diesen Unterdruck stellt ein Druckfühler im Saugrohr fest und gibt ein Signal an das Steuergerät. Im Nu veranlaßt es, daß das Gemisch angereichert wird.

Es sind also in erster Linie zwei Größen, die die Kraftstoffmenge bestimmen: Die Drehzahl und der Lastzustand des Motors. Den Lastzustand eines Motors können wir — etwas vereinfacht — an der Stellung des Gaspedals erkennen und damit an der Öffnung der Drosselklappe. Bei wenig geöffneter Drosselklappe herrscht Teillast-, bei voll geöffneter Drosselklappe Vollastbetrieb. Drehzahl und Lastzustand sind demnach die Hauptinformationen für das elektronische Steuergerät. Kaltstart, Leerlauf, Warmlauf und Beschleunigen sind Korrektursignale. Damit sind aber noch nicht alle Betriebsbedingungen berücksichtigt, nach denen sich die Kraftstoffzufuhr zu richten hat. Bei kalten Außentemperaturen ist die Luft dichter. Auf eine Raumeinheit entfällt mehr Luft als bei warmer Witterung. Folglich muß auch mehr Kraftstoff zugeführt werden. Ein Temperaturfühler im Ansaugkanal meldet die Wärmegrade dem Steuergerät, das daraufhin die Kraftstoffmenge steigert. In größeren Höhen, etwa bei einer Paßfahrt im Hochgebirge, läßt der Luftdruck nach. Der Druckfühler im Saugrohr würde dadurch über den wirklichen Lastzustand des Motors getäuscht werden. Es träte die berüchtigte „Höhenkrankheit" ein, das heißt, der Motor verliert an Leistung. Ein mit einem Barometer verbundenes Höhenkorrekturgerät veranlaßt das Steuergerät, ein „höhenfestes" Gemisch zu liefern. Schließlich hat noch der Schiebebetrieb, also die Talfahrt oder die Verzögerung durch Gaswegnehmen, seine Eigenarten. Die Drosselklappe ist dabei geschlossen, der Motor aber läuft hochtourig. Es wäre unsinnig, wenn er noch Kraftstoff bekäme, denn er soll ja bremsen. Jetzt meldet der Drosselklappenschalter, der sich schon bei der Beschleunigung nützlich gemacht hat: Drosselklappe geschlossen! Der Impulsauslöser am Verteiler meldet: Hohe Drehzahl! Diese beiden Informationen zusammen veranlassen das Steuergerät zu dem Befehl an die Einspritzventile: Kraftstoff weg! Sinkt die Drehzahl auf 1250 U/min, dann gibt der Computer die Kraftstoffzufuhr wieder frei, denn der Motor soll ja nicht stehen bleiben.

Das elektronische Steuergerät ist das Gehirn der Einspritzanlage. Zu ihm gelangen die Informationen, von ihm gehen die Anstöße zu den einzelnen Tätigkeiten aus. Es sind die winzigen Halbleiter, nicht größer als eine Bohne oder ein Dattelkern, die von den Meßwertgebern Stromstöße empfangen, die schalten, regeln, umlenken, verstärken und Steuerströme aussenden: die Transistoren und Dioden. Sie sind die hilfreichen Geister der Technik, die — wie der Däumling im Märchen — trotz all ihrer Unscheinbarkeit große Taten vollbringen.

Im Auto lassen sich an fast jeder beliebigen Stelle Meßwertaufnehmer anbringen. Die Elektronik kann beliebig viele Steuergrößen erfassen und nach einem beliebigen Programm verknüpfen. Der nächste Schritt wäre die Zentralelektronik, in dem viele der eingangs geschilderten Einzelsysteme — unter Einbeziehung weiterer Steuerungsvorgänge — zu einem Gesamtsystem zusammengefaßt werden. Mit der Steuerung und Regelung von Kraftstoffzufuhr, Zündeinstellung, Getriebesteuerung, Geschwindigkeitsregelung, Drehzahlbegrenzung, Bremskraftverteilung und Blockierschutz, Leuchtweiteneinstellung der Scheinwerfer, sind die Möglichkeiten aber nicht erschöpft. Auch Tachometer, Drehzahlmesser, Verbrauchsmesser, Kraftstoffzufuhr, Lade- und Ölkontrolle, Öl- und Wasserthermometer,

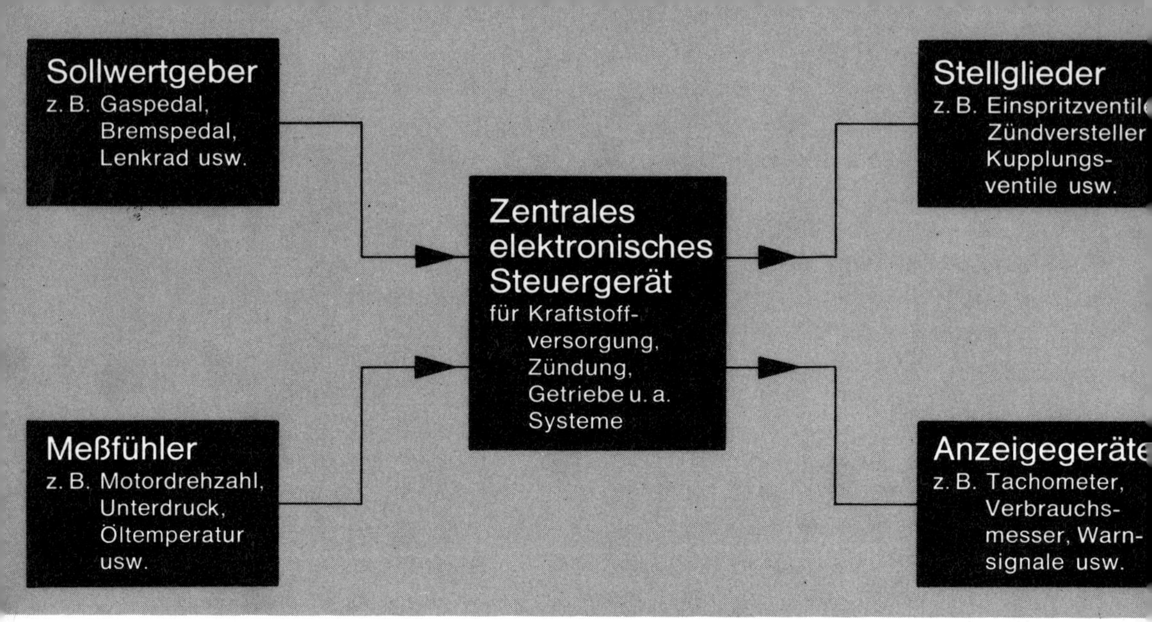

Strom- und Spannungsanzeige, Lampenkontrolle, ja sogar ein Reifendruckmesser und andere Überwachungsorgane ließen sich an eine derartige Zentralelektronik anschließen. Alle Impulse und Signale gingen dabei über den zentralen Computer. Die vielfältigen Instrumente und Kontrolleuchten, die wir heute im Auto vorfinden, könnten somit durch ein einziges Anzeigegerät ersetzt werden, das durch Schrift oder Symbole aufkommende Betriebsfehler signalisiert.

Eine Zentralelektronik im Kraftfahrzeug wird um so wirtschaftlicher sein, je mehr Daten von ihr erfaßt und verarbeitet werden. Meßwertfühler, die für mehrere Einzelsysteme gebraucht werden, und die zugehörigen Auswerteschaltungen sind bei der Zentralelektronik nur einmal vorhanden. Dadurch verringert sich die Zahl der Geber, Fühler und Stellglieder. Weitere Bauteile können eingespart werden, indem aus zwei oder mehr Größen andere errechnet werden. Der größte Vorteil der Zentralelektronik aber liegt in ihrer höheren „Intelligenzstufe": Da sie die Informationen zwischen den verschiedenen Steuer- und Regelkreisen austauscht, vermag sie schneller und besser einzugreifen, als das der Fahrer könnte. Sie „harmonisiert" den gesamten Betrieb im Kraftfahrzeug. Verkehrssicherheit und Wirtschaftlichkeit von Motor und Fahrzeug werden verbessert, der Fahrer wird von Bedienungsaufgaben entlastet und erhält leicht überschaubare Informationen. Sie ermöglichen ihm, das Fahrzeug zu überwachen, und helfen ihm bei Bedienungs- und Fahrentscheidungen.

Richten wir noch einen kurzen Blick in die Zukunft. Elektronisch gesteuerte Abstandhalter könnten zahlreiche Auffahrunfälle bannen, Taststrahlen den Nebel durchdringen, die Abblendlichter sich selbsttätig ein- und ausschalten. Solche und ähnliche Sicherheitseinrichtungen auf elektronischer Grundlage werden die Gefahren, die von der zunehmenden Verkehrsdichte ausgehen, wenigstens teilweise mindern. Tatsächlich gibt es schon das elektronisch gelenkte Auto als Versuchsmodell, das Richtung und Geschwindigkeit einhält, ohne daß der Fahrer eingreifen muß. Die Sache ist im Grunde einfach: In der Mitte der Fahrspur verläuft ein Leitdraht. Um diesen Draht baut sich ein elektrisches Feld auf. Die Autos sind mit Empfängern ausgerüstet, die mit beidseitigen elektronischen Fühlern — Sensoren — den Leitdraht „eingabeln". Gerät der Wagen zum Beispiel nach links, entfernt sich der linke Sensor von dem Leitdraht, wodurch die aufgenommene Indukationsspannung schwächer wird. Das Aufnahmegerät im Wagen ist aber bestrebt, zwischen den Sensoren immer ein Spannungsgleichgewicht zu wahren. Es gibt sofort den Korrekturbefehl an die Lenksteuerung, so daß der Wagen unverzüglich „mittig" auf den Leitdraht zurückkehrt. Brems- und Beschleunigungsimpulse ergänzen das System.

Der Alptraum der drohenden Luftverschmutzung hat dazu geführt, daß die Automobilbauer angespannt nach anderen Antriebsarten Ausschau halten. Dazu gehört das abgasfreie Elektroauto. Um mit derartigen Fahrzeugen den erforderlichen Aktionsradius und die erwünschte Geschwindigkeit zu erreichen, müssen erhebliche elektrische Energien gespeichert werden. Die heute gebräuchlichen Batterien sind hierfür viel zu schwer und zu umfangreich. Wenn es gelingen sollte, diese Schwierigkeiten in absehbarer Zeit zu überwinden, wird die Elektronik auch im Elektroauto einen weiten Anwendungsbereich finden.

Der Autofahrer unserer Tage ist durch technische Beanspruchung und durch die Massierung des Verkehrs überlastet. Die Elektronik kann ihm eine neue Überlegenheit geben. Die Überlegenheit über eine Technik, die den Menschen heute überfordert.

Links: Schema der Zentralelektronik. Das Steuergerät erfaßt sowohl die Bedienungsvorgänge, die der Fahrer einleitet, als auch die Werte, die sich aus dem Betrieb des Fahrzeugs ergeben. Durch Abstimmung dieser Daten beeinflußt es einerseits die Arbeitsweise der Aggregate zweckentsprechend, andererseits löst es Signale für den Fahrer aus.

Das „E" ist das bedeutungsvolle Schlüsselzeichen, das einem Auto die neuzeitliche Einspritztechnik bescheinigt. In gleicher Weise finden wir das E auch beim Opel „Admiral 2800 E" und „Diplomat E".

Die geteilte

Ein Bericht aus und über Irland

VON ALFRED JOACHIM FISCHER

Vor meinem Flug nach Irland besorgte ich mir den amtlichen Reiseführer und las darin die vielversprechenden Worte: „Es gibt 32 Grafschaften. Mindestens 17 davon bieten so verschiedenartige Reize der Natur, daß man die Illusion hat, innerhalb kurzer Zeit ebensoviele Länder zu besuchen."

Die Ortsnamen sind alphabetisch geordnet, und der nicht unterrichtete Ferienreisende muß den Eindruck gewinnen, daß die grüne Insel, die ihn so herzlich willkommen heißt, nicht nur geographisch, sondern auch politisch eine Einheit ist. Tatsächlich aber gehören seit der Teilung im Jahre 1921, der ein blutiger Bürgerkrieg folgte, sechs Grafschaften weiter zu Großbritannien, während die anderen 26 zunächst einen eigenen Freistaat bildeten. Seit dem Jahre 1948 sind sie selbständige Republik. Zwischen beiden Teilen der Insel verläuft der Verkehr reibungslos. Niemand muß Paß oder Kennkarte vorzeigen, ja selbst die Zollschranken fallen — unsichtbare Grenzen. Und doch unterscheiden sich die Republik Irland und Ulster — wie Nordirland heißt — mehr voneinander als vergleichsweise Italien und die Bundesrepublik Deutschland.

Auf der Landkarte hatte ich nachgemessen, daß ganz Irland mit seinen 4,2 Millionen Einwohnern flächenmäßig Bayern entspricht, Ulster aber, dessen Bevölkerung sich der Anderthalb-Millionen-Grenze nähert, kaum dem Gebiet von Oberbayern. Wohlhabender als die Republik, hat Ulster in Großbritannien dennoch den niedrigsten Lebensstandard und die höchste Arbeitslosenziffer. Während ich beim vielgängigen, typisch britischen Frühstück

saß und im „Belfast Telegraph" blätterte, fiel mein Blick zuerst auf die bedrohliche Schlagzeile: „Wir sind nur einen Molotow-Cocktail vom Bürgerkrieg entfernt." Natürlich lockte es mich als Journalisten, nachzuprüfen, ob Ulster tatsächlich ein Pulverfaß ist oder ob die Zeitung übertreibt.

Bleibt man im Stadtkern von Belfast, der sogenannten City, bemerkt man dort zwar erstaunlich viel Militär und Polizei, aber Molotow-Cocktails scheinen doch weit entfernt zu sein. Große Kaufhäuser, die sich in nichts von denen Manchesters und Glasgows unterscheiden, locken dank ihres reichen Warenangebotes und der günstigen Preise ganze Reisegesellschaften aus der Republik herbei. Es gibt eine Universität, fünf Theater, eine Oper, Konzertsäle, Kinos und ein ansehnliches Rathaus, dessen Innenräume sogar mit italienischem und griechischem Marmor ausgekleidet sind. Ja, Belfast mit seinen 400 000 Einwohnern sprüht vor Leben. Sein Hafen ist eine pulsierende Wirtschaftsader, die berühmten Werften waren bisher krisenfest, und in die neuen Industrien wird viel Geld hineingesteckt — nicht nur britische Pfunde und amerikanische Dollars, sondern auch Deutsche Mark.

Kaum aber hatte ich die Stadtmitte verlassen, da spürte ich, daß die Schlagzeile des „Belfast Telegraph" keine journalistische Erfindung ist. Die meisten Wohnbezirke sind regelrechte Gettos, katholische und protestantische, und beinahe so streng voneinander getrennt wie das Negerviertel Harlem und das New York der Weißen — zwischen ihnen von Militär bewachte Stacheldrahtzäune als „Friedensmauern".

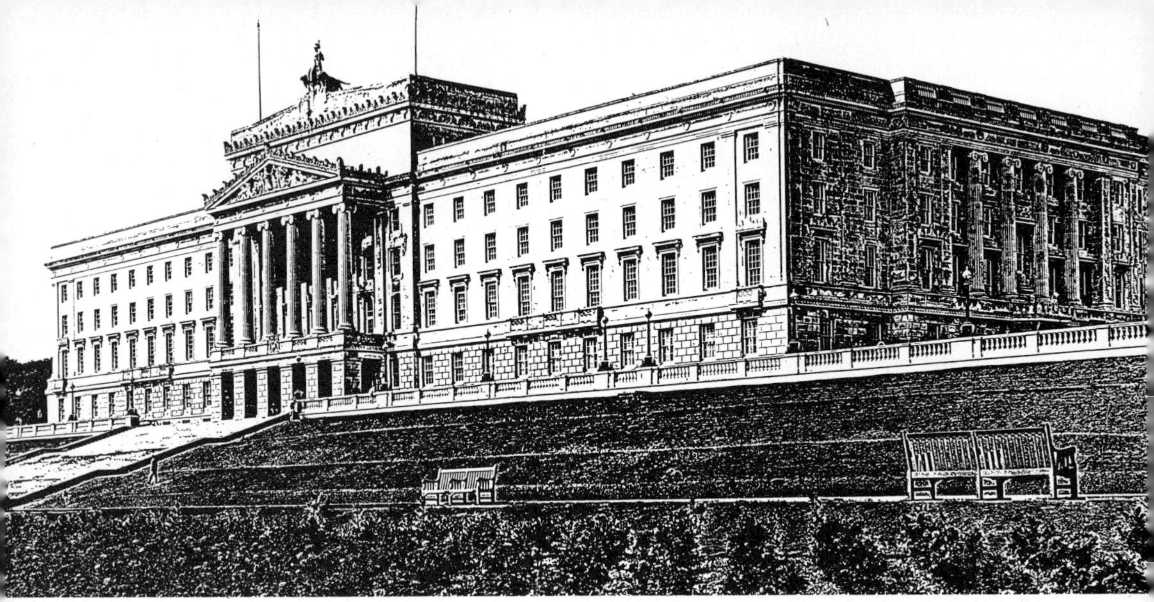

Zwanzig Autominuten von Belfast, der Hauptstadt Ulsters entfernt, liegt in schöner landschaftlicher Umgebung „Stormont", das Haus der Parlamente und Amtssitz des Ministerpräsidenten. Der Nordteil der grünen Insel gehört zu Großbritannien. Hier stehen sich Protestanten und Katholiken am unversöhnlichsten gegenüber.

Protestanten kaufen nicht in Läden ein, die Katholiken gehören, und umgekehrt. Man hat getrennte „Pubs", wie die immer überfüllten Kneipen hier genannt werden, getrennte Vereine, Sportverbände und sogar Gewerkschaften. In einigen Parks spielen nur katholische, in anderen nur protestantische Kinder. Alle aber dürfen an Sonn- und Feiertagen die Schaukeln und Rutschen nicht benutzen, weil das die puritanische Stadtverwaltung so angeordnet hat.

Wer erzählt, in welche Schule er gegangen ist, beantwortet auch gleich die unausgesprochene Frage nach der Religion. Kurz, Ulster ist ein Stück unverfälschtes Mittelalter. Erst recht kommt das in kleineren Städten zum Ausdruck, wie in Londonderry. Seine berühmteste Bürgerin, die 24jährige Unterhausabgeordnete Bernadette Devlin, wird als „irische Jeanne d'Arc" bezeichnet. Einmal empfiehlt das zierliche, nur 1,53 Meter große, langhaarige Persönchen, das die Erinnerung an den bettelarmen, Straßen kehrenden Großvater als moralische Verpflichtung empfindet, Gewaltlosigkeit, bald danach ruft sie zu Demonstrationen und Straßenschlachten auf. Bernadette zerschlug eigenhändig Felsblöcke und Steine zu Wurfgeschossen und wanderte hocherhobenen Hauptes hinter schwedische Gardinen. Ihr Ziel ist eine „Gesamtirische Sozialistische Republik", und die Lieder, die die Studentenorganisation „Peoples Democracy" auf diese neue Jeanne d'Arc singt, erinnern an Heldenepen des echten Mittelalters.

Etwas seltsam fand ich die Bemerkung eines Lehrers aus Londonderry: „Ich sehe jedem Iren schon an der Nasenspitze seine Religion an." Erst nach einer Weile wurde mir bewußt, daß der Mann gar nicht so unrecht hatte.

Fast alle Katholiken sind Nachkommen der keltischen Urbevölkerung, also eines südlichen, mediterranen Menschenschlages. Klein, feingliedrig und zumeist dunkelhaarig, erkennt man die Verwandtschaft mit Südfranzosen und Spaniern. Die Protestanten wiederum sind im Auftrag der englischen Krone nach Irland gekommen: als Soldaten, als Verwaltungsbeamte, als Handelsherren und nicht zuletzt als Neusiedler. Fünf Siebentel des kultivierten Bodens wurden ihnen überlassen. Die enteigneten keltisch-katholischen Besitzer aber spielten nun die Rolle ausgebeuteter Pächter und Landarbeiter. Die meisten der protestantischen Einwanderer stammten aus Schottland, was man ihren Nachfahren noch bis heute ansieht. Typische Merkmale: blond, hochgewachsen und breitschultrig. Sie halten, nicht nur was den Dudelsack angeht, die Überlieferung der Heimat ihrer Ahnen in Ehren, sie sind auch ernster, verschlossener und puritanischer als die Bewohner der ärmeren katholischen Gettos.

Die Elendsviertel von Londonderry machen einen mehr als traurigen Eindruck. Alljährlich finden in dieser Stadt seltsame Paraden statt, an denen Protestanten aus ganz Ulster teilnehmen. Tambour-Majore und Fahnenträger schreiten voran. Ihnen folgen Bläser, Meister des Dudelsacks, Trommler und in militärischer Ordnung die stämmigen Mitglieder des „Orange-Ordens" und der „Lehrlinge von Londonderry", so genannt nach den ausdauernden Verteidigern der Festung gegen die katholischen Belagerer. All diese trutzigen Gestalten tragen schwarze Anzüge, breite Schärpen und steife Hüte, die bei unseren Vätern „Glocken" hießen. Sprechchöre überbieten sich in unflätigen Schimpftiraden. Man feiert — ähnlich auch in Belfast und anderen Orten Ulsters — die Befreiung der Festung durch die Engländer, die 105 Tage und Nächte von Truppen des katholischen Königs Jakob II., eines Urenkels der Maria Stuart, belagert worden war, und die Entscheidungsschlacht am Boyne-Fluß; Siege, die nicht vor etwa zehn, zwanzig und auch nicht vor fünfzig Jahren errungen wurden, sondern runde dreihundert Jahre zurückliegen.

Der „Orange-Orden", die „Lehrlinge von Londonderry" und ein paar kleinere Vereine derselben Art haben praktisch nur ein Ziel: die protestantische Vormacht, die ebenso alt ist wie die britische Herrschaft, aufrechtzuerhalten. Fast alle großen Unternehmen befinden sich in protestantischen Händen, und wer auf dem üblichen Fragebogen die nie fehlende Rubrik „Religion" mit „katholisch" beantwortet, scheidet bei der Vergabe höherer Posten aus, ja er wird überhaupt schwer angestellt. Ebenso bildete bis vor kurzem die Polizei ein nahezu protestantisches Monopol.

Politisch sind die mittelalterlichen Zustände am krassesten. Stormont heißt das parkumgebene Regierungs- und Parlamentsgebäude bei Belfast, ein früheres Herrenhaus. Dort geht alles noch ziemlich demokratisch zu. Mitglieder beider Kammern werden nach den üblichen parlamentarischen Regeln gewählt und ebenso die zwölf nach London entsandten Ulsterabgeordneten des britischen Unterhauses. Schlimm wird es erst auf lokaler

Ebene. Da hat man die Wahlbezirke willkürlich so zusammengelegt, daß die katholische Mehrheit von zwei unter den sechs Grafschaften und von zahlreichen Gemeinden praktisch ohne Bedeutung bleibt. Stimmberechtigt ist außerdem nur, wer ein eigenes Haus oder eine eigene Wohnung besitzt. Leben also Eltern bei ihren Kindern oder umgekehrt, dann können sie nicht wählen. Durch die schlechtere wirtschaftliche Lage der Katholiken sind sie einwandfrei die Benachteiligten.

Im Herbst 1968 hatten die Katholiken endgültig ihre Geduld verloren. Als die Paraden der militanten Protestanten nicht aufhören wollten, wurde aus ihrem passiven Widerstand ein sehr aktiver. Seitdem sind Schüsse, Explosionen und Detonationen gesprengter Häuser die Grundmelodie Ulsters geworden. Großbritannien, nach wie vor die höchste Autorität, mußte sich einschalten und Truppen entsenden. Die Regierung in Belfast berief Versöhnungsausschüsse, in denen auch die führenden Persönlichkeiten der beiden Kirchen sitzen, versprach soziale Gerechtigkeit, Auflösung bestimmter Polizeieinheiten, die von den Katholiken der Brutalität beschuldigt wurden, und Entwaffnung der übrigen nach sonstigem britischen Vorbild.

Vor allem jedoch sicherte die Regierung das urdemokratische Prinzip „Ein Mann — eine Stimme" auch für Lokalwahlen zu. Sie sollen erstmalig im Jahre 1972 nach diesem neuen Grundsatz stattfinden — und so bleibt bis dahin alles beim alten.

Ulsters „Damm der Riesen" — The Giants' Causeway ist ein Wall aus sechs- und achteckigen Lavasäulen — wird vielfach als achtes Weltwunder bezeichnet. Wer mit offenen Augen hinfährt, bemerkt, an wie vielen neuen Industrieanlagen er vorbeikommt und daß die Dörfer einen wohlhabenderen Eindruck machen als in der Republik Irland. Sie sind dem großen britischen Markt angeschlossen, erzielen gute Preise und ziehen Nutzen aus einem großzügigen Wohlfahrtssystem. Für die vielköpfigen Familien — Katholiken durchschnittlich acht, Protestanten fünf — bringen die hohen Kindergelder eine beträchtliche Entlastung, das gleiche gilt für die staatliche Gesundheits- und Arbeitslosenfürsorge. Kein Wunder also, wenn selbst katholische Bauern jene, die für die Wiedervereinigung mit der ärmeren und sozial rückschrittlicheren Republik warben, vom Hofe jagten. Jetzt lockt die Bürgerrechtsbewegung mit der volkstümlicheren Parole „Kampf allen Benachteiligungen — wir fordern vollkommene Gleichberechtigung" und gewinnt so die bislang Abseitsstehenden. Den britischen Steuerzahler kostet der Luxus, daß Ulster eine Perle in der Krone Ihrer Majestät bleibt, jährlich — umgerechnet — eine Milliarde Mark Zuschuß, ohne die dieses Zwerggebilde nicht lebensfähig wäre.

Wie stark jedoch auch der Süden der Insel, die Republik Irland, vom Londoner Wohlwollen abhängt, sollte ich erst später erfahren. Zunächst beeindruckte mich der ganz andere Lebensstil. Von den fast durchweg katholischen Südiren — so manche Hungersnot liegt hinter ihnen — sagt

Manche nennen den „Giant's Causeway" — Damm der Riesen — in der Grafschaft Antrim (Ulster) das achte Weltwunder. Wie man annimmt, sind die sechs- und achteckigen Blöcke aus Lava entstanden. Die Sage sieht es anders: Hier wollte Fin Mac Coul, der Riese Ulsters, eine Straße über das Meer nach Schottland bauen.

man, daß sie noch die vorletzte Kartoffel mit einem Gast teilen und, selbst wenn der Magen knurrt, das Singen und Tanzen nicht aufgeben. Bereits während der Busreisen erlernte ich beinahe alle ihre Volkslieder. Nacheinander taten sich die Fahrgäste über das Mikrophon vorn beim Lenkrad, das eigentlich für Ansagen bestimmt ist, als Sänger hervor. Der Refrain „Thank heaven there is water between England and me" — Dem Himmel sei Dank, daß zwischen England und mir das Meer liegt — wird besonders laut mitgesungen. Dann aber wendet man sich entschuldigend an britische Touristen und erklärt, das sei nicht persönlich gemeint.

1,1 Millionen Engländer, Waliser und Schotten treffen hier alljährlich ein, um bei billigen Preisen die längsten und einsamsten Strände Europas, die unendlichen Moore, die immergrünen Weiden und überhaupt eine erstaunlich unberührte Natur zu genießen.

Zählt ein Ort auch nur 2000 Einwohner, so hat er bereits erstklassige Ballettschulen. Die Jungen und Mädchen scheuen sich nicht, in aller Öffentlichkeit aufzutreten. Auf der Tanzfläche des „Old Ground Hotel", dem besten des Marktfleckens Ennis, bewunderte ich Johnny: zwölfjähriger Star und „Manager" einer Tanzgruppe. Er trug ein irisches Nationalkostüm,

natürlich grün, mit breiter Schärpe und plissiertem Röckchen. Johnny und seine vier jüngeren Partnerinnen gaben elegante und schwungvolle Stepptänze zum besten.

Wahrscheinlich wird der südirische Rekord an Festwochen nirgendwo gebrochen. So finden Jahr um Jahr ein internationales Reitturnier statt und elf Festivals für Musicals, klassische Opern, Theater, Film, Volkstanz, Ballett und überkommene Musik mit Dudelsack und Harfe, dem Instrument, das zum Staatswappen der Republik erkoren wurde.

Auf dreien der vielen uralten Schlösser nahm ich an den berühmten „medieval dinners", mittelalterlichen Banketten, teil. Alles ist stilgerecht, Herolde und in samtene lange Gewänder gekleidete Mädchen, durchwegs Schönheiten, heißen die Gäste willkommen und bedienen. Sie kredenzen — ein wenig zu süßen — Met. Zu den Speisen reichen sie nur ein kleines Messer, sonst gibt es keinerlei Besteck, ganz wie zuzeiten Heinrichs VIII. Jeder Gast wird mit „Mylord" und „Mylady" angeredet. Ist der Schmaus beendet, beginnt ein zweistündiges Programm — eine Art Querschnitt durch die allgemeine tragische Geschichte Irlands und die besondere des Schlosses. Unterbrochen wird diese Ballade durch Gesang, Tanz und die Klänge des Nationalinstruments, der Harfe. Wer es noch nicht vorher wußte, erkennt jetzt, daß die Iren geborene Schauspieler sind. Nicht ganz zufällig ist Irland ja das Geburtsland der großen Dramatiker James Joyce, Oscar Wilde, George Bernard Shaw, Sean O'Casey und Samuel Beckett, um nur einige unter vielen herauszugreifen.

Hätten sie sich nicht der englischen Sprache bedient, dann gäbe es wohl kaum so zahlreiche irische Nobelpreisträger für Literatur. Dabei ist das gälisch-keltische Irisch in der Republik die erste Landessprache. Auf allen Orts-, Straßenschildern und amtlichen Verlautbarungen muß Irisch oben oder links, Englisch unten oder rechts stehen. Schüler mit schlechten Irischnoten werden nicht versetzt und fallen durchs Abitur. Eigenartig ist, daß solange die Briten die irische Sprache unterdrückt und zeitweise sogar verboten hatten, sie allgemein gesprochen wurde. Als jedoch der Druck Mitte des vorigen Jahrhunderts nachließ, setzte sich bei der Bevölkerung immer mehr die englische Sprache durch. Alle Wiederbelebungsversuche des Irischen, ein Hauptziel der „Gälischen Liga", versagten — nicht zuletzt angesichts der großen Vorteile des Englischen als Handelssprache mit Großbritannien und Amerika!

Schloß Knappogue gehört einem alten Adelsgeschlecht, das es während der Sommermonate verpachtet. In dieser Zeit finden dann Veranstaltungen statt, die Jahr um Jahr viele tausend Gäste herbeilocken.

Bei Kerzenlicht werden mittelalterliche Diners abgehalten, bei denen Harfenspieler, bekannte Sänger und ganze Theatergruppen an Balladen und Aufführungen aus der Geschichte des Schlosses mitwirken.

Manche Iren wehren sich gegen diese Tatsache, so der 89jährige, zwei Meter große Staatspräsident Eamon de Valera, der in New York als Sohn einer irischen Mutter und eines spanischen Vaters das Licht der Welt erblickte. Wie dieser einstige Mathematiklehrer und Erzrevolutionär zunächst einen hoffnungslosen Bürgerkrieg gegen die Teilung entfachte, sich dann zum überragenden Staatsmann entwickelte und allen Drohungen und Lockungen zum Trotz die spätere Republik Irland heil und neutral durch den zweiten Weltkrieg brachte, das ist schon eine bemerkenswerte Leistung. Charakteristisch ist für de Valera, daß er den amerikanischen Präsidenten John F. Kennedy nicht nur als Staatsoberhaupt der USA, sondern vor allem als Nachkommen jenes irischen Königs Brian begrüßte, der die Wikinger vor neuneinhalb Jahrhunderten entscheidend geschlagen hatte.

Bewußt umwirbt der Präsident die große Gemeinde der Auslandsiren. Bis zu den mitgezählten Urenkeln der ursprünglichen Auswanderer sind es zwanzig Millionen oder fünfmal mehr als die Einwohner der gesamten grünen Insel. Sie halten weiterhin zusammen und beeinflussen sogar die amerikanischen Wahlen.

Der beinahe blinde de Valera trägt den roten Kreis, die höchste unter vielen Auszeichnungen für gute irische Sprachkenntnisse. Alle Förderungsgesetze jedoch nützen wenig. Nach amtlicher Statistik spricht jede zehnte Familie zu Hause irisch, tatsächlich aber wohl nur noch jede fünfundzwanzigste. Eine Ausnahme bilden da die ärmsten, aber landschaftlich reizvollsten Gegenden Westirlands mit ihren romantischen strohgedeckten Fischer- und Bauernhäusern, die die Regierung für den Tourismus zu erschließen sucht. Auch sonst treibt die Republik eine fortschrittliche Agrarpolitik, sie hat den Boden neu und gerechter verteilt und gewährt den Bauern großzügige Unterstützungen. Die allgemeine Armut aber läßt sich nur langsam verscheuchen. In der Industrie werden fremden Geldgebern alle nur erdenklichen Vorteile geboten, und ein Fünftel dieses Kapitals kommt aus der Bundesrepublik Deutschland.

Rechts: Straßenschilder in der Hauptstadt Dublin, oben irisch, unten englisch. Obwohl das Irische amtlich Landessprache ist, bleibt Englisch die Umgangssprache.

Die strohgedeckten Dächer sind, außer im noch stark isolierten Westen der Insel, auf Irland selten geworden. Auch die Meister, die sie herzustellen verstehen, sterben langsam aus.

Dublin, die Hauptstadt der Republik Irland, mit ihrem Kern in klassischem Georgischem Stil, ist sehr viel schöner als Belfast. Ihre Bewohner sind alle sportbegeistert. Von den Briten haben sie das Golfspiel und Cricket übernommen, und Fußballsiege bleiben eine nationale Angelegenheit. Am Wochenende ist es üblich, hinauszufahren, um in kristallklaren Seen und Bächen Lachse und Forellen zu angeln. Wer aber die halbe Bevölkerung der Hauptstadt einmal treffen will, muß ein Hunde- oder Pferderennen im Phönix-Park miterleben. Die viele tausend Zuschauer fassenden Tribünen sind bis zum letzten Platz ausverkauft. Vor den Ständen der Buchmacher stehen Schlangen von Wettlustigen, unter ihnen auch immer ein paar geistliche Herren. Zwischen Klerus und Bevölkerung herrscht auf allen Gebieten des Lebens Tuchfühlung. So gibt es hier auch keine leeren Gotteshäuser. Nur zögernd öffnet sich auf dieser letzten Insel der Kirche Roms in Nordeuropa die geistliche Führungsschicht dem Fortschritt.

Praktisch beherrschen die Orden das gesamte katholische Schulwesen, die Krankenhäuser, Sanatorien und ähnliche soziale Einrichtungen. Die beiden großen Universitäten betonen bei jeder Gelegenheit, daß sie interkonfessionell sind, tatsächlich ist aber die eine zu neun Zehntel katholisch, die andere zu neun Zehntel protestantisch.

Nichtsdestoweniger wirkt alles gelokkerter als in Ulster. So war der erste Präsident der Republik Protestant, und noch nie gab es dort eine Regierung ohne mindestens einen protestantischen Minister. Auch die starke wirtschaftliche Position dieses nur fünf Prozent ausmachenden Bevölkerungsteils bleibt ungebrochen.

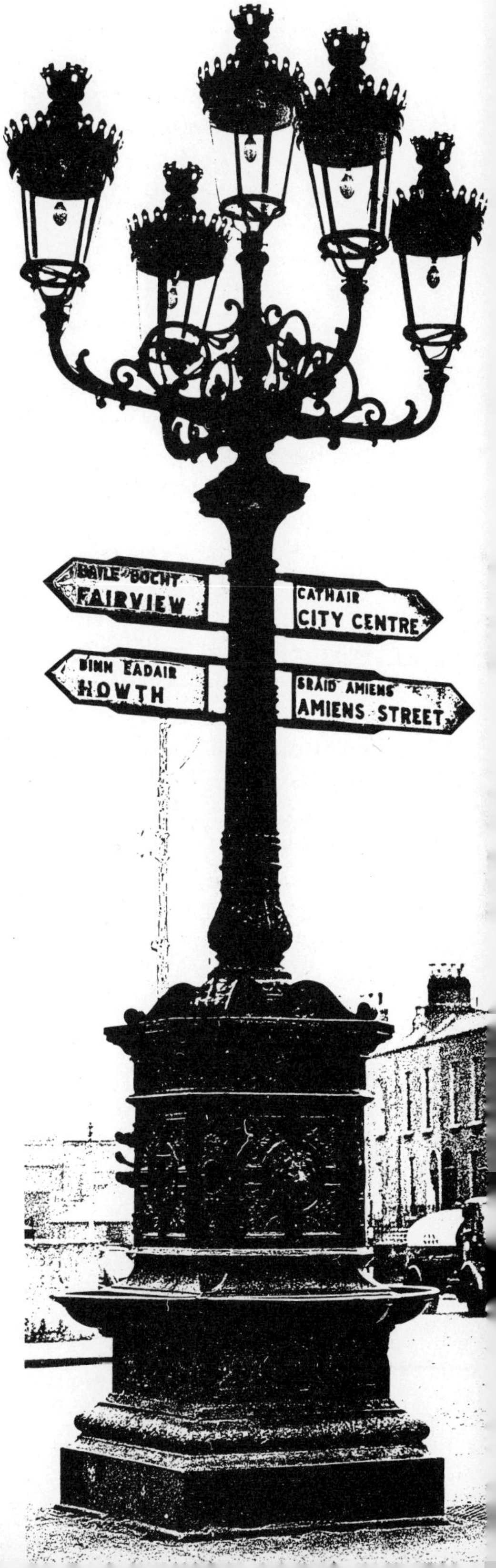

Die Regierung in Dublin hat andere Sorgen. Ihr Ziel ist es nach wie vor, die beiden Inselteile wieder zu vereinigen. Dazu aber muß die Erinnerung an die heroische Revolution und ihre zahllosen Märtyrer wachgehalten werden. Man versucht dies in Sonderabteilungen der Museen, in Schulbüchern, die auch die Proklamation der von fremden Staaten nie anerkannten Republik vom Jahre 1916 bringen, und durch Mahnmale. Dazu gehört das Dubliner Postamt — 1916 war es das Hauptquartier des blutig niedergeschlagenen Osteraufstandes. Unzählige Gedenktafeln sollen nun jeden, der einen Brief oder ein Paket aufgibt, an dieses Herzensanliegen der Nation erinnern. Auch die Spielpläne der Theater bevorzugen nach wie vor umstürzlerische Stücke. Allerdings wächst gleichzeitig die Zahl der Jugendlichen, denen das, was ihre Väter und Großväter zutiefst erregte, wenig oder oft sogar nichts mehr bedeutet. Immerhin gehört ein kleiner Teil der Jugend zu der einst wegen ihrer Sabotageakte auf den britischen Inseln gefürchteten und jetzt amtlich verbotenen IRA, der Irisch-Republikanischen Armee, die durch die unduldsame Politik in Ulster immer wieder neuen Zündstoff erhält.

Die trotz des Verbots auf beiden Seiten der unsichtbaren Grenze tätige IRA versetzt die Regierung der Republik in nicht geringen Zwiespalt. Einerseits will sie die Wiedervereinigung, andererseits möchte sie Großbritannien nicht verärgern. Die Unterdrücker von einst, die jahrhundertelang Nation und Kirche geknebelt haben, schicken heute nicht nur 1,1 Millionen gutzahlender Touristen herüber, sondern bedeuten auch für den angespannten Arbeitsmarkt ein wichtiges Ventil. So kann sich jeder Bürger der Republik Irland ohne weiteres in England, Schottland und Wales niederlassen. Er braucht keine Arbeitserlaubnis und ist sogar wahlberechtigt. Überdies bestreitet Großbritannien drei Viertel des Außenhandels der Republik, und knapp die Hälfte allen ausländischen Geldes kommt von dort.

Sowohl Irland als auch Großbritannien werden wohl sehr bald Mitglieder der Europäischen Wirtschaftsgemeinschaft sein. Männer wie de Valera versprechen sich davon Wunder. Sie meinen, daß die Teilhabe am Gemeinsamen Markt die schlechten wirtschaftlichen Verhältnisse des Südens den günstigeren Ulsters bald anpassen werde, und erwarten als Ergebnis eine baldige Wiedervereinigung der Insel. Nüchterne Beobachter äußern sich mehr zurückhaltend. Auf Ulster könne Großbritannien nur verzichten, wenn dieser Wunsch von der Mehrheit der nordirischen Bevölkerung und ihres Parlaments ausginge. Das aber würde eine völlige Sinnesänderung der dortigen Protestanten voraussetzen. Jahrhundertelange Konflikte mit religiösem und sozialem Hintergrund lassen sich nun einmal nicht von einem Tag zum anderen überwinden. Sollte eine derartige, bewußt europäische Ausrichtung Mißtrauen und Gewalt langsam abbauen, wäre schon viel gewonnen. Vielleicht sind dann Grenzen, sichtbare und unsichtbare, gar nicht mehr so wichtig.

Das Fernglas als Mikroskop

VON RUDOLF WOLLMANN

Um einen Blick in die Welt des Kleinen und Kleinsten zu tun, braucht man kein teures Mikroskop und keine kostbaren Präparate. Unsere tägliche Umwelt ist voll betrachtenswerter Objekte, und bereits mit einer stark vergrößernden Lupe werden selbst unscheinbare Dinge zu einem Erlebnis. Eine Schneeflocke verwandelt sich in ein glitzerndes Diadem von ungeahnter Schönheit, eine Mücke oder Raupe wird zu einem schrecklichen Urweltungeheuer. Häßlicher Schimmelbelag entpuppt sich als vielästiges Gesträuch von oft leuchtenden Farben, und ein braunes Hausdach auf einer farbigen Ansichtskarte löst sich — wer hätte das vermutet — in tausend rote, gelbe und blaue Pünktchen auf.

Kleine Mikroskope gibt es heute schon sehr preiswert zu kaufen. Noch billiger kommt man dazu, wenn man ein Fernglas besitzt. Jedes Mikroskop besteht aus einem kurzbrennweitigen Objektiv und einem als Lupe wirkenden Okular. Auch jede der beiden Fernglashälften enthält ein Objektiv und ein Okular, nur hat das Fernglasobjektiv eine verhältnismäßig lange Brennweite, damit die weit entfernten Dinge möglichst groß abgebildet werden. Setzt man eine Sammellinse vor das Objektiv, läßt sich die Brennweite beliebig herabsetzen — man erhält auf diese Weise das optische System eines Mikroskops.

Ein solches „Fernglas-Mikroskop" hat gegenüber dem normalen Mikroskop zwei Vorteile. Zunächst zeigt es wegen der im Fernglas eingebauten Umkehrprismen das vergrößerte Objekt aufrecht, was das Zentrieren und Verschieben des Objektivträgers erleichtert. Außerdem sind der Arbeitsabstand (vom Objekt zum Objektiv) und das Gesichtsfeld größer. Das vereinfacht die Auflichtbeleuchtung und ermöglicht es in vielen Fällen, das ganze Objekt zu überblicken. Da das dafür notwendige Stativ unschwer herzustellen ist, lohnt sich der Bau für jeden, der ein Fernglas besitzt.

Grundsätzlich läßt sich jedes Fernglas verwenden. Doch hängen die Abmessungen des Stativs von denen des Fernglases ab, und die sind je nach Vergrößerung und Fabrikat verschieden. Daher können in der nachstehenden Bauanleitung nur zum Teil die genauen Maße angegeben werden, die anderen Bauteile müssen dem verwendeten Fernglas angepaßt werden. Das in den Fotos und Zeichnungen gezeigte Gerät wurde mit einem Fernglas 8×30 (das bedeutet 8fache Vergrößerung und 30 mm Objektivdurchmesser) ausgeführt. Auf einem entsprechend schweren, hufeisenförmigen Fuß (8) ist das Stativoberteil (2) zwischen zwei Stahlwinkeln (7) durch eine Gelenkschraube (6) schwenkbar befestigt. Es läßt sich nach Lösen der Flügelmutter in jede gewünschte Neigung bringen. Das ist wichtig, damit wir das Präparat unter dem Objektiv bequem betrachten können. Das Fernglas (1) sitzt auf einer in das Oberteil eingelassenen Leiste (3), wobei die beiden Objektivfassungen in entsprechenden Löchern versenkt werden. Am oberen Ende des Stativs ist eine Querleiste (4) angebracht, an deren Enden zwei sichelförmige Schwenkriegel (5) angeschraubt sind. Eingeschwenkt legen sie sich um die beiden Tubusse und halten das Fernglas fest.

Der Objekttisch ist unterhalb des linken Fernglasobjektivs befestigt. Wir schrauben ihn mit einem Blechwinkel (16) und zwei durchgehenden Gewindeschrauben (17) seitlich am Stativ fest. Um den schwierig zu bauenden Einstelltrieb zu sparen, wird die Feineinstellung mit einer Gewindeschraube (15) durch Heben und Senken der Objekttischplatte (14) bewirkt. Der Objektträger ist mit zwei Scharnieren an der feststehenden Platte (12) angebracht. An deren Unterseite schrauben wir einen Blechwinkel (11 a) mit einer Buchse (11 b), das Zapfenlager für den Beleuchtungsspiegel (10 b), fest.

Wie schon erwähnt, muß dem Fernglasobjektiv eine Sammellinse (19) vorgesetzt werden, deren Brennweite die Mikroskopvergrößerung bestimmt. Die nachstehende Tabelle gibt die Vergrößerungen an, die sich mit Sammellinsen verschiedener Brennweite erzielen lassen.

Je kürzer die Brennweite der Vorsatzlinse ist und je stärker das Fernglas

Brennweite der Vorsatzlinse in mm	Mikroskopvergrößerung bei einer Fernglasvergrößerung von					
	6×	7×	8×	10×	12×	15×
100	15×	17×	20×	25×	30×	37×
80	18×	22×	25×	31×	37×	46×
60	25×	29×	33×	42×	50×	62×
50	30×	35×	40×	50×	60×	75×
40	37×	43×	50×	62×	75×	93×
30	50×	58×	66×	83×	100×	125×
20	75×	87×	100×	125×	150×	187×

vergrößert, desto stärker ist, wie wir aus der Tabelle entnehmen können, die Vergrößerung unseres Fernglas-Mikroskops. Damit man ein scharfes Bild erhält, muß der Abstand X (Objekttisch — Vorsatzlinse) eine bestimmte Größe haben, da auf eine Grobeinstellung verzichtet wurde. Und zwar muß X gleich der Brennweite der Vorsatzlinse sein. Beträgt deren Brennweite zum Beispiel 100 mm, dann müssen wir den Objekttisch in einer solchen Höhe festschrauben, daß die Oberseite der Platte (14) genau 100 mm unterhalb der Linsenmitte liegt. Mit der Stellschraube (15) läßt sich dann die Platte noch etwa 3 mm heben und senken, was zur Scharfeinstellung von Objekten bis zu etwa 3 mm Dicke genügt.

Die Vorsatzlinse befestigen wir am einfachsten mit federnden Drahtringen in einem Pappreifen (20) oder in dem genau passenden Loch einer Sperrholzscheibe, die konzentrisch unter dem Objektiv auf Teil 3 geleimt wird. Um das Stativ besser auszunutzen, können wir eine langbrennweitige Linse für schwache Vergrößerung und eine kurzbrennweitige für starke Vergrößerung vorsehen. Zum schnellen Austauschen ist dann ein einfacher Bajonettverschluß praktisch. Dazu müssen wir nur zwei Rundkopfschräubchen in die Unterseite von Teil 3 eindrehen sowie entsprechende Schlitze in den Sperrholzfassungen aussägen. In das Stativoberteil (2) bohren wir

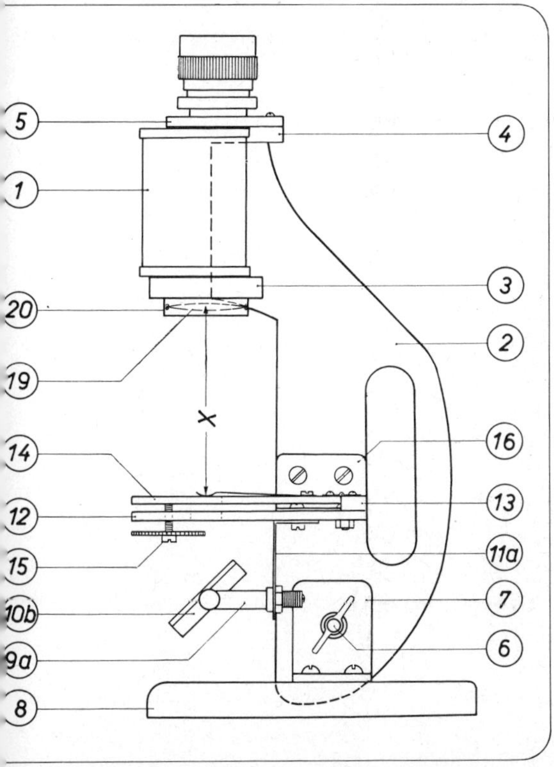

So sieht das „Fernglas-Mikroskop" in der Seitenansicht aus. Es bezeichnen: 1 Fernglas, 2 Stativoberteil, 8 Stativfuß, 14 Objekttischplatte, 10b Beleuchtungsspiegel, 19 Sammellinse. Die übrigen Teile sind dem Text zu entnehmen.

in diesem Fall ein zweites Lochpaar, um den Objekttisch der Brennweite der zweiten Vorsatzlinse entsprechend befestigen zu können. Und hier nun das Material, das zur Herstellung des Stativs benötigt wird:

Pos. Nr.	Stück	Bezeichnung	Werkstoff	Maße in mm
1	1	Fernglas		
2	1	Stativoberteil	22-mm-Sperrholz	
3	1	Fernglas-Auflager	8-mm-Sperrholz	
4	1	Halter für Schwenkriegel	6-mm-Sperrholz	
5	2	Schwenkriegel	4-mm-Sperrholz	
6	1	Gelenkschraube mit Flügelmutter	Stahl	M 6×35
7	2	Gelenklager	2×30-mm-Flachstahl	20×30
8	1	Stativfuß	Blei	
9a	1	Lagerbügel für Beleuchtungsspiegel	1-mm-Messingblech	6×80
9b	1	Steckerstift	Messing	4 ∅, 15 lang
9c	2	Rändelschrauben	Messing	M 3×12
10a	1	Spiegelfassung	6-mm-Sperrholz	35 ∅
10b	1	Planspiegel	Glas	35 ∅
11a	1	Spiegelhalter	1-mm-Alublech	
11b	1	Radiobuchse mit Mutter	Messing	6×15
12	1	Objekttisch-Unterteil	4-mm-Sperrholz	
13	1	Querleiste	6-mm-Sperrholz	9×60
14	1	Objekttisch-Oberteil	3-mm-Sperrholz	
15	1	Einstellschraube	Messing	M 3,5×12
16	1	Befestigungswinkel für Objekttisch	1-mm-Stahlblech	
17	2	Befestigungsschrauben mit Rändelmuttern	Stahl	M 4×35
18	2	Klammern für Objektträger	hartes Messingblech 0,3 mm	5×50
19	1 od. 2	Sammellinsen		siehe Tabelle
20	1 od. 2	Fassungen hierzu	Papprohr oder Sperrholz	

Die maßstäbliche Seitenansicht zeigt, wie schon erwähnt, das Stativ mit einem 8 × 30-Fernglas. Wird ein stärkeres und größeres Fernglas verwendet, müssen wir das Oberteil 2 entsprechend länger machen. Ehe wir die Maße für die Teile 2, 3, 4 und 5 festlegen, knicken wir den Feldstecher, richtiger dessen Knickbrücke, so weit ab, daß der Okularabstand etwa unserem

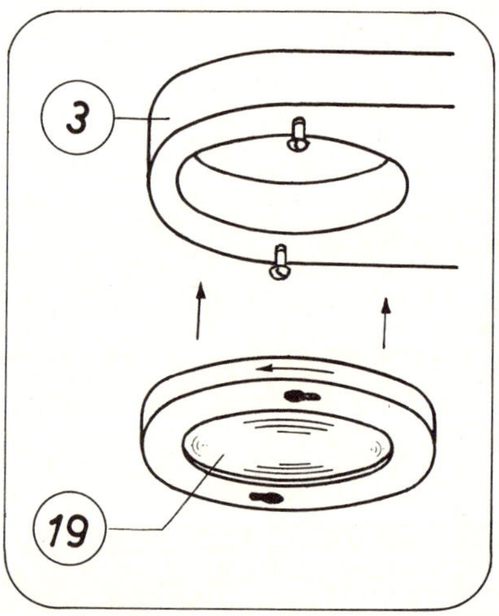

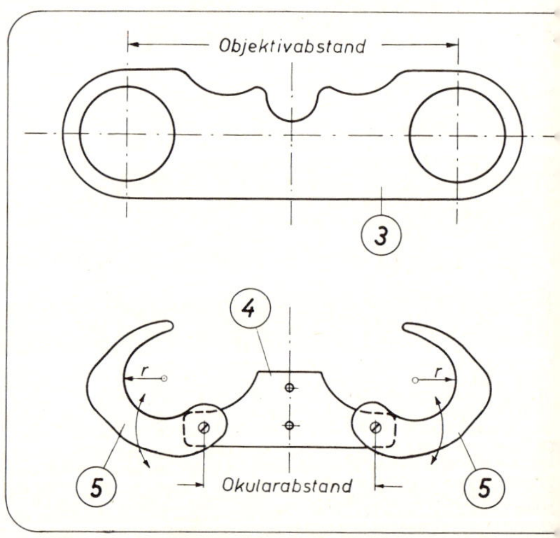

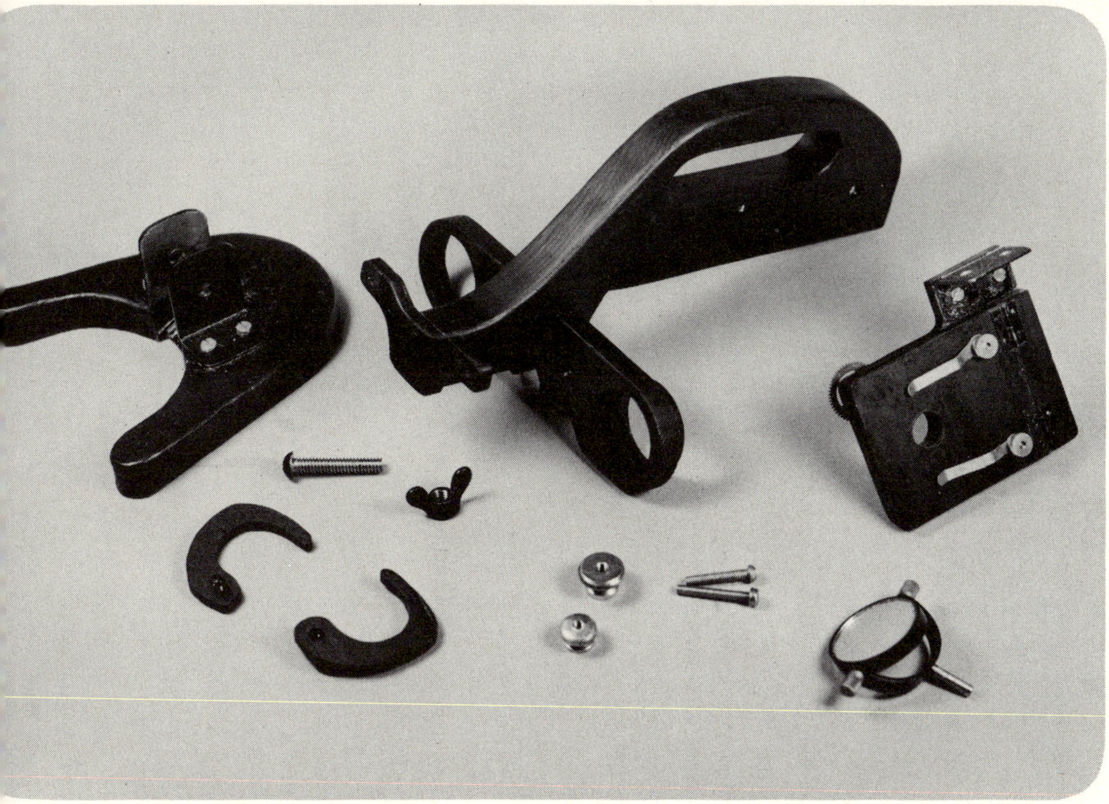

Augenabstand entspricht. Dadurch wird die seitliche Ausladung etwas geringer, und es kann — wie die gestrichelt gezeichnete Kontur andeutet — das obere Ende von Teil 2 breiter gehalten werden. Die Löcher in Teil 3 sollen möglichst genau mit dem Außendurchmesser der Objektivfassungen übereinstimmen, damit das eingesetzte Fernglas verläßlichen Halt hat. Teil 4 wird mit zwei Holzschräubchen an Teil 2 festgeschraubt und -geleimt.

Um später bei der Arbeit Erschütterungen auszuschalten, wird der Fuß (8) aus Blei gegossen, wobei eine Dicke von 10 mm genügt. Wer Gewinde

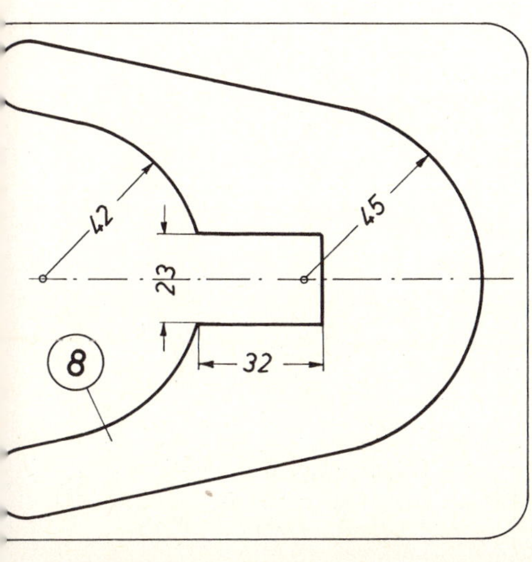

Aus diesen Teilen wird das Stativ zusammengesetzt. Ganz links der Stativfuß, darunter die beiden Schwenkriegel, die sich um die Tubusse des Fernglases legen und es festhalten. In der Mitte das Stativoberteil mit dem Fernglasträger, daneben Objekttisch und Spiegel.

Ganz links: Die Linsenfassung mit dem Bajonettverschluß, der es erlaubt, die Sammellinse gegen eine solche anderer Brennweite auszutauschen. — In der Mitte die Bauteile 3, 4 und 5, die der Befestigung des Fernglases am Stativoberteil dienen.

Nebenstehend: Der Stativfuß. Um dem Mikroskop die notwendige Standfestigkeit zu geben, wird er am besten aus Blei gegossen. Eine Dicke von 10 mm reicht aus.

Die Maße der Objekttischplatte. Die hier angegebenen Werte sind nur ein Anhalt. Sie müssen unter Umständen geändert und dem vorhandenen Fernglas angepaßt werden.

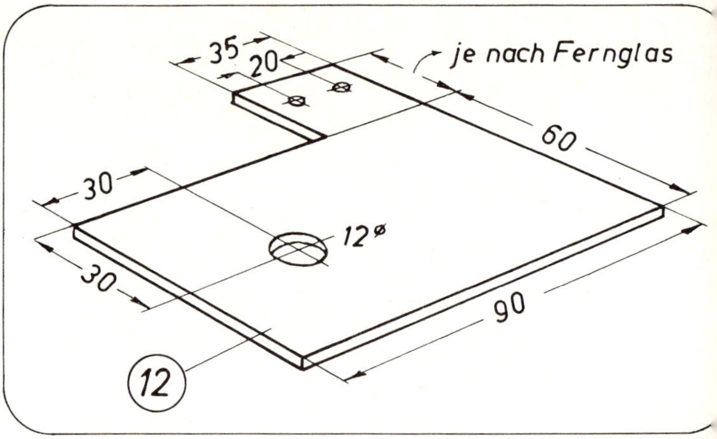

Rechte Seite: Und das sind die Einzelteile des Objekttisches. Links der Befestigungswinkel, rechts vom Tisch das Zapfenlager für den Spiegel und der Beleuchtungsspiegel, das Zahnrad darunter dient als Stellschraube.

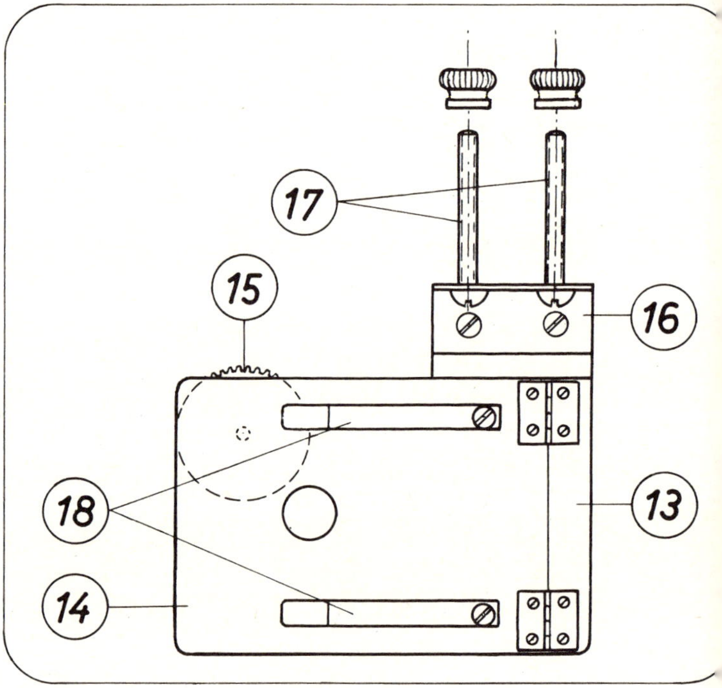

Der Objekttisch in der Draufsicht gezeichnet. Um ihn im richtigen Abstand vom Objektiv anzubringen, probiert man die Höhe zunächst aus und markiert am Stativ, wo die Löcher für die beiden Befestigungsschrauben (17) gebohrt werden müssen.

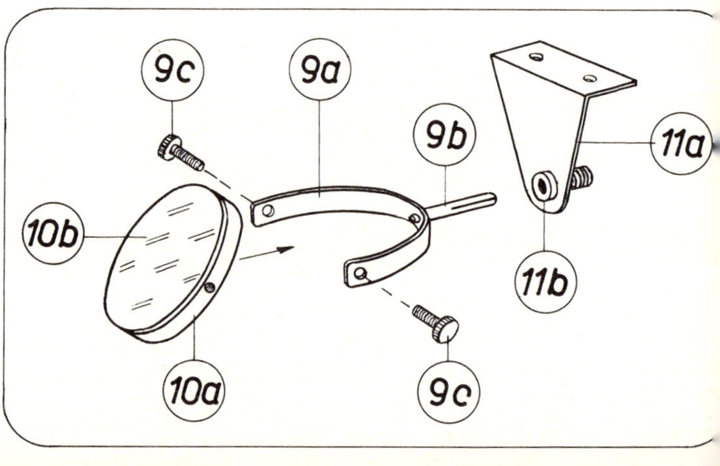

So wird der Beleuchtungsspiegel zusammengesetzt. Die kreisrunde Spiegelscheibe lassen wir uns am besten von einem Glaser schneiden.

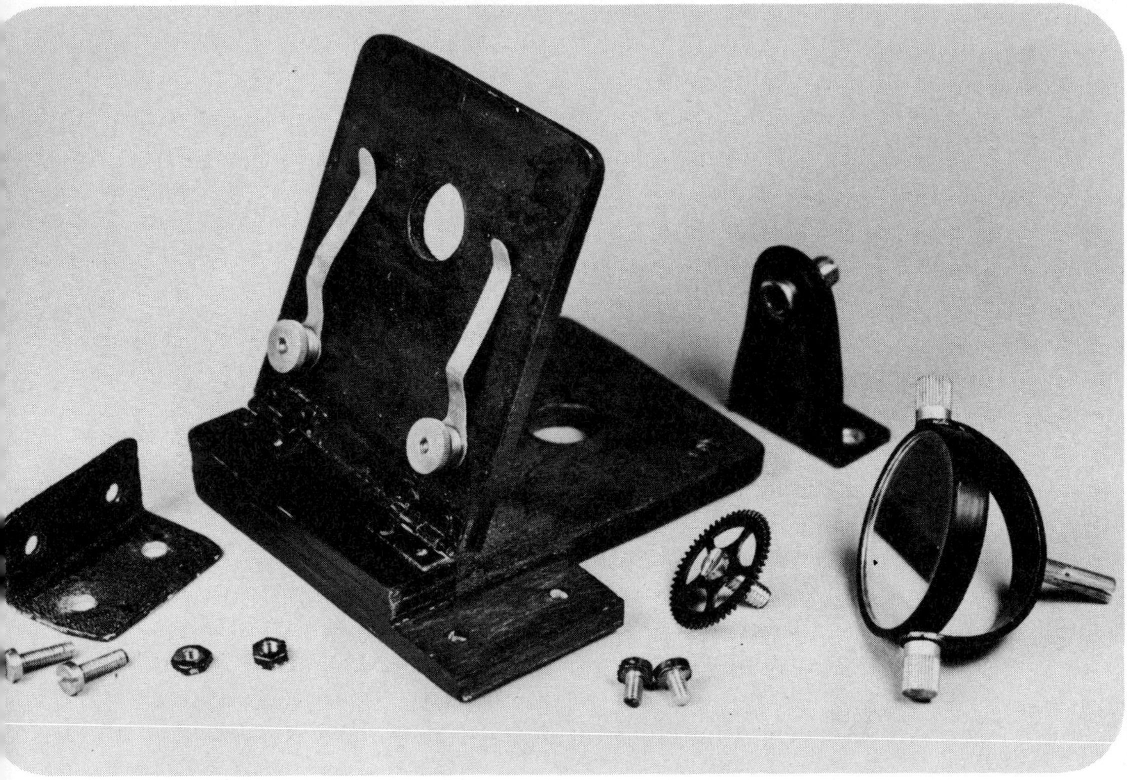

schneiden kann, schraubt die Winkel (7) für das Kippgelenk mit je zwei Gewindeschrauben M 4 × 12 mm am Fuß fest. Andernfalls bohrt man Durchgangslöcher, senkt sie an der Unterseite des Fußes aus, führt von unten 15 mm lange Senkkopfschrauben durch und schraubt die Winkel mit Muttern fest. Das Oberteil (2) muß stramm zwischen die Winkel passen, wobei wir auch auf genau senkrechte Lage achten.

Die Maße der Riegel (5) bestimmen wir mit einer Schablone aus Karton, wobei der Radius r dem Radius der Tubusse entsprechen muß. Nachdem wir die Riegel ausgesägt haben, setzen wir das Fernglas auf Teil 3, legen die Riegel auf und zeichnen den Drehpunkt an. Mit je einer kleinen Holzschraube werden die Riegel schließlich befestigt.

Die Einzelteile des Objekttisches und deren Zusammenbau gehen aus den Abbildungen hervor. Die Abmessungen von Teil 12 hängen von der Ausladung des Fernglases ab. Wir müssen sie so wählen, daß die optische Achse des Fernglasobjektivs durch den Mittelpunkt der Tischöffnung geht, die etwa 12 mm Durchmesser erhält. Teil 13 leimen wir auf Teil 12 und befestigen die Scharniere mit kleinen Holzschräubchen. Die Klammern (18) schrauben wir, nachdem wir sie zurechtgebogen haben und die Löcher gebohrt sind, mit auf 5 mm Länge gekürzten M-3-Schrauben fest. Das Gewinde schneiden sich die Schrauben selbst in das Brettchen, wenn wir die Löcher etwas kleiner bohren. Das gleiche gilt für die Stellschraube (15), auf die wir ein Zahnrad (z. B. aus einem alten Wecker) von 20 bis 30 mm Durchmesser gelötet haben.

Den kreisrunden Beleuchtungsspiegel schneidet uns jeder Glaser zu. Er wird auf die gleichgroße Sperrholzscheibe 10a geklebt. Der aus einem Blechstreifen gebogene Bügel (9a) erhält in der Mitte eine Bohrung zum Einlöten des Stiftes 9b und an den Enden zwei 3-mm-Löcher für die Rändelschrauben (9c). In die Scheibe 10a bohren wir ebenfalls zwei Löcher, die sich radial gegenüberliegen und etwa 2,5 mm Durchmesser haben. Nach Anlegen des Bügels werden die Rändelschrauben in diese Bohrungen eingedreht. Der Halter 11a muß so an der Platte 12 festgeschraubt werden, daß die optische Achse durch die Spiegelmitte geht.

Um die Bohrungen für die Befestigungsschrauben 17 genau anzeichnen zu können, befestigen wir ein Objekt auf der Objekttisch-Mitte — es genügt ein Stückchen bedrucktes Papier — und verschieben das Tischchen so lange, bis das Objekt im Okular scharf und in der Mitte erscheint. In der gleichen Weise wird die Objekttischbefestigung für die zweite Vorsatzlinse bestimmt.

Erfahrene Bastler werden den Objekttisch und auch andere Teile aus Aluminiumblech, Pertinax oder Kunststoff herstellen und den Tisch beispielsweise mit einer geschlitzten Führungsschiene so ausführen, daß er sich der Höhe nach verschieben läßt, um das Umsetzen bei verschiedenen Vorsatzlinsen überflüssig zu machen. Die Vorsatzlinsen kann man ferner wie bei einem Revolverobjektiv in einer runden Scheibe fassen, die mit einer Schraube an der Unterseite von Teil 3 drehbar befestigt wird. Mit einer kleinen Drehung läßt sich dann die jeweils gewünschte Linse unter das Objektiv bringen.

Um die Schärfe der Bilder zu verbessern, muß den Vorsatzlinsen eine Blende aus geschwärzter Pappe vorgesetzt werden. Die günstigste Loch-

größe, etwa zwischen 4 und 8 mm Durchmesser, ermitteln wir durch Versuche. Für stärkere Vergrößerungen ist eine drehbare, an der Unterseite der Platte 12 angeschraubte Revolverblende vorteilhaft. Es genügt eine Blechscheibe mit drei auf einer Kreislinie liegenden Löchern von etwa 10, 6 und 3 mm Durchmesser, die je nach Bedarf unter die Tischöffnung gedreht werden. Bei Durchlichtbeleuchtung machen die Blenden das Bild kontrastreicher.

Mit einer über dem Okular befestigten Kleinbildkamera können wir sogar mikrofotografische Aufnahmen machen. Die Befestigung der Kamera — zum Beispiel mit einem am Stativoberteil angeschraubten Kamerahalter — muß so geschehen, daß das Kameraobjektiv genau in der optischen Achse liegt und an das Okular anschließt. Störenden Lichteinfall verhindern wir am einfachsten, indem wir eine aus dichtem Stoff genähte Manschette mit Gummizug an beiden Öffnungen über die Okular- und Objektivfassung streifen. Das Kameraobjektiv wird auf „Unendlich" eingestellt, und die erforderliche Belichtungszeit ermitteln wir durch Versuch. Ein Drahtauslöser vermeidet Erschütterungen.

Und nun: Auf ein gutes Gelingen und viel Spaß beim Blick in die Welt des Kleinen und Kleinsten.

Ebenso elegant wie handlich ist das fertige „Fernglas-Mikroskop". Links das Stativ mit zurückgeklappten Schwenkriegeln. Nach Einsetzen des Fernglases und Einschwenken der Riegel ist das Gerät gebrauchsfertig (rechts).

Die grossen

Jedes Kind weiß: Das Wetter ist wechselhaft und launisch. Trotzdem gibt es in dem scheinbar so regellosen Ablauf des Wettergeschehens ein paar „Fixpunkte". Das soll heißen: Auch für das Wetter gibt es eine Art Fahrplan, nach dem bestimmte Erscheinungen in bestimmten geographischen Bereichen zu bestimmten Jahreszeiten immer wiederkehren. Denken wir nur an das wenig beliebte weihnachtliche Matsch- oder Tauwetter, an die Eisheiligen im Frühjahr, die Schafskälte im Frühsommer und den Altweibersommer im Herbst, den man in Nordamerika den Indianersommer nennt.

Für das etwas weiter südlich gelegene Mittelamerika und die zauberhaft schöne Inselwelt des Karibischen Meeres ist eine ganz andere Wettererscheinung im Spätsommer und Frühherbst typisch. Mit fast fahrplanmäßiger Pünktlichkeit werden zwischen Juni und Oktober in dem südlichen Nordatlantik und den angrenzenden Nebenmeeren (Karibisches Meer, Golf von Mexiko) über den warmen, um diese Zeit „ölig schimmernden Wassermassen" dieser Meere die „großen Killer" ausgebrütet. Entstehen sie in diesen Seebereichen, werden sie Hurrikane genannt, bilden sie sich aber in den niederen nördlichen Breiten des Indischen Ozeans oder des Pazifischen Ozeans, spricht man von Taifunen. Beides sind Lautnachbildungen aus dem Indianischen beziehungsweise Chinesischen, und beide Bezeichnungen bedeuten in diesen Sprachen soviel wie: „großer Wind". Da es zwischen ihnen keine „verwandtschaftlichen" Unterschiede gibt, faßt der Meteorologe sie in der nüchternen Sprache des Naturwissenschaftlers unter dem Begriff „tropische Wirbelstürme" zusammen.

So oft wir mit unserem Wetter unzufrieden sein mögen, einen großen Vorteil haben wir: Naturkatastrophen, wie sie diese tropischen Wirbelstürme fast Jahr um Jahr für die Bevölkerung im Golf von Mexiko oder im Golf von Bengalen heraufbeschwören, erleben wir allenfalls während der paar Tagesschau-Minuten im bequemen Fernsehsessel. Nur ganz selten schlägt die Natur auch bei uns einmal zu und läßt uns ahnen, wovon wir verschont bleiben. Im Februar 1961 erreichte ein Sturmwirbel in der Nordsee Hurrikan-Ausmaße und führte zu der Hamburger Flutkatastrophe. Im Juli 1968 lernten die Einwohner von Pforzheim und Umgebung die Schrekken eines Tornados kennen.

HEINZ PANZRAM

KILLER

Scheitel der Welt. Mehr als ein Dutzend Sturmgebiete auf der nördlichen Halbkugel unserer Erde zeigt dieses Mosaik von Wolkenbildern, die der amerikanische Wettersatellit ESSA 5 am 14. September 1967 aufgenommen hat – darunter die Hurrikane Beulah, Doria, Chloe, Monica und Nanette.

Die Bilder wurden zur Erde gefunkt und nach der Helligkeit der Grundsignale numeriert. Ein Computer setzte die Nummern in Beziehung zu den genauen geografischen Orten. Dann wurde das Computerband auf einen Fernseh-Bildschirm übertragen und fotografiert. Fot. USIS

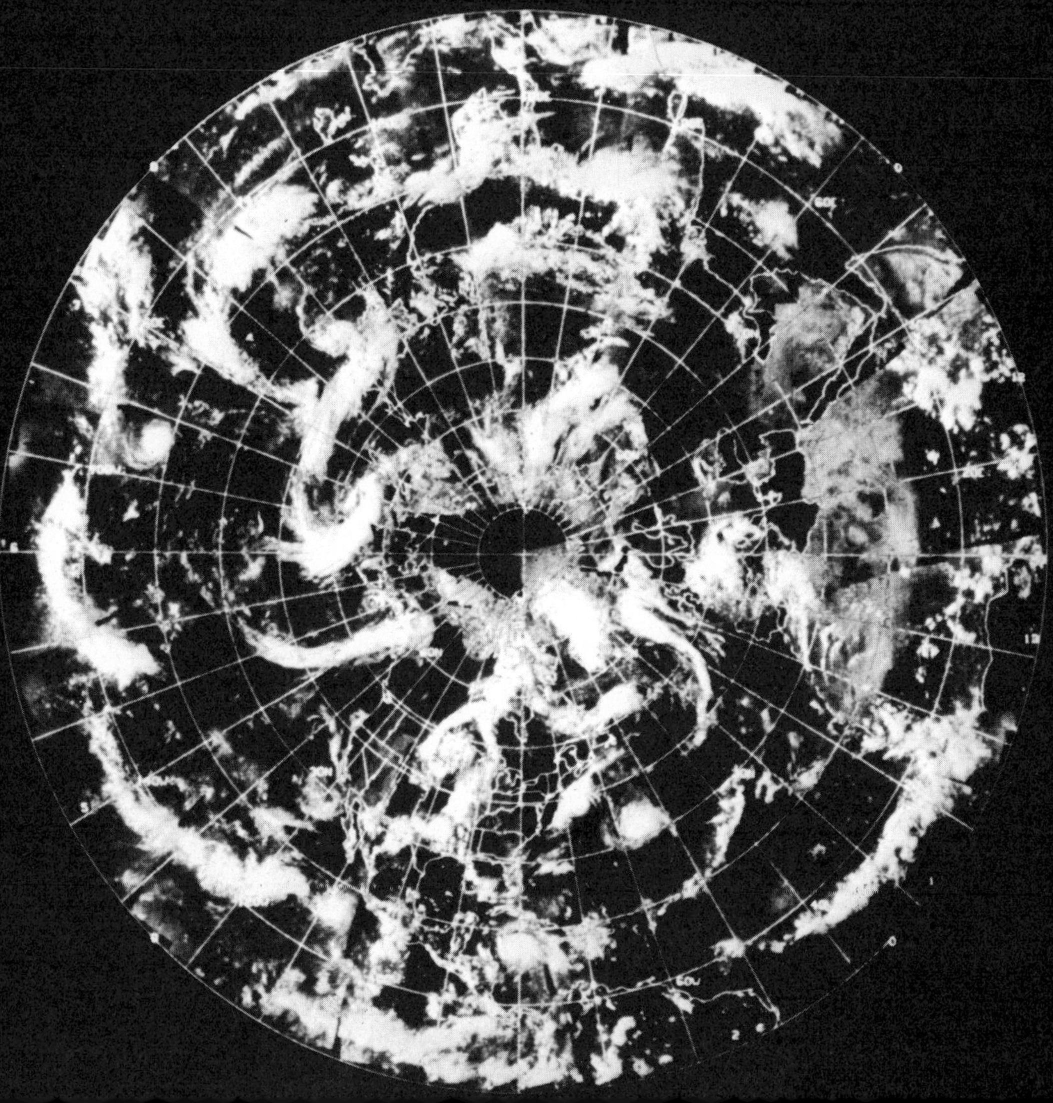

Es ist kaum möglich, denen, die von solchen Naturkatastrophen normalerweise verschont bleiben, auch nur ein ungefähres Bild von dem Ausmaß der Zerstörung zu vermitteln. Wörter wie „verheerend" oder „alles vernichtend" sind dazu viel zu schwach. Wenn behauptet wird, daß man eine Wachskerze durch ein Stahlschild schießen kann, sofern nur die Geschwindigkeit des „Geschosses" groß genug gewählt wird — der Hurrikan hat es bewiesen. Kornähren, die bei Windgeschwindigkeiten von 300 km/h und mehr, wie sie im Hurrikan möglich sind, bürstenartig in Türrahmen hineingetrieben werden, in Holzplanken sitzende Unkrautstengel und Strohhalme, die zentimetertief in Baumrinden stecken, sprechen eine deutliche Sprache.

Wir wissen heute ziemlich genau, wo und wann die tropischen Wirbelstürme entstehen, und auch über das, was in ihnen vorgeht, haben uns die Forschungen der letzten Jahre wertvolle Erkenntnisse vermittelt. Aber warum und wie sie entstehen, ist zum großen Teil ein noch ungelöstes Rätsel. Wir kennen zwar die Wetterlagen — doch davon später mehr.

In der Geburtsstunde eines Hurrikans schiebt sich gewöhnlich in den von Osten wehenden Passat eine Tiefdruckstörung und drängt einen Teil des Ostwindes nach Norden ab. Die zusammengedrängten Luftmassen schieben

Der Hurrikan „Beulah" wurde von dem ESSA-2-Satelliten erfaßt, als er in den Golf von Mexiko eindrang. Zuvor hatte er die Halbinsel Yukatan überquert. Tropische Wirbelstürme treten im Spätsommer und Frühherbst auf und sind an bestimmte Gebiete gebunden.

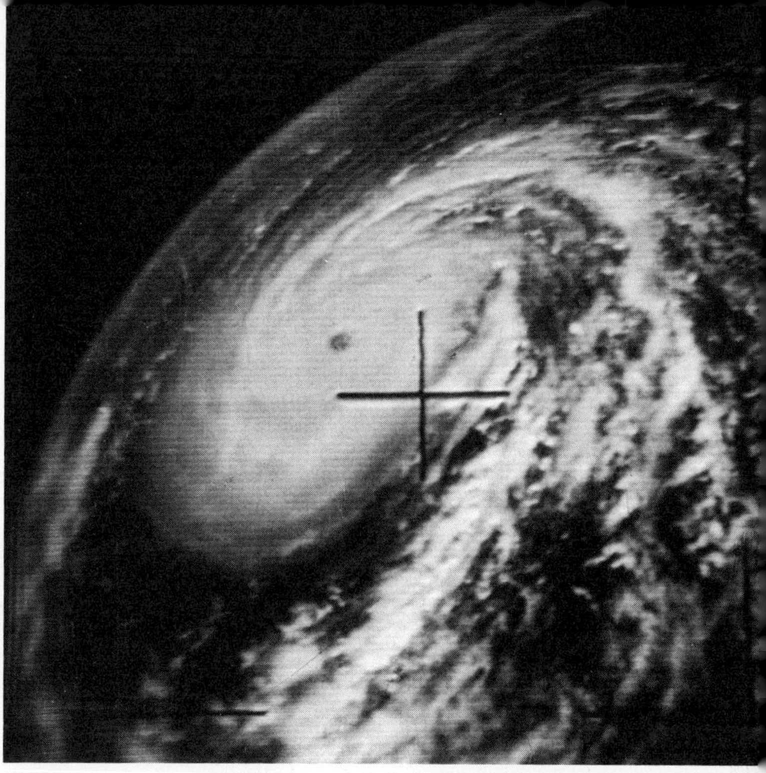

Taifun „Amy" — von dem Wettersatelliten TIROS 5 aufgenommen. Das Bild läßt etwas von der Urgewalt eines solchen Naturereignisses ahnen. Tropische Wirbelstürme im Atlantik bezeichnet man als Hurrikane, solche im Pazifischen Ozean als Taifune.

sich übereinander, und die warme Luft steigt bis etwa 12 000 Meter Höhe auf. Der Passatwind hat um diese Zeit Temperaturen von mindestens 26 Grad Celsius. Das Oberflächenwasser des Ozeans ist zum Teil noch wärmer. Die starke Sonneneinstrahlung zwingt die mit Feuchtigkeit gesättigten Luftmassen zum Aufsteigen. Dabei kommt es durch Abkühlung zur Kondensation, das heißt, zur Wolkenbildung — ein an sich ganz harmloser Vorgang. Der immer in der Luft vorhandene gasförmige Wasserdampf wird dabei in Abermillionen kleinster Wassertröpfchen umgewandelt. (So entstehen auch die schönen weißen Wattebäusche der Querwolken oder Cumuli an unserem Sommerhimmel.) Um das vorwegzunehmen, dieser „harmlose" Vorgang ist der Quell jener Urgewalt der Hurrikane, die jedes menschliche Vorstellungsvermögen überschreitet.

Sehr wichtig ist die Drehbewegung der Erde, die auf diese Säule aufsteigender Luftmassen einen Drall ausübt. Es entsteht dabei eine Art Zylinder, dessen Wände von dem Wall der Quellwolkengebirge gebildet werden. Der Erddrehungsdrall wirbelt die Luft in der Zylinderwand um einen Kern verhältnismäßig ruhiger Luft. So entsteht das ruhige, fast wolkenlose „Sturmauge", wie es auf Satellitenbildern gut zu erkennen ist.

Warme, feuchte Luft wird aus der See auf- und in den wirbelnden Windzylinder hineingesogen. Bei dem Hineinströmen wird die Wirbelbewegung ständig beschleunigt. Diese aufsteigenden, feuchtwarmen Luftmassen versorgen den sich bildenden Hurrikan mit Energie, wobei der Kondensation (des Wasserdampfes) im Heizmechanismus der tropischen Wirbelstürme die entscheidende Rolle zufällt. Die dabei freiwerdenden Energien lassen sich physikalisch folgendermaßen erklären. Wer Wasser — etwa in einem Kaffeekessel — kochen will, muß Wärme zuführen. Sie wird im Wasser gebunden und es entsteht Wasserdampf. Diese „latente" Wärme wird freigesetzt, sobald der unsichtbare Wasserdampf aus dem pfeifenden Kaffeekessel ausströmt: Er kühlt ab, und es kommt durch Kondensation zu einer Art Wolkenbildung. Dieser Vorgang ist sehr wärmewirksam. Je Gramm kondensierten Wassers werden 600 Kalorien frei. Sie können 1000 Gramm Luft um etwa 2,5 Grad Celsius erwärmen. Um welch gewaltige Energiemengen es sich handelt, geht allein daraus hervor, daß aus den Wolkenwällen des Hurrikans an einem Tag 500 bis 1000 Millimeter Regen fallen können. Zum Vergleich: an vielen Orten der Bundesrepublik Deutschland (wie Hamburg, Frankfurt und Stuttgart) beträgt die Niederschlagsmenge im ganzen Jahr nur 600 bis 700 Millimeter (1 Millimeter = 1 Liter je Quadratmeter).

Um den Kondensationsprozeß in Gang zu halten, darf der Nachschub an Wärme und Luftfeuchtigkeit nicht abreißen. Nur Ozeane mit Oberflächentemperaturen von 27 bis 29 Grad verfügen über einen schier unerschöpflichen Wärme- und Feuchtigkeitsvorrat und können den entsprechenden „Nachschub" liefern. Deshalb bilden sich tropische Wirbelstürme weder über Land noch in höheren Breiten und sterben bald ab, wenn sie die Festlandküste passiert haben.

Im oberen Teil der Wolke verlieren die Luftpakete ihren Auftrieb und beginnen wieder abzusinken, wobei sie sich verdichten und dadurch weiter erwärmen. Der Heizmechanismus der tropischen Wirbelstürme und damit ihr „Motor" ist also das Aufsteigen und Absinken der Luftmassen sowohl in ihrem Kern als auch in den das Sturmauge umgebenden Wolkenwällen.

Wir wissen also recht gut darüber Bescheid, wie es in einem Hurrikan aussieht und was dort vor sich geht. Wir kennen auch ungefähr die hurrikanverdächtigen Wetterlagen — aber wir wissen nicht, warum sich in einer „Saison" kaum ein stärkerer Hurrikan bei solchen Wetterlagen ausbildet, in anderen Jahren aber ganze Serien von Wirbelstürmen mit orkanartigen Windstärken entstehen.

Einer der schwersten tropischen Wirbelstürme der letzten Jahrzehnte bildete sich im November 1970 im Golf von Bengalen aus. Wahrscheinlich sind 40 000 Menschen (genau konnte man es nicht feststellen) in der meterhohen Flutwelle ertrunken, die von ihm auf das ostpakistanische Festland und die vorgelagerten Inseln gedrückt wurde.

In Mittelamerika hat der Hurrikan „Camille" Mitte August 1969 traurige Berühmtheit erlangt. Nachdem er schon auf der Insel Kuba schwere Verwüstungen angerichtet hatte, drehte „Camille" auf die Küste Floridas zu und forderte allein im amerikanischen Bundesstaat Mississippi fast 300 Menschenleben. Er richtete so schwere Schäden an und verursachte so große Verwüstungen, daß der Präsident der USA die betroffenen Bereiche zu

„Katastrophengebieten" erklären mußte. Seine größte Windgeschwindigkeit erreichte „Camille" am 18. August 1969, unmittelbar nachdem er auf das Festland übergetreten war, bei New Orleans mit 305 km/h. Er wird in die Geschichte der Wirbelstürme als einer der „großen Killer" eingehen.

Zum Glück haben von den seit dem Jahre 1886 amtlich gezählten, rund 400 Hurrikanen (mit Windstärken von 12 Beaufort und mehr) nur 100 die mittelamerikanische Küstenlinie überschritten. Die Zone schwerer Verwüstungen und hoher Verluste an Menschenleben ist auf einen schmalen Küstenstreifen von 100 bis 150 Kilometer Tiefe beschränkt, denn jeder Hurri-

Der Hurrikan „Carla" bildete sich aus einer tropischen Störung über der Karibischen See. Er kreiste eine Woche lang über dem Golf von Mexiko, ehe er ans Land heulte. Wirbelstürme entstehen ausschließlich über Meeresgebiet. Ziehen sie über Land, verlieren sie rasch an Stärke.

5. Sept. Tropisches Tiefdruckgebiet (Windgeschwindigkeit unter 60 km/h) gemeldet.

6. Sept. Es entwickeln sich tropische Stürme mit Windgeschwindigkeiten unter 116 km/h.

7. Sept. Die Windgeschwindigkeiten wachsen auf Hurrikan-Stärke an (125 km/h und darüber).

10. Sept. Es ergeht Hurrikan-Warnung an die Städte Corpus Christi und Grand Isle.

11. Sept. Der Sturm zieht nach Texas mit Geschwindigkeiten bis zu 275 km/h.

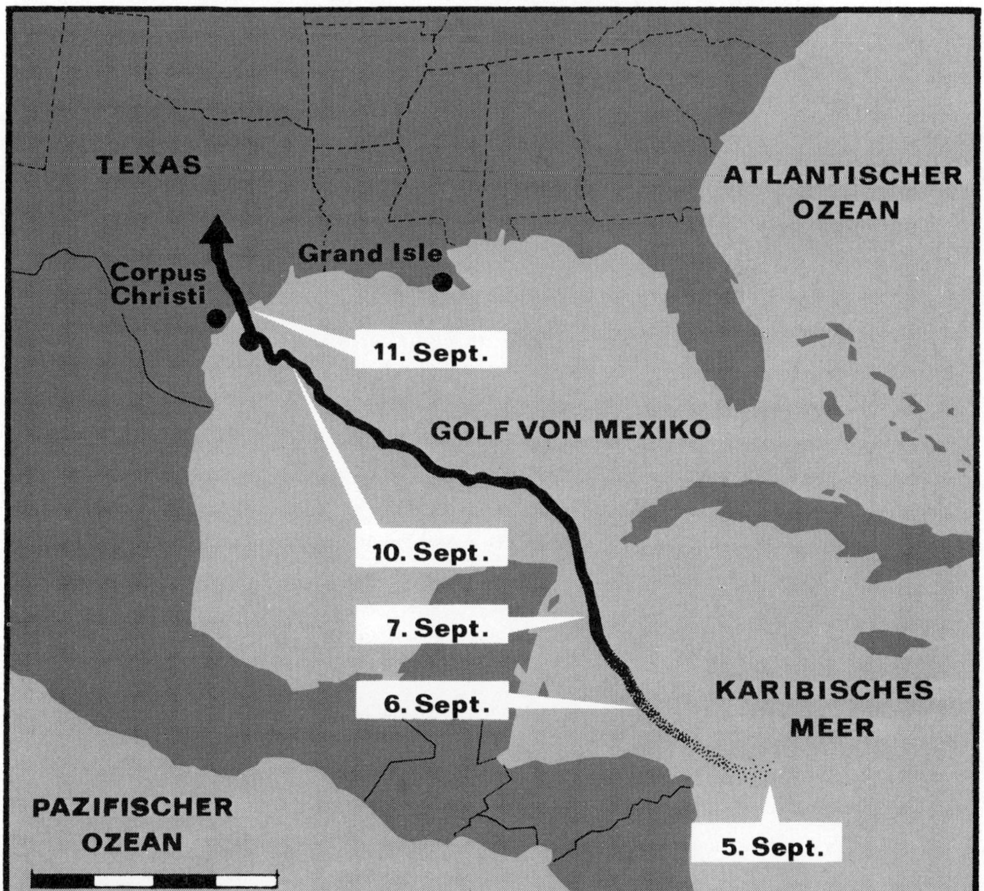

kan verliert zwischen 50 und 200 Kilometer landeinwärts seinen Orkancharakter. Wenn ein tropischer Wirbelsturm die „Ehre" haben will, als „Hurrikan" in die Geschichte einzugehen, müssen in ihm mindestens Windstärken von 35 m/sek oder 126 km/h herrschen, das ist gutes Autobahntempo.

Die Zuggeschwindigkeit der Hurrikane — das ist die Geschwindigkeit, mit der sie über den Ozean ziehen und nicht mit der Windgeschwindigkeit im Hurrikan selbst zu verwechseln — liegt zwischen 20 und 80 km/h. Ein Hurrikan kann sich langsam, im Laufe einiger Tage, bilden oder sehr schnell entstehen, innerhalb von sechs bis zwölf Stunden. Seine mittlere Lebensdauer beträgt etwa neun Tage.

Die von einem Hurrikan erzeugten Energien liegen in der Größenordnung von 10^{11} oder 10^{12} Kilowattstunden am Tag. Wer sich die phantastische Zahl aufschreiben will: Es ist eine 1 mit 11 beziehungsweise 12 Nullen, also zum Beispiel 1 000 000 000 000 oder tausend Milliarden oder eine Billion Kilowattstunden. Mit der Zahl kann man wenig anfangen. Mehr sagt vielleicht folgender Vergleich: Es entspricht das dem 100- bis 300fachen der elektrischen Energie, die innerhalb eines Jahres in den Vereinigten Staaten insgesamt erzeugt wird. Dabei ist der Wirkungsgrad, mit dem die Hurrikan-„Maschine" latente Wärme in Bewegungsenergie umsetzt, sehr gering; er schwankt zwischen eins bis drei vom Hundert. Jeder vom Menschen gebaute Motor mit einem solchen Wirkungsgrad würde als „unwirtschaftlich" angesehen.

Die Natur spielt auch bei harmloseren Vorgängen mit gewaltigen Kräften. Eine einzige kleine flauschige Wolke kann bis zu 1000 Tonnen Wasser enthalten. An einem heißen Nachmittag verdampfen im Golf von Mexiko etwa 21 Milliarden Liter Wasser je Stunde, die Luft hebt sie sozusagen mühelos hoch und trägt die Wasserlast nach Nordosten fort, um sie später vielleicht über New York oder Boston als Regen wieder zur Erde fallen zu lassen.

Doch genug der Zahlen und Beispiele. Was kann man gegen die alles vernichtende Gewalt der Wirbelstürme tun? Viel ist es nicht! Nach wie vor lassen sich die Zugbahnen der Hurrikane nur schwer vorhersagen. Wertvolle Dienste hat die seit einigen Jahren bestehende Radar-Warnkette entlang der gefährdeten Küsten der Vereinigten Staaten geleistet. Dank der Wettersatelliten bleibt heute kein Wirbelsturm auf offener See länger als einen Tag unentdeckt. Früher wurden die mächtigen Wolkenwirbel erst bemerkt, wenn ein Schiff in ihre Nähe kam oder sie sich dem Festland näherten. Dann war es für eine Warnung der Bevölkerung schon zu spät.

Ist ein Hurrikan geortet, wird er von den Hurrikanfliegern laufend überwacht und verfolgt. Die Flugzeuge gehören zum amerikanischen Wetterdienst oder zu den US-Streitkräften. Sie haben die gefährliche Aufgabe, durch das sehr schwere Wetter in das ruhige Sturmauge hineinzufliegen und dem „National Hurricane Center" Meßergebnisse zu liefern. Die Piloten unternehmen die gefahrvollen Flüge in das Herz des Sturmwirbels mehrmals täglich. Das Hurricane Center bestimmt anhand der ermittelten Daten

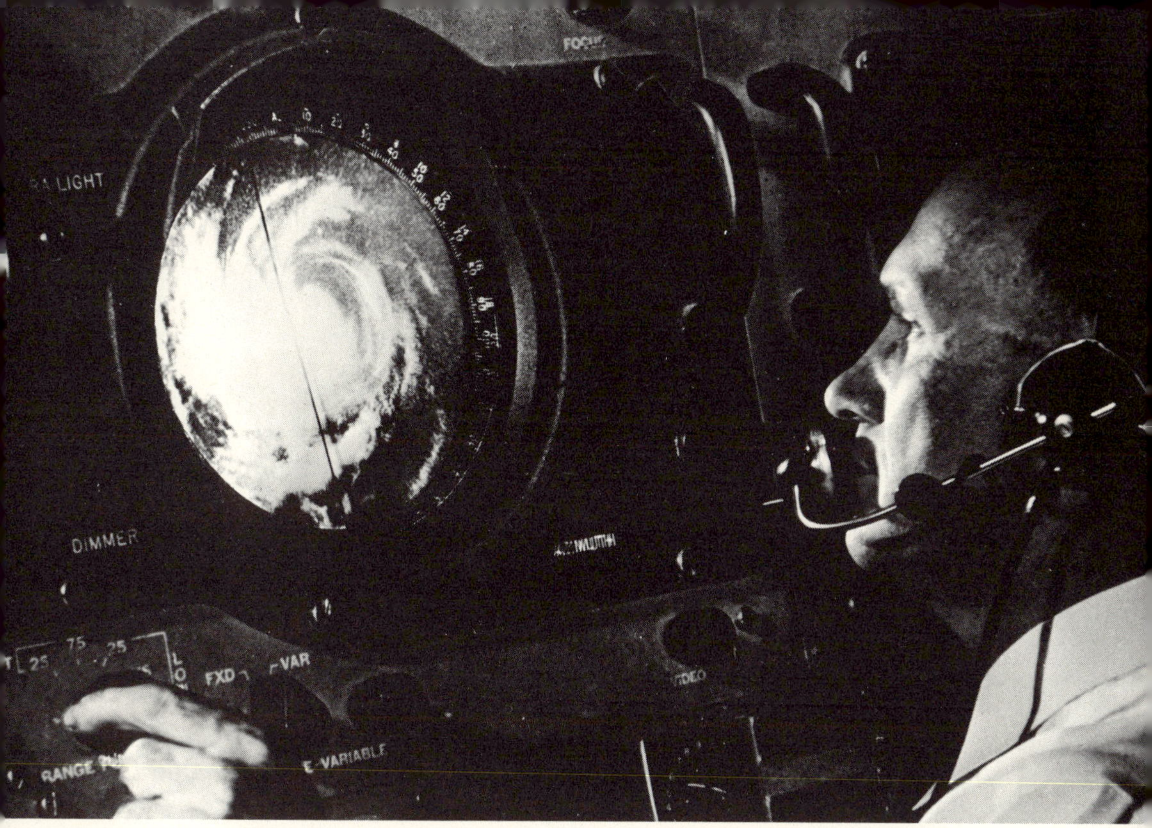

Oben: Eine der Radarstationen, die den Golf von Mexiko wie ein Netz überziehen und die aufkommende Stürme unter ständiger Beobachtung halten. Auf dem Bildschirm läßt sich die Drehbewegung der schweren Regenwolken eines Hurrikans deutlich erkennen.

Unten: Mit Flugzeugen überwacht die amerikanische Marine die Wirbelstürme — eine gefahrvolle Aufgabe. Das Auge des Hurrikans „Gracie" befindet sich genau über dem Seitenleitwerk der Maschine. Die spiralförmigen Wolkenformationen reichen bis in 15 km Höhe. Fot. USIS

den genauen Ort des Sturmzentrums und berechnet die Stärke des Hurrikans. Außerdem wird versucht, seinen „Kurs" und seine voraussichtliche Lebensdauer abzuschätzen.

Droht Gefahr, unterrichtet das Hurrikan-Warnzentrum die Behörden der betroffenen Küstengebiete. Sie lassen dann den Warndienst anlaufen. Das heißt, es werden die Hurrikan-Warnflaggen gesetzt (ein schwarzes Quadrat in einer dunkelroten Flagge), und der Weg des Hurrikans wird laufend über Presse, Radio und Fernsehen bekanntgegeben. Die Bevölkerung wird aufgefordert, in hochliegenden Gebieten Schutz zu suchen, Vorräte an Lebensmitteln und Trinkwasser anzulegen, bewegliche Gegenstände soweit wie möglich zu befestigen sowie Fenster und Türen zu verbarrikadieren. Wenn noch Zeit ist und ein „großer Killer" kommt, wird außerdem versucht, die Menschen aus den bedrohten Gebieten zu evakuieren. Diesem gut ausgebauten Warnsystem ist es zu verdanken, daß die Zahl der Menschenleben, welche die Wirbelstürme nach wie vor fordern, nicht noch höher liegt. Auch „Camille" hätte mehr Todesopfer gefordert, wenn das Gebiet nicht vorher weitgehend von Menschen geräumt worden wäre.

Das alles sind „passive" Maßnahmen. Seit dem Jahre 1960 versucht man mit dem Projekt „Stormfury" (das heißt übersetzt etwa: „Sturmwut" oder „Sturmfurie") aber auch, die Wirbelstürme aktiv zu bekämpfen. Um die Gewalt der Stürme wenigstens zu vermindern, gibt es zwei Wege. Einmal könnte der Energietransport vom stark erwärmten Ozean (Wärmeenergie und latente Wärme) in die Atmosphäre und in das Sturminnere herabgesetzt werden, indem man die Verdunstung an der Meeresoberfläche unterbindet. Zum anderen könnte versucht werden, gegen die latente Wärme, die in den Wallwolken rund um das Sturmauge freigesetzt wird, anzugehen. Diese Wallwolken, in denen sich der Hauptanteil der Energie ansammelt, machen nur ein bis fünf Hundertstel des gesamten Sturmwirbels aus. Damit bietet sich die Möglichkeit, ihn hier gezielt zu bekämpfen.

Den meisten Erfolg bei dem Versuch, auf die physikalischen Vorgänge in den energiereichen Wolken einzuwirken, verspricht das Impfen mit Trockeneis. Man verwendet dazu sogenannte Silberjodidbomben.

Durch Radarbeobachtungen hat man in den letzten Jahren erkannt, daß sich die physikalischen Energien vor allem in den Bereichen, wo sich die Cumuluswolken entwickeln, und in den Hauptregenbändern zusammenballen. Auch innerhalb der Wallwolke sind sie nicht gleichmäßig verteilt, sondern auf einzelne Zellen beschränkt. Der gesamte Hurrikan lebt sozusagen nur aus diesen Zellen und Regenbändern. Die Bekämpfungsmaßmaßnahmen sind deshalb darauf gerichtet, diese für den Hurrikan lebenswichtigen Energiequellen zu „verstopfen".

Computer-Experimente, bei denen das Einführen künstlicher Eiskristalle in Hurrikanmodelle durchgespielt wurde, haben gezeigt, daß man auf dem richtigen Wege ist. Diese auf dem Papier vorgenommenen Versuche haben

Wirbelsturm im Pazifik, aufgenommen von der Apollo-9-Besatzung während ihres Fluges im März 1969 in der Nähe von Hawaii. Solche Bilder aus dem Weltraum vermitteln uns Einsicht in das Zustandekommen und den Ablauf großräumigen Wettergeschehens. Etwa ein Drittel aller Wirbelstürme entwickelt sich im westlichen Nordpazifik — dem aktivsten Entstehungsgebiet der Erde. Der Durchmesser eines Sturmgebietes liegt zwischen 500 und 800 km. Fot. dpa vor allem den Zweck, herauszufinden, unter welchen Bedingungen das Impfen die besten Aussichten auf Erfolg hat, das heißt, wie oft, in welchem Ausmaß und an welchen Stellen man Silberjodidbomben über dem Sturmwirbel abwerfen muß. Aber, wie gesagt, das alles sind Versuche und Experimente; der Erfolg blieb bisher bescheiden. Gegen den Hurrikan ist — um es einmal salopp zu sagen — noch kein Kraut gewachsen. Dr. Gentry, der Leiter des Projektes Stormfury, hat jedoch folgende Rechnung aufgemacht: Wenn die USA in den nächsten zehn Jahren die gleichen Mittel für die Hurrikanforschung und -bekämpfung aufwenden wie bisher, und es gelingt, die Auswirkungen nur eines schweren Hurrikans um den zehnten Teil zu vermindern, würde das Tausendfache dieser Aufwendungen dem Volksvermögen an Schäden erspart bleiben. Selbst wenn der Schaden nur um ein Hundertstel zurückginge, würde sich die Kosten-Gewinn-Rechnung für 10 Jahre noch wie 1:100 verhalten, ganz abgesehen von dem menschlichen Leid, das sich nicht in Zahlen ausdrücken läßt. In den ersten 60 Jahren unseres Jahrhunderts haben 17 000 Menschen durch Hurrikane ihr Leben verloren, und dem Volksvermögen wurde ein Schaden von rund 5 Milliarden Dollar, das sind rund 20 Milliarden Mark, zugefügt.

Mag es nach schwarzem Humor oder einem makabren Scherz klingen — Hurrikane sind nicht nur schädlich, sie können sich in küstenfernen Zonen auch segensreich auswirken. Vor der Hurrikan-Hochsaison brennt in den gefährdeten Gebieten sehr oft die Sonne wochenlang ohne Gnade vom wolkenlosen Himmel, so daß große Trockenheit herrscht. Die mit den Wirbelstürmen verbundenen starken Regenfälle bringen dann den Farmern die dringend benötigten Niederschläge. Die Wirbelstürme werden darum von ihnen auch „Dürre-Brecher" genannt. Nicht alle Hurrikane waren solch große Killer wie „Camille", es gab andere, die nur wenig Sachschaden verursachten und nicht ein einziges Menschenleben kosteten. Allein einer von diesen zahmen Wirbelstürmen hat im Jahre 1945 mit seinen Regenfällen ein Gebiet von 40 000 Quadratmeilen „bewässert" und von lang andauernder Dürre erlöst. Und auch im Fernen Osten sind die mit den Wirbelstürmen verbundenen Regenfälle für die Ernte unentbehrlich. Im Bezirk Hokuriku in Japan brachte der Energieerlös aus der Regenmenge von sechs Taifunen des Jahres 1960/61 den Kraftwerken einen Gewinn von 1,4 Millionen Dollar. Für Puerto Rico ist für den Zeitraum 1899—1928 folgende Gewinn- und Verlustrechnung aufgemacht worden. 60 vom Hundert der Wirbelstürme in diesen drei Jahrzehnten waren „nützlich", 30 vom Hundert verursachten zwar örtliche Zerstörungen, brachten aber anderen Gebieten Gewinn, und nur 10 vom Hundert wirkten sich für die ganze Insel nachteilig aus.

Hätten wir also diesen Bericht besser mit „Segen und Fluch des Hurrikans" überschreiben sollen? Wir glauben nicht, denn auch in Zukunft wird man kein Mittel unversucht lassen, die Gewalt der „großen Killer" wenn nicht zu brechen, so doch wenigstens zu lähmen.

MIT ATOMKRAFT ZU ANDEREN planeten

VON GÜNTER SANDSCHEPER

Im Sommer 1969 zitterte rund um Jackass Flats, einem kleinen Ort in Amerikas Wüstenstaat Nevada, die Erde. Ihren Höhepunkt erreichten die Erschütterungen am 11. Juni — eine natürliche Ursache gab es nicht. Was die Erde beben machte, waren Versuche amerikanischer Ingenieure, die Atomkraft auch für die Raumfahrt zu nutzen. Für dreieinhalb Minuten gab ihr Versuchstriebwerk auf dem Prüfstand bei 1 100 000 Kilowatt Wärmeleistung einen Schub von 22 500 Kilopond ab. Zum Vergleich: Amerikas größte Rakete, die Saturn 5 A, mit der die Mondflüge gestartet werden, entwickelt einen Schub von rund 3 500 000 Kilopond.

Wie großartig das Ziel, die „Atomrakete" ist, verdeutlicht ein Ausspruch von Dr. Glenn T. Seaborg, Nobelpreisträger und Vorsitzender der US-Atomenergie-Kommission. Er sagte: „Was wir zu bauen versuchen, ist ein flugfähiger, kleiner Kernreaktor, nicht viel größer als ein Schreibtisch, der nach einem Kaltstart in wenigen Minuten die Leistung der Turbinen des Hoover-Staudamms erzeugt."

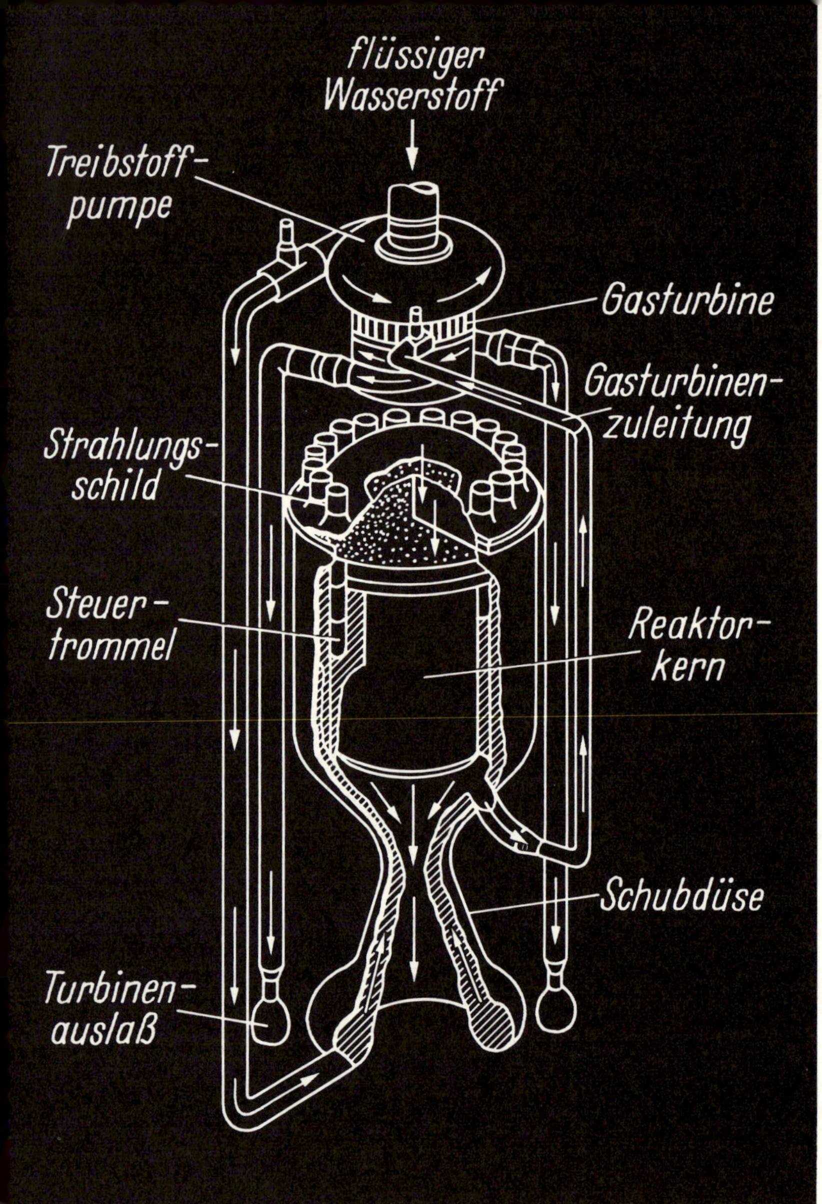

Links: Der grundsätzliche Aufbau der Nerva-Rakete: Aus einem Tank strömt flüssiger Sauerstoff in die Pumpe und von dort durch die Ummantelung der Schubdüse. Hier vorgewärmt, fließt das immer noch flüssige Gas in den Reaktorkern aus Graphit und verdampft bei rund 2000° C schlagartig. Durch diese Volumenvergrößerung entsteht der Schub in der Düse. Ein Teil des Gasstroms wird dort abgeleitet, um die Turbine für die Pumpe zu treiben. Hat es diese Arbeit geleistet, strömt es durch 2 seitliche Auslässe ab. Im Reaktor sind die Trommeln für die Neutronenspiegelung bzw. für den Neutroneneinfang zu sehen.

Rechts: Hier steht einer der ersten Reaktormotoren, Nerva A-1, in Jackass Flats, Nevada, auf dem Prüfstand. Die Austrittsdüse ragt nach oben. Eine Leitung führt den flüssigen Wasserstoff mit —253° C zu. Über das abgehende Leitungsbündel werden Drücke, Temperaturen, Erschütterungen und andere Meßwerte erfaßt. Das Häuschen unter dem Atommotor beherbergt die Reaktor-Kontrollinstrumente. Fotos NASA/AEC

Nun, so weit ist man noch lange nicht. Heute steht erst fest, daß ein solcher Raumantrieb betriebsfähig ist. Die Verkleinerung des jetzt noch ungefügen Raketenmotors soll dann bis zum Jahr 1977 weitgehend abgeschlossen sein. Dabei setzt man allerdings voraus, daß die Raumfahrtmüdigkeit, die sich bei der amerikanischen Regierung gegenwärtig bemerkbar macht, nicht zu Streichungen im Raumfahrtprogramm führt, denen auch das „Nerva-Projekt" zum Opfer fallen könnte. Betreiben die Ingenieure die Entwicklung aber wie geplant weiter, wird die Rakete so aussehen wie das Modell, das im Jahr 1969 auf der Nuclex in Basel, einer internationalen kerntechnischen

Messe, gezeigt wurde: 7,3 Meter lang, bei reichlich einem Meter Durchmesser. Mit diesen Abmessungen könnte die Nerva als dritte Stufe der Saturn 5 oder Oberstufe anderer, neuer Großraketen eingesetzt werden.

Der Vorteil einer solchen mit Atomkraft angetriebenen Rakete wäre vor allem, daß sie bei einer gegebenen Menge Treibstoff einen größeren Schub erzeugt als eine chemische Rakete. Das bedeutet, daß sie mehr Nutzlast über eine bestimmte Entfernung oder die gleiche Last über eine weitere Strecke zu befördern vermag. Die Leistung einer Rakete wird von den Ballistikern an ihrem „spezifischen Impuls" gemessen. Man versteht darunter die

Zeitspanne — in Sekunden ausgedrückt —, in der ein Kilopond Schub durch ein Kilogramm Treibstoff erzeugt wird.

Da die Geschwindigkeit, mit der die erhitzten Gase an der Düse austreten, bei einer Atomrakete etwa doppelt so groß ist wie bei einem chemischen Triebwerk, liegt ihr spezifischer Impuls ebenfalls doppelt so hoch. Der Grund für diese Tatsache ist, daß der spezifische Impuls von der Temperatur und dem Molekulargewicht des Gases abhängt. Weil in chemischen Raketen das Molekulargewicht der aufeinander einwirkenden Substanzen, zum Beispiel Sauerstoff und Wasserstoff, ziemlich gleich bleibt, muß die Verbrennungstemperatur gewaltig gesteigert werden, wenn die Leistung weiter verbessert werden soll. Doch damit kommt man schnell an die Grenzen, die den Raketenbauern heute von den Werkstoffen her gezogen sind.

Die Atomrakete braucht keine zwei Substanzen, die miteinander unter Energieentwicklung reagieren. Wasserstoff allein, der das sehr geringe Molekulargewicht von 2 hat, reicht aus. Er wird durch im Reaktor erzeugte Wärme aufgeheizt und so der Schub erzeugt. Rein rechnerisch ließe sich auf diese Weise der spezifische Impuls gegenüber einem Sauerstoff-Wasserstoff-Triebwerk verdreifachen. Da man aber die Temperatur im Antriebsteil der Atomrakete niedrig halten will, begnügten sich die Forscher mit einem Wert um 900 Sekunden gegenüber 456 Sekunden bei einer Rakete mit den Treibstoffen Wasserstoff und Sauerstoff.

Natürlich erhöht sich die Austrittsgeschwindigkeit an der Düse nicht von selbst: Sie erfordert die doppelte Leistung. Das bereitet jedoch bei einem Kernreaktor keine allzu große Schwierigkeit; denn die dazu nötige Energie kann in Form von Spaltstoff leicht in die Brennelemente hineingepackt werden. Verbrauchte Brennelemente lassen sich im Weltraum verhältnismäßig leicht auswechseln. Auch Wasserstoff ließe sich leichter auftanken als die zwei Treibmittel einer chemischen Rakete. Damit wäre man in der Lage, ein wiederverwendbares Raumfahrzeug zu bauen, das aus der Erdumlaufbahn heraus lange Ausflüge in das All unternehmen könnte.

Das Triebwerk der Nerva ist denkbar einfach aufgebaut: Der flüssige Wasserstoff wird aus einem Vorratstank in den Reaktorkern gepumpt, wobei er zur Kühlung in die Düsenummantelung und am Reaktorreflektor vorbeifließt. Auf seinem Weg schon stark vorgewärmt, erhitzt sich der Wasserstoff im Reaktor auf etwa 2000 Grad Celsius und entspannt in der Düse. Dabei entsteht der Schub. Um die Turbinenpumpe anzutreiben, die den Wasserstoff fördert, wird aus dem Hauptstrom ein kleiner Teil des heißen Gases abgezweigt und, mit kaltem Wasserstoff gemischt, der Pumpe wieder zugeleitet. Hier liegt einer der schwachen Punkte der Nerva-Rakete: Die Pumpe müßte für den später vorgesehenen Schub von 34 000 Kilopond in der Minute nicht weniger als 2,5 Tonnen Wasserstoff umwälzen.

Der Kern des Reaktors besteht aus Graphit, das die Brennelemente mit dem spaltbaren Uran einschließt. Die bei der Spaltung der Atomkerne ent-

An einem Holzmodell der Nerva-Rakete in natürlicher Größe machen die Ingenieure Studien über die Unterbringung der einzelnen Bauteile. Oben der Treibstofftank mit den umliegenden Kugelbehältern für Treibgase, darunter das Absperrventil mit dem Gehäuse für Pumpe und Turbine einschließlich der zur Düse (unten) gehenden Wasserstoffleitung. Über dem zylinderförmigen Reaktorgehäuse sind die Antriebe für die Steuertrommeln erkennbar. Fot. NASA

stehende Wärme wird über den Graphit an den Wasserstoff abgegeben, der den Reaktor in vielen Kanälen durchströmt. Der „Reflektor", eine Spiegelfläche aus Beryllium-Metall, die den Kern umhüllt, sorgt dafür, daß nicht zu viele der für die Kettenreaktion, also für den Betrieb des Atomreaktors nötigen Neutronen nach außen entweichen. (Neutronen sind die elektrisch neutralen Teilchen eines Atomkerns.) Die Wärmeabgabe des Reaktors und damit seine Leistung lassen sich durch eingebaute Trommeln regeln, die auf einer Hälfte ihrer Oberfläche Neutronen zurückwerfen und sie auf der anderen verschlucken. Je nach ihrer Stellung kann damit der Neutronenfluß verstärkt oder verringert werden.

Nun muß man sich noch fragen, wie denn der Raketenmotor in Betrieb gesetzt wird. Auch das ist nicht allzu schwierig. Der Druck im Wasserstofftank reicht aus, die Turbine der Pumpe, sobald das Auslaßventil geöffnet ist, langsam anzutreiben. Auf diese Weise wird etwas Wasserstoff in den Reaktor befördert. Dort zu Gas verwandelt, strömt er über die Entnahmeleitung wieder zur Turbine und erhöht ihre Drehzahl. Dieser Vorgang setzt sich fort, bis die gewünschte Reaktorleistung erreicht ist.

Bisher sind die Nerva-Triebwerke ausschließlich am Boden erprobt worden. Man wollte erst einmal Erfahrungen mit diesem Entwurf gewinnen und vor allem sehen, wie sich die Brennelemente im Reaktor verhalten. Dieser Abschnitt geht nun zu Ende. Auf den Reißbrettern der Ingenieure entsteht jetzt ein flugfähiges Triebwerk, das sich in einem wichtigen Punkt von den bisherigen Versuchsmustern unterscheidet: In ihm soll nicht mehr nur ein Teil des Wasserstoffs die Pumpenturbine durchströmen, sondern die gesamte Menge. Dadurch braucht man kein heißes Gas mehr hinter dem Reaktor zur Turbine abzuleiten, und die Temperatur im Reaktor kann bei gleichem spezifischen Impuls etwas geringer sein. Die flugfähige Nerva-Rakete soll bei den schon erwähnten Abmessungen von über 7 Meter Länge und reichlich einem Meter Durchmesser einen Schub von 34 000 Kilopond haben, wozu eine Reaktorleistung von 1500 Megawatt und ein spezifischer Impuls von 825 Sekunden notwendig sind. Der Wasserstoff wird im Reaktorkern auf 2150 Grad Celsius erhitzt.

Mit der Entwicklung von Atomtriebwerken hat man in den USA Ende der 50er Jahre begonnen, und zwar mit den zwei Hauptprogrammen Phoebus und Nerva. Nerva ist eine Abkürzung und bedeutet im Englischen Nuclear Engine for Rocket Vehicle Application. Beide Pläne werden von der NASA und der US-Atomenergie-Kommission bearbeitet, die gemeinsam ein „Büro für Nukleare Raumfahrtantriebe" unterhalten. Die Phoebus-Versuche laufen im Los Alamos Scientific Laboratory in New Mexiko, rund 1000 Kilometer südöstlich von Jackass Flats. Die Forscher dort beschäftigen sich ausschließlich mit dem Bau von Reaktoren, um damit die Grundlagen für atomgetriebene Raumfahrzeuge zu schaffen.

Die Reihe der Versuche mit den Vorgängern des heutigen Entwurfs ist lang. Sie begann im Jahr 1962. Damals wurde während eines Tests ein Teil der Brennelemente durch Erschütterungen so beschädigt, daß er durch die Düse herausflog. Zwei Jahre später aber erreichte man bereits eine Betriebszeit von zwanzig Minuten. Damit war eine Teilaufgabe gelöst. Doch ein Triebwerk muß sich mehrmals aus- und einschalten lassen. Bei einem Mondflug z. B. kann das rund sechsmal notwendig sein: beim Austritt aus der Erdbahn, zur Kurskorrektur während des Fluges und beim Eintritt in die Mondumkreisung, auf dem Rückweg wiederholen sich die Manöver. Was die Forscher weiter gern gewußt hätten, war das Verhalten des Antriebs bei voller Leistung, die er überdies in sehr kurzer Zeit erreichen muß. Diese Versuche gelangen mit dem Probelauf der Projektnummer NRX-A 6: Im Dezember 1967 war das Antriebssystem volle 60 Minuten bei seiner Höchstleistung von 1100 Megawatt in Betrieb. Zweieinhalb Jahre später, im Sommer 1970, verfügten die Kerntechniker über die Erfahrung von insgesamt fünf Stunden Betriebszeit bei voller Leistung!

Hatte man den Feuerstrahl bei den vorhergegangenen Versuchen einfach in den Himmel schießen lassen, so feuerte die Austrittsdüse des Nerva-Antriebs während der im September 1969 abgeschlossenen Tests erstmals nach unten in eine Kammer mit weltraumähnlichen Bedingungen. Damit war das Ziel erreicht und der erste auf der Erde funktionierende Atomraketenantrieb fertig. Fünf Jahre hatte man dazu gebraucht, in denen 15 Versuchsmodelle gebaut worden waren. Danach begann der zweite Abschnitt, das Bemühen, den Motor auf die von Dr. Seaborg geforderte „Schreibtischgröße" zu bringen.

Sinn der Entwicklung von Atomraketen ist es, Raumfahrzeuge zu schaffen, die sich für Unternehmungen in Erdnähe und im Weltraum gleich gut eignen. Eine solche Rakete läßt sich wieder auftanken und befördert eine hohe Nutzlast. Das ist ein entscheidender Gewinn. Die Nerva-Rakete könnte, als dritte Stufe einer Saturn 5 in eine Erdumlaufbahn gebracht, die Dienste eines „Lastesels" zwischen einer bemannten Raumstation auf Erdumlaufbahn und einer Mondstation übernehmen. Von den jeweiligen Mondflügen zurück, brauchte in der Erdbahn nur flüssiger Wasserstoff nachgefüllt werden. Bei Weltraumkälte wäre das nicht sehr schwierig.

Eine andere Aufgabe könnte darin bestehen, Sendesatelliten in synchrone Erdumlaufbahnen zu befördern. Die NASA plant zum Beispiel Weltraum-Fernsehsender, deren Programm auf der Erde von jedermann unmittelbar mit dem Fernsehgerät daheim empfangen werden kann. Diese 9000 Kilogramm schweren Satelliten könnte eine Nerva an einer ganz bestimmten Stelle im Raum „festhalten" oder, nach Bedarf, zu einem späteren Zeitpunkt an andere Plätze transportieren. Bahnkorrekturen wären jederzeit möglich. Ähnliche Aufgaben sind bei großen Raumstationen denkbar, die man in der Erdumlaufbahn montieren will.

Nicht zuletzt wäre der „fliegende Reaktor" imstande, bei der Erforschung unseres Planetensystems, wie sie die NASA beispielsweise mit der „Grand Tour" 1977 und 1980 plant, eine wichtige Rolle zu übernehmen. Während der Grand Tour soll eine Sonde an den Planeten Jupiter, Saturn, Uranus und Neptun vorbeifliegen und Messungen zur Erde übermitteln. Will die Sonde aber die viele Millionen Kilometer entfernten Sonnentrabanten erreichen, dann muß ihr aus der Erdbahn heraus eine große Anfangsgeschwindigkeit mitgegeben werden, die ausreicht, sie in das Schwerefeld des ersten angesteuerten Planeten zu bringen. Diesen „Schubs" könnte Nerva geben und, nachdem die Sonde schnell genug ist, wieder in die Ausgangsbahn zurückkehren. Die Sonde würde sich dann, jeweils von der Schwerkraft der einzelnen Planeten beschleunigt, von einem zum anderen „hangeln".

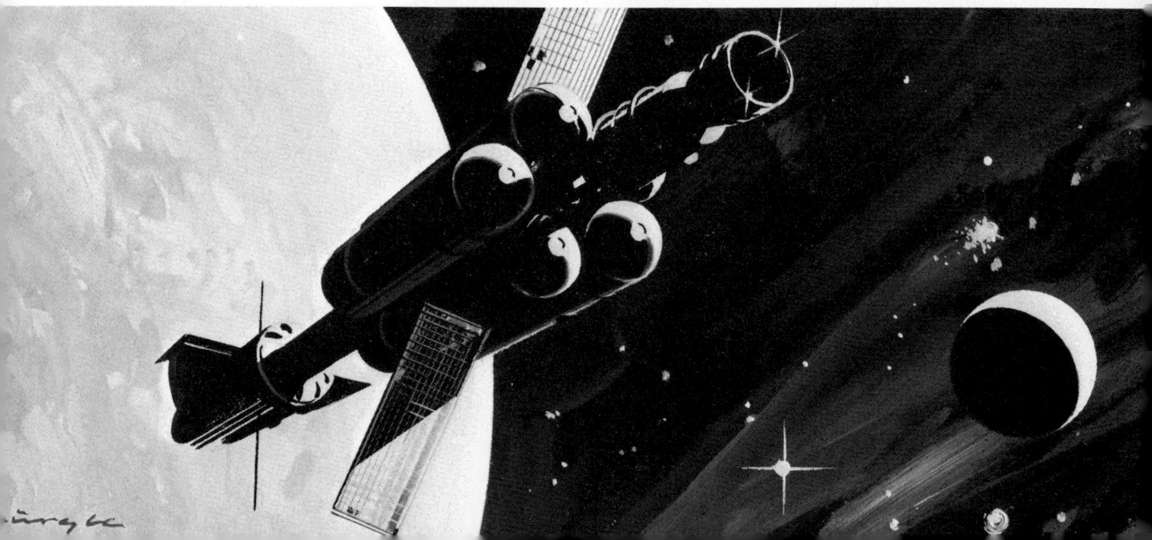

Welt der bunten Träume

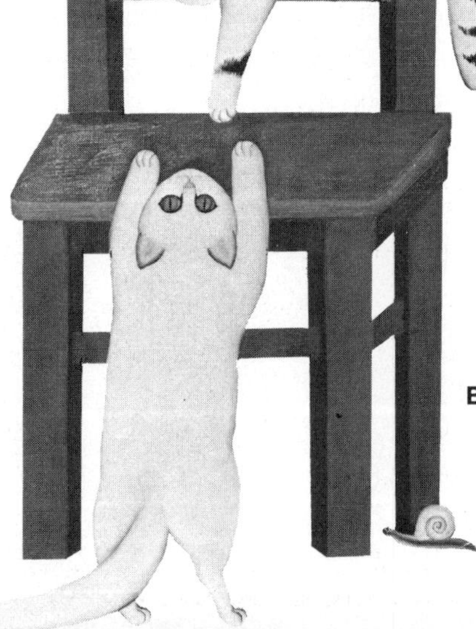

VON
BRIGITTE MANN

Vom Umschlag eines Ausstellungskatalogs zwinkert vergnügt ein altes, verschrumpeltes Männchen mit einem Riesenschnauzbart dem Beschauer zu. Überdimensionale Butterblumen und helle Schäfchenwolken unterstützen seine freundliche Einladung. Eine leuchtend bunte, vielfältige Welt tut sich auf.

„Naive Malerei aus Jugoslawien" ist das Thema der Ausstellung, die vor einiger Zeit in mehreren deutschen Städten zu sehen war und zu der der Katalog einlädt.

Was ist das: naiv? Immer wieder stößt man auf dieses Wort. In Tageszeitungen und an Anschlagsäulen finden sich Hinweise auf Ausstellungen naiver Kunst, Ausstellungen einzelner Maler oder Gruppenausstellungen. Handelt es sich dabei um eine neue Kunstrichtung oder um Altbekanntes in neuem Gewand? Ein Gang durch die Ausstellung der naiven Jugoslawen kann Antwort auf diese Fragen geben:

Zwei Kühe, die eine strahlend weiß, die andere tiefschwarz, hat Ivan Generalić auf seinem Gemälde vor einen klapprigen Karren gespannt, auf dem Bauer und Bäuerin aufs Feld fahren; die Fahrt geht über saftig grüne Wiesen, vorbei an gelbblühenden Blumen und grotesk geformten Bäumen und Sträuchern.

Fliegende Fische sind für den naiven Maler keine exotischen Tiere: Das ganze obere Drittel eines Bildes wird beherrscht von einem Prachtfisch. Er schwebt über einem weidenumsäumten Teich, unheildrohend, als wolle er sich im nächsten Augenblick auf die Angler stürzen, die friedlich am Teichrand sitzen.

Frühling ist es auf dem Hirtenbild von Marinković, auf dem er seine Schafe, Kühe und Pferde weiden läßt. Von Hochsommer und Ernte erzählen

Links oben: Das Dorf Kovačica und seine Bewohner ist das immer wiederkehrende Thema bei Zuzana Chalupova. — Vlg. E. Kaufmann

Hintergründig und oft von tiefer symbolischer Bedeutsamkeit sind die Hinterglasbilder der naiven Malerin Greta-Maria Scherzer.

die Bilder von Jano Sokol. Der Herbst in Zagorje, den Ivan Rabuzin im Bild erstehen läßt, hat nichts Herbstlich-Trauriges, eher heiter stimmen die aus vielen hundert Kügelchen zusammengesetzten Berge, seine Kugelwolken und Kugelbäume. Der Winter dauert lang in Jugoslawien. Er ist grimmig kalt und schneereich. Ihm sind viele Landschaftsbilder gewidmet; aber auch Bilder, die das tägliche Leben auf dem Lande schildern, sind oft Winterbilder, voller winziger, getüpfelter Schneeflocken und mit dickvermummten Gestalten, die fast im Schnee versinken. Die Bilder sind in kalten, klaren Farben gemalt, die den Schnee knirschen machen.

Mit Blumen überwuchert ist das Feld der roten Kürbisse von Sofia Doclean, die zwischen der üppigen Blumenpracht dem Beschauer satt entgegenleuchten.

Eichhörnchen spielen in kahlen, merkwürdig verästelten Bäumen, eine Riesenkuh starrt den Betrachter aus ausdruckslosen Augen blöde an, zwei Ziegen haben einen Kinderwagen umgeworfen, einem in hellen, leuchtenden Farben gemalten Phantasievogel wachsen Blüten aus Kopf und Schwanzfedern ...

Typisch für alle naiven Bilder, ob sie nun aus den Balkanländern stammen, aus Deutschland und Frankreich, aus den USA oder aus Südamerika, ist das erzählende Element. Der Maler will Geschichten erzählen, die er erlebt hat, oder Träume wiedergeben, die er geträumt hat. Er hat alles mit eigenen Augen gesehen und schildert es mit den künstlerischen Mitteln, die ihm zur Verfügung stehen. Und da der naive Maler nie ein berufsmäßiger Künstler ist, wirken seine Bilder oft ungelenk und steif. Viele naive Bilder erinnern stark an Zeichnungen oder Gemälde aus Kinderhand. Bei allen fehlt die Perspektive. Menschen und Tiere sind in der Darstellung oft sehr vereinfacht, die Gesichter haben einen unnatürlich starren Ausdruck. Fast alle naiven Maler benützen ungemischte, leuchtende Farben, die sie unbekümmert auf der Leinwand verteilen.

All diese unbeholfen wirkende Andersartigkeit hat zur Beliebtheit der naiven Malerei beigetragen. Erstaunt verzeichnet der Kunstkenner eine Malweise, die der gerade vorherrschenden modernen Kunst nicht ähnelt; der Laie hingegen findet Gefallen an den völlig anders gemalten Bildern. Die wahrhaft naive Frage „Was stellt das Bild dar?", die bei modernen Kunstwerken undenkbar wäre, ist hier erlaubt, ja erwünscht. Der Maler freut sich, wenn er von seinem Publikum verstanden wird. Und doch malt der naive Künstler nie im Hinblick auf dieses Publikum. Er malt allein für sich, weil ihm das Malen Freude macht. Immer ist der Erfolg dann für ihn mit einer ordentlichen Portion Staunen vermischt.

Leonore Esdar: Leben in Rot. Einer reichen Phantasie entsprungen sind all die üppig wuchernden Pflanzen, die diesen Bildern märchenhaften Zauber verleihen.

Von geradezu fotografischer Genauigkeit sind die Städte- und Landschaftsbilder des Hamburgers Rudolf Stapel. An einem Bild malt er bis zu 120 Stunden.

Auch die Salzburgerin Regine Dapra findet ihre heiteren, farbenfrohen Motive in ihrer österreichischen Heimat. Viele Ausstellungen machten sie bekannt.

Zwischen der naiven Kunst und der sogenannten „hohen" Kunst — das bedeutet akademisch gebildete — bestehen eine ganze Reihe von Unterschieden. Diese Unterschiede sind vor allem vom Soziologischen her zu sehen: Der Vertreter der hohen Kunst hat einen gesellschaftlichen Auftrag zu erfüllen; mit seinem Namen und seinem Werk steht er im öffentlichen Leben und ringt um Anerkennung und um materielle Sicherheit. Der nicht berufsmäßige Künstler dagegen malt nur in der für ihn verfügbaren Zeit, abends, an Sonntagen und an Feiertagen. Viele naive Maler haben auch erst im Alter angefangen zu malen, dann nämlich, wenn ihnen die Pensionierung plötzlich viel Freizeit brachte.

Naive Maler gehören daher auch den verschiedensten Berufen an. Da gibt es keinen Handwerksberuf, der nicht vertreten wäre: Fleischer, Anstreicher, Gärtner, Maurer, Schlosser, Schäfer, Knopfmacher ... Es gibt Fabrikarbeiter und Grubenarbeiter, Zirkusathleten und Bauern. Und es gibt vor allem eine ganze Reihe von Hausfrauen, die in ihrer Freizeit naive Bilder malen.

Über die Entdeckung naiver Maler erzählt man nette Geschichten. Eine der bekanntesten ist die Geschichte der Grandma Moses, der malenden amerikanischen Großmutter. Viel lieber hätte sie es gesehen, wenn nicht ihre Bilder, sondern ihre selbstgemachte und zum Verkauf angebotene Marmelade berühmt geworden wäre. Als eines Tages ein New Yorker Kunsthändler zehn von ihr gemalte Bilder für eine Ausstellung mit nach New York nehmen wollte, Frau Moses jedoch nur neun Bilder fertig hatte, machte sie ganz einfach aus einem Bild zwei Bilder. Ähnliches erzählt man sich auch von Bombois, der seine Gemälde nach Größe und Flächeninhalt verkaufte und zu diesem Zweck stets einen Zollstock mit sich trug. Bei den „limners" genannten amerikanischen Naiven des siebzehnten Jahrhunderts (ihre Bilder gelten als die ältesten Zeugnisse naiver Malerei ganz allgemein) richtete sich der Preis nach den von den Käufern gewünschten Einzelheiten.

Vor ein paar Jahren hat der Maler Fred Stelzig den inzwischen recht bekannt gewordenen Josef Wittlich entdeckt. In einem Keramikwerk im Rheinland, das Stelzig besichtigte, hingen riesig große, plakatähnliche Bilder an den Wänden der Werkshallen. In jeder freien Minute hatte der Hilfsarbeiter Josef Wittlich gemalt. Das Ergebnis waren diese farbenprächtigen Bilder. Er verdankte es der Gutmütigkeit seines Meisters, daß er sie an seinem Arbeitsplatz aufhängen durfte. Von einem Tag zum anderen sollte sich das ändern. Der Wand-

Rechts: Einer der bedeutendsten naiven Maler Jugoslawiens ist Martin Mehkek. Er gilt als Meister des Porträts, doch auch seine Landschaften sind von großer Aussagekraft.

schmuck verschwand aus den Hallen und wurde zu Preisen mit vierstelligen Zahlen verkauft. Wittlich war über Nacht berühmt geworden.

Ähnlich erging es den beiden Hamburgern Manfred Söhl und Rudolf Stapel. Ihre Bilder wurden zunächst in örtlichen Ausstellungen gezeigt. Sie gefielen. Ausstellungen in anderen Städten folgten. Ihre Bilder, die unverkennbar alle Merkmale der naiven Malerei aufweisen, wurden bekannt.

Sonntagsmaler, Primitive und Neo-Primitive, Laienmaler und Instinktive — das alles sind Bezeichnungen, die man naiven Malern gegeben hat. „Volkstümliche Meister der Wirklichkeit" und „Maler des heiligen Herzens" sind aus dem Französischen übernommene Begriffe, die findige Journalisten und Kunsthändler in den Zwanzigerjahren unseres Jahrhunderts geprägt haben, als die naive Malerei begann, von Paris aus ihren Weg in die Welt zu nehmen. Namen wie Camille Bombois, Louis Vivin, André Bauchant und Séraphine Louis sind eng verknüpft mit der Frühgeschichte der naiven Malerei. Diese Maler gelten als die unmittelbaren Nachfahren des bekanntesten aller Naiven, Henri Rousseaus.

Von Rousseau bis zu den heute malenden Naiven ist der Weg weit. Und doch kann man nicht behaupten, daß die naive Malerei eine Entwicklung

Unten: Greta-Maria Scherzer: Herbst. Eine geradezu wohltuende Ruhe strahlt dieses Hinterglasbild aus. Der Herbst zieht nicht mit Sturm und Regen ins Land, er kündigt sich durch leise fallende Blätter an.

Regine Dapra: Schloß Goldenstein. Besonders reizvoll ist der Kontrast zwischen den sanften Hügeln im Hintergrund des Bildes und der modernen Strenge der Gebäude.

durchlebt hat. Es wäre denkbar, daß ein heute Lebender noch genauso malt wie Rousseau, und umgekehrt könnten heute entstandene Bilder ebenso vor fünfzig Jahren gemalt worden sein. Ein Beispiel mag dies besonders deutlich machen: Einer der Zeitgenossen Rousseaus war der Postbeamte Vivin. Von ihm sind uns hauptsächlich Architekturzeichnungen überliefert. Mit unendlicher Sorgfalt hat er die Notre Dame Stein um Stein aufgebaut. Zum Verwechseln ähnlich sind die Bilder des Jugoslawen Emerik Feješ. Auch er scheint alle Ziegelsteine der Städte seiner Sehnsucht gezählt zu haben. Seine Bilder beeindrucken noch mehr, wenn man sich vorstellt, daß Feješ sie nicht mit einem Pinsel — den konnte er sich nicht leisten —, sondern mit ausgefaserten Streichholzenden gemalt hat.

Jedes Land und jeder Kulturkreis hat seine naiven Maler hervorgebracht. Eine Vielfalt von Motiven ist so entstanden. Dennoch läßt sich eine Vorliebe für bestimmte Themen erkennen, die immer wieder aufgegriffen werden: Die eingangs beschriebenen Bilder der Jugoslawen geben fast ausschließlich Szenen des täglichen Lebens wieder. Auch die Bilder der Tschechen beschreiben das Alltagsleben oder aber Dinge, die das tägliche Leben aus dem Gleichgewicht bringen oder angenehm unterbrechen: Feuersbrünste und Gewitter, Mordtaten und Beerdigungen, den Einzug eines Zirkus, die Erlebnisse auf dem Jahrmarkt. Das Vergnügen, das die Dorfbewohner früherer Zeiten an Bänkelsang und Moritat gefunden haben, spiegelt sich in diesen

Motiven wider. Die naive Malerei Hollands setzt die Tradition des Landes fort. Wie seit Rembrandts Zeiten malt man Interieurs, Landschaftsbilder und Porträts. Am vielfältigsten sind die Motive der Franzosen. Hier läßt sich am wenigsten Gemeinsames feststellen. Die Länder des Mittelmeerraums weisen in ihrer naiven Malerei viele volkskunstähnliche Züge auf. Eine offensichtliche Freude am Grausamen zeigen viele naive Bilder aus Haiti. Es würde zu weit führen, die einzelnen Länder alle aufzuzählen. Viel wichtiger ist es, zu wissen, daß unabhängig von geographischen Gegebenheiten überall echte naive Kunst entstanden ist und bis in unsere Tage entsteht. Allen naiven Malern gemeinsam ist eine von Überlieferung und Stil unabhängige künstlerische Aussagekraft, die Vergangenheit und Gegenwart in gleichem Maße bildhaft zu machen versteht. Und auch der naive Maler der Zukunft wird nur das malen, was er sieht, er wird das mit den ihm zur Verfügung stehenden Mitteln tun — wie bisher auch. Die Aufmerksamkeit, die die heutige Zeit der naiven Malerei schenkt, wird dazu beitragen, daß diese liebenswerte Kunst nicht ausstirbt.

Die zu Beginn gestellte Frage „Was ist naiv?" läßt sich, wie wir sehen, nicht mit einem einzigen Satz beantworten. Es ist sehr viel einfacher, zu erklären, was naive Maler nicht sind, als zu beschreiben, was sie tatsächlich sind und was das Anderssein ihrer Kunst ausmacht. Man kann in diesem Zusammenhang eine Unmenge von Einzelfakten aufzählen, um den Begriff in seinem Wesen zu erhellen; doch das Naive als Ganzes zu deuten, wird nie möglich sein. Es bleibt dem Betrachter naiver Bilder überlassen, diese Kunst für sich ganz persönlich neu zu entdecken.

Unverwechselbare Eigenständigkeit haben die naiven Bilder von Maria Kloss. Die Künstlerin verwendet mit Vorliebe Elemente und Farben aus der Popart und erzielt damit eine überaus moderne Wirkung.

KANN DIE ZEIT RÜCKWÄRTS LAUFEN?

WALTER BAIER

Mit der Zeit ist es so eine Sache. Jeder weiß, was das Wort bedeutet — richtig erklären kann es niemand. Das ist nicht die einzige Schwierigkeit, die die Physiker mit der Zeit haben. Die Zeit ist, so hat Albert Einstein vor 45 Jahren festgestellt, der Relativität unterworfen. Zwar wird das erst bei außerordentlich hohen Geschwindigkeiten merklich, ganz allgemein verläuft aber die Zeit für den schneller, der sich uns nähert, und für den langsamer, der sich von uns entfernt. Und damit haben wir die nächste Schwierigkeit: Es gibt kein rechtes Maß dafür, wie schnell die Zeit verstreicht.

Messen heißt vergleichen. Längen messen wir, indem wir sie mit den Markierungen auf einem Stab oder ähnlichem vergleichen. Zeitspannen lassen sich messen, indem man vergleicht, wie weit der Zeiger einer Uhr rückt, bis sie abgelaufen sind. Es kommt dabei nicht darauf an, ob die Markierungen Zentimetereinteilungen und die Schritte der Uhr Sekunden sind. Naturgesetze sind unempfindlich gegen solche Einzelheiten. Veränderte Maßsysteme ergeben dieselben Formeln — nur die Zahlenwerte der Meßreihen sind verschieden.

Wichtig dagegen ist, daß jede Messung von einem bestimmten Punkt ausgeht: Sie setzt immer einen Festpunkt voraus, auf den sie bezogen wird, das heißt, sie ist relativ. Am deutlichsten zeigt sich die Relativität bei der Geschwindigkeit, die in Länge je Zeit angegeben wird. Ein Radarwagen der Polizei zum Beispiel mißt aus dem Stand, wie schnell ein anderer Wagen fährt. So ist er selbst ruhender Bezugspunkt. Fährt er, so sieht das Ergebnis anders aus. Wagen, die ihm entgegenkommen, werden nun schneller erscheinen, Wagen, die in der gleichen Richtung fahren, dagegen langsamer. Die Messung wird durch die Eigengeschwindigkeit des Radarwagens (auf einen ruhenden Punkt bezogen) verändert.

Nur für das Licht scheint das nicht zu gelten. Gleich, ob eine Lichtquelle im Weltall auf uns zukommt oder sich von uns entfernt, die Geschwindigkeit bleibt immer dieselbe. Bewegungen zueinander oder voneinander weg haben keinen Einfluß, obwohl man sie nach unserer irdischen Meßerfahrung von der Lichtgeschwindigkeit abziehen oder ihr hinzurechnen müßte. Hier haben wir also den Fall, daß der Zahlenwert sich nicht verändert, obwohl die Umstände anders sind. Heißt das, daß unsere Maßeinheiten für Länge und Zeit sich verändern?

Ja, genau das heißt es. Albert Einstein hat das im Jahre 1905 zum ersten Male in dieser Form behauptet. Unveränderlich ist nur die Lichtgeschwindigkeit. Längen, das heißt der Raum, und auch die Zeit sind es nicht. Sie verändern sich gemeinsam ganz gesetzmäßig. Das hat die Physiker gezwungen, sie als aneinander gebunden zu betrachten. Man spricht von einem „Raum-Zeit-Kontinuum": Den drei Dimensionen, die der Raum hat — Länge, Höhe und Breite — gesellt sich die Zeit als vierte Dimension hinzu. Ereignisse werden in Raum und Zeit beschrieben, wobei der Beobachter die Bezugspunkte setzt.

Dafür ein Beispiel: Der Ort eines Fisches im Aquarium läßt sich durch die Angabe von Länge, Höhe und Breite genau beschreiben (Abb. 1). Ebenso lassen sich die Bewegungen des Fisches verfolgen, indem man diese Messungen ständig wiederholt. Die Daten ergänzt der Physiker durch die Zeitangabe, wann die Messungen der Koordinaten erfolgt sind.

Das läßt sich nun freilich nicht mehr zeichnen. Wir müssen deshalb zu dem Trick greifen, uns alle drei Dimensionen des Raums zu einer einzigen vereinigt zu denken. Dann ergibt sich beispielsweise die übervereinfachte Abbildung 2. In ihr ist die Zeit eine Dimension und deshalb als Koordinate dargestellt. Damit können wir nun grob feststellen, wie ein Ding sich durch die Zeit bewegt.

Das ist nämlich der Trick der Physiker. Sie nehmen an, daß ein Ding durch die Zeit ebenso fortschreitet wie durch den Raum.

In einem wesentlichen Punkt unterscheidet sich die Zeit jedoch von den Dimensionen des Raums. Längen können wir vor- oder rückwärts durchmessen. Das macht keinen Unterschied. Nicht so die Zeit. In ihr sind wir an eine bestimmte Richtung gebunden, die von der Vergangenheit in die Zukunft führt: Im Raum sind wir frei beweglich, in der Zeit nicht.

Muß das so sein? Hier beginnt die Unsicherheit. Hält man sich an die Gesetze der Physik, so gibt es keinen Grund, aus dem ein Ding nicht auch rückwärts durch die Zeit laufen könnte. Kein physikalisches Gesetz würde dadurch verletzt; in die mathematischen Ausdrucksformen läßt sich eine rückläufige Zeit einsetzen (sie hätte ein negatives Vorzeichen), ohne daß das Gesetz sinnlos wird. Ein rückläufig abgespielter Film der Planetenbewegungen um die Sonne zeigt nichts physikalisch Unmögliches. Denn in die Gesetze der Massenanziehung, die die Planetenbewegung beherrschen, geht die Zeit im Quadrat ein. Negative Zahlenwerte, zum Quadrat genommen, ergeben aber wieder positive Zahlenwerte. Das bedeutet, daß alle Körper sich bei rückläufiger Zeit genauso anziehen würden, wie sie es bei vorwärtslaufender Zeit tun.

Wie sähe es denn aus, wenn ein Ding sich frei in der Zeit bewegen könnte? Das zeigt die Abbildung 3. Wer sie genau betrachtet, der findet etwas Sonderbares: Das Ding kann auf seinem ungehinderten Weg durch die Zeit die Jetzt-Linie beliebig oft überschreiten. Das bedeutet, daß das Ding zur selben

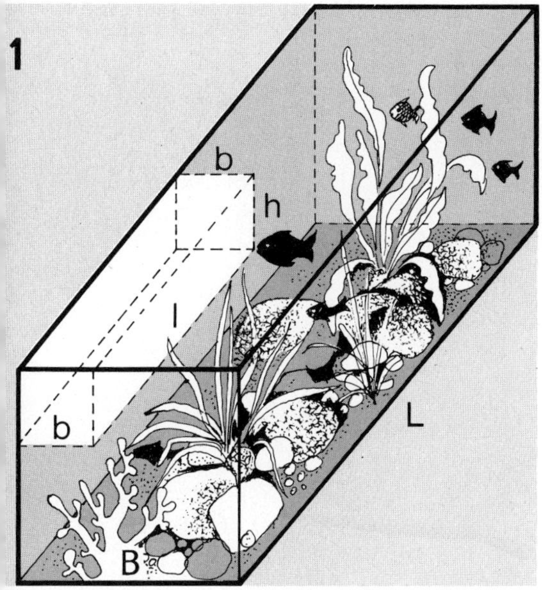

Der augenblickliche Standort eines Fisches im Aquarium läßt sich genau bestimmen, indem man von einem Eckpunkt des Gefäßes aus Länge, Breite und Höhe mißt: l, b und h sind die Koordinaten des Fisches.

Unten links: Der „Weg" eines Dings durch die Zeit. Aus der Vergangenheit führt er über das Jetzt in die Zukunft. Auch die Zeit ist eine Dimension wie Länge, Höhe und Breite; sie kann deshalb ebenfalls als Koordinate dargestellt werden, wenn die drei anderen zu einer „Raumkoordinate" zusammengefaßt werden.

Unten rechts: Ein gedachtes Ding, das sich vor- und rückwärts durch die Zeit bewegt. Da es die Jetzt-Linie beliebig oft überschreiten kann, kann das Ding zur selben Zeit an beliebig vielen Orten sein — das heißt, es wäre allgegenwärtig.

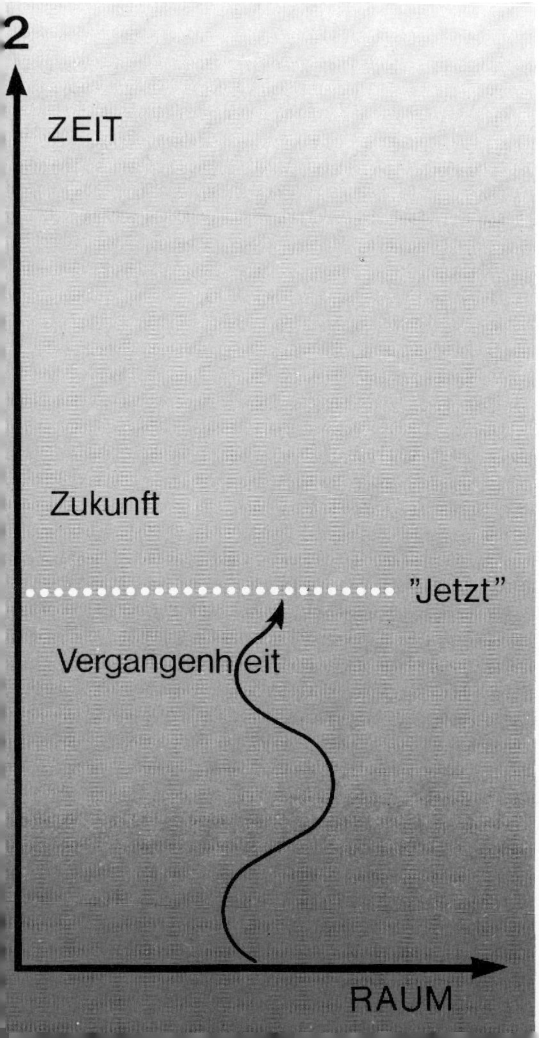

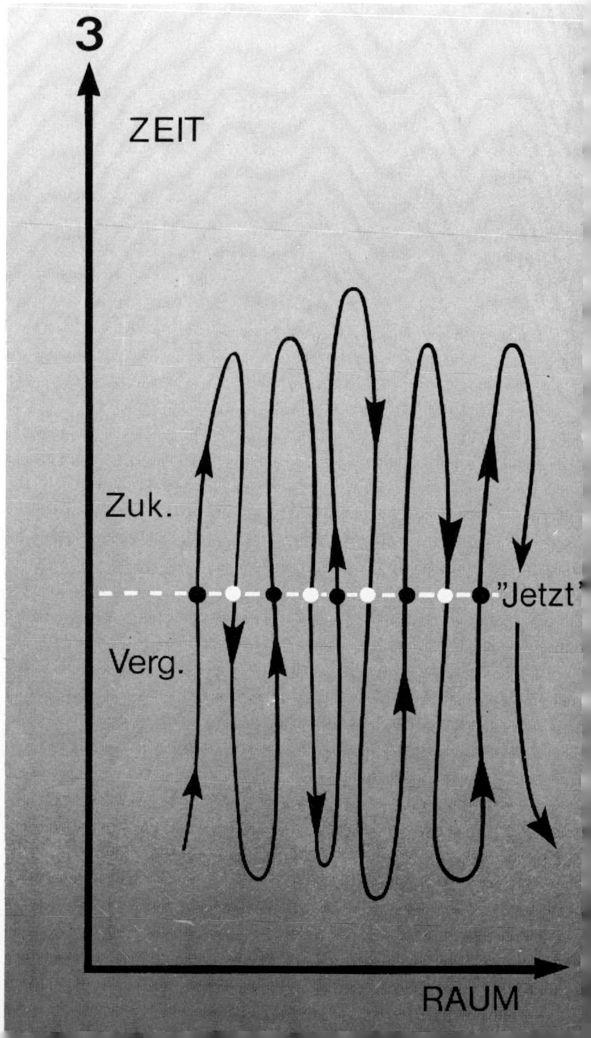

Zeit an beliebig vielen Orten sein könnte. Wir würden es gleichzeitig hier, dort und überall sehen und natürlich glauben, unzählige Dinge zu sehen, obwohl es immer nur das eine Ding wäre. Weil es die Jetzt-Linie überall im Raum durchqueren könnte, wäre das Ding allgegenwärtig.

Diese Vorstellung wirft zwei Fragen auf: Wie sieht das Ding aus, wenn es gerade aus der Zukunft in die Vergangenheit fliegt? Vielleicht anders? Dann hätten wir zwei Arten von Dingen, die wir überall sehen würden, obwohl es nur ein einziges Ding gäbe. Und was geschieht, wenn das Ding auf Hin- und Rückweg die Jetzt-Linie einmal genau im selben Punkt schneidet? Es würde dann doch mit sich selbst zusammenstoßen!

Das klingt so verrückt, daß man wirklich glauben sollte, so etwas gebe es nicht. Und wenn die rückläufige Zeit nach den physikalischen Gesetzen zwar nicht unmöglich ist, so ist sie doch äußerst unwahrscheinlich.

Wenn wir einen Stein ins Wasser werfen, so breiten sich um die Einschlagstelle Wellen nach allen Seiten aus. In einer rückläufigen Zeit müßten Wellen von allen Seiten herbei kommen, während ein Stein sich vom Boden des Gewässers höbe. In dem Augenbick, in dem die Wellen sich an einem Ort vereinigten, um zu verschwinden, würde der Stein aus dem Wasser und in unsere Hand springen. Das ist genauso unwahrscheinlich wie die Vorstellung, daß vom Ende des Weltalls her aus allen Richtungen Licht zusammenlaufen würde, um sich in einer Glühlampe zu vereinigen (was die Umkehrung des Vorgangs wäre, daß eine Glühlampe Licht in alle Richtungen aussendet).

4

Eine Lichtquelle in rückläufiger Zeit würde keine Strahlen aussenden, sondern sie ansaugen.

Hier müssen wir sorgfältig zwischen unmöglich und unwahrscheinlich unterscheiden. Unmöglich ist nur ein Ereignis, das gegen ein Naturgesetz verstößt. Sammeln wir aber die Erfahrung der gesamten Menschheit — das heißt: stellen wir eine Statistik zusammen —, so zeigen sie, daß noch niemand beobachtet hat, wie ein Stein „von selbst" aus dem Wasser sprang. Die Statistik spricht also gegen ein solches Ereignis. Sie kann es nicht für unmöglich erklären, aber sie zeigt, daß es völlig unwahrscheinlich ist. Wir können also sagen, daß es nach der Statistik unserer Erfahrungen eine bevorzugte Zeitrichtung gibt, die wir als „vorwärts" empfinden. Solange kein Naturgesetz bekannt ist, das die Frage nach der Zeitrechnung endgültig beantwortet, müssen die Physiker sich demnach mit Statistiken begnügen.

Eine davon ist das „Zweite Gesetz der Thermodynamik". Es besagt, daß Wärme immer von wärmeren zu kälteren Orten strömt. Das führt dazu, daß in einem abgeschlossenen System — beispielsweise in einem völlig isolierten Gefäß, das zur Außenwelt keine Verbindung hat — die Wärme schließlich gleichmäßig verteilt ist. Wie die Physiker sagen: Die Entropie des

Systems steigt. Entropie läßt sich mit Ungeordnetsein übersetzen. Den Weg vom Geordnetsein zum Ungeordnetsein, zur gleichmäßigen Verteilung, zur steigenden Entropie können wir deshalb als die Zeitrichtung betrachten.

Allerdings hat auch das seine Schwierigkeiten. Ludwig Boltzmann, einer der Begründer der statistischen Thermodynamik, hat nämlich schon herausgefunden, daß Gasmoleküle in einem geschlossenen, isolierten Behälter zwar nach einiger Zeit ungeordnet durcheinanderschwirren, daß dann aber kleine Bereiche entstehen, in denen sich wieder eine gewisse Ordnung zeigt. Boltzmann selbst hat festgestellt, daß der Ordnungsgrad des Gesamtsystems dabei im wesentlichen unverändert bleibt. Das legt den Schluß nahe, daß in anderen Bereichen die Unordnung zugleich steigt, so daß die Ordnung an den ersten Orten ungefähr ausgeglichen wird.

Boltzmann hat das auf das Weltall zu übertragen versucht. Er stellte sich den Kosmos als ein riesiges, in Raum und Zeit unbegrenztes System vor, in dem der Ordnungsgrad im wesentlichen gleich bleibt. Auch hier sind Bereiche denkbar, in denen die Unordnung für eine gewisse Zeit sinkt, um später wieder anzusteigen. In den Maßstäben des Weltalls könnte ein solcher „Bereich" Milliarden Milchstraßensysteme umfassen und „eine gewisse Zeit" Milliarden Jahre bedeuten. Das Sinken der Entropie würde bedeuten, daß die Moleküle im Raum sich wenigstens teilweise zu Himmelskörpern zusammenschließen, die ihrerseits Gruppen bilden. Im Umkreis, den wir beobachten können, ist das geschehen. Vielleicht, so überlegte Boltzmann, ist hier die Entropie nur vorübergehend gesunken; nun steigt sie wieder. Dann würde ihr jetziges Ansteigen unser Zeitgefühl bestimmen.
Heißt das, daß die Entropie in anderen Bereichen des Weltalls vielleicht gerade im Sinken begriffen ist? Läuft die Zeit dort rückwärts? Oder läuft die Zeit dort ebenso wie bei uns, obwohl die Entropie sinkt?

Diese Annahme hat ihre Tücken. Sie ist gar nicht so einfach zu vertreten, zum Beispiel weil auch im Umkreis, den wir beobachten können, die meiste Materie ungeordnet verteilt ist. Noch heute bilden sich Sterne aus Gaswolken, während die Sterne durch ihren ungeheueren Auswurf von Materie und Energie zweifellos dazu beitragen, die Unordnung zu erhöhen. Die Entscheidung, ob die Entropie in unserem Bereich des Weltalls im Durchschnitt steigt oder sinkt, ist gar nicht so einfach. Sie setzt Messungen voraus, die heute noch nicht durchführbar sind. Deshalb hat die Physik nach einer anderen Möglichkeit gesucht, die Zeitrichtungen zu bestimmen. Recht aussichts-

5

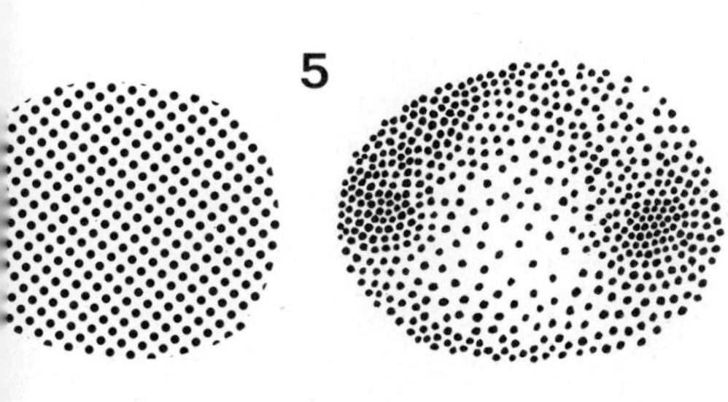

In einem abgeschlossenen Behälter verteilen sich die Gasmoleküle gleichmäßig: die „Entropie" steigt. Es kann aber auch wieder zu Verdünnungen oder Verdichtungen in kleinen Bereichen kommen, die sich später wieder auflösen. Die Gesamt-Entropie braucht sich dabei nicht zu ändern.

reich erscheint heute die Wissenschaft von den Elementarteilchen und ihren Wechselwirkungen. Die Unsicherheiten sind allerdings dadurch noch nicht geringer geworden. Die Überlegungen konzentrieren sich auf zwei Fragen.

Einerseits geht es um Tachyonen: Teilchen, deren Vorhandensein bisher nur vermutet wird. Ihre hervorstechendste Eigenschaft ist, daß sie sich schneller als das Licht bewegen.

Die Behauptung, nach der Relativitätstheorie Einsteins sei die Lichtgeschwindigkeit (im Vakuum) die höchstmögliche Geschwindigkeit, ist nicht ganz genau. Die Lichtgeschwindigkeit ist eine Schwelle, die kein Teilchen überspringen kann. Einsteins Theorie schließt aber Teilchen mit Überlichtgeschwindigkeiten, eben die Tachyonen, nicht aus. Auch für sie wäre die Lichtgeschwindigkeit allerdings eine Schwelle: Sie könnten nie langsamer werden. Diese Vorstellung hat ungewöhnliche Folgerungen, von denen für die Frage der Zeitrichtung eine wichtig ist. Unser Zeitgefühl ist nämlich an die Lichtgeschwindigkeit gebunden: Zwei Ereignisse verlaufen dann „gleichzeitig", wenn die — mit Lichtgeschwindigkeit übermittelten — Nachrichten von ihnen gleichzeitig beim Beobachter eintreffen. Das gilt auch für den recht häufigen Fall, daß die Orte von zwei Ereignissen verschieden weit entfernt sind. Diese in unserem Zeitgefühl begründete Festsetzung ist sehr wichtig. Ohne sie könnten wir nämlich nicht mehr zwischen Ursache und Wirkung unterscheiden: Die Ursache (das Werfen des Steins zum Beispiel) muß immer der Wirkung (dem Entstehen von Wellen) vorausgehen.

Nach der Relativitätstheorie verstreicht die Zeit an Bord eines sich entfernenden Raumschiffes um so langsamer, je schneller es in bezug auf den Beobachter ist. Aus mancherlei Gründen können Raumschiffe nie die Geschwindigkeit erreichen, bei denen das merkbar wird. Kernteilchen und vor allem die Lichtteilchen können es jedoch. Die Zeit — im Vergleich mit der des Beobachters gemessen — verläuft für ein Teilchen umso langsamer, je näher es der Lichtgeschwindigkeit im Vakuum kommt. Hat es sie erreicht. bleibt die Zeit stehen.

Was bedeutet das für die Tachyonen? Da sie schneller als das Licht sind. läuft die Zeit für sie rückwärts. Anders ausgedrückt: Da sie schneller als das Licht sind, kommen sie früher an, als sie abfliegen. Wenn die Physik sie jemals nachweisen kann — und daran zweifeln manche Fachleute —, dann würde die Bahn des Tachyons für unsere Begriffe durch die Zeit rückwärts verlaufen. Obwohl sie mit Überlichtgeschwindigkeit von hier nach dort fliegen, erschiene es uns so, als ob sie von dort nach hier kämen.

Das zweite Gebiet, auf dem die Physiker herauszufinden versuchen, ob die Zeit rückwärts laufen kann, wird durch das Stichwort „CPT-Invarianz" umschrieben. Unter C wird die elektrische Ladung verstanden, unter P die Parität, das heißt die Erscheinungsweise, die sich beispielsweise in der Rechts-links-Verteilung oder der Bewegungsrichtung äußern kann, und unter T die Zeit.

6

Ein überlichtschnelles Tachyon würde rechts später abfliegen, als es links ankommt. Der Mensch würde also zuerst von links eine Anzeige erhalten und danach eine Anzeige von rechts. Die beiden Anzeigen ließen den Eindruck entstehen, als sei ein unterlichtschnelles Teilchen von links nach rechts geflogen.

Unter Invarianz versteht man die Unempfindlichkeit von Naturgesetzen, wenn bestimmte Voraussetzungen in ihr Gegenteil verkehrt werden. So war, als die Gesetze des elektrischen Stroms entdeckt wurden, nur bekannt, daß es zwei verschiedenartige elektrische Ladungen gibt. Die eine wurde positiv, die andere negativ genannt. Die Gesetze wurden so formuliert, daß man annahm, der elektrische Strom fließe vom positiven zum negativen Pol. Das hat sich als Irrtum herausgestellt. Ein elektrischer Strom ist ein Fließen von Elektronen, das heißt den Trägern der negativen elektrischen Ladung, und zwar vom negativen zum positiven Pol. Trotzdem haben die Naturgesetze dieselbe Form behalten. Sie haben sich demnach als unempfindlich gegen die „Spiegelung" oder das „Umklappen" erwiesen: Statt positiver Ladungen von links nach rechts können auch negative Ladungen von rechts nach links fließen. Halten wir uns an den Vergleich mit der Spiegelung, so können wir sagen, daß die Erscheinung des elektrischen Stroms so „symmetrisch" ist, daß sie trotz der Spiegelung unverändert bleibt.

Ursprünglich wurde angenommen, daß C, P und T symmetrisch aufgebaut, das heißt gegen Umklappen gewissermaßen unempfindlich (invariant) seien. Klappt man die (negative) elektrische Ladung eines Elektrons um, so hat man ein positiv geladenes Elektron, das sogenannte Positron. Das gibt es. Man kann sich auch vorstellen, daß in einem Körper alle elektrischen Ladungen gespiegelt sind, so daß die Protonen negative und die Elektronen positive Ladungen erhalten. Nach außen sähe man diesem Körper nichts an. Er bestünde aber aus Antimaterie, die bei Berührung mit der gewöhnlichen Materie zerstrahlt.

Die getrennte Parität. Jedes der 3 Rechtecke kann für sich gespiegelt werden und bleibt dabei das gleiche Rechteck. Das wurde bis 1957 angenommen.

7

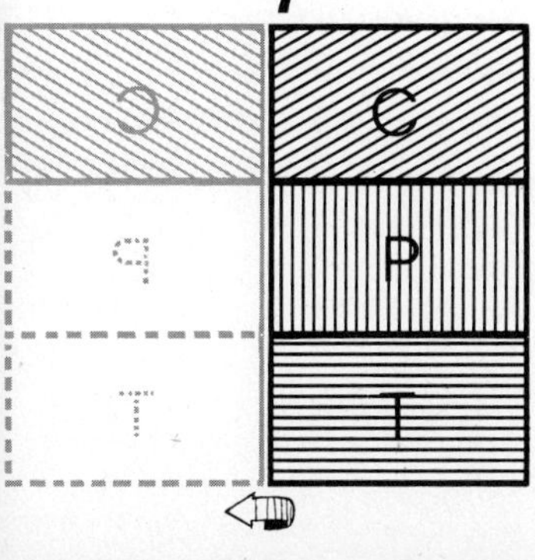

Seit 1957 weiß man, daß P nicht immer symmetrisch ist. C und P gemeinsam bleiben symmetrisch und können gespiegelt werden. Das ist die CP-Invarianz.

8

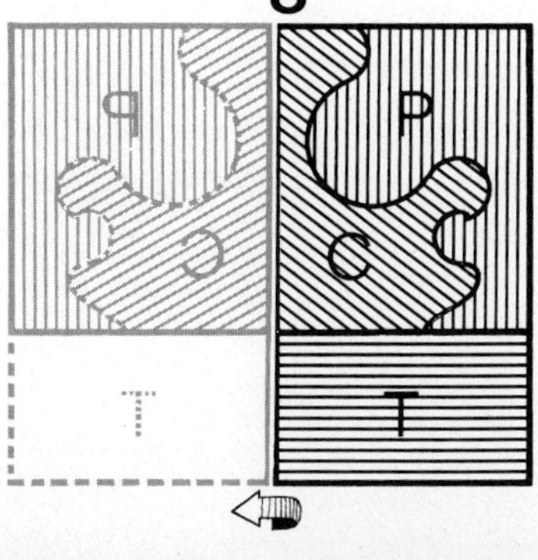

Seit 1964 glauben manche Physiker, daß C, P und T zugleich umzuklappen sind, wenn man eine Symmetrie erhalten will, nämlich die des großen Rechtecks.

10

Würde die Parität — die Erscheinungsweise — gespiegelt, was man bei unserem Goldfisch in seinem Aquarium (Abb.1) dadurch erreicht, daß man den Zahlenwerten seiner Koordinaten einfach negative Vorzeichen gibt, dann geschieht gar nichts. Diese Spiegelung, das ist leicht einzusehen, muß dann allerdings jeden einzelnen Punkt seines Körpers betreffen. Genau entsprechend lassen sich auch seine Bewegungen im Raum spiegeln, ohne daß sich etwas anderes ergibt.

Im Jahre 1957 zeigte es sich aber, daß die Parität nicht immer erhalten bleibt. Es gibt Wechselwirkungen zwischen Elementarteilchen, die sich nicht einfach im Raum spiegeln lassen, zum Beispiel weil die neu gebildeten Teilchen unabhängig von der Raumspiegelung in einer Richtung davonfliegen. Für die Physik war das ein schwerer Schlag. Sie rettete sich darüber hinweg, indem sie zwar nicht mehr C und P allein für invariant hielt, wohl aber C und P gemeinsam. Das heißt dann, daß man spiegelbare Ergebnisse erzielt, wenn man den raumgespiegelten Versuch mit den jeweiligen Antiteilchen anstellt.

Das ist die CP-Invarianz: C und P lassen sich gemeinsam umklappen, und dadurch bleibt die Symmetrie eines Vorgangs erhalten (Abb. 8).

Das gilt einstweilen nur für Vorgänge. Körper, auch Elementarteilchen, können ohne solche Einschränkungen gespiegelt werden. Ein CP-gespiegelter Körper besteht aber in jedem Fall aus Antimaterie. CP-gespiegelte Himmelskörper wären äußerlich nicht von „normalen" zu unterscheiden. Irdische Raumschiffe, die auf ihnen landen wollten, würden aber sofort zerstrahlen (Abb. 9).

Mit der Spiegelung der Zeit — der T-Invarianz — hat das noch nichts zu tun. Sie betrifft selbstverständlich allein Vorgänge. Aber hier ließe sich noch annehmen, daß Teilchen-Wechselwirkungen umkehrbar sind, so daß man ihre Reaktionsgleichungen sowohl vorwärts als auch rückwärts lesen kann. Dafür aus der Chemie ein einfaches Beispiel:

$$2\,H_2 + O_2 \leftrightarrows 2\,H_2O + \text{Energie.}$$

Die Umkehrbarkeit wird durch den beidseitigen Pfeil ausgedrückt: Einerseits können Wasserstoff und Sauerstoff miteinander reagieren, und es entstehen Wasser und Energie. Andererseits kann man auch dem Wasser Energie zuführen, dann bilden sich Wasserstoff und Sauerstoff.

An sehr kurzlebigen Elementarteilchen haben nun allerdings Forscher der amerikanischen Universität Princeton Vorgänge entdeckt, die sich nicht umkehren, das heißt in der Zeit spiegeln lassen. Diese Ergebnisse sind heute noch umstritten. Bis zu einem gewissen Grade werden sie aber durch andere Forschungen gestützt (die ebenso umstritten sind), denen zufolge auch die CP-Invarianz nicht immer gewahrt bleibt. Die Unempfindlichkeit gegen Umkehrung bliebe aber gewahrt, wenn man die Zeit mit einbezieht. Das ist die CPT-Invarianz. Sie bedeutet, daß die Zeit nicht unter allen Umständen symmetrisch ist (Abb. 10).

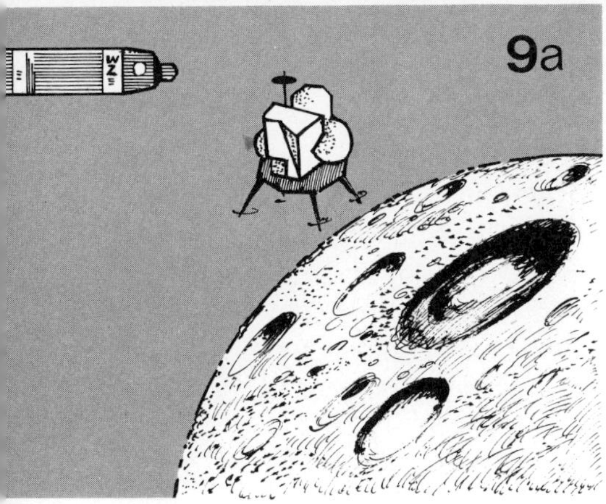

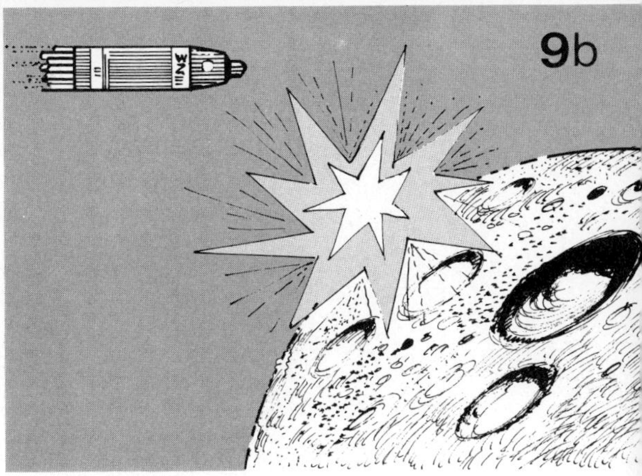

Ein CP-gespiegelter Himmelskörper ist von außen nicht von einem anderen zu unterscheiden ...

... ein irdisches Landefahrzeug würde aber bei der ersten Berührung mit ihm zerstrahlen.

Bei solchen Vorgängen handelt es sich um die Bildung und den Zerfall von Elementarteilchen, die man wegen ihrer Kurzlebigkeit oft nur noch als „Zustände" oder „Resonanzen" bezeichnet. Es scheint Fälle zu geben, in denen solche Teilchen in einer bestimmten Weise gebildet werden, aber in einer anderen Weise zerfallen. Der Zerfallsvorgang kann nicht umgekehrt werden, um das Teilchen wieder zu bilden, ebenso wie die Bildungsweise beim Zerfall nicht einfach umgekehrt werden kann. Das ist stark vereinfacht. Die Physiker haben aber die Möglichkeit, solche Teilchen durch die Angabe einer Reihe von Werten (Ladung, Energie, usw.) genau zu beschreiben. Sie könnten derlei nicht umkehrbare Vorgänge also ihren Kollegen unter den Bewohnern eines fremden Himmelskörpers mitteilen (vorausgesetzt, daß es diese Bewohner gibt); diese würden dann bei der Nachprüfung feststellen, ob ihre Zeit in der gleichen Richtung verläuft wie die unsrige.

Das ist allerdings leichter gesagt als getan. Ein „zeitgespiegelter" Himmelskörper würde ja keine Strahlung aussenden, sondern sie in sich hineinsaugen. Von ihm kämen also keine Signale, und wir könnten ihn deshalb nicht einmal wahrnehmen. Den Wesen auf diesem Himmelskörper würde das nicht auffallen, weil sie ja ihre Zeitrichtung gewöhnt wären, so wie wir die unsere gewöhnt sind. Selbst das Einsaugen der Strahlung wäre nur von unserem Zeitgefühl aus feststellbar, nicht aber von dem ihren, da ihre Zeit eben andersherum liefe (Abb. 11).

Schwierigkeiten ergäben sich schon bei den ersten Versuchen, Funkverbindung mit solchen „zeitgespiegelten" Wesen aufzunehmen. Ihr Gedächtnis würde ja auch in der anderen Zeitrichtung verlaufen! Das bedeutet aber, daß sie das Signal zwar empfangen könnten. Einen Augenblick später wäre es aber nicht Vergangenheit, sondern „Zukunft". Diese Wesen hätten demnach überhaupt keine Möglichkeit, sich an den Empfang des Signals zu erinnern! Viele Forscher nehmen deshalb an, daß keine Aussicht besteht, mit Wesen in Verbindung zu treten, deren Zeitrichtung umgekehrt ist.

Trotzdem ist die rückläufige Zeit für die Kernphysik vielleicht gar nichts Besonderes. Im Jahre 1965 erhielt Richard P. Feynman den Nobelpreis für Physik, weil er eine Theorie der Wechselwirkungen im Bereich des Kleinsten ausgearbeitet hat, die sich so auslegen läßt, daß beispielsweise ein Antiteilchen bloß ein normales Teilchen ist, das rückwärts durch die Zeit läuft. Hier kommen wir wieder auf die Vermutung vom Anfang, die in der Abbildung 3 illustriert ist: Ein Elektron, das die Jetzt-Linie rückläufig überschreitet, würden wir als ein Positron wahrnehmen (Abb. 12).

Ganz so einfach ist das aber doch nicht, weil das Elektron die Jetzt-Linie ebensooft vorwärts wie rückwärts schneiden müßte. Positronen sind aber sehr selten. Muß man deswegen annehmen, daß das Elektron in einem Bereich der Welt die Jetzt-Linie rückwärts überschreitet, den wir noch nicht kennen? Die Physiker sind sich über solche Folgerungen aus Feynmans Überlegungen durchaus noch nicht einig; keiner bestreitet aber, daß diese Theorie die Berechnungen, für die sie gedacht ist, wesentlich vereinfacht.

Der englische Astrophysiker Fred Hoyle und seine Schüler glauben sogar annehmen zu dürfen, daß es genau bestimmbare Bereiche im Weltall gibt, in denen sich die Zeit ganz gesetzmäßig umkehrt. Seine Überlegungen sind nicht ganz leicht wiederzugeben, da sie in unanschaulichen, langen mathematischen Formeln ausgedrückt sind. Sie laufen aber darauf hinaus, daß die Zeit sich umkehrt, wenn Himmelskörper oder Gruppen von Himmelskörpern

11

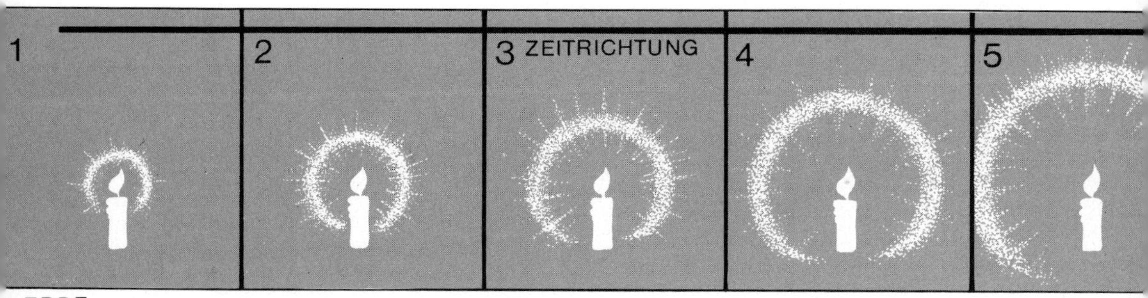

ERDE

Lichtausbreitung um eine Kerze in zeitverkehrten Welten. Wir wissen, daß eine Kerze Licht aussendet, das sich in allen Richtungen von ihr fortbewegt (oben). In einer zeitverkehrten Welt würde das Licht aus allen Richtungen in die Kerze stürzen. Das ist aber nur so, wenn wir von unserer Zeitrichtung ausgehen.

Für die Bewohner einer zeitverkehrten Welt hingegen würde das Licht einer irdischen Kerze in sie hineinstürzen und das Licht sich um ihre Kerze ebenso ausbreiten (unten), wie für uns das Licht um unsere Kerze. Die Zeit ist relativ, und jeder Beobachter könnte vom anderen behaupten, dort liefe die Zeit rückwärts.

ZEITVERKEHRTER PLANET

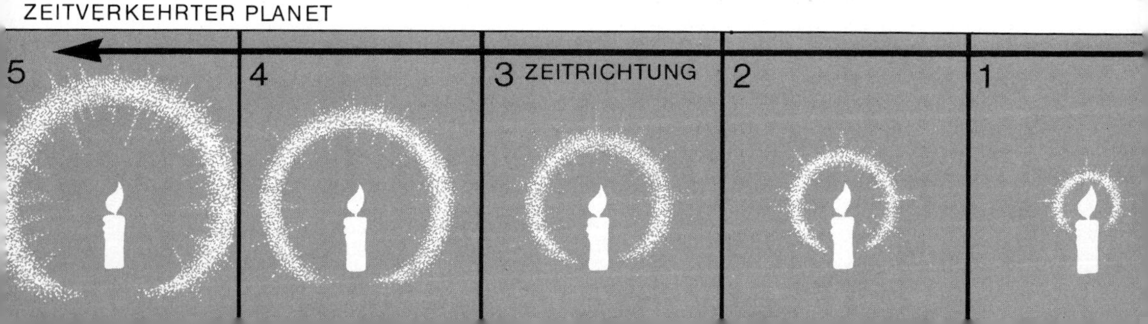

so dicht werden, daß der Raum um sie herum zusammenbricht. Nach Einsteins Relativitätstheorie würden sie sich dabei aus dem Weltall ausschließen; kein Signal von ihnen könnte nach dem Zusammenbruch mehr in das Weltall gelangen. Die Relativitätstheorie vermag aber nichts darüber zu sagen, was aus solchen Himmelskörpern wird, was „außerhalb des Weltalls" geschieht. Hier beginnt Hoyles Versuch: Er nimmt an, daß von dem Augenblick des Ausschlusses an die Zeit umkippt. So kommt er zu der Folgerung, daß die Materie, die verschwindet, vielleicht sogar an einem anderen Ort des Weltalls wieder auftaucht. Daß die Bewegungsfreiheit in der Zeit so etwas erlauben würde, haben wir schon in Abbildung 3 gesehen. Einstweilen gibt es aber noch keine Möglichkeit, solche Annahmen zu bestätigen oder zu widerlegen. Gerade die Vorgänge beim Zusammenbruch des Raums gelten heute bei zahlreichen Physikern als das unheimlichste Ergebnis der Relativitätstheorie, als sogenannte „Singularität". Eine solche Singularität war zu Beginn des Jahrhunderts die Unveränderlichkeit der Lichtgeschwindigkeit im Vakuum. Sie war das Warnzeichen, daß Neues kommen mußte. Damals war es die Relativitätstheorie. Was jetzt kommen wird, weiß niemand. Hoyles Formeln sind einstweilen nicht mehr als ein Versuch.

Die Frage, ob die Zeit rückläufig sein kann, ist demnach noch offen. Das hat eine Folge, die für das Selbstverständnis des Menschen außerordentlich wichtig ist. Solange die Zeit nur in einer Richtung fortschreitet, ist bloß die Vergangenheit festgelegt. Unsere Zukunft bleibt offen: Wir können sie durch Taten vorbereiten und beeinflussen. Wäre die Zeit aber lediglich eine Dimension wie Länge, Breite und Höhe, in der Bewegungsfreiheit herrscht, dann gäbe es zwischen Vergangenheit und Zukunft keinen Unterschied mehr. Dann wäre die Zukunft ebenso festgelegt wie die Vergangenheit. Wir Menschen wären Marionetten, die ein festes Theaterstück ohne die geringste Abweichung zu spielen hätten — die auch gar nichts anderes tun könnten. Mit anderen Worten: Eine freie Willensentscheidung gibt es bloß, die Zukunft gehört uns bloß dann, wenn die Zeit nur vorwärts läuft.

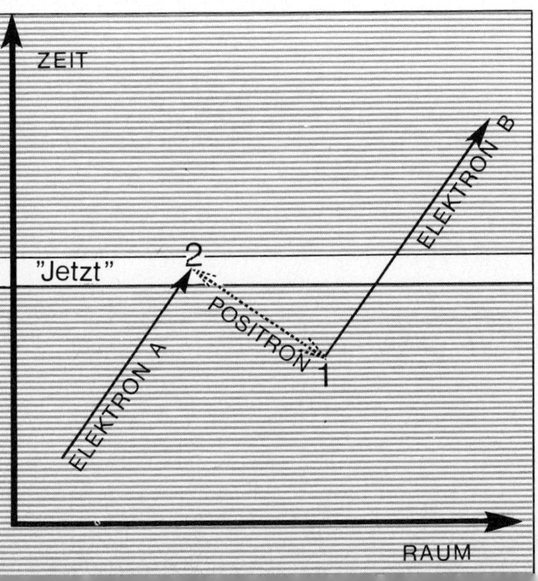

12

Vereinfachte Darstellung eines „Teilchenereignisses" nach Feynmans Theorie. Im Schlitz „Jetzt" treffen in 2 ein Elektron A und ein Positron zusammen und zerstrahlen. Das Positron ist vorher zusammen (als Paar) mit einem Elektron B entstanden. An diesem Ereignis sind also drei Teilchen beteiligt. Einfacher wird die Erklärung, wenn man nur ein Teilchen annimmt: Elektron A fliegt bis 2, kehrt dann als Positron in der Zeit um. Wenn es in 1 nochmals in der Zeit umkehrt, erleben wir es als Elektron B. Das Umkehren in der Zeit ist dann mit einer Energieaufnahme bzw. -abgabe verbunden: Energie wird gebraucht, um das Elektron in der Zeit rückwärts laufen zu lassen. Es gibt sie wieder ab, wenn es wieder nach vorwärts umkehrt. Das „Jetzt" ist hier ein Schlitz, der ständig nach oben steigt.

MÜNCHEN 1972
DIE GANZE WELT SIEHT ZU

VON ERICH VON LÖLHÖFFEL

Hunderttausende, ja Millionen Menschen werden im August 1972 zu den XX. Olympischen Spielen nach München kommen. Sie werden einem technischen Aufwand begegnen, wie er noch bei keinem der früheren Spiele — selbst in Japan nicht — anzutreffen war. Alles, was mit der Olympiade zu tun hat, wird schon heute, eineinhalb Jahre vor dem großen Ereignis, technisch erfaßt. So wird dem Speicher einer riesigen Datenverarbeitungsanlage, die aus fünf Rechenautomaten besteht, jedes angemeldete Quartier eingegeben. Etwa 150 000 Betten werden das sein, wohlgeordnet nach Art der Unterkunft (Hotel, Privathaus, Sammelquartier oder Campingplatz), Bettenzahl, Preis und Lage, davon in der Stadt München etwa 30 000, der Rest in der näheren und weiteren Umgebung — bis zu 150 Kilometer Entfernung. Der Quartierswunsch wird mit der eingehenden Kartenbestellung zusammen in die Datenverarbeitungsanlagen eingespeist, und schon hat der Olympiagast seine elektronisch ausgesuchte Unterkunft. München und Umgebung wird in jenen Augusttagen völlig belegt sein.

Aber das ist nur ein kleines Stückchen der Vorarbeit. Ihre eigentliche Bedeutung bekommt die Datenverarbeitung während der Spiele selbst, bei denen erstmals alle Wettkampfergebnisse elektronisch aufgezeichnet, geordnet und ausgewertet werden. Nicht nur der Wettkämpfer wird auf diese Weise in Sekundenschnelle erfahren, welchen Platz oder Rang er ein-

In Sekundenschnelle werden Teilnehmer und Zuschauer nicht nur die Wettkampfergebnisse erfahren, sondern auch die gültigen Rekorde. Schon lange vor den Spielen wird ein Computer mit allen wichtigen Daten gefüttert.

nimmt, sondern auch alle Olympiagäste und mit ihnen die ganze Welt werden durch die Schautafeln auf den Spielfeldern beziehungsweise durch Fernsehen, Rundfunk und Presse ebenso rasch wie zuverlässig über die Ergebnisse unterrichtet.

Die Datenverarbeitungsanlage auf dem Münchener Sportfeld sitzt wie die Spinne in einem riesigen Netz, das mit über 50 Fernleitungen die 40 Wettkampfstätten in- und außerhalb der Stadt verknüpft, bis hin nach Kiel, der Stadt des olympischen Segelwettbewerbs. Angeschlossen sind 10 große Datensichtgeräte, 50 Datenschreiber, 500 Fernschreiber und 5000 Fernsehempfänger.

Wer die Endergebnisse gern „schwarz auf weiß" besitzen möchte, dem druckt sie die Datenverarbeitungsanlage gleich auf Papier. Vor allem die Journalisten — insgesamt werden viertausend zugelassen — finden fertig ausgedruckte Tabellen vor, die alle aufgelaufenen Ergebnisse zusammenfassen und aufschlußreiche Vergleiche zulassen. Die Datenverarbeitung kann aber noch mehr. Lange vor Spielbeginn speichert sie von jedem teilnehmenden Sportler und von allen verantwortlichen Männern wissenswerte Angaben zur Person und die bisherigen Bestleistungen. Dazu kommen die Ergebnisse der Vor- und Ausscheidungskämpfe, die bisher gültigen Länder-, Erdteil- und Weltrekorde und die Rekorde bei den Olympischen Spielen seit dem Jahre 1896. Sogar die wichtigsten Regeln der einzelnen Spielarten weiß der Rechner — für den Fall, daß beim Wettkampfgericht oder auch bei Journalisten Meinungsverschiedenheiten aufkommen sollten.

Diese Auskünfte können in deutscher oder englischer Sprache zu jeder Zeit abgefragt werden. Besonders vorgeschulte Hostessen rufen an den Informationsständen die Frage beim Rechner ab und geben in Minutenfrist die gewünschte Antwort. Sogar für private Wünsche wird eine besondere Auskunft eingerichtet. Sie berät die Besucher über Quartierfragen, Verkehrsverbindungen und Fahrpläne, gibt Empfehlungen zum Tagesprogramm oder für Unterhaltungsveranstaltungen, nennt Gaststätten für Diät oder exotische Kost.

Über Telexdienst, Rundfunk und Fernsehen und die internationalen

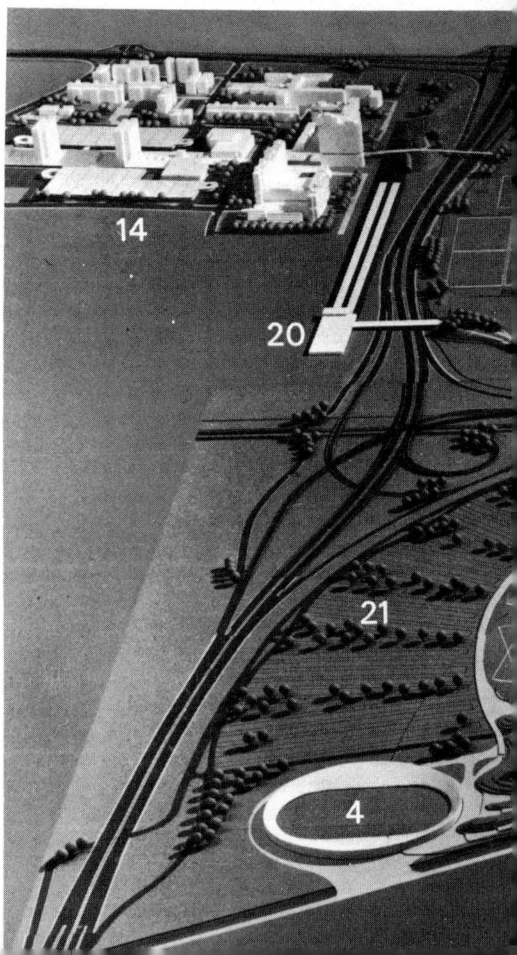

Das Olympia der kurzen Wege: Wettkampfstätten, Übungsplätze und das Olympische Dorf liegen dicht beisammen. Auf unserem Übersichtsmodell bedeuten:

1	Olympia-Stadion	Eröffnungsfeier, Leichtathletik, Fußball, Reiten (Preis der Nationen) Schlußfeier, 80 000 Zuschauer
2	Mehrzweckhalle	Turnen, Handball, 12 000 Zuschauer
3	Schwimmhalle	Schwimmen, Springen, Wasserball, 8000 Zuschauer
4	Radrennbahn	5000 Zuschauer
5	Kleine Sporthalle	Boxen, 7000 Zuschauer
6	Volleyballhalle	3500 Zuschauer
7	Hockeyplätze	10 000 Zuschauer
9	Trainings- und Aufwärmplätze	
10	Olympisches Dorf	für Frauen, Betreuer und Funktionäre, 1900 Personen
11	Olympisches Dorf	für Männer, Betreuer und Funktionäre, 10 100 Personen
12	Fernsehturm	290 m hoch, mit Drehrestaurant für 216 Besucher in 190 m Höhe
13	Funk- und Fernsehzentrum	
14	Pressestadt	für 4000 Journalisten
15	Olympia-Baugesellschaft	
16	Freilichtbühne	Theatron
17	Künstlicher See	Badestrand, Bootsverleih
18	Aussichtsberg	Alpinum
19	U-Bahn-Station	
20	S-Bahn-Station	
21	Parkplätze	für insgesamt 10 000 Autos

Verbindungen der Bundespost wird, was in München geschieht, in Sekundenschnelle im letzten Winkel der Welt bekannt sein — sofern man dort die technischen Empfangsanlagen besitzt und nicht des Zeitunterschiedes wegen auf gleichzeitigen Empfang verzichtet. Das Wort „gleichzeitig" allerdings verlangt eine kleine Einschränkung. Die Laufzeit der Funkwellen bis zur Gegenstelle von München — etwa Neuseeland — ist so groß, daß sich der Empfang um etwa eine Viertelsekunde verzögert. 76 000 Kilometer müssen die Funksignale von der Aufnahmekamera über die Bodensender zum Nachrichtensatelliten und zurück zur Erde durchlaufen. Dabei liegt die Olympiastadt München nur 60 Kilometer von einer der größten Bodenfunkstellen für den Satellitenverkehr, der deutschen Station Raisting, entfernt. Der 290 Meter hohe Fernsehturm steht mitten im Olympiafeld. Da von seiner Spitze aus die Parabolantennen keine Sichtverbindung mit Raisting haben, dient die Zugspitze als Zwischenstation. In Raisting werden bis zu den Olympischen Spielen drei Antennenspiegel fertig sein, und wenigstens vier Satelliten werden die Signale weitergeben: zwei über dem Atlantischen, einer über dem Indischen Ozean und einer über dem Pazifik. Zusammen überstrahlen sie die gesamte Erdoberfläche, so daß überall die Menschen die Wettkämpfe in Ton und Farbbild miterleben können.

Mittelpunkt der Olympischen Spiele 1972: das Olympiastadion. Hinter der Haupttribüne acht der zwölf Stützpfeiler für das Zeltdach. Das Gerüst im Innern dient der Dachmontage und wird danach wieder entfernt.

Überdies baut die Bundespost im Wertachtal bei Mindelheim in Schwaben einen neuen, starken Kurzwellensender zur reinen Wortübertragung. Über 100 Meter lange Antennenwände dienen als riesige Richtstrahler. Der erste Teil der Anlage — vier Sender zu je 500 kW Leistung — wird bis zum Jahr 1972 betriebsfertig sein. Über ihn wird die „Deutsche Welle" die Olympianachrichten in etwa 30 Sprachen verbreiten. Später wird die Anlage auf 12 Sender vermehrt und damit zu den stärksten Kurzwellenstationen der Welt gehören.

110 Rundfunk- und 60 Fernsehgesellschaften werden in München tätig sein und für mehr als 100 Länder berichten. 44 Aufnahmewagen für Reportagen von Nebenplätzen oder längeren Rennstrecken ergänzen die 100 festeingebauten Farbkameras. Für Fernsehreporter, die den Begleittext zu den Filmen gleich in ihrer Landessprache durchgeben wollen, stehen Magnetbandstudios bereit. Ein eigenes Labor kann stündlich bis zu 2000 Meter Farbfilm entwickeln.

Der größte Teil der Wettkampfergebnisse besteht aus Daten: Laufzeiten, Sprung- oder Wurflängen und -höhen, Torzahlen und anderes mehr. Um sie in kürzester Zeit zu senden, wird erstmals ein vollelektronisches Datenübermittlungssystem angewandt, das unmittelbar vom Rechner der Datenverarbeitungsanlage gesteuert wird und keinerlei mechanischer Schaltkontakte mehr bedarf. Dieses elektronische Datenübermittlungssystem wird programmiert und kann in verschiedenen Geschwindigkeitsstufen senden, die von 50 bis 9600 Zeichen je Sekunde reichen. Zudem läßt sich durch Rundschaltung eine große Anzahl von Teilnehmern gleichzeitig von der

Zentrale mit denselben Nachrichten versorgen. Geschwindigkeit ist heutzutage keine Hexerei mehr.

Doch auch an die privaten Bedürfnisse der Olympiateilnehmer wie der Besucher muß gedacht werden. Rund 3000 Postbeamte, aus dem ganzen Bundesgebiet zusammengeholt und durch einige 100 Gastbeamte aus Nachbarländern verstärkt, bedienen 18 feste und 15 fahrbare Sonderpostämter auf 22 Wettkampfstätten. Allein 8000 eigene Fernsprechanschlüsse sind für die Olympiabesucher eingerichtet worden, abgesehen von den Zubringerleitungen für Rundfunk und Fernsehen. Sogar die Briefmarkensammler hat man nicht vergessen: Die Sonderpostämter verkaufen alle deutschen Olympia-Briefmarkenserien und geben eine Menge Sonderstempel aus.

Mittelpunkt der Sportwettkämpfe aber ist das Münchener Olympiagelände. Es umfaßt rund drei Quadratkilometer. Im Juni 1960 ist dort, im nördlichen Stadtgebiet, der erste Spatenstich getan worden. Nur vier Kilometer vom Stadtkern entfernt wird das ehemals als Exerzierplatz, dann zeitweise als Sportflugplatz verwendete Oberwiesenfeld die Wettkampfstätten für 11 von den insgesamt 21 Sportarten aufnehmen, die diesmal zugelassen sind. Nur die Segelwettbewerbe werden weit davon entfernt in Kiel abgehalten, dessen Förde durch die jährlichen Regatten darauf gut eingerichtet ist. Natürlich sind aber auch dort noch zahlreiche Ergänzungs- und Erweiterungsbauten sowie Nachrichtenverbindungen erforderlich.

Alle übrigen Sportarten, die eigene Kampfbahnen verlangen, wie Schießen, Reiten, Radfahren, Rudern, Fechten, Ringen und der Marathonlauf, aber auch die Vorkämpfe der Mannschaftsspiele, werden innerhalb des

Auch die Basketballspieler werden, wie fast alle Sportarten, ihre eigene Arena haben. Die kreisrunde Basketballhalle, hier noch im Bau, liegt nicht auf dem Olympiagelände, sondern etwa 5 km südwestlich vom Stadtkern Münchens.

Stadtbereichs ausgetragen, kaum weiter als 10 Kilometer vom Stadion entfernt. So dürfen sich diese Spiele mit Recht „das Olympia der kurzen Wege" nennen. Für die Ruderregatten ist ganz in der Nähe des Sportfeldes ein künstlicher See ausgehoben worden. Kanu-Slalom freilich, eine Sportart, die erstmals auf dem Olympischen Programm steht und die eine regelrechte Wildwasserstrecke verlangt, findet im 50 Kilometer entfernten Augsburg statt, wo man im Lechkanal eigens eine neue Regattastrecke mit allen erdenklichen Hindernissen und starkem Gefälle gebaut hat. Bei Fußball, Handball und ähnlichen Mannschaftskämpfen sind zahlreiche Ausscheidungskämpfe notwendig. Um nicht zuviel Zeit zu verlieren, werden die Vorspiele in den Stadien nahegelegener Städte wie Nürnberg, Augsburg und anderer ausgetragen. Nur das Endspiel findet dann im Olympiastadion statt.

Das große Olympiastadion bildet mit 50 000 Sitz- und 30 000 Stehplätzen den Kern der olympischen Sportstätten. Hier werden sämtliche Leichtathletik-Wettkämpfe abgewickelt und der „Preis der Nationen" der Reiter entschieden, außerdem marschieren hier alle Athleten zur Eröffnungs- und Schlußfeier auf. An das Stadion schließt sich die Sporthalle für Turnen und Hallenhandball mit 15 000 Plätzen sowie das Schwimmbecken für Schwimmen, Turmspringen und Wasserball an. Es ist mit Unterwasserfenstern für Film und Fernsehen ausgerüstet und bietet 7500 Zuschauern Platz. Zusammengefaßt werden diese drei Wettkampfstätten durch ein Zeltdach, das 100 000 Menschen Schutz vor Sonne und Regen gewähren soll. Die 75 000

Hier wird das Wasser schäumen und gischten. Auf der künstlichen Wildwasserstrecke für Kanus bei Augsburg wurden eigens Hindernisse aus Beton eingebaut.

An Kunststoffseilen überspannt das 75 000 m² große Zeltdach Stadion, Sporthalle und Schwimmhalle. Es wird mit 3×3 m großen Plexiglas-Tafeln abgedeckt.

Quadratmeter große Fläche dieses Riesenzeltes wird von einem Seilnetz aus ebenso leichter wie fester Kunstfaser getragen, das über ein 80 Meter hohes Stahlrohrgerüst gespannt ist. Über die 75 mal 75 Zentimeter weiten Maschen werden auf Gummipuffern und Stahlfedern große quadratische Platten aus feuersicherem Acrylglas gelegt. Sie sind durch elastische Dichtungsprofile miteinander verbunden, so daß keine Feuchtigkeit durchdringt, sie aber trotzdem beweglich bleiben und sich Spannungen ausgleichen können. Die 4 Millimeter dicken Kunstglastafeln sind wie das Glas einer Sonnenbrille leicht getönt. Man will dadurch Verfärbungen und Schattenbildung vermeiden, die das Farbfernsehen stören würden, und trotzdem den Zuschauern einen ausreichenden Sonnenschutz geben. Daß es sowohl dem Winddruck als auch der Schneelast standhält, hat ein 200 Quadratmeter großes Probestück im letzten Winter bewiesen.

Aber auch die sportlichen Wettbewerbe werden weitgehend vom Wetter unabhängig sein. Den Abwurfring der Diskuswerfer überdeckt eine Plexiglaskuppel von 5,50 Meter Durchmesser, so daß selbst starker Regen die Erde nicht aufzuweichen vermag. Zusätzlich sorgt ein Absaugegerät dafür, daß der Boden trocken bleibt und alle Bewerber unter gleich guten Bedingungen starten. Die Lauf- und Sprungbahnen sind mit Kunststoff bedeckt und je nach Sportart hart oder federnd gestaltet. Entsprechende Bodentechnik haben die 75 Trainingsstätten im Olympischen Dorf, außerdem sind dort auch Aschenbahnen üblicher Art vorhanden. Ein besonders hartes Training erlaubt die „Schweißtropfen-Bahn", deren weicher Untergrund aus Lohe und Asche die Laufbedingungen erschwert. Die Ergebnisse der Laufwettbewerbe werden mit photoelektrischen Zeitnahmegeräten festgehalten. Ein vollautomatisches Kontrollsystem ermöglicht dem Starter bei Fehlstarts eine zweifelsfreie Entscheidung. Zur Messung der Wurfleistungen dient ein neues optisches Verfahren mit Infrarotstrahlen, das Entfernungen bis zu 100 Metern auf den Millimeter genau anzeigt. Im Schwimmstadion läuft über dem Anschlagpunkt jeder Bahn eine Fernsehkamera. Sie hält den entscheidenden Anschlag mit 1/100 Sekunde Genauigkeit fest. Die Meßgeräte geben die Ergebnisse unmittelbar an die Datenverarbeitungsanlage, die sie auswertet und sofort auf die Anzeigetafeln überträgt. Das Olympische Dorf, ein ganzer Stadtteil moderner Kleinwohnungen, nimmt die ungefähr 10 000 Sportler und ihre 2000—3000 Betreuer auf. Ein besonderer Bezirk mit Ladenstraßen und Cafés steht dem Publikumsverkehr offen. 1200 Wettkampfrichter und an die 23 000 Ordner, Dolmetscher, Hostessen, Fahrer, Nachrichten- und Pflegepersonal müssen größtenteils in der Stadt untergebracht werden. Kaum mehr als 100 Meter vom Olympischen Dorf abgesetzt, befindet sich das Olympia-Funkzentrum, 500 Meter entfernt die große Presseunterkunft. Dort werden die 4000 Sportberichter und 2500 Fachleute für Funk und Fernsehen ihr Quartier haben.

Ein eigener Bürgermeister verwaltet das Olympische Dorf. Er hält auf Ordnung und Sauberkeit, ist aber auch für die persönlichen Wünsche und die Freizeitgestaltung seiner 16 000 Bürger auf Zeit zuständig. Um die Müllabfuhr freilich braucht er sich nicht zu kümmern. Die Bauten des Dorfes sind an ein unterirdisches Netz angeschlossen, das allen Abfall absaugt und der Müllverbrennungsanlage der Stadt zuführt.

Die Straßen und Wege im „Dorf“ sind so angelegt, daß Fußgänger und Fahrzeuge sich in verschiedenen Stockwerken bewegen. Um den hochstöckig gebauten Kern des Stadtteils liegen, aufgelockert zwischen Grünanlagen, Kleinhäuser. Außer den Wohnungen enthalten die Bauten alles, was zu einem Olympiabetrieb mit grob geschätzt 2½ Millionen Zuschauern — da-

Rund 12 000 Sportler aus aller Welt sollen hier wohnen. Das Olympische Dorf wird weitgehend in neuzeitlicher Fertigteilbauweise errichtet. Fahrbahnen und Gehwege liegen in verschiedenen Ebenen, um die Verkehrsgefahren zu verringern. Die Unterkünfte werden einfach, aber zweckmäßig ausgestattet.

von rund 6000 Ehrengäste — gehört: Sprech- und Behandlungsräume für 130 Ärzte mit modernsten medizinischen Geräten, Post, Bank- und Wechselstuben, Verkehrsbüros und sonst noch mehr. Und das für 16 Tage! Es muß von vornherein so geplant sein, daß alles auch nach den Spielen noch sinnvoll verwendbar bleibt und der Riesenaufwand sich später bezahlt macht.

Rings um die künstlichen Grünflächen der Spielfelder herum wird natürlicher Rasen wachsen. Um das ganze Olympiagelände in eine gefällige und geschlossene Landschaft zu verwandeln, haben die Gärtner auf die früheren Schotterfelder Mutterboden aufgeschüttet, mitunter so hoch, daß ganze Bäume, unter ihnen 50jährige Linden, darin Wurzel fassen konnten. Der ausgehobene Baugrund türmt sich zu einem Hügelgelände, in dem Sport- und Trainingsplätze terrassenförmig übereinander liegen. Hecken und Baumgruppen unterteilen die Felder und beleben das landschaftliche Bild. 3000 Bäume und 100 000 Büsche und Sträucher wurden umgesetzt.

Ein künstlicher See grenzt die Reihe der Hauptsportbauten ab — das andere Ufer bildet ein 65 Meter hoher Berg; hier sind nach dem Kriege die Bombentrümmer der Stadt aufgeschüttet worden. Grün bepflanzt mit Strauchwerk, Heckenrosen, Baumgruppen und Latschen, gibt er dem Olympiagelände seinen Abschluß nach Süden. Man hat von hier — wie von dem gegenüberliegenden Fernsehturm — einen prächtigen Überblick über das ganze Gelände.

Für den Sportrasen haben die Gartenbautechniker besondere Grassorten ausgesucht. Eine davon sprießt rascher und gewährt damit den nachkommenden ersten Schutz. Nach Aussaat der 30 000 Kilogramm Samen hat man die Flächen mit einer hauchdünnen Kunststoffschicht besprüht, damit Samen und Erde nicht von Regen und Wind fortgetragen werden. Unter dem Sportrasen ist in 25 Zentimeter Tiefe ein weitverzweigtes Rohrnetz von fast 20 000 Meter Länge verlegt. Sollte es vor den Spielen zu trocken sein, kann dadurch ein Beregnungssystem gespeist und so für festes und dichtes Wachstum der Grünflächen gesorgt werden. Wenn es aber während der Keimzeit der im Spätherbst ausgesäten Gräser schon Frost geben sollte, so können die unterirdischen Rohre Warmwasser heranführen, um den Boden zu erwärmen.

Eine lange, schnurgerade Straße trennt das Olympische Dorf und die Trainingsplätze samt Presse- und Fernsehzentrum vom eigentlichen Spielfeld ab und verbindet die beiden Hauptpunkte der Verkehrszuführung: den eigens erbauten Olympiabahnhof der Bundesbahn und die Endstelle der städtischen Untergrundbahn. Auch die aus dem Stadtinneren und von den Außenspielstätten heranführenden Straßenbahnen und Busse werden hier halten. Die Parkplätze für Zehntausende von privaten Kraftwagen liegen ebenfalls an dieser Straße. Diesen gewaltigen Verkehr zu bewältigen, der sich noch dazu auf kurze Stoßzeiten zusammenballt, wird für die Stadt eine der schwierigsten Aufgaben sein. Trotz der „kurzen Wege“ liegen immerhin

Auch bei der Anlage der Kampfbahnen macht man sich selbstverständlich die moderne Technik zunutze. 25 cm unter der Rasenfläche des Olympiastadions werden Heizungs- und Bewässerungsrohre verlegt.

12 der Wettkampfstätten im Stadtgebiet, zu und von denen zu gewissen Zeiten Tausende von Zuschauern befördert werden müssen. Dabei darf der Alltagsbetrieb in der eineinhalb Millionen Einwohner zählenden Olympiastadt während der Spieltage nicht behindert werden. Zur Entlastung sind deshalb an allen drei Einfahrten der Autobahnen ausgedehnte Parkplätze vorgesehen. Hier sollen die von außerhalb kommenden Kraftfahrer in die bereitstehenden öffentlichen Verkehrsmittel umsteigen, die sie im Schnellverkehr zu den gewünschten Sportstätten bringen.

Gastlichkeit und technische Vollkommenheit werden zusammenwirken, um den Besuchern der Olympiastadt nicht nur sportliche Erlebnisse zu vermitteln, sondern ihnen München auch als die „Weltstadt mit Herz" nahezubringen. Sie werden ein Bild des modernen Deutschland spiegeln, mit dem wir uns sehen lassen können.

Glasfasern als Nachrichten-Kabel

VON HANS GERHARD MEYER

Als vor 10 Jahren die ersten Laserstrahlen von Rubinlasern erzeugt wurden und als messerscharfe Striche roten Lichts schnurgerade den Raum durchschnitten, regten sie die Phantasie zu kühnen Erwartungen an: Die Todesstrahlen schienen erfunden — energiereiche Strahlen gebündelten Lichts. Solche Strahlen könnten von der Erde aus in den Weltraum hinaustreten und vielleicht die Signalbrücke zu Planeten und anderen Sternen werden. Ein Laserstrahl, über mehr als 300 000 Kilometer Entfernung zum Mond geschickt, deckt einen Kreis von nur zwei Kilometer Durchmesser, den er noch von der Erde aus wahrnehmbar erhellen könnte.

Die Entwicklung nahm einen anderen Weg. Licht — und damit auch die Laserstrahlung — ist wie die Radioenergie eine elektromagnetische Wellenstrahlung. Bei einer Wellenlänge zwischen 1/1000stel und 1/10 000stel Millimeter schwingen die Lichtwellen jedoch viel rascher als alle bisher in der Nachrichtentechnik gebräuchlichen Radiowellen. Daher läßt sich ein so riesiger Schwingungsbereich in eine große Zahl von Einzelkanälen oder Trägerfrequenzen großer Bandbreite unterteilen, wie sie heute die Nachrichtenübermittlung verlangt. Aber Laserlicht ist auch eine „kohärente" Wellenstrahlung, das heißt, die Wellen schwingen alle in gleicher Richtung und im gleichen Rhythmus. Dadurch ergibt sich eine hohe Sauberkeit der Frequenz, und der Strahl läßt sich scharf und gleichmäßig bündeln: Laserlicht ist eine ausgesprochen monochromatische — in nur einer Farbe leuchtende — Strahlung.

Wie alles Licht pflanzt sich jedoch der Laserstrahl nur gradlinig fort, kann also Hindernisse weder umgehen noch durchdringen. Er wird schon bei bloßer Trübung der Luft durch Staub, Regen oder Nebel rasch aufgeschluckt. Nur im Weltraum kann Laserlicht große Entfernungen überbrücken, und nur dort kann es darum Nachrichten übermitteln. Für den irdischen Nachrichtenverkehr mußte dieser unermeßliche Schwingungsvorrat ein unzugänglicher Schatz bleiben, solange es nicht gelang, das Laserlicht zu „kanalisieren".

Dazu gibt es zwei Möglichkeiten: Man kann den Laserstrahl durch einen metallenen Hohlleiter schicken, der weitgehend luftleer gepumpt und innen spiegelblank poliert ist. An den Ecken müßte man ihn dann umlenken, indem man dort Spiegel oder Prismen anordnet: eine kostspielige Sache. Oder aber man leitet ihn durch feine Glasfaserkabel, die aus zwei Glasadern mit verschiedener Brechungszahl bestehen. Den Kern bildet eine feine Innenader, sie ist von einem Glasstrang mit niedrigerer Brechungszahl ummantelt.

Ein Lichtstrahl, den man in die haarfeine Innenader schickt, wird, sobald er auf die Grenzfläche beider Adern auftrifft, gebrochen, das heißt, er ändert seine Richtung. Auf diese Weise bleibt er in der Innenader gefangen und pflanzt sich hier im Zickzack fort. Als biegsamer Leitkanal für Licht sind solche Glasfasern der Industrie seit Jahren vertraut, und auch in der Medizin werden sie vielfach angewendet.

Obwohl die Verluste bei jeder der Ablenkungen sehr gering sind, büßt das Licht schon nach wenigen Metern Weg erheblich an Helligkeit ein. Hinzu kommt ein weiterer Nachteil: In den bisherigen Glasfasern mit einem verhältnismäßig dikken Innenstrang (der Durchmesser beträgt 50/1000stel bis 100/1000stel Millimeter) und einem dünnen Außenmantel — nur die Grenzfläche wird ja gebraucht — kann ein Lichtstrahl aus vielen verschiedenen Wellen wandern. Dann aber treffen an den Biegungen des schmiegsamen Kabels die Außenteile des Strahls in anderen Winkeln zum Krümmungsradius auf als seine Mittelachse. Die zurückgeworfenen Strahlanteile nehmen daher verschiedene Wege und haben unterschiedliche Laufzeiten. Das Signal wird verzerrt und gestört.

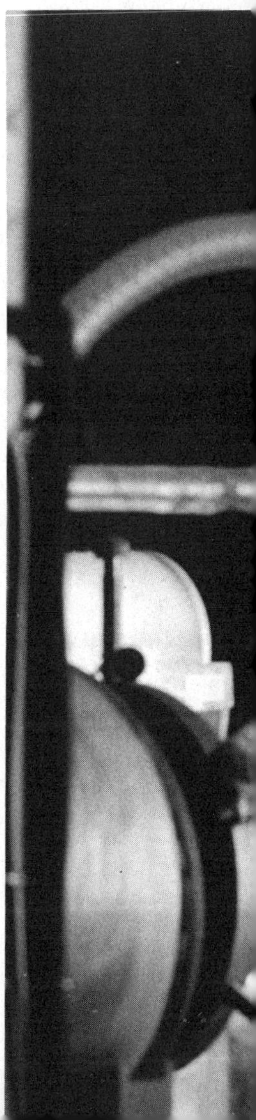

Licht statt Radiowellen. Tausende der heute als Informationsträger benutzten Magnetbänder sind nötig, um den Inhalt einer größeren Bibliothek oder Datenbank zu speichern. Ein Filmstreifen von 100 m Länge kann 300 je 1 km lange Magnetbänder ersetzen, wenn je Sekunde 10 Millionen Punkte (mit $^{3}/_{1000}$ mm Durchmesser) belichtet werden. Als Lichtquelle dient der scharfe Strahl eines Lasers (rechts im Bild). Fot. AEG-Telefunken

Hier hilft ein Trick: Man benützt Glasfaserleiter, deren Kernader nur noch den Durchmesser einer einzigen Lichtwellenlänge hat — etwa 1/1000stel Millimeter — während die Außenwand etwa 50/1000stel Millimeter dick ist. Durch den feinen Kernstrang dieses „dielektrischen Lichtwellenleiters" kann sich nur ein Laserlichtstrahl mit genau bestimmter Laufzeit hindurchzwängen. Es wird also gleichsam die Mittelachse aus einem stärkeren Lichtstrahl herausgeschnitten, so daß der gesamte Strahl an der Krümmung im gleichen Winkel zu deren Radius gebrochen wird. Der Strahl bleibt scharf gebündelt und trifft unverzerrt am Empfangsort ein.

Der zweite technische Trick: Noch zu Anfang des vergangenen Jahres mußte man mit Helligkeitseinbußen von 1 Dezibel (db) auf einen Meter Glasfaserleitung rechnen. Damit konnte der Lichtstrahl allenfalls Entfernungen von zehn bis zwanzig Metern überwinden. Durch eine neue Glassorte ist der Dämpfungsfaktor jetzt um mehr als das Zehnfache ver-

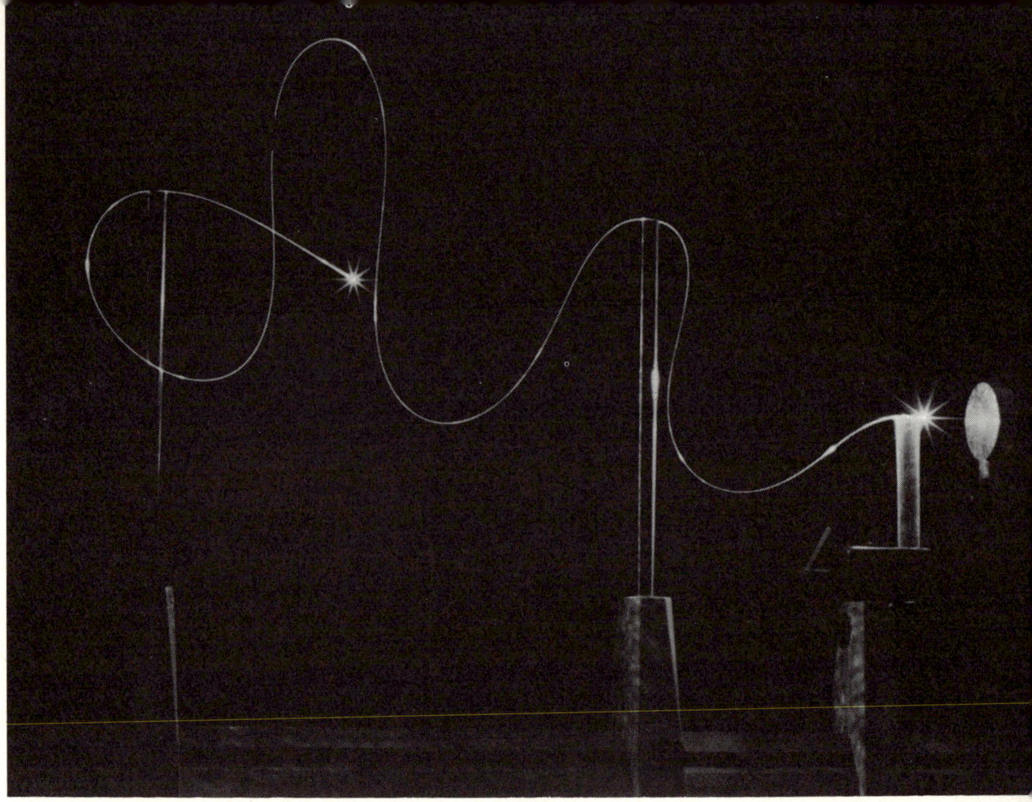

bessert worden. Der Laserstrahl kann daher heute durch ein solches haarfeines Glasfaserkabel, das auf einen Kilometer Länge nur etwa 5 Gramm Glas erfordert, bereits über einige hundert Meter, ja bis zu etwa einem Kilometer weit geleitet werden. Der Helligkeitsverlust beträgt nur noch 20 db auf einen Kilometer.

Das aber ist die Entfernung, die den Nachrichtenverkehr über Laserstrahl bereits wirtschaftlich macht. Es ist heute möglich, Laserstrahlen über winzig kleine Halbleiter-Elemente (Dioden) zu erzeugen. Sie sind nur 50/1000stel Millimeter breit, 40/1000stel Millimeter hoch und etwa 300/1000stel Millimeter lang und passen damit durchaus zu den Tausendstel-Millimeter-Dimensionen des Lichtleitkabels. Sobald ein Strom genügend hoher Spannung durch einen solchen Halbleiter geschickt wird, sendet er ein „kohärentes Lichtbündel", also einen Laserstrahl, aus.

Der nächste Trick ist eine miniaturisierte Halbleiter-Fotodiode, ein Lichtempfänger also, der — schlicht gesagt — Licht in Elektrizität umwandelt und dabei zugleich als Verstärker wirkt. Ein weiterer, ganz gewöhnlicher Halbleiter-Verstärker kann diesen bereits verstärkten, aus Licht erzeugten Strom weiter verstärken, so daß er kräftig genug ist, nun den Halbleiter-Laser anzuregen, wiederum einen Strahl von Laserlicht auszusenden.

Dank der mehrfachen Verstärkung reicht die Helligkeit des so „erneuerten" Lichtstrahls aus, die nächste Kilometerstrecke im Lichtkabel zu überwinden. Solche Halbleiter-Verstärkerstellen zur „Lichtstrahl-Aufbereitung" entsprechen den Relaisstellen der bisherigen Nachrichtenkabel. Ihrer winzigen Abmessungen und der einfachen Technik wegen sind die drei Grundbestandteile so billig, daß es durchaus wirtschaftlich erscheint, solche „Repeater-Stationen" in verhältnismäßig kleinen Abständen einzubauen.

Ein Telefonkabel dieser Art könnte bereits in einer einzigen Ader 200 Fernsehprogramme zugleich übertragen. Es würde aus einem Kupferstrang bestehen, der von mehreren Glasadern spiralig umflochten ist. Von einem Schutzmantel aus Plastikmasse umhüllt, würde ein solches Kabel für audio-visuelle Nachrichtenübermittlung — also Hör- und Sichttelefon, Fernseh- und Radioempfang, Fernschreib- und Ferndatenvermittlung — etwa 1,5 Millimeter dick sein und sich so leicht verlegen lassen wie eine Klingelleitung. Durch die Kupferseele fließt ein zusätzlicher elektrischer Strom, der dazu dient, in der Repeater-Station den Signalstrom aus der Fotodiode weiterzuverstärken. 10 bis 100 Milliwatt an Energie reichen aus, um ein sauberes, genügend kräftiges Signal über die einen Kilometer lange Strecke zu schicken. Solche Leitungen könnten neben den vorhandenen Kabeln verlegt werden, wodurch sich das Leistungsvermögen auf einen Schlag um ein Vielhundertfaches steigern ließe. Mit den jetzigen Methoden ist das nicht möglich, der Aufwand an Material und Kosten wäre untragbar.

Einer der Ingenieure, die das Verfahren in einem Ulmer Forschungslabor ausarbeiten, erklärt: „Ein Teilnehmer an diesem neuen Nachrichtenmittel könnte bei Telefongesprächen gleichzeitig sein Bild mitübertragen, sich also per Fernsehtelefon mit seinem Gesprächspartner unterhalten. Er könnte aber an die gleiche Leitung ebensogut auch seinen Fernsehapparat anschließen, wobei ihm eine größere Anzahl von Programmen zur Auswahl stünde. Der heutige Antennenwald auf den Hausdächern könnte auf den Schrottplatz wandern. Auch den Datenverkehr zwischen Computern, Datenbibliotheken und privaten Benutzern würde das neue Nachrichtenmedium ermöglichen: Der Phantasie sind fast keine Grenzen gesetzt."

Links oben: Ein Laserstrahl läßt sich „biegen", wenn man ihn, wie hier, durch ein Glasfaserkabel schickt. Damit wird es möglich, Lichtwellen zur Nachrichtenübermittlung zu verwenden. Fotos AEG-Telefunken

Die Grundbausteine dieses neuen optischen Nachrichtenübertragungssystems sind kaum größer, als ein Menschenhaar dick ist. Die Mikroaufnahme zeigt den Sender (dunkler, rechteckiger Gegenstand), den Empfänger (hell) und die Glasfaserleitung (dunkler Strich im hellen Mantel) im Vergleich zu einem Menschenhaar.

Ra II treibt
über
den Ozean

Am 17. Mai 1970 verließ ein seltsames, kleines Segelboot den marokkanischen Hafen Safi und stach in See. Wie ein großer geflochtener Korb sah es aus, war nur 12 Meter lang und maß an seiner breitesten Stelle 4,8 Meter. Es hatte einen schnabelförmigen, hochaufragenden Bug und ein gleiches Heck, und oben auf dem Deck thronte das „Wohnhaus" der Besatzung. Das Merkwürdige an diesem Schiff war, daß es aus Papyrus bestand und auch von Papyrusschnüren zusammengehalten wurde, es besaß weder Nieten, noch Nägel, noch Schrauben. Die Papyrusstaude, aus deren Mark man im Altertum einen papierähnlichen Stoff fertigte, wuchs früher in riesigen Mengen im Nildelta und wurde auch zum Schiffbau verwendet. Über 4000 Jahre alte ägyptische Zeichnungen hatten bei diesem Boot Pate gestanden.

VON HELMUT SOHRE

Die naturgetreue Nachbildung der alten Nilschiffe hieß „Ra II“ und segelte unter der Flagge der Vereinten Nationen. Aus den verschiedensten Ländern kam auch die Besatzung: der Norweger Thor Heyerdahl, der ägyptische Taucher und Kameramann Georges Sourial, der Arzt Juri Zenkewitsch aus der Sowjetunion, der Amerikaner Norman Baker als Navigator, der italienische Koch und Kameramann Carlo Mauri, der mexikanische Anthropologe Santiago Genoves, der marokkanische Fachmann für Papyrusboote Madani Othmann und der japanische Kameramann Kei Ohara. Dazu gesellten sich noch der Affe „Safi“, die Ente „Sindbad“ und über ein Dutzend Hühner, die als Eierlieferanten dienen sollten.

Vier südamerikanische Indianer aus dem Gebiet am 3812 Meter hochgelegenen Titicacasee, dem größten Hochlandsee der Erde, hatten Auftrag erhalten, das Schiff zu bauen. Sie waren mit einem Dolmetscher vom peruanisch-bolivischen Hochland nach Marokko geflogen, wo sie das Boot im Garten des Paschas von Safi in sechs Wochen fertigstellten. Es wurde auf den Namen „Ra II“ getauft, benannt nach dem altägyptischen Sonnengott.

Der norwegische Forscher Thor Heyerdahl hatte auf die Hilfe der Indianer gesetzt, weil er wußte, daß auch in Mittelamerika vor Tausenden von Jahren Boote aus Papyrus und Schilf gebaut worden waren, und weil diese Kunst am Titicacasee bis heute erhalten geblieben ist.

Aus aller Herren Länder, und doch ein Herz und eine Seele (von links): Carlo Mauri, Italien — Norman Baker, USA — Thor Heyerdahl, Norwegen — Kei Ohara, Japan — Santiago Genoves, Mexiko — Madani Othmann, Marokko — Georges Sourial, Ägypten — Juri Zenkewitsch, UdSSR. Fot. AP

Der Forschungsreisende Thor Heyerdahl, der Leiter des Unternehmens, mit einigen Indianern vom Titicacasee, die das Papyrusboot nach altägyptischem Vorbild bauten. Im Hintergrund die „Ra II" vor dem Abtransport. Fot. dpa

Heyerdahl ging von der Überlegung aus, daß in früheren Zeiten irgendeine Seeverbindung zwischen Ägypten und Mittelamerika bestanden haben mußte, denn beide Kulturen weisen erstaunlich viele Berührungspunkte auf: den Pyramidenbau für Königsgräber, die Geschwisterehen in den Königsfamilien, eine ähnliche Verehrung des Sonnengottes — und den Bau von Papyrusschiffen. Was lag da näher, als zu vermuten, daß die alten Ägypter mit ihren Papyrusbooten den Atlantik überquert hatten? Heyerdahl beschloß, den Beweis zu erbringen, daß so etwas möglich gewesen ist. Doch der Gedanke schien so abwegig, daß sein Plan zunächst nur auf Kopfschütteln stieß. Wäre es nicht gerade Thor Heyerdahl gewesen, der die „Schnapsidee" mit den Papyrusbooten gehabt hätte, die Sache wäre überhaupt nicht weiter beachtet und als Hirngespinst abgetan worden. Doch Heyerdahl hatte schon einmal — kurz nach dem Zweiten Weltkrieg — durch einen ähnlich grotesk erscheinenden Einfall die Menschen aufhorchen lassen. Damals erklärte er, die polynesischen Inseln seien zu Urzeiten mit Balsaflößen vom mittelamerikanischen Festland aus besiedelt worden. Auch schon vor über zwanzig Jahren hatten alle geschrien: „Der Mann ist verrückt!" Als es Heyerdahl aber schaffte, mit einem solchen Floß aus Balsaholz den 4500 Kilometer langen Weg über den Pazifischen Ozean zurückzulegen, wurde er in aller Welt begeistert gefeiert. Sein Buch „Kon-Tiki" erschien in vielen Sprachen und erlebte Millionenauflagen. Die Überquerung des Pazifik mit einem Balsafloß galt als die mutigste Tat und das größte Abenteuer dieses Jahrhunderts. Erst die Eroberung des Mondes hat es verblassen lassen.

Bei dem Unternehmen „Kon-Tiki" waren sich Fachleute und Zweifler einig gewesen: „Dieses Balsafloß wird sich in wenigen Tagen voll Wasser saugen und untergehen." Ähnliches mußte sich Thor Heyerdahl auch bei seinem Abenteuer mit dem Papyrusboot anhören. Da hieß es: „Das Salzwasser wird den Papyrus zersetzen, und das Boot wird sich in ein Nichts auflösen."

Thor Heyerdahl trat die Reise trotzdem an, und zwar das erste Mal am 20. Mai 1969 mit der „Ra I". Er kam bis auf 850 Kilometer an die mittelamerikanische Küste heran, dann mußten er und seine Besatzung sich von einem Frachtschiff aufnehmen lassen, das sie über Funk um Hilfe gebeten hatten. Auf dem Papyrusboot war das Ruder gebrochen. Es hätte unter Wasser ausgebessert werden müssen, aber das Schiff wurde ständig von einem Rudel Haifische umschwommen, so daß nichts anderes übrig blieb, als schweren Herzens das Unternehmen abzubrechen. Als die Besatzung der „Ra I" auf ein Schiff umstieg, hatte sie schon rund 4000 Kilometer Seereise hinter sich gebracht.

Die Zweifler schienen recht behalten zu haben, aber Thor Heyerdahl ließ sich nicht beirren, sondern verkündete sofort: „Ich werde eine neue ‚Ra' bauen lassen. Die ‚Ra I' wies einige Mängel auf, die wir jetzt abstellen können. Mit der ‚Ra II' werde ich mein Ziel erreichen."

Die erste „Ra" war von Männern aus dem Buduma-Stamm am zentralafrikanischen Tschadsee fertiggestellt worden. Sie hatten dafür aber zu lange gebraucht, und so holte Heyerdahl für die „Ra II" Schiffsbauer vom Titicacasee nach Safi in Marokko.

Bevor Heyerdahl mit seiner Mannschaft auf der „Ra II" in See stach, gab er die Erklärung ab: „Es ist eine Lehre für die Welt, daß Männer unterschiedlicher Nationalität, Religion und Rasse in vollkommenem Frieden und in völliger Übereinstimmung auf einem so kleinen Platz zusammenleben können. Wir werden die Widerstandsfähigkeit eines gutgebauten Papyrusbootes bis zum Äußersten auf die Probe stellen. Dieses Mal bleiben wir bis zum Ende an Bord."

Am 17. Mai 1970 hatte die „Ra II" in Safi losgemacht. Am 12. Juni umsegelte sie die Südküste der westindischen Insel Barbados und nahm Kurs auf den Hafen Bridgetown. Piloten des Inselflughafens sichteten das Papyrusboot, worauf Funkamateure auf Barbados dem Navigator der „Ra II" die genaue Position mitteilten.

Nach einer Seereise von 57 Tagen über 5150 Kilometer lief die „Ra II" in Bridgetown ein. Aber der „Welterfolg von Kon-Tiki" wiederholte sich nicht. Es gab sogar Kritik an Heyerdahls Unternehmen. Der schwedische Fachmann für vorgeschichtlichen Schiffsbau, Björn Landstroen, erklärte in der Stockholmer Zeitung „Dagens Nyheter": „Heyerdahl hat durch seine Fahrt mit dem Papyrusboot zwar gezeigt, daß solch ein Unternehmen heute möglich ist, ein Beweis, daß auch die Ägypter über den Ozean gesegelt sind, ist das aber nicht. Heute kennt man die Strecke genau, weiß, wieviel Proviant man mitnehmen muß, um auf einem solchen Boot die Fahrt zu wagen. Eine sportliche, bemerkenswerte Tat — aber sie hat wissenschaftlich nichts erbracht. Trotzdem ist es schön, daß es in unserer Zeit noch Menschen gibt, die ver-

Kurz vor dem Auslaufen im Hafen von Safi, Marokko. Die Mannschaft legt letzte Hand an, um Proviant und Ausrüstung für die lange Reise sicher zu verstauen. Fot. AP

Mit vollem Segel vor dem Wind geht die „Ra II" auf abenteuerliche Reise. Mit dieser Fahrt versuchte Thor Heyerdahl zu beweisen, daß die alten Ägypter den amerikanischen Kontinent schon vor 3000 Jahren — lange vor Kolumbus — entdeckt haben könnten. Oben auf dem Bootsdeck die aus Papyrus geflochtene Wohnhütte. — AP

Ein Papyrusbündel auf der Weite des Ozeans. Die ersten Schwierigkeiten gab es beim Setzen des Segels. Auf dem Bild ist gut das hochgebundene Heck zu erkennen. Bei der „Ra I" hatte man auf das Haltetau verzichtet, was sich als verhängnisvoll erwies. Fot. AP

rückt und mutig sind, sich auf ein Papyrusfloß zu setzen und von Strömungen und Winden treiben zu lassen!"

Welche Verpflegung nahmen die „Ra-II"-Fahrer mit? Keine Konserven! Sie verproviantierten sich mit Speisen, wie sie die alten Ägypter auch hatten: Datteln, Honig, Zwiebeln, Reis, Feigen und Nüsse, die sie in Keramiktöpfen aufbewahrten. In Ziegenschläuchen wurden anderthalb Tonnen Wasser verstaut. Alles übrige lieferte das Meer mit seinem Fischreichtum.

Die Einsamkeit, das Alleinsein, das Auf-sich-gestellt-sein bestimmte für viele Wochen das Leben dieser wagemutigen Männer. Auf dem Meer beobachteten sie, daß auch die Natur nicht mehr sie selbst ist und vom Menschen verändert wird.

Am 18. Juni, mitten im Atlantik, auf halber Strecke, gab Heyerdahl einen Funkspruch an die norwegische UN-Mission auf. Er teilte mit, daß der ganze Ozean zwischen dem afrikanischen und amerikanischen Kontinent ölverseucht sei. Auf einer Strecke von mindestens 1400 Seemeilen war die „Ra II" durch treibende Ölklumpen geschwommen, ein fast asphaltartiges Öl, das gewissenlose Schiffskapitäne bei der Tankreinigung immer wieder ins Meer ablassen. Bei rauhem Seegang spülten die Wellen das Öl an Bord der „Ra II", an vielen Stellen war das Wasser verfärbt und getrübt und manchmal so ekelerregend, daß sich die Besatzung nicht einmal waschen konnte.

Ein Erlebnis besonderer Art hatte der amerikanische Navigator Norman Baker. Während einer Nachtwache tauchte plötzlich über ihm ein leuchtender, tellerrunder Flugkörper auf, eine Erscheinung, wie sie immer wieder als sogenannte „Fliegende Untertasse" beschrieben worden ist. Baker beobachtete diesen Flugkörper, der heller und viermal größer als der Mond war, zehn Minuten lang. Er weckte seine Reisegefährten, die diese Wahrnehmung später bestätigten. Norman Baker war früher Marineoffizier gewesen. Seine Aufgabe bestand neben der Navigation darin, das kleine Radio zu bedienen, um Verbindungen mit Funkamateuren herzustellen.

Bereits am ersten Tag war das Meer aufgewühlt gewesen, der Marokkaner und der japanische Kameramann wurden seekrank. Beide fuhren zum erstenmal zur See.

Am vierten Tag hatte sich der Wind gelegt, der Ozean glättete sich wieder, aber die „Ra II“ wäre beinahe von einem Fischdampfer gerammt worden.

Am fünften Tag befürchtete die Mannschaft, von der Meeresströmung auf die Felsenküste getrieben zu werden, nicht der geringste Windhauch war in den Segeln. Heyerdahl stellte zum ersten Male die erschreckende Verschmutzung des Ozeans fest.

Am sechsten Tag warf der Affe „Safi“ dem kurzsichtigen ägyptischen Ingenieur die Brille ins Wasser, und der Ägypter fiel für die Nachtwachen aus. Er hatte keine Ersatzbrille dabei. Manchmal mußten alle Mann dem Steuermann helfen, das Boot wieder unter Kontrolle zu bekommen, das heißt, vor dem Wind zu segeln.

Am 16. Tag wurde das Boot von einem riesigen Hai angegriffen. Das Papyrusboot hatte einen größeren Tiefgang.

Wird der 29. Tag zu einer Katastrophe, zum letzten Tag in ihrem Leben? Das fragten sich die Männer, als bei zehn Meter hohem Wellengang das

Ruder brach und das Schilfbündel sich wie ein Kreisel drehte. Das Wasser schlug bis an die Schlafkoje hinauf. Dabei zog sich der Ägypter Sourial durch eine Riesenqualle schmerzhafte Verbrennungen an den Füßen zu. Noch drei Tage später tobte der Atlantik in aller Heftigkeit, und erst am 39. Tag konnten die Männer aufatmen, der Sturm hatte sich gelegt.

Am 41. Tag traf die „Ra II" mitten auf dem Ozean das UN-Schiff „Calamar", das ihr entgegengefahren war. Heyerdahl übergab seinen Ölverschmutzungsbericht schriftlich.

Am 50. Tag goß es in Strömen vom Himmel, und alle waren bis auf die Haut naß. Das ganze Boot schien nur aus Wasser zu bestehen. Die Stimmung war bedrückt.

Am 53. Tag erblickte Norman Baker Land, und über dem Boot kreisten vier kleine Flugzeuge. Thor Heyerdahl hatte vorher schon Pflanzen auf dem Ozean treiben sehen und, wie einst Kolumbus, wußte er, sie näherten sich dem Land. Ein beruhigendes, befreiendes Gefühl überkam die Seefahrer.

54. Tag. Funkamateure gaben den genauen Standort der „Ra II" durch.

57. Tag. Bridgetown in Sicht. Ein Schlepper nahm die „Ra II" an die Leine und brachte sie in den Hafen. Der Atlantik wurde mit einem Papyrusboot besiegt — das Abenteuer war zu Ende.

Vier Tage später sollte bereits ein anderes Abenteuer die Menschheit in Atem halten. Die amerikanischen Astronauten Armstrong, Aldrin und Collins starteten zum Mond. Zum erstenmal setzte ein Mensch seinen Fuß auf einen fremden Himmelskörper, und die ganze Welt sprach nur davon.

Vollgeschlagen, aber unter Segel nähert sich die „Ra II" Barbados, dem Ziel ihrer Reise. Es gibt kaum noch ein trockenes Fleckchen an Bord, doch die Stimmung ist ausgezeichnet. Ein Besatzungsmitglied fährt auf dem untergetauchten Heck.

Das Abenteuer ist überstanden. Nach einer Seereise über 5150 Kilometer macht das Papyrusfloß im Hafen von Bridgetown fest. 57 Tage voller Gefahren liegen hinter den Männern — eine bemerkenswerte Tat. Fotos AP

A. HOISCHEN

Da hilft keine GELENKIGKEIT

Hans gibt gern an. In den Ferien, so erzählt er seinem Freund Willi, habe er sich mit dem Sohn eines Zirkusdirektors angefreundet und tolle Sachen gelernt. Er könne auf einem galoppierenden Gaul stehen, über ein gespanntes Seil laufen und so weiter, und so weiter.

„Na ja", meint Willi, „dann wirst du sicher mit mir um eine Mark wetten, daß du ein ganz kleines Kunststück fertigbringst. Paß auf! Stell' dich mit den Füßen und den Beinen hier an die Wand! Ich lege einen Apfel vor dich auf den Boden, und du versuchst, ihn aufzuheben. Die Beine dürfen sich aber nicht bewegen! Auch die Oberschenkel müssen an der Wand bleiben."

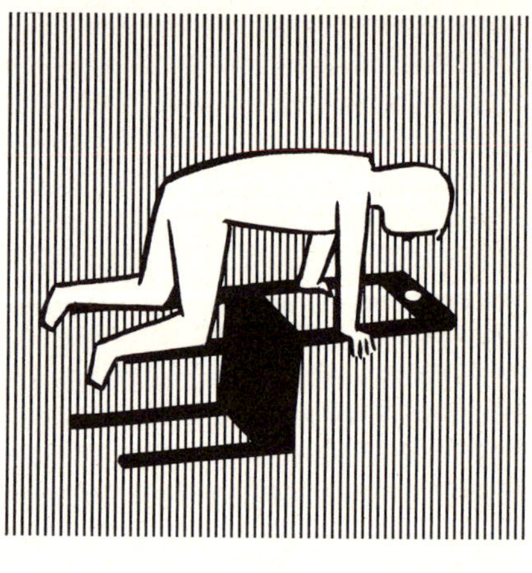

Hans versucht es und — bauz, fällt er auf die Nase. „Her mit der Mark", sagt Willi. „So, und jetzt kannst du die Mark zurückgewinnen." Er legt einen Stuhl mit den Vorderbeinen auf den Boden und die Mark auf die Lehne des Stuhles. „Jetzt los, knie auf dem Stuhl! Wenn es dir gelingt, die Mark mit dem Mund zu fassen, darfst du sie behalten. Der Stuhl darf aber nicht kippen!"

Und der Stuhl kippte doch. Nebenbei bemerkt: Ganz ungefährlich ist das Experiment nicht. Wenn es das Unglück will, kann man mit dem Kopf auf den Boden aufschlagen. Es ist deshalb gut, wenn jemand Hilfestellung gibt.

Warum kippt bei diesen Versuchen der Körper? Man kann einen Gegenstand, ein Buch oder einen Teller etwa, auf einem Stab balancieren. Einen Körper im Gleichgewicht zu halten gelingt dadurch, daß man einen ganz bestimmten Punkt unterstützt. Diesen Punkt, in dem man das gesamte Gewicht des Körpers vereinigt denken kann, nennt man Schwerpunkt. Bei einer Kugel liegt der Schwerpunkt in ihrem Mittelpunkt und bei einem Zigarrenkasten (Quader) im Schnittpunkt der Raumdiagonalen.

Da sich im Schwerpunkt gewissermaßen das gesamte Gewicht vereinigt, ist seine Lage für das Umkippen entscheidend. Das kann man durch einen kleinen Versuch zeigen. Wir ziehen auf dem Deckel eines Zigarrenkastens die Diagonalen und hängen im Schnittpunkt ein kleines Lot auf. Stellen wir den Kasten hochkant auf ein Brett und heben es an einem Ende an, so fällt der Kasten um, sobald die Richtung des Lotes über die untere Kastenkante hinaustritt. Ein im Schwerpunkt des Kastens (Schnittpunkt der Raumdiagonalen) aufgehängtes Lot hätte sich ebenso verhalten wie das am Deckel befestigte Lot. Ein Körper fällt also um, wenn die Lotrichtung durch den Schwerpunkt nicht mehr die Unterstützungsfläche trifft.

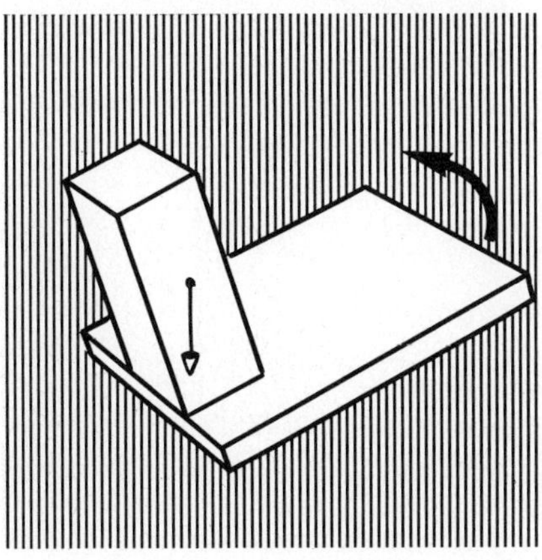

Der Schwerpunkt des menschlichen Körpers liegt bei aufrechter Haltung in der Mitte des Leibes, ungefähr in der Höhe des Nabels. Die Fußsohlen und der Raum zwischen ihnen bilden die Unterstützungsfläche. Wenn man also bei unserem ersten Versuch den Oberkörper so weit nach vorn biegen muß, daß der Schwerpunkt über die Verbindungslinien der Fußspitzen tritt, kippt man unweigerlich vornüber.

Bei dem zweiten Versuch ist die Unterstützungsfläche des Körpers das Viereck, das von den auf dem Boden liegenden Stuhlbeinen gebildet wird; denn der Stuhl und der kniende Junge stellen für das Gleichgewicht einen geschlossenen Körper dar. Wann also muß der Junge nach vorn kippen?

Sich einen schönen, üppigen Vollbart wachsen zu lassen, dazu bedarf es mindestens einiger Monate, wenn nicht Jahre. Und selbst das kümmerlichste Bärtchen braucht gut und gern zwei bis drei Tage, ehe es als solches zu bezeichnen ist. Anders bei Adolf Klett, dem Imker, dem das abenteuerliche Experiment gelang, innerhalb von ganzen zwanzig Minuten einen eindrucksvollen Bart aufzuweisen: mit Hilfe seiner Bienen.

Nur allzu leicht hätte dieses Spiel übel enden können, denn der Stich einer einzigen Biene würde genügt haben, alle ihre Artgenossen in Kampfesstimmung zu versetzen: Der Geruch des ausgesonderten Giftes wäre wie ein Alarmsignal gewesen, ihrerseits gegen die vermeintliche Gefahr vorzugehen und rücksichtslos zuzustechen. Das aber hätte Adolf Klett mit dem Leben bezahlen müssen.

Wie jedoch hat es der Imker überhaupt angestellt, zu einem derart ausgefallenen Gesichtsschmuck zu kommen?

Als erstes galt es, aus der Bienentraube, dem sogenannten Schwarzzopf, die Königin herauszufinden und sie von den anderen Bienen zu trennen. Gar keine so leichte Sache bei dem dunkel brodelnden Gewimmel! Aber das scharfe Auge des erfahrenen Imkers hatte schon bald die ungleich größte der Bienen, die Weisel, erspäht. Behutsam nahm er sie zwischen Zeigefinger und Daumen und setzte sie in den zündholzschachtelgroßen

Titelbild: Nahezu der ganze Schwarm — es sind rund 5000 Tiere — hängt an Gesicht und Hals des Imkers. Nur vereinzelte Bienen fliegen noch an. Dieser lebende Bart wiegt immerhin 2 Kilogramm.

Und so fing es an: Der erfahrene Imker löst aus einem kleinen Schwarmzopf die Königin. Dabei bedeutet es schon ein großes Glück, wenn er die Weisel in dem Gewimmel überhaupt findet.

Weiselkäfig. Mit Draht überzogen, dient dieser Behälter dazu, Bienenköniginnen zu züchten. Nun brauchte er nur noch die an dem Kästchen befestigte Schnur in den Mund zu nehmen, und das „Grundgerüst" des lebenden Bartes war fertig.

Da — schon erscheint, vom Summen und Geruch der Königin angezogen, der erste der Untertanen Seiner Majestät und drückt sich nahe an das Käfiggitter. Weitere folgen: zehn, zwanzig, fünfzig. Kaum fünf Minuten sind vergangen, drängen sich schon Hunderte um die Weisel und geben einen ansehnlichen Backenbart ab. Aber noch immer hält der Zustrom an: Oberlippe, Wangen, Nase des Imkers wachsen zu, und es bedarf großer Aufmerksamkeit, die Ankömmlinge durch langsames Ausatmen von den Nasenlöchern fernzuhalten. Höher wächst die Bienenhecke, bis hinan an die Augen, die Adolf Klett nur ganz behutsam zu öffnen und zu schließen wagt. Als sie schließlich die Schläfen bedeckt und auch die Nasenwurzel zugewachsen ist, hat sich fast das ganze Bienenvolk versammelt: nahezu 5000 zappelnde, summende Lebewesen, deren vielstimmiger Chor dem Imker wie das Dröhnen einer nahen Turbine dünkt. Ihm ist, als hinge ein Bleigewicht an seinem Kinn, denn das Prachtstück von Bienenbart wiegt immerhin fast zwei Kilogramm!

Doch die Befreiung naht: Langsam läßt der Imker die Schnur aus dem Munde zum Boden hinunter und mit ihr Schachtel, Weisel und den Großteil des Bienenvolkes. Der Weiselkäfig landet in einem bereitgehaltenen Strohkorb, und was nicht unmittelbar um ihn herumsummt, bildet nur noch eine Art steifer Halskrause, ehe es gleichfalls in die Tiefe des Korbes hinabsinkt. Das Häuflein der Getreuen hat sich wieder vollzählig um seine Königin versammelt! Der Imker verschließt aufatmend den inhaltsschweren Strohkorb: Dies Abenteuer wäre noch einmal gut gegangen! Nicht auszudenken, wenn eines der kleinen Geschöpfe zugestochen hätte . . .

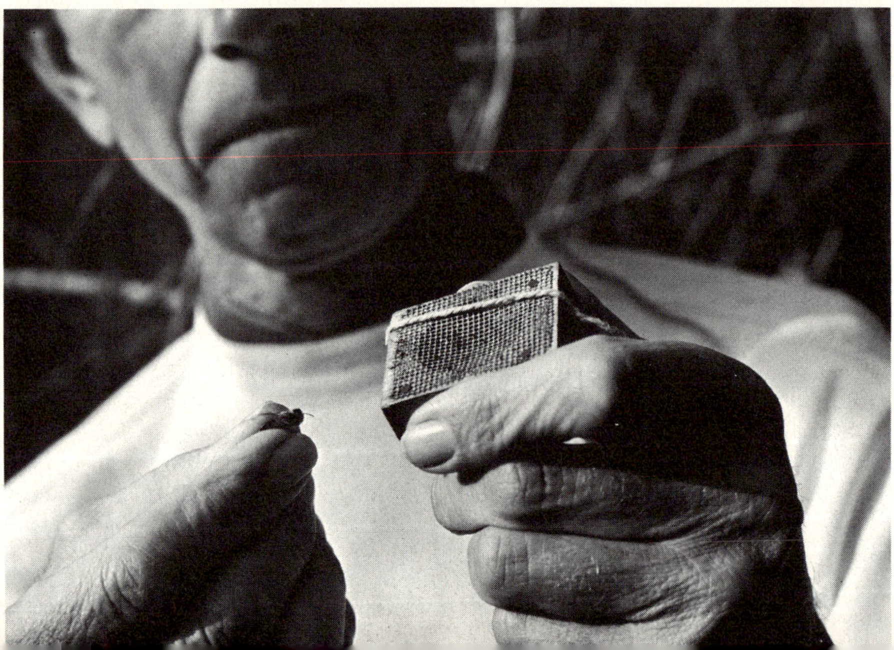

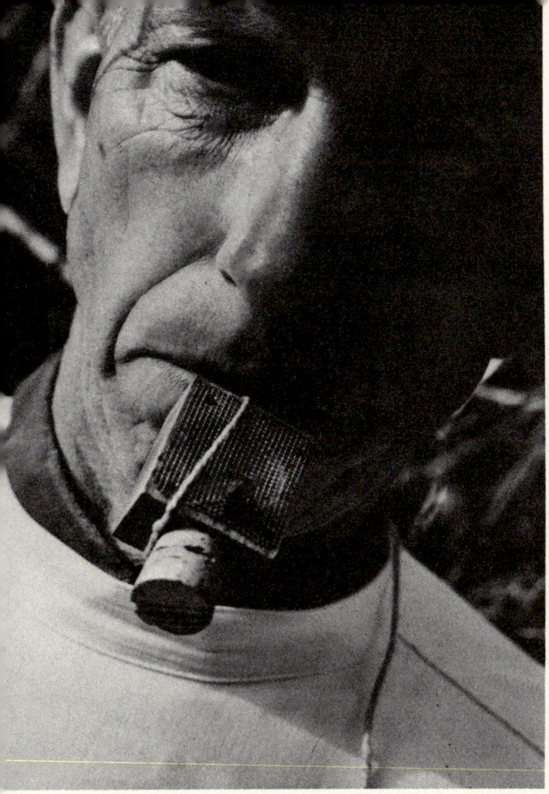

Fotos Presse-Seeger

Linke Seite, unten: Die Königin wird in einen Weiselkäfig gesteckt – ein zündholzschachtelgroßer Käfig, der zur Königinnenzucht dient.

Oben: An einer Schnur hält der Imker mit den Zähnen den Käfig am Kinn fest. Durch den Summton und den Geruch der Königin wird der Schwarm angelockt. Die erste Biene sitzt bereits auf dem Drahtgeflecht ...

... und schon sind es Hunderte, die sich um die Königin herum niederlassen (Mitte rechts). Nicht mehr lange, und das ganze Bienenvolk bedeckt das Gesicht des Imkers, wie es auf unserem Titelbild zu sehen ist.

Unten rechts: Langsam läßt der Imker die Schnur mit dem Weiselkäfig aus dem Mund gleiten — in den auf dem Knie bereitgehaltenen Bienenkorb. Nach einer halben Stunde füllen 5000 Bienen die Hälfte des Strohkorbes.

EINE RADIOAKTIVE

JHR FÜR DIE HÖHLENFORSCHER

HERBERT W. FRANKE

Es war auf einer Expedition im Toten Gebirge, einem öden Kalkstock an der Grenze zwischen Oberösterreich und der Steiermark. Wir hatten in einer flachen Mulde ein Lager aufgeschlagen, die Zelte für Menschen und Ausrüstung mühsam im nackten Fels verankert. „Mondlandschaft" nannten Journalisten dieses von Klüften und Spalten zerrissene Stück Land.

Die Klüfte waren unser Ziel. Manchmal erweiterten sie sich zu Schächten, und gerade hier, am „Traglhals", waren solche Schächte besonders häufig. Im Winter liegt der Schnee meterhoch, manche der Abgründe sind völlig zugeweht und kaum zu erkennen. Im vergangenen Winter war ein Skifahrer diesem Umstand zum Opfer gefallen. Er war über die dünne Decke eines Schachtes geraten und abgestürzt. Alle Rettungsversuche, die man unternommen hatte, waren vergeblich geblieben. Nun sollte unsere Expedition, die von einer Steirischen Höhlenforschergruppe veranstaltet wurde, den Verunglückten bergen, und nebenbei wollte sie den unterirdischen Zusammenhang der Schächte erforschen.

Ich hatte damals noch wenig Erfahrungen in der Höhlenforschung und war deshalb froh, daß ich an dem Unternehmen teilnehmen durfte. Nach den ersten Vorbereitungsarbeiten kam ich mir freilich ziemlich überflüssig vor. Einige „Vorstoßgruppen" stiegen in die Schächte ab — sie erreichten Tiefen von mehreren hundert Metern —, und die Wissenschaftler begannen mit Messungen der Temperaturen, Windgeschwindigkeiten und dergleichen mehr, sie untersuchten die Gesteine und zeichneten Planskizzen der Höhlen. Als ich mit einer solchen Vorstoßgruppe in die Tiefe absteigen durfte, überlegte ich deshalb hin und her, was ich wohl als Physiker zur wissenschaftlichen Erforschung der geheimnisvollen Höhlenlandschaft beitragen könnte. Und da hatte ich eine entscheidende Idee ...

Eine der großen, noch ungelösten Fragen der Höhlenwissenschaft ist das Alter der Tropfsteine. Bei Führungen durch Schauhöhlen werden oft die Wachstumszeiten besonders auffälliger Tropfsteine genannt. Meistens sind diese Angaben völlig aus der Luft gegriffen. Die einzigen genaueren Daten stützen sich auf die Beobachtung von Tropfröhrchen. Das sind dünne, hohle Gebilde, die von Höhlendecken herunterwachsen. Gelegentlich kann man sie auch in Bergwerken am Hangenden eines Flözes oder am Gewölbe

Im Zauberreich der Tropfsteinhöhlen. Vom Licht der Grubenlampen geheimnisvoll erhellt, eröffnet sich eine Landschaft von eigenem Reiz: Hinter Vorhängen aus bizarren Kalksteinzapfen verbirgt sich das Dunkel, das über Spuren und Überbleibsel aus einer Zeit gebreitet ist, von der kein Mensch etwas zu berichten vermag.

eines Eisenbahn- oder Straßentunnels finden. Sie wachsen verhältnismäßig schnell; wenn man sie über einen größeren Zeitraum hinweg im Auge behält, kommt man auf Werte von einigen Millimetern im Jahr. Es steht aber fest, daß man die Ergebnisse solcher Messungen nicht auf die Wachstumsvorgänge von Tropfsteinen übertragen darf, die als Zapfen oder Säulen ganze Höhlenräume ausfüllen.

Sollte es nicht doch eine Möglichkeit geben, das Alter von Tropfsteinen verläßlich festzustellen? Vor einigen Jahren hatte der amerikanische Physiker Libby, der später mit dem Nobelpreis ausgezeichnet wurde, eine Methode gefunden, nach der sich das Alter von organischen Stoffen bestimmen ließ — beispielsweise von Holzkohle oder Knochensubstanz. Seine Art der Zeitmessung gehört zu den sogenannten „radioaktiven Uhren", das heißt, sie beruht auf der Erscheinung des radioaktiven Zerfalls. Je älter ein radioaktiver Stoff ist, um so weniger an strahlender Substanz ist übrig geblieben. Oder anders ausgedrückt: Die sinkende Strahlungsstärke bildet ein Maß für das Alter.

Auf solche Weise ist es auch gelungen, das Alter von verschiedenen Gesteinen festzustellen, und man kam dabei auf Millionen, ja auf Milliarden von Jahren. Derart große Zeiträume ließen sich nur erfassen, weil man sich auf sehr langsame Zerfallsvorgänge stützte. Uran beispielsweise, das am häufigsten zu Altersbestimmungen herangezogen wird, setzt sich aus mehreren Bestandteilen — Uranisotopen — zusammen, wovon das häufigste eine „Halbwertszeit" von 4400 Millionen Jahren hat. Dabei ist unter Halbwertszeit jene Zeitspanne zu verstehen, in der die Hälfte der ursprünglichen Menge zerfallen ist.

Radioaktive Elemente wie das Uran sind so alt wie die Erde selbst; sie waren von Anfang an da — nichts ist hinzugekommen. Die Libbysche „Radiokohlenstoffuhr" unterscheidet sich wesentlich von der „Uranuhr". Radioaktiver Kohlenstoff bildet sich nämlich heute noch, und zwar in den höheren Schichten der Atmosphäre. Zwischen der jährlich neu entstehenden Menge an Radiokohlenstoff und jener, die in einem Jahr zerfällt, hat sich dabei ein Gleichgewicht eingestellt. Im gesamten Bereich der Erde dürfte es etwa 80 Tonnen radioaktiven Kohlenstoff geben. Der Hauptteil davon befindet sich in der Luft, und zwar in Form des Gases Kohlendioxyd. Wir kennen es alle von den Blasen her, die im Bier oder in Sprudelgetränken an die Oberfläche perlen. Pflanzen sind aber befähigt, dieses Gas aus der Luft aufzunehmen und in ihren Organismus einzubauen. Da sich Tiere wie Menschen letzten Endes von Pflanzen ernähren, ist auch in ihrem Körper ein kleiner, aber fester Anteil an radioaktivem Kohlenstoff enthalten. Dieser Anteil ist lächerlich gering: Er beträgt 0,0003 Millionstel. Dementsprechend ist die Strahlung außerordentlich schwach (und deshalb auch völlig unschädlich). Trotzdem kann man sie messen. Man verwendet dazu Geräte, die grundsätzlich wie die bekannten Geigerzähler, die zum Aufspüren radioaktiver Strahden höheren Schichten der nosphäre wandelt die kosmi- e Strahlung Stickstoffkerne in che des radioaktiven Kohlen- ffs um. Diese verbinden sich dem Sauerstoff zu $^{14}CO_2$. Die anzen, die CO_2 aufnehmen, kommen auch eine immer iche Menge Radiokohlenstoff. rbt die Pflanze ab, verringert h durch den radioaktiven Zer- des $^{14}CO_2$ dessen Anteil. In- m man die Restmenge mißt, t sich das Alter der Rückstände stimmen. Für Tiere gilt das- be, nur nehmen sie $^{14}CO_2$ nicht s der Luft, sondern durch anzliche Nahrung auf.

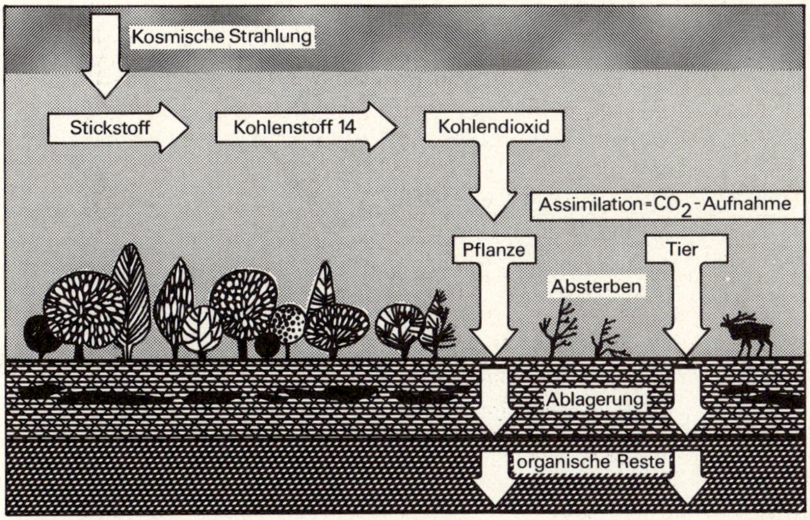

r Weg des Radiokohlenstoffs die Tropfsteine. CO_2 ist in asser löslich, das besonders ch daran ist, wo es durch pflan- nbestandenen Boden sickert. O_2-haltiges Wasser ist fähig, lk aufzulösen. Die Kalklösung rsickert in Spalten und Klüften. rät sie in eine Höhle, so mmt es oft zu einer Störung s „Lösungsgleichgewichts" — r Kalk wird ausgeschieden. Auf ese Weise gelangt Kohlendioxyd s der Luft über die Boden- hichten in den Tropfstein. rch die Restmenge an $^{14}CO_2$ nn man also das Alter der opfsteine bestimmen.

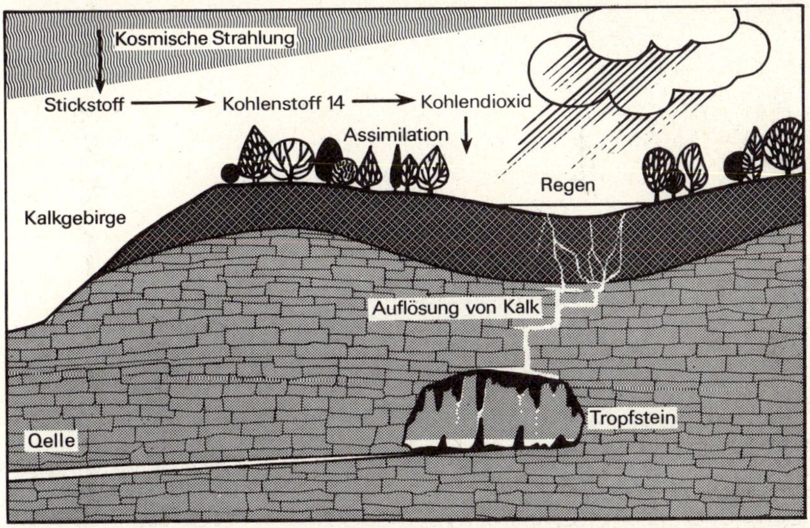

inzip des Geigerzählers. Das rät besteht aus einem Hohl- linder und einem Draht. Zwi- hen Wand und Draht liegt eine ktrische Spannung. Gerät ein ilchen der radioaktiven Strah- ng ins Innere, hinterläßt es eine ur elektrischer Ladungen. Das nere des Zählrohres wird kurz- stig elektrisch leitend. Ein hlwerk registriert den Strom- oß. — Die Strahlung von $^{14}CO_2$ so schwach, daß sie die Wand cht durchdringen kann; man uß die Probe ins Innere des hlrohres bringen. Durch einen ählrohrkranz" lassen sich örungen von außen ausschalten.

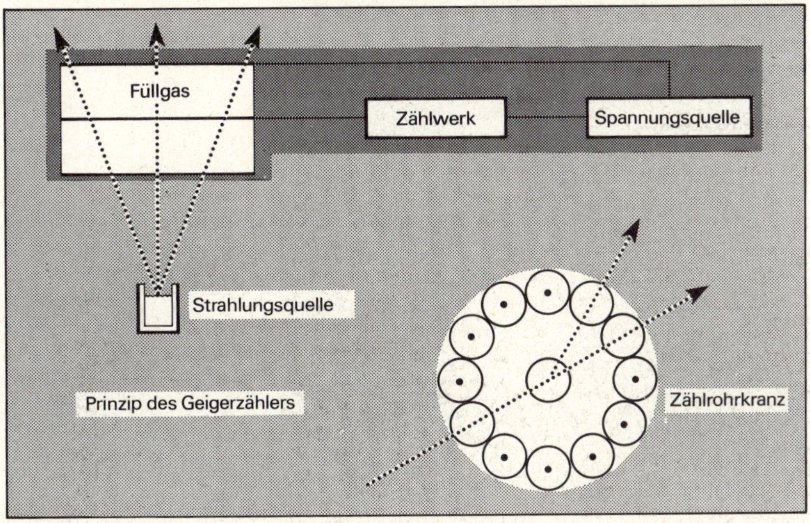

lung dienen, gebaut sind. Allerdings müssen einige besondere Kniffe angewandt werden, um zu einem genauen Ergebnis zu kommen. Beispielsweise muß man die Substanz, die man auf ihren Gehalt an Radiokohlenstoff messen will, ins Innere des Zählrohrs bringen, da die schwache Strahlung dessen Wände nicht zu durchdringen vermag.

Solche Messungen der Rest-Radioaktivität von organischen Stoffen sind zugleich Altersbestimmungen. Wenn eine Pflanze oder ein Tier absterben, dann wird kein neuer radioaktiver Kohlenstoff mehr zugeführt. Und da die Menge ständig abnimmt, muß dementsprechend auch die Strahlungsstärke sinken. Das Besondere am Radiokohlenstoff ist seine kleine Halbwertszeit — man rechnet mit 5700 Jahren.

Diese Dinge gingen mir im Kopf herum, als ich überlegte, ob sich die „Radiokohlenstoffuhr" nicht auch für die Höhlenforschung heranziehen lasse. Leicht ist das dort, wo Knochen oder Holzkohle gefunden werden, beispielsweise als Reste vorgeschichtlicher Menschen. Solche Messungen hat man bereits vielfach vorgenommen und dabei recht befriedigende Ergebnisse erzielt. Wie aber steht es mit dem Tropfstein? Da Tropfstein ein Mineral und kein lebender Organismus ist, wird bei ihm auch kein Kohlendioxyd, etwa in der Art wie bei Pflanzen, eingebaut. Als ich mir aber klarmachte, auf welche Weise Tropfsteine entstehen, stieß ich auf eine bedeutungsvolle Tatsache. Tropfstein ist nichts anderes als Kalk, der von Wasser aus den dar-

An diesen Tropfsteinen aus der Bärenhöhle bei Erpfingen wurde erstmals eine Wachstumsperiode gemessen. Die Steinsäule hat sich 8150 (±110) bis 3660 (±65) Jahre vor heute gebildet.

Diese Tropfsteine befinden sich in der Maximiliansgrotte. Auch an ihnen wurde die Wachstumsdauer nach dem Radiokohlenstoffverfahren bestimmt: Sie beträgt 8900 (±151) bis 5411 (±111) Jahre.

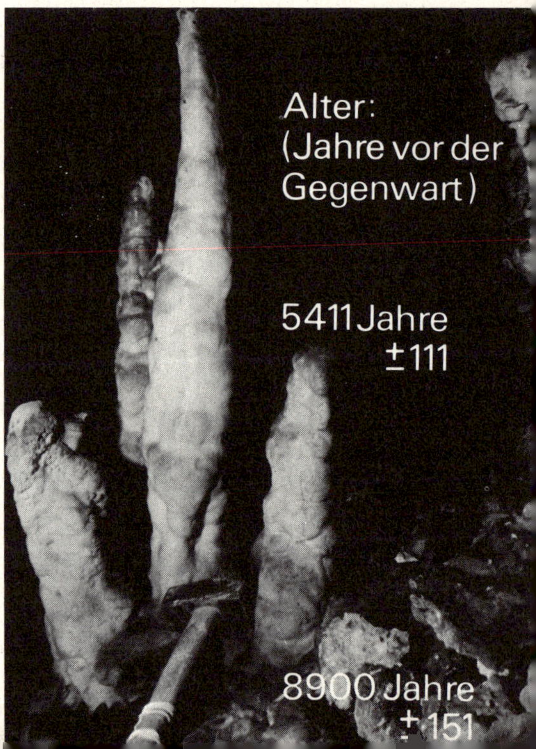

Nicht nur das Alter des Kalksteins, sondern auch das des Wassers in den Höhlen kann man mit dieser Methode feststellen. Zwei Wissenschaftler des ^{14}C-Labors der Universität Heidelberg entnehmen eine Wasserprobe, um die Kohlenstoff-Radioaktivität zu messen. Alle Fotos H. W. Franke

Eine geradezu verwirrende Vielzahl von Röhren und Gefäßen gehört zu der Apparatur, mit der sich das Alter eines Materials durch seinen Gehalt an radioaktivem Kohlenstoff ermitteln läßt. Die Wissenschaftler sprechen von „radioaktiven Uhren''. Fot. USIS

überliegenden Gesteinsschichten gelöst und in den Höhlen wieder abgeschieden wird. Damit aber Wasser Kalk lösen kann, muß es das Gas CO_2 enthalten, genauso wie das bei den Sprudelgetränken der Fall ist. Die Kohlendioxydlösung wirkt dann wie eine Säure auf das Gestein, und wie bei Metallen, die Säuren ausgesetzt werden, kommt es auch hier zu einer Art Korrosion. Das bedeutet aber nichts anderes, als daß zur Kalkauflösung Kohlendioxyd aus der Luft nötig ist und daß sich dieses Gas dann auch in abgeschiedenem Tropfstein wiederfindet. Auf diesem Weg erhält also auch der Tropfstein einen festen Anteil an Radiokohlenstoff, der von dem Augenblick an, da sich der Tropfstein bildet, zerfällt. Indem man die noch vorhandene Radioaktivität mißt, muß es also möglich sein, sein Alter zu bestimmen.

Erst viel später bot sich Gelegenheit, meine Annahme nachzuprüfen. Zwei Wissenschaftler im ^{14}C-Labor der Heidelberger Universität hatten sich bereit erklärt, einen Versuch zur Tropfsteindatierung zu machen. Kurz darauf stand ich mit einem Paläontologen, der sich durch seine biologischen Arbeiten besonders gut im Schichtenaufbau von Höhlenablagerungen auskannte, in einer kleinen Höhle der Fränkischen Alb, der Doktorshöhle. Wir hatten nämlich vor, einige Tropfsteinproben zu entnehmen — und zwar möglichst solche, über deren Alter man sich gewisse Vorstellungen machen könnte. Später zeigte sich allerdings, daß es kaum möglich ist, das Alter von Tropfsteinen richtig einzuschätzen. Als wir die Meßwerte erfuhren, waren wir selbst überrascht. Einzelne kleinere Deckenzapfen, von denen wir angenommen hatten, daß sie sich in der Gegenwart gebildet hätten, erwiesen sich als 1500 Jahre alt. Ein Bodenzapfen wies ein Alter von 3300 und eine Kalkschicht gar ein solches von 5000 Jahren auf.

Für den nächsten Versuch hatten wir eine Höhle in der Schwäbischen Alb gewählt: die Todsburg-Höhle bei Wiesensteig. In ihr gibt es einen kleinen See, und diesem galt unsere Aufmerksamkeit. Wir wollten eine Wasserprobe entnehmen und das Alter der darin gelösten Kalkanteile bestimmen. Zu einer solchen Messung ist allerdings eine Wassermenge von über 20 Litern nötig. Wir nahmen deshalb Kunststoffgefäße in die Höhle mit, die wir unter Zuhilfenahme einer Pumpe mit Höhlenwasser füllten. Diese Behälter wieder aus der engen Höhle herauszutragen, erwies sich als äußerst schwierig. Der Gang ist so niedrig, daß man sich kaum aufrichten kann, und gebückt ließ sich ein solch schwerer Behälter nicht tragen. Eine halbe Stunde benötigten wir, um die kurze Strecke bis zum Eingang zurückzulegen. Dann allerdings hatten wir unser Wasser, und mit der Messung, die einer der Heidelberger Wissenschaftler kurz darauf vornahm, wurde zum ersten Mal das Alter von Wasser bestimmt — eine Methode, die in der folgenden Zeit für

Wie Kerzen stehen diese Tropfsteine auf dem glatten Boden im Südgang der Zelŝke-James-Höhle in Jugoslawien. Sie sind erst nach der letzten Eiszeit gewachsen und gehören damit zur jüngsten Tropfsteingeneration. Unwillkürlich wird man beim Anblick dieses Naturwunders an frühchristliche Felsenkirchen erinnert.

verschiedenste Untersuchungen sehr wichtig geworden ist. So läßt sich mit ihr beispielsweise feststellen, ob ein unterirdisches Wasserbecken, das man für die Trinkwasserversorgung erschließen will, noch in den Wasserkreislauf einbezogen ist oder ob es sich um eine Ansammlung „toten Wassers" handelt; dann wäre es für den menschlichen Genuß nicht geeignet, da kein neues Wasser mehr nachfließt.

Im Heidelberger ^{14}C-Institut wurden noch mehrere Proben gemessen, und wir stellten Alterswerte zwischen einigen hundert und einigen zehntausend Jahren fest. In größerem Umfang wendete das Niedersächsische Landesamt für Bodenforschung in Hannover diese Methode an. Dort wurden bisher über 100 Proben untersucht. Damit ist ein Verfahren der modernen Physik in die Höhlenforschung eingezogen, und wir wissen heute vieles über den Tropfstein, was noch vor zehn Jahren unbekannt war. Ein Beispiel dafür sind die Wachstumsphasen von Tropfsteinen, also jene Zeiten, in denen sich Tropfsteine bilden können.

Bei dieser Untersuchung geht man von einer einfachen Überlegung aus: Durch den Sockel- und den Kuppenabschnitt eines Stalagmiten ist jene Zeitspanne festgelegt, innerhalb welcher der Tropfstein wächst; der Sockel steht am Beginn des Wachstumsvorgangs, die Kuppe an seinem Ende. Wenn man eine genügende Anzahl von Sockel- und Kuppenabschnitten zeitlich einordnet, muß sich zeigen, welche Zeitabschnitte der jüngsten geologischen Vergangenheit für die Bildung von Tropfsteinen günstig waren. Wir fanden zwei Generationen von Tropfsteinen. Die ältere Generation stellte etwa vor 20 000 Jahren ihr Wachstum ein, die nächste begann vor rund 12 600 Jahren damit und reicht teilweise bis in die Gegenwart. Vergleicht man diese Wachstumsabschnitte mit dem Kalender des Eiszeitalters, so stellt man fest, daß zwischen 20 000 und 12 600 Jahren eine Zeit liegt, in der die Temperaturen besonders niedrig waren, eine sogenannte Hocheiszeit. Damit ist erwiesen, daß sich Tropfsteine während ausgesprochener Vereisungsperioden nicht bilden können. Sie entstehen nur unter warmfeuchten Klimaverhältnissen.

Auch über die Geschwindigkeit, mit der Bodenzapfen wachsen, liegen nun genaue Werte vor. Bei der älteren Generation lagerten sich etwa 1 bis 1,5 Millimeter Kalkstein in einem Jahrhundert ab, die jüngere weist Werte von rund 10 Millimetern im Jahrhundert auf. Rund 10 000 Jahre hat es mithin gedauert, bis ein Bodenzapfen von einem Meter Höhe entstanden ist.

Diese Vorgänge laufen so langsam ab, daß der Mensch nichts davon bemerkt. Besucht man eine Höhle, so hat man den Eindruck des Zeitlosen, des Unveränderlichen. Jahrtausende scheinen, ohne Spuren hinterlassen zu haben, über diese Räume hinweggegangen zu sein. Das Skelett der Höhlenbären findet sich noch so vor, wie sich das Tier in einem Winkel zum Sterben hingelegt hat. Die Höhlengemälde des vorgeschichtlichen Menschen haben sich in ihrer vollen Farbenpracht erhalten. Was die unterirdischen Flüsse angeschwemmt haben, liegt heute noch so da wie vor Urzeiten. Alle diese

Spuren und Überbleibsel legen Zeugnis ab von Epochen, über die kein Mensch mehr zu berichten vermag. Höhlen erweisen sich deshalb als „Schutzräume", die imstande sind, bedeutsames Material über unzählige Jahre hinweg zu erhalten. Die Wissenschaften, die aus der Höhlenforschung am meisten Nutzen ziehen, sind jene, die sich mit der Vorzeit beschäftigen. In den Tropfsteinen besitzen sie einen natürlichen Kalender, aus dem der Kundige wichtige Altersangaben herauslesen kann.

Viele Zehntausende von Jahren mag es gedauert haben, bis diese steinerne Pracht entstanden war, die — geborgen im Schoß der Erde — über eine nicht minder lange Zeit unverändert erhalten geblieben ist. Nimmt es wunder, daß den Menschen angesichts dieser Zeugen vergangener Epochen ein Gefühl des Zeitlosen befällt?

Die Eisenbahn

VON HUGO R. JAHP

Unentwegt wie die Zeiger der 25 000 zentral gesteuerten elektrischen Bahnhofsuhren im Bundesgebiet eilen die Schnell- und Fernzüge sicher ihren Zielen zu, jagen elegante TEE-Züge über die Grenzen und verbinden auf Gleisen die europäischen Hauptstädte miteinander. Wer hätte nicht schon die Namen „Rheingold", „Le Mistral" oder „Parsifal" gehört? Und ebenso bekannt sind Japans windschnelle Tokaido-Bahn, die Turbo-Trains in Amerika und das sowjetische Bemühen um einen Schnellverkehr zwischen Moskau und den anderen Teilen des riesigen Gebietes. In Deutschland fahren der „Blaue Enzian" — neben „Rheinblitz" und „Rembrandt" — längst Spitzengeschwindigkeiten bis zu 200 Kilometer in der Stunde.

Die Bundesbahn rollt mit der Zeit. In den nächsten Jahren soll ein rund 1200 Kilometer langes Schnellfahrnetz aufgebaut werden, das Dauergeschwindigkeiten bis zu 200 km/h zuläßt. Bisher beschränkte sich das Schnellfahrprogramm auf den Betrieb mit elektrischen Lokomotiven, den „Paradepferden" der Baureihe 103. Zu ihnen soll sich ein neuer Star gesellen — der ET 403: Zum ersten Mal in der Geschichte der deutschen Eisenbahnen wird es vom Jahre 1972 an elektrische Schnelltriebwagen für den Reiseverkehr geben. Die ersten drei Versuchszüge sollen bereits zu den Olympischen Spielen in München eingesetzt werden und die Strecke München—Würzburg—Hannover—Bremen bedienen.

Der ET 403 wird mit technischen Spitzenleistungen aufwarten können. Alle vier Wagen des Zuges werden angetrieben, so daß der 16achsige Zug über 16 Fahrmotoren mit je 230 Kilowatt verfügt. Insgesamt erreicht er

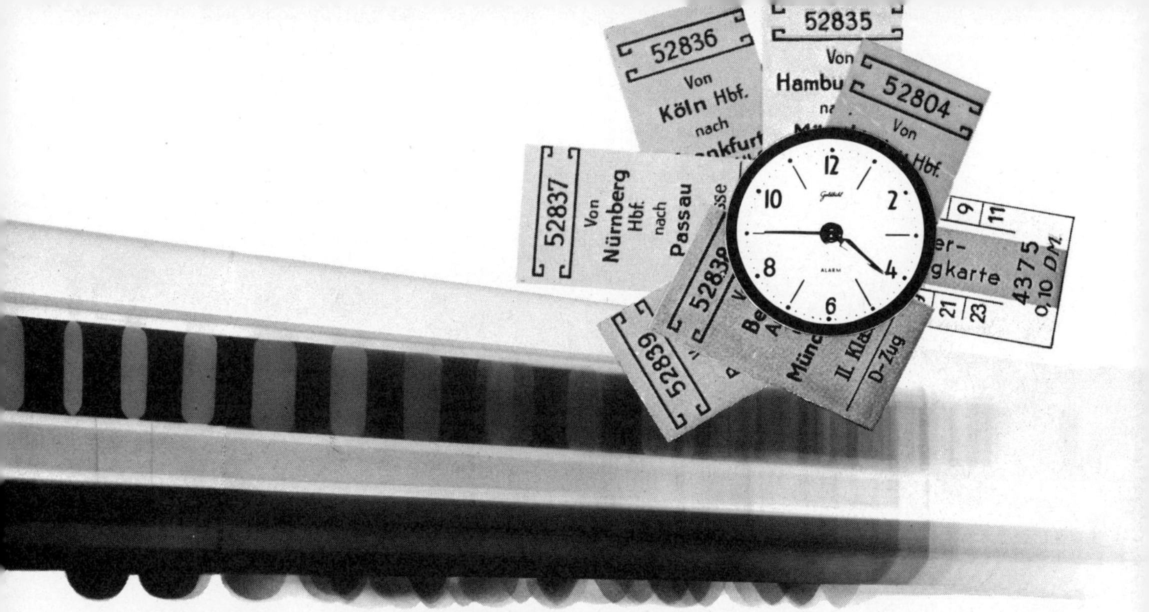

rollt mit der Zeit

damit 3700 Kilowatt oder umgerechnet 5000 PS Nennleistung. Bei der Anfahrt können die Motoren kurzzeitig sogar mit rund 6000 kW oder 8200 PS belastet werden. Die Leistung wird elektronisch geregelt, und zwar stufen- und verlustlos. Damit kann der Zug aus dem Stand heraus in 90 Sekunden die Höchstgeschwindigkeit von 200 km/h erreichen. Alle vier Wagen des 108 Meter langen Zuges werden mit Trans-Europ-Express-Komfort ausgestattet, die Fahrgasträume erhalten Klimaanlagen. In den beiden Endwagen werden hinter dem Führerraum im windschnittigen Vorderteil Einzelabteile eingerichtet. Einer der Mittelwagen erhält den Speisesaal, der andere einen Fahrgastgroßraum. Der Zug bietet 160 Reisenden der 1. Klasse Platz, hinzu kommen 24 Speisewagenplätze. Durch die Leichtbauweise der Wagen mit Aluminium kann das Gewicht des gesamten Zuges auf nur 225 Tonnen begrenzt bleiben.

Zunächst ist vorgesehen, fünf von den insgesamt 19 vorhandenen Triebköpfen der TEE-Züge umzubauen. Jeder dieser Köpfe, von denen jeweils einer an der Spitze und am Schluß des Triebwagenzugs läuft, verfügte für den Antrieb bisher über einen Dieselmotor mit etwa 1100 PS Leistung. An Stelle dieses Motors soll eine Gasturbine eingebaut werden, deren Leistung

Der neue ET 403, der bereits zu den Olympischen Spielen verkehren soll. Hier besichtigen Mitglieder des Bundesbahnvorstandes ein Modell dieses elektrischen Schnelltriebwagens.

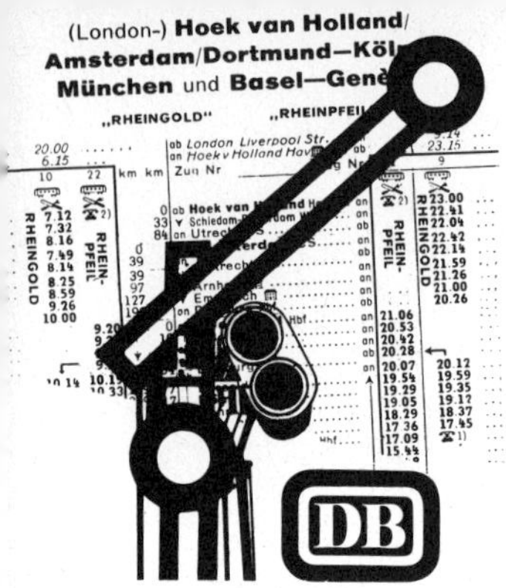

2200 bis 2500 PS beträgt. Die Verbrennungskraftmaschinen treiben bordeigene Generatoren an, die den elektrischen Strom für die Fahrmotoren liefern. Gasturbinen — es handelt sich um den gleichen Typ, der sich schon in Hubschraubern bewährt hat — sollen dem Zug nicht nur hohe Geschwindigkeit und hohe Leistung, sondern auch genügend Kraftreserven im oberen Geschwindigkeitsbereich verschaffen.

Bei dem umfangreichen Programm reiner Versuchsfahrten will man auch einen Triebwagenzug erproben, der aus drei Mittelwagen — einem Abteilwagen, einem Speise- und einem Barwagen — mit einer kurvenabhängigen Federsteuerung bestehen soll. Dadurch neigen sich die Wagenaufbauten in Kurven zusätzlich zur Überhöhung des Gleises und schwächen damit die Auswirkungen der Fliehkraft auf Fahrgäste und alle Gegenstände im Wagen ab. Kurven, die sonst höchstens mit 170 km/h durchfahren werden dürfen, können dann mit etwa 200 km/h „genommen" werden.

Inzwischen beschäftigt sich bereits eine Gruppe von Fachleuten mit Triebköpfen, die zwei Gasturbinen mit 2500 PS enthalten, so daß ein Zug über zusammen 10 000 PS verfügen würde. Solche Züge könnten ohne hohe Kosten für die Verstärkung des Oberbaus und der elektrischen Stromgeber Geschwindigkeiten weit über 200 km/h hinaus erreichen.

Schon in Kürze wird die Gasturbine bei der Deutschen Bundesbahn durch eine neue Lokomotivtype weiter an Bedeutung gewinnen. Sie trägt die Baureihenbezeichnung 210 und wird über einen 2500-PS-Dieselmotor sowie zusätzlich über eine Gasturbine mit 1100 PS verfügen. Ein gemeinsames hydraulisches Getriebe überträgt die Leistung auf die Achsen; außerdem kann ein Elektrogenerator zugeschaltet werden, der den Zug mit elektrischem Strom versorgt.

Auch bei der Verbindung großer Städte und Ballungsräume will die Deutsche Bundesbahn neue Wege beschreiten. Im Entfernungsbereich zwischen 100 und 500 Kilometern besteht noch ein unbefriedigter Transportbedarf. Mit Beginn des Winterfahrplanabschnittes 1971/72 wird sie daher die Herzen der 31 größten deutschen Städte durch einen „Intercity-Verkehr" miteinander verbinden. Ein dichtes Netz besonders schneller Züge mit voll klimatisierten 1.-Klasse-Wagen, häufigen Abfahrten und kurzen Halten soll vor allem dem Geschäftsverkehr zwischen den bedeutendsten Handels- und Wirtschaftszentren der Bundesrepublik Deutschland zugute kommen. Mit diesem Intercity-Verkehr können viel mehr Städte erreicht werden als mit einem innerdeutschen Luftverkehrsnetz, selbst wenn die Zahl der Flugplätze für Linienverkehr verdoppelt würde.

Zum sogenannten A-Netz der Intercity-Züge gehören folgende vier Strecken: Hamburg—München, Hannover—München, Hamburg—Basel und Bremen—München. Es umfaßt etwa 3700 km. Zur Ergänzung ist ab Sommer

Die 210 001, die erste Diesellok der Deutschen Bundesbahn für 160 km/h Höchstgeschwindigkeit. Sie ist mit einem 2500-PS-Motor und einer Gasturbine ausgerüstet. Bei der Turbine handelt es sich um einen bereits in Hubschraubern bewährten Typ.

1972 ein Intercity-B-Netz mit Zügen 1. und 2. Klasse auf nachstehenden Strecken in Ausicht genommen: Emden—Frankfurt, Kassel—Stuttgart, Kassel—Dortmund, Kassel—Köln, Koblenz—Saarbrücken, Saarbrücken—Nürnberg, Konstanz—Hof, Karlsruhe—Nürnberg. Die Linienlänge dieses B-Netzes beträgt rund 4030 km. Insgesamt soll ein Viertel aller DB-Strecken mit 73 Groß- und Mittelstädten der Bundesrepublik Deutschland in den Intercity-Verkehr einbezogen werden.

Die Intercity-(IC-)Züge werden mit den cremeroten 1.-Klasse-Wagen der Rheingold-Bauart gefahren, die bisher den TEE-Zügen vorbehalten waren. Auf die Einheits-Wagenlänge von 26,4 m kommen 9 Einzelabteile (statt 10 bei den blauen Schnellzugwagen) oder ein Großraumabteil. Die vollklimatisierten Wagen erfüllen die Ansprüche auch verwöhnter Kunden nach Bequemlichkeit und bieten je Sitzplatz mehr Raum und Bewegungsfreiheit als das Flugzeug und der große Reise-Pkw. 130 Züge sind bereits im Bau und werden im September 1971 einsatzbereit sein. Selbstverständlich führen sie alle einen Speisewagen. Bespannt werden diese Züge mit der neuesten, stärksten und schnellsten elektrischen Lok der Deutschen Bundesbahn, der 103.

Die vier Linien des A-Systems sollen von 7 bis 21 Uhr alle zwei Stunden, also achtmal täglich, in jeder Richtung mit einem Intercity-Zug befahren werden, sonnabends und sonntags mindestens dreimal.

DB

INTER City

DB

1
2
DB
103 109-5

INTER CITY

Die acht Stamm- und zehn Anschlußstrecken des B-Systems werden voraussichtlich ab Sommer 1972 morgens, mittags und abends in jeder Richtung mit einem doppelklassigen Intercity-Schnellzug bedient. Auch diese Züge sollen an den Berührungspunkten fahrplanmäßig exakt an das A-System angeschlossen werden. Sie werden aus den neuesten Schnellzugwagen beider Klassen zusammengestellt, verfügen über Speise-, Snackbar- oder Servierwagen und sind mit der E-Lok 110 oder der neuen leistungsstarken Diesellok 218 bespannt.

Die Züge des A-Systems fahren 160 bis 200 km/h Höchstgeschwindigkeit und erreichen Reisegeschwindigkeiten zwischen 110 und 130 km/h. Im doppelklassigen B-System werden die Züge bei 160 km/h Höchstgeschwindigkeit „Schnitt"-Geschwindigkeiten von 90 bis 110 km/h, in Einzelfällen sogar 120 km/h, erreichen. Die schon heute verkehrenden TEE- und F-Züge werden voll in das IC-Netz einbezogen. Der innerdeutsche Reisende wird keinen Unterschied zwischen einem TEE- oder IC-Zug mehr erkennen können. Innerhalb Deutschlands verkehren die Züge als IC-Züge; fahren sie ins Ausland, so verkehren sie als TEE. Mit Einführung der IC-Züge entfallen die bisherigen F-Züge.

Mit diesem ganz neuartigen Intercity-System der Deutschen Bundesbahn werden — erstmalig in der Welt — 73 bedeutende Städte eines Landes durch ein rhythmisches, gleichsam starres Personen-Fernverkehrs-System in einem verhältnismäßig engmaschigen Strecken- und Fahrplannetz untereinander verbunden. Dieses Netz ist so aufgebaut, daß der Verkehr bei den Streckenverbesserungen, die in den nächsten Jahren zu erwarten sind, und bei Einsatz noch schnellerer elektrischer Triebwagen — ohne das Grundsystem zu ändern — allein durch spätere Abfahr- und frühere Ankunftszeiten an den Endbahnhöfen mehr und mehr beschleunigt werden kann. So hofft die Deutsche Bundesbahn schon in der Mitte der 70er Jahre Schnittgeschwindigkeiten von 140 km/h im A-Netz zu erreichen.

Linke Seite, oben: Intercity in den Bergen. Mit den cremeroten 1.-Klasse-Wagen ähneln diese neuen Züge nicht nur äußerlich den TEE-Zügen, sie bieten auch die gleiche Bequemlichkeit. Der Reisende wird keinen Unterschied mehr zwischen Fahrten auf innerdeutschen Strecken und ins Ausland bemerken können.

Mitte: So werden sich Ende 1971 die Intercity-Züge präsentieren. Die Deutsche Bundesbahn will mit einem neuen Streckennetz eine Lücke in den öffentlichen Verkehrssystemen schließen und sich im Personenverkehr auf den mittleren Entfernungen bis 500 km gegenüber Auto und Flugzeug behaupten.

Unten: Rund 60 dieser elektrischen Schnellzugslokomotiven der Baureihe 103 sollen Ende 1971 im Einsatz sein — mit einer Höchstgeschwindigkeit von 200 km/h die stärksten und schnellsten elektrischen Loks der Deutschen Bundesbahn. Sie werden auf den Linien des neuen Intercity-Netzes fahren. Fotos dbp

Doch Schnelligkeit ist nicht nur im Reiseverkehr Trumpf, auch Güterzüge haben es heute eilig. Was die TEE-Züge im internationalen Reiseverkehr, das sind für den Güterverkehr die TEEM-Züge, die Trans-Europa-Express-Marchandises. Alle großen europäischen Eisenbahnverwaltungen sind — bis auf Albanien, Finnland, Portugal und Rußland — in der Europäischen Güterzug-Fahrplankonferenz (EGK) zusammengeschlossen. Sie geben gemeinsam das Internationale Güterkursbuch (LIM = Livret-Indicateur-International Marchandises) heraus und bieten der europäischen Wirtschaft eine Auswahl günstiger internationaler Güterzugverbindungen an. Seit dem Jahre 1961 arbeiten die 24 europäischen Eisenbahnverwaltungen gemeinsam ein Netz durchgehender internationaler Schnellgüterzüge für den grenzüberschreitenden Güterverkehr nach festem Fahrplan aus. Hohe Geschwindigkeit, große Laufweite und wenig Unterwegshalte mit zuverlässigen Fahrplanzeiten sind Merkmale dieser internationalen Güterzüge, die schnellste durchgehende Beförderung zwischen wichtigen europäischen Erzeugungs- und Verbrauchs-

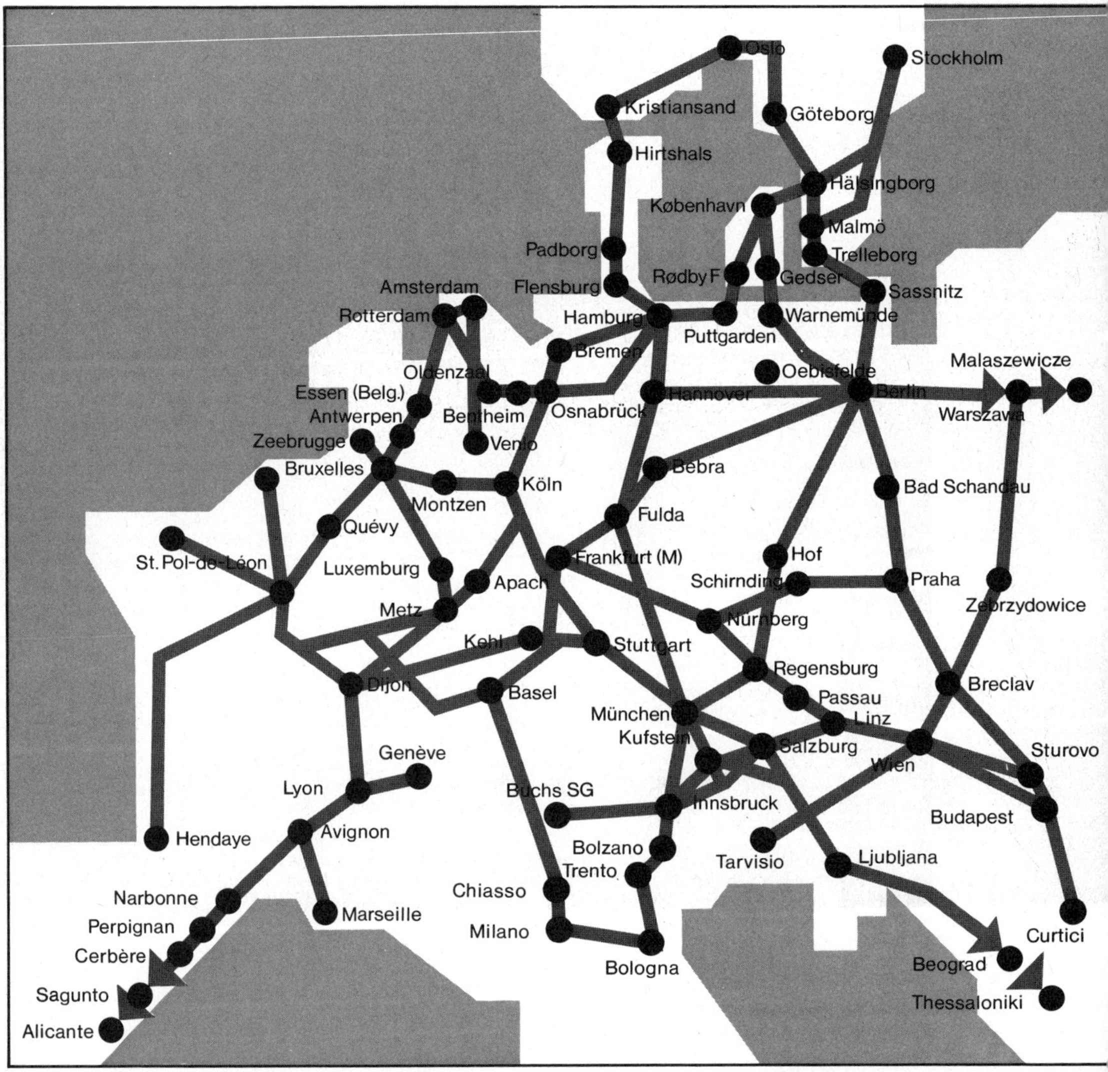

mittelpunkten gewährleisten. Während Güterzüge im allgemeinen bei der Beförderung großer Mengen mit einer Höchstgeschwindigkeit von 65 bis 80 km/h verkehren, fahren TEEM-Züge bis zu 100 km/h.

Schnelle Beförderung von Waren über die Grenzen hinweg ist gar nicht so selbstverständlich, wie man annehmen könnte. Zollbehandlung an den Ländergrenzen, Nachbeeisung, staatliche Beschau durch tierärztliche und pflanzenschützlerische Dienste und Zugumbildungen an den Grenzen erfordern viel Zeit. Jetzt ist es den europäischen Eisenbahnverwaltungen gelungen, die größten Klippen bei der Güterbeförderung abzubauen. Aus den ersten Anfängen mit 31 TEEM-Verbindungen sind inzwischen 108 immer schnellere TEEMs geworden, von denen allein 69 im grenzüberschreitenden Verkehr über die Strecken der Deutschen Bundesbahn führen.

Bereits in diesem und in folgenden Jahren werden neue Verbindungen im

Der TEEM-Streckenplan. Kurze Beförderungszeiten über große Entfernungen, also Schnelligkeit, werden im internationalen Güterverkehr immer wichtiger.

Der erste Huckepack-Zug im Schienen-Straßen-Verkehr kann Lastzüge bis 4 m Höhe auf der Schiene befördern. Die Entladearbeiten dauern etwa 26 Min.

Europäischen Güterzugfahrplan zu finden sein. So fahren TEEM-Züge von den Niederlanden über Venlo nach Basel, von Belgien nach Italien, von Italien über den Brenner nach Österreich, Deutschland und darüber hinaus für den Nord-Süd-Verkehr über Salzburg und Jesenice nach Jugoslawien. Verbessert werden die Beförderungszeiten für Obst und Gemüse aus Bulgarien durch den Ausbau der TEEM-Verbindung vom jugoslawischen Hafen Koper über Passau zum Obst- und Gemüsegroßmarkt München. Der TEEM mit dem längsten Laufweg (soweit TEEM-Züge den Bereich der Deutschen Bundesbahn berühren) ist zur Zeit der TEEM 125. Er fährt von Narbonne in Frankreich (mit schnellem Anschluß von Valencia/Spanien) über Dijon—Kehl—Hamburg—Vogelfluglinie nach Stockholm und bewältigt damit eine Strecke von 2170 Kilometern, davon in Deutschland alleine 906 Kilometer. Dieser täglich verkehrende Zug kann rund 1000 Bruttotonnen befördern und bringt somit eine große Entlastung für die Fernstraßen. Die Signale der Eisenbahn weisen in die Zukunft: mehr Tempo und mehr Ausrichtung auf Europa.

Eisenbahn 2000 — eine visionäre Zeichnung, aber durchaus nicht utopisch. Von Magneten freischwebend getragen und durch einen elektrischen Linearmotor angetrieben, sollen „räderlose Eisenbahnzüge“ bereits in den achtziger Jahren mit Geschwindigkeiten bis zu 600 km/h zwischen Hamburg und München verkehren. Ein „Prinzipfahrzeug“ wurde Anfang Mai dieses Jahres auf einer Versuchsstrecke erfolgreich erprobt. — dbp-Walossek

Die von der Nachtschicht

VON EVA MERZ

Menschen sind Tagtiere, Augentiere, und ziemlich von sich eingenommen. Wo sie mit dem bevorzugten ihrer fünf Sinne nicht mehr zurechtkommen, wird ihnen die Sache verdächtig. Allein der Sprachgebrauch beweist das. Da gibt es dunkle Punkte und dunkle Ehrenmänner, dunkel ist der Rede Sinn, und nicht einmal bei Goethe geht einem ein Licht auf, denn der sagt: „Noch ist es Tag, da rühre sich der Mann, die Nacht tritt ein, wo niemand wirken kann!"

Es steht zu hoffen, daß Excellenz der Herr Minister das als Mahnung für dero Steuerzahler gedacht haben, denn wie könnte sonst ausgerechnet ein Dichter, der sich noch dazu maßgeblich mit Naturwissenschaften beschäftigt hat, die helle Tageszeit so überschätzen? Unter allem, was vom Menschen bis zur Amöbe auf der Erdoberfläche herumwimmelt, sind reine Taglebewesen nicht einmal häufig. Die meisten sind vom Licht nicht sehr abhängig und teilen ihren Tageslauf nach anderen Gesichtspunkten ein — schon wieder ein Wort, das aus der menschlichen Augenwelt stammt!

Wer vom Nachtleben gar nichts wissen will, muß seine ganz persönlichen Gründe dafür haben und zudem den Schutz der Dunkelheit entbehren können. Für Bienen etwa und solche Schmetterlinge, die bei der Nektar-

Große, vorstehende Augen, fein tastende Schnurrhaare und lange, bewegliche Ohrmuscheln kennzeichnen die Dämmerungs- und Nachttiere, und am meisten die Gejagten unter ihnen. Dazu zählt auch der possierliche Siebenschläfer. Fot. W. Wissenbach

Ob die Schimpansin zwei Bambusstöcke zusammenfügt oder der Uhrmacher zwei Zahnrädchen, wer genau hinschauen muß, braucht gutes Licht. Die menschliche Hilflosigkeit im Dunkeln ist der Preis für allen Werkzeuggebrauch, vom Faustkeil bis zur Mondfähre. Fot. G. Gronefeld

Ohne das Licht des Fotografen sähen wir von diesem nächtlichen Spaziergänger nichts als die schimmernden Augen, er dagegen könnte uns gründlich und rundherum betrachten. Dachs auf Beutezug. Fot. Heimpel-Bavaria

suche ultraviolette Blütenfarben beachten, läßt auch der hellste Mondschein kein Blumenblatt aufleuchten, das kann nur das Tageslicht. Und eine Eidechse, die bei Jagd und Flucht auf ihre Beweglichkeit, mit der Beweglichkeit aber auf Sonnenwärme angewiesen ist, bleibt bei Nacht auch besser zu Hause. Mensch und Menschenaffen schließlich, mit zwei geschickten Händen, deren Tun von zwei nach vorn gerichteten Augen millimetergenau überwacht wird, können auf das Erkennen kleinster Unterschiede von Farbe und Form nicht verzichten und also auch nicht auf helles Licht. Denn nur bei guter Beleuchtung arbeiten von den beiden Sehzellenarten der Netzhaut die zapfenförmigen, die für das Erkennen von Farben und genauen Umrissen zuständig sind. Sie allein bilden, etwa in der Netzhautmitte, jene Stelle genauesten Sehens, die wir benutzen, wenn wir etwas „scharf ins Auge fassen" wollen. Darum herum und erst recht am Rande der Netzhaut finden sich neben ihnen die stäbchenförmigen Zellen; die arbeiten weniger schnell, weniger genau und nehmen statt Farben nur Helligkeitsunterschiede wahr, sprechen dafür aber noch auf ganz geringes Licht an. Und sie können noch etwas anderes. Durch ihre weite Verteilung auf der Netzhaut trifft sie der Eindruck eines Gegenstandes, der sich vor dem Auge bewegt, nacheinander, nacheinander geben sie also ihre Meldung zum Gehirn und ermöglichen so das Bewegungssehen.

Jeder kennt das von abendlichen Spaziergängen. Wir sehen eine Maus auf dem Weg dahinhuschen, wenn wir ihren Umriß schon nicht mehr recht erkennen können. Gleich darauf bemerken wir aber auch die huschende Maus nicht mehr, selbst wenn sie uns die Ehre antut, nicht wegzulaufen. Denn wenn die Stäbchenzellen Bewegung melden, richtet das Auge sofort „die

Stelle genauesten Sehens" auf den wahrgenommenen Gegenstand. Das ist bei Licht recht nützlich, aber jetzt haben ja die Zapfenzellen, die allein dort vertreten sind, buchstäblich Feierabend gemacht, die Stelle ist blind. Jeder Jäger weiß, daß man nicht scharf ansehen darf, was man im Dämmer noch ausmachen will.

Und jeder Jäger, sofern er ein Mensch und von einigem Verstande ist, gibt bei geschwundenem Büchsenlicht die Jagd auf. Jagt er freilich ohne Büchse und alle anderen menschlichen Errungenschaften, so braucht er kein Büchsenlicht und keine Zapfen auf der Netzhaut. Weil unsereiner zur Jagd scharfe Augen nötig hat und trotzdem aufgeben muß, wenn es dunkelt, dichten wir den Nachtjägern aus dem Tierreich einfach noch viel bessere Augen an, denn von sich auf andere zu schließen ist ein vielgeübtes Verfahren, menschliche Irrtümer zu erzeugen. Warum sollte einer mit so vielen anderen Fähigkeiten sich in der Nacht ausgerechnet auf die Scharfsichtigkeit seiner Augen verlassen?

Viele Wege führen zum Jagdglück. Die meisten Nachttiere, Hunde und Katzen, Dachse, Kaninchen, Wild und andere, haben mehr oder weniger reine Stäbchennetzhäute. Für den, der im Versteck lauert, Gras und Buschwerk zwischen sich und der Beute, wäre Scharfsehen ebenso wenig wert wie für den, der in ständiger Bewegung einer Fährte folgt. Auch für die Gejagten — die Pflanzenfresser, die im Schutze der Nacht unterwegs sind — ist es weit besser, sich von weitem durch eine Bewegung warnen zu lassen, als den Feind recht genau nah zu sehen, ehe er sie anspringt. Nachttieraugen arbeiten dafür noch, wenn bei uns sogar die Stäbchen längst völlige Dunkelheit melden. Ihr Augenhintergrund ist von einer spiegelnden Schicht bedeckt, die die einfallenden Strahlen noch einmal durch die Netzhaut zurückschickt und so die Lichtwirkung verdoppelt. Die aufleuchtenden Augen von Hunden und Katzen oder von Wild am Straßenrand zeigen, wie stark dieser Lichtreiz noch ist. Trotzdem sind ein scharfes Gehör und eine für

Die meisten Fledermausarten nehmen Gegenstände erst auf Meterentfernung wahr und können sich dann noch zum Zupacken oder Ausweichen entschließen: daher ihr wendiger, aber verhältnismäßig langsamer Flug.

menschliche Vorstellungen unfaßbar feine Nase für die Nachtsäugetiere weit wichtiger als das Auge. Sogar ein Haushund kann noch riechen, ob in einem Eimer Wasser eine Messerspitze Salz gelöst ist; für uns scheint Kochsalz geruchlos.

Die Jagd bei Tage und mit den Augen ist etwas für den, der sich weder vor Beutetieren noch vor Feinden im Dunkel verbergen muß, den also seine Opfer kaum erkennen und der davonfliegt oder sich in Dornbusch und Baumkrone rettet, wenn er seinerseits gefressen werden soll. Bei welcher Umschreibung man nun wirklich einmal die Nachtigall trampeln hört, weil all das gar so gut auf sie und die anderen insektenfressenden Vögel paßt. Sie jagen unter den Augen des Menschen und streichen deshalb den ganzen Ruhm als seine Helfer bei der Insektenbekämpfung allein ein, schon weil die meisten Leute der Meinung sind, auch Insekten seien Sonnentiere. Aber jede Windschutzscheibe nach zwei Autobahnfahrten, eine am Tag und eine bei Nacht, zeigt das Gegenteil. Daß den Mücken weder eigener noch fremder Schlaf heilig ist, darf als bekannt vorausgesetzt werden und ebenso, daß einer Handvoll Tagschmetterlingsarten Tausende von Nachtfaltern gegenüberstehen. Die letztgenannten haben graue, braune und metallfarbene Flügel: Schutzfärbung für die Ruhe am Tag. Beim nächtlichen Flug hilft sie ihnen sowenig wie der Maus ihr graues Fell. Diese Mütter künftiger Scharen von gefräßigen Erdraupen werden allnächtlich zu Abertausenden weggefangen von Fledermäusen, Eulen und Nachtschwalben, aber man hört selten ein Loblied auf diese Helfer des Menschen. Seit altersher wurden sie entweder leibhaftig umgebracht oder zu Hexen und Gespenstern umgedeutet, weil ihre Lebensweise unverständlich und darum

Mit riesigen Schalltrichtern von Ohren fängt die Großohrfledermaus das leiseste Echo ihrer Schreie auf. Deren Kurzwelligkeit erlaubt es, Gegenstände von Millimetergröße abzutasten.
Fotos Walter Wissenbach

Große weiche Flügel geben dem Nachtpfauenauge seinen lautlosen, taumelnden Flug; kein Auge und keine Radarpeilung kann es so leicht erfassen, wenn die Dämmerung seine Farben zu Rindengrau verblassen ließ.
Fot. Bavaria

unheimlich war. Gerade Fledermäuse eignen sich gut als Geistererscheinungen, wenn sie zielsicher und pfeilschnell vorbeihuschen, wo ein Mensch sich nur noch vorwärtstasten kann. Ihr Echopeilsystem arbeitet so genau, daß man sich fragt, warum eigentlich nicht all die unbeholfenen Nachtfalter und brummgewaltigen Maikäfer längst gefressen sind. Sie wären es auch, hätten sie sich nicht ebenfalls auf Radar eingestellt, längst ehe es Menschen oder gar deren Meinung über Fledermäuse gab. Inzwischen wissen aber auch wir es: Radarsendern ist am besten mit Störfrequenzen beizukommen. Nachtfalter vernehmen nicht nur die Ultraschallschreie der jagenden Fledermaus, beginnen daraufhin Haken zu schlagen oder verkriechen sich so schnell wie möglich, sie reden ihrem Verfolger auch in ziemlich der gleichen Tonart dazwischen, und oft haben sie sich außerdem noch einen dichten Pelz wachsen lassen, der einen Teil der Peilrufe verschluckt. Der harte, gewölbte Panzer der Mai- und Mistkäfer dagegen sieht aus, als sei er geradezu zum Zurückwerfen und gar Verstärken von Schallwellen gemacht, und ihr solides Äußeres läßt auch keineswegs irgendeinen Ultraschall-Sopran zur Abwehr vermuten. Trotzdem sind sie gern bei Nacht unterwegs, wenn die käferfressende Vogelwelt wenigstens zum Teil schläft, denn als Blatt- und Dungfresser haben sie mit den Blütenfarben ja nichts im Sinn. Sie helfen sich mit ihrem Baß, dessen niedrige Frequenz die ganze Folge von Schallstößen der Fledermaus genauso stört wie der Ultraschall der Nachtfalter den einzelnen Fledermausruf. Maikäfer brummen um ihr Leben.

Bei aller technischen Vollkommenheit finden die Fledermäuse ihr täg-

Nachtschwalben sind selten geworden bei uns. Sie können ihre nächtliche Jagd nicht in unruhigem, bewohntem Gelände, im vorbeistreifenden Autoscheinwerferlicht und unter flimmernden Leuchtstofflampen betreiben. Fot. Hermann Fischer

liches Brot unter den nächtlichen Insekten gar nicht so leicht. Daß man ohne Technik nicht unbedingt schlechter leben muß, zeigt die Nachtschwalbe, ein selten gewordener Rakenvogel unserer ehemals einsamen Weidegebiete. Ein wenig gleicht sie zwei entfernten Verwandten, den Seglern und den Eulen, wogegen sie mit den Schwalben nur den Namen, die Jagd aus dem Flug und den breiten, kurzen Schnabel gemein hat, mit den Fledermäusen aber die Jagdzeit und die Speisekarte. Nachtschwalben orten ihre Beutetiere nicht und geben ihnen also auch keinen Anlaß zu Gegenmaßnahmen. Vom niedrigen Ansitzplatz aus oder in eulenleisem Flug dicht über den Boden streichend, sehen sie alles, was vorbeifliegt, gegen den nie ganz dunklen Nachthimmel. Je dicker die Beute, desto besser ist sie zu sehen und dank der unglaublich breiten Schnabelspalte immer noch zu schlucken, sei sie maikäferhart oder heupferdgroß und dazu auch noch lebendig. Zur dunkelsten Nachtzeit ruht ihre Jagd, aber selbst dann ist es für sie immer nur halb so dunkel wie für unsereinen, weil sie — wie Hund und Katze — eine Spiegelschicht im Augenhintergrund hat. Dunkelrot schimmern dadurch ihre großen Augen, und wenn beim lautlosen Abfliegen zwei solche rotleuchtenden Punkte plötzlich von Kopfhöhe nach unten sinken — wie

Lautlos fliegt der Waldkauz, weil sein flaumweiches Federkleid jedes Fluggeräusch verschluckt. Auch die feinhörige, großohrige Waldmaus bemerkt seine Nähe erst, wenn er ihr die Krallen in den Rücken schlägt.

Den Steinkauz haben seine ausdrucksvollen Augen mit gelber Iris und großer Pupille zum Sinnbild der Weisheit gemacht. Trotzdem haben die Mäuse sein feines Gehör weit mehr zu fürchten. Fotos Walter Wissenbach

soll sich der ängstliche Spaziergänger das anders erklären als mit einem feueräugigen Totenkopf, den sich jemand vom Hals nimmt und unter den Arm klemmt?

An der Menge des Nachtgeziefers zehren und an schaurigen Gespenstermärchen häkeln schließlich auch die dritten im Bund, die Eulen, bei uns hauptsächlich vierfach vertreten durch Schleier- und Waldohreule, Steinkauz und Waldkauz. Alle stehen seit altersher im Rufe großer Weisheit, wogegen sich nichts sagen läßt, solange man nicht weiß, mit wem man sie damals verglichen hat. Alle sollen aber auch unvergleichlich scharfe Augen haben — und dagegen läßt sich sehr viel sagen. Große Augen haben sie freilich, so große, daß sie sich nicht mehr im Schädel bewegen lassen. Dafür kann eine Eule aber den Kopf mehr als einmal ganz im Kreis herumdrehen, also weiter, als sich rechtsherum über die linke Schulter gucken. Ihrer Stäbchennetzhaut scheint kein Brandmauspelz braun, keine Schwärmerraupe rosa, aber die Raupe braucht nur den Kopf zu heben, die Eule sieht es. Und sie hört, wenn die Raupe in ein Blatt beißt, vom eulenohrenbetäubenden Getrampel der Brandmaus ganz zu schweigen. Dann schwebt sie, durch ihr flaumweiches Gefieder lautlos getragen, vom Ansitz herab und trifft mit ausgestreckten Fängen ihre Beute so schnell, daß keine ängstliche Maus, keine mißtrauische Ratte auch nur noch Zeit zum Erschrecken hat, und so genau, daß man vermutet, Eulen können plastisch hören, wie fern auch immer das dem menschlichen Vorstellungsvermögen sein mag.

Aber eine Schwäche haben sie doch, alle diese Schwarz- und Dunkelheitskünstler: Bei Rotlicht versagen die Stäbchen ihrer Netzhaut schon, wenn es für die Zapfen der unseren noch hell genug ist. Dann können wir ihnen ungesehen und genau in ihr geheimnisvolles Leben gucken — solange uns Geräusch und Witterung nicht verraten.

Trinkwasser durch Binsen

VON HANS GERHARD MEYER

In raschem, gleichmäßigem Steigflug hob sich die „Piper" über die sanft gewellte, grüne Hügellandschaft der Wälder und Weiden des Allgäus und nahm Kurs auf den Bodensee. Vom kleinsten Flugplatz Deutschlands aus, von Wildberg bei Lindau, der Flugwiese des „Fliegenden Bauern", war das Flugzeug mit einem Fotografen an Bord gestartet. Nun lag 500 Meter tief unter den breiten Tragflächen des Hochdeckers der Bodensee. Steilkurve . . .

Kamera heraus und hinuntergezielt. Aufnahme! Das war Wasserburg, unmittelbar am Seeufer gelegen.

Das Wasser war kristallklar und dort, wo es nicht unter dem Licht der Sonne gleißte, von hellem Grünblau. Vom Ufer aus jedoch breiteten sich zungenförmig und lachenartig vorstoßende, trüb schillernde, grau und schmutzig verfärbte Flächen aus, die eine weite Strecke entlang den See wie ein trübes Band säumten.

Fassungslos schaute der Fotograf auf die Flut der Verschmutzung, die vom Lande her in den größten Binnensee Deutschlands einbricht. Von allen Seiten strömen ihm die Abwässer der Industrie- und Wohnsiedlungen zu, beladen mit dem braungrauen Unrat der Zivilisation.

Vom Flugzeug aus, das im hellen Sonnenlicht über die Landschaft glitt, beobachtete der Pilot, wie sich die Giftbrühe in die klare Wasserfläche hineindrängte, weit über die Grüngürtel des Schilfs und über das Flachwasser der Strände hinausgreifend, bis tief in die Bucht von Lindau.

Dies alles hielt die Kamera in Bildern fest. Sie sind Dokumente einer Tragödie; denn sie zeigen, überzeugender, als Worte und Zahlen es vermögen, die Gefahr, die dem schönen und wichtigen Gewässer droht. Daher gehören die Luftaufnahmen auch zu den Unterlagen, auf die sich der Direktor der Stadtwerke Lindau berief, als er sich für die Gesunderhaltung der Gewässer einsetzte und gegen die Bedrohung durch Abwässer eine ganz neuartige Abwehr vorschlug. Das aber ist nur der eine Teil der Geschichte.

Der andere Teil beginnt im Limnologischen Institut der Max-Planck-Gesellschaft in Krefeld, wo die Botanikerin Dr. Käthe Seidel stehende Gewässer erforscht und sich seit Jahren mit Binsen beschäftigt, insbesondere mit der „Scirpus lacustrix".

Das ist eine ganz gewöhnliche Binse jener Art, wie wir sie an den Ufern vieler Seen und Flüsse in aller Welt finden. Solche Binsen stehen nicht von ungefähr dort im flachen Wasser, und sie sind auch keineswegs so ganz gewöhnliche Gewächse.

Eingeborene im zentralen Afrika schöpfen Trinkwasser, wenn sie es aus offenen Gewässern entnehmen, möglichst da, wo ein dichter Binsengürtel das Ufer säumt. Sie wissen, dieses Wasser macht nicht krank. Die Wissenschaftler der zivilisierten Länder bestätigen das und bewundern den gesunden Instinkt der Naturkinder. „Binsen", so erklären sie, „wachsen nur im klaren, reinen Wasser."

„Irrtum", sagt Dr. Seidel, „Binsen gedeihen auch in stark verunreinigtem, ja sogar in durch industrielle Zuflüsse hochgradig verschmutztem Wasser. Und das Erstaunliche ist: Sie reinigen es."

Es handelt sich um eine besonders hochwachsende, fleischige, rund- und glattstämmige Binse, eben die Scirpus lacustrix. Sie ist in aller Welt verbreitet und macht sich allerorts nützlich. Sowohl bei Naturvölkern als auch in hochzivilisierten Ländern wird sie als Futter- und Flechtpflanze gleicher-

„Scirpus lacustrix", hinter diesem stolzen Namen verbirgt sich eine in aller Welt verbreitete Binsenart. Für die Urus am Titicacasee bildet sie weitgehend die Lebensgrundlage. Sie bauen Hütten wie Boote aus Binsen. Fot. Bavaria

maßen geschätzt. Die Urus, ein Eingeborenenstamm in Südamerika, leben zum Beispiel auf Schilf- und Binseninseln mitten im Titicacasee und fertigen ihre Hütten, aber auch ihre Boote fast ausschließlich aus solchen Binsen, deren süßes Mark die Kinder übrigens mit Genuß verspeisen.

Diese Binsenart hat eine weitere Eigenschaft, die gerade in der heutigen Zeit, in der alle Binnengewässer, Bäche, Ströme, Seen vom Unrat der Siedlungen, der Industrie, aber auch der Landwirtschaft bedrängt werden, besonders wertvoll sein könnte. Sie ist imstande, alle möglichen Schmutzstoffe, ja sogar Gifte und gefährliche Krankheitskeime unschädlich zu machen, indem sie sie entweder aufnimmt, sie chemisch aufspaltet und zum eigenen Zellenaufbau verwendet oder indem sie sie angreift und vernichtet. Wie die Mikroben, die in biologischen Kläranlagen die Schutzpolizei sind, übt also auch die Binse eine Klärwirkung aus.

Aufsehen erregte vor allem die Beobachtung des Krefelder Instituts, daß Binsen sogar den übelsten Abfallstoff der Industrie, ja geradezu einen Giftstoff der freien Gewässer beseitigen können, gegen den die meisten anderen Verfahren und Mittel bis dahin nicht viel ausrichten konnten: die Phenole.

Phenole sind Abfallstoffe aus vielen Zweigen der Großindustrie, die mit wachsender Produktion in immer größerer Menge mit den Abwässern in den natürlichen Wasserkreislauf einfließen und sich besonders hartnäckig halten. Schon winzige Mengen davon im Wasser können, sofern sie nicht unmittelbar Schaden anrichten, zumindest den Geschmack der Fische erheblich beeinträchtigen, so daß sie ungenießbar werden.

Die Feststellung, daß Binsen offenbar auch mit dieser Plage fertig werden, ließ aufmerksame Beobachter in der Stahlindustrie des Rhein-Ruhr-Gebiets aufhorchen. Ein rheinisches Industrieunternehmen beschloß, der Sache nachzugehen, und regte ausgedehnte Versuchsreihen mit Phenolkonzentrationen verschiedenen Grades unter verschiedenen Bedingungen an.

Heute wissen wir, daß Binsen in phenolhaltigem Wasser nicht nur gedeihen, sondern sich sogar um so besser entwickeln, je höher die Phenolkonzentration ist. Offenbar können sie also das Phenol, das sie aus dem Wasser entnehmen, als Nährstoff nutzen. Erst bei einem sehr starken Phenolgehalt von 900 bis 1000 Milligramm je Liter Wasser zeigen auch die Binsen ein gehemmtes Wachstum, oder sie gehen ein.

Was immer im Reich der Natur geschieht, wir nehmen es nur als Ergebnis, als Erscheinung oder Vorgang wahr. Wenn wir jedoch die Zusammenhänge eindeutig nachweisen wollen, müssen wir auch den Ablauf Stufe für Stufe verfolgen.

Wie zum Beispiel war der Einwand mancher Wissenschaftler zu widerlegen, daß die Binse vielleicht nur deshalb das Wasser säubere, weil ihr besonders dichtes Wurzelgeflecht wie ein Filter oder Sieb wirke! Dann hätte die Binse selbst wenig mit der Reinigung des Wassers zu tun, sondern einfach die Anhäufung der feinen Wurzelfasern in dichtem Zopf oder Bart wäre das Geheimnis. Dann müßte aber auch mit feinen Kunstfasern die gleiche Wirkung zu erreichen sein.

Daß dem nicht so ist, bewiesen die Arbeiten des Biochemikers Dr. Kiekhuth und seiner Mitarbeiter am Institut für Bodenkunde, Biochemie und Ökologie an der Universität Göttingen. Sie zielen darauf ab, die Wechselwirkungen zwischen verschiedenen Pflanzen zu erforschen, die schließlich zum Zusammenleben bestimmter Pflanzengruppen und so zur Entwicklung eines „Biotops", also einer Lebensgemeinschaft von verschiedenartigen, aber dennoch aufeinander angewiesenen Pflanzen und auch dazugehörigen Tieren führen. Die Chemiker und Biologen hatten nicht nur das geistige Rüstzeug dazu, sondern in ihren Laboratorien auch die notwendigen Forschungseinrichtungen. Mit radioaktiven Spurensuchern, Chromatografie und Ionenaustauschern drangen sie in die Miniaturwelt der molekularen und atomaren Vorgänge und Erscheinungen ein. Nach mehrjähriger Forschung konnte der Arbeitskreis die Krefelder Beobachtungen Punkt für Punkt be-

Links: Eine schlichte Pflanze als Hexenmeister? Fest steht, daß überall da, wo ein dichter Binsengürtel das Ufer säumt, das Wasser frei von Krankheitskeimen ist. Dieser Tatsache will man im Klärwerk Lindau am Bodensee auf den Grund gehen.

Rechts: Und hier der Versuch — das mit Industrieabfallstoffen verschmutzte Wasser läuft durch kaskadenartige Binsenpflanzungen. Während es von Behälter zu Behälter fließt, säubern die Binsen das Wasser von allen Keimen und Giftstoffen ...

stätigen. Es gelang ihnen, verschiedene Stoffwechselvorgänge nachzuweisen und sie im Versuch darzustellen.

Die Binse ist wirklich eine erstaunliche Pflanze. Eigentlich müßte sie sich, wie alle größeren, vielzelligen Gewächse, auf die ebenso klassische wie redliche Art nähren, indem sie Nährstoffe und Wasser aus dem Boden (beziehungsweise Wasser) und Kohlenstoff aus der Luft aufnimmt. Statt dessen verhält sie sich so, wie es eigentlich nur Mikroorganismen mit altertümlichem, „heterotrophem" Stoffwechsel möglich ist. Sie nimmt gewissermaßen statt der einzelnen Grund- und Nahrungsstoffe gleich „Fertigmahlzeiten" in Form von Zucker, Aminosäuren oder auch Phenolen auf.

Also ist sie eine Großpflanze, die zwar in die heutige Welt paßt, sich aber gleichsam als uralte Erinnerung aus der Entwicklungsgeschichte des Lebens einen Rest organischer Nahrungsaufnahme bewahrt hat. Sie ist geradezu ein „Musterknabe" solcher Uralt-Heterotrophie.

Mit den Methoden quantitativer und qualitativer biochemischer Analyse und der „Tracertechnik" (man versteht darunter Spurenverfolgung mittels radioaktiv markierter Atome) gelang es nachzuweisen, daß die Binse die Giftstoffe, die sie dem Wasser entnimmt, als Bausteine für ihr eigenes Körpereiweiß benutzen kann. Aus dem Phenol der Abwässer kann so zum Beispiel Asparaginsäure oder die Aminosäure Alanin werden.

Inzwischen hat uns die Binse eine weitere Wundereigenschaft enthüllt: Sie beseitigt und vernichtet Krankheitskeime verschiedenster Art: Eiter-

erreger, Coli-Bakterien und sogar Salmonellen, die aus den verseuchten, oft hochinfektiösen Abwässern von Krankenhäusern in die öffentliche Entwässerung einfließen. Nun, andere Wasserpflanzen haben diese Fähigkeit zum Teil auch, aber keine besitzt sie in solchem Maße wie die Binse.

Ist diese schlichte Pflanze ein Allerweltszauberer und Hexenmeister, ein Tausendsassa, dem schlechthin nichts unmöglich ist? Ganz und gar nicht. Die Wissenschaftler sind gerade dabei, zu ermitteln, was die Binse kann, und was sie nicht kann. Aber überall, wo sie in Wind und Wellenschlag sich wiegend, oft zusammen mit dem Schilf, die Seen und Flüsse umgürtet oder sich als schwingender Grünstreifen längs der Flußufer hinzieht, entfaltet sie ihre wundersame Kraft: Sie säubert das strömende Wasser und reinigt Abwasser zur Klarheit von Trinkwasser.

Wie das in Wirklichkeit aussieht und ob es auch wirtschaftlich sinnvoll ist, untersucht das Wasserwerk der kleinen Stadt Lindau am Bodensee in einer ersten Versuchsgroßanlage. Es hat seinen Klärbecken, die wie überall aus den Teichen für chemische und weiteren Teichen für biologische Klärung mit Hilfe der Mikroflora bestehen, eine dritte Klärstufe beigesellt, die wir als „biologische Feinklärung durch Binsenkulturen" bezeichnen könnten.

Kaskadenartig sind die Binsenpflanzungen angelegt. Das vorgeklärte, aber immer noch schaumige und blasig-trübe Wasser fließt diesen Binsenpflanzungen zu, fällt von Kaskade zu Kaskade. Am Ende — wir halten die Hand hinein und glauben es nicht, wir können auch den Trinkbecher damit füllen —

... und aus der Binsenkultur fließt am Ende reines kristallklares Wasser. Die Binse nimmt nicht Grundstoffe aus dem Boden und Wasser auf, sondern nährt sich von fertigen organischen Verbindungen — sie lebt von den Abfallstoffen.

strömt kristallklares, von allen Verschmutzungen und Keimen gesäubertes Wasser in heller Flut heraus.

Die Binse gehört zu den wichtigen Pflanzen jenes grünen Ufergürtels an Wassergewächsen, der — neben der Mikroflora — das Wunder der „Selbstreinigungskraft der Flüsse" bewirkt. Alles natürliche, freie Wasser der Erde reinigt sich, sofern es nicht im Übermaß und mit Gewalt vergiftet, verschmutzt und verseucht wird, von selbst, nicht zum wenigsten dank solcher Gewächse wie eben der Binse.

Es wird, so glauben die Krefelder und Göttinger Wissenschaftler, einmal die Zeit kommen, da sie auf den Spuren der Binse und ähnlicher Pflanzen durch ihre zähe Forschung in der Lage sind, eine Pflanzengemeinschaft zu züchten, die auf nur 100 Metern Strecke eines fließenden Gewässers die gleiche Reinigungskraft erzielt, für die ein Fluß mit seinem natürlichen Pflanzenwuchs heute 10 Kilometer Strecke braucht.

Diese Pflanzengemeinschaft zu schaffen, das ist eines der Ziele, die sich Forscher gesetzt haben. Wie lange es dauert, bis es erreicht sein wird — wer fragt danach? Wichtig ist, daß beharrlich gearbeitet wird und ständig Fortschritte zu verzeichnen sind. Wo es um die Gesundheit des Menschen in allen Ländern geht, ist auch der Teilerfolg schon ein Erfolg.

REISEN IN DIE VERGANGENHEIT

„Glomar Challenger“ auf den Spuren der Erdgeschichte

VON GERTRUD WEISS

Eine stählerne Bohrkrone, mit Diamanten besetzt, frißt sich in den Meeresboden. Durch eine Öffnung in der Mitte des Bohrwerks wird das Mahlgut — Erde, Mineralien und Überreste von Lebewesen, die sich über Millionen von Jahren dort unten abgelagert haben — in eine Rohrbüchse gepreßt und an die Oberfläche geholt. 5000 Meter lang ist sein Weg durch das Innere des Bohrgestänges; er endet am Bohrtisch der „Glomar Challenger“, einem Forschungsschiff des amerikanischen Scripps-Instituts für Ozeanographie in La Jolla (Kalifornien).

Für die Wissenschaftler an Bord sind die Ablagerungen ein Geschichtsbuch, in dem sie in die Vergangenheit unserer Erde zurückblättern können. Das Schiff, schwimmende Bohrinsel und Laboratorium zugleich, hat den Auftrag, bis zum Jahr 1973 auf mindestens 25 Forschungsreisen den Boden der Weltmeere an erdgeschichtlich besonders aufschlußreichen Punkten zu untersuchen. Solche Punkte finden sich vor allem in den Randzonen der Ozeane, an den „Nahtstellen“ ozeanischer und kontinentaler Kruste, im Bereich der mittelozeanischen Rücken und an bestimmten Stellen beiderseits dieser unterseeischen Gebirgszüge. Auf diese Weise hoffen die Forscher, mehr über das Alter der Meeresbecken zu erfahren und jene Vorgänge zu erhellen, die sie formen und verändern. Das Forschungsprogramm hat ein Konsortium amerikanischer Institute ausgearbeitet. 400 Wissenschaftler des In- und Auslandes sind an dem Unternehmen beteiligt, für das die amerikanische Nationale Stiftung für die Wissenschaften 35 Millionen Dollar bereitgestellt hat.

Mit ihrer Bohrausrüstung vermag die „Glomar Challenger" noch bei Wassertiefen von 6000 Metern und mehr gut 1000 Meter in den Untergrund vorzudringen und Bodenproben aus bisher unzugänglichen Tiefen zu bergen. Sie steht derzeit im Karibischen Meer, etwa in der Mitte zwischen der Küste Venezuelas und der Antilleninsel Puerto Rico. Es ist schon ihre zweite Forschungsreise durch dieses Meer, die fünfzehnte, seit das Vorhaben im August 1968 angelaufen ist. An zwölf Stellen wird auf dieser Kreuz- und Querfahrt durch ein geologisch überaus interessantes Gebiet Station gemacht, um Bohrkerne zu gewinnen, welche die einzelnen Schichten der Ablagerungen möglichst vollständig, bis hinunter zum Basalt der Erdkruste, erkennen lassen.

Die Bodenproben, die Geologen, Geophysiker und Geochemiker sammeln und untersuchen, könnten die Theorie stützen oder auch widerlegen, wonach das Karibische Meer eine Randzunge des Pazifischen Ozeans auf der anderen Seite der mittelamerikanischen Landbrücke sei. Anderen Überlegungen zufolge soll es durch Absinken eines Festlandblocks en'=tanden sein. Für diese Annahme sprechen die bei Erdbeben aufgezeichneten Erschütterungen. Sie lassen nämlich vermuten, daß die Krustenschicht unter dem Karibischen Meer eine Mittelstellung zwischen ozeanischer, das heißt basaltischer, und kontinentaler, das heißt granitischer Kruste einnimmt. Nach dieser Forschungsfahrt wird man darüber vielleicht mehr sagen können.

Aus der 3950 Meter unter dem Wasserspiegel gelegenen Bohrstelle sind bereits weiche und härtere Ablagerungen, die Geologen sagen Sedimente, aus Schichten geborgen worden, deren Alter bis zu 45 Millionen Jahre zurückreicht. Jetzt meldet plötzlich der Bohrtisch Leerlauf — die Sonde kommt in 690 Meter Bodentiefe nicht mehr weiter. Wieder einmal scheint der Meißel an einer Kieselschieferschicht stumpf geworden zu sein. Diese

Das Expeditionsprogramm des Tiefseebohrschiffes „Glomar Challenger". Die punktierten Linien zeigen die Routen der ersten neun Forschungsfahrten im Atlantischen und Stillen Ozean von August 1968 bis Januar 1970. Die durchgezogenen Linien bezeichnen die Routen der 10. bis 25. Expedition von Februar 1970 bis Ende 1973.

Ingenieure richten die Bohrkrone ein. Im Hintergrund das Gestell zur Ablage von 7300 m Bohrgestänge, das in 30 m langen Abschnitten an den Bohrtisch abgegeben wird. Unter Deck lagern weitere 4000 m Gestänge. Der Bohrturm erhebt sich 43 m über das Deck der „Glomar Challenger". Fotos Scripps Institution of Oceanography

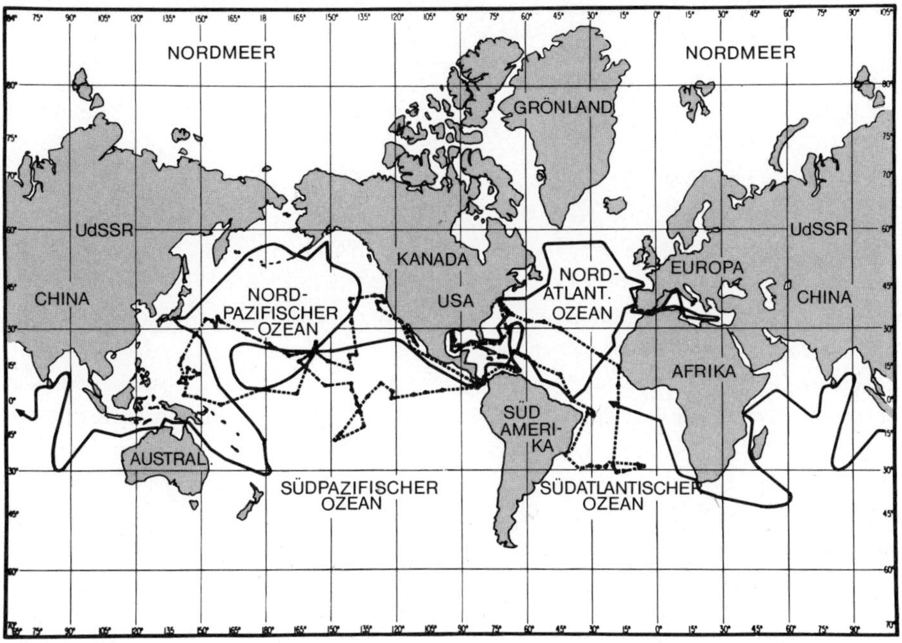
NORDMEER
NORDMEER
GRÖNLAND
UdSSR
UdSSR
KANADA
NORD-
PAZIFISCHER
OZEAN
NORD-
ATLANT.
OZEAN
EUROPA
CHINA
CHINA
USA
AFRIKA
SÜD
AMERI-
KA
AUSTRAL
SÜDPAZIFISCHER
OZEAN
SÜDATLANTISCHER
OZEAN

NATIONAL

ungemein harten Ablagerungen haben schon auf den früheren Fahrten durch Atlantik, Pazifik, amerikanisches und europäisches Mittelmeer den Erfolg der Arbeit immer wieder in Frage gestellt. Meist konnte die Bohrung nach dem Auswechseln des Meißels an der betreffenden Stelle nicht weitergeführt werden, weil man das Bohrloch nicht mehr fand. So blieb nichts anderes übrig, als es in der Nachbarschaft von neuem zu versuchen.

Von Anfang an war man sich darüber im klaren, daß erst die Möglichkeit, selbst bei Tausenden von Metern Wassertiefe eine angebrochene Bohrung fortzusetzen, dem Unternehmen „Glomar Challenger" zum wissenschaftlichen Erfolg verhelfen würde. Ein bereits im Jahr 1968 entwickeltes

Ein Schallumsetzer an der Bohrkrone und die Signale eines Unterwassersenders, der vor Aufnahme der Arbeiten an jeder Bohrstelle abgesetzt wird, liefern dem Bordcomputer die Unterlagen, nach denen er die Manöver zum Wiedereinführen des Bohrwerks samt Gestänge durch den Metalltrichter berechnet.

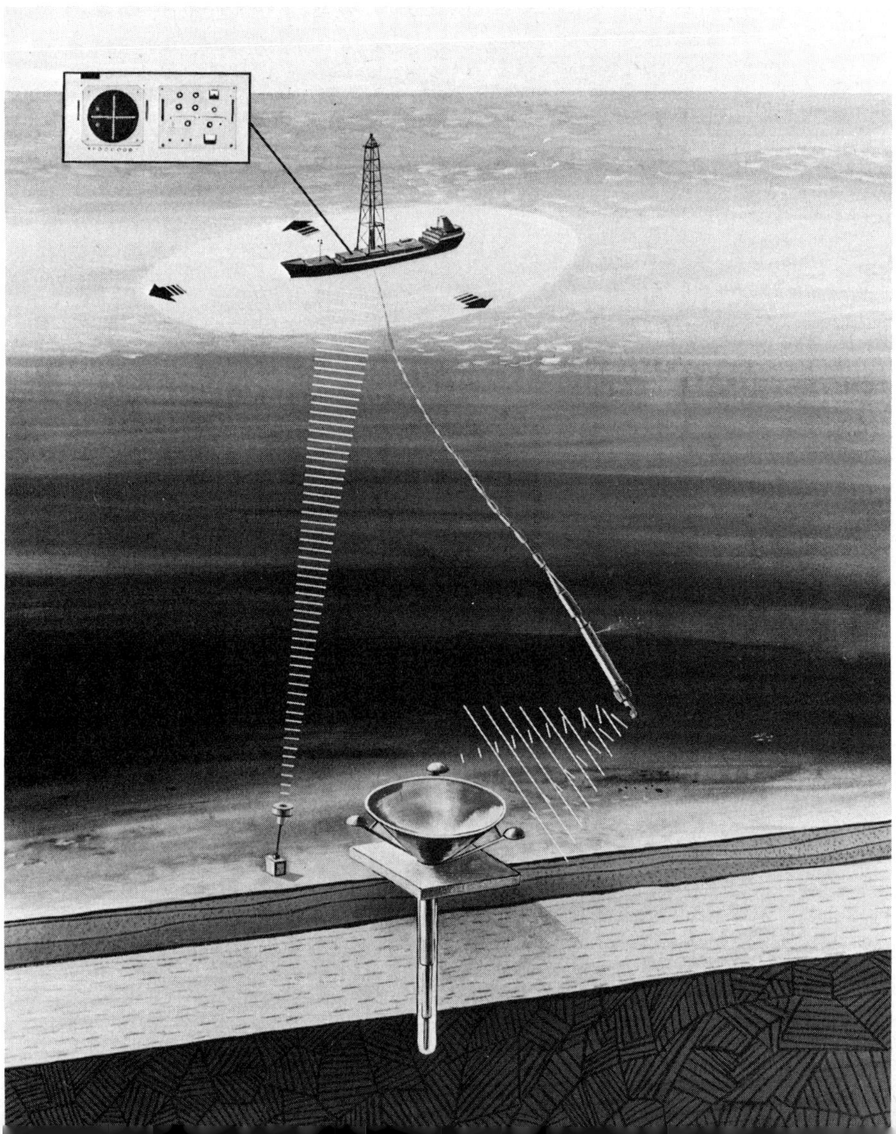

„Re-entry"-Verfahren, das es ermöglicht, die Bohrkrone samt Gestänge vom Schiff aus in das Bohrloch wiedereinzufahren, wurde auf die Aufgaben der „Glomar Challenger" abgestimmt. Nachdem man es im Sommer 1970 versuchsweise 500 Kilometer vor New York im Atlantik erprobt hat, soll es sich jetzt, ein halbes Jahr später, zum ersten Mal unter Expeditionsbedingungen bewähren.

Der Meißel ist ersetzt — die Suche nach der „Stecknadel im Heuhaufen" kann beginnen. Am Gestänge, das sich aus 13 Zentimeter weiten, jeweils 30 Meter langen Rohrabschnitten und den Zwischenkupplungen zusammensetzt, wird der Bohrer wieder in die Tiefe gelassen. Zehn Meter über dem Boden kommt das Kommando „Stop!" Eine Schallsonde muß nachgeführt werden. An einem Leitungskabel hängend, gleitet sie vom Schiff aus durch das Bohrgestänge in die Tiefe und tritt unten durch die Mittelöffnung der Bohrkrone ins freie Wasser. Mit Schallwellen sehr hoher Schwingungszahl

Der sechseckige Metalltrichter mit drei Schallreflektoren an den Außenkanten erleichtert das Wiedereinführen von Bohrwerk und Gestänge in die Bohrstelle im Meeresboden, die mehr als 6000 m unter Wasser liegen kann.

wird jetzt die Umgebung nach rückstrahlenden Gegenständen abgetastet. Das Schallfeld reicht etwa 150 Meter weit.

An Bord wartet man auf Echos ganz bestimmter Art. Sie sollten von drei Reflektoren an den Außenkanten eines sechseckigen Metalltrichters kommen, der — 5 Meter im Durchmesser und 4 Meter hoch — am Eingang zur Bohrstelle sitzt. Er ist mit Beginn der Bohrung abgesenkt worden und auf einem 50 Meter langen Rohr im Bohrloch verankert. Mit seiner Hilfe soll das Bohrwerk, dessen Gestänge beim Bohren in der ganzen Länge rotiert, wieder „eingefädelt" werden.

Die Schallsonde, die nicht nur Schallwellen aussendet, sondern auch deren Echo aufnimmt und verstärkt, hat den Trichter geortet. Er ist etwa 100 Meter entfernt. Auf der Brücke, am Bohrtisch und im Computerraum leuchten die Bildschirme auf und zeigen ein Diagramm, das den Abstand der Sonde zum Trichter angibt. Vorsichtig manövriert Kapitän Joe Clark das Schiff, das 10 500 Tonnen Wasserverdrängung hat und 122 Meter lang ist, in eine Position, in der auf den Leuchtschirmen der Abstand der Reflektoren zur Bildmitte gleich groß erscheint.

Daß die „Glomar Challenger" nicht von der Bohrstelle abgetrieben wird, ist einem besonderen Navigationsverfahren zu verdanken. Vor Beginn der Bohrarbeit wird der Schiffsort mit den Signalen eines zuvor abgeworfenen Unterwassersenders und eines Navigationssatelliten genau ermittelt. Sowohl diese Daten als auch die der später auftretenden Abweichungen, die nach Richtung und Entfernung gemessen werden, gehen an den Bordcomputer. Der wandelt sie in Kommandos an die vier seitlichen Tunnelmotore und den Propellerantrieb um. Auf diese Weise kann der Kapitän sein Schiff ohne Ankerhilfe selbst bei Sturm oder in Meeresströmungen über der Bohrstelle halten.

Mit Hilfe der Feinsteuerung — dabei wird Wasser aus Düsen gedrückt, die sich im Gestänge über der Bohrkrone befinden — gelingt es, das Bohrwerk wieder in den Trichter und damit in das alte Bohrloch einzufahren. Gespannt wartet man am Bohrtisch auf die ersten Bodenproben aus der Tiefe. Sie sollen sofort untersucht werden, noch ehe sie sich infolge der anderen Druck- und Temperaturverhältnisse über Wasser verändern.

Sobald eine Rohrbüchse mit Sedimenten ankommt, bestimmt ein Geochemiker unter dem Mikroskop zunächst Art und ungefähres Alter an Hand winziger versteinerter Überreste pflanzlicher und tierischer Lebewesen. Dann wird jeder Abschnitt des inzwischen umgefüllten Bohrguts gewogen und durchleuchtet. Die Wissenschaftler prüfen das Material auf Eigenstrahlung, Dichte, Härte, Färbung, Porosität, auf seinen Gehalt an Wasser und anderen Flüssigkeiten, auf die Leitfähigkeit für Schall. Schließlich schneiden sie das Segment der Länge nach durch. Die eine Hälfte verschwindet als Analysenmaterial für Forschungsinstitute in einem Kühlbehälter unter Deck, die zweite Hälfte wird sofort weiter untersucht.

Für die 20 Wissenschaftler, die sich neben der 50 Mann starken Schiffsbesatzung an Bord befinden, sind es aufregende Tage und Nächte. Der neue Meißel hat 760 Meter Tiefe erreicht. Er fördert jetzt Kieselschiefer, harten Kalkstein und schließlich kristallines Gestein aus dem Karibischen Meeresboden zutage. Die unterste Sedimentschicht dürfte sich vor etwa 85 Millionen Jahren, am Ende der Kreidezeit, abgelagert haben. Sie ist durchsetzt mit Ergußgestein aus dem Erdinnern, das wohl um die gleiche Zeit ausgequollen ist. Darauf lagert feiner Sand und besonders stark mit organischen Bestandteilen angereicherter Schlamm. Er enthält pflanzliche Sporen und Pollen, die vom Land ringsum in die tiefen Becken geschwemmt worden sind. In dieser Schicht finden die Geologen auch vulkanische Asche. Die Schalen winziger Meereslebewesen haben sich über viele Millionen Jahre hin am Boden angesammelt und feinen Schlamm und Ton gebildet. Auch diese Massen sind mit Asche durchsetzt — ein Zeichen dafür, daß immer wieder Vulkane tätig gewesen sind — wie noch heute auf den Inseln rund um die Karibische See.

Am wichtigsten erscheint dem Expeditionsleiter der Basalt am Ende des Bohrlochs. Der Umstand, daß hier ein so verhältnismäßig junges, aus der Schmelze erstarrtes Gestein vorkommt, könnte die Geologen zwingen, ihre Vorstellung vom Alter der Karibik zu ändern — eines Meeres, das es nicht gab, als die beiden Amerika, Afrika, Europa, Australien, Indien und die Antarktis noch eine zusammenhängende Landmasse bildeten.

Alles deutet darauf hin, daß die Erdoberfläche einst anders ausgesehen haben muß als heute, daß Wasser und Land anders verteilt waren. Was sind das für Kräfte, die Erdteile aufbrechen und verschieben, Meere entstehen und vergehen lassen? Es gibt Beweise dafür, daß sich

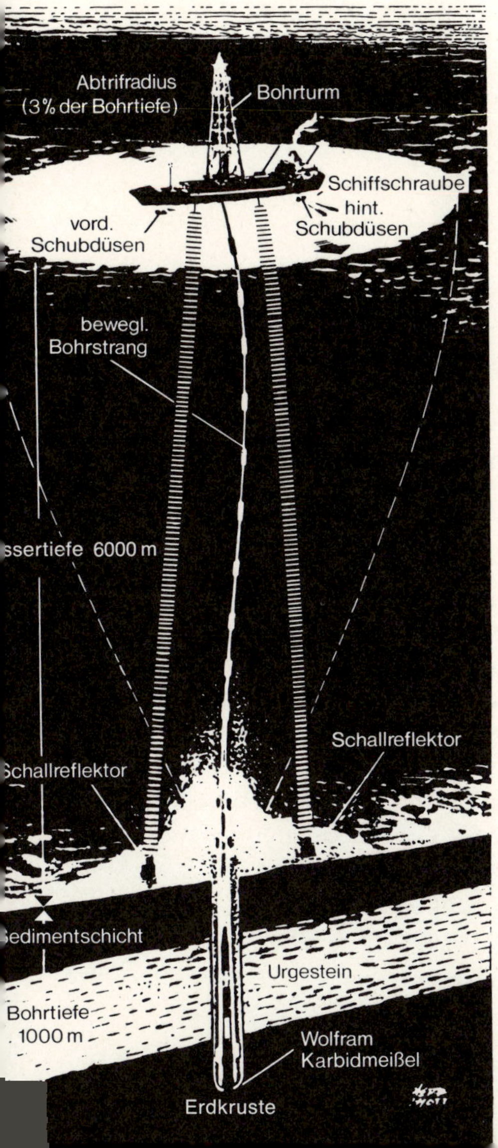

Schematische Darstellung einer Tiefseebohrung. Während der Tiefbohrung, bei der der Bohrmeißel Sedimente und Urgestein durchbricht, um bis zur Erdkruste vorzustoßen, halten vier seitliche Tunnelmotoren, die von einem Computer gesteuert werden, das Schiff auf Position.

die Pole der Erde zeitweise an ganz anderen Orten als heute befunden haben müssen. Aber es ist unwahrscheinlich, daß die Drehachse der Erde ihre Lage verändert hat. Viel eher sind Verschiebungen der „Haut" des Planeten anzunehmen. Und zu dieser Haut gehören Festländer wie Meere.

Schon im 17. Jahrhundert wurde vermutet, daß Afrika, Europa und Amerika aus einer einzigen Landmasse stammen. Aber erst der deutsche Geophysiker Alfred Wegener, der sich zu Beginn unseres Jahrhunderts eingehend darüber Gedanken machte, wie Erdteile und Meere entstanden sein könnten, bemühte sich um eine wissenschaftliche Erklärung. Er begründete die Theorie der „Kontinentaldrift", derzufolge sich die Festlandsblöcke vor allem in Querrichtung verschieben.

Diese Vorstellung Wegeners wurde gelegentlich debattiert, aber nur von wenigen ernst genommen — bis sie plötzlich Mitte der sechziger Jahre fast die Bedeutung eines wissenschaftlichen Lehrsatzes erlangte. Die Hinweise auf ein langsames Auseinanderdriften der Kontinente mehrten sich. So zeigten neue Berechnungen, daß die Sockel Südamerikas und Afrikas etwa 1000 Meter unter dem Wasserspiegel fast lückenlos aneinanderpassen. Auch Altersbestimmungen von Gesteinen an bestimmten Punkten diesseits und jenseits des südlichen Atlantik deckten sich in auffälliger Weise: Es wurde hier wie dort ein Datierungssprung von 500 Millionen auf zwei Milliarden Jahre ermittelt.

Dazu kamen Beobachtungen, wonach offenbar der Meeresboden quer zu den mittelozeanischen Rücken „auseinanderfließt". „Sea Floor Spreading" nennen die Amerikaner diese Erscheinung. Sie wird wahrscheinlich dadurch ausgelöst, daß entlang den Mittelspalten der Tiefseerücken heiße Massen aus dem Erdinnern emporquellen. Nachkommendes Material schiebt die älteren, inzwischen erstarrten Massen weiter. Sie „fließen" zu beiden Seiten der ozeanischen Rücken ab, die als unterseeische Gebirgssysteme fast die ganze Erde umspannen und sich durch rege Erdbebentätigkeit auszeichnen. Nach der Theorie des „Sea Floor Spreading" lagert sich in einem sehr langsamen Prozeß im Bereich der Mittelspalten laufend frische Kruste an, während sich vor den Kontinenten altes Material finden müßte. Der Chefgeologe des Scripps-Instituts ist sogar der Meinung, daß sich die Kruste unter den Weltmeeren im Verlauf der Erdgeschichte fast vollständig erneuert hat und Sedimente, die sich darauf abgelagert haben, höchstens 200 Millionen Jahre alt sind. Das aber läßt sich nur beweisen, wenn man bis zum Krustenbasalt vordringt und ihn anbohrt. Und deshalb ist das „Re-entry"-Verfahren für das Tiefsee-Bohrprojekt von so großer Bedeutung.

„Glomar Challenger" hat durch Bohrungen im Südatlantik bestätigt, daß im gleichen Verhältnis zur Entfernung von der Achse des Atlantikrückens auf beiden Seiten auch die Dicke der Sedimente und das Alter ihrer untersten Schichten zunahmen — sie sind auf 11 Millionen bis 67 Millionen Jahre zu datieren. Die Schlußfolgerung, daß die Ablagerungsschichten vor den Kon-

Skelette der verschiedensten Formen von Radiolarien (100fache Vergrößerung) wurden in einer Sedimentschicht gefunden, die man im Westpazifik 130 m unter dem Meeresboden, bei fast 3000 m Wassertiefe, angebohrt hat.

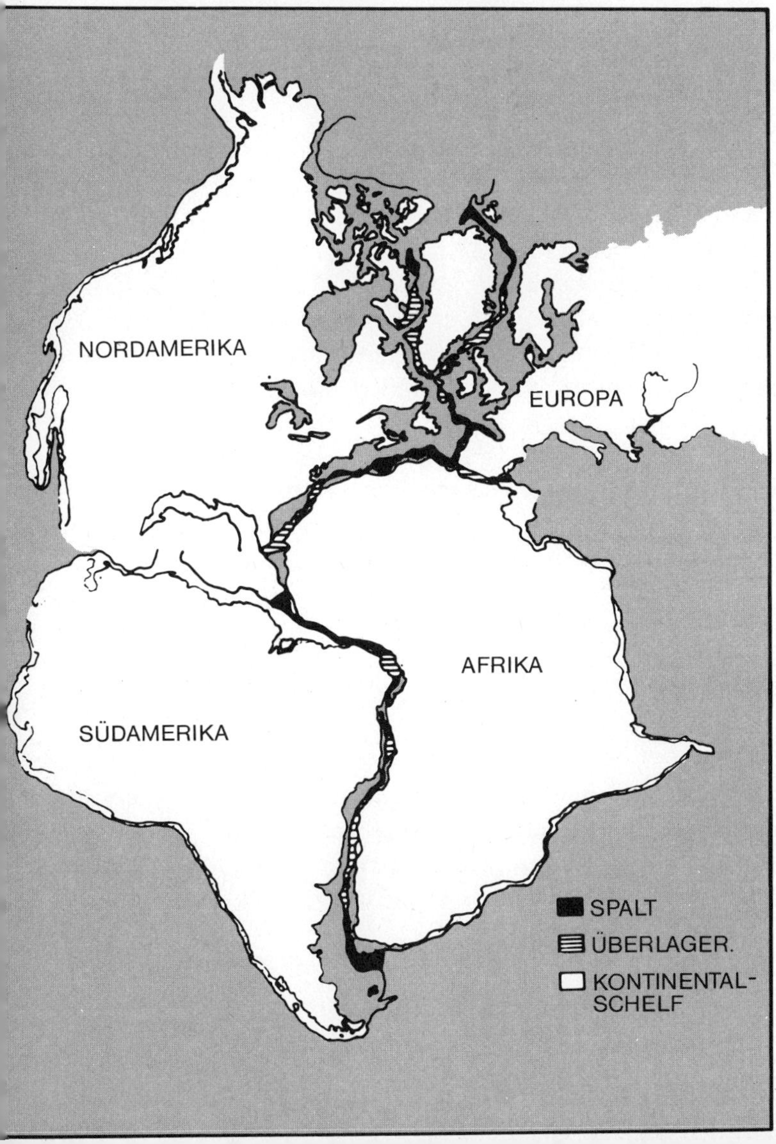

Fast lückenlos passen die Sockel Südamerikas und Afrikas etwa 1000 m unter dem Wasserspiegel ineinander — eine Feststellung, die der Theorie des deutschen Geophysikers Alfred Wegener neue Bedeutung gab, wonach die Festlandsblöcke ursprünglich eine zusammenhängende Landmasse gebildet haben.

tinentalrändern zu beiden Seiten des Atlantik gleich alt sein müßten, erwies sich dagegen als falsch. Bohrkerne von der 14. Expedition der „Glomar Challenger" von Lissabon nach Puerto Rico zeigen vielmehr, daß vor Westafrika die Sedimente, die unmittelbar auf dem Krustenbasalt aufliegen, 110 Millionen Jahre alt sind, während sich für die entsprechende Schicht vor der Ostküste der Vereinigten Staaten 155 Millionen Jahre ergeben. Diese Unstimmigkeit versuchen die Wissenschaftler so zu erklären: Nach dem Aufbrechen der Erdrinde und durch ständiges Fließen des Meeresbodens zu beiden Seiten des Risses weitete sich ein schmaler „Proto-Atlantik" — ein Vor-Ozean — zum heutigen Atlantik aus. Und dieser Vorgang begann vermutlich auf der Ostseite des Proto-Atlantik, also auf der Seite, die näher an Afrika liegt.

Wahrscheinlich gibt es Beispiele für ein solches Geschehen sogar in unserer Zeit. Denn nach Meinung mancher Geologen sind das Rote Meer und der Golf von Kalifornien ebenfalls Proto-Meere, die sich allmählich ausweiten. Anders verläuft es im europäischen Mittelmeer. Dort förderte die „Glomar Challenger" auf ihrer 13. Forschungsreise Bohrkerne zutage, bei denen altes Krustenmaterial auf jungen Sedimenten liegt. Dieses Überlagern läßt auf Schubbewegungen von Afrika in Richtung Europa schließen. Man hat hier ein untermeerisches Gebiet angebohrt, das sich wahrscheinlich unter dem Druck der beiden Erdteile von Norden und Süden her allmählich zu einem Gebirge auffaltet.

Sicherlich trägt die gründliche Untersuchung der von der „Glomar Challenger" geborgenen Proben aus dem Untergrund der Meere und die Auswertung aller schon vorliegenden und noch zu erwartenden Daten dazu bei, mehr Licht in das Dunkel der Vergangenheit zu bringen. Bis zur 25. Expedition — jede Reise dauert durchschnittlich 55 Tage — ist das Programm ausgearbeitet. Nach 15 Fahrten durch Atlantik, Pazifik, Karibisches Meer, den Golf von Mexiko und das europäische Mittelmeer führen die nächsten Reisen wieder in den Pazifik bis hinüber nach Japan, dann weiter durch die Südsee bis zum nordaustralischen Hafen Darwin und anschließend in den Indischen Ozean. Colombo auf Ceylon, Dar-es-Salam (Tansania) und Durban (Südafrika) sind Endpunkte der 22., 23. und 24. Expedition. Die vorläufig letzte Fahrt im Rahmen des amerikanischen Tiefsee-Bohrprojektes führt dann um die Südspitze Afrikas herum und auf der Westseite dieses Erdteils noch einmal durch den Atlantik. Sie wird in Galveston (Texas) enden.

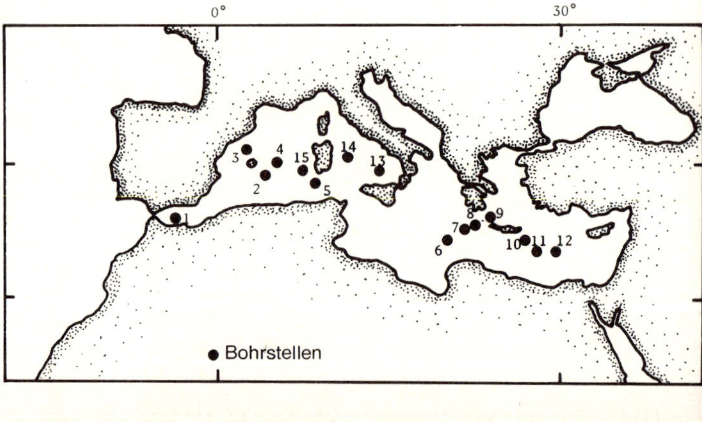

Entsteht hier, zwischen Afrika und Europa, ein neues Gebirge? Von Mitte August bis Anfang Oktober 1970 kreuzte die „Glomar Challenger" im Mittelmeer, wo sie an 15 Stellen Tiefbohrungen durchführte.

DEMOSTHENES 3.000

Eine unglaubliche, wirklich ganz verdrehte Geschichte

VON WILHELM PETER HERZOG

Für Antimebs war in Marina di Massa nicht viel zu holen: ein paar Häuser entlang der Autostraße E 1, das Café und ein Dutzend Anschlagtafeln, auf denen bunte Plakate die Durchfahrt der Rallye Européenne 1972 für Sonntag, den 12. März 1972, ankündigten. Aber jeder rechnete mit ihrem Auftauchen. In der Tat verbargen sich einige Antimebs im Gestrüpp zwischen den Ruinen, bereit zu demonstrieren. Der große Schlag jedoch war für den Zeitpunkt geplant, zu dem das Raumschiff mit den Briosch-Halscha-Wagen von Prokyon IV zurückgekehrt sein würde.

Demosthenes-Stop Sieben: Anschlag auf Titos Leben

Als Rallye-As Tito Mario Ruffo den Corriere dello Sport mit dem Datum des 11. März 1972 entfaltete, richteten sich in Glocke Jura 19 210 657 Augenpaare auf ihn. Jeden Augenblick mußte der siebente Stop von Demosthenes 3000 zu Ende sein. Tito saß auf einer Bank zwischen zwei zerzausten Palmen am Straßenrand in Sichtweite des Cafés Il Pinocchio. Die Terrasse war dicht besetzt, und Gäste wie Kellner erörterten lautstark Titos Chancen, in der Auseinandersetzung mit seinen beiden hartnäckigen und eifersüchtigen Verehrerinnen Kara Domil und Erika Bonin noch einmal mit einem blauen Auge davonzukommen.

Der Kontrollpunkt der Rallye war gleich neben dem Café aufgebaut worden: zwei Tische, vier Stühle und vier Sportfunktionäre, die neidisch zum Café hinüberschielten und das Ende des Demosthenes-Stops herbeisehnten.

Ein dröhnender Gongschlag aus dem Lautsprecher, der oberhalb der Caféhaustür hing, ließ das Schnattern der Gäste schlagartig verstummen. Darauf folgte eine Durchsage: „Achtung, Achtung — Ende des Demosthenes-Stops Sieben! Stand der Rallye Européenne 1972 ist unverändert. Tito Mario Ruffo führt vor Jasper Hertrich. An dritter Stelle liegt Pedro Casella. Erika Bonin und Kara Domil nach abenteuerlicher Flucht durch die Marmorbrüche in Marina di Massa eingetroffen. Erika sinnt auf Rache, Karas Liebe ist stärker denn je. Mit 17 123 212 gegen 2 087 445 Stimmen fällte Glocke Jura folgenden Demosthenes-Entscheid: Tito bleibt im Rennen! Ende der Durchsage." Ein ungestümer Jubel brach auf der Caféhausterrasse los und ertränkte vereinzelte Buh-Rufe.

Von seinem Meberator über alles unterrichtet, schnellte Tito von der Bank hoch, ließ den Corriere dello Sport zu Boden fallen und rannte zu seinem am Straßenrand parkenden Wagen. Das Fahrzeug sprang an, Tito rollte einige hundert Meter zurück bis zur Demosthenes-Markierung und spurtete zum Kontrollpunkt. Die Bremsen kreischten, Tito hielt. Carabinieri drängten die Menge zurück, die aus dem Café herbeigeeilt war, um zu sehen, wie Titos Kontrollbuch abgestempelt wurde.

In diesem Augenblick tauchten Kara Domil und Erika Bonin auf. Die Kleider der beiden Mädchen waren zerrissen und von oben bis unten mit Marmorstaub beschmutzt, ihre Haare zerzaust. Kein hübscher Anblick. Kara erreichte Tito als erste, entriß ihm das Kontrollbuch und schrie: „Schluß mit der Rallye! Du fährst jetzt mit mir nach Pisa; dort wartet mein Flugzeug!“

Erikas Gesicht verzerrte sich vor Wut. Sie griff in die Tasche ihres Minirocks und sagte scharf: „Nichts dergleichen, Tito, ich warne dich! Du gehörst zu mir!"

Titos Gesicht drückte Ärger aus. „Ihr seid verrückt, schert euch zum Teufel, alle beide!" sagte er grob. Er entwand Karas Händen das Kontrollbuch. Im gleichen Moment hatte Erika einen Revolver aus der Tasche gezerrt. Glocke Jura hielt den Atem an: die Menge am Kontrollpunkt stöhnte.

Ein harter Knall zerriß die Luft. Aber Kara hatte Erikas Hand nach oben geschlagen. Das Geschoß fuhr ins Ziegeldach des Cafés. Mit einem Satz saß Tito in seinem Wagen, startete und raste davon. In der Ferne tauchten die Wagen seiner Verfolger auf.

Zwei Carabinieri nahmen Erika in die Mitte. Ihr Wortschwall wurde jedoch von Rufen der erschreckten Menge übertönt. Die Antimebs waren aus dem Gestrüpp jenseits der Straße hervorgebrochen und blockierten nun die Fahrbahn. Hertrich und Casella bremsten ihre Wagen scharf ab, die sich aufheulend um die Achse drehten.

Die Demonstranten schwenkten große Transparente: „Heraus aus den Glocken!" „Todfeind jeder Tat — das ist Meberat!" „Demosthenes ist großer Mist — wenn du selbst zu Hause bist!" Und in den Ohren der 19 210 657 Bewohner von Glocke Jura und in denen der am Kontrollpunkt versammelten Zuschauer gellten die Rufe der Antimebs: „Anti-meb, Anti-meb, Anti-meb-meb-meb, Anti-meb-meb-meb!"

Die Menge am Kontrollpunkt erstarrte. Kurz darauf eine erregte Stimme aus dem Lautsprecher: „Rückflug nach Glocke Jura in zehn Minuten! Beeilen Sie sich bitte!"

Ein Prokurator voller Zweifel

Nach unserer Rückkehr vom vierten Planeten der Sonne Prokyon, nach sieben Wochen Dauerschlaf im Raumschiff „Jura 17", betraten wir die Schleusenhalle der uralten Raumstation so freudig erregt, als ob wir bereits auf der Erde wären. Aber die Raumstation war von unserem Heimatplaneten noch weit entfernt. Sie schwebte in einer Umlaufbahn, die sie senkrecht über dem Scheitelpunkt von Glocke Jura im Raum verankerte. Eine Fähre sollte uns und die beiden Briosch-Halscha-Wagen hier abholen.

Uns, das waren Raumschiffkapitän Hugo Brassert, Demosthenes-Regisseur Helmut Kionka, Demosthenes-Moderatorin Vlasja Bungert und ich, Demosthenes-Prokurator Helli Niepold. Außerdem waren mit uns noch zwei Schokis mutig über zehneinhalb Lichtjahre hinweg zur Erde gereist: In'ho Brigg und Alki Rjuk.

Die Raumstation von Glocke Jura wurde kaum noch benutzt. Das Interesse an der Raumfahrt ist so ziemlich verlorengegangen; wir Menschen des 30. Jahrhunderts fühlen uns in unseren Glocken am wohlsten. Aber Kionka hatte darauf bestanden, daß bei der Rallye Européenne 1972 auch Wagen mit eigenem Antrieb eingesetzt werden sollten, so wie sie auf der Erde vor Hunderten von Jahren üblich waren. Jetzt gibt es längst nur noch Fahrzeuge mit Fernantrieb. Auf dem Planeten Schoki-i aber baute man noch Kraftfahrzeuge, die denen des irdischen 20. Jahrhunderts ähnelten, also genau in jene Zeit paßten, in der Demosthenes 3000 spielte. Eigens für Demosthenes sind uralte Straßen wie die von Rom nach Hammerfest wieder ausgebaut worden; man hat die für die Handlung notwendigen Häuser errichtet und sich dabei peinlich genau an alte Pläne und Abbildungen gehalten. Da nach den Vorstellungen Regisseur Kionkas später auch noch eine vollständige Automobilfabrik Demosthenes 3000 bereichern sollte, hatten wir außer den beiden Briosch-Halscha-Wagen auch gleich eine Automobilkonstrukteurin und einen Verkaufsleiter von Prokyon IV mitgebracht.

Als Demosthenes-Prokurator, der auf Ethik und Moral zu achten hat, verurteile ich natürlich die Bedenkenlosigkeit Kionkas, mit der er den Managern des Briosch-Halscha-Werks erzählt hatte, ihre Wagen würden auf der Erde reißenden Absatz finden. Was sollten wir Glockenmenschen mit derart veralteten Kraftfahrzeugen anfangen?

Vollkommen menschenleer war die Raumstation, als unser Raumschiff von der Automatik in die Schleusenhalle gelotst wurde. Nur ein paar Roboter flitzten umher. Sie hatten in der Halle sechs Sessel und einen Tisch mit Speisen und Getränken aufgestellt. Als erstes aber wollten wir vier Menschen in die Schlafkabinen, in denen wir vor dem Start zum Planeten Schoki-i unsere Meberatoren zurückgelassen hatten. Alki Rjuk schloß sich Hugo Brassert an, mich begleitete In'ho Brigg.

„Auf Ihren Meberator bin ich furchtbar neugierig", gestand In'ho. Sie wie Alki hatten noch nie einen Meb gesehen. „Nun, mein Meb ist ein fabelhafter Kerl", lächelte ich. „Er wird Ihnen sicher gefallen!" Wir betraten die Schlafkabine, die nichts weiter enthielt als ein unbenutztes Bett, einen Tisch, einen Stuhl und natürlich die Meberatoren-Steckdose.

„Sie machen sich lustig über mich, Niepold!", zischelte In'ho, als sie sich in der scheinbar leeren Kabine umsah. Im scharfen Licht der Deckenbeleuchtung schimmerten die fingernagelgroßen Schuppen ihrer Echsenhaut wie dunkelgrüne Smaragde. Die Schokis sind uns Menschen sehr ähnlich, nur völlig ohne Haare. Dafür haben sie eine geschmeidige Schuppenpanzerhaut, die sie sowohl vor der harten Strahlung der Sonne Prokyon als auch vor Kälte schützt. Sie gehen infolgedessen fast unbekleidet und bieten im Schmuck ihrer glitzernden Echsenhäute einen bezaubernden Anblick. „Ihr Meb hat sich anscheinend in Luft aufgelöst. Ich sehe niemanden!" Ihre dunkelblaue, gespaltene Zunge züngelte empört zwischen den orangefarbenen Lippen.

Ich ging zur Steckdose und zog Meb heraus. Ein Meberator ist nicht größer als eine Armbanduhr und wird wie sie am Handgelenk getragen. Sofort erwachte er zum Leben.

„Ich freue mich, daß Sie wieder da sind, Niepold!" sprudelte er heraus und fuhr gleich fort: „Sie brauchen vierhundertfünf Kalorien und null Komma drei Liter Flüssigkeit. Ihre Leber ist etwas angegriffen, und auch Ihr Magen ist nicht ganz in Ordnung. Was haben Sie nur auf Prokyon Vier angestellt?" Mitunter tadeln uns unsere Mebs. Ich weidete mich an In'hos Überraschung.

„Das also ist ein Meb! Ein Miniroboter! Er scheint alles über Sie zu wissen!", staunte sie.

„Der Meberator ist ‚Mein bester Ratgeber'. Sobald ich ihn angelegt habe, ist er mit mir physisch und psychisch verbunden. Er weiß nicht nur alles und jedes über mich, sondern berät mich auch in allen Lebenslagen — mein Leibdiener sozusagen. Da alle Meberatoren einer Glocke Kontakt miteinander halten, lenken sie die Glockenbewohner zu einer vollkommenen Harmonie. Deswegen brauchen wir auch keine Regierung oder Behörde. Unsere Mebs raten uns, was wir essen und trinken, wen wir lieben und wem gegenüber wir zurückhaltend sein sollen. Sie überwachen unsere leiblichen Funktionen, achten darauf, daß wir gesund leben — kurz, wir unternehmen nichts, ohne unseren Meberator zu fragen!"

„Dann ist also ein Meb so etwas wie ein technischer Ersatzinstinkt", lachte In'ho spöttisch. „Da wundert es mich aber, daß Sie ihn nicht mit zum Schoki-i genommen haben! Sie müssen ja bei uns Höllenqualen ohne ihn ausgestanden haben!"

„Meberatoren wirken nur im Funkwellenbereich unserer Glocken", sagte ich steif. „Wir haben sie zurückgelassen und an die Meberatoren-Steckdosen angeschlossen. Auf diese Weise sind sie während unserer Abwesenheit vom Zentralcomputer der Glocke Jura mit allen wichtigen Nachrichten gespeist worden."

„Sie sind gerade zur rechten Zeit von Prokyon Vier zurückgekehrt, Niepold", meldete sich Meb mit dünner Stimme. „Tito Mario Ruffo ist noch im Rennen. Erika Bonin wollte ihn am Kontrollpunkt von Marina di Massa umbringen, aber in der Demosthenes-Abstimmung wurde beschlossen, daß ihm nichts geschehen soll. Sie sitzt jetzt im Gefängnis. Tito will von seinen beiden eifersüchtigen Verehrerinnen nichts mehr wissen. Bei Marina di Massa hat es wieder Ärger mit den Antimebs gegeben; sie wollten die Wagen von Casella und Hertrich entführen, aber die Energiezufuhr von Glocke Jura wurde sofort unterbrochen."

In'ho Brigg zischte verwundert. „Eine schöne Gesellschaft!", spottete sie. „Mord, Gefängnis, Raub — ist das etwa die vollkommene Harmonie der Glockenmenschen?"

„Aber hier handelt es sich doch nur um ‚Demosthenes', um ein Spiel, ein Theaterstück, wenn Sie so wollen", sagte ich. „Demosthenes 3000 zum Beispiel spielt im zwanzigsten Jahrhundert — in grauer Vorzeit sozusagen."

„Und die Antimebs? Wer ist das?" bohrte die Schokifrau.

„Eine Randerscheinung", log ich, „vollkommen unwichtig! In den Glocken gibt es keine Antimebs. Übrigens", fügte ich hinzu, um sie abzulenken, „vom Umlauf aus haben wir einen phantastischen Blick auf die Erde. Wenn die Atmosphäre einigermaßen klar ist, werden Sie Glocken sehen können!"

Ich öffnete die Tür, die von der Schlafkabine auf den äquatorialen Umlauf um die kugelförmige Raumstation führte. Genau uns gegenüber hing die riesige Sichel der Halberde in einem schwarzen Himmel voll gefrorener Sterne. Europa lag noch im Schatten der Nacht, und durch zerrissene Wolkenfelder leuchteten, halb in die Erdoberfläche eingebettet, rötlich schimmernde Perlen: die Glockenstädte. Ich zeigte In'ho Cloche Picardie und Cloche Loire im Westen Europas und Sussex Cover auf der britischen Insel, Glocke Jura und Glocke Nordsee in Mitteleuropa sowie Globo Romano und Globo Alpino im Süden des Erdteils. „Jede dieser Glocken", sagte ich, „hat etwa zwanzig Millionen Einwohner. Von ihrer gefahrvollen Umwelt mit launischem Wetter, voller Krankheitskeime, Pflanzen und Tiere sind unsere Städte durch ein ionisiertes Magnetfeld, eben die Glocke, undurchdringlich abgeschirmt."

In'ho verschlang mit ihren gelben Echsenaugen Wunder und Schönheit der Erde. „Und was ist zwischen den Glocken?" fragte sie. Ich zuckte die Achseln. „Urwald, Sumpf, Steppe, je nachdem. Die Menschen verlassen ihre Glocke nur noch der Demosthenes-Spiele wegen. Da sie in der Vergangenheit spielen, bauen unsere Robotmaschinen dann jeweils wieder Teile dieser vergangenen Zivilisation auf."

„Aber das muß doch wahnsinnig viel kosten?", meinte In'ho.

„Unsere Technik", erklärte ich großartig, „versorgt uns auf der Grundlage der Kernumwandlung mit allem, was wir zum Leben brauchen, ohne daß der Mensch auch nur eine Hand rühren muß. Sie befriedigt alle Bedürfnisse. Die Menschen in unseren Glockenstädten kennen weder Hunger noch Kälte, es gibt keine Gier nach Besitz, keinen Neid und keine Leidenschaften — eine Gesellschaft ohne alle Gegensätze. Geld haben wir längst abgeschafft. Sie werden es nicht glauben, aber seitdem wir alles haben können, was wir nur wollen, leben wir ganz bescheiden. Unsere Meberatoren halten uns schon davon ab, unmäßig zu sein. Und weil wir nicht mehr zu arbeiten brauchen, wurde Demosthenes erfunden, damit sich unser Geist beschäftigen kann. Ein Demosthenes-Spiel kann Jahre dauern, es sorgt für Aufregungen und Spannung, ohne die der Mensch nicht leben kann."

So sehr ich die Vorzüge unseres Glockenlebens hervorzuheben bemüht war, so unsicher fühlte ich mich. Wenn ich an die vergangene Zeit auf Prokyon IV zurückdachte, mußte ich mir eingestehen, daß mich das Leben dort, ohne Demosthenes, ohne Meberator, ohne all die Früchte, die uns in Glocke Jura mühelos in den Schoß fielen, ungemein gefesselt hatte: selbst bestimmen, was ich zu tun hatte, selbst entscheiden, was mir gefiel oder nicht, und nicht zuletzt essen und trinken, was mir schmeckte, ohne von Meb gegängelt zu werden! Weiß Gott, das Leben auf Prokyon IV hatte mir gefallen! Wie entsetzlich! Ich schaltete Meb wieder ein und fragte, ohne zu bedenken, daß In'ho zuhörte: „Was ist mit mir los, Meb? Ich bin voller Zweifel!"

„Sie befinden sich in einer gefährlichen Krise, Niepold", tadelte mich der Meberator. „Sie sind drauf und dran, ein Antimeb zu werden!"

„Bist du wahnsinnig, Meb?", fragte ich empört.

In'ho nahm mich bei der Hand. „Wir gehen jetzt zu den anderen, Niepold. In der Schleusenhalle wird die ‚Abschied-vom-Raum-Party' gefeiert. Ein Glas Zacktsch wird Ihnen gut tun!"

Wir verließen den Umlauf und stiegen zur Schleusenhalle hinunter. Die Abschiedsparty war in vollem Gange. Außer den beiden Briosch-Halscha-Wagen hatte das Raumschiff auch einige Fässer Zacktsch geladen, wovon uns ein Roboter zwei volle Gläser einschenkte.

„Prost, In'ho! Prost Helli!", lärmte der Kapitän. „Was sagt denn Ihr Meb dazu, daß sein Meister mit einer außerirdischen Dame einsame Ecken aufsucht?"

Alle, auch In'ho, lachten; aber ich hörte, wie Brasserts Meb warnend pfiff.

Als die Raumfähre von der Raumstation abgelegt hatte, sagte mir Kionka beiläufig, daß wir nicht auf dem Raumflughafen von Glocke Jura, sondern in der Nähe von Aix-en-Provence, genauer gesagt, bei einem neu errichteten Kontrollpunkt der Rallye Européenne 1972 landen würden. Er fuhr fort: „Die Fahrer sind schneller vorangekommen, als wir gedacht haben. Diese verdammten Demosthenes-Stops! Aber für Aix-en-Provence habe ich mir eine Düber vorgenommen!"

Vlasja Bungert kicherte, Hugo Brassert lachte und Alki Rjuk gluckste zufrieden vor sich hin. Ich aber fuhr wie elektrisiert hoch. Eine Düber!

„Was ist denn das?", erkundigte sich In'ho Brigg.

Aufgeregt erklärte ich: „Düber ist die Abkürzung für ‚Demosthenes-Überraschung'. Wenn die Demosthenes-Abstimmungen eine spannende Entwicklung verhindern, darf der Regisseur, ohne die Zuschauer zu fragen, einen Überraschungsschlag landen, sozusagen Pfeffer in die Suppe streuen." Eine Düber! Gereizt fuhr ich Kionka an: „Den anderen haben Sie wohl schon alles erzählt, was? Hängt die Düber etwa mit den Briosch-Halscha-Wagen zusammen?"

Kionka grinste und zuckte vielsagend die Schultern. Wütend blickte ich zum Fenster der Fähre hinaus. Gerade überflogen wir Glocke Jura in so geringer Höhe, daß wir die Zwanzig-Millionen-Stadt inmitten des Urwalds zwischen Main und Donau greifbar unter uns liegen sahen. Ihre Wohntürme, ihre verschlungenen, vielgeschossigen Straßenzüge mit ferngelenkten Fahrzeugen, ihre Parkanlagen mit den künstlichen Bäumen und Sträuchern, deren synthetisches Chlorophyll für die Lufterneuerung in der Glocke sorgte, waren in helles Sonnenlicht getaucht. Der Anblick von Glocke Jura erfüllte mich mit starkem Heimweh.

In'ho Brigg und Kionka saßen vor mir und unterhielten sich flüsternd. Plötzlich sagte In'ho laut: „Alles gut und schön, Kionka! Trotzdem kann ich einfach nicht verstehen, daß für so ein bißchen Theater ein derartiger Aufwand getrieben wird! Zwei Automobile über zweimal zehn Lichtjahre hinweg zur Erde zu holen, nur um dem Demosthenes etwas Schwung zu geben! Eine grandiose Verschwendung!"

„Aber nicht doch, verehrte Brigg!", lachte Kionka. „Für Spiele haben die Menschen seit eh und je unglaublichen Aufwand getrieben! Wenn ich an die Fernsehshows vergangener Zeiten denke, dann hat sich zwar die Dimension des Aufwandes geändert, nicht aber das Mißverhältnis zwischen Aufwand und geistigem Inhalt. Sie wissen doch, was Demosthenes heißt: *Demos* gleich Volk, *the* steht für Theater und *nes* ist die Abkürzung von nie ein Schema: also ‚Volkstheater nie ein Schema'. So müssen wir immer etwas Neues bringen und dürfen uns nicht wiederholen. Je größer die Banalität, desto größer der Aufwand an Kulissen und Requisiten!"

„Sie sind reichlich frivol, Kionka!", tadelte ich. „Dabei stammt die Idee mit den Briosch-Halscha-Wagen allein von Ihnen."

„In Glocke Jura findet gerade die Abstimmung zum neunten Demosthenes-Stop statt. Ich schalte mal ein." Kionka wollte offensichtlich ablenken. Er stand auf und ging nach vorn, wo die Kabine für den Robotpiloten durch eine Wand von den Passagieren abgetrennt war. Er drückte auf einen Knopf, und sofort zeigte sich auf dem Schirm der farbige, dreidimensionale Innenraum des Demosthenes-Abstimmungs-Palastes von Glocke Jura. Fünf übereinander angeordnete Tribünen schwangen sich wie gewaltige Hufeisen um die vielgestaltige EDV-Anlage im Vordergrund. Kopf an Kopf saßen Männer, Frauen und Kinder, vor sich jeweils ein Pult. Ein Glockensignal ertönte, darauf eine Stimme: „Es beginnt Demosthenes-Stop Neun. Wieder sollen Sie, verehrte Zuschauer, über den Fortgang von Demosthenes 3000 entscheiden. Nach wie vor hält Tito Mario Ruffo die Spitze der Rallye Européenne 1972. Erika Bonin schmachtet im Gefängnis von Marina di Massa. Kara Domil plant, Titos Wagen während der Neutralisation der Rallye in Aix-en-Provence unbrauchbar zu machen, Tito durch ein Schlafmittel zu betäuben und ihn zu entführen. Soll ihr das gelingen? Ich bitte um ihre Entscheidung!" Im Abstimmungspalast brach die Hölle los.

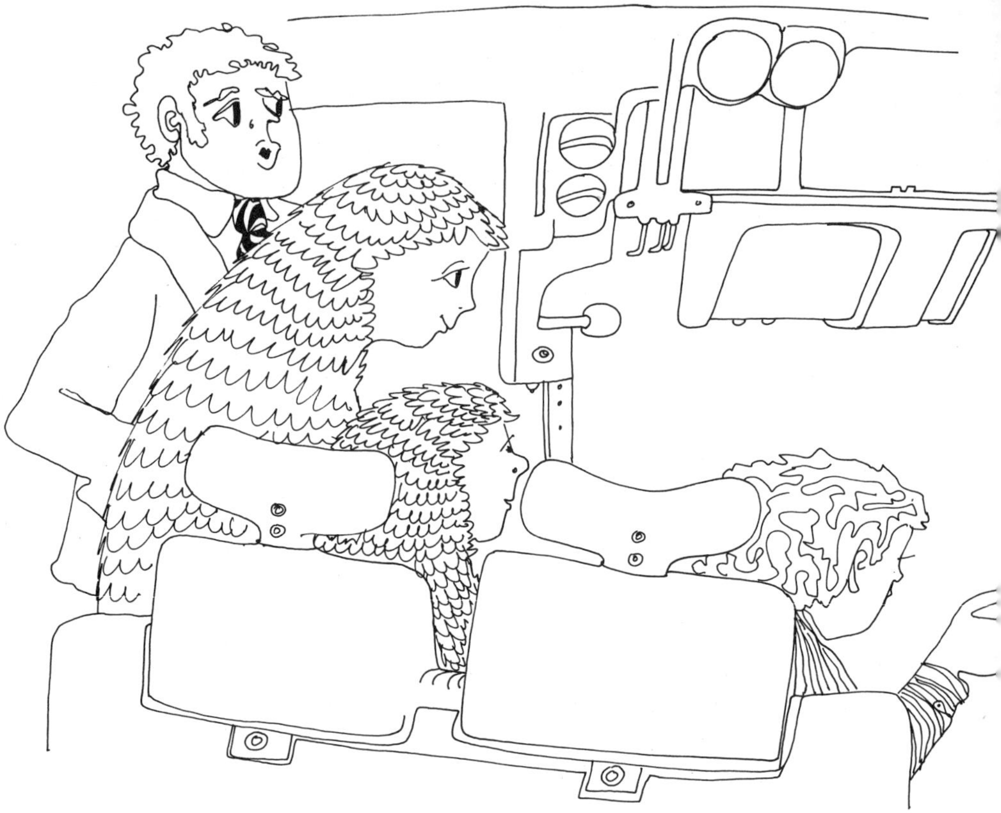

„Nicht nur die Fünfundzwanzigtausend im Palast stimmen ab", erklärte Kionka den Schokis, „sondern alle Bewohner von Glocke Jura. In jeder Wohnung, jedem Lokal, jedem Clubraum gibt es Abstimmungsgeräte. Während einer Demosthenes-Abstimmung hört jede andere Beschäftigung auf!"

„Ich will Sie ja nicht kränken, Kionka", sagte In'ho, „aber ich kann es einfach nicht fassen, daß eine Zwanzig-Millionen-Stadt wegen irgendeiner albernen, erfundenen Liebesgeschichte alles andere aufgibt!"

„Sie kränken mich keineswegs, Brigg!", meinte Kionka vergnügt. „Sie haben genau den Kern der Sache getroffen, doch müssen Sie bedenken, daß unser Leben im Beobachten und Ausdenken von Spielen besteht. Alles andere besorgt unsere von Computern gesteuerte Technik."

„Habt ihr dieses Faulenzerleben eigentlich nicht mal satt?", zischte Alki kopfschüttelnd.

„Wo denken Sie hin, Rjuk!", wies ich ihn zurecht. „Wir faulenzen nicht, sondern beschäftigen uns sehr eingehend mit der ganzen Problematik eines Demosthenes. Früher mußten die Menschen arbeiten, um leben zu können. Heute aber lassen wir die Maschinen für uns arbeiten und haben Zeit für eine geistige Höherentwicklung."

„Höherentwicklung!", höhnte Alki. „Tito wird entführt oder Tito wird nicht entführt! Eure Sorgen möchte ich haben! Es ist mir ein Rätsel, daß einem sowas nicht zum Hals heraushängt!"

„Viele haben es tatsächlich satt", sagte Kionka dunkel. „Sie verlassen die Glocken und kehren nicht mehr zurück. Sie bleiben im wilden Land, siedeln sich dort an, bauen die früheren Wohngebiete wieder auf und — na, und fangen tatsächlich an, richtig zu arbeiten! Antimebs nennen sie sich." Unser Regisseur war geradezu peinlich offenherzig.

Erschrocken sah ich zu Kionka hinüber, wurde aber eines Einwurfes enthoben, denn auf dem Bildschirm kündeten sich große Ereignisse an. Die Entscheidung schien gefallen zu sein. Auf einer großen Tafel in der Mitte der Tribünen flammten zwei Reihen von Leuchtbuchstaben auf, darunter das Ergebnis: „Entführen — 12 105 241", „Nicht entführen — 7 105 241". Die Lautsprecherstimme klang dramatisch: „Das Schicksal nimmt seinen Lauf! Kara Domil wird Tito entführen und damit der Rallye Européenne 1972 die entscheidende Wende geben. Ende des Demosthenes-Stops Neun!" Der Bildschirm verdunkelte sich.

Kionka sprang von seinem Platz auf. „Nun bin ich dran", rief er. „Jetzt folgt die Düber! Tito wird nicht von Kara Domil entführt werden, sondern sich in die plötzlich aufgetauchte In'ho Brigg und ihren Briosch-Halscha-Wagen verlieben, auf den Briosch-Halscha umsteigen und das Rennen fortsetzen. Gegen den Demosthenes-Entscheid!"

Es war möglich, daß Kionka wie alle Theaterleute etwas übertrieb, aber plötzlich kam mir die Albernheit dieses Demosthenes zu Bewußtsein. Deswegen waren wir nach Prokyon IV gereist! Mein Meberator pfiff beängstigend, aber ich kam nicht dazu, über seine Warnung nachzudenken: In diesem Augenblick ging die Raumfähre nach unten und landete auf einer Lichtung mitten im Urwald — zwischen den Glocken Cloche Loire und Cloche Dauphiné. Wir verließen die Fähre, und Roboter zogen die Briosch-Halscha-Wagen aus dem Laderaum. Alki und In'ho kletterten flink in die Fahrersitze und starteten die Motoren. Aus Auspuffrohren kam ein ekelhafter Gestank: Verbrennungsmotoren — wie vorsintflutlich!

Von der Lichtung aus führte eine Schneise zu der wiederhergestellten Autostraße und dem Kontrollpunkt Aix-en-Provence der Rallye Européenne 1972. Vlasja Bungert und ich stiegen in den Wagen In'hos, Hugo Brassert und Helmut Kionka in den von Alki. Mit viel Lärm holperten wir dem Kontrollpunkt zu. Er bestand aus einer großen Holzbaracke mit der stolzen Aufschrift „Bistro de la Provence", zwei Tischen und vier Stühlen, ähnlich wie vor zwei Tagen in Marina di Massa. Am Bistro prangte ein druckfrisches Plakat: „Rallye Européenne 1972. Durchfahrt der Wagen Dienstag, 14. März!"

Zwischen Bistro und Kontrollpunkt aber wimmelte es von Antimebs! Sie trugen keine Transparente, waren jedoch auf den ersten Blick an den braungebrannten Gesichtern und der schäbigen Kleidung zu erkennen — und daran, daß keiner einen Meberator trug. Sie umringten zwei Glocke-Jura-Wagen, der eine mit Tito Mario Ruffo, der andere mit Kara Domil und Erika Bonin, beide wieder sauber hergerichtet und eigentlich sehr hübsch.

Die Antimebs machten Platz. Die beiden Schokis und wir vier Glockenmenschen kletterten aus den Briosch-Halscha-Wagen.

„Hallo, Kionka!", rief jemand. „Hat alles geklappt?" Einige der Antimebs traten auf den Regisseur zu und begrüßten ihn verblüffend herzlich. Ich selber starrte entzückt auf Tito, Kara und Erika, die großen Stars von Demosthenes 3000. Und nur so nebenbei nahm ich wahr, daß Alki und In'ho, Hugo Brassert und Vlasja Bungert sehr vertraulich mit den Antimebs taten, gerade so, als gehörten sie zu ihnen. In diesem Augenblick aber hörte ich Tito Mario Ruffos drängende Stimme: „Wir müssen uns beeilen, Kionka! Die Rallye und der ganze Demosthenes-Aufnahmestab sind bereits in Antibes! Sie rasen wie die Teufel und können schon in einer Stunde hier sein. Anscheinend hat sie unser Verschwinden mißtrauisch gemacht!"

Jetzt endlich erwachte ich aus meiner Star-Verzückung, aufgebracht wandte ich mich an Kionka: „Wollen Sie mir nicht erklären, was hier eigentlich gespielt wird? Doch nicht etwa Demosthenes 3000?!"

„Sie haben es erraten, Niepold!", lachte Kionka. „Ich muß Ihnen, verehrter Demosthenes-Prokurator, leider mitteilen, daß Regisseur Helmut Kionka, einige der Spitzenstars sowie viele der Zuschauer in Marina di Massa und anderen Kontrollpunkten zu den Antimebs übergegangen sind!"

„In'ho, Alki! Kommen Sie!", rief ich aufgeregt. „Wir müssen sofort weg! Sie schweben in höchster Gefahr!"

„Aber was denn!", sagte Alki Rjuk. „Kionka hat In'ho und mich davon überzeugt, daß die Antimebs echte Interessenten für Briosch-Halscha-Wagen sind! Sie brauchen unsere Wagen, die unabhängig von der Kraftzufuhr aus den Glocken sind. Wir werden hier irgendwo eine Automobilfabrik bauen. Das wird ein Umsatz!"

Ich war von lauter Antimebs umgeben! Was sollte ich tun? Hilfesuchend wandte ich mich an meinen Meb. „Wir Meberatoren", raunte er gedämpft, „raten unserem Besitzer das beste in jeder Lebenslage. Wenn wir merken, daß es für ihn richtiger ist, ein Antimeb zu werden, ja, daß er vielleicht bereits einer ist, verabschieden wir uns und wünschen ihm alles Gute!"

„Ja, bin ich denn auch schon ein Antimeb?", fragte ich zaghaft.

„Das", sagte Meb, „müssen Sie nun selbst entscheiden, Niepold!" Ich blickte um mich. Um mich herum war Leben, echtes Leben, kein Demosthenes. Und da waren Menschen — und Schokis, die ich mochte.

Und ich entschied mich.

KARSTEN EVERS

IDEEN AUF RÄDERN UND RAUPEN

Der Besucher aus dem Jahre 1971 staunt. Er verharrt in einem Raum, der auf den ersten Blick nichts Außergewöhnliches verrät. Ein Schreibtisch, eine Tafel mit angehefteten technischen Entwürfen, farbenprächtig lackiertes Gerät auf langen Wandregalen, in Schränken, auf dem Fußboden.

Spielzeugladen? Oder Konstruktionsbüro?

Der Besucher glaubt zu träumen. Auf den zweiten Blick entpuppen sich die bunten Apparate als lauter Miniaturfahrzeuge. Aber — was für Fahrzeuge! Wo gibt es sie? Er kann sich nicht erinnern, ein einziges davon schon gesehen zu haben.

Der Blick wandert die Regale entlang, und dem Besucher ist es, als verlöre er den Boden der Wirklichkeit unter den Füßen. Die beiden roten Ungetüme dort, abenteuerlich gestalteten Rieseninsekten ähnlich, und der glotzäugige grüne Roboter mit dem Teleskopgreifer: Unterwasserfahrzeuge aus einer unbekannten Welt. Künftige Generationen von Containerfahrzeugen in zahlreichen Abwandlungen stehen daneben. Stadtwagen, als „fahrbare Einkaufstaschen" entworfen, sind offenbar besonders für den Besuch von Einkaufszentren sogenannter Wohn-Schlaf-Städte gedacht. Tankwagen nie gesehener Bauart. Einer ist so gestaltet, daß der Fahrer aus seiner Kabine über den Behälter hinweg, der am Heck weit heruntergezogen ist, nahezu freie Sicht auch nach hinten hat. Ein anderer gleicht einer Röhre auf Rädern. Er ist geländegängig, seine einfache Form läßt Fahrerkabine, Tank und Gerätekasten zur geschlossenen Einheit werden. Wie auch das mit gewaltigen Raupen bewehrte Rettungsfahrzeug, das ganze Unterkünfte, Lazarette, Lagerräume in Containerform befördert, ist er für den Katastropheneinsatz vorgesehen.

Miniaturausgaben abenteuerlich geformter Fahrmaschinen aus einem Zukunftsroman? Der Besucher streicht sich über die Augen, als müsse er ein Trugbild wegwischen, sich in die Gegenwart zurückrufen. Aber die Modelle sind kein Spuk. Sie sind gegenwärtig, obgleich die Fahrzeuge der Gegenwart anders aussehen. Der Besucher erinnert sich ... Er befindet sich in einem Raum der Fachhochschule Hamburg, Fachbereich Fahrzeugtechnik, und die futuristischen Gefährte sind von Studenten angefertigt worden.

An dieser Schule gibt es ein Fach „Funktionsform", das man an keiner anderen Ingenieurschule der Bundesrepublik Deutschland kennt. Auch Vergleiche mit ähnlichen Fächern an Gestaltungsschulen hinken, denn: „Hier werden keine Designer ausgebildet", erklärt der Dozent. „Schönheit spielt bei uns keine Rolle, modische Gesichtspunkte lassen wir außer acht. Allein

Schöpferische Phantasie zu wecken, nach all der von Kind an erlernten planmäßigen Arbeit die ausgetretenen Bahnen zu verlassen und den Vorstoß in Neuland zu versuchen, bedeutet ein Abenteuer. Die Studenten des Faches „Funktionsform" an einer Hamburger Ingenieurschule haben sich genau diese Aufgabe als Ziel gesetzt.

Eine neuartige Idee: stapelbare „Depot Cars", die verliehen werden könnten. Man mietet für eine bestimmte Dauer einen Schlüssel, entnimmt einem Depot den Wagen und gibt ihn in einem beliebigen anderen Depot wieder ab.

Die Vorteile eines Frontkippers, eines Fahrzeugs also, das nach vorn entlädt, liegen auf der Hand: der Fahrer hat bessere Übersicht und braucht keinen Einweiser. Außerdem wird die Ladefläche länger. Alle Fotos Michael Engel

Einem Rieseninsekt ähnlich sieht dieses Unterwasserfahrzeug, das vornehmlich Forschungszwecken dienen soll. Eine schwenkbare Mulde mit Förderband besorgt den Materialtransport, ein Teleskopgreifer birgt Bodenproben.

Ganz oben: Ein Faltcontainer, der gleichzeitig von oben und von allen Seiten beladen werden kann. Seitenwände und Dach werden zum Schluß „entfaltet".

Mitte: Dieser Flugtankwagen würde dem Fahrer nahezu freie Sicht nach hinten gewähren. Der tiefer gelegte Schwerpunkt käme der Verkehrssicherheit zugute.

Für das Reparieren von Ozeankabeln „vor Ort" wurde dieses Unterwasserfahrzeug entworfen: Schalen schließen sich um das Kabel, dann wird der Reparaturraum leergepumpt und zum Fahrzeug hin geöffnet. So entsteht am Kabel keine Zugspannung.

Die „fahrbare Einkaufstasche" — ein Beitrag zum Thema Stadtwagen, erdacht besonders auch für den Besuch von Einkaufszentren in sogenannten Wohn-Schlaf-Städten. Das Modell läßt (wie viele ähnliche) eine Reihe von Fragen offen.

In diesem Taxi hat auch der Kinderwagen Platz. Bringt ein Spezialtaxi echte Vorteile — überwiegen die Nachteile? In der Bundesrepublik Deutschland fand sich bisher kein Hersteller, der ein für den Einsatz als Taxi besonders entworfenes Fahrzeug baut.

Noch ein Unterwasserfahrzeug — genauer: ein Fahrzeugpaar, schwimm- und fahrfähig, das Tanks, Gerätebehälter und Forschungslaboratorien in seiner Mitte aufzunehmen vermag.

aus den Forderungen des Verkehrs wird die Form abgeleitet. Die aber sind veränderlich — was uns zwingt, Bestehendes in Frage zu stellen, neue Verkehrssysteme und Fahrzeuge zu erdenken, mit Möglichkeiten zu spielen."

„Spielen" ist an dieser Stelle ein Stichwort. Schon der niederländische Kulturhistoriker Johan Huizinga war überzeugt, „daß menschliche Kultur im Spiel — als Spiel — aufkommt und sich entfaltet" („Homo ludens", 1938). Ein spielerisches Element wirkte auch bei den Versuchen amerikanischer Industriekonzerne mit, von denen Professor Robert Jungk berichtet hat. Sie ließen Künstler mit ihren Mitteln und Werkstoffen arbeiten in der Hoffnung, daß die nicht dem folgerichtigen Denken, sondern der Phantasie gehorchende Gestaltungsfähigkeit von Bildhauern, Malern, Musikern und Dichtern imstande sei, Erfindungen zu machen, die den wissenschaftlich und technisch gebildeten Mitarbeitern ihrer Laboratorien nicht gelingen könnten.

Daß das Spiel mit Ideen in jener Hamburger Schule vielfach zu überraschenden Ergebnissen geführt hat, zeigen die Modelle — wenn auch nicht jedes gleich als „Erfindung" zu bewerten ist oder geeignet wäre, verwirklicht zu werden. Man weiß ja, daß sogar bei den großen Automobilherstellern zahlreiche Neuentwicklungen nie über das Stadium von Versuchsmodellen, von sogenannten Prototypen, hinauskommen. Obwohl vielfach serienreif, gelangen sie doch nicht in die Fertigung, weil kaufmännische Überlegungen dagegensprechen. Moderichtungen spielen dabei eine große Rolle.

Ist es nicht sonderbar, so fragten beispielsweise die Hamburger Studenten, daß in Deutschland kein Automobilwerk ein Fahrzeug baut, das besonders für den Einsatz als Taxi entworfen ist? Die eigentlichen Reisewagen, die hierzulande als Taxis dienen, erfüllen ihren Zweck nur unvollkommen. Die Studenten ließen sich ein ansehnliches Sonderfahrzeug einfallen: für fünf Personen oder für drei Personen samt einem Kinderwagen, in dem das Baby während der Fahrt weiterschlummern kann (was bekanntlich keiner der zum Taxi aufbereiteten Personenwagen zuläßt). Das Spezialtaxi hat viel Stellplatz und Ablageflächen für Gepäck, einen in das Dach eingelassenen zusätzlichen Gepäckträger, seitliche Schiebetüren und eine aufklappbare Hecktür, denn nicht zuletzt soll es den Fahrgästen das Ein- und Aussteigen ermöglichen, ohne daß sie sich zu verrenken brauchen (was man ebenfalls von den meisten Personenwagen unserer Tage nicht behaupten kann). Echte Erfolgsaussichten bekommt eine derartige Bauweise wohl erst in Verbindung mit einer neuen Verkehrsgliederung, die gleich mitgeliefert wurde und dazu beitragen soll, den Stadtverkehr der Zukunft zu bewältigen.

Folgen wir dem Gedankengang der jungen Verkehrsplaner: Immer weiter dehnen sich die Großstädte aus. Mit Linienverkehr allein ist kein ausreichendes Verkehrsangebot mehr möglich. Die lawinenartig anschwellende Zahl von Personenwagen aber, die in der Regel nur mit einer Person oder zwei Personen besetzt sind, macht den Verkehrsfluß immer zäher. Da bietet sich das Taxi zur Ergänzung der öffentlichen Verkehrsmittel für einen planmäßig gestalteten Flächenverkehr an — möglicherweise unter Leitung der Träger des Linienverkehrs.

Das Stadtgebiet wird in schmale Sektoren unterteilt, die von verschiedenfarbig lackierten Taxis engmaschig befahren werden, jeder Sektor von einer bestimmten Farbe. So wüßte jedermann auf einen Blick, wohin wartende oder vorbeikommende Wagen fahren werden. An günstig gelegenen Punkten der Innenstadt (Bahnhöfen, Einkaufszentren, Verwaltungsgebäuden u. a.) soll es Taxiansammlungen geben, ebenso an den Haltestellen des Linienverkehrs in den Sektoren. Wenn ein Taxi mit mindestens drei Fahrgästen besetzt ist, fährt es los. Zusteigen soll möglich sein, bezahlt wird nach einem ausgeklügelten, preisgünstigen Tarif. Wer bereit ist, einen Aufschlag zu zahlen, kann auch — wie heute üblich — ein Taxi für sich allein haben. So aufgefächert, würden die Taxis den Linienverkehr in die Fläche verlängern und manchen dazu bewegen, auf die Benutzung des eigenen Autos in der Stadt zu verzichten. Dadurch aber wird etwas erreicht, was angesichts unserer überfüllten Straßen wie ein Märchen klingt: Es sind weniger Fahrzeuge unterwegs, der Verkehr wird wieder flüssiger.

Dem Linienverkehr kam die Arbeit an der Hamburger Ingenieurschule schon zugute. Studenten beteiligten sich am Ideenwettbewerb einer Ver-

Ein Unterwasserroboter, der die Aufgabe hat, Algen zu ernten. Er kann von einem Schiff aus ferngesteuert werden. Die Aufgabe, ein Fahrzeug für den neuen Arbeits- und Transportbereich auf dem Meeresgrund zu erfinden, hat eine ganze Flotte solcher verwegen oder skurril anmutender Fahrmaschinen hervorgebracht.

kehrsgesellschaft für einen Standard-Linienbus. Im Teamgespräch tastete man sich an eine Formvorstellung heran und gelangte zu dem Vorschlag, den Bus dadurch auszuzeichnen, daß möglichst viele Teile vielfach verwendbar sind: so alle Türen, Fenster, Stoßstangenecken und selbstverständlich die Front- und Heckpartien.

Ärgerlich sagte einer: „Dann können wir ja gleich einen Baukasten nehmen!" — „Bravo!" kam es zurück. „Das ist es!" So entstand die Idee des Baukastensystems, nach dem die Omnibusse aus einer schwankenden Anzahl gleich langer, austauschbarer Baugruppen zusammengesetzt sind.

Ein 11,5-Meter-Bus beispielsweise hat danach je eine Front- und Heckgruppe, zwei Baugruppen über den Achsen und drei zwischen den Achsen. Wahlweise werden zwei oder drei Türen eingebaut. Nimmt man eine Baugruppe zwischen den Achsen heraus, entsteht ein 10-Meter-Bus. Der Entwurf ist so angelegt, daß der Omnibus auch in kleinen Stückzahlen einfach und billig gebaut werden kann. Diese Gedanken und Grundsätze sind in die Bauweise moderner Standard-Linienbusse, wie sie uns heute auf den Straßen begegnen, eingeflossen.

Unscheinbar zunächst, dann einfach verblüffend und schließlich verblüffend einfach wirkt ein Entwurf, zu dem es auf Umwegen kam. Einen Drei-Seiten-Kipper wollte einer konstruieren. Das, so wurde eingewendet, ist nicht besonders originell. Wenn er nicht gleich auch noch nach der vierten Seite kippt, lohnt die Mühe nicht. Mit der vierten war die Frontseite gemeint, das ist klar; denn einen Kipper, der nach vorn entlädt, gibt es noch nicht.

Da sprang der Funke über. Wenn nämlich das Kippen nach vorn möglich ist, dann kann man auf die drei übrigen Seiten verzichten, sie werden kaum noch gebraucht. Eine Idee war geboren: der Frontkipper.

Er hätte Vorzüge. Der Fahrer könnte sehend an die Kippstellen heranfahren und das Entladen vom Fahrersitz aus selbst überwachen. Er brauchte keine Hilfskraft, die ihn einweist. Obendrein stünde nun die ganze Fahrzeuglänge als Ladefläche zur Verfügung. Das klingt so einleuchtend und simpel, daß man sich fragt, weshalb denn offenbar noch niemand sonst auf diesen Gedanken gekommen ist. Technische Schwierigkeiten? Etwa, wie die Lenkung zu konstruieren sei? Sie lassen sich nach Ansicht der künftigen Fahrzeugbauer lösen.

Der Raum, in dem der Besucher sich die Modelle zeigen und erklären läßt, hat eine Ausstrahlung, die verzaubert. Sie entführt in eine Phantasiewelt, und nur schwer löst der staunende Fremde sich von den bunten Apparaten, die wie Spielzeug aussehen, in die aber — mit spielend gewecktem Ernst — ein Stück Zukunft hineingebaut ist. Es sind Gestalt gewordene Ideen junger Leute. Denkmodelle.

Der Besucher kehrt zurück auf die Straßen von heute, wo die ungelösten Aufgaben von heute in jedem Auto mitfahren. Es werden noch viele neue Ideen gebraucht.

DIE ERDE IST ENG GEWORDEN

VON HANNS-WOLF RACKL

Cabora Bassa. Durch schroffe Bergschluchten drängen sich die Wassermassen des Sambesi. An manchen Stellen ist hier der größte Strom des südlichen Afrikas — 2200 Kilometer mißt er von der Quelle bis Cabora Bassa, 400 Kilometer von da bis zum Indischen Ozean — nur 30 Meter breit. Noch vor wenigen Jahren beherrschten Leoparden die mit Buschwald bewachsenen Berge. Jetzt dröhnen die Motoren von Lastenhubschraubern über den Schluchten, Sprengschüsse hallen, Gesteinsmassen poltern in die Tiefe. „Cabora Bassa" ist der Name einer der größten Baustellen der Welt. 3000 Arbeiter und Ingenieure bauen einen Damm, der den Sambesi zu einem See von 250 Kilometern Länge und der sechsfachen Fläche des Bodensees aufstauen soll. An der schmalsten Stelle der Sambesischluchten wird eine Beton-Bogenmauer von 160 Metern Höhe und 350 Metern Breite errichtet. Drei siebzehnstöckige Hochhäuser hätten in der Höhle Platz, die für die Kraftwerksanlagen in den Berg gesprengt wird. Das Herz des Kraftwerkes sind fünf Turbinen mit jeweils 400 Megawatt Leistung. Bei einer Gesamtleistung von 2000 Megawatt wird der Cabora-Bassa-Damm den gerade fertig

Mozambique

Am Südufer des Sambesi wird in der Cabora-Bassa-Schlucht ein gewaltiger Umlaufstollen in das Felsmassiv getrieben, durch den der Fluß während der Bauarbeiten umgeleitet werden wird. Fot. Siemens

gewordenen Assuandamm in Ägypten um ein gutes Drittel übertreffen. Überlandleitungen von mehr als 2000 Kilometern Länge werden den Strom verteilen, an die Ufer des Stausees, wo 120 000 Hektar trockene, grundsätzlich jedoch fruchtbare Buschsteppe künstlich bewässert, wo Bauxitröstereien und Aluminiumschmelzen, Zuckermühlen, Papierfabriken und vollautomatische Baumwollspinnereien betrieben werden sollen. Über eine 1450 Kilometer lange Leitung fließen schon im Jahre 1976 1040 Megawatt Strom nach Südafrika. Das neuartige Verfahren — Hochspannungs-Gleichstromübertragung —, das man hier gewählt hat, hält trotz der großen Entfernung die Transportverluste in engen Grenzen. Cabora Bassa ist eine der farbigsten Baustellen der Welt: Portugiesen, Franzosen, Deutsche, Südafrikaner,

Weiße und Schwarze arbeiten zusammen, denn das gewaltige Vorhaben wird im Auftrag des „Ministerio de Ultramar" in Lissabon von deutschen Firmen (Siemens AG, AEG, BBC, Voith, Hochtief) gemeinsam mit südafrikanischen und französischen verwirklicht. Über eine Milliarde Mark mußten für die Baukosten aufgebracht werden, als Kredite, denn Portugals Kassen sind leer. Über 400 Millionen Mark beschafften die deutschen Firmen mit Hilfe der Bundesregierung. 286 Millionen Mark steuerte die bundeseigene Kreditanstalt für Wiederaufbau unmittelbar bei, zu einem besonders niedrigen Zinssatz.

Als die Cabora-Bassa-Verträge geschlossen wurden, herrschte in den Bonner Ministerien und in den Vorstandsetagen der beteiligten Firmen großer Jubel. Doch heute bereitet das Wort „Cabora Bassa" vielen Politikern Alpträume. Es hat Fronten geschaffen — quer durch die Parteien und zwischen den Politikern und einem Teil der Jugend, vor allem den Jugendverbänden beider Konfessionen.

Denn Cabora Bassa soll nach dem Willen der Regierung in Lissabon auch in einem zweiten Sinne ein Damm werden: ein Damm gegen die „Frélimo", die Befreiungsfront von Mozambique. Mozambique ist nicht irgendein Land in Afrika — es ist eine der drei großen Kolonien Portugals (neben Guinea-Bissau und Angola). Seit Jahrhunderten ist es Kolonie, und das soll es nach dem Willen der Regierung in Lissabon für immer bleiben. Und wie seit Jahrhunderten leben die fast 9 Millionen Bantus und Zulus des Landes — als Analphabeten, ohne ärztliche Versorgung, unterernährt, ohne politische Rechte, beherrscht von der Kolonialverwaltung, verachtet von den rund 50 000 weißen Siedlern im Lande. Nutznießer der wertvollen Rohstoffe Mozambiques sind einige ausländische Gesellschaften, zumeist portugiesische. In Portugal ist infolge jahrzehntelanger Diktatur das gesamte politische Leben erstarrt und das Land hat den Anschluß an den wirtschaftlichen Aufschwung der anderen Industrienationen verpaßt: Es ist zum Armenhaus Europas geworden und auf hohe Gewinne aus seinen Kolonien angewiesen. Geändert hat sich seit dem Jahre 1964 allerdings das Leben der Bewohner in den Nordprovinzen Mozambiques, Cabo Delgado, Niassa und Tete. Seit dem 25. September 1964 tobt dort zwischen etwa 10 000 Freiheitskämpfern und mehr als 50 000 portugiesischen Soldaten einer der grausamsten Guerillakriege unserer Zeit, in dem beide Seiten ihre Gefangenen kurzerhand töten und verdächtige Eingeborenendörfer von den Portugiesen mit Mann und Maus aus der Luft mit Napalmbomben niedergebrannt werden. Trotz gewaltiger portugiesischer Übermacht beherrscht die Frélimo bereits weite Landstriche und richtet dort eine eigene Verwaltung, Buschkrankenhäuser und Schulen ein. Cabora Bassa liegt in der Tete-Provinz. Viele tausend Soldaten sichern die Baustelle, bis die Neusiedler kommen. Denn der Staudamm wird Land und Arbeitsplätze für über 100 000 Weiße schaffen — Portugiesen aus den Elendsvierteln Lissabons und Portos, landlose Bauernsöhne aus dem heißen Alentejo Portugals, Spanier, Sizilianer, Griechen —, die als Wehrbauern und Arbeitermilizen ihre Farmen und Fabriken mit dem Gewehr gegen die aus Sambia einsickernden Frélimos verteidigen. Soldaten aus Südafrika und Rhodesien werden ihnen zur Seite stehen; denn Portugal hat mit beiden Ländern Militärabkommen zum Schutz des Dammes, der Überlandleitungen und darüber hinaus zur Sicherung der weißen Herrschaft über das südliche Afrika geschlossen. Besonders wertvoll ist für Portugal das Bündnis mit Südafrika. Südafrika ist wohlhabend, hat eine schlagkräf-

Wo vor wenigen Jahren noch Leoparden die mit Buschwald bewachsenen Berge beherrschten, starten und landen heute Flugzeuge. Sie bringen Ingenieure und Techniker zu einer der größten Baustellen der Erde. Fot. M. Schweitzer

Die Cabora-Bassa-Schlucht mit der künftigen Sperrstelle (Bildmitte) aus der Hubschrauber-Perspektive. In dem Felsmassiv links werden die Druckstellen und unterirdischen Kraftwerkskavernen eingebaut. Fot. Zamco

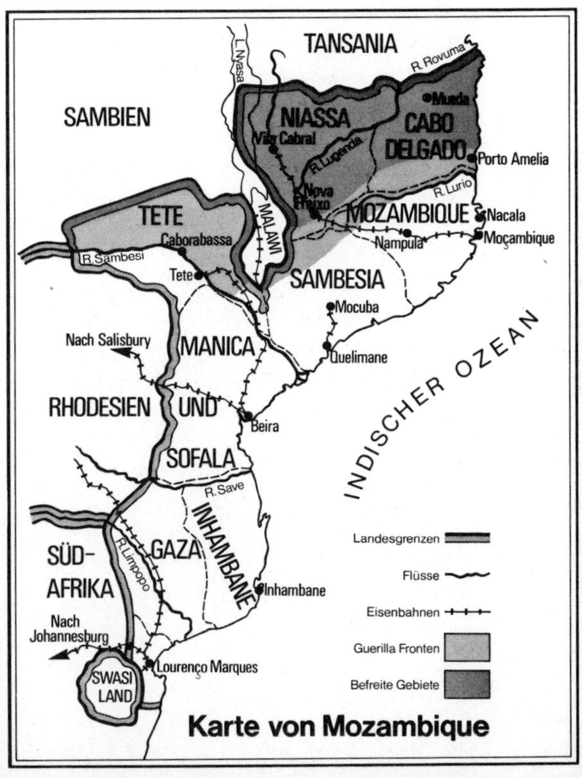

tige Armee, Luftwaffe und Flotte und ist wegen seiner Rassentrennungspolitik mit den meisten schwarzafrikanischen Ländern todfeind.

Als die deutsche Bundesregierung im Jahre 1967 die Cabora-Bassa-Pläne prüfte, haben nur wenige daran gedacht, die Frage „Wem nützt das?" gründlich zu untersuchen. Man beurteilte dieses Bauvorhaben allein von der technischen Seite her und befand, der Staudamm fördere die Entwicklung von ganz Mozambique und nütze damit auch den Afrikanern. Für die beteiligten deutschen Firmen war Cabora Bassa ein Geschäft wie jedes andere.

Das Erwachen war bös: Deutschland befindet sich plötzlich neben Portugal, Südafrika und Rhodesien auf der Anklagebank der „Dritten Welt", die überkommene deutsche Freundschaft mit den schwarzafrikanischen Ländern, die die Frélimos unterstützen, droht zu zerbrechen — und die Glaubwürdigkeit der deutschen Entwicklungshilfe ist angeknackst.

Als Anfang der Sechzigerjahre die meisten afrikanischen Länder unabhängig wurden und die deutsche Entwicklungshilfe in großem Stil begann, fehlte bei uns jede koloniale Erfahrung — die Deutschen hatten sich seit Jahrzehnten nur mit ihren eigenen und mit europäischen Fragen beschäftigt und an der Dritten Welt kaum Anteil genommen. Die wachsende Not in Übersee war deshalb für die Bundesrepublik Deutschland eine besonders harte Herausforderung. So findet man als Ergebnis von über einem Jahrzehnt deutscher Politik in der Dritten Welt manche Mißerfolge, freilich weniger aufsehenerregend als Cabora Bassa, und erstaunliche Erfolge. Manches Vorhaben ist technisch ein glänzender Erfolg, aber gemessen an den Zielen der Entwicklungshilfe, zum wirtschaftlichen Fortschritt und zur sozialen Gerechtigkeit in der Dritten Welt beizutragen, ein Fehlschlag. Und manches Vorhaben sieht bescheiden aus, „läuft" schlecht und recht und trägt trotzdem dazu bei, die Lage der Dritten Welt zu bessern.

Afghanistan

„Geh nach Khost und stirb", sagte man früher in Afghanistan. Seit deutsche Entwicklungshelfer die Bauern beraten, hat sich viel geändert. Hier wird zum zweiten Mal ausgesät, denn im tropischen Klima von Paktia kann bei günstiger Bodennutzung zwei- bis dreimal im Jahr geerntet werden.

Khost. Eine sengende Sonne dörrt das Hochland zwischen den kahlen Bergmassiven aus. Das Thermometer klettert und klettert. Die Nacht zuvor hing es unter dem Nullpunkt. Der Ausländer begreift, was „arides Klima" ist. Verwegene Gestalten streifen durch die Stadt — Turbane, Bärte, die Kleider zerlumpt. Nur die automatischen Gewehre sind neu. Ihre Vorderlader haben diese Männer an Entwicklungshelfer und europäische Antiquitätenhändler verkauft. Jetzt wird schneller geschossen in Khost und der umliegenden Provinz Paktia. Denn die bewaffneten Männer sind Paschtunen. „Gott schütze uns vor des Tigers Zahn und der Rache der Afghanen", beteten die Inder im heutigen Pakistan einst. Und mit „Afghanen" meinten sie zuerst das Grenzvolk der Paschtunen. Die Paschtunen, Halbnomaden, lebten mehr schlecht als recht von ihren Herden und den kargen Erträgen ihrer Äcker und von Krieg und Raub gegen die Inder, die Engländer, manchmal gegen die Afghanen für englisches Geld.

Heute sind die Grenzen fest, die Gewehre und Säbel der Paschtunen dienen nur mehr der Stammesfehde, Blutrache und Stammesgerichtsbarkeit. Als die ersten deutschen Fachleute für Entwicklungshilfe die afghanische Hauptstadt Kabul in Richtung Paktia verließen, begleitete sie der Hohn der Entwicklungshelfer anderer Länder in Afghanistan. Aus außenpolitischen Gründen — um der königlichen Regierung einen Gefallen zu tun — hatte sich die deutsche Bundesregierung verpflichtet, ein umfassendes Entwicklungsprogramm für die Provinz Paktia durchzuführen, für eine Region von der Größe von Rheinland-Pfalz, mit 1,4 Millionen Einwohnern, eine Region, die zu den ärmsten Landstrichen der ganzen Welt gehörte, eine Region, in die sich selbst afghanische Regierungsbeamte nur mit Militärgeleit wagten. Das Scheitern der Deutschen konnte nur eine Frage von wenigen Monaten sein! Sie scheiterten tatsächlich. Zwar enttäuschten sie alle, die vorzeitig schadenfroh waren und brachten eine, für sich genommen, glänzende Entwicklung in Gang, doch heute, nach fünf Jahren selbstloser, harter Arbeit in Paktia ist die Endabrechnung ernüchternd.

Als Ausgangs- und Stützpunkt war in der Provinzhauptstadt Khost eine landwirtschaftliche Beratungsstelle entstanden. Von hier rückten die deutschen Landwirtschaftsberater aus, in die Dörfer und Felder. Zuerst kamen sie mit Kunstdünger, Traktoren und Ackergerät. Auf dreitausend Feldern wurde gepflügt und gedüngt. Und nach zwei Monaten standen auf den gedüngten Flächen Saaten, wie sie noch niemand in Paktia gesehen hatte. Langsam verschwand das Mißtrauen der Großbauern gegen das „weiße Salz" der Deutschen, gegen ihre Traktoren und eisernen Geräte. Sie kauften Kunstdünger, ließen sich in der Anwendung beraten, bestellten die Deutschen zum Pflügen, kauften selbst Traktoren und erzielten immer höhere Erträge. Dabei wurde freilich das eigentliche Ziel des Vorhabens aus dem Auge verloren. Die vielen Kleinbauern Paktias, die auf wenigen Hektar Boden ihr Dasein fristeten, hatten kein Geld für Dünger und Maschinen, und

Der deutsche Obstbaumgärtner unterweist seine afghanischen Mitarbeiter im Veredeln von jungen Wildlingen. Um den landwirtschaftlichen Ertrag zu steigern, bedarf es umfangreicher Bewässerungsanlagen — und die kosten viel Geld. Fot. G. Vogt

niemand gab ihnen Kredit. Die modernen Methoden hätten sich auch für ihre Fleckchen Boden gar nicht gelohnt. Vielleicht hätte man sie zu „Produktionsgenossenschaften" zusammenschließen und diesen Genossenschaften Kredite geben können. Doch solche Produktionsgenossenschaften waren nicht nur als „kommunistisch" verpönt, sondern sie hätten in Paktia auch gegen das Überkommene verstoßen und bei den eigenbrötlerischen und mißtrauischen Kleinbauern nur nach langwieriger Aufklärungsarbeit Verständnis gefunden.

Bald arbeiteten 26 deutsche Landwirtschaftsfachkräfte und 16 Entwicklungshelfer in Paktia, unterstützt von 1300 afghanischen Arbeitern und Angestellten. Neue Bewässerungskanäle wurden angelegt, Obstbäume veredelt, die verwilderten Gemüsegärten durch moderne Gemüseplantagen ersetzt, in denen heute die Rettiche so lang und dick werden wie in fetter niederbayerischer Gäubodenerde, der Viehbestand wurde tierärztlich versorgt und durch Zucht verbessert, der mexikanische „Wunderweizen" eingeführt, die Trockensteppe umgepflügt und im „Trockenfeldbau" mit Getreide bebaut. Zwei regenreiche Jahre lang trug der Boden einträgliche Ernten. Doch im dritten Jahr blieb die Ernte aus. Der Sommer war zu trocken gewesen und das Umpflügen hatte die Trockensteppe der Verwüstung durch Wind und plötzliche starke Regengüsse — der Erosion — geöffnet. Der Trockenfeldbau mußte aufgegeben werden. Dann scheiterten die Viehzüchter. Die Weideflächen reichten nicht mehr aus. Der Viehbestand Paktias ist um das Dreifache zu hoch. Die Weiden sind kahlgefressen, der Wind trägt die gute Erde davon. Die Neulandgewinnung stockte, denn die natürlichen Wasservorräte waren bis zum letzten ausgenutzt.

Die Fachleute rieten, Wasserspeicher anzulegen, Wildbäche zu stauen, Brunnen zu bohren und Pumpanlagen zu bauen. Nur so könnte man neue Weiden, neues Ackerland gewinnen — neues Land auch für die vielen Paschtunen, die mit fortschreitender Mechanisierung der Landwirtschaft durch Maschinen ersetzt werden und ihren Arbeitsplatz verlieren, der sie zwar nie gut ernährt, doch immerhin am Leben erhalten hat. Aber das alles kostet viel Geld. Vielleicht gibt es Kredite dafür. Doch für diese Kredite werden Zinszahlungen fällig und sie müssen zurückbezahlt werden — in Mark oder Dollar. Mark oder Dollar muß Afghanistan auch für Traktoren, Landmaschinen, Ersatzteile und Kunstdünger aufbringen. Das Getreide und das Gemüse Paktias aber werden teils von den Paschtunen selbst verzehrt, teils in die Städte des Landes verkauft. In die Industrieländer ausführen kann man das alles nicht. Der Transport ist zu teuer. Außerdem gibt es dort Weizenberge, dort wird Überschußgemüse vernichtet — die Industrieländer haben ihre Grenzen für landwirtschaftliche Erzeugnisse aus der Dritten Welt gesperrt. Wie soll Afghanistan Mark und Dollar aufbringen? Das Königreich ist eines der ärmsten Länder der Welt. Es hat ein Volkseinkommen je Kopf und Jahr von weniger als 300 Mark, und allein gegenüber fremden Regierungen betragen heute schon die Schulden rund 2 Milliarden Mark, die Schulden gegenüber ausländischen Privatfirmen gar nicht gerechnet. Für Käufe im Ausland muß Afghanistan jedes Jahr mehr Mark und Dollar ausgeben, denn die Preise für Industriegüter steigen rasch, für seine Erzeugnisse bekommt es immer weniger. Mit Krediten ist Afghanistan nicht mehr zu helfen. Doch die Möglichkeiten der deutschen Bundesregierung, armen Länder Geschenke zu machen, sind gering: Denn die meisten Wähler stimmen gegen mehr Entwicklungshilfe.

Guatemala

Guatemala-City. Auf der Avenida de las Américas drängen sich chromblitzende Straßenkreuzer. Hier, im Stadtkern und in den Villenvierteln leben 200 000 Menschen. Dahinter hausen 400 000 in Hütten aus Blech, zerschnittenen Kanistern, Pappe und Lehm. Es sind Mestizen und Indios. Hier starb Graf Spreti, Botschafter der Bundesrepublik Deutschland, durch die Kugel eines jungen Studenten, eines Mitglieds der Fuerzas Armadas Revo-

Kurse für Erwachsene in den Elendsvierteln Südamerikas. Durch Schulungen, die von Entwicklungshelfern gegründete Selbsthilfeorganisationen veranstalten, hofft man, den Teufelskreis der Armut zu durchbrechen.

Unten: Dieser junge Brasilianer stammt aus dem Armenviertel Favela. Er studiert Physik an der Universität von Rio, an der im Rahmen der Entwicklungshilfe deutsche Professoren lehren. Fot. Wide World Photos

lucionarias. Die Regierung hatte sich auf Befehl von Oberst Arana, des designierten Präsidenten, geweigert, den von jungen Guerilleros Entführten gegen zum Tode verurteilte Gefangene auszutauschen. Hier starben aber auch zahllose liberale, katholische und sozialistische Anwälte, Geschäftsleute, Journalisten, Gewerkschaftler und Priester, erschossen von der Femeorganisation „Weiße Hand" und der Geheimpolizei Aranas. 4000 armselige Indios waren ihnen in den Tod vorausgegangen. Oberst Arana, damals Militärbefehlshaber, hatte sie hinrichten lassen, weil sie im Verdacht standen, mit den Guerilleros im Dschungel gemeinsame Sache gemacht zu haben. Vielleicht hatten einige von ihnen tatsächlich den Partisanen Unterschlupf gewährt, denn zu verlieren haben Guatemalas Indios und Mestizen nicht viel. Das Land ist genau das, was man eine Bananenrepublik nennt. Ein Zehntel der Ackerfläche, das fruchtbarste Land, gehört der überall in Lateinamerika gegenwärtigen Südfruchtgesellschaft United Fruit, Boston, USA. Fast der ganze Rest des Bodens ist im Besitz von einer Handvoll Familien. Die Indios und Mestizen haben die Wahl, auf den großen Plantagen wie Sklaven zu leben oder auf winzigen Flecken des schlechtesten Bodens zu hungern. Jacobo Arbenz Guzmann, Sohn eines Schweizer Apothekers, im Jahr 1952 zum Präsidenten gewählt, hatte das ändern wollen. Er wollte den Großgrundbesitzern und der United Fruit das Land, das sie nicht bebauen, zwangsweise billig abkaufen und an die Indios verteilen. John Foster Dulles, Außenminister der USA und früher Anwalt der United Fruit, erklärte ihn zum Kommunisten. Eine Söldnerarmee des amerikanischen Geheimdienstes jagte Arbenz im Jahre 1954 aus dem Land.

Seitdem wandern die Indios und Mestizen wieder nach Guatemala-City, bauen sich dort Papphütten und hoffen auf Arbeit. Meist ist das Hoffen vergeblich. Das durchschnittliche Tageseinkommen liegt in den Elendsvierteln heute bei 80 Pfennig. Trinkwasser, Strom, ärztliche Versorgung, Schulen, Abwässerbeseitigung gibt es nicht. Von einhundert Kindern sterben dreißig vor ihrem ersten Geburtstag. Die Menschen in diesen Elendsvierteln leben in einem Teufelskreis: keine Arbeit — kein Geld — keine Ausbildung — schlechte Gesundheit — keine Arbeit.

Da sie von ihrer Regierung nichts zu erwarten haben, gründeten Priester und andere sozial empfindende Leute im Jahre 1965 in einem der Elendsviertel ein Entwicklungsinstitut. Die katholische Entwicklungshilfeorganisation „Misereor" und die deutsche Bundesregierung gaben Material und etwas Geld. Das Institut baute zusammen mit Juristen, Ingenieuren und Soziologen einen Beratungsdienst auf, der die Menschen dazu brachte, sich zu Selbsthilfebewegungen zusammenzuschließen. Kurse und Schulungen wurden abgehalten. Es entstanden Nachbarschaftsvereine, Konsum- und Kreditgenossenschaft. In gemeinsamer Arbeit wurden mit wenig Geld Wege gebaut, Wasserleitungen verlegt, Kanäle zur Beseitigung der Abwässer gegraben und kleine Gemeindezentren errichtet. 15 der 87 Elendsviertel von Guatemala-City hat diese Selbsthilfebewegung bis jetzt erfaßt. Jedes Jahr kommen weitere dazu. „Promocion social", sozialer Aufstieg, ist das Leitmotiv dieser Bewegungen, die es auch in anderen Ländern Lateinamerikas gibt. Angeleitet von Fachleuten der Entwicklungshilfe und geschulten Einheimischen, unterstützt mit Material und Geld aus der Entwicklungshilfe, haben die bisher am Rande der Gesellschaft Lebenden — und in vielen Ländern leben drei Viertel der Bevölkerung elendiglich am Rande — begonnen, Hoffnung zu schöpfen und ihre Lebensverhältnisse selbst Schritt um Schritt zu bessern.

Trotz dieser und anderer Erfolge zeichnen die meisten Entwicklungshilfefachleute ein düsteres Bild des Weges, den die Dritte Welt gehen wird. Nach ihren Rechnungen gibt es keine wirkliche Entwicklungshilfe, denn Jahr für Jahr fließt mehr Geld aus den armen Ländern in die reichen Industriestaaten als in umgekehrte Richtung. Wenn man bedenkt, daß die Entwicklungshilfe nur teilweise erfolgreich ist, wird das Ergebnis noch schlechter. Doch den Entwicklungshilfefachleuten sind die Hände gebunden: Eine Meinungsumfrage ergab, daß 61 von hundert Deutschen sagen, für Entwicklungshilfe werde schon zuviel ausgegeben. Nur vier vom Hundert sind für mehr Entwicklungshilfe.

nimbus mit dem siebten Sinn

VON HANS JÖRG FAHR

Zwischen Grönland im Osten und Island im Nordwesten, mitten im nördlichen Eismeer, liegt die kleine norwegische Insel Jan Mayen. Auf dieser Insel gibt es einen noch tätigen Vulkan, den sie Beerenberg nennen. Nach dem 29. April des Jahres 1818 hatte es keinen größeren Ausbruch mehr gegeben, und der Beerenberg entließ aus seinem Schlund seither nichts als eine ruhige Rauchfahne. Am 20. September des vergangenen Jahres erwachte der Vulkan unvermittelt zu neuem Leben. Nachdem einige kurze Erdstöße vorangegangen waren, spie er große Mengen von Lava und Steinen aus dem schon totgeglaubten Krater. Hätten sich zu dieser Zeit Menschen auf der Insel aufgehalten, wären sie in allergrößte Lebensgefahr geraten. Auf wundersame Weise war es jedoch möglich gewesen, die wenigen dort ansässigen Leute, zumeist Angehörige einer Wetter- und Rundfunkstation, rechtzeitig zu warnen. So hatten sie allesamt den Gefahrenbereich verlassen, als sich Steinglut und Lava über die Insel ergossen.

Die Warnung war von einem der modernsten amerikanischen Wettersatelliten ausgegangen, der auf den Namen Nimbus 3 getauft ist. Diesen Nimbus-Satelliten ist sozusagen ein siebter Sinn — ein Infrarotsinn — zu eigen, der es ihnen erlaubt, aus Höhen um 1000 Kilometer sämtliche Wärmevorgänge auf der Erdoberfläche und in den darüber hinziehenden Wolken aufzuzeichnen. Damit die an Bord befindlichen Aufnahmegeräte von jedem Punkt der Umlaufbahn aus die Erde beobachten können, muß der Satellit stets in ganz bestimmter Weise zur Erdoberfläche ausgerichtet werden. Ein eigens zu diesem Zwecke eingebautes, mit Stickstoffgas arbeitendes Rückstoßtriebwerk bringt es zuwege, daß die Plattform des Satelliten, auf dessen Oberfläche die verschiedensten Kameras angebracht sind, stets zur Erdoberfläche zeigt. Das an Bord befindliche Horizontsichtungsgerät ermittelt die erforderlichen Berichtigungen und bestimmt danach die Rückstoßimpulse für die Steuerdüsen. Zum Betrieb der Bordgeräte sind auf der Oberfläche zweier „Schmetterlingsflügel" Sonnenzellen angeordnet. Sie geben, solange sie von der Sonne beschienen werden, eine elektrische Leistung von 450 Watt ab. Wenn der Satellit in den Erdschatten eintaucht, übernimmt eine Bordbatterie die Versorgung. Die Nimbus-Satelliten fliegen auf nahezu kreisförmigen Umlaufbahnen, die fast rechtwinklig zum Äquator verlaufen und somit die Polgebiete der Erde überstreichen.

Während nun der Satellit auf seiner Bahn kreist, dreht sich die Erde binnen vierundzwanzig Stunden einmal unter ihm hinweg. Damit bekommt der Satellit im Verlaufe eines Tages praktisch jeden Punkt der Erdoberfläche zu Gesicht. Wenn man noch dafür sorgt, daß die Umlaufzeit des Satelliten in einem ganzzahligen Verhältnis zur Erdumdrehung steht, so ergibt sich ein sonnenzeitgleicher Umlauf, das heißt, der Satellit überfliegt zur gleichen Tageszeit stets einen bestimmten Punkt der Erde. Unsere Zeichnung auf Seite 342 zeigt, in welche Höhe man einen Satelliten bringen muß, damit er dort mit der gewünschten Umlaufzeit seine Kreisbahn um die Erde ziehen kann. In einer Höhe von rund 1000 Kilometern überfliegt tagtäglich Nimbus 3 zur selben Uhrzeit auch die Insel Jan Mayen. Wie konnte

Die Welt im Blick kreisender Infrarot-Augen. Nimbus III — ein Wettersatellit der Nimbus-Baureihe — ist 3 m hoch und 3,3 m breit. Solche weit übermannsgroße Objekte werden in den Weltraum geschickt, um mit optischen und infrarotempfindlichen Kameras das Wetter- und Temperaturgeschehen auf der Erde aufzuzeichnen. Während die ersten Satelliten dieser Bauart, Nimbus I und Nimbus II, ein Eigengewicht von „nur" 380 kg besaßen, ist es bei den inzwischen verbesserten Nimbus-Typen auf 612 kg angewachsen. Sechs Einheiten sind vorgesehen.

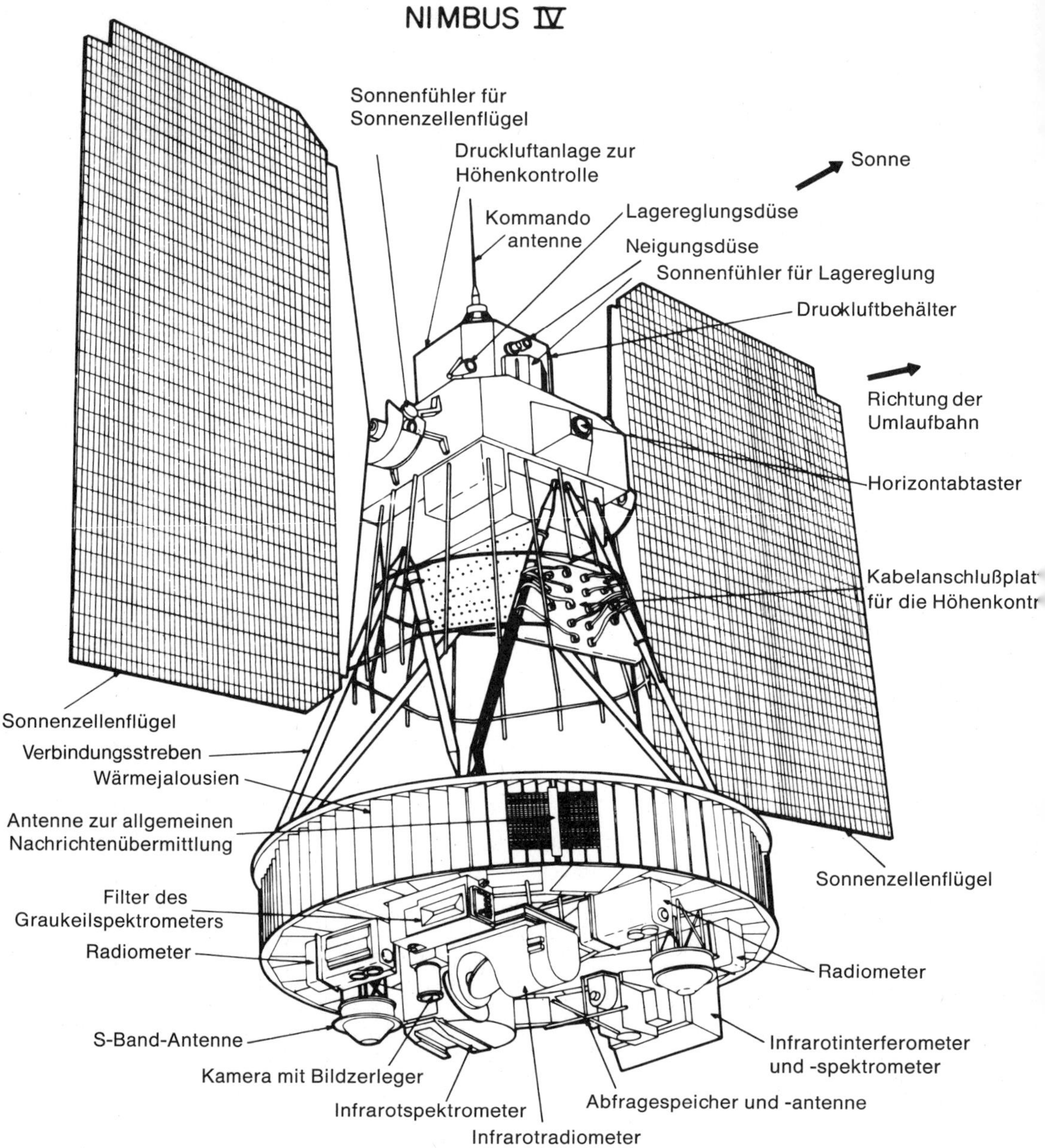

Hier ist der schematische Aufbau von Nimbus IV gezeigt, der nahezu bei der ganzen Nimbus-Serie gleich ist; nur wenige Einzelheiten sind gegenüber den ersten Satelliten dieses Typs verbessert worden. Der gesamte Betriebsstrom für die an Bord befindlichen Geräte, Fernsehkameras, Infrarotkameras, vier weiteren Meßinstrumente und für die Funkanlage wird von insgesamt 10500 Sonnenzellen geliefert. Sie sind auf einer Art von Schmetterlingsflügeln angebracht und geben, wenn sie dem Sonnenlicht voll ausgesetzt sind, eine Leistung von 450 Watt ab. Der unten liegende „Geräteteil" ist durch Verbindungsstreben mit dem „Kommandoteil" an der Spitze verbunden, der dafür sorgt, daß die Infrarot-Augen des Satelliten immer zur Erde gerichtet sind.

er aus solchen Höhen etwas entdecken, was ihm erlaubte, den Vulkanausbruch vorherzusehen?

Diese „hellseherische Gabe" hängt mit der technischen Ausstattung des Satelliten zusammen. Zur Grundausrüstung, einem Satz von drei Fernsehkameras mit verschiedenen Vorsatzobjektiven, kommt noch ein Gerät, das dem Satelliten den besagten siebten Sinn verleiht: ein Infrarot-Strahlungsmeßgerät. Es ist in der Lage, die Wärmestrahlung von Wolken- und Landoberflächen im Wellenlängenbereich zwischen 3,4 und 4,2 tausendstel Millimeter aufzunehmen. Damit können die Nimbussatelliten eine Vielzahl aufschlußreicher Beobachtungen durchführen. Land- und Wasserflächen auf der Erde sowie die aus Wasserdampf bestehenden Wolken und in bestimmten Höhen vorhandene atmosphärische Moleküle geben nämlich Wärme ab. Die Wasser- und Landflächen können dabei im physikalischen Sinne als „schwarze" Strahler angesehen werden, das heißt, die von ihnen — in einem bestimmten Schwingungsbereich — ausgehende Strahlung rührt allein von der Oberflächentemperatur her und folgt dem bekannten Planck'schen Strahlungsgesetz bzw. dem Stefan-Boltzmann'schen Gesetz. Bei Temperaturen zwischen minus 100 und plus 100 Grad Celsius liegt die Hauptausstrahlung im infraroten Spektralbereich. Sie läßt sich vom Satelliten aus messen, und dadurch kann man die genauen Temperaturen der anvisierten Bodenflächen ermitteln.

Eine solche Temperaturbestimmung geht recht einfach vonstatten Ein sich drehender Spiegel an Bord des Satelliten nimmt aus einer bestimmten Richtung Strahlung auf und leitet sie auf ein sogenanntes Cassegrain-Teleskop, das wie ein normales optisches Fernrohr die Strahlung in einem Brennpunkt bündelt. Dort sitzt nun eine elektroaktive Blei-Selen-Zelle, ein Halbleiterdetektor, der die auftreffende Infrarotstrahlung in elektrische Spannungen umwandelt. Jede Stellung des Spiegels erfaßt die Strahlung eines bestimmten Punktes auf der Erdoberfläche, die in ein elektrisches Signal überführt und über die Bordantenne zur Bodenstation herabgefunkt wird. Die „Voltstärke" des übermittelten Bildpunktes entspricht nun einer bestimmten Infrarotstrahlung und damit der Temperatur des vom Spiegel gerade erfaßten Bodengebietes. Setzt man die ankommenden Bildsignale in ein Schwarzweißfoto um, so lassen sich aus dessen Grautönungen unmittelbar die Temperaturwerte der abgebildeten Gebiete ermitteln. Man muß nur zuvor durch Eichungen festgelegt haben, welcher Schwärzungsgrad welcher Temperatur entspricht.

Der Spiegel, von dem die Infrarotstrahlung eingefangen wird, dreht sich während der Aufnahme gleichmäßig um eine zur Flugrichtung parallele Achse und zeichnet dabei, wie der Elektronenstrahl auf dem Fernsehschirm, eine infrarote Bildzeile auf, indem er viele Bildpunkte aneinanderreiht. Da Spiegelrotation und Fortbewegung des Satelliten über dem irdischen Untergrund aufeinander abgestimmt sind, wird Zeile unter Zeile gesetzt, und es

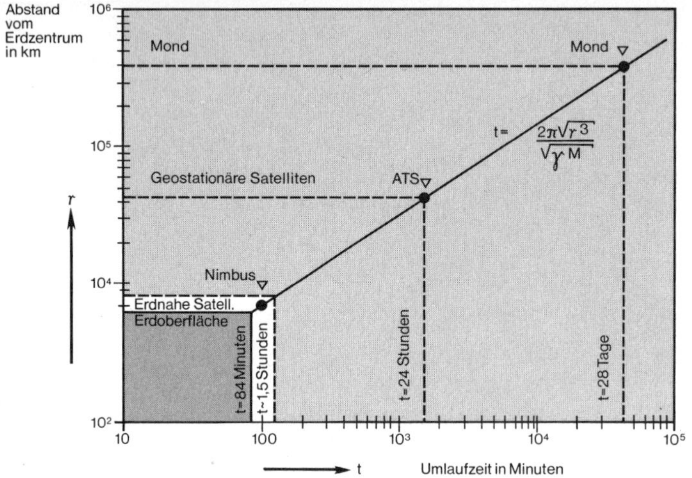

Die Umlaufzeit von Satelliten ändert sich mit der Flughöhe. Satelliten wie der Nimbus fliegen in Höhen von 700—1200 km und besitzen Umlaufzeiten von 0,75—1,5 Stunden. Geht man in einen Abstand von 42000 km vom Erdmittelpunkt (Flughöhe rund 36000 km), ergibt sich eine Umlaufzeit von gerade 24 Stunden. In einer äquatorialen Umlaufbahn dieser Höhe steht der Satellit fest über einem Punkt der Erde.

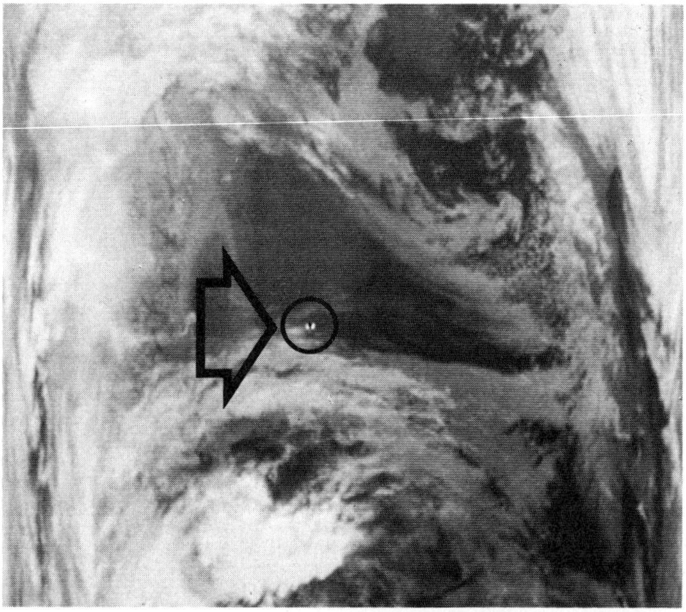

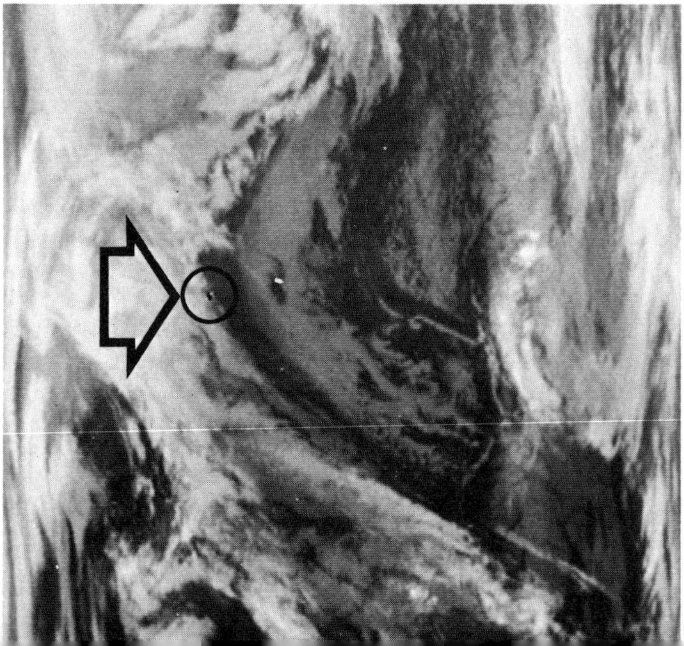

Zwei Infrarotaufnahmen vom Nordmeer, die Nimbus III am 24. 9. und am 25. 9. 70 jeweils gegen 1 Uhr nachts gemacht hat. Oberflächlich betrachtet, zeigen sie kaum mehr als ein Knäuel von Wolkenmassen und ein paar markante Landstrukturen, die dunkler, also wärmer als das umgebende Wasser sind. Der detektivische Scharfblick des Fachkundigen allerdings bemerkt eine wichtige Veränderung auf den einen Tag auseinanderliegenden Bildern — für uns durch einen kleinen Pfeil gekennzeichnet: einen auffälligen schwarzen Punkt östlich der Küste von Grönland, der sich am 25. 9. merklich verstärkt hat. Er bedeutet ein Anschwellen der vulkanischen Tätigkeit auf der Insel Jan Mayen. Fotos Sternwarte der Stadt Bochum

Rechte Seite, oben: Diese Infrarot-Nachtaufnahme von Nimbus II mit dem hochauflösenden Infrarotspektrometer läßt die helleren, also kälteren Küstenstreifen von Brasilien und Argentinien erkennen, getrennt durch das Mündungsdelta des Rio de la Plata, vor dem dunkler getönten, also wärmeren Wasser des Südatlantik. Aber auch im Wasser zeichnen sich deutlich Umrisse ab: Vor der La-Plata-Mündung biegt der warme Brasilstrom meereinwärts ab und macht dem kalten Falklandstrom Platz. Sein Wasser ist fast um 10° kälter als das des Brasilstroms.

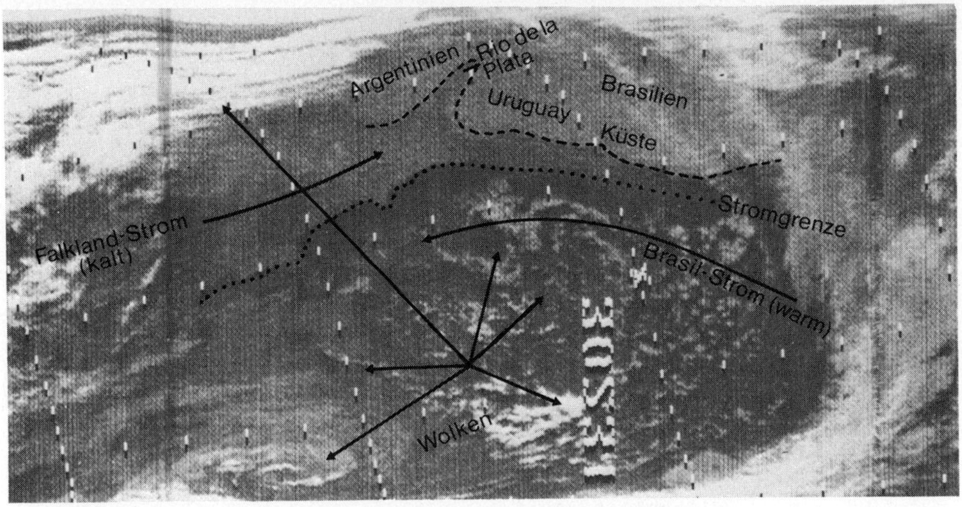

entsteht ein breites, die Erdkugel umspannendes Bildband. In der Mitte dieses Bandes, das die Gegend senkrecht unter dem Satelliten wiedergibt, ist die Bildauflösung am besten. Sie beträgt knapp zehn Kilometer, während zu den Randgebieten hin größere Verzerrungen des Untergrundes auftreten. Sie machen es schwer, die Umrißlinien des Infrarotbildes mit Gliederungen auf der Erde gleichzusetzen.

Inzwischen ist diese Technik so weit entwickelt worden, daß es möglich ist, vom Satelliten aus die Temperatur bis auf einen Fehler von 2 Grad Celsius genau zu bestimmen. Eine derartige Meßgenauigkeit erlaubt es aber, die Temperaturschwankungen in einem weiten Gebiet längere Zeit zu studieren. Zum Beispiel lassen sich die Tag-Nacht-Schwankungen der Wärmeausstrahlung von Land und Meer anhand solcher Aufnahmen sehr gut verfolgen. Auf Infrarotbildern zum Beispiel, welche Italien, umgeben von Mittelmeer und Ägäis, zeigen, hebt sich die stiefelförmige Landformation vom Meer dunkel ab, wenn die Aufnahme bei Tag, dagegen hell, wenn sie bei Nacht gemacht worden ist. Dies besagt, daß das italienische Landgebiet tags heißer und nachts kühler ist als das seine Küsten umsäumende Meerwasser.

Daß sich solche Temperaturschwankungen selbst dort messen lassen, wo es an Bodenbeobachtungsstationen fehlt, hat es möglich gemacht, den Vulkanausbruch auf der Insel Jan Mayen „vorauszusehen". Infrarotaufnahmen, die der Nimbus-3-Satellit im Laufe des Monats September zur Erde gefunkt hatte, waren mit den Radioteleskopen des Bochumer Instituts für Satellitentelemetrie empfangen und ausgewertet worden. Die Infrarot-Bildfolge zeigte in einem Gebiet von mehr als 25 Kilometer Ausdehnung um den Beerenberg-Vulkan herum eine deutliche Temperaturveränderung. Die Wärmeabstrahlung nahm im vulkannahen Gebiet bis zum Ausbruch am 20. September stetig zu, lange bevor die Vorzeichen eines Ausbruchs das Anschwellen der vulkanischen Tätigkeit verrieten. Die Möglichkeit, Vulkanausbrüche vorherzusagen und Sicherheitsmaßnahmen einzuleiten, gibt den künstlichen Erdsatelliten eine zusätzliche, bisher noch nicht bedachte Bedeutung. Die Infrarotmessung aus dem Weltraum eröffnet aber auch auf zahlreichen anderen Gebieten geradezu phantastische Aussichten.

Auf dreierlei Weise wirkt der Ozean auf das Leben der Menschheit ein: Er bestimmt weitgehend das Wetter, denn aus ihm stammt das Wasser der Wolken; er ist Hauptträger des Welthandels, denn mehr als 95 vom Hundert aller Güter werden auf dem Schiffsweg befördert; und er steuert einen wichtigen Teil zur Ernährung der Menschheit bei. Dem letztgenannten Punkt kommt die Satelliteninfrarottechnik besonders zugute. Mit ihrer Hilfe kann man leicht Zonen warmen Gewässers von kalten Strömungen unterscheiden, ohne daß es nötig ist, auf allen Meeren Forschungsschiffe kreuzen zu lassen, die die Meerwassertemperatur messen. Überdies würden die dauernd vor sich gehenden Veränderungen in den Meeresströmungen ein solches Unternehmen ohnehin zum Scheitern verurteilen. Die Hochseefischerei ist jedoch auf warme Gewässerzonen angewiesen, weil sich hier die reichen Fischschwärme entwickeln. Infrarotfotos vom Ozean aus der Höhe eines Satelliten können unmittelbar als Wassertemperaturkarten gelesen werden. Sie zeigen deutlich die Grenzlinien zwischen warmem und kühlerem Wasser. Auf solche Weise gelang es beispielsweise zum ersten Male, den Gesamtverlauf des Golfstromes zusammenhängend von Cape Hatteras bis über 1300 Kilometer weiter ostwärts fotografisch festzuhalten. Die Infrarotnegative zeigen den Golfstrom, da er wärmer als seine Umgebung ist, als einen sich dunkel dahinziehenden Streifen auf hellem Untergrund. Aus den unterschiedlichen Grautönungen kann man einen mittleren Temperaturunterschied von 10 Grad Celsius zwischen dem Warmwasser des Golfs und dem umgebenden Kaltwasser ermitteln. Da die Tierwelt des Meeres recht genau den Warmwasserströmungen folgt, braucht man die aus dem Infrarotbild abgelesenen Konturen dieser Gebiete nur den Fischereiflotten mitzuteilen. Sie sind dann in der Lage, mühelos die ergiebigsten Fischgründe aufzuspüren.

Natürlich lassen sich nicht nur die warmen, sondern auch die kalten Stellen einer bestimmten Meeresfläche auf Infrarotfotos entdecken. So vermag Nimbus 3 nicht nur gefährliche Eisberge, deren Ausdehnung unter Wasser die Schiffahrt bedrohen, als helle Punkte auf dunklem Grund zu entlarven, sondern auch deren Wanderung zu verfolgen, da er ja jeden Tag die gleiche Stelle des Ozeans überfliegt. Hierdurch können Warnungen an alle Schiffe gegeben werden, deren Kurs die Wanderroute eines Eisberges kreuzt. Für die Eismeerschiffahrt ist das ungeheuer wichtig.

Von großem Einfluß auf unser Wetter sind die Untersuchungen des Wärmehaushaltes der Erde. Hierbei gilt es festzustellen, wieviel von der Energie, welche die Sonne der Erde zustrahlt, festgehalten und wieviel vom Erdboden und von der darüberliegenden Atmosphäre wieder in den Weltraum abgestrahlt wird. Das läßt sich leicht vom Nimbus aus messen. Auf diese Weise konnten Karten des Erdballs erstellt werden, die aussagen, wo die auf der Erde einfallende Sonnenwärme tatsächlich gespeichert und wo mehr Energie abgestrahlt als empfangen wird, so daß sich eine Abkühlung ergibt. Von den Gebieten mit starker Erwärmung gehen die Hauptbewegungen der Atmosphäre aus.

Auch Dichte und Temperaturaufbau unserer Lufthülle können anhand solcher Infrarotmessungen untersucht werden. In der erdnächsten Schicht, in der sich alle Wetter-, Wind- und Wolkenvorgänge abspielen und die wir Troposphäre nennen, fällt die Temperatur zunächst merklich ab — bis zu einer Höhe von etwa 20 Kilometern. Dort wird bei etwa minus 70 Grad Celsius die örtliche Tiefsttemperatur erreicht. Dieser Kaltgürtel, Tropopause genannt, rührt von der Infrarotstrahlung der hier anwesenden Gasmoleküle her. Die von unten heranbeförderte Wärme regt in dieser Höhen-

Vier Erdteile hat der Nimbus-III-Wettersatellit auf diesem Infrarot-Tageslichtbild festgehalten. Es setzt sich aus einzelnen Filmstreifen zusammen, die während sechs aufeinander folgenden Umläufen „belichtet" worden sind. Nahezu wolkenfrei zeigt es Afrika (in der Mitte), Arabien, das Kaspische Meer und Indien (rechts) sowie links unten Brasilien. Von Europa sind Spanien und Italien deutlich auszumachen.

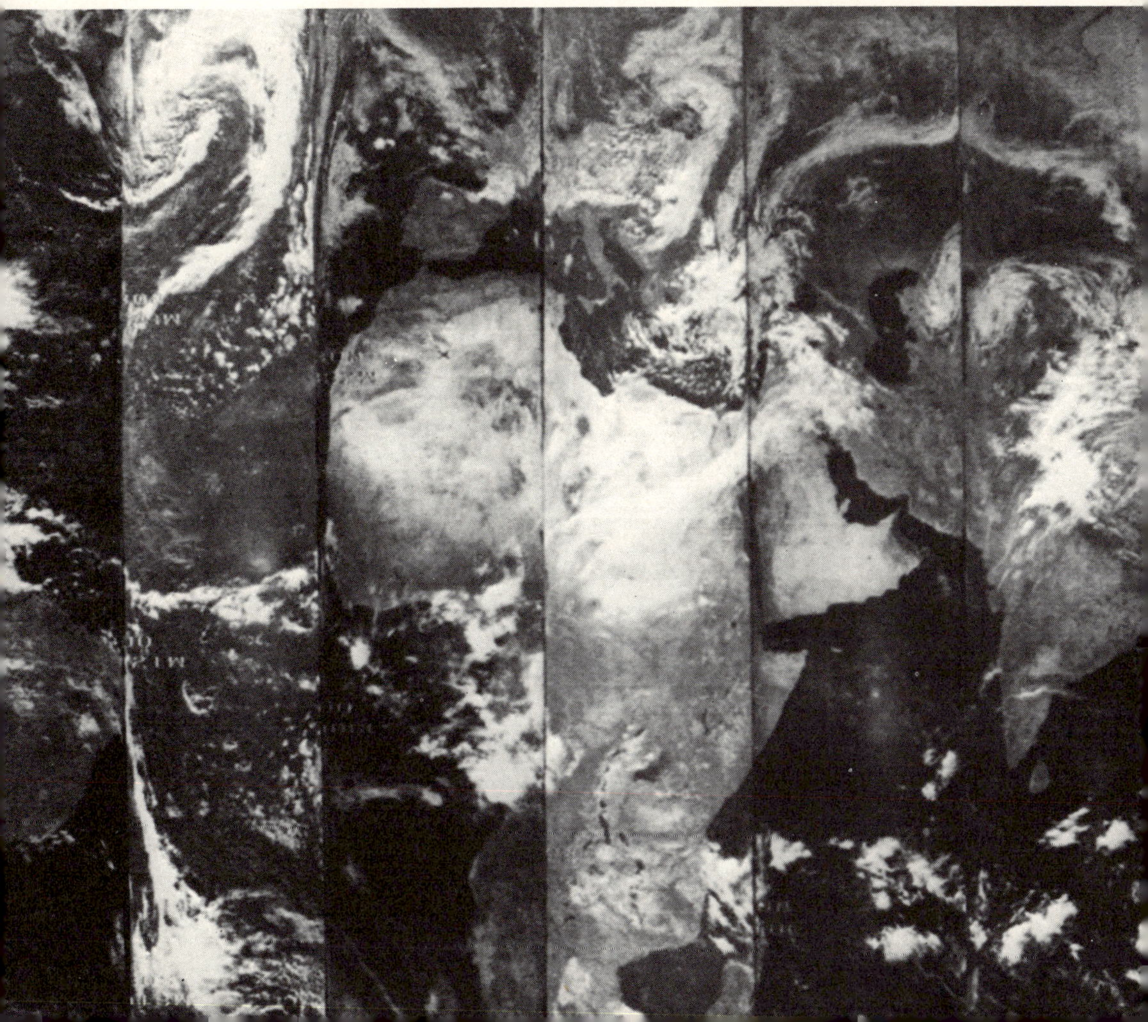

Dieses „Wärmebild" von Europa hat der Wettersatellit Nimbus I um Mitternacht aufgenommen. Da die Landmassen nachts stärker abkühlen als das Wasser, erscheinen sie heller. Italien ist unten rechts, die skandinavischen Länder sind oben links sichtbar. Fot. USIS

Das Diagramm zeigt Längsschnitte vom Temperaturverlauf in der Lufthülle, wie sie im Monat Juli typisch sind, für zwei Orte auf der Nordhalbkugel. In Höhen von 20, 50 und 85 km weist die Temperaturkurve ausgeprägte Minima und Maxima auf, die von der Wärmeabgabe des Ozons, Kohlendioxyds und Wasserdampfes bzw. von der Energieaufnahme des Ozons aus der Ultraviolettstrahlung herrühren.

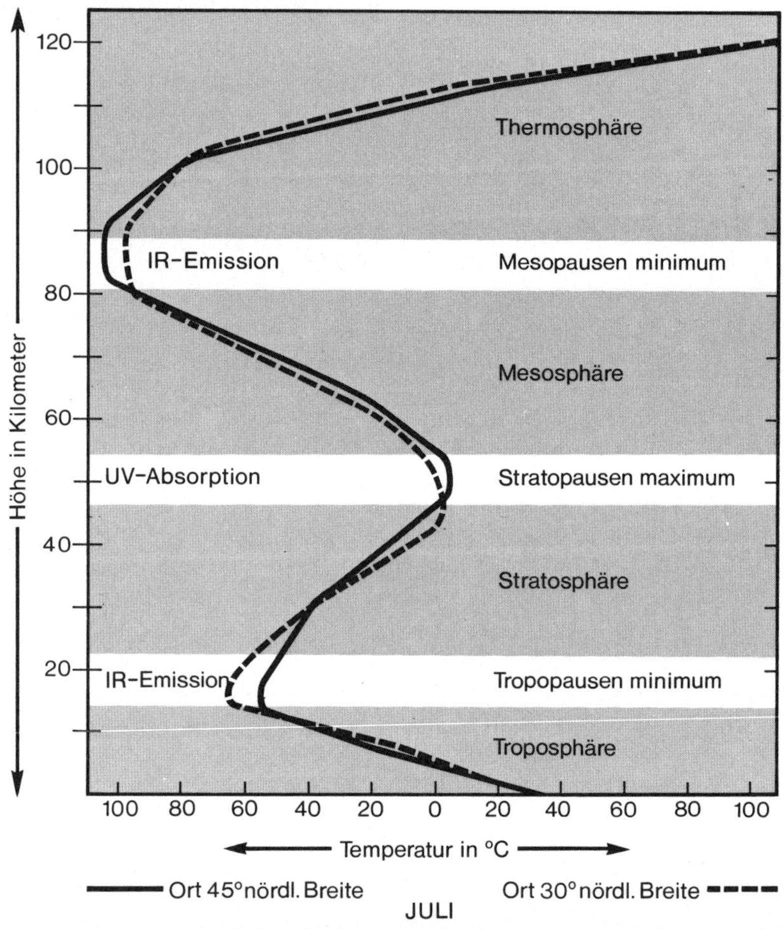

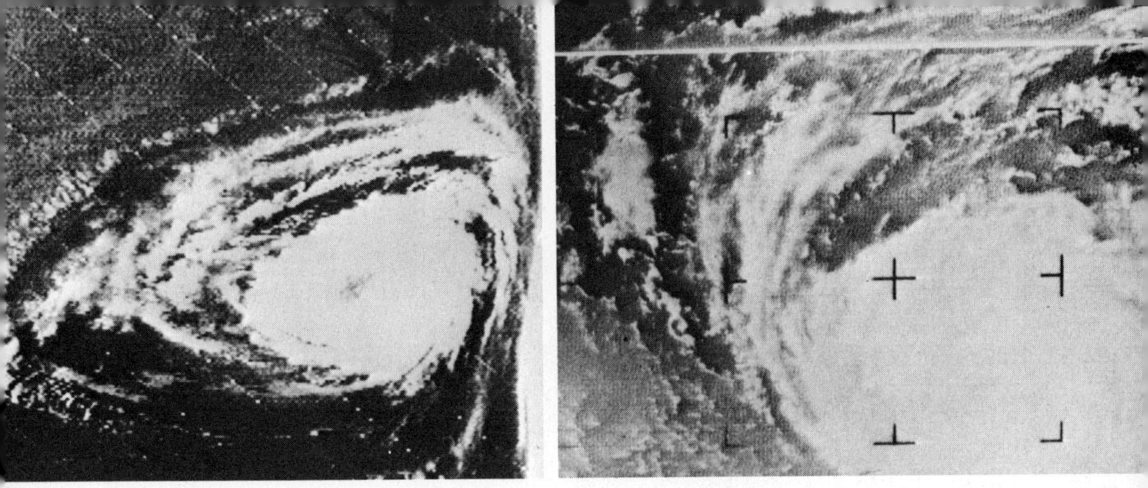

Zweimal fotografiert: der Wirbelsturm „Dora" über dem Golf von Mexiko. Das linke Bild wurde kurz nach Mitternacht mit dem hochauflösenden Infrarot-Spektrometer gemacht, das rechte etwa 12 Stunden früher um die Mittagszeit mit der Fernsehkamera und der automatischen Bildübertragung aufgenommen. Auf dem Infrarotbild ist das Auge des Hurrikans zu erkennen (der dunkle Fleck in der weißen Wolkenballung). Fot. USIS

region die Ozon-, Kohlendioxyd- und Wassermoleküle an, was zu einer Energieabgabe in den Weltraum führt und eine Abkühlung der Umgebung mit sich bringt. In der Stratosphäre, die über der Tropopause folgt, steigt die Temperatur nun erneut an, bis bei 50 Kilometer Höhe etwa die gleichen Temperaturen erreicht werden wie auf dem Erdboden. Sie kommen durch die Energieaufnahme des Ozons aus der ultravioletten Strahlung der Sonne zustande. Darüber bildet sich — aus einem ähnlichen Grund wie in der Tropopause — in 85 Kilometer Höhe ein weiteres Temperaturminimum aus: das Mesopausenminimum. Die Temperaturen liegen hier bei minus 120 Grad Celsius. Da es sich um Wärmeabstrahlungen handelt, können die Infrarotapparaturen an Bord des Nimbussatelliten den senkrechten Temperaturverlauf in der Atmosphäre ermitteln.

Schon diese wenigen Beispiele zeigen, welchen Spielraum die Anwendung der Infrarotmeßtechnik an Bord von Satelliten besitzt. Sie schließt praktisch alles ein, was nur irgendwie an Temperaturvorgänge gekoppelt ist. Kein Vulkan wird künftig ausbrechen können, ohne daß es Infrarotsatelliten vorausgemeldet haben und alle betroffenen Menschen in Sicherheit gebracht worden sind. Kein Schiff wird mehr in Nacht und Nebel auf einen Eisberg auflaufen, wenn es nicht mutwillig die Warnung des Infrarotsatelliten unbeachtet läßt. Kein Fischer wird mehr in kalten Gewässern einen kargen Fang tun, wenn nach Aussage der Infrarotbilder einige Meilen weiter ein fischreicher Warmwasserstrom einherzieht. Selbst der Schnee und das Gletschereis in den Hochgebirgen wird nicht mehr abtauen können, ohne daß der Infrarotsatellit, der jeden Tag die Schnee- und Eisgrenzen genau verfolgt, die flutbedrohten Bewohner im Tal rechtzeitig warnt. Es sieht wirklich sehr danach aus, als sei Nimbus mit dem siebten Sinn ein wahrer Menschenfreund, ein guter Infrarotgeist im nahen Weltraum.

Mit einer Schimpansin zwischen Büffel und Leoparden

VON GERHARD GRONEFELD

Vor dem winzigen Flughafengebäude erwische ich die einzige Taxe gerade noch vor dem dicken Inder, der mir schon in der alten DC 3 die Luft genommen hatte. Allerdings: er ausschließlich konnte nicht dafür. Die Rüttelböen der Mittagshitze über den Masaihügeln im letzten Viertel des Fluges von Nairobi waren fast allen auf die Magennerven gegangen. Was bin ich jetzt froh, in Arusha zu sein und in einem der ehrwürdigen Klapperkästen von „Subzalis First Taxi Services" zu sitzen! Ich will nach Usa River, noch gute zwölf Meilen weiter. Da kenne ich am Fuße des Mount Meru einen Bungalow, zu dessen Fenster bei Löwengebrüll das weiße Haupt des Kilimanjaro hereinschaut. Ein Platz zum Verschnaufen. Subzalis Taxi rumpelt los, und wider Erwarten bricht es vor Erreichen des Zieles nicht zusammen.

Wir durchfahren ein Tor, gesäumt von roter Bougainvillea, vorbei geht es an zwei riesigen, holzgeschnitzten Massaikriegern. Kies knirscht, Papageien kreischen, Hundegebell. Quietschend hält mein Gefährt vor dem ebenerdigen Haupthaus der Lodge. Meine Ankunft kann niemand überhören.

Andreas kommt mir schon entgegen. Ich bin nicht das erste Mal bei ihm in Tanzania. „Herzlich willkommen in deiner zweiten Heimat!" Stewards

„Nani" — das Schimpansenmädchen. Es kennt kein größeres Vergnügen, als in die freie Wildbahn mitgenommen zu werden. So mutig sie dreinschaut — im Urwald hat sie Angst und entfernt sich nie weit von den Menschen.

greifen meine Koffer, meine Kamerataschen: „Jambo, bwana pikscha! Habari?" — „Guten Tag, Herr Bild! Wie geht's?" Ich schüttele schwarze Hände, Rashidi, Petri, Karanja. Wir kennen uns seit langem. Als ich vor zehn Jahren zum ersten Mal hier wohnte, kochte Petri noch draußen über offenem Feuer, und morgens mußten wir Mambas und Kobras aus der warmen Asche schießen, bevor er das Teewasser aufsetzen konnte. Heute servieren schwarze Waiter das Dinner mit weißen Handschuhen, Kerzen auf silbernen Leuchtern erhellen vornehm die Tafel. Die Schlangen haben längst das Weite gesucht. Komfortable Bungalows mit zwei Dutzend Betten, Bädern und WCs stehen jetzt für Gäste bereit. Einst schlief ich in einer Wellblechhütte und holte mir selbst das Wasser aus dem Usa River.

Andreas ist Ungar, fairer Jäger und einfallsreicher Tierschützer. Er trägt einen Backenbart und auf der Pirsch gern südtiroler Tracht. Sein Kopf steckt voller Ideen. So pachtete der „Kaiser Franz vom Meruberg", wie ihn die Weißen hier nennen, von der tanzanischen Regierung ein ausgedehntes Jagdrevier, richtete es ein und bestückte es nach europäischem Vorbild mit vorzüglich getarnten Hochsitzen. Rund um die Lodge schuf er einen Zoo mit einem großen Freigehege. Er war der Meinung, die Afrikaner sollten einmal ohne Furcht die Tiere ihrer Heimat aus nächster Nähe sehen, sie kennen und lieben lernen. Das große Interesse der schwarzen Menschen gab ihm recht, und seine kühnsten Erwartungen sah er bald übertroffen: an Sonn- und Feiertagen zählt heute sein „Sanctuary" mehr Besucher als die Serengeti.

Abenteuerlich ist es, bei diesem Ungarn zu sein, mit ihm zu jagen, selten ungefährlich. Wie konnte ich mir nur einbilden, in dieser aufregenden Umgebung verschnaufen zu können? Da klopft es auch schon an meine Tür: „Gerhard? Eine alte Freundin möchte dich begrüßen." Auf der Terrasse steht Andreas, an seinem Halse hängt Nani, mein liebstes Schimpansenmädchen.

„Hu-hu-hu!" macht sie erstaunt, mustert mich kurz — und schon ist sie mit einem Satz und Freudenschrei an meiner Brust. „Nani, meine alte Liebe! Kennst du mich noch? Mein Gott, bist du aber schwer geworden!" Ihre weichen Lippen finden meine Nase, ihre Finger suchen meinen Mund. Vertrauen spricht aus diesen Gesten. Zwei lange Jahre haben wir uns nicht gesehen. Nani ist jetzt fast fünf Jahre alt. Dem Andreas pariert sie meist aufs Wort, er ist ihr Oberaffe. Hin und wieder allerdings müssen schon ein paar kräftige Ohrfeigen seitens ihres Herrn die gegenseitige Stellung klären. Das ist bei Schimpansen so Sitte. Nani nimmt's nicht tragisch; weiß sie nur immer, wer hier der Herr im Hause ist, dann fühlt sie sich geborgen.

Vor zwei Jahren nahm Andreas die Schimpansin ohne Leine mit in die freie Wildbahn hinaus. Ob das jetzt auch noch geht? Andreas lacht: „Mehr noch als das! Jetzt begleitet sie mich sogar auf der Jagd. Morgen schon, wenn du willst." — Und ob ich wollte!

Doch in der Nacht kamen die Geister des Regenwaldes ins Tal. Erst pochen mich ihre langen Tropfenfinger wach, dann schütten sie kübelweise

Im Revier. Auf einem Elefantentreck geht's durch das grüne Dickicht. Nani sitzt auf dem Arm des „Oberaffen"— das ist Andreas für die Schimpansin — und betrachtet aus solcher Höhe genüßlich die Welt. Noch ahnt sie nichts von dem Abenteuer, das ihr bevorsteht. Andreas ist Jäger und Tierschützer zugleich.

eine ganze Sintflut auf Usa River hinunter. Der Morgen ist grau und voller Nebel, Nieselregen. Es ist kalt. Kein Wetter für Nani, aber so herrlich zum Dösen am warmen Kamin.

Rashidi legt Scheite nach, das Holz duftet und knackt. Auch das ist Afrika! Der Regen verstummt, der grüne Bambus vor Nanis Haus dampft. Andreas setzt sich zu mir, er hat schon wieder eine Idee: „Für ‚Firn' muß ich einen Büffel fangen! Vor einigen Wochen ließ ich mir diesen jungen Hannoveraner Schweißhund aus Deutschland kommen. Ich will ihn auf Büffel ansetzen und ihn besonders für die Nachsuche abrichten." Nichts ist für einen Jäger in Afrika lebensgefährlicher, als nach einem angeschossenen Büffel, der ihm aus den Augen gekommen ist, suchen zu müssen. Firn soll die Gefahr bannen. „Kaiser Franz" will einen Jungbüffel fangen und in seinem

Freigehege aussetzen. Dann kann der Hund an der langen Leine auf seine Aufgabe vorbereitet werden und die Hundenase die typische Büffelwitterung aufnehmen.

Eine Stunde später sind wir im Revier. Andreas lädt seine schwere Büchse durch und sichert. Im Gänsemarsch geht's ins grüne Dickicht. Er voran, dann ich und hinter mir fünf afrikanische Jagdhelfer. Sie tragen Hanfseile und Nylonschnüre, drei haben die Panga, das breite Haumesser. Wir folgen einem Elefantentreck. Es duftet süß und modrig. Mein Atem geht schwer. Colobusaffen wandern mit weiten Sprüngen in den Baumkronen, lauthals protestieren sie gegen die Störung. Hier und da strenge Witterung, sie hängt zwischen Lianen und Büschen. Elefanten? Andreas verhält, lauscht. Fernes Brechen. „Die sind schon weiter. Keine Gefahr."

Eine halbe Stunde marschieren wir, da öffnet sich der Urwald. Eine Lichtung, ein Teich. Wir sind am Ziel. Drüben kommen Wechsel aus dem Wald, die Wege der Tiere zum Wasser. Nahebei steht einer der Hochsitze. Ihm gegenüber legen wir die Schlinge aus. Lautlos wie Katzen verschwinden die Schwarzen über die Leiter nach oben, wir bleiben an ihrem Fuße stehen. Stille. Bienen summen, Hornvögel knarren. Plötzlich steht drüben ein mächtiger Büffel. Ich habe ihn nicht kommen gesehen. Hocherhobenen Hauptes prüft der Alte die Luft. Er scheint zufrieden. Der Wind steht günstig. Er trägt

Mit dem Geländewagen unterwegs. Unser Affenmädchen benimmt sich während der Fahrt wie ein Menschenkind. Es schaut neugierig vom Wagen herunter, begrüßt jauchzend Passanten. Alle Fotos Gerhard Gronefeld.

eigenartige Geräusche zu uns her. Sie werden deutlicher. Sind das nicht Hufe, die den weichen Urwaldboden stampfen? Andreas nickt. Da! Da ist sie. Die Büffelherde tritt heraus. Die erfahrensten Kühe voran, drängen sich die Tiere zur Tränke. Glucksend versinken die Hufe im morastigen Ufer. Wasser spritzt auf. Das Geplätscher der Trinkenden tönt zu uns her. Schwer lassen sich die ersten Büffel in die Suhle gleiten, wälzen sich wohlig im Schlamm, legen sich zum Dösen nieder.

„Ich habe die Schlinge am falschen Wechsel", flüstert Andreas. „Sonst kommen sie immer dort, vor uns, heraus." Ein paar Halbstarke sondern sich ab, gehen aufeinander los. Sie balgen sich wie Kinder in der Pause auf dem Schulhof. Ihre breiten Stirnen mit den noch kurzen Hörnchen rammen sie gegeneinander. Nur ein Kalb steht abseits, spielt nicht mit. „Scheint krank zu sein", brummt der Backenbart neben mir und greift zum Fernglas. „Verstehe ich nicht, die Augen sind klar."

Nach einer Weile zieht die Herde ab. Unsere Jungbüffel trollen nach. „Schau mal!" Andreas deutet auf das einsame Kalb. Bemerkte es den Abzug der Herde nicht? Die Büffel schlagen einen Haken, wandern hinter dem Jungtier durchs Unterholz, dem Wechsel entgegen, über dem die Schlinge hängt. Plötzlich kommt Leben in das kleine Ding. Es dreht sich herum, will den Weg zur Herde abschneiden. Ich reiße die Kamera hoch. Der Kleine trappelt genau auf uns zu. Aber zwischen ihm und uns hängt die gutgetarnte Schlinge. Noch ein paar Schritt. Der Büffel verhält. Ist er mißtrauisch geworden? Wittert er uns? Vor ihm jetzt die Schlinge. Wir halten den Atem an. Ich mache eine Aufnahme nach der anderen.

Das Gebrumm der abziehenden Herde verliert sich. Alarm bei dem Kleinen. Er will ihr nach. Drei Schritte nach vorn ... Um seinen Kopf zieht sich die Schlinge zusammen. Das Jungtier zerrt, ist vor Schreck wie benommen. Wie Blitze sind unsere Afrikaner vom Hochsitz, kurze Seile in den Fäusten. Der Büffel bockt, schlägt mit seinen Stummelhörnchen, mit den Läufen. Vergebens, er ist zu schwach. Die Fesseln sitzen. Verständnislos schaut uns das Kerlchen an. Seine Augen sind doch matt, ohne Grund hat sich das Tier nicht abgesondert. „Vielleicht Texasfieber?", meint Andreas, „aber ich bringe ihn schon durch. Hier wäre er verendet."

Karanja holt den Geländewagen mit der Transportkiste. „Burschi", so nennen wir den Kleinen, fährt nach Usa River in die Quarantäne. Schon wenige Stunden nach dem Fang injiziert der Tierarzt aus Arusha das Serum. Wenn Burschi gesund wird, hat Firn seinen Übungsbüffel.

Die Fangmethode meines Ungarn war wahrlich nicht die neueste. Heute benutzt man bei einer solchen Aufgabe meist ein Narkosegewehr. Wer aber kennt für junge Büffel die wirksame, jedoch keinesfalls tödliche Dosis des Betäubungsmittels? Andreas wollte sichergehen.

An der Ostseite des Mount Meru gibt es Büffel wie Sand am Meer. Regenwald und Bambusgürtel — fast 3000 Meter hoch — sind hier oben ihr Revier.

... ein paar Schritte noch, und um seinen Kopf zieht sich die Schlinge zusammen. Noch ehe das Jungtier seinen Schrecken überwunden hat, sind die Afrikaner vom Hochsitz herunter und legen ihm Fesseln um die Läufe (rechts).

Auf einem Wildwechsel, der zum Wasser führt, legen Andreas und seine afrikanischen Jagdhelfer die Schlinge aus. Kunstvoll werden die festen Hanfseile und Nylonschnüre mit Laub getarnt.

Genau auf uns zu trappelt der Kleine. Er will den Weg zur Herde abschneiden. Da, der Büffel verhält, ist er mißtrauisch geworden? Wir halten den Atem an ...

Bogo, so heißt der Büffel auf Suaheli, ist, an seiner Masse gemessen, der wahre Herrscher zwischen Meru und Kilimanjaro. Bogo, das ist für die Schwarzen wie ein Dämonenname — und immer, wenn sie ihn nennen, werden ihre Stimmen scheu. Auch die Pyretrum-Farmer am Berg wissen ihr Lied von Bogo zu singen — wenn eine Büffelherde nachts durch ihre Felder walzte. Morgen wird Andreas einen Büffel schießen. Er braucht Fleisch für seine Raubkatzen im Zoo.

Rosarot glüht der Schnee vom Kilimanjaro, als mich Karanja weckt. Noch wärmt die Sonne nicht. Nani erscheint im grünen Wolljanker. Auch ich streife meinen Pullover über. Wir nehmen den Geländewagen mit der offenen Pritsche. Übermütig vor Freude tobt die Schimpansin. Sie darf mit hinaus! Sie tanzt auf dem Autodach, und ihre Fußsohlen klatschen auf das Blech, daß es nur so scheppert. Dann runter vom Dach, hinein in den Wagen. Firn, den wir auch mitnehmen, zieht den Kopf ein. Wie eine Wilde kurbelt

Nani an der Lenkung, versucht zu schalten, hupt solange, bis Andreas ihr Tun energisch beendet und sich selbst hinters Lenkrad setzt.

Heia Safari und Waidmannsheil! Unser Affenmädchen benimmt sich während der Fahrt wie ein aufgeregtes, aufmerksames Menschenkind. Jauchzend begrüßt es jeden Passanten auf unserem Wege und schaut ihm neugierig aus dem offenen Wagenfenster nach. Nur mit entgegenkommenden Fahrzeugen hat Nani nichts im Sinn. Mit gellenden Schreien beschimpft sie alles, was vier Räder hat. Kurz vor dem Urwald kreuzen Giraffen die Straße, bleiben aber an ihrem Rande neugierig stehen, beäugen uns von hoch oben. Andreas nimmt das Gas weg, langsam rollen wir an ihnen vorbei. Nani staunt: „U- uuu-u!" Sekunden später umfängt uns grüne Dämmerung, der Wald. Noch ein paar Meilen, dann lassen wir den Wagen stehen.

Andreas zieht Nani die Jacke aus, nimmt Firn an die Leine, schultert seine Büchse. Karanja trägt die zweite. So laut Nani im Wagen war, jetzt in der Wildnis ist sie nicht zu hören, obwohl sie im Galopp durch die Gegend fegt. Immer wieder erklimmt sie Bäume, hält Ausschau nach allen Seiten. Oft für Minuten ist die kleine Späherin auf unserem Marsch im Dickicht verschwunden. Aber Andreas macht sich keine Sorgen: „Sie ist ganz nah, auch wenn wir sie nicht sehen. Nani kann ja ohne Menschen nicht leben. Allein im Urwald fürchtet sie sich. So eigenartig es klingt: Nani sehnt sich nach ihrem Bett in Usa River."

Unser Pfad, es ist einer der nach europäischem Vorbild angelegten Pirschwege, trifft auf ein flaches Tal. Hier werden wir auf den Büffel ansitzen. Niemand spricht. Auch unsere Tiere geben keinen Laut von sich. Firn liegt und hat den Kopf auf den Vorderpfoten, Nani ist müde vom langen Marsch und streckt sich auf Andreas' Lodenmantel.

Karanja sucht mit dem Glas den Waldsaum ab. Außer ein paar Geiern, die auf ihrem Schlafbaum hocken, scheint's im Augenblick hier nichts zu geben. Wir warten und starren in die grüne Wand, eine halbe Stunde, eine Stunde. Nichts rührt sich. Nani und Firn schlummern friedlich. Plötzlich sehe ich, wie Firns Nase sich hebt. Im gleichen Augenblick fährt Nani hoch: „Ocho-ocho-ocho!" erregt sie sich. Sie starrt nach drüben, springt mit einem Satz zu einem Baum und hoch. Ich sehe nichts, ich höre nichts. Andreas läßt sich das Glas geben, reicht es dann mir. Hinter Büschen bewegt sich ein Schatten, 200 Meter von hier. Da teilt sich das Grün: ein kapitaler Büffel. Andreas visiert ihn durchs Zielfernglas an, setzt wieder ab: „Noch zu weit", flüstert er.

Firn sitzt jetzt, starrt wie gebannt nach drüben, wo seine Augen noch nichts erkennen, von wo Nase und Ohr aber ihm alles melden. Nani rutscht vom Baum, springt, ehe ich es verhindern kann, Andreas auf den Rücken, klammert sich fest. Er wankt, fällt. Schon ist Karanja bei ihm und hilft ihm auf. Ich hole mir Nani. Kein Wort verlieren wir dabei. Aber das Rascheln in Gras und Laub war laut. Der Büffel windet zu uns her. Haben seine Lau-

Noch bringt Nani keinen Ton hervor. Bebend vor Erregung sitzt sie auf dem Rücken ihres Herrn. Sie hat dem Erbfeind aller Affen in die funkelnden Augen gesehen. Jetzt ist der Leopard tot. Er hatte uns angenommen — Andreas blieb keine Wahl. Die wachen Sinne der Schimpansin halfen dem Jäger bei der gefährlichen Nachsuche.

scher uns entdeckt? 150 Schritt nur liegen noch zwischen uns. Ruhig hebt Andreas die Büchse. Der Schuß bricht, und im Schuß fällt das Tier.

Firn an der langen Leine ist als erster am Büffel. Die Schweißwitterung macht ihn verrückt, Andreas kann ihn kaum halten. Kurz läßt er den Hund gewähren, dann heißt es: „Ablegen!" Firns „Büffelstunde" ist beendet. Karanja bleibt hier. Wir wollen aus dem Forsthaus am Rande des Reviers einen leichten Lastwagen und Jagdhelfer holen, die den Büffel zerlegen.

Aufgeregte Menschen empfangen uns dort. Ein weißhaariger Afrikaner kommt an den Wagen. Es ist Sirura, der Chief des Wamerudorfes. Ich kenne ihn. Männer, Frauen und Kinder drängen ihm nach: „Herr, hilf! Der Leopard ist wieder da. Zwei unserer besten Hunde hat er geschlagen, am hellen Tag!" Andreas hört sich schweigend an, was ihm berichtet wird. „Ich habe es befürchtet", murmelt er. „In den letzten Nächten holte sich der Leopard immer wieder Hühner aus dem Dorf. Und heute kam er sogar am Tage. Bei den vielen kleinen Kindern ..." Mit Sirura fahren wir ins Dorf hinunter. Andreas möchte, wenn es irgend möglich ist, den Abschuß vermeiden.

Im Wamerudorf herrscht die Angst. An Pfählen sind alte Töpfe, Kanister und Bleche aufgehängt. Stöcke liegen herum. Alarmgeräte. Chief Sirura fordert Abhilfe. Seine Leute getrauten sich nicht mehr auf die Felder, die Herde hielten sie schon seit Tagen im Kral. Widerstrebend sagt Andreas zu.

Zum Schein fahren wir ins Gelände. „Aber wenn wir schon einmal hier sind, zeige ich dir noch einen meiner schönsten Hochsitze", meint Andreas, hält an und steigt aus. Nani hinterher. Firn bleibt im Wagen. Urwaldriesen, die vier Männer kaum umfassen können, rechts und links. Nani marschiert auf allen vieren weit voraus. Plötzlich bleibt sie stehen, schreit gellend auf, richtet sich hoch und beginnt, aufrechtstehend wie ein Mensch, ihr Imponiergehabe. Die Arme schlenkernd und weit vom Körper gewinkelt, abwechselnd mit beiden Beinen den Boden stampfend, kreischt sie unentwegt. Wir laufen zu ihr hin. Vielleicht eine Python? „Nani, was ist denn?" Mit angstvoll aufgerissenen Augen starrt die Schimpansin auf einen der Urwaldriesen. „Siehst du was?" Andreas sagt kein Wort. Nani klammert sich an sein linkes Bein. Sie zittert. Wie Stacheln eines Igels stehen ihre Haare vom Leibe. Sie schreit, als quäle man sie körperlich: Wut und Angst scheinen zugleich aus ihrer Brust zu platzen. Andreas duckt sich, er hebt die Büchse. Der Sicherungsflügel knackt. Neben ihm kreischt Nani wie am Spieße. Da! Im Baum eine Bewegung, in einer Astgabel. Mein Gott! Der Gefleckte. Nur den Kopf des Leoparden sehe ich, die weißen Zähne im drohend geöffneten Maul. Er duckt sich, ein Fauchen ... Eine Aufnahme, noch eine. Wie ein gelber Blitz löst sich die Katze aus dem Grün. Sprung. Ein Knall. Rascheln — dann nichts mehr. Ich stehe wie versteinert. Nani zerrt schreiend an Andreas' Hosen. Er lädt nach. „Hast du ihn?" — Er nickt stumm. Auch Nani sagt nichts mehr. Bebend vor Erregung sitzt sie auf dem Rücken ihres Herrn. Sie hatte dem Erbfeind aller Affen in die funkelnden Augen gesehen. Wir warten so an die zehn Minuten. Dann macht sich der erfahrene Jäger mit schußbereiter Waffe auf die gefährliche Nachsuche im Elefantengras. Von seinem Rücken aus sollen ihm dabei die Augen der Schimpansin und ihre wachen Sinne helfen. Ihr Verhalten wird ihn leiten. Wir finden die Schweißfährte, folgen ihr. Nicht lange — da krampfen sich die Affenhände in Andreas' Schultern. Mit äußerster Vorsicht teilt er mit dem Büchsenlauf das hohe Gras. Nani zittert wie Espenlaub, aber kein Ton dringt aus ihr hervor. Vor uns liegt der tote Leopard.

„Tut mir sehr leid. Wenn er uns nur nicht angenommen hätte ... Mir blieb nichts anderes." Andreas untersucht das Tier. „Komm mal her! Sieh mal!" Die rechte Hinterpranke des Leoparden ist vereitert. Wegen seiner Verletzung hatte er sich bequeme Beute ausgesucht: Hühner und Hunde. Wann wäre er zum Menschen gekommen?

URAN Brennstoff der Zukunft

VON HELMUT VÖLCKER

Irgendwo auf dem australischen Erdteil zieht ein kleines, einmotoriges Flugzeug über ein unwegsames, menschenleeres Gelände in gleichbleibend niedriger Höhe dahin. Der Pilot hält die Maschine genau auf Kurs. Vor sich hat er eine Landkarte, in die der Flugweg eingezeichnet ist. Sie erscheint ungewöhnlich, denn neben Landmarken sind mit Zahlen markierte Linien eingetragen, wie man sie von Wetterkarten her kennt. Im Bereich der Flugroute sind die Linien unterbrochen — hier fehlen die Zahlen noch. Der Pilot sieht in Gedanken schon Bohrtürme in dieser Gegend und das geschäftige Treiben von Bergbautechnikern. Auf der Karte ist das Gebiet schraffiert und von einer farbigen Linie umschlossen. Vielleicht entstehen in einigen Jahren dort sogar Fabriken und Straßen und in der Nähe ein Flughafen und eine ganze, kleine Stadt.

So hat es oft angefangen — überall da in der Welt, wo man heute Uran gewinnt, um die Atomkraftwerke oder, wie es genauer heißt, Kernkraftwerke mit Brennstoff zu versorgen. Uran ist nicht nur die modernste Energiequelle, sondern auch der bemerkenswerteste Brennstoff, mit dem die Menschen bisher umgegangen sind. Bevor hier von seiner Bedeutung für die Energieversorgung die Rede ist, wollen wir das Uran erst einmal vorstellen: Uran ist ein chemisches Element, das der Chemiker zu den Schwermetallen rechnet, zu jenen Metallen also, die sich durch ein besonders hohes spezifisches Gewicht auszeichnen. Sein Anteil in den Gesteinen der Erdkruste ist mehr als dreimal so hoch wie der des Silbers, und es kommt 500mal häufiger vor als Gold. Auch in den Weltmeeren finden sich nennenswerte Spuren von Uran, über dessen Gewinnung sich die Wissenschaftler bereits heute ernste Gedanken machen.

Leider ist das Uran in der Gesteinsrinde der Erde weit verstreut und nur selten in hoher Anreicherung anzutreffen. Die Geologen machen sich bei der Suche nach Uranlagerstätten eine besondere Eigenschaft der Uranerze zunutze: Diese Erze senden radioaktive Strahlen aus, die sich mit Hilfe von

Geigerzählern oder Strahlenspektrometern — das sind Nachweisgeräte, mit denen man Strahlen verschiedener Energie getrennt erfassen kann — messen lassen. Mit derartigen Meßgeräten werden auch Flugzeuge ausgerüstet, und man kann Uranvorkommen in der Erde so buchstäblich aus der Luft aufspüren.

Für den Physiker und den Kerntechniker, so nennt man die Leute, die mit dem Bau oder dem Betrieb von Kernkraftwerken zu tun haben, ist eine andere Eigenschaft bedeutsam, weil sie das Uranerz als Energiequelle tauglich macht: Bestimmte Atomkerne des Urans sind spaltbar. Der Kernphysiker versteht darunter, daß ein Atomkern einen elektrisch neutralen Atombaustein, ein Neutron, einfängt und danach in zwei etwa gleich große Bruchstücke zerplatzt, wobei gleichzeitig Energie in Form von Wärme und Strahlung freigesetzt wird. Im Vergleich zur Kohle beispielsweise — unserem herkömmlichen Brennstoff — ist der Energieinhalt des Urans gewaltig. Spaltet man in einem Kernreaktor 1 Gramm Uran vollständig, so wird so viel Energie frei, wie wenn etwa 3 Tonnen Steinkohle verbrennen. Diese Tatsache erklärt, warum heute in aller Welt nach Uran gesucht wird.

So einfach, wie die Uransuche und -gewinnung nach unserer Schilderung im ersten Augenblick erscheint, ist sie allerdings nicht. Beim Überfliegen von Gebieten, in denen die Geologen Uranlager vermuten, findet man nur erste

Wo die Lagerstätten der Erdoberfläche nahekommen, wird das Uranerz im Tagebau gewonnen. Die Bagger auf der Grubensohle vermitteln eine Vorstellung von den riesigen Ausmaßen des Bergwerks. Da es oft mehr fördert, als die Brecher bewältigen, lagert man einen Teil des Erzes auf Halden. Fot. The Anaconda Company

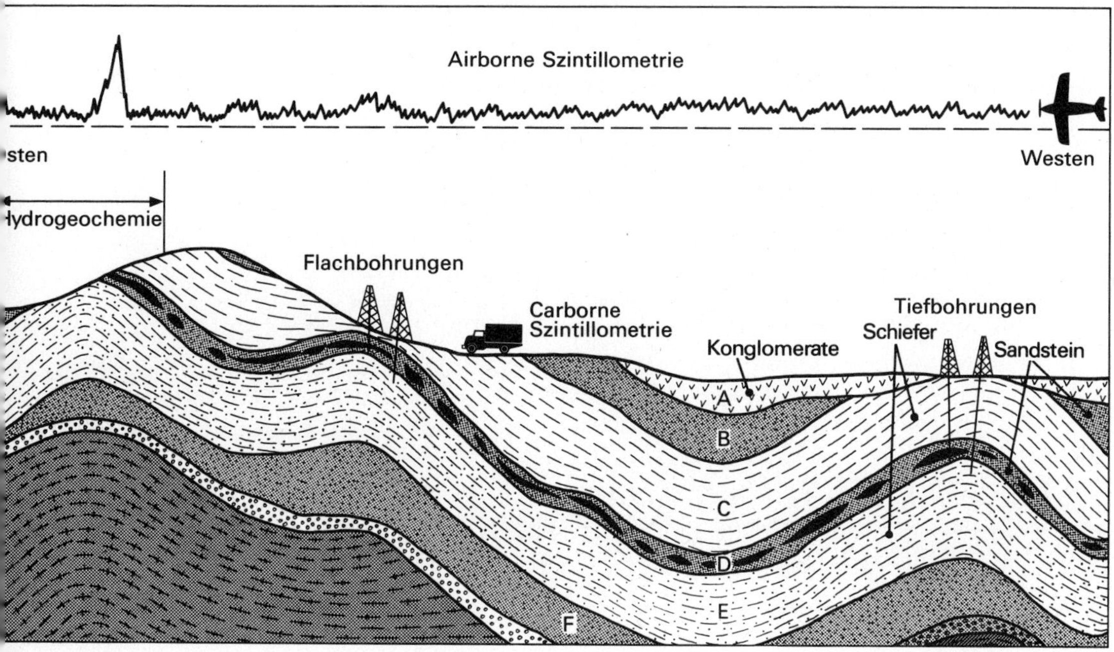

Oben: Das „uranhöffige'' Gebiet wird zunächst von Flugzeugen überflogen, die die Radioaktivität messen. Werden aus der Luft radioaktive Unregelmäßigkeiten festgestellt, führt man mit einem Fahrzeug, das mit einem Szintillometer ausgerüstet ist, Bodenmessungen aus. Bohrungen geben dann endgültigen Aufschluß über vorhandene Lagerstätten. Die Gesteinsschichten: A Konglomerate; B, D und F Sandsteine; C und E Schiefer.

Unten: Das Fließschema zeigt die Aufbereitung und den Aufschluß des Uranerzes. Das Mineral wird zunächst gebrochen und gemahlen, dann wird das Uran mit Laugen oder Säuren aus dem Mahlgut herausgezogen. Durch Zugabe von Chemikalien in die Lauge wird das Uranat ausgefällt. Der Niederschlag wird eingedickt, gefiltert, gewaschen, getrocknet und verpackt. Es ist wegen seiner gelben Farbe als „yellow cake" bekannt.

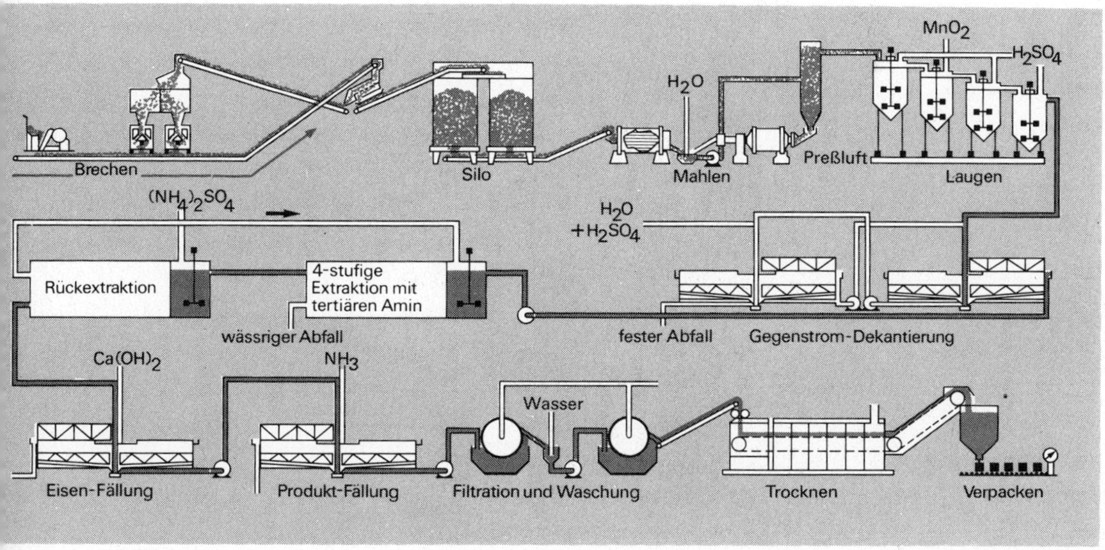

Anhaltspunkte. Die eigentliche Uransuche erfordert einen sehr viel größeren Aufwand. Zunächst wird nachgeprüft, ob die vom Flugzeug aus festgestellten Anzeichen, die auf ein Uranvorkommen hindeuten, sich bei genaueren Messungen der Radioaktivität am Boden bestätigen oder nicht. Ist dies der Fall, so muß das „uranhöffige" Gebiet, also das Gelände, in dem man abbauwürdige Uranerze vermutet, noch genauer untersucht werden. Dazu dienen Wasserproben aus der Gegend, deren radioaktive Verunreinigungen die Geologen ausmessen. Sie weisen auf mögliche Lagerstätten hin. Schließlich bohrt man Löcher in die Erde, um „Einblick" in tiefere Schichten des Suchgebietes zu bekommen. Durch eine sogenannte Kernbohrung wird ein vollständiges Stück des Gesteins herausgebohrt und an die Erdoberfläche geholt, wo es Chemiker analysieren. Weiter kann man die Radioaktivität der Erdschichten in einem Bohrloch unmittelbar ausmessen, indem man Meßgeräte darin absenkt.

Anders als bei Kohlengruben, wo in Flözen sich der Brennstoff in fast reiner Form darbietet, ist der Urangehalt auch in den Schichten, die sich abzubauen lohnen, verhältnismäßig bescheiden. Eine Tonne Gestein in einer Uranerzlagerstätte enthält meist nur wenige Kilogramm Uran, häufig ist es nicht einmal ein ganzes Kilogramm. Die Urangewinnung erfordert daher einen großen technischen Aufwand. Er beginnt mit dem Abbau der Erze im Tagebau oder im Untertage-Grubenbetrieb. Die Erze werden herausgebrochen und anschließend gemahlen, dann wird das Uran mit Säuren oder Laugen aus dem Gestein herausgezogen. Am Ende entsteht ein pulverförmiges Urankonzentrat, das die Kerntechniker wegen seiner leuchtend gelben Farbe „yellow cake" (gelber Kuchen) nennen und das rund 70 Hundertteile Uran enthält. Es ist der Ausgangsstoff für die Brennstoffversorgung von Atomkraftwerken.

Der Weg von diesem Pulver zum eigentlichen Brennstoffelement, mit dem Kernreaktoren „geheizt" werden, ist lang. Das in der Natur gefundene Uranerz enthält zwei Atomsorten oder, wie der Kernphysiker sagt, Isotope, die sich zwar nicht durch ihre chemischen Eigenschaften unterscheiden — beide sind ja Uranatome —, wohl aber durch ihr Gewicht. Das leichtere Uranisotop enthält im Atomkern drei Neutronen weniger als das schwerere, außerdem ist es im Natururan 140mal weniger häufig vorhanden. Aus der Sicht des

So kommt Uran in der Natur vor: als Verbindung in zahlreichen Gesteinen. Hier eine Auswahl bekannter Uranmineralien: 1 Schwarzes Uranpecherz auf dem wertlosen Muttergestein, der sogenannten Gangart. Die „Pechblende" ist das wichtigste Uranerz; sie gehört zu den seltenen hochprozentigen Uranmineralien und wird im Erzgebirge und in der Republik Kongo gefunden. 2 Von gelbem Uranotit und braungelbem Kasolit umgebenes Uranpecherz. 3 Tobernit (aus dem Kongo) und 4 Auternit gehören zur Gruppe der Uranglimmer. 5 Zippeit auf Sandstein. 6 Fourmaierit, Kasolit und Uranotit auf Flußspat. 7 Uranotit bildet sich in feinen gelben Nädelchen aus Uranpecherz. 8 Fein verteiltes Kasolit in den Gesteinsporen von Porphyr. Alle Abbildungen etwa 1:1, Fotos Geier, Fuchs/Sieger, Metallgesellschaft

2

4

5

6

7

8

Trennkammer reiht sich hinter Trennkammer. In solchen Gasdiffusionsanlagen werden die beiden verschieden schweren Uranisotope entmischt, um reinen Spaltstoff, das U-235, zu gewinnen. Die Gebäude mit den Trennwänden bedecken bei dieser Anlage in Portsmouth, Ohio, eine Fläche von nahezu 90000 Quadratmeter.
Fot. F. Hoffman, AEC

Kernphysikers verhalten sich beide bemerkenswert ungleich. Trifft ein Neutron auf den Kern eines leichten Uranatoms, so zerplatzt er, wobei Energie frei wird — das heißt, das Atom ist spaltbar. Ein entsprechender Zusammenstoß mit einem schweren Uranatom dagegen führt zu einem neuen Atomkern, der sich gleich anschließend in ein Plutoniumatom umwandelt. Dieses Element ist genau wie das leichte Uranatom spaltbar. Man nennt daher die leichten Uranatome und die Plutoniumatome „Spaltstoff", die schweren Uranatome hingegen „Brutstoff", weil sie beim Einfang von Neutronen neuen Spaltstoff liefern.

Das Natururan setzt sich demnach aus nur 0,7 Hundertteilen Spaltstoff und 99,3 Hundertteilen Brutstoff zusammen. Schon bald nach der Entdeckung der Atomspaltung mußten die Kerntechniker feststellen, daß dieser Spaltstoffanteil nicht genügt, um in Wasser eine sogenannte Kettenreaktion von Kernspaltungen zu erreichen. Wenn in einer Anordnung aus Uranstäben, die zur Wärmeabfuhr mit Wasser gekühlt werden — einem sogenannten

Reaktor —, laufend Energie freigesetzt werden soll, ist es notwendig, den Spaltstoff im Uran auf etwa 2 bis 3 Hundertteile zu erhöhen. Sehen wir einmal von der Möglichkeit ab, dem Natururan künstlich erzeugtes Plutonium beizumischen, so ist das eine äußerst schwierige Aufgabe. Man muß nämlich das Verhältnis von leichtem und schwerem Uran im Natururan verändern. Wie schon gesagt, unterscheiden sich beide Uranisotope aber nur durch eine Eigenschaft: Sie haben ein etwas unterschiedliches Atomgewicht. Diese Tatsache gilt es auszunutzen, wenn man Isotope voneinander trennen will.

Von den vielen Verfahren, die für die Urananreicherung in Betracht kommen, sollen hier nur zwei dargestellt werden. Das eine, das „Diffusionsverfahren", weil es bisher technisch die größte Bedeutung erlangt hat, das andere, das „Zentrifugenverfahren", weil es eine seit langem bekannte Erscheinung nutzt. Da sich bei beiden die Isotopengemische in gasförmigem Zustand befinden müssen, ist es notwendig, das Natururan in eine gasförmige Verbindung überzuführen. Man wandelt daher das Uran in Uranhexafluorid um, das ist eine chemische Verbindung, deren Moleküle aus einem Uranatom und sechs (hexa) Fluoratomen bestehen. Uranhexafluorid ist bei normalen Zimmertemperaturen ein festes, weißes Salz, verdampft aber schon bei Erwärmung auf etwa 60 Grad Celsius und kann so für die Isotopentrennung verwendet werden.

Beim Diffusionsverfahren wird die Tatsache ausgenutzt, daß sich die leichteren Moleküle eines Gasgemisches schneller bewegen als die schwereren. Praktisch wirkt sich das folgendermaßen aus: Läßt man ein Gasgemisch durch eine fein durchlöcherte Wand — ähnlich einem Schwamm mit feinen Poren — hindurchströmen, so findet eine Entmischung statt, weil die leichteren Teilchen etwas schneller hindurchtreten als die schwereren. Wenn man sich also einen Versuch denkt, bei dem genau die Hälfte der Teilchen einer Gasmenge durch eine solche poröse Wand gedrückt worden ist, hat von den leichten Teilchen des Gemisches mehr als die Hälfte die Wand passiert, während von den schweren Teilchen weniger als die Hälfte durch die Wand gedrungen ist. Am Ende des Versuches teilt die Wand daher das Ausgangsgas in zwei gleich große Teilmengen, von denen die eine im Verhältnis mehr leichte Teilchen enthält als das Gasgemisch vor dem Versuch, während die andere entsprechend mehr schwere Teilchen aufweist.

Genauso geht man im Diffusionsverfahren vor. Wie eine solche Anlage aussieht, zeigt das nebenstehende Bild. Das gasförmige Isotopengemisch wird in die Trennkammer gepumpt und zur Hälfte durch die poröse Trennwand gedrückt. Dieser Teilstrom ist an leichten Isotopen etwas angereichert, während die in der Kammer verbleibende Hälfte entsprechend an leichten Isotopen verarmt ist. Sie wird ebenfalls abgeführt. Da sich die Zusammensetzung in einer solchen Trennstufe nur ganz geringfügig verändert — die Veränderung beträgt beim Diffusionsverfahren nur 2 vom Tausend — muß man viele Trennstufen hintereinanderschalten, um die gewünschte Anreicherung zu erhalten. Eine Diffusions-Urantrennanlage, in der man aus Natururan reinen Spaltstoff gewinnen will, besteht daher aus mehreren tausend Stufen, die das zu trennende Gasgemisch nacheinander durchlaufen muß.

In Amerika, England, Frankreich, Rußland und wahrscheinlich auch in China gibt es bereits solche Diffusionsanlagen. Die drei amerikanischen Fabriken haben die größte Ergiebigkeit. Jede von ihnen könnte Leichtwasserreaktoren von 50 000 Megawatt Kernkraftwerks-Leistung laufend mit dem für den Betrieb notwendigen angereicherten Uran versorgen. Das entspricht etwa der gesamten Leistung aller heute in der Bundesrepublik Deutschland vorhandenen Kraftwerke. Andererseits schluckt eine solche Riesenanlage selbst 2000 Megawatt Strom, genausoviel, wie gegenwärtig nötig ist, um die Stadt Hamburg mit Elektrizität zu versorgen.

Weit stärker läßt sich die Isotopenzusammensetzung ändern, wenn man für die Trennung eine Ultrazentrifuge verwendet. Dieses Trennverfahren benützen beispielsweise die Molkereien, um Sahne zu gewinnen. Bringt man Milch in einem zylindrischen Gefäß in eine schnelle Drehbewegung, so sammeln sich unter der Einwirkung der Fliehkraft die schwereren Bestandteile der Milch am äußeren Rand des Gefäßes, während sich die leichteren, das sind die Fetteilchen, in der Nähe der Drehachse des Zylinders gruppieren. Während der Drehbewegung findet also eine Entmischung statt, so daß man aus der Mitte des umlaufenden Zylinders fettreiche Sahne absaugen kann. Vergleicht man den leichten Spaltstoff des Urans mit der Sahne und den schweren Brutstoff mit der Magermilch, dann wird verständlich, daß es auf der gleichen Grundlage auch möglich ist, die Uranisotope zu trennen. Das geschieht in Ultrazentrifugen, die man mit gasförmigem Uranhexafluorid beschickt. Den Zusatz „Ultra" haben die Uranzentrifugen erhalten, weil sie sich sehr viel schneller drehen müssen als Milchzentrifugen. Nur so läßt sich eine hohe Trennwirkung erzielen. In den hohen Geschwindigkeiten sehen die Techniker heute noch den kritischen Punkt. Sie führen zu großen Materialbelastungen und können auf diese Weise die Lebensdauer der Trennanlagen verkürzen. Eine andere Schwierigkeit dieses Verfahrens liegt darin, daß sich die Zentrifugen nicht beliebig groß bauen lassen und damit nur einen sehr begrenzten Gasdurchsatz haben. Wollte man mit Zentrifugen Uranisotope in der gleichen Menge anreichern wie bei einer amerikanischen Diffusionsanlage, so müßte man eine Zentrifugenanlage mit mehreren Millionen Zentrifugen ausstatten und alle gleichzeitig betreiben. Das sind die Gründe dafür, daß man das Zentrifugenverfahren bis jetzt noch nicht großtechnisch anwenden konnte; doch wird man diese Schwierigkeiten wahrscheinlich in absehbarer Zeit überwinden.

Aus dem mit Spaltstoff angereicherten Uran werden die Brennelemente gefertigt, die in Leichtwasserreaktoren, wie sie heute überall in der Welt wirtschaftlich arbeiten, eingesetzt werden. Brennelemente bestehen aus

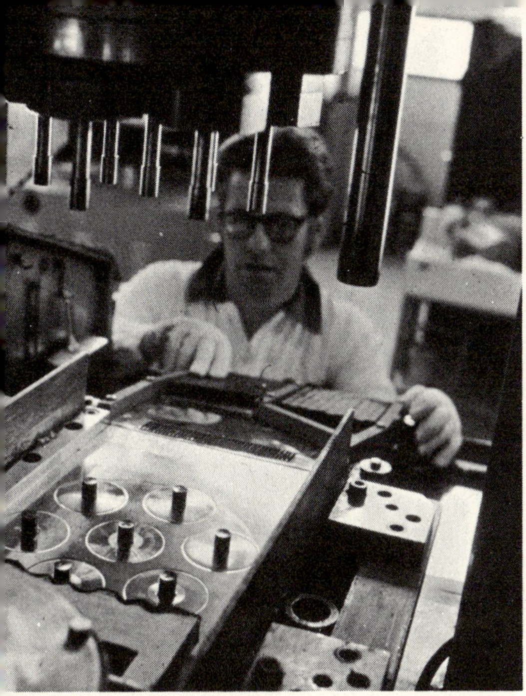

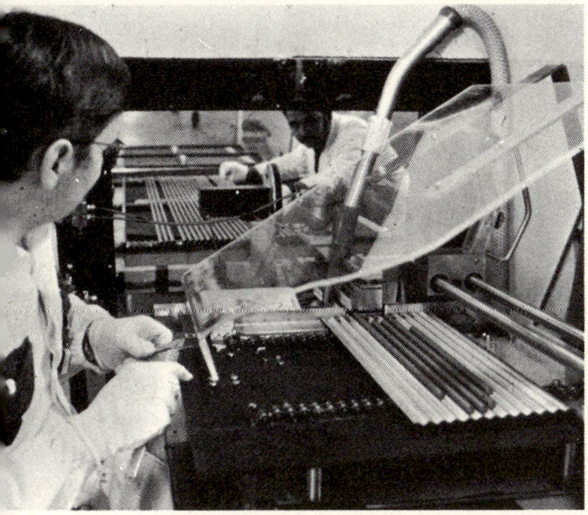

Soviel Energie wie eine Tonne Kohle erzeugt jede dieser kleinen Brennstofftabletten. Von einer automatischen Hydraulikpresse werden sie aus Urandioxyd-Pulver geformt (oben links) und dann in einer offenen Flamme gesintert.

Durch Spezialhandschuhe gegen Strahlen geschützt, hält der Kerntechniker einige der kleinen Urandioxyd-Tabletten in den Händen (oben). Ein Atomkraftwerk braucht, um seine Energieleistung sicherzustellen, davon mehr als eineinhalb Millionen.

Vor ihrer Verwendung werden die Urandioxyd-Tabletten in ein dünnes Metallrohr gefüllt (rechts). Solche Brennstäbe haben einen Durchmesser von etwa einem Zentimeter und sind mehrere Meter lang. Fotos United Kingdom Atomic Energy Authority

Bündeln von Stäben, die etwa einen Zentimeter Durchmesser und eine Länge von mehreren Metern haben. Der Brennstab ist ein dünnes Metallrohr, das mit einer Art Tabletten gefüllt ist. Diese Formkörper haben etwa 10 bis 14 Millimeter Durchmesser und sind etwa ebenso hoch. Sie sind die eigentlichen Brennstoffträger und bestehen aus Urandioxid. Ein Brennstoffröhrchen enthält viele Brennstofftabletten übereinander und ist oben und unten mit aufgeschweißten Endkappen gasdicht verschlossen.

Vom angereicherten gasförmigen Uran aus der Anreicherungsanlage zur fertigen Brennstofftablette sind es wiederum mehrere Schritte. Zunächst wird das Uranhexafluorid auf chemischem Wege in pulverförmiges Urandioxid umgewandelt. Dieses Pulver wird zu Tabletten geformt und erhitzt —

gesintert, wie der Fachmann sagt. Die kleinen zusammengebackenen Brennstoffzylinder schleift man nachträglich glatt und füllt sie in die Metallrohre der Brennstoffstäbe. Zu Bündeln zusammengefaßt, bilden diese Stäbe dann die Brennelemente im Kernreaktor.

Leider wird der Brennstoff in den Atomkraftwerken nicht „vollständig" verbrannt wie in einem Kohle- oder Ölbrenner. Die „Asche", das sind die unbrauchbar gewordenen Brennelemente, enthält noch eine Menge Spaltstoff — nicht verbrauchtes spaltbares Uran und Plutonium, das sich aus dem nichtspaltbaren Uran durch eingefangene Neutronen gebildet hat. Diesen Spaltstoff möchte man wiedergewinnen, weil er sehr wertvoll ist. Daher werden die alten Brennelemente vom Kernkraftwerk in eigens dafür errichtete Chemieanlagen gebracht, wo man den noch brauchbaren Brennstoff von den übrigen wertlosen Bestandteilen der Brennelemente abtrennt. Der so zurückgewonnene Brennstoff wird chemisch in Plutonium und Uran zerlegt. Das Plutonium will man in Zukunft für schnelle Brutreaktoren verwenden. („Das Neue Universum" hat in Band 85 darüber berichtet.) Das Uran ist Ausgangsstoff für die Anreicherung und steht damit wieder am Anfang des eben beschriebenen Kreislaufes. Von der Leistungsfähigkeit dieses Brennstoffkreislaufes wird in hohem Maße das Wohlergehen der energiehungrigen Menschheit in den nächsten Jahrzehnten abhängen.

Die Brennstäbe, in denen sich der Spaltstoff befindet, bilden, zu Bündeln zusammengeschlossen, die Brennelemente. Nach genauer Überprüfung stehen sie versandbereit im Lagerraum.

Jedes Stäubchen könnte den Reaktorbetrieb stören. Deshalb ist beim Einsetzen der Brennelemente in den Kernreaktor Sauberkeit höchstes Gebot. Fot. USIS

Licht geht krumme Wege

A. HOISCHEN

Wie bitte? Licht sollte sich nicht geradlinig fortpflanzen? Da würde man ja mit dem Gewehr beim Anvisieren über Kimme und Korn überhaupt nichts treffen! — Und doch ist es so: Licht geht krumme Wege. Und damit hängt noch eine weitere und nicht minder kühne Behauptung zusammen, nämlich, daß Licht plus Licht Dunkelheit ergeben kann. „Aha", sagt da ein Schlaumeier, „ich lasse also den Strahl meiner Taschenlampe im Dunkeln auf eine weiße Wand fallen, bestrahle den hellen Fleck mit einer zweiten Taschenlampe, und — schon ist er weg, der Fleck?" Nun, so einfach ist es nicht. Man muß da schon etwas raffinierter vorgehen.

In eine gebrauchte Fotoplatte ritzen wir mit einer Stecknadel an einer dunklen Stelle zwei feine Spalten, die möglichst dicht nebeneinander liegen müssen, der Abstand darf höchstens 0,3 mm betragen. Weiter schneiden wir mit einem scharfen Messer einen engen Schlitz (0,5 mm breit) in einen Karton. Den Karton halten wir dann vor eine Lampe oder bei Tageslicht vor den hellen Himmel, die Fotoplatte unmittelbar vor die Augen und betrachten durch den Doppelspalt aus 40 bis 50 Zentimeter Entfernung den Kartonschlitz. Unsere erste Zeichnung zeigt die Anordnung, von oben gesehen.

Ein fotografischer Film ist zur Herstellung des Doppelspaltes aus bestimmten Gründen ungeeignet. Wer sich keine gebrauchte Fotoplatte besorgen kann, bestreiche eine Glasplatte mit Tusche, lasse sie trocknen und ritze dann den Doppelspalt ein. Es ist keineswegs nötig, daß die Spalten geradlinig verlaufen; sie müssen nur an einer Stelle nahe genug beieinander liegen.

Und nun kommt die Überraschung: Wir sehen in dem Spalt mehrere helle und dunkle Streifen! Wie kommt diese Erscheinung zustande? Unsere zweite Zeichnung erläutert den Sehvorgang in unserem Auge. D_1 und D_2 bedeuten zwei dunkle und H einen hellen Streifen auf der Netzhaut. Die beiden Ritze des Doppelspaltes wirken wie zwei Lichtquellen, und es können sich, wie wir hier beobachten, die Strahlen zweier Lichtquellen in der Tat gegenseitig auslöschen: Licht plus Licht kann Dunkelheit ergeben.

Diese verblüffende Tatsache erklärt sich daraus, daß sich das Licht in einer Wellenbewegung fortpflanzt. Wie das vor sich geht, wollen wir an Wasserwellen erklären. Der folgende Versuch verlangt zwar einige Mühe, doch ist das Ergebnis dafür auch, wie unsere fotografische Abbildung zeigt, besonders spannend.

Von einer elektrischen Klingel entfernen wir die Glocke und befestigen mit Blumendraht am Klöppel eine Holzleiste von etwa 10 cm Länge. Am Ende der Leiste stecken wir im Abstand von etwa 2 cm zwei Stecknadeln mit Glasköpfen ein. Nun befestigen wir die Klingel an einem lotrecht gestellten Brett, und zwar mit einer Zwinge, wie sie beim Laubsägen verwendet wird. Die Stecknadelköpfe sollen gerade die Oberfläche des Wassers berühren, das sich in einer Untertasse befindet.

Setzen wir die Klingel durch einen Trafo oder eine Taschenlampenbatterie in Bewegung, so breiten sich um jeden der Glasköpfe laufend kreisförmige Wellen aus. An bestimmten Stellen sind die Wellen unterbrochen, dort offenbar, wo jeweils die Berge des einen Wellenzuges mit den Tälern des anderen zusammentreffen. Der Wellenberg zieht das Wasser nach oben, das Wellental nach unten. Beide Bewegungen heben sich gegenseitig auf, und deshalb bleibt das Wasser in Ruhe. Diese Erscheinung nennt man Interferenz. (Für Mathematiker eine Zwischenbemerkung: Die Interferenzlinien der Wasserwellen sind Hyperbeln und die Glasköpfe in diesem Fall ihre Brennpunkte.)

Genauso sind auch die Interferenzstreifen zu erklären, die wir bei unserem Lichtversuch beobachtet haben. In der Mitte der Netzhaut (auf Abb. 2 bei H) hat das Licht, das von den beiden Spalten kommt, gleichlange Wege durchlaufen. Hier treffen immer Wellenberg mit Wellenberg und Wellental mit Wellental zusammen. Die Lichtstrahlen müssen sich also verstärken und es entsteht ein heller Streifen. (Die Lichtstrahlen sind gestrichelt gezeichnet.) Dicht neben H aber, etwa bei D_1 und D_2 gibt es Stellen, wo der Weg des einen Strahles eine halbe Welle länger ist als der Weg des anderen Strahles. Wellenberg trifft auf Wellental, und beide vernichten sich gegenseitig, so daß Dunkelheit herrscht. Als Wellenlänge bezeichnet man die Entfernung zwischen zwei Punkten gleichen Schwingungszustands einer Welle, also zum Beispiel von Berg zu Berg. Außerhalb von D_1 und D_2 bilden sich weitere helle und dunkle Stellen (auf Abbildung 2 nicht gezeichnet). An den beiden nächsten dunklen Stellen haben die Strahlen einen „Gangunterschied" von dreimal einer halben Wellenlänge.

Die Wasserwellen auf der dritten Abbildung machen auch verständlich, warum sich die Strahlen der Lampen unseres Schlaumeiers gegenseitig nicht auslöschen. Die Wellen müssen wie die Wasserwellen auf unserem Foto im gleichen Takt und in gleicher Stärke schwingen. Das ist bei Taschenlampen nicht zu erwarten, wohl aber bei dem Licht, das durch die beiden Spalten unserer Fotoplatte dringt, denn es stammt aus derselben Quelle.

Helle und dunkle Streifen kann man auf noch einfachere Weise beobachten: Wir halten einen gespannten Zwirnsfaden dicht vors Auge und betrachten den Himmel. Je nach seiner Entfernung vom Auge sehen wir einen oder mehrere helle Streifen auf dem dunklen Faden. Auch an den beiden Seiten des Fadens erscheinen feine Streifen.

Licht pflanzt sich genauso fort wie Wasserwellen: Dort wo in unserer Wasserschale die Berge des einen Wellenzuges mit den Tälern des anderen zusammentreffen, heben sie sich auf — die Wellen sind unterbrochen.

Licht plus Licht ergibt Dunkelheit. Um das zu beweisen, brauchen wir ein Stück Karton und ein scharfes Messer. Rechts die Versuchsanordnung: Es bedeuten L = Lichtquelle, S = Spalt, D = Doppelspalt und A = Auge.

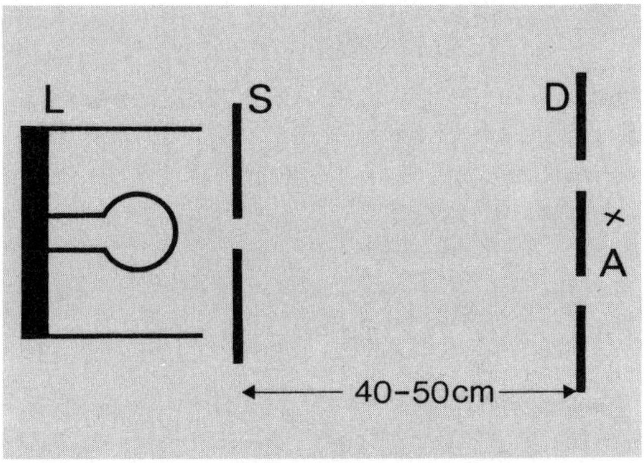

Und so kommen die hellen (H) und die dunklen (D_1 und D_2) Interferenzstreifen auf unserer Netzhaut zustande. Die Zeichnung zeigt einen Schnitt durch unseren Augapfel und die Augenlinse. Die Lichtstrahlen sind gestrichelt gezeichnet, links der Doppelspalt.

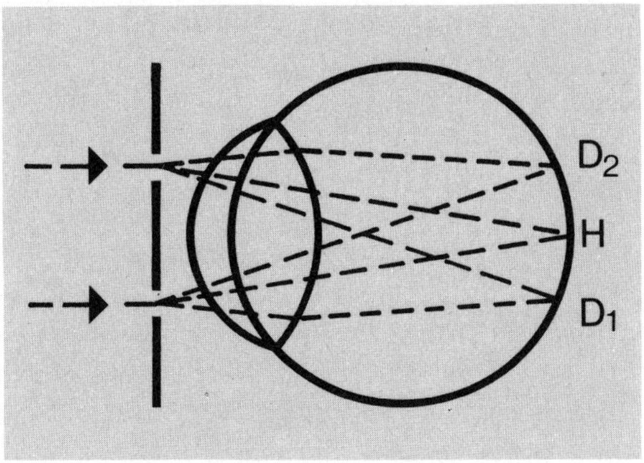

Die hellen Streifen innerhalb der Schattenpartie lassen sich nur so erklären, daß das Licht von beiden Seiten her einfällt und sich hier überlagert, indem es sich wie im ersten Versuch an manchen Stellen verstärkt, an anderen vernichtet. Das Licht ist offenbar auf einem geknickten Weg in die Schattenpartie des Fadens eingedrungen. Gelegentlich geht es also auch einmal „um die Ecke" — es ist „gebeugt". Der Unterschied der Beugung gegenüber der Interferenz besteht darin, daß wir es hier nur mit einer Lichtquelle zu tun haben (dem diffusen Sonnenlicht). Beim Interferenzversuch dagegen hatten wir zwei Lichtquellen: die beiden Ritze des Doppelspaltes.

Überraschte es schon, daß im Innern der Schattenpartie helle Streifen auftreten, so sind die Streifen an den Seiten des Fadens noch erstaunlicher. Wenn sich hier Wellen überlagern sollen, so müssen vom Rande des dunklen Teils her Wellen in den hellen Raum treten. Das ist in der Tat so, nur läßt sich das so schwer erklären, daß wir darauf verzichten müssen. Diese seitlichen Beugungsstreifen kann man übrigens auch allein beobachten, wenn man einen scharfkantigen Gegenstand, zum Beispiel eine Rasierklinge, vor das Auge hält und den Himmel betrachtet.

Mit ähnlichen Versuchen läßt sich auch die Wellenlänge des Lichtes bestimmen. Man muß dazu nur die Interferenzstreifen auf einem weißen Schirm auffangen und ihren Abstand messen. Das gelingt, wenn man die Strahlen einer Projektionslampe durch ein Linsensystem (es entspricht der Augenlinse auf unserer Abbildung) und den Doppelspalt schickt. Da die Wellenlänge des Lichtes sehr klein ist, verlangen diese Versuche große Sorgfalt und Genauigkeit. Die Farben des Lichtes haben verschiedene Wellenlängen, rote Lichtstrahlen eine solche von 0,0007 mm, blaue dagegen von nur 0,0004 mm. Noch um vieles kürzer sind die Wellen der Röntgenstrahlen.

Bekanntlich läßt sich weißes Licht durch ein Glasprisma in ein farbiges Lichtband, ein Spektrum, zerlegen, so wie wir es beim Regenbogen beobachten. Auch das hängt mit den verschiedenen Wellenlängen der Farben zusammen. Nun erscheint im Spektrum die einzelne Farbe aber nicht als schmaler Streifen, sondern als einmal mehr, einmal weniger breites Band. Das bedeutet, daß eine Farbe nicht genau nur eine Wellenlänge hat — sie ist nicht „monochromatisch"—, sondern, daß die oben angegebenen Zahlen lediglich Durchschnittswerte sind. Streng monochromatisch dagegen ist das Laserlicht. Man kann es deswegen zu einem feinen Strahl bündeln, der sich dann weit senden läßt. Einen solchen Strahl hat man schon zum Mond geschickt und sein Auftreffen, zwar nicht mit dem Auge, aber mit optischen und elektrischen Mitteln, nachweisen können. Mit Laser kann eine derart große Energie ausgestrahlt werden, daß sich Metalle durchbohren lassen. Vor kurzem ist es den Amerikanern gelungen, mit Laserstrahlen ein Flugzeug zum Absturz zu bringen. Die „Todesstrahlen", von denen man schon lange munkelt, scheinen gefunden zu sein.

EIN SEESTERN VERÄNDERT UNSERE WELT

VON WALTER B. SACHS

Vor der Nordostküste Australiens zieht sich über Hunderte von Kilometern das Große Barrierenriff als natürlicher Wellenbrecher und Schutz des Festlandes dahin. In Millionen Jahren haben Milliarden kleiner Korallenpolypen dieses Gebirge im Meer errichtet. Schäumend und donnernd brechen sich die Wogen an den Korallenriffen, und niemand hätte es für möglich gehalten, daß diese gewaltige Festung eines Tages durch einen Seestern bedroht werden könnte. Dabei gab es schon im Jahre 1963 die ersten Alarmzeichen, die jedoch leider nicht beachtet wurden. Damals fiel es israelischen Forschern auf, daß das Wachstum der Korallenbänke im Roten Meer plötzlich einhielt. Aber erst drei Jahre später, als die Verwüstungen an dem australischen Riesenriff immer größer wurden, horchte die Welt auf.

Die Ursache für diese verheerenden Zerstörungen war ein Seestern. Das Volk nannte den vielarmigen Stachelhäuter seit jeher „Dornenkrone"; sein wissenschaftlicher Name ist Acanthaster planci. Gehaßt und gefürchtet wurde dieser etwa einen halben Meter große Seestern schon immer, aber durchaus nicht wegen seiner Zerstörungswut, denn die trat erst in den letzten Jahren auf, sondern wegen seiner Waffen. Sein Körper ist über und über mit nadelspitzen Stacheln gespickt, die leicht die menschliche Haut, ja sogar Schuhsohlen durchbohren. Abgesehen davon, daß diese Wunden äußerst schmerzhaft sind, können solche Verletzungen noch Vergiftungen mit Lähmungserscheinungen und Erbrechen hervorrufen.

Bislang lebte die Dornenkrone vereinzelt auf den Riffen und ernährte sich von Korallenpolypen — sicherlich schon seit sehr langer Zeit. Doch dann, im Jahre 1966, vermehrte sich die Dornenkrone aus bisher noch unbekannter Ursache geradezu explosiv. Traf ein Taucher früher nur zuweilen auf einen solchen Seestern, so fand er nunmehr Hunderte davon dichtgedrängt an einem Fleck. Sie stülpen ihren sackförmigen Magen aus und fressen die Korallentierchen — Tag und Nacht. Während der Acanthaster

Rechte Seite: Ein vielarmiger Stachelhäuter — die „Dornenkrone". Der gut einen halben Meter große Seestern, der auf seiner Oberseite lange, giftige Stacheln trägt, bedroht die Korallenriffe des Pazifischen Ozeans. Bislang nur vereinzelt lebend, vermehrt er sich seit einigen Jahren explosionsartig. Fot. Peter Kilt

Links: Grellweiße Flecken frisch getöteter Korallen in dem bunten lebenden Riff verraten die Anwesenheit des Stachelhäuters. Der Seestern, der sich hauptsächlich von Steinkorallen ernährt, weidet im Monat etwa das 16fache seiner Körperfläche ab. Das Tier kann in einer Woche 250 m weit wandern. Fot. H. Gruhl

Links: Sauber abgefressen ist das weiße Kalkskelett in der Mitte des Bildes. Die nackten Korallengerippe werden bald von Algen überwuchert, so daß sich keine Korallentiere mehr ansiedeln können. Dann zerbröckeln auch die Kalkskelette, und die Brandung zerstört unaufhaltsam die Riffe. Fot. Hermann Gruhl

Rechte Seite: Der erbitterte Feind der Seesterne ist die Harlekin-Garnele, ein kleiner Krebs. Zu zweit drehen die hübsch gezeichneten Tiere auch größere Seesterne auf den Rücken, so daß sie wehrlos sind, und fressen sie dann mit ihren kleinen, scharfen Scheren auf. Werden die Garnelen der übermäßigen Vermehrung der Stachelseesterne Einhalt gebieten, die Riffe und damit die Küste vor weiterer Zerstörung bewahren können? Fot. W. Wickler

sonst nur bei Nacht auf Nahrungssuche geht, hört jetzt bei dem Massenbefall jeder Zeitunterschied auf. Die Räuber hinterlassen riesige weiße Bahnen von vernichteten Korallenbänken. Und sobald die Korallentiere, kleine zarte Polypen, nicht mehr vorhanden sind, zerfällt das Kalkskelett des Riffs. Es wird in den schäumenden Wogen zerbrochen, zermalmt und fortgetragen. So sind bereits neun Zehntel des 35 Kilometer langen Korallenriffs vor Guam im Pazifischen Ozean verschwunden.

Die Welt wurde aufmerksam. Hier drohte eine unmittelbare Gefahr! Wenn die natürlichen Wellenbrecher, die Riffe, zerstört sind, ist das dahinter liegende Festland schutzlos den Stürmen des Meeres preisgegeben — das ganze Bild unserer Erde kann sich dadurch verändern. Man berief eine Kommission ein, um diese Plage zu erforschen und ein Gegenmittel zu finden. Die Zoologen stellten zunächst fest, daß jeder einzelne Seestern monatlich rund einen Quadratmeter Korallenriff vernichtet. Die Naturforscher bereisten die Länder rund um den Pazifischen Ozean, um sich ein Bild von den Schäden zu machen. Erschüttert wurden sie gewahr, daß manches der besonders schönen und vielgestaltigen Riffe einfach nicht mehr da war. Und während sie sich auf der Insel Saipan aufhielten, erlebten sie, wie Scharen der 16armigen Riesenseesterne auch dort in die Riffe einfielen. Noch sind viele hundert Naturwissenschaftler damit beschäftigt, die Lebensweise dieser Tiere genauer zu ergründen und auf natürliche Feinde zu sinnen. Noch schlimmer machten es die Eingeborenen dadurch, daß sie wütend auf die einen halben Meter großen Ungetüme einschlugen und sie in kleine Stücke zerhackten, nicht ahnend, daß sich aus jedem Seesternteilchen ein neuer Stachelhäuter heranbildet. Die Feinde des Acanthaster im Meer sind Haie, welche die Larven und die Tiere selbst fressen, und vor allem die große, langgestreckte Tritonschnecke; nur gibt es von diesen natürlichen Feinden leider viel zu wenig, um die stürmische Vermehrung der Dornenkronen auch nur im geringsten aufhalten zu können.

Nun hat man in Laboratorien herausgefunden, daß ein kleiner Krebs, die Harlekin-Garnele (Hymenocera picta), ein erbitterter Feind der Seesterne ist. Sie wittert mit ihren langen Fühlern ihr Opfer, bohrt mit den Scheren ein Loch in seinen Körper und frißt ihn von innen her auf, nachdem es das buntgefleckte Krebschen zuvor fertiggebracht hat, den Seestern auf den Rücken zu drehen, so daß er wehrlos ist. Noch aber befindet sich diese neueste Forschung im Stadium des Versuchs. Und inzwischen gehen die Verheerungen weiter. Das Sterben der Korallenriffe zu verhüten, werden sogar Taucher ausgeschickt, die jeden Seestern, dessen sie habhaft werden, durch eine Formalinspritze töten. — Ein Tropfen auf den heißen Stein.

Um Millimeter und Hundertstelsekunden

Wie bei den Olympischen Spielen in München gemessen wird

VON ULRICH KAISER

1. September 1972 — ein Freitag. Es ist 17.30 Uhr, über 80 000 Menschen drängen sich im Münchner Olympiastadion unter dem weiten Zeltdach. Gebannt starren sie auf jene acht Männer, die sich zum Endlauf über die 100-Meter-Strecke fertigmachen. Unendlich langsam entledigen sie sich ihrer Trainingsanzüge, nesteln an den Schnürsenkeln ihrer Rennschuhe, probieren einen kleinen Sprint, schlendern zu den Startblöcken. Die Spannung macht sich schließlich in einem vieltausendstimmigen Schrei Luft, als über der emporgestreckten Pistole des rotbefrackten Starters ein kleines Wölkchen aufsteigt. Den Knall hören gerade noch die acht Athleten — bis sie sich allerdings auf den kurzen und doch so weiten Weg begeben, sind mindestens zwölf Hundertstelsekunden vergangen. Das haben Forschungen über die menschliche Reaktionszeit gezeigt.

Die Detonation der Patrone im Lauf der Startpistole löst einen verwikkelten mechanischen und elektronischen Vorgang aus. Noch bevor nämlich der Knall hörbar wird, hat der Gasdruck eine Lamelle verschoben, die das Zeitnahmegerät am Ziel in Gang setzt. Es handelt sich um eine Kamera, die starr auf den Zielstrich gerichtet ist und es fertigbringt, Zeit in Raum zu verwandeln. Am unteren Rande des Films, der die Kamera durchläuft, sind die Hundertstelsekunden wie bei einem Lineal angegeben, darüber

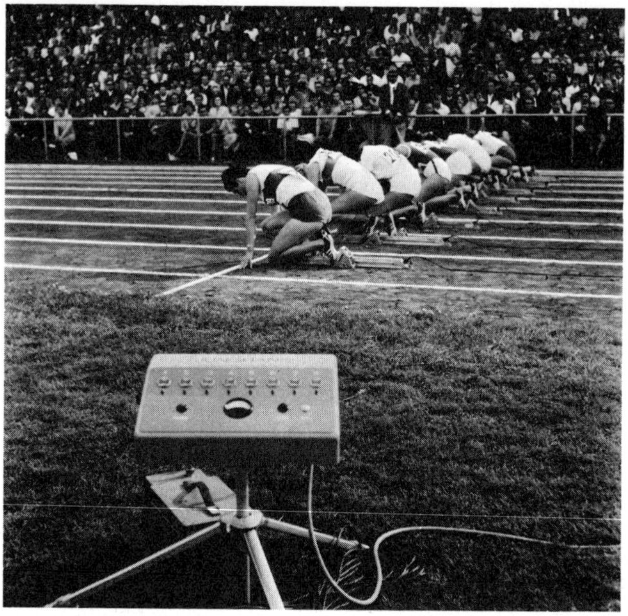

Schon beim Start werden Fehler ausgeschlossen. Startpistole und Startblöcke sind mit einem elektronischen Startkontrollgerät (vorn) verbunden. Im Fall eines Fehlstarts ertönt ein Signal, und eine optische Anzeige läßt zugleich erkennen, welcher Läufer den Fehlstart verursacht hat.

erscheinen die Läufer. Noch in der Kamera wird das Foto entwickelt und fixiert. Wenn man nun von der Brust des Athleten einen senkrechten Strich auf jenes Zeit-Lineal zieht, läßt sich sowohl die erreichte Leistung als auch die Reihenfolge der Läufer ablesen. So einfach ist das.

Nur: Ganz so einfach ist es natürlich doch nicht. Im November 1970 kam es zum Beispiel im Rohbau des Münchner Olympiastadions zu einem aufschlußreichen Versuch. Anlaß dazu waren Berechnungen, die mit der Festigkeit und möglichen Verwindung des Tribünenbauwerks zusammenhingen. Sie hatten es möglich erscheinen lassen, daß durch rhythmische Bewegungen der Zuschauer oder durch eine starke Einwirkung des Windes die gesamte elektronische Zeitmessung ins Wanken gerät. Jene Kamera nämlich, die die Zielfotos liefern soll, steht 82,72 Meter vom Ziel entfernt — oben auf der Tribüne. Wenn sich der Tribünenbau bei starker Belastung auch nur um Bruchteile von Millimetern veränderte, würde diese geringfügige Abweichung durch den langen Weg unermeßlich vergrößert und könnte zu Ungenauigkeiten führen. Eben jene Berechnungen hatten ergeben, daß sie bis zu 75 Millimeter betragen würden. Ein Unterschied von 50 Millimetern aber war das Höchste, was die Firma, die die Zeitmessung einrichtet, zugestehen konnte. Man spielte bereits mit dem Gedanken, die fest eingebaute Kamera durch ein aufwendiges (sprich: kostspieliges) Laserstrahl-System auszugleichen. Aber die Praxis widerlegte die Theoretiker: Mit Hilfe einer hydraulischen Anlage setzte man die Pfeiler in dem entsprechenden Tribünenteil einem Druck von 75 Tonnen aus — einem vielfachen von dem,

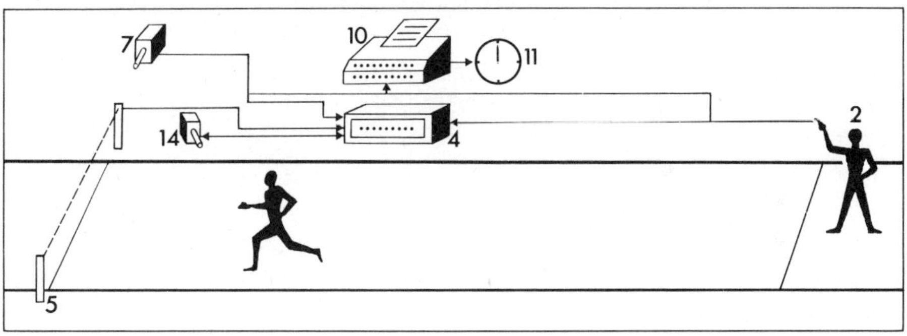

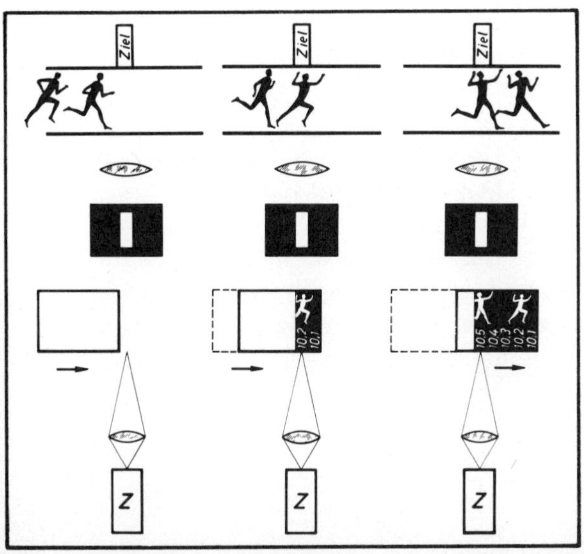

Die elektrische Startpistole löst den Digital-Chronometer (4) und den Zeitaufzeichner (10) aus. Am Ziel ist ein Lichtstrahl über die Bahn auf Fotozellen (5) gerichtet. Werden diese Infrarotstrahlen unterbrochen, stoppen Chronometer und Zeitdrucker: Die Siegerzeit ist genau gemessen.

Da Sprinter mit der gleichen Einlaufzeit durchaus um einige Zentimeter voneinander getrennt sein können, ist zusätzlich noch eine Zielfotografie notwendig. Sie hält während einer bestimmten Zeitdauer die Folge der Ereignisse auf der Ziellinie fest. So läßt sich auch bei einer Massenankunft der Rang jedes einzelnen Sportlers zweifelsfrei feststellen.

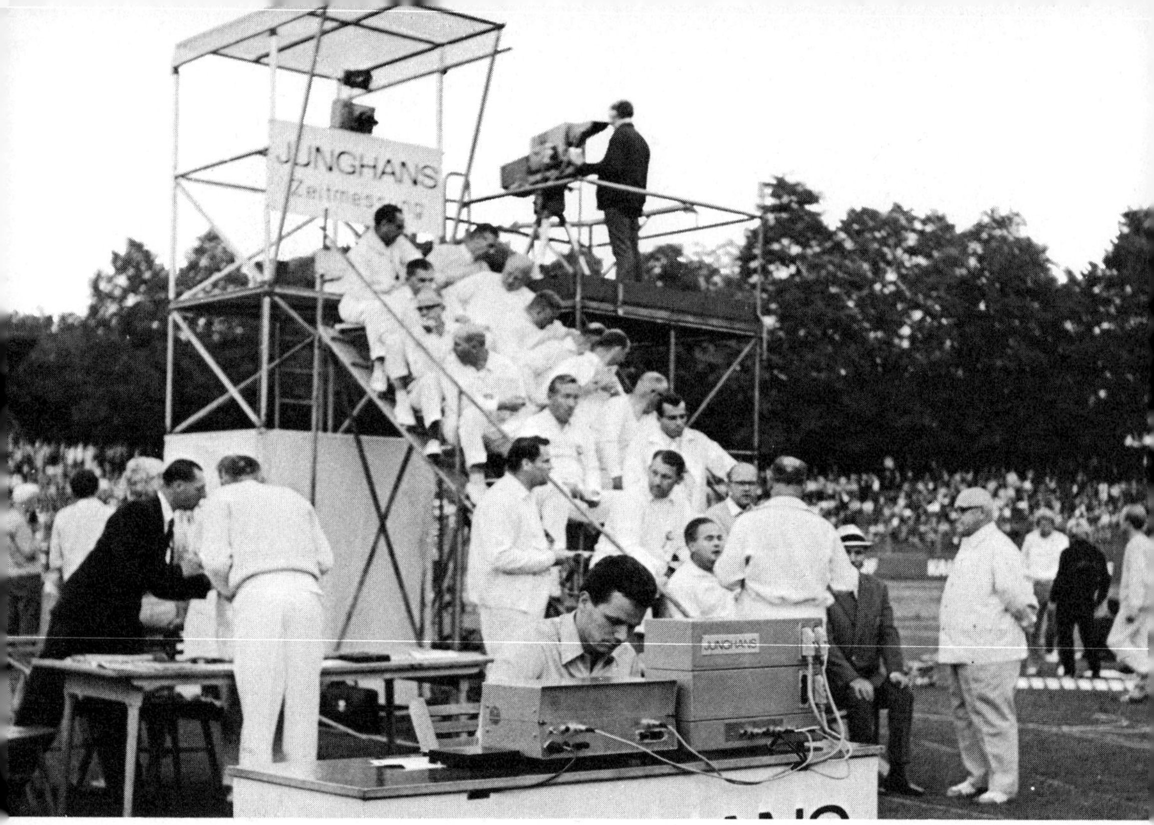

„Auf dem Treppchen" sitzen die Wettkampfrichter und drücken die Stoppuhr. Die in der Höhe gestaffelten Plätze sorgen weitgehend für die gleiche Sichtlinie — die menschliche Reaktionszeit aber läßt sich damit nicht ausschalten, wie die modernen elektronischen Zeitmeßgeräte beweisen.

was bei Sturm und Zuschauerbewegungen zu erwarten ist. Dabei betrug die Abweichung des „Kamera-Strahls" über die besagten 82,72 Meter nur 32,4 Millimeter. Man kann sich den Laserstrahl also sparen.

Die vollautomatische, elektronische Zeitmessung ist allerdings in gewisser Hinsicht auch heute noch umstritten. Die Männer, die bisher auf ihrer Treppe am Ziel sitzend, die Stoppuhr fest in der Hand, über Weltrekorde entschieden, sind wie jeder Mensch der Elektronik unterlegen. Es gibt kaum jemand, der schneller reagiert als mit einer Zehntelsekunde Verzögerung. Und das ist sogar schon die Bestleistung. Weitaus die meisten Menschen besitzen eine viel „längere Leitung". Jene Kampfrichter also, die früher ihre Stoppuhr drückten, wenn sie das Wölkchen über dem Pistolenlauf des Starters aufsteigen sahen, hatten eigentlich schon eine „Verspätung", die es heute nicht gibt — die von ihnen gestoppte Zeit war kürzer, der Weltrekord leichter. Die Uhrenfirmen, deren Geräte nun tatsächlich die Zeit messen, die von der kleinen Explosion im Pistolenlauf bis zu dem Augenblick vergeht, in dem die Sportler das Ziel durchlaufen, hatten diesen Umstand ursprünglich bei ihren Entwicklungen berücksichtigt.

Sie wollten eine Verzögerung von zwölf Hundertstelsekunden in ihren Apparat einbauen. Die Internationale Leichtathletik-Union lehnte dieses „Plus-Handicap“ jedoch ab. Läufer, die auf Weltrekordjagd ausgehen, ziehen es aus diesem Grunde vor, auf kleineren „Dorfsportfesten“ zu starten. Hier gilt immer noch der Daumen auf dem Stoppuhrknopf und damit die menschliche Fehlleistung. Bis Ende des Jahres 1970 waren sowohl elektronische als auch manuelle Zeitnahme bei ein und derselben Veranstaltung statthaft; inzwischen hat der internationale Leichtathletikverband diese Bestimmung geändert, und es ist nur noch eine Art der Messung erlaubt. Wo die technische Ausstattung vorhanden ist, muß man sich ihrer bedienen.

Im Sommer 1970, gerade zwei Jahre vor Beginn der Olympischen Spiele, war es im Münchner Dantestadion zu dem grotesken Fall gekommen, daß man nur zwei Läufe mit der Hand stoppte, alle anderen aber elektronisch. Der Grund dafür war offenkundig: In den besagten beiden Läufen startete die Chinesin Chi Cheng und erzielte zwei Weltrekorde. Die elektronischen Uhren liefen dabei „außer Konkurrenz“ mit und zeigten Unterschiede bis zu 1,5 Zehntelsekunden an.

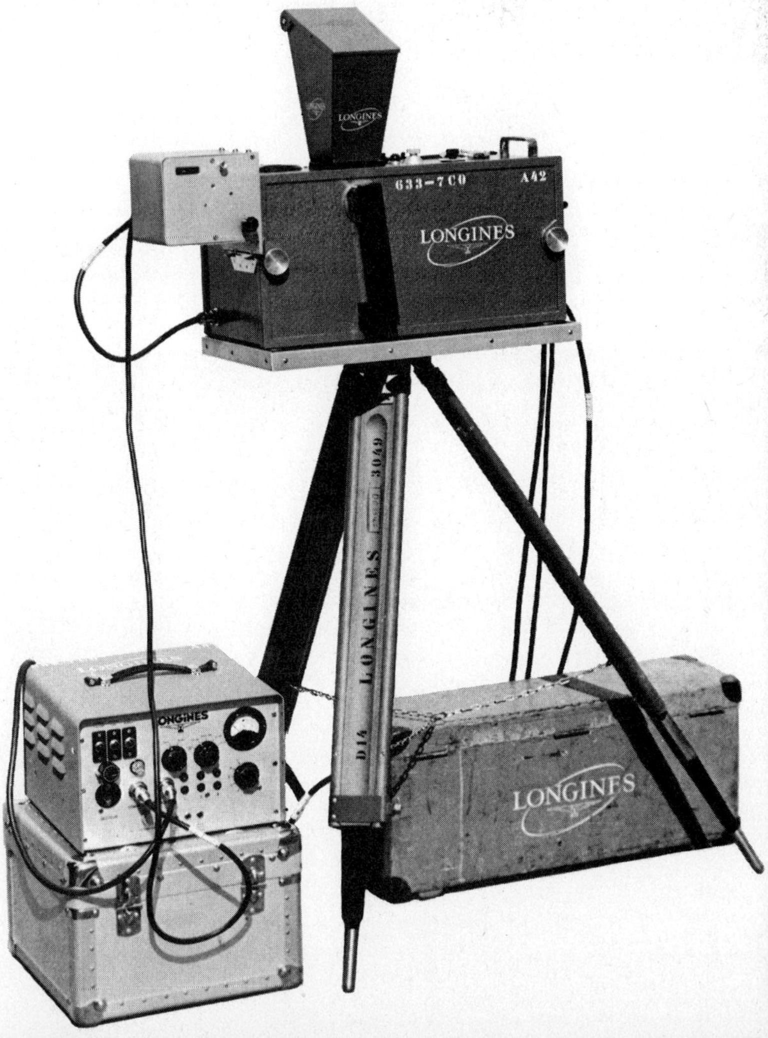

Dieses Zielfilmgerät wurde eigens für die Radsportveranstaltungen entwickelt. 20 Sek. nach Ankunft des ersten Fahrers steht den Zielrichtern bereits der Anfang des Zielfilms zur Verfügung, während das Gerät unterdessen die weiteren eintreffenden Teilnehmer aufnimmt.

Genauso wie die Ergebnisse in der Leichtathletik werden auch die beim Rudern und beim Radsport gemessen. Einfacher ist es beim Reiten sowie bei den meisten Wintersportarten (Ski, Rodeln, Bob): Da die Sportler hier nicht unmittelbar zum Zweikampf mit dem Gegner antreten, sondern nacheinander starten und praktisch nur die Zeit als Maßstab haben, genügt am Ziel eine einfache Lichtschranke, die den am Start ausgelösten Kontakt unterbricht. Daß sich allerdings auch hier Pannen nicht vermeiden lassen, zeigte sich bei der Weltmeisterschaft der Eissprinter in Inzell im Februar 1971: Als die deutsche Läuferin Monika Pflug bereits eine halbe Runde zurückgelegt hatte, lief ein unachtsamer Ordner durch die Lichtschranke, wodurch das Zeitmeßgerät angehalten wurde. Monika Pflug mußte noch einmal starten. Durch den Vorfall nervös geworden, stürzte sie.

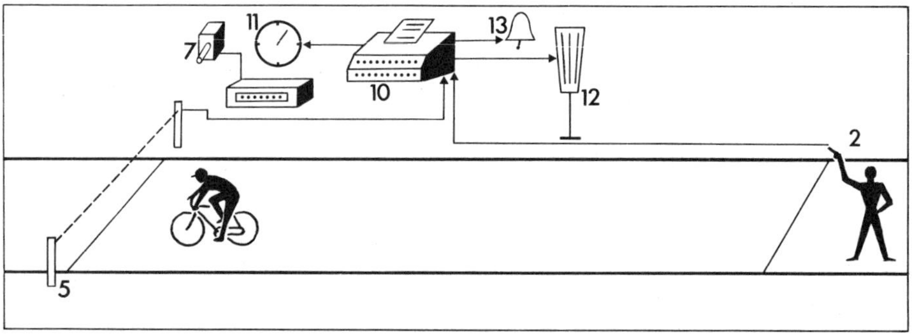

Bei verschiedenen Radsport-Wettbewerben wird eine Glocke (13) benötigt, außerdem auch ein Lautsprecher (12) für das Publikum. Der Lichtstrahl (5) stoppt die Zeitmeßgeräte (10 und 11). Das Zielfilmgerät (7), in dem sich ein 35-mm-Film im Verhältnis zur Geschwindigkeit der Fahrer an einem knapp 1 mm breiten Schlitz vorbeibewegt, nimmt nur das auf, was sich auf der Ziellinie zuträgt.

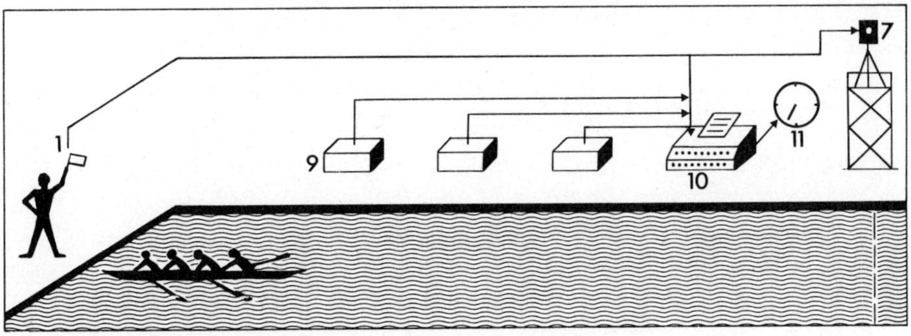

Mit Startflagge (1) oder Hubzeichen schickt beim Rudern der Starter die Boote auf die Reise. Beide setzen über einen elektrischen Kontakt den Zeitdrucker (10) in Bewegung und ebenso die Zuschaueruhr (11). Zwischenzeitkontrollapparate (9) teilen die Zwischenergebnisse mit. Mit Hilfe der kombinierten Zielfotoeinrichtung (7) kann der Einlauf genau ermittelt werden.

Schwierigkeiten besonderer Art ergeben sich bei den Schwimmern. Da sie sich im Wasser bewegen, verbietet sich naturgemäß jede Art von elektrisch-elektronischen Einbauten. Die elektronischen Kontakte lassen sich daher weder durch einfache Licht- noch durch Fotoschranken auslösen, sondern nur auf rein mechanische Weise. Zu diesem Zweck werden sogenannte Anschlagmatten im Wasser angebracht, weshalb die Schwimmbecken, die normalerweise fünfzig Meter lang sind, bereits einige Zentimeter länger gebaut werden. Diese Matten sind mit Luft oder einer Flüssigkeit gefüllt. Der Schwimmer muß am Ziel die Anschlagmatte mit einem Druck von mindestens vierzig Gramm berühren, der Matteninhalt überträgt diesen Druck dann nach außerhalb des Schwimmbeckens und löst dort ein Signal aus, das — wie gehabt — das Zeitmeßgerät stoppt. Zusätzlich wird man bei den Olympischen Spielen in München eine Fernsehanlage aufbauen, zum ersten Mal übrigens. Diese Fernsehkamera kann in der Sekunde hundert Bilder erfassen und — mit den gleichzeitig eingeblendeten Zeiten — auf die Hundertstelsekunde genau auf einem Magnetband aufzeichnen. Herkömmliche Kameras vermochten nur 25 Bilder in der Sekunde festzuhalten. Die neue Technik ist von einem Schweizer Uhrenwerk entwickelt worden. Dank der raschen Bildfolge lassen sich damit auch Zeitlupenaufnahmen wiedergeben, wie sie bisher nicht möglich waren. Die Aufnahmen sollen unmittelbar nach jedem Wettkampf Bild für Bild auf besonderen Kontrollschirmen gezeigt werden, so daß die Jury mühelos die Reihenfolge des Zieleinlaufs feststellen kann. Der Apparat, der immerhin runde 100 000 Mark kostet, kann die Schar der 24 Zeitnehmer (drei je Bahn) ersetzen. Wegen der ungleichen Bildfrequenz ist es allerdings nicht möglich, die Aufnahmen in die öffentlichen Fernsehsendungen zu übernehmen.

Den Vorzug dieses Meßverfahrens kann man am besten an einem Beispiel deutlich machen, das noch gar nicht so lange zurückliegt. Das Finale im 100-Meter-Kraulschwimmen der Herren bei den Olympischen Spielen 1960 in Rom ist bis heute noch umstritten. In den amtlichen Ergebnislisten steht

Im Schwimmen ist der Zieleinlauf besonders schwierig zu erfassen. Startpistole oder Hupe setzen elektronische Quarz-Chronografen (8), Zeitdrucker (10) und Zuschaueruhr (11) in Bewegung. Bei Fehlstart erfolgt ein Schuß aus der Fehlstartpistole (3). Zwischen- und Endzeiten werden durch Berühren der Anschlagmatten (6) selbsttätig ausgelöst.

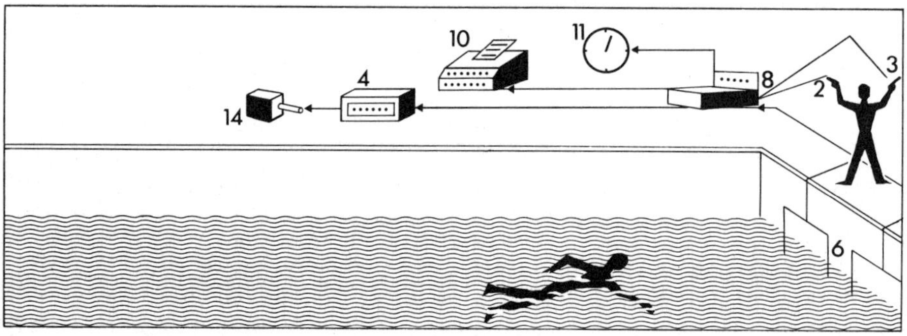

der Australier John Devitt mit 55,2 Sekunden auf dem ersten, der Amerikaner Lance Larson mit der gleichen Zeit auf dem zweiten Platz. Damals jedoch waren sich zwar die Handzeitnehmer und die Zielrichter darüber einig, daß Devitt gesiegt hatte — die Zeit aber, die man für ihn gestoppt hatte, war um eine Zehntelsekunde schlechter als die des Zweiten. Es gab lange Dispute — zuerst innerhalb des Schiedsgerichts, später auch beim Internationalen Schwimmverband. Schließlich handelte man das endgültige Ergebnis aus, was aber nicht im Sinne gerechter Entscheidungen sein kann. Die neue Technik soll helfen, ähnliches in Zukunft zu vermeiden.

Während die Zeitmeßgeräte im Laufe der letzten Jahrzehnte immer mehr vervollkommnet wurden, hat man der Entfernungsmessung für Wurf- und Sprungübungen weit weniger Aufmerksamkeit zugewandt. Erst in naher Vergangenheit entdeckten einschlägige Firmen auch diesen Teil des Sports — für die Kampfrichter zur Erleichterung, für die Sportler zur größeren Glaubhaftigkeit und für sich selbst zur Werbung. Freilich konnte man dabei nicht immer mit den sportlichen Leistungen Schritt halten. Bei den Olympischen Spielen 1968 in Mexiko City hatte man zum Beispiel für die Weitspringer eine ganz moderne Meßanlage aufgebaut. Parallel zur Sprunggrube verlief eine Laufschiene, auf der ein kleines Peilgerät angebracht war. Man richtete das Gerät — wie sonst das Stahlmeßband angelegt wird — auf den letzten Eindruck, den der Springer bei seiner Landung im Sand hinterlassen hatte und konnte dessen Leistung einfach auf der Schiene ablesen. Diese Anlage versagte, als es darauf ankam, ihren Dienst, weil niemand mit einem Sprung von 8,90 Meter gerechnet hatte, wie ihn der Amerikaner Bob Beamon hinlegte: Die Laufschiene endete bei 8,60 Meter. In München 1972 wird man auf solche Überraschungen eingerichtet sein.

Beim Weit- und Dreisprung wird sich künftig in der Meßweise nicht mehr viel verändern, im Hoch- und Stabhochsprung sind die gebräuchlichen Geräte kaum verbesserungsbedürftig. Anders sieht es dagegen bei den Wurfübungen aus — nur das Kugelstoßen macht hier eine Ausnahme, wo die

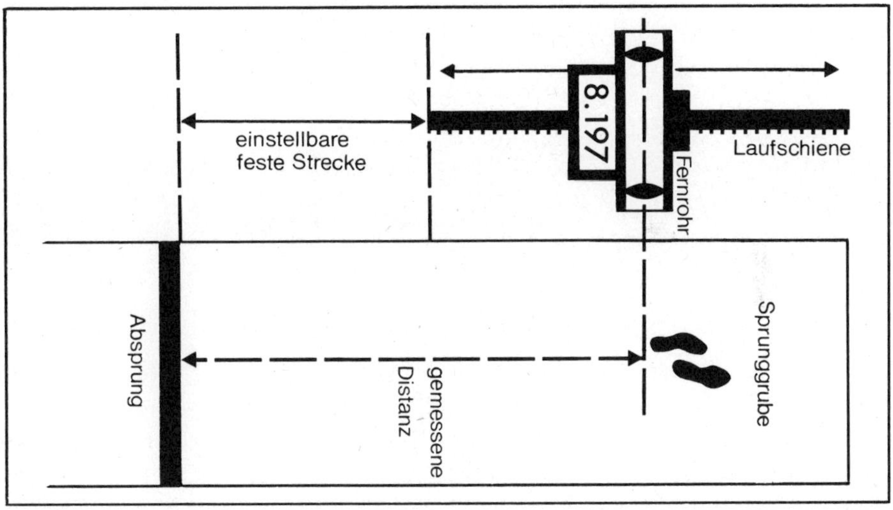

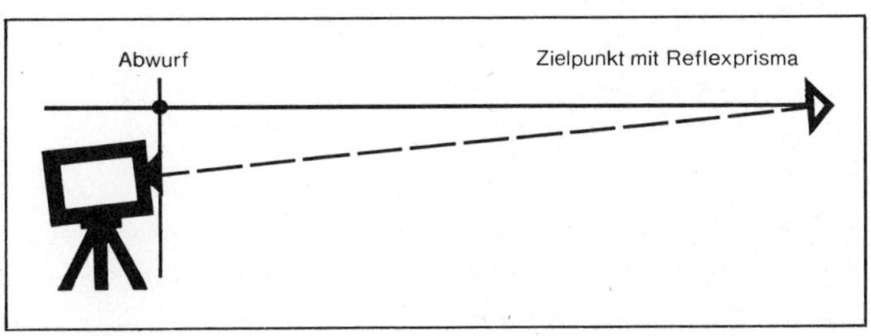

So wird beim Weit- und beim Dreisprung die Entfernung gemessen: Mit einem auf einer Laufschiene verschiebbaren Fernrohr wird der letzte Eindruck des Springers im Sand angepeilt. Am Gerät kann man die erzielte Weite ablesen.

Über einen Prismenreflektor, der am Auftreffpunkt in den Boden gesteckt wird, läßt sich bei den Wurfübungen die Entfernung elektro-optisch ermitteln.

Ergebnisse um die zwanzig Meter herum liegen und ähnlich wie die Weitsprungübungen gemessen werden können.

Für die größeren Entfernungen der Speer-, Hammer- und Diskus-Werfer hat man einen elektro-optischen Entfernungsmesser entwickelt, der die Distanzen auf den Millimeter genau anzuzeigen vermag, und das innerhalb von nur zwei Sekunden. Genau an dem Abdruck, den das vom Athleten geschleuderte Gerät im Rasen des Stadions hinterläßt, sticht der Schiedsrichter einen Prismenreflektor in den Boden. Am Abwurfplatz steht ein „elektronischer Tachymeter", der auf einen Knopfdruck hin ein Bündel infraroter Strahlen in Richtung des Reflektors sendet. Ein Teil dieser Strahlen wird zurückgespiegelt. Aus ihrer Laufzeit läßt sich die genaue Entfernung bestimmen. Das Gerät arbeitet nicht nur sehr schnell, sondern besitzt außerdem den Vorteil, daß es gegen Störungen unempfindlich ist — wie zum Beispiel durchlaufende Personen. Das Ergebnis kann unmittelbar und auch über Lochstreifen an angeschlossene Lichttafeln weitergegeben werden, so daß die Zuschauer im Stadion sofort unterrichtet werden und jederzeit über den Stand des Wettbewerbs im Bilde sind.

Bei Zweikämpfen Mann gegen Mann werden im Fechten Treffer selbsttätig angezeigt. Die Klinge der Stoßwaffen — Florett und Degen — trägt eine Kontaktspitze. Dieser bewegliche und gefederte Teil schließt bei einem Druck von 750 Gramm einen Stromkreis. Dadurch wird sowohl ein optisches Lichtsignal als auch ein akustisches Zeichen ausgelöst. Die Fechter stehen während des Kampfes auf einer Kupfermatte und sind jeweils am Ende der Bahn mit einem leichten Kabel an den Stromkreis angeschlossen. Bei anderen Zweikämpfen — zum Beispiel beim Boxen — hat sich eine Trefferaufzeichnung solcher Art nicht als brauchbar erwiesen.

Millimeter und Bruchteile von Sekunden bereiten im Sport kaum noch Schwierigkeiten. Trotzdem läßt sich bestreiten, ob Sieg gleich Sieg, Medaille gleich Medaille ist. Allzusehr weichen die Regeln verschiedener Sportarten voneinander ab. Im Schießen zum Beispiel müssen die Sportler bei gleicher Ringzahl zum Stechen antreten, wobei der Kampf solange dauert, bis eine Entscheidung gefallen ist. Im Turnen dagegen erhalten bei Punktgleichheit beide Sieger je eine Goldmedaille. Im Fußballturnier wird, wenn das Endspiel auch nach Verlängerung unentschieden ausgeht, schließlich gelost. Im Hockey, einem doch recht artverwandten Sport, hätten noch in Mexiko 1968 die beiden Mannschaften bis zum entscheidenden Tor weiterspielen müssen. Und es gibt noch eine Reihe mehr solcher Ungereimtheiten. Es genügt nicht, die Technik den Gegebenheiten von heute anzupassen und sich ihrer zu bedienen, auch die Wettkampfregeln müssen auf einen Stand gebracht werden, der für die Sportler verschiedener Sportarten gleichwertige Bedingungen schafft und ihnen gleiche Aussichten auf den so heiß begehrten Siegespreis einräumt. Das allerdings ist offenbar schwieriger als die Entwicklung noch so verzwickter Elektronik.

HEINZ SCHULTHEIS

Wohnen und bauen — heute und morgen

Jeder Mensch braucht ein Dach über dem Kopf. Dieses Dach kann sehr verschiedenartig sein. Die kleine 3-Zimmer-Wohnung im Wohnblock, die Laubhütte eines indonesischen Eingeborenenstammes, die hochragenden Lehmbauten der Araber in Hadramaut oder Oman, die Hütte des Negers und der elegante Bungalow des erfolgreichen Europäers oder Amerikaners sind untereinander alle grundverschieden. Nur eines haben sie gemeinsam:

Sie sollen den Menschen schützen gegen die Kühle der Nacht, die Strenge des Winters, die Hitze des Sommers und die Nässe des Regens. Darüber hinaus sollen sie ihm einen Rahmen für seine eigene Welt geben, in der er sich mit seinen nächsten Angehörigen, mit seiner Familie für kurze oder längere Zeit einrichten kann.

Jeder weiß, daß Wohnen Geld kostet. Bei uns in Mitteleuropa kostet es sogar recht viel Geld; denn es gibt nicht genug Wohnungen, um alle Wünsche zu befriedigen. In den Überseeländern — in Südamerika, in Afrika und weiten Teilen Asiens — ist das Wohnen ebenfalls teuer, obwohl es sich manchmal um ganz primitive Behausungen handelt. Das Einkommen dieser Menschen ist gering, und daher fällt es ihnen schwer, selbst diese bescheidenen Hütten zu bezahlen. Und wenn wir an die Zukunft denken, müssen wir noch berücksichtigen, daß die gesamte Menschheit, die einige

Wie eine Schublade kann diese zweistöckige Raumzelle (hier im Modell) in ein Stahlskelett eingeschoben werden: Entwurf eines Hotels, das sich nach dem Baukastenverfahren aus einzelnen Wohneinheiten zusammensetzt und beliebig verändern läßt.

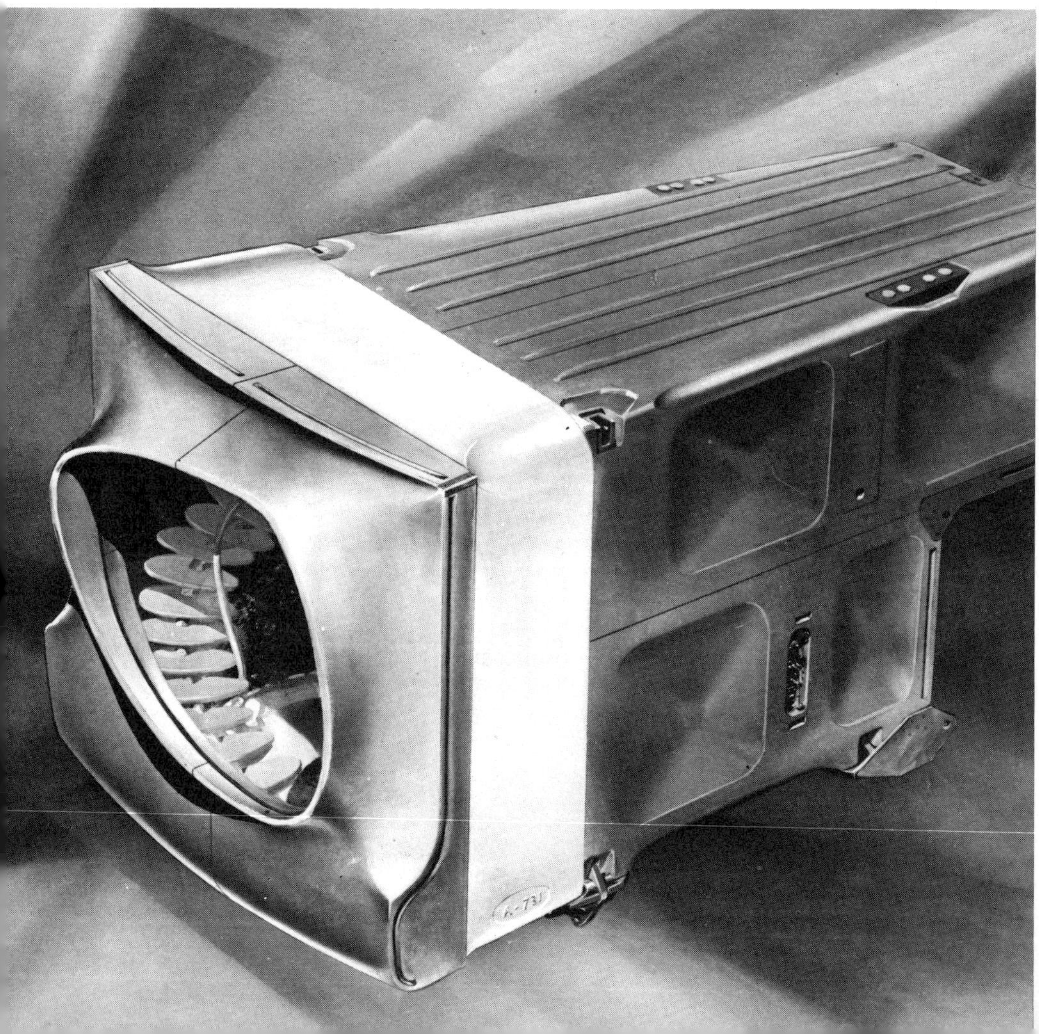

Australisches Mobilhaus — ein eindrucksvolles Beispiel der Raumzellen-Bauweise auf der Grundlage von Chemiewerkstoffen. Das geringe Gewicht erleichtert nicht nur den Transport der in Fabriken gefertigten Einheiten, sondern auch ihre Montage am Bauplatz.

100 000 Jahre gebraucht hat, um auf etwa 3,5 Milliarden anzuwachsen, sich bis zum Jahre 2000 fast verdoppeln wird.

Jeder Mensch braucht ein Dach über dem Kopf. Es ist klar, daß dieses Dach immer teurer werden und immer schwieriger zu beschaffen sein wird, wenn wir die Bauweisen, die im Augenblick schon nicht ausreichen, für die nächste Zukunft beibehalten.

„Stein auf Stein" heißt es in einem Kinderlied, das die Arbeit der Handwerker, die sie beim Bau eines Hauses seit Jahrtausenden taten, zutreffend beschreibt. Das war stets eine mühselige Sache. Da Steine schwer sind und die Maurer, die sie verarbeiten, nach der Arbeitszeit entlohnt werden, sind das Herbeischaffen der Baustoffe und die Lohnkosten für ihre Verarbeiter seit je der springende Punkt beim Bauen. Außer den Steinen gibt es natürlich noch Holz, und es gibt vor allem Beton und Stahl, aber alle diese Werkstoffe kamen bislang roh und ungeformt zur Baustelle und wurden dort nach rein handwerklichem Verfahren zum Gebäude zusammengefügt.

Könnte man nicht einen Teil des Hausbaus in eine Fabrik verlegen, wo die Herstellung einer Wand oder eines Deckenteils nicht mehr durch Wind und Wetter beeinflußt wird, wo Jahreszeit und Anmarschwege keine Rolle spielen? Dann brauchten diese Teile nur noch an die Baustelle gebracht und dort das Haus aus den Einzelteilen zusammengesetzt zu werden. Diese „Fertigteilbauweise" gibt es bereits. Sie hat sich besonders im Industriebau, also zur Errichtung von Ladehallen, Werkstätten und dergleichen, gut eingeführt, ist jedoch weder billiger noch schneller als die herkömmliche Bauweise. Die Abbindezeit des Zements, das hohe Gewicht der fertigen Teile

und die zeitraubende Arbeit des Zusammensetzens lassen die Vorteile der Fertigteilbauweise noch nicht zur Geltung kommen. Man bräuchte leichte Baustoffe hoher Festigkeit und mit gutem Wärmedämmvermögen, die sich einfach und schnell herstellen und zu Fertigteilen zusammenfügen lassen, die mühelos zu befördern und unschwer zu montieren sind.

Solche Werkstoffe gibt es. Sie kommen nicht in der Natur vor, sondern werden in den großen Chemiewerken erzeugt: Chemiewerkstoffe. Hierunter fallen die aus dem täglichen Leben bekannten Kunststoffe, die unter bestimmten Bedingungen zu sehr leichten und sehr hoch wärmedämmenden Schaumstoffen verarbeitet werden können. Außerdem zählen dazu verschiedene Arten des Synthesekautschuks, die Reaktionsharze, synthetische Fasern und so weiter. Schon diese Aufzählung zeigt, daß die Welt dieser Werkstoffklasse außerordentlich abwechslungsreich ist, genau so, wie es eine große Anzahl von Metallen mit verschiedenen Eigenschaften gibt.

Einer der ältesten der Chemiewerkstoffe ist das Polyvinylchlorid (PVC). Rohre für Abwässer aus PVC sind allbekannt, auch Dachrinnen, Fußbodenplatten und neuerdings Fensterrahmen werden daraus gefertigt sowie modern geformte Fassadenteile, mit denen manchmal die Außenwände großer Kaufhäuser und ähnlicher Bauten bekleidet sind. Polymethylmethacrylat (PMMA) ist jener Werkstoff, der den meisten als Plexiglas vertraut ist. Aus diesem Material wie auch aus Celluloseester (CAB) oder dem besonders zähen Polycarbonat (PC) können Lichtkuppeln und Sicherheitsscheiben hergestellt werden. Auch moderne Waschbecken, Badewannen und dergleichen werden neuerdings daraus geformt.

Diese in der Fabrik vorgefertigten „Sanitärzellen" sind für das Olympische Dorf in München bestimmt. Eine solche Halbzelle wird durch Tiefziehen von Acrylglas hergestellt und mit glasfaserverstärktem Polyesterharz versteift.

Und hier ein Blick in das Innere einer Sanitärzelle: Alles ist zweckvoll gestaltet und hygienisch. Waschraum, Dusche, WC und Warmwasserversorgung sind zu einer Baueinheit zusammengefaßt und werden in jede Wohnung fertig eingesetzt. Das erspart zeitraubende und kostspielige Arbeit an der Baustelle. Fotos ICI/Bitterling

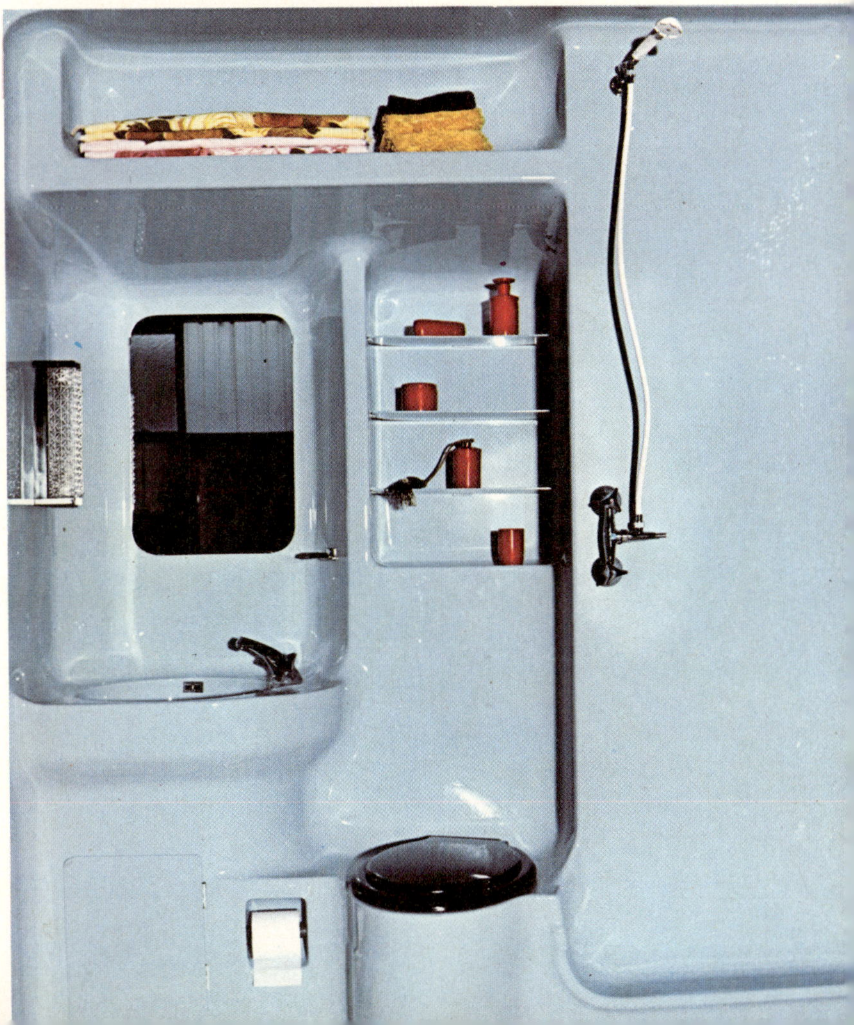

Ungesättigte Polyesterharze (UP-Harz) sind mehr oder weniger dickflüssige Harze, die durch Zusatz bestimmter Katalysatoren zum Polymerisieren, das heißt zum Aushärten, gebracht werden können. Werden diese Harze mit Sand, Kies oder anderen Füllstoffen angerührt, so erhält man einen Mörtel oder Beton auf Kunststoffgrundlage, der fester ist als gewöhnlicher Zementbeton. In anderen Fällen ist es auch möglich, an Stelle von körnigen Füllstoffen Glasfasern einzulegen. Sie wirken nach dem Aushärten in der Masse genauso verstärkend wie die Fasern des Holzes oder der Stahl im Stahlbeton. Aus diesen glasfaserverstärkten Polyesterharzen stellt man heute Lichtkuppeln, Boote, Wellplatten und viele andere Dinge her.

Alle diese Werkstoffe besitzen gegenüber den herkömmlichen Baustoffen — mit Ausnahme von Holz — ein sehr niedriges Gewicht. Ihre Festigkeit ist bei Zugbeanspruchungen beträchtlich, und wenn auch ihre Steifigkeit deutlich geringer als beispielsweise die der Metalle ist, so ergibt sich doch ein sehr günstiges Verhältnis von Festigkeit zu Gewichtseinheit. Dies läßt die Chemiewerkstoffe gerade als Baustoffe für die Fertigteilmethode reizvoll erscheinen. Auch sind diese Werkstoffe so witterungsbeständig, daß Bauteile daraus nicht gestrichen oder verputzt zu werden brauchen. Ihre größten Vorteile aber sind: Sie können industriell hergestellt und auf einfache Weise in großen Serien verformt werden.

Ganz entscheidend jedoch ist, daß sich die weitaus meisten Chemiewerkstoffe in Form von Schaumstoffen gewinnen lassen. Zwei Sorten von Kunststoff-Hartschaum haben im Bauwesen besondere Bedeutung erlangt. Die meisten Leute kennen die weißen, leichten Schaumstofftafeln, die auf vielen Baustellen zu sehen sind. Dieser Werkstoff, Polystyrol-Hartschaum oder Styropor, wird vor allem zur Wärmedämmung benützt. Von allen bisher bekannten Isolierstoffen in der Wärmetechnik besitzt der Polyurethan-Hartschaum oder Hartmoltopren die niedrigste Wärmeleitfähigkeit: Eine wenige Zentimeter dicke Platte hat das Wärmedämmvermögen von 60 Zentimeter Ziegelmauerwerk. PUR-Hartschaum wird meist in Gestalt zweier flüssiger Vorprodukte zusammen mit einem Treibmittel in eine Form gespritzt, wo die Masse aufschäumt und erhärtet. Aus der Form können dann beispielsweise fertige Wandelemente entnommen werden. Dabei lassen sich im gleichen Arbeitsgang die Deckschichten für das gewünschte Element, zum Beispiel Papier, Keramikplatten, Metallfolie oder Blech, mit dem entstehenden Schaum verbinden.

Auch die herkömmlichen Häuser sind nicht nur aus Beton oder nur aus Holz gebaut, sondern bestehen aus verschiedenartigen Werkstoffen. Auf die gleiche Weise lassen sich auch die Chemiewerkstoffe einsetzen: Wenn man die hohe Steifigkeit und Festigkeit von Stahlblech, die ungewöhnliche Wärmedämmung von PUR-Hartschaum und das korrosionsschützende Verhalten von PVC miteinander vereinigt hat, so hat man mit dieser Verbundbauweise aus Kunststoff-Stahl-Kunststoffschaum-Stahl-Kunststoff ein Grund-

Bei diesem Krankenhaus in Frankreich besteht die Außenfassade aus vorgefertigten Polyurethan-Hartschaum-Elementen mit Wärmedämmung.

Leichtfassade eines Bürohauses aus Fertigteilen, Vorstufe einer Industrialisierung des Bauwesens, bei der Chemiewerkstoffe eine große Rolle spielen.

teil entwickelt, das für den Bau von Fabrikationshallen und Werkstätten ganz außerordentliche Vorteile zeigt: Es kann in großen Mengen fortlaufend hergestellt, mit wenig Aufwand befördert und schließlich ohne weitere Umstände an einem vorhandenen Stahlskelett eingesetzt werden.

Dieses Verfahren läßt sich nun vielfältig abwandeln — auch für den Wohnungsbau. Der Werkstoff der Deckschichten kann verändert werden: An Stelle des Bleches können Asbestzement, glasfaserverstärkte Polyesterharzschichten, Kunstspanplatten oder Glasplatten verwendet werden. Auch das Gefüge des Schaumstoffes im Innern des Verbundteils läßt sich durch besondere Füllstoffe umformen; aus Ton, Glas oder anderen mineralischen Stoffen

lassen sich ebenso harte wie leichte Kugeln mit schaumiger Innenstruktur gewinnen, deren Durchmesser einen halben bis zu fünf Zentimeter beträgt. Wenn man diese Blähton- oder Blähglaskugeln in eine Form gibt, diese schließt und dann den Zwischenraum zwischen den Kugeln mit PUR-Schaum oder UP-Hartschaum ausfüllt, so bekommt man wiederum einen neuen Werkstoff, der seinen Eigenschaften nach einen besonders leichten Gasbeton darstellt. Man spricht von einem Hartschaum-Leichtbeton.

Solche Werkstoffe haben sich bereits als Kernmaterial für Wand- und Brüstungselemente, für die Zwischenelemente und für die Fassadenbekleidung eingeführt. Auch die zahlreichen Installationsleitungen der Badezimmer für heißes und kaltes Wasser sowie Abwasser und die Elektrokabel versucht man zusammenzufassen und in einem derartigen Schaumblock als vorgefertigtes Bauteil zu vereinigen. Das könnte dann von der Fabrik an die Baustelle gebracht und dort in maßgerechte Aussparungen des vorbereiteten Rohbaues eingesetzt werden. Die mühseligen Installationsarbeiten früherer Zeit wären damit behoben. Bad und Küche bereiten, allen Bemühungen zum Trotz, das herkömmliche Bauverfahren zweckmäßiger zu gestalten, immer noch große Schwierigkeiten, weil hier die Arbeit einer ganzen Reihe von Handwerkern abgestimmt werden muß. Deshalb richtet sich das Bestreben, neue Bauteile zu entwickeln, gerade auf dieses Gebiet. Schon gibt es fertige „Badezellen“ aus Kunststoff, bei denen Badewanne, Waschbecken, Dusche

Werden wir morgen so wohnen? Chemiewerkstoffe und Chemiefasern dürften für das Wohngefühl der nächsten Zukunft bestimmend sein. Auch den Innenarchitekten eröffnen sie ganz neuartige Gestaltungsmöglichkeiten.

Baden soll Freude machen. Von der Wurzelbürste zum Treffpunkt der ganzen Familie: Chemiewerkstoffe mit ihren unerschöpflichen Form- und Farbmöglichkeiten helfen hierzu.
Fotos Farbenfabriken Bayer

und WC aus einer einzigen Kunststoffplatte — nach dem Tiefziehverfahren — zusammenhängend als einbaufähiges Stück hergestellt sind. Das System wird derzeit zu einer Art Baukasten weiter entwickelt, bei dem der Architekt aus vorgefertigten Grundteilen mit Wannen und Waschbecken nach Art der Anbaumöbel ein neuzeitliches Bad errichten kann. Das Bad selber wird ebenfalls anders aussehen als heute. Die nüchterne Atmosphäre gekachelter Wände läßt sich beleben durch die unerschöpflichen Möglichkeiten, Kunststoffoberflächen farblich zu gestalten. Das Bad wird wohnlich sein wie die ganze Wohnung.

Selbst die Inneneinrichtung wird von den neuen Werkstoffen beeinflußt werden. Schon heute gibt es moderne, formschöne Möbel auf der Grundlage glasfaserverstärkter Polyesterharze oder von PUR-Duromeren. In Verbindung mit den unzähligen farbigen Synthesefasern lassen sich Zimmereinrichtungen entwerfen, die dem modernen Menschen in seinem Schwung und seiner Wandelbarkeit durch ihre spielerische Leichtigkeit und die Möglichkeit, sie beliebig zusammenzustellen, entgegenkommen. Der hart arbeitende Mensch der Industriegesellschaft will sich entspannen können. Er wird das Wohnen als Spiel empfinden.

Jeder Mensch braucht ein Dach über dem Kopf. Wir sprachen zu Anfang auch von den Ländern Mittelafrikas, Südamerikas und Asiens. Wie ist es dort? Nun, auch hier können die Chemiewerkstoffe helfen. Gerade den Ent-

Das Terrassenhaus im Herzogpark in München-Bogenhausen, ein bis zu 7 Stockwerke hohes Wohnhaus, umfaßt 59 Appartements, jedes mit einer großen Terrasse — eine Hausform, die bei den Städteplanungen in der Zukunft Bedeutung gewinnen kann. Fot. Betonbild

wicklungsländern ist daran gelegen, schnell und wirtschaftlich zu bauen, und an vielen Punkten der Erde sind Vorarbeiten solcher Art im Gange. Freilich werden sich diese Wohnungen von den eben beschriebenen grundsätzlich unterscheiden, denn Lebensweise, Klima und Anforderungen sind anders.

Weder in unseren Breiten noch für die Länder in Übersee darf nur in dem Schema großer, fester Wohnblocks gedacht werden. Wer heute Ausstellungen des Bauwesens und der Städteplanungen besucht, der wird geradezu bezaubert von der Vielfalt der Ideen, die moderne Architekten anbieten. Die nicht sehr phantasievolle Addition einzelner Häuser zu Reihenhäusern wird abgelöst durch Terrassenhäuser, Wohntürme, Gitterroststrukturen, durch zusammengeschlossene Bauwerke mit Läden, Verkehrswegen, Schnellbahnen und Erholungsmittelpunkten, bei denen sich

Kunststoffe bestimmen das Straßenbild moderner Städte, geben ihnen eine leichte und beschwingte Note wie diese Pavillon- und Fußgängerüberdachung in Rotterdam.

der bisherige Unterschied zwischen Haus und Straße, zwischen drinnen und draußen verwischt. Das Haus selbst wird sich auflösen lassen in Raumzellen, die nach verschiedenen Typen in einer Fabrik hergestellt und mit Tiefladern transportiert werden. Sie können dann beliebig miteinander vereinigt werden, entweder als eine Art Bungalow, an dem später das eine oder andere Zimmer in einfacher Weise angebaut werden kann, oder sie werden wie Schubladen in ein großes Stahlskelett eingeschoben. Es wird das einzig Bleibende sein in einem stetigen Wechsel von neu herangebrachten oder von mitgenommenen Wohneinheiten wegziehender Hausbewohner. Der Schritt zur wandelbaren Stadt.

Das ist jedoch erst der Anfang. Die fortschrittlichsten unter den Städteplanern begnügen sich nicht mehr damit, Häuser zu bauen, die Wind und Wetter ausgesetzt sind. Schon seit Jahren denkt man daran, über ganze Siedlungen einen künstlichen Himmel aus Kunststoff zu errichten, unter dem ein künstliches Klima geschaffen werden kann. Diese bisher nur in Zeichnungen angedeuteten Vorstellungen scheinen sich zu verwirklichen, seit in Südamerika eine Kunststoffkuppel aus Stahlskelett mit 300 Metern Durchmesser geplant wird — Mikrokosmos für ein Hotel mit künstlichem Wald, künstlichem Teich, Sport- und Spielplätzen. Derartige Hotels brauchen keine Heizung mehr.

Vom künstlichen Klima unter dem Kunststoffdom ist es dann nicht mehr weit zu den allerjüngsten Vorschlägen, ganze Siedlungen unter die Meeresoberfläche zu verlegen. Doch das sind einstweilen noch Wunschträume der Zukunft. Wieweit sie verwirklicht werden, steht noch dahin. Zunächst bleibt die große Forderung für das moderne Bauwesen: Jeder Mensch braucht ein Dach über dem Kopf.

Feuersturm im Busch

Kanadas Waldbrandwehr fällt vom Himmel

VITALIS PANTENBURG

„FEUER IM BUSCH" funkt der Wächter vom hohen Beobachtungsturm an den Chief in der einige Hundert Kilometer entfernten Zentrale seines Bezirks. Er meldet die genaue Richtung, wo verdächtiger Rauch aus dem unermeßlichen dunkelgrünen Waldmeer quillt. Unverzüglich gibt der „Fire-Boß" seine Anordnungen. Wieder einmal geht es darum, Kanadas weite Wälder vor Vernichtung zu bewahren. Der „Rote Hahn" ist ihr schlimmster Feind. Allsommerlich fallen ihm Hunderte Quadratkilometer wertvoller Waldbestände zum Opfer, und häufig bedroht er sogar die Menschen. Bei einem Feuerorkan im Jahre 1916 verloren Hunderte das Leben. Riesig sind Jahr für Jahr die Schäden. Die Regierung läßt es sich darum viel kosten, Waldbrände zu verhüten und wirksam zu bekämpfen. Mehr als 100 Millionen Mark werden jährlich in Kanada dafür ausgegeben.

Mitten in Saskatchewans weiten Wäldern liegt am Sandstrand eines blanken Sees das Camp der Waldfeuerwehr. Niedrige Baracken, Schuppen für Fahrzeuge und Löschgerät ducken sich unter ranken Tannen. Heiß strahlt die Mittagssonne des Hochsommertages vom wolkenlos blauen Himmel. Am Landesteg dümpeln zwei Wasserflugzeuge. Sie sind vom bewährten kanadischen Muster „Otter". Braune, sehnige junge Männer tummeln sich vergnügt in der kristallklaren Flut. Ihr Boß im Districtoffice wäre am liebsten mit ihnen um die Wette geschwommen und getaucht. Aber an solch heißem Sommertag, wenn die Nadelwälder vor Trockenheit knistern, gilt höchste Alarmbereitschaft. Jeden Augenblick kann von irgendeinem Punkt seines viele hundert Quadratkilometer großen Bezirks ein Feuerherd gemeldet werden.

Die Zeiger gehen auf 14 Uhr. Zwei Stunden noch, dann übernimmt sein Stellvertreter den Dienst; er würde sich sofort in den See stürzen, um sich zu erfrischen. Rauh unterbricht das Schrillen des Telefons Gedanken und Wünsche. Der große, schlanke Mann mit den etwas verträumten graublauen Augen im wetterharten Gesicht hebt ab: „Hardfort, Chief Ranger, Headquarters Red Lake Fire Protection Centre." Eine Stimme meldet sich: „Hier spricht Sam Mackay, Towerman auf Feuerturm 267 Dead Bear Hill. Bericht für 14 Uhr: Himmel wolkenfrei; Niederschläge seit letzter Meldung Null; Windrichtung Süd ein Viertel West, Stärke zwei Beaufort; keine besonderen Beobachtungen. Vor 17 Minuten ist eine „Beaver" mit Südkurs passiert, ich habe mit dem Piloten Robin Turner gesprochen; er kam vom Camp Nickel Company am Squirrel See. Turner meldete verdächtigen Rauch am Silver Creek. Von hier aus läßt sich vorerst nichts feststellen. Habe Joe Wrighley auf Turm 269 die Beobachtung durchgegeben. Wir behalten die Gegend im Auge."

„Sam, nach der Trockenheit in den letzten Wochen besteht für unseren ganzen Distrikt höchste Gefahr. Halte scharf Ausschau und unterrichte mich sofort — auch beim geringsten Verdacht!" Der Chief hatte Sorgen.

„Well, Mr. Hardfort, Sam Mackay hat zwar schon etwas steife Beine, aber noch gute Augen und ein ausgezeichnetes Fernglas. Ende."

Kaum hatte der diensthabende Abschnittsleiter den Hörer aufgelegt, kommt wieder ein Ruf an: „Joe Wrighley, Feuerturm 269, Eagle Hill, Bericht für 14 Uhr."

„Einen Augenblick, Joe", unterbricht der Chief das Gespräch, „ich übergebe an Mac Welsh, meinen Assistenten."

Mac hatte mitgehört. Der Abschnittsleiter stürzte hinaus und alarmierte seine dienstfreien Leute. Sie rannten zu ihrer Baracke. In wenigen Minuten, das wußte jeder, mußten sie bereit sein, am Fallschirm vom Himmel zu schweben, in Motorbooten über den See zu jagen oder auf rumpelnden Geländewagen durch den Wald zu preschen, um den Brandherd schnellstens zu ereichen.

„Time is money" — auch hier war Zeit gleich Geld. Kanadas Wirtschaftskraft beruht zu einem gut Teil auf seinen Wäldern. Sie liefern Rohstoffe. Leider hält das Land den Weltrekord in Waldbränden. Der Ursachen sind eher mehr geworden als weniger. Neue Fernstraßen, Bergwerke und Ortschaften, der zunehmende Hang der Menschen zum Leben im Freien, zu Camping, Jagd und Wassersport erhöhen die Brandgefahr. Aus den Statistiken kennt man die Keime solcher Waldgroßfeuer: brennende Streichhölzer oder Tabakreste, die Raucher sorglos wegwerfen, offene Lagerfeuer, mit denen Leute leichtsinnig umgehen. Fast ebensoviel Brände entstehen durch Blitzschlag, zumeist bei trockenen Gewittern. Wo Bahnen durch die Wälder führen, verursachen kohlengeheizte Loks öfter Feuer. Früher entstand etwa jeder siebente Waldbrand in Kanada durch die Eisenbahn; nun geht man mehr und mehr auf Diesel- und Elektrobetrieb über. Schließlich bleibt noch ein Rest unaufklärbarer Fälle.

In Kanadas Wäldern: Vom 1. April bis zum 31. Oktober steht im Waldmeer des nördlichen Amerika die Brandwehr alarmbereit. Wasserflugzeuge dienen der Erkundung und übernehmen die Versorgung.

Tausend Türme sind als riesiges Netzwerk über einen der größten Waldgürtel der Erde verteilt. Erfahrene Männer tun Tag und Nacht Späherdienst — hier der „Towerman" am kreisförmigen Peilgerät.

Zuweilen kommen verheerende Feuerstürme durch merkwürdige Zufälle zustande. Zum Beispiel: Autofahrer werfen gedankenlos leere Flaschen aus dem Fenster. Glasscherben sind für die Reifen anderer Autos nicht gerade gut, weit Schlimmeres aber passiert, wenn ein Stück Glas zufällig zum Brennglas wird und die Sonne den Waldboden entzündet. Leichtsinn ist mindestens so schlimm wie Dummheit. Doch kann man bei Vögeln von Dummheit sprechen, wenn sie Waldbrände verursachen? Dieser kuriose Fall wurde in Hardforts Distrikt beobachtet. Zufällig war Towerman Sam Mackay Zeuge. Er kontrollierte einen Platz, den kurz zuvor eine Gruppe Landmesser verlassen hatte. Die Feuerstelle war vorschriftsmäßig gelöscht. Sam beobachtete einen Raben, der ein dünnes, weißes Stäbchen im Schnabel hatte und damit spielte. Plötzlich zischte ein Flämmchen auf, erschreckt ließ der Vogel das Ding fallen — Sam kam gerade noch zurecht, die Flamme, die sofort an Kiefernadeln Nahrung gefunden hatte, auszutreten. Eine wahre Geschichte. Jemand hatte eines der langen kanadischen Streichhölzer verloren; sie haben eine Phosphorkuppe, dank derer man sie mit dem Daumennagel anknipsen kann.

Abschnittsleiter Hardfort begab sich, nachdem er Bereitschaft zum sofortigen Einsatz angeordnet hatte, vor die großmaßstäbliche Karte, die auf einer Wand im Wachgebäude aufgespannt war. Rasch überschlug er Entfernungen, rechnete die Zeiten aus, die seine Trupps brauchten, um schnellstens an die Angriffsorte zu gelangen. Minuten entscheiden bei Feuern im sonnengedörrten Nadelwald sehr viel, meist sogar alles.

Wieder weckt das Telefon: „Mark Dickens, Truppführer A. Melde volle Bereitschaft, Boß."

„Mark, kommen sie sofort zu mir." Hardfort ist gewohnt, rasch und treffsicher zu handeln. Der Erfolg eines Einsatzes hängt entscheidend davon ab.

Buschpilot Turner, inzwischen am Landesteg eingetroffen, meldet verdächtigen Rauch auf seiner Rückroute von Norden.

Mark Dickens, ein stämmiger Mann mit einer lustigen Stupsnase im lederbraunen Gesicht, tritt herein. „Gut, Mark", lobt der Chief, „ich weiß, daß ich mich auf dich und deine Leute verlassen kann. Alle zur Stelle, keiner krank?"

„Alle bestens in Form, Boß", grinste der Kanadier aus dem schottischen Hochland. Die „Smoke-Jumpers", die Männer der kanadischen Fallschirm-Waldbrandwehr trainieren täglich. Keiner, der nicht seine fünfzig Sprünge hinter sich hat.

„Kann sein", mahnt Hardfort, „daß ihr sehr rasch ausfliegen und springen müßt."

„Je schneller wir am Brandort sind, um so leichteres Spiel haben wir", bestätigt Mark. Seine Leute waren dabei, ihre Ausrüstung noch einmal sorgsam zu überprüfen.

In den Wildwäldern Kanadas lassen sich Brände in der Regel nur aus der Luft bekämpfen. Es gibt wenige Fahrwege, und Schnelligkeit ist das A und O. Waldbrände jagen zuweilen mit phantastischer Geschwindigkeit dahin, je nach dem Gelände und den Windverhältnissen und der Nahrung, die das Feuer findet. Es gibt Flammenstürme, die selbst schnellfüßiges Wild zu Tode hetzen können. Zum Glück hat man heute moderne Nachrichten- und Verkehrsmittel und eine vorzügliche Feuerschutz-Organisation, die den gesamten bewaldeten Teil Kanadas überzieht.

Das Löschgerät fällt mitsamt den Männern sozusagen vom Himmel. Motorpumpen, viele hundert Meter Schlauchrollen, kleinere Planierraupen, Motorsägen, sogar Sprengmaterial werden mit Fallschirmen abgesetzt, sofern mit Motorbooten oder Lastwagen nicht schnell genug an den Brandherd heranzukommen ist. Zur persönlichen Ausrüstung gehören: Schutzanzüge und Planen aus Asbest, Rauchmasken, Gesichtsgitter gegen glühendes Gezweig. Zum Glück ist häufig ein Gewässer in der Nähe der Brandstelle, von dem aus sich ein Brandherd im Anfangsstadium wirksam bekämpfen läßt.

Hardfort hat inzwischen Robin Turner um Einzelheiten über seine Beobachtungen auf dem Rückflug vom Prospektorencamp gebeten.

„Ich sah aus dichtem Baumbestand am Silver Creek Rauch aufsteigen,

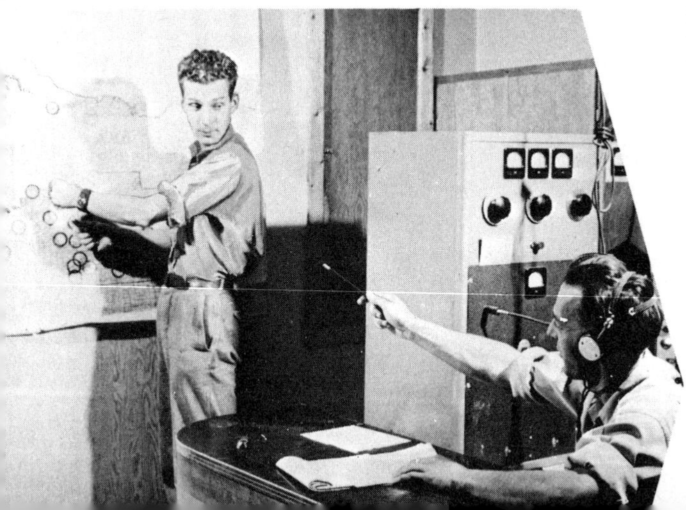

Nach den Anweisungen des Funkers trägt der Distriktchef die von den Beobachtungstürmen gemeldeten Gradzahlen in die Karte ein und legt den Brandherd fest.

Alarmzeichen — eine dünne Rauchsäule inmitten des unendlichen Waldmeeres: Über Sprechfunk gibt der Pilot des Streifenflugzeugs seine Meldung an das Feuerschutz-Zentrum durch.

noch soeben erkennbar, vielleicht von einem Lagerfeuer. Aber zu der Zeit waren meines Wissens keine Menschen in dieser Gegend. Vielleicht, daß das heftige Gewitter, das neulich niedergegangen ist, gezündet hat? Manchmal glimmt ja ein Funke im Moos sehr lange, bis daraus eine Flamme wird."

Hardfort läßt sich den Beobachtungsort auf der Karte genau angeben: „Vom Milford-Lake, den der Silver Creek durchfließt, etwa achteinhalb Kilometer bachaufwärts; am Ostufer eine kleine Lichtung; hat etwa zweihundertfünfzig Meter im Durchmesser, bestanden mit allerlei Strauchwerk. Ist auf unserer neuen Karte gut zu erkennen. Sie haben die Stelle? Well — genau dort habe ich Rauch gesehen."

„Ist markiert, Robin. Klar — Sam Mackay und auch der Nachbarposten Joe Wrighley auf dem Turm 269 können diese Stelle nicht einsehen." Den Männern auf den Feuertürmen entgeht sonst nichts, aber um Ecken und in tief eingeschnittene Täler können sie halt doch nicht gucken. Hier helfen die Buschpiloten aus.

„Wann haben Sie diese Beobachtung gemacht?", fragt Hardfort den Piloten noch.

„Ist genau vermerkt, Boß, nach meinem Chronometer ist das jetzt achtundzwanzigundeinehalbe Minute her."

„Also fast eine halbe Stunde. Da kann viel passieren", bemerkt Hardfort ernst. „Ist deine ‚Beaver' startbereit, Robin?"

„Alles klar, der Mechaniker hat schon aufgetankt. Soll Ted Collins mit seiner ‚Otter' ebenfalls fliegen?"

„Sag Collins, er bekommt in wenigen Minuten Bescheid", schließt der Abschnittsleiter das Gespräch.

Wieder schrillt das Telefon. „Hier Joe Wrighley Turm 269 — soeben Rauchsäule festgestellt, Richtung Westnordwest: 348 Grad; Windrichtung: nach Osten drehend; Windgeschwindigkeit zunehmend; Luftfeuchtigkeit um Null."

„Danke, Joe, paß scharf auf und halte mich auf dem laufenden", ermuntert der Boß.

Kanadas Feuerturmmänner sind die Späher beim Kampf gegen Waldbrände. In naher Zukunft werden zunehmend Hubschrauber und Flugzeuge, die mit hochempfindlichen elektronischen Geräten zum „Feuer-Finden" ausgestattet sind, ständige Streife fliegen, um Brandherde noch früher zu entdecken.

Rasch legt der Abschnittsleiter den Feuerherd genau auf seiner Karte fest. Auf Turm 267 hält Sam Wache; rund zwanzig Kilometer entfernt steht Joe Wrighley auf Posten über dem grenzenlosen Waldmeer. Hardfort macht es wie die nautischen Offiziere auf See. Er trägt die Gradzahlen, die Sam und Joe auf ihren kreisförmigen „Feuer-Findern" abgelesen und telefonisch durchgegeben haben, in seine Karte ein und zieht zwei Linien. Wo die beiden sich schneiden, muß der Brandherd liegen: am Silver Creek, genau an dem Punkt auf der Karte, den Robin Turner angegeben hat.

Der Chief war zum Assistenten geeilt: „Marc, keine Zeit zu verlieren. Löschtrupp A alarmieren, sofort verladen und runter zum See. Jumpmaster Mark Dickens zu mir. — Löschtrupp B, Jumpmaster Steven Cook, einsatzbereit machen. Rufen Sie die Piloten Robin und Ted. Von Kenora sofort einen Sikorski-Helikopter anfordern!" Hardfort nimmt die kurze Holztreppe zum geräumigen Hof mit einem Satz, jumpt auf den Transporter. In vollem „Battle Dress" stehen die Männer hier, sie sind bereit zu springen.

„Gut, Mark", lobt Hardfort beim Entrollen der Karte für den Truppführer. „Also hier — das dicke rote Kreuz — der Punkt, wo ihr ran müßt."

„Hm — Silver Creek", brummt Mark, „die Gegend kenn ich. Prächtiger Baumbestand. Viel Wild, wäre eine Affenschande, käme der Feuersturm da drüber."

„Das liegt jetzt ganz an Euch, Mark", betont ernst ihr Boß. Er haut dem bewährten Truppführer auf die gurtüberzogene Schulter.

Die Geländewagen heulen hell auf; ihre Sirenen schrillen hin über das Camp. Hardfort ermahnt: „Mark, denkt daran, gut gezielt springen! Genau Richtung auf die Lichtung nehmen. Sofort nach Landung Lagemeldung durchgeben. Wenn nötig, bekommt ihr Verstärkung."

Jedes Jahr geht der Schaden, der durch Waldbrände entsteht, in Millionen Dollar. Aber auch die mittelbaren Schäden sind groß: Vernichtung des Wildbestandes, Fischsterben, Verseuchung der Gewässer durch Asche, Zerstörung der Humusschicht und somit der Bodenkraft, Wegspülen der wertvollen Erde, und schließlich verliert die Natur ihren Reiz für Erholungsuchende.

Einige besonders verheerende Großfeuer: Im Jahr 1825 Waldbrand in Neu-Braunschweig auf einem Gebiet von 130 Kilometern Länge, 30 Kilometern Breite. Alles Leben ausgelöscht und 160 Menschen verbrannt. Grauenhaft! — Im Jahre 1910 Waldfeuer in Ontario: im Süden an der Grenze zum Staat Minnesota in den USA 120 000 Hektar vernichtet, 42 Menschen verbrannt. — Im Jahre 1911 in Nordontario 200 000 Hektar Wald zerstört, mindestens 73 Menschen verbrannt. — Im Jahr 1916 schlimmster Waldbrand in der Geschichte Kanadas: 224 Menschen konnten nicht gerettet werden! Eine traurige Bilanz. Doch sind die Einbußen jetzt nur noch halb so groß wie vor vierzig Jahren, bevor der Staat eingriff. Vor allem läßt sich heute viel zur Rettung gefährdeter Menschen tun. Die schnelle Nachrichtenübermittlung durch Funk, Flugzeuge und Helikopter ermöglicht es, daß die durch den Brand bedrohten Gebiete rasch geräumt werden können.

Von Red Lake — der Wasserstation — waren es rund 35 Kilometer Luftlinie zum Brandherd. Alsbald würde Mark Dickens Trupp am Silver Creek springen. Es war höchste Zeit; bedenkliche Meldungen kamen von den benachbarten Wachtürmen. Der Wind frischte auf, der Rauch nahm zu, das Feuer breite sich offenbar rasch aus, meldeten Sam und Joe. Vorsorglich

Fertigmachen zum Einsatz! Tiefer Ernst steht in den Gesichtern der „Smoke-Jumpers". Auf dem selbstgefalteten Fallschirm stecken griffbereit das Messer und ein Kompaß. Der Sprunganzug besteht aus unbrennbarem Asbestgespinst.

Wasserbomben hageln auf einen Brandherd. Wird das Feuer frühzeitig entdeckt, greift man es vom Flugzeug aus an, um Zeit zu sparen. Vielleicht gelingt es, den Brand zu löschen, bevor er sich ausbreitet.

gab Hardfort Großalarm: Alle Männer in seinem Distrikt hatten sich bereitzuhalten, an die Feuerfront gebracht zu werden. Der Kommandant des nächsten Militärlagers alarmierte seine Truppe; Luftwaffenflugzeuge wurden angefordert. Der Minister für Forsten erteilte dem Distriktchef alle Vollmachten und übertrug ihm die volle Verantwortung für die Brandbekämpfung. Fast wie beim Generalstab griff ein Rädchen ins andere — nur war hier der „Rote Hahn" der Gegner. Ihn zu bändigen, erfordert ganze Männer, zuweilen echten Heldenmut.

Mark Dickens, vielfach bewährter Jumpmaster und Truppführer, war einer von ihnen. Beim letzten Großbrand, oben am Muskrat Lake, hatte ein umstürzender Baum seinen Stellvertreter so unglücklich eingeklemmt, daß er wie in einem Schraubstock hing. Keiner wagte sich in die Feuerhölle. Mark schwang sich auf den Bulldozer. Ohne Rücksicht auf die Explosionsgefahr, die von dem vollen Benzintank ausging, jagte er dem Feuer entgegen und holte unter Einsatz seines Lebens den bewußtlosen Kameraden heraus. Das trug ihm etliche Brandwunden und eine Rauchvergiftung ein, und später Lob und Anerkennung durch den Ministerpräsidenten.

Trupp A, Mark Dickens, meldet sich über UKW-Sprechfunk: „Löschtrupp A — alle Leute auf der Lichtung gut gelandet. Jim erwischte einen Baum — leichte Fleischwunde; voll einsatzfähig. ‚Otter' wirft soeben Motorpumpen, Planierraupenteile und Material ab. Lage bedrohlich — alles pulvertrokken — Brand greift schnell um sich — Brandtyp: ‚Crown-Fire'. Versuchen, Isolierschneise zu schneiden und Brandherd von Südwesten her einzuringen. Allein schaffen wir das nicht, bitten dringend um Verstärkung. — Schlage vor, nördlich von uns Steve Cook mit seinem Trupp einzusetzen und vom Creek her eine Schneise uns entgegenzuschneiden — am Creekufer starke Pumpenaggregate aufstellen, Wasser gegen den Herd schleudern — Robin kann auf dem Creek, der sich dort verbreitert, wassern. — Ende." Mehrmals mußte Mark seine Meldung durch heftiges Husten unterbrechen.

„Danke, Mark. In spätestens vierzig Minuten fliegen Verstärkungen an. Tut, was ihr für richtig haltet, aber macht mir keine waghalsigen Sachen, verstanden! Menschenleben sind kostbarer als Holz! Sobald der Sikorski-Helikopter von Kenora anschnurrt, komme ich zu euch hinaus. Ende."

Die Lage am Brandort verschlimmerte sich offenbar von Minute zu Minute. Dickens meldete „Crown-Fire". Das war bedenklich. Früher führte diese Feuerart stets zu Katastrophen.

„Crown-Fires" haben verheerende Folgen. Sie jagen mit unfaßbarer Geschwindigkeit durch die Baumkronen und entwickeln eine enorme Hitze. Saftige, grüne Bäume entzünden sich stichflammenähnlich und brennen

Sprung ins Ungewisse. Unter sich die Weite menschenleerer Wälder und die Feuerlohe prasselnder Baumwipfel, stürzen sich die Männer der Waldbrandwehr tollkühn in die Tiefe. Der Kampf beginnt.

Feuersturm rast durch den Wald, frißt sich knisternd und brausend weiter, krachend stürzen die Stämme, ein wahres Inferno, das nur allzuoft in wenigen Stunden Tausende Hektar wertvoller Nutzfläche vernichtet.

knatternd wie Fackeln aus Wachs und Papier. Der überhitzte Wald entwickelt Gase, lodernde Zweige werden einfach hochgerissen und verursachen, niederschwebend, neue Brandstellen. Der Waldbrand steigert sich unglaublich rasch zum Feuerorkan, der rasend um sich greift.

Im sirrenden Libellenflug schwebte alsbald der Hubschrauber über dem endlos grünen Waldmeer nach Norden. Schon auf viele Kilometer wies die blaue Rauchfahne über dem Busch den Weg. Ostwind trieb sie auf das gleißende Band des Silver Creek zu. Der Bach verbreiterte sich nahe dem Brandort zu mehreren Seen — für die Feuerbekämpfung sehr günstig. Rasch näherte sich die Maschine dem Glutkessel. Dörrender, heißer Wind jagte eine wabernde, rote Lohe aus den Baumwipfeln. Das Prasseln und Knattern drang bis in die Kabine, als Pilot Wilson bei halber Fahrt in einiger Höhe darüberhinglitt.

Noch sah es nicht so aus, als hätte das Feuer auf das Westufer des Creek übergegriffen. Aber das konnte bald geschehen. Hardfort wies den Piloten an, auf die Lichtung zuzuhalten, wo Dickens und seine Leute verzweifelt gegen die Glut ankämpfen mußten. Vor lauter Qualm war nicht viel zu sehen. Wo die Boys bloß steckten? Hardfort dreht an den Knöpfen des Sprechfunkgerätes: „Hallo, hallo, Mark. Von hier oben schaut es nicht gerade rosig aus."

„Wir sind dabei, die Schneise einzuschneiden", ruft Mark zurück. „Hier ist der Busch ziemlich dicht. Allein schaffen wir es nicht, Boß. Kann Stevens Trupp uns bald entgegenarbeiten?"

Hardfort tröstet: „Löschtrupp B fliegt an. Die springen gleich. Steven Cook ist eingewiesen."

„Gut, gut", meldet sich Mark, sichtlich erleichtert. Er hustet schauerlich. „Die Soldaten, und was an weiteren Verstärkungen kommt, längs des Creek ansetzen. Wasser ist hier genug, um den Brand, der auf den Creek zuhält, anzugehen und ein Übergreifen zu verhindern. Das Militär soll vornehmlich Schlauchboote und Motorkanus heranfliegen, damit die Pumpen an möglichst vielen Stellen eingesetzt werden können."

„Gut durchdacht, Mark", lobt der Abschnittsleiter. „Das einzig Richtige in dieser Lage. Begebt euch nicht unnötig in Gefahr! Notfalls zurückziehen an den Creek, da ist genügend Wasser in eurem Rücken. In spätestens einer guten Stunde sind über zweihundert Mann an der Feuerfront. Verpflegung, Getränke schafft Wilson heran, sobald er uns zurückgebracht hat. Ich weiß aus eigener Erfahrung: Durst ist schlimmer als Hunger!"

Während neue Fallschirm-Brandwehrtrupps zur Verstärkung herangeflogen werden, erkundet ein Hubschrauber die günstigste Stelle für ihren Einsatz.

Links unten: Rettung vor dem sicheren Feuertod. Ein junger Wehrmann trägt ein verängstigtes Hirschkälbchen aus der Brandzone. Fotos Gar Lunney

An der Feuerfront. Ein Schwimmer-Flugzeug bringt Verpflegung und — noch mehr begehrt — Getränke. Zum Glück ist das nördliche Amerika sehr reich an Gewässern.

Für Kanadas Feuerwehr rollte wieder einmal ein Ernstfall ab, als wäre es ein Uhrwerk mit vielen gut eingespielten und geölten Rädchen. Ihre Strategen der Waldbrandbekämpfung, hundertfältig erprobt, bekamen das Feuer am Silver Creek unter Kontrolle. Dank dem entschlossenen Eingreifen der „Smoke-Jumpers", vieler tatkräftiger Mithelfer, dank auch einiger günstiger Umstände — zum Beispiel der Windrichtung, die das Feuer auf einen Wasserlauf zutrieb — gelang es, den Brandherd zu ersticken.

„Diesmal waren wir dem ‚Roten Hahn' klar überlegen", lobte später Distriktchef Hardfort seine Leute. „Könnte es immer so sein, bliebe uns viel erspart. Aber ich fürchte, Boys, das ist ein Wunschtraum ..."

Hamburgs

HANS H. WERNER

Mit einem feierlichen Knopfdruck, wie er bei solchen Gelegenheiten üblich ist, setzte Hamburgs Bausenator am 2. Dezember 1969 eine 700 Tonnen schwere Schildvortriebsmaschine in Gang. Seitdem fressen sich dieser und ein weiterer Koloß — es sind die größten derartigen Maschinen, die in Europa eingesetzt sind — am nördlichen Elbufer durch das Erdreich. Rund vier Meter schafft jede Maschine am Tag, insgesamt müssen drei Röhren von je 1140 Meter Länge gegraben werden. In jeder dieser Röhren, die 11 Meter Durchmesser haben, wird es zwei Fahrbahnen geben, die im Norden auf die Autobahn Kiel/Flensburg zulaufen, auf der anderen

neuer Elbtunnel – der größte Straßentunnel Europas

Seite in einem neuen Tunnel unter der Elbe hinweg an das südliche Ufer des Stromes und weiter zum Horster Dreieck auf die Autobahnen nach Hannover und Bremen führen.

65 000 Kraftfahrzeuge täglich werden vom Jahre 1974 ab zunächst auf vier und später dann auf sechs Spuren unter Frachtschiffen und Tankern hindurchfahren, und diese Zahl ist nur das für das Jahr 1974 errechnete Verkehrsaufkommen. Tatsächlich vermag dieser größte europäische Straßentunnel sehr viel mehr zu schlucken. Theoretisch können innerhalb von 24 Stunden über 100 000 Fahrzeuge die sechs Fahrbahnen benutzen und

4 m täglich frißt sich „Otto", eine der größten Schildvortriebsmaschinen der Welt, durch den Elbhang. Bei einem Gesamtgewicht von 470 t wird der Schild mit einem Druck von 8000 t durch das Erdreich getrieben.

Auf der Sohle der 26 m tiefen betonierten Baugrube wird der Schildmantel eingesetzt. Bau der Elbtunnelauffahrt Neumühlen-Othmarschen im Zuge der westlichen Autobahnumgehung.

mit einer Höchstgeschwindigkeit von 80 Kilometern in der Stunde durch den Tunnel brausen.

Der Bau des zweitgrößten Straßentunnels der Welt — nur in Japan gibt es derzeit einen längeren — kostet eine Menge Geld. Allein für die Tunnelstrecke unter der Elbe hinweg rechnet man mit einem Aufwand von 380 Millionen Mark — das sind für jeden einzelnen Meter runde 118 500 Mark. Zusammen mit dem Bau der westlichen Umgehung und des Zubringers über dem Köhlbrand — eine Hochbrücke für Schiffe mit einer Durchfahrtshöhe von 45 Metern, die die Querverbindung zwischen dem alten Hamburger Freihafen und dem neuen Industriegebiet Süderelbe sowie dem Hamburger Container-Terminal herstellen wird — verschlingt dieses riesige Bauvorhaben rund 910 Millionen Mark.

Eine gewaltige Summe! Aber sie ist erforderlich, um den Norden der Bundesrepublik Deutschland mit dem Westen und Süden zu verbinden. Die Elbe darf nicht länger ein Hindernis sein. Die einzige Brücke über die Norder- und Süderelbe im Verlauf der Autobahnen Hannover-Frankfurt und Bremen-Köln ist dem Verkehr in Spitzenzeiten schon lange nicht mehr gewachsen. Der im Jahre 1911 eröffnete erste Elbtunnel aber, der damals als eine technische Großtat gefeiert wurde und der den Strom bei den St.-Pauli-Landungsbrücken unterquert, ist für den fließenden Verkehr unbrauchbar. Hier müssen alle Fahrzeuge, die die 448,5 Meter lange Verbindung unter dem Wasser der Norderelbe benutzen wollen, auf beiden Seiten mit Hilfe eines Lifts den Höhenunterschied zur Tunnelsohle überwinden.

Die unterschiedliche Höhe der beiden Elbufer macht den Bau des neuen Tunnels schwierig. Das Nordufer liegt 32 Meter höher als das Marschengebiet auf dem südlichen Elbufer. Mehr als 3,5 Prozent Steigung aber soll die neue Autobahn im Tunnelbereich nicht haben. Das ist der Grund dafür, weshalb sich die Schildvortriebsmaschinen tief in den Geesthang hineinfressen müssen.

Seit dem Jahre 1960 hat man sich Gedanken über die Neugestaltung der Verkehrsadern in Nord-Süd-Richtung gemacht — nicht zum erstenmal übrigens. Schon in den Jahren 1891 und 1938 hatte es Vorschläge gegeben, die Elbe zu überbrücken. Einzelne Pfeiler der in den dreißiger Jahren begonnenen Brücke konnten Spaziergänger noch lange nach Kriegsende als Torso bewundern — nicht weit von jener Stelle entfernt, wo sich heute die Schildvortriebsmaschinen wie Riesenmaulwürfe durch das Erdreich wühlen.

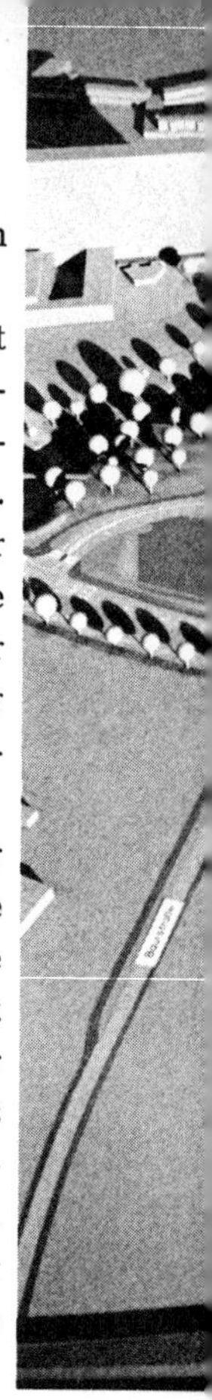

Oben links: Die Nordausfahrt des Elbtunnels und die nördliche Rampe im Modell. Deutlich sind oben im Bild die Zufahrten zu den drei Tunnelröhren erkennbar.

Oben rechts: Und so wird einmal die Tunnelrampe auf dem südlichen Elbufer aussehen. In leichtem Bogen führt die Autobahn hier zum Horster Dreieck.

Rechts: Der zweitgrößte Straßentunnel der Welt. Der Unterwasserabschnitt soll an seiner tiefsten Stelle 18 m unter der derzeitigen Flußsohle liegen. Fot. Conti-Press

Im März 1967 lagen die verbindlichen Baupläne und Kostenschätzungen vor. Die Hamburger Baubehörde unterteilte das Vorhaben in drei Bauabschnitte — sogenannte Baulose. Das „Baulos 1" umfaßt die Ausfahrt auf dem südlichen, verhältnismäßig flachen Ufer der Elbe und den eigentlichen, rund 1000 Meter langen Tunnel — einschließlich der Rampe ein Abschnitt von 1740 Meter Länge. „Baulos 2" besteht aus dem bergmännischen Durchbruch des Geesthanges am Nordufer der Elbe, und in das „Baulos 3" schließlich fällt die in offener Bauweise auszuführende nördliche Rampe.

In technischer Hinsicht ungewöhnlich wird beim Bau des Tunnels auf

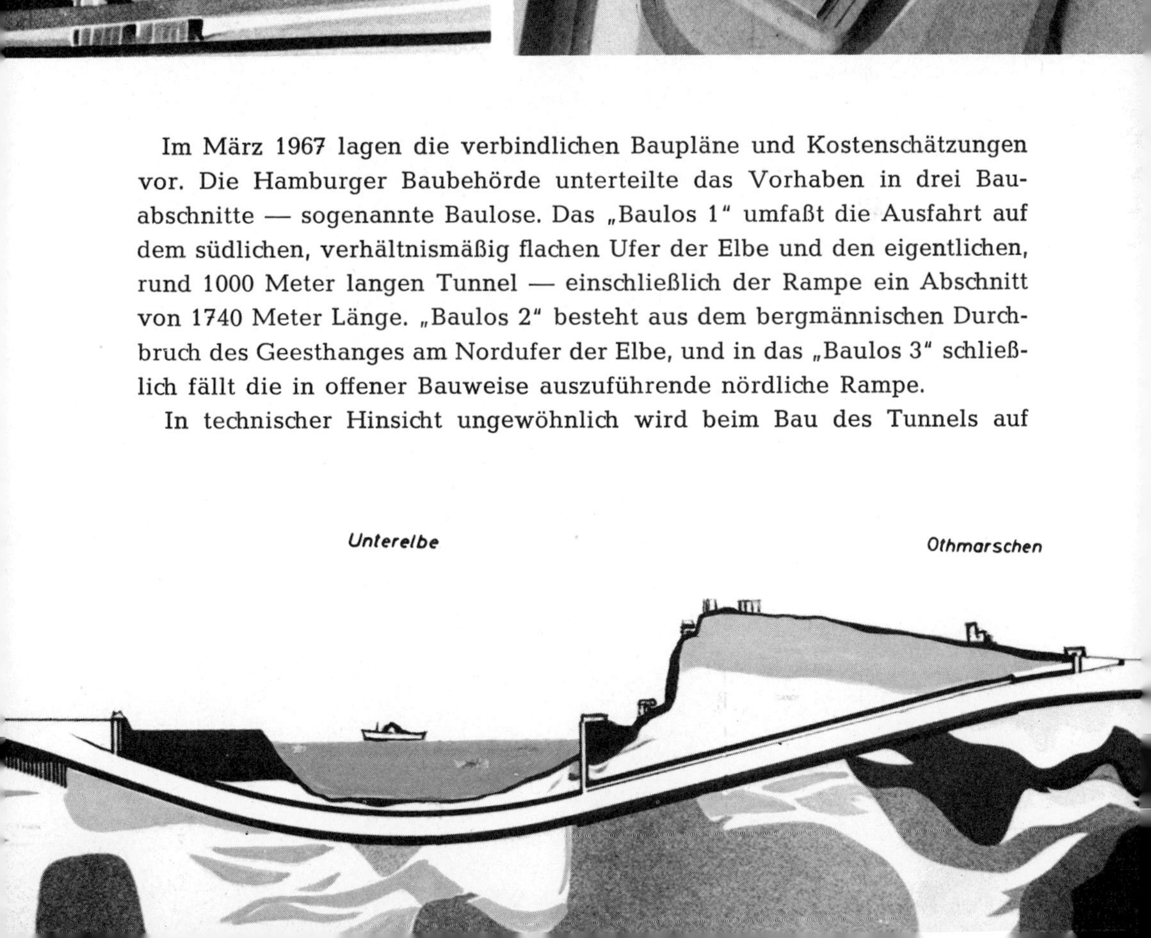

dem Unterwasserabschnitt verfahren. Acht vorgefertigte Tunnelteile, riesige Betonkästen, werden vom Ufer her eingeschwommen und in eine ausgebaggerte Rinne, die quer durch den Strom führt, abgesenkt. Anschließend fügt man sie unter Wasser zusammen. Während sich am nördlichen Elbufer die Schildvortriebsmaschinen durch den Geesthang fressen, entstehen am Südufer im Maakenwerder Hafen die Tunnelstücke. Jedes Teil hat eine Länge von 132 Metern, eine Breite von 41,5 Metern, eine Höhe von 8,4 Metern und wiegt 45 000 Tonnen. Darin haben drei doppelspurige, parallellaufende Fahrbahnröhren und die notwendigen Lüftungskanäle Platz. Als Werkstoff dient Stahlbeton. An den Seitenwänden und auf der Sohle wird der Tunnel später mit einer geschweißten Stahlblechhaut abgedichtet, auf der Tunneldecke mit Bitumenschichten.

Jedes dieser Tunnelstücke hat die Wasserverdrängung eines vollbeladenen Schiffes von 17 000 Bruttoregistertonnen — also etwa des deutschen Atomschiffes „Otto Hahn". Um sie in der Nähe der Baustelle fertigstellen zu können, hat man ein nicht benötigtes Hafenbecken, den sogenannten Maakenwerder Hafen, abgedichtet und anschließend ausgepumpt. Hinter einem breiten Fangdamm werden — neun bis zwanzig Meter tief unter

Blick in die mit stählernen Tübbings abgestützte Tunnelröhre. Damit kein Grundwasser eindringen kann, wird unter Überdruck gearbeitet. Eine Druckwand mit einer Personal- und einer Materialschleuse sperrt die Röhre ab.

Rechte Seite: Im „Trockendock" wachsen die acht Teilstücke des Unterwassertunnels ihrer Fertigstellung entgegen. Als Bauplatz dient ein ehemaliges Hafenbecken, das man durch einen Damm abgetrennt und leergepumpt hat. Die riesigen Betonkästen enthalten 3 Fahrbahn- und 2 Versorgungsröhren.

dem Wasserspiegel — die Tunnelstücke betoniert. Tag für Tag bringen Schiffe hierzu Kies von der Nordwestküste Jütlands und Sand vom Elb-Trave-Kanal. Dieses Gebiet, wo zahlreiche Baggerseen entstanden sind, ist inzwischen zu einem beliebten Wochenendplatz für die Bewohner von Hamburg, Lübeck und Lüneburg geworden. Rund 170 000 Kubikmeter Beton werden für die acht Tunnelteile benötigt. Eine eigens angelegte Mischanlage stellt diesen Beton her, und ein Labor überwacht laufend Festigkeit und Gleichmäßigkeit der Mischung.

Rund ein Jahr wird allein das Absenken der Tunnelteile in die ausgebaggerte Rinne in der Elbe dauern. Ein weiteres Jahr wird vergehen, bis der Innenausbau der Fahrbahnröhren beendet ist. Insgesamt müssen die Naßbagger rund 2,5 Millionen Kubikmeter Sand aus dem Wasser fördern, bevor die Rinne für den Tunnel fertig ist — 50 Meter breit und an ihrer tiefsten Stelle 18 Meter unter der derzeitigen Flußsohle.

In Modellversuchen hat man ermittelt, daß Sand und Schlick weder die Rinnen bedrohen noch die Arbeit der Bagger beeinträchtigen werden. Außerdem hat man die günstigste Böschungsneigung, den Strömungsverlauf und die Geschwindigkeit der Strömung in der Rinne festgestellt. Diese Daten sind nötig, um die Kräfte auszuforschen, die beim Einschwimmen der Tunnelteilstücke aufgenommen werden können.

Auf „Baulos 2", dort, wo sich mit einem Druck von 8000 Tonnen die Schildvortriebsmaschinen bis in 40 Meter Tiefe unter die Erdoberfläche fressen, waren umfangreiche Vorarbeiten nötig, ehe man auf den Knopf drücken und die Maschinen in Gang setzen konnte. Alle Häuser in der Umgebung der Baustelle wurden untersucht und bestehende Mängel genau aufgezeichnet. Zum Teil hat man sie auch markiert, um später bei etwaigen Schäden durch den Tunnelbau genaue Unterlagen zur Hand zu haben.

Beim Bau der drei Tunnelröhren wird mit den Vortriebsschilden „bergauf" gefahren. Für diese Entscheidung gab es in der Hamburger Baubehörde drei Gründe: Einmal ließ sich die Baustelle sehr gut auf dem Gelände des Elbufers anlegen, ein andermal kann das Erdreich, das die beiden Maschinen aus den drei Röhren herausbefördern, auf dem Wasserwege weggebracht werden. Dadurch wird der Straßenverkehr im Westen und Nordwesten Hamburgs nicht behindert. Schließlich kann man die Fertigteile der Tunnelröhren gleich von unter her einbringen — sie müssen also nicht erst auf den Elbhang hinaufgeschafft werden.

Um das Eindringen von Grundwasser zu verhindern, wird beim bergmännischen Vortrieb unter Überdruck gearbeitet. Jedesmal, wenn die Arbeiter den Stollen betreten oder ihn verlassen, müssen sie deshalb eine Druckschleuse passieren.

Ist der Tunnel erst einmal fertig, werden sich die Röhren mit einem Durchmesser von elf Metern kreisrund durch den Elbhang ziehen. Damit die gußeisernen Röhrenabschnitte zusammengesetzt werden können, besitzen die Schildvortriebsmaschinen einen „Ring-Erektor". Er wird beim millimetergenauen Zusammensetzen der jeweils 25 Zentimeter dicken und 1,2 Tonnen schweren Röhrenstücke — in der Fachsprache werden sie „Tübings" genannt — Hilfestellung leisten. 16 Tübings bilden ein Ringstück der Tunnelröhre; sie werden miteinander verschraubt, ein Verfahren, das sich auch schon beim Bau der Hamburger U-Bahn seit einigen Jahren bewährt hat.

Wenn der neue Hamburger Elbtunnel Anfang 1974 dem Verkehr übergeben wird, sind die notwendigen Entlüftungsbauwerke fertig, und die Fahrzeuge können dann mit Hilfe von Computern durch den Tunnel gelenkt werden. Fertig sein wird aber auch das am Nordausgang des neuen Hamburger Elbtunnels geplante, neue Altonaer Krankenhaus; und es wird in Neugraben, am südlichen Teil des Tunnels, eine neue Feuerwache geben. Denn eines ist schon jetzt sicher: Sobald der neue Tunnel in Betrieb ist, muß man auch hier mit Verkehrsunfällen rechnen. Unfälle, auf die man sich rechtzeitig einrichtet.

Bis dahin geht die Arbeit weiter. Tag für Tag — ohne Unterlaß, mag es auch noch so kalt oder heiß sein. Eines der großen Abenteuer unserer Zeit? Sicherlich. Und wenn auch die Männer, die hier arbeiten, ihre Arbeit gar nicht so stark bewertet wissen möchten — aufregend ist sie auf alle Fälle.

WETZSTEINE DES VER-STAN-DES

VON BENNO GRIPS

Den Technikern der Gegenwart wird nachgesagt, daß sie bei der Frage, wieviel 2 mal 2 ist, ihren Rechenschieber herausholen und dann schon nach wenigen Minuten die Lösung haben: 3,999. Nun, fest steht jedenfalls, daß unsere Zeit uns nicht nur viele mechanische Tätigkeiten erspart, sondern auch für die geistigen Arbeiten Hilfsmittel gibt, deren man sich gern bedient. Was uns aber beharrlich überlassen bleibt, ist das Denken selbst. Das nimmt uns keiner ab. Im Gegenteil: Die Kopfarbeit wächst von Tag zu Tag an. Wer seinen Grips nicht massiert, wird bald überrundet sein.

Alle Welt ist heute des Lobes voll über die Elektronengehirne. Unglaublich, was sie alles können! Sie vergessen nichts, was einmal in ihnen gespeichert ist, und das Tempo, mit dem sie arbeiten — weit schneller als der Mensch! Da hat kürzlich, es ist nur ein kleines, einfaches Episödchen, ein amerikanisches Warenhaus für seine Kunden einen Computer aufgestellt, der jedem auf Wunsch ganz persönliche Einkaufsvorschläge macht. Wer also für einen Bekannten ein Geschenk braucht und nicht recht weiß, was es sein könnte, gibt der Rechenmaschine Alter, Geschlecht und die besonderen Eigenschaften des Betreffenden an und bekommt dann einen entsprechenden Vorschlag ausgearbeitet.

Ein Witzbold wollte nun ergründen, wie schlau der Computer ist, und gab folgende Daten hinein: männlich, ein Jahr alt, raucht gern. Er erwartete, daß der Computer streiken würde, weil er bei diesen Bedingungen unter den vorhandenen Waren keine passende finden könne. Aber weit gefehlt! Zwei Sekunden später spuckte die Maschine den Vorschlag aus: Schokoladenzigarre! Na, besser hätte es die Verkaufsleitung mit einer großangelegten Umfrage auch nicht fertiggebracht.

Alles recht und gut. Aber wer erinnert sich daran, daß es doch der Mensch war, der diese Maschinen ausgedacht hat und der sie ständig noch verbessert? Man sollte das nicht vergessen, auch wenn die Computer verblüffende Leistungen vollbringen. Es ist nicht so, daß der menschliche Verstand dadurch unnötig würde. Durch Nachdenken gewann der Mensch die Möglichkeit, sich Elektronengehirne als Hilfsmittel für seine geistige Tätigkeit herzustellen, genau wie er Krane baute, von denen einer schwerere Lasten heben kann als tausend Menschen zusammen. Aber so wie der Mensch trotz des Krans nach wie vor seine geschickten Hände braucht, so nötig hat er auch seinen scharf geschliffenen Verstand, trotz der Denkmaschine.

Deshalb mein wohlgemeinter, wenn auch nicht ganz kostenloser Rat: Schone deine Gehirnwindungen nicht, benütze sie, bleibe im Training! Hier sind ein paar Wetzsteine, mit denen du deinen Verstand schärfen und dir selbst beweisen kannst, daß er noch gut in Form ist — daß du noch fit bist für die Anforderungen, die an deinen Kopf gestellt werden.

„Diese beiden kenne ich doch!" denkt der Detektiv, stets bestrebt, einen ordentlichen Fisch zu fangen. „Wo habe ich sie nur schon einmal gesehen?"

Und er hat recht; er kennt die beiden wirklich! Nämlich woher? ❶

Es ist natürlich immer so: Was man nicht „drin" hat, kann man nicht benützen — auch dem Computer geht es nicht anders. Deshalb nehmen wir als nächsten Wetzstein mal einen, der kein gespeichertes Wissen voraussetzt. Die Aufgabe mit den acht Billardkugeln läßt sich durch reines Nachdenken lösen.

Unter acht gleichgroßen und gleichaussehenden Billardkugeln befindet sich eine, die im Gewicht von den andern abweicht. Durch nur zwei Wägungen auf einer Balkenwaage soll nun diese eine, schwerere Kugel herausgefunden werden. ❷

War es schlimm? Das freut mich. Es gibt natürlich auch Leichteres, an dem man seine Fixigkeit erproben kann.

Herr Krause steht am Bahnhof des Städtchens Mittelschindelheim. Er ist soeben mit dem Zug angekommen und möchte in das Hotel rechts oben auf unserer Zeichnung. Aber wie gelangt er dahin? Das Städtchen ist arg verbaut, und wo kein Durchgang zu sehen ist, da ist auch keiner! Es ist reine Menschenpflicht, den armen Reisenden in sein Hotel zu geleiten. Nur so mit den Augen, ohne den Zeigefinger zu Hilfe zu nehmen. Allzulange darf es freilich nicht dauern. Umwege sollten wir auch nicht machen, denn Herr Krause ist sehr müde. ❸

Doch weiter geht es: Als Karl-Heinz an einem schönen Ferientag allein in seines Vaters Motorboot gemütlich das Bodenseeufer entlangtuckerte, sah er plötzlich, wie sich mehrere Hände am Bootsrand festklammerten. Noch bevor er etwas dagegen unternehmen konnte, schwangen sich sieben Mädchen in sein Boot und banden ihn fest. „Überfall!" dachte Karl-Heinz und wußte sofort, was er hätte tun sollen — doch zu spät. Eine der Piratinnen hatte bereits das Steuer übernommen, und weiter ging die Fahrt, als wäre alles in bester Ordnung. Dabei hörte er nun die Namen durcheinanderschwirren, aber so sehr er auch aufpaßte, er konnte nicht für ein einziges Mädchen den vollen Namen zusammenbringen. Vier hießen nämlich Annemarie, eine Hilde, eine Irmgard und eine Uschi. Und dazu kamen als Nachnamen zweimal Fischer, viermal Hartmann und einmal Breunlin. Da sagte die, die das Steuer führte und auch sonst die Anführerin zu sein schien: „Wenn es dir gelingt, den vollen Namen von einer von uns zu erraten, binden wir dich los. Du mußt aber gleich beim ersten Versuch das Richtige treffen!" — Ob ihm das wohl gelungen ist? ❹

Hier sind zwei Bilder von der Rumpelkammer. Auf dem einen steht alles durcheinander, auf dem anderen ist inzwischen aufgeräumt worden: Frau Meier hat Ordnung geschaffen. Einige Gegenstände hat sie dabei, weil sie gebraucht werden, mitgenommen. Nämlich welche? ❺

Dann ist da die spaßige Sache mit den farbigen Steinen. Eine hohe Vase ist halbvoll gefüllt mit roten, blauen, gelben, grünen und schwarzen Steinen. Wieviel Steine müssen wir mindestens herausnehmen, um ganz sicher zu sein, daß wir sechs von einer Farbe erwischt haben, also sechs rote oder sechs blaue oder sechs von einer anderen Farbe? ❻

Na, also, das war wirklich einmal ein Problem, dem mit reiner Logik beizukommen ist, wenn auch mein Freund Peter Pfeffer an dieser Stelle höflich durch die Nase lächeln wird, denn sein Leitspruch lautet: „Tiefes Mißtrauen erfüllt mich, sobald ich das Wort Logik höre!" Und das kam so:

„Man kann so ziemlich alles beweisen", hatte Lehrer List gesagt und dabei listig ein Auge zugekniffen, „man muß es nur richtig anpacken! — Was ich heute erzähle, steht nicht im Lehrplan, ist deshalb aber nicht weniger wichtig. Mit der Logik hat es eine besondere Bewandtnis. Es wäre so vieles logisch, aber es hält sich niemand daran. Es wird uns Normalverbrauchern beispielsweise vom Wirtschaftsministerium immer wieder klar bewiesen, daß bei Lebensmittelschwemmen die Preise sinken müssen, und das wäre auch ganz logisch, nur — sie tun es nicht!"

Wir saßen aufmerksam in unseren Bänken. Das war wieder ein echter „List", hochinteressant und ein bißchen revolutionär. Lehrer List hätte, obwohl er schon über sechzig Jahre alt war, noch gern die Welt umgekrempelt.

„Doch die Bocksprünge mit der Logik", so fuhr er fort, „sind nichts Neues. Schon die alten Griechen übten ihren Witz an heiteren Trugschlüssen, wie etwa der ‚Hörnerbeweis' einer ist. Er lautet ganz schlicht: Was man nicht verloren hat, hat man. Hörner hat der Mensch nicht verloren, also hat der Mensch Hörner! — Unzweifelhaft ein ebenso bequemes wie humoriges Verfahren, seine Mitmenschen in die Klasse der Hörnerträger einzureihen!"

Hier konnte es unser Benjamin Glamser, der mal Tontechniker beim Rundfunk werden will, nicht unterlassen, mit den Füßen zu scharren und „Muuuuhh!" zu machen. Professor List hörte gelassen darüber hinweg und sprach weiter.

„Manche Leute haben den Witz mit dem Hornvieh aber auch ernst genommen und tiefsinnige Streitgespräche geführt, ob nicht doch etwas Wahres an der Sache sei, und wie man vor allem dem Grund des Trugschlusses, falls es ein solcher sein sollte, beikommen könnte. Weil die Lüge die Umkehrung der Wahrheit ist, kamen die Logiker des Altertums zu dem folgenden berühmten Sophisma: Der Kreter Epimenides sagte: Alle Kreter sind Lügner. Wenn das wahr ist, müssen Epimenides selbst ein Lügner und seine Behauptung eine Lüge sein, woraus folgt, daß alle Kreter die Wahrheit sprechen. Wenn das aber der Fall ist, dann sagt auch Epimenides die Wahrheit, und es ergibt sich, daß alle Kreter Lügner sind; wenn das aber zutrifft, dann ... und so weiter. Mit logischer Genauigkeit folgert hieraus also, daß die Kreter sowohl Lügner als auch Wahrheitsfanatiker sind, und es bleibt unserem geschärften logischen Verstand überlassen, sich mit diesem Widerspruch auseinanderzusetzen."

Da schraubte sich unser Peter Pfeffer langsam und bedächtig, wie wir es an ihm gewohnt waren, von seinem Stuhl hoch, rückte an seiner Brille und sagte: „Herr Professor, das waren nun Überlieferungen aus dem grauen Altertum, da die Leute noch Zeit hatten; doch aus der Gegenwart läßt sich derartiges wohl kaum berichten ..."

„Irrtum, mein Lieber", lachte der Professor, „vor etwa einem Jahr hat ein spleeniger Amerikaner einem Dorfbarbier hunderttausend Dollar versprochen, wenn er alle Männer seines Ortes, die sich nicht selbst rasieren, rasierte. Der Auftrag schien unserem Figaro nicht schwer, und er fing schon mal lustig mit der Arbeit an. Doch bald ging ihm die Tücke auf: Wie sollte er es wohl mit sich selber halten? Wenn er sich ebenfalls rasierte, so verstieß er gegen die Bedingungen, nur solche Männer des Ortes zu rasieren, die sich nicht selbst rasieren; wenn er sich selbst aber unrasiert ließ, machte er sich eines gleichen Verstoßes schuldig, denn dann zählte er doch ebenfalls zu den Männern, die sich nicht selbst rasieren, und gerade die sollte er unter sein Messer nehmen. Und weil alle Versuche scheiterten, den Auftrag auszuführen, und er trotz verzweifelten Nachdenkens zu keiner Lösung kam, soll er sich unter feierlicher Verwünschung der Vieldeutigkeit aufgehängt haben!"

Bong! tönte da der Schulgong und setzte der Stunde ein Ende. Professor List griff nach seinen Büchern. „Ich hoffe, die gedankliche Akrobatik ist allen gut bekommen. Bocksprünge mit der Logik macht man ja im allgemeinen nicht ungestraft!" Sprach's und empfahl sich.

Setzen wir nach diesem Tiefschlag unseren Verstand wieder langsam in Bewegung. Die Autos auf unserem Bild sind falsch geparkt. Wachtmeister Bölke muß sie leider aufschreiben. Als er in seinem Notizbuch die Buchstaben der Nummernschilder nachliest, in anderer Reihenfolge als die Autos dastehen, muß er lachen. Warum wohl? ❼

Eine besondere Rosine unter den mathematischen Denkaufgaben ist die Frage nach der Zahl der Schüler des Pythagoras, die mancher mit Humor begabte Lehrer jedes Jahr seiner neuen Klasse zu stellen pflegt, damit sie ihren Verstand daran wetzen kann. Sie ist, wie es sich für ein solches Problem gehört, in der damaligen geschwollenen Sprechweise überliefert, was jedoch lediglich dazu dient, den Kern der Sache besser zu verhüllen. Wollen wir es trotzdem versuchen?

„Edler Pythagoras, sage mir, wie viele der Jünger zählt dein Haus, die dem Dienst sich weih'n der unsterblichen Götter?"

„Sagen will ich es dir, o Polykrates. Siehe, die Hälfte widmet sich der herrlichen Mathematik, ein Viertel erforscht eifrig die Tiefen der Natur, ein Siebtel übet noch schweigend die Kraft des Gemüts und lauschet der sinnigen Rede, dann der Jungfrauen drei, unter ihnen vor allem Theana; so viel der Jünger führ' ich zum Born der ewigen Wahrheit!"

Wieviel Jünger also hatte der weise Pythagoras? ❽

Nun läßt sich, das ist bekannt, mit Zahlen viel Schindluder treiben. Ich meine nicht die Statistiken, die Bilanzen oder das Wirtschaftsbudget, sondern die reine Mathematik. Doch bedarf es nicht unbedingt so hohen Geistesfluges, selbst mit ganz gewöhnlichen Streichhölzern kann man seinen Grips gehörig durchkneten. Bei diesen acht Streichhölzern soll „Bunte Reihe" gemacht werden, also die Köpfe abwechselnd mal oben, mal unten. Immer zwei nebeneinander liegende Hölzchen können mit einem Zug bewegt werden; jedoch sind insgesamt nur vier Züge erlaubt, wobei die unbesetzten Plätze 9 und 10 benutzt werden dürfen. ❾

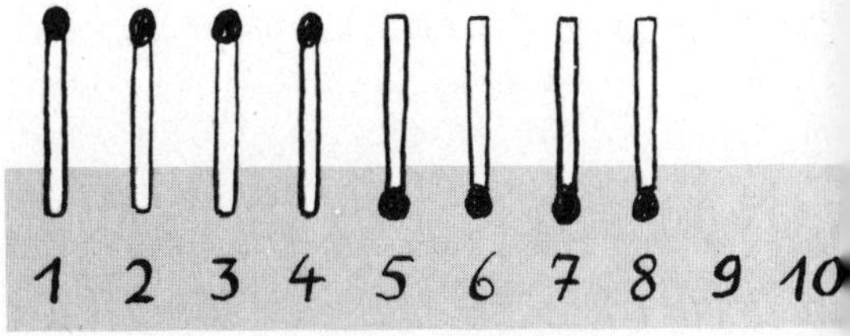

Geschicklichkeit im Aufreihen war von jeher eine begehrte Kunst. Im 16. bis 18. Kapitel des dritten Buches von Hegesippus „De bello Judaico" wird erzählt, daß nach der Zerstörung Jerusalems der berühmte jüdische Schriftsteller Josephus sich mit 40 anderen Juden in einen Keller geflüchtet hatte. Alle außer Josephus und seinem Freund erklärten, daß sie lieber sterben als den Siegern in die Hände fallen wollten. Josephus scheute sich, seine Absicht, leben zu bleiben, offen auszusprechen. Er schlug deshalb vor, daß sich die Tötung wenigstens nach einer gewissen Ordnung vollziehe. Sie möchten sich alle in eine Reihe stellen und dann solle der jeweils dritte sich selbst den Tod geben, wobei der erste als auf den letzten folgend anzusehen sei. Der Vorschlag wurde angenommen. Dadurch, daß Josephus seinen Freund und sich selbst an besonderer Stelle einreihte, rettete er sein und seines Freundes Leben, weil sich von den 41 Personen die übrigen 39 schon getötet hatten, ehe die letzten beiden mit Abzählen begannen. Welche Plätze hatten die beiden eingenommen? ❿

Das war eine sehr schwierige Aufgabe, ich kann es nicht leugnen. Wie es ja überhaupt die Zahlenspiele in sich haben. Nehmen wir als Beispiel nur mal die Geschichte von den unzertrennlichen Sechs. Sie ist amüsant und lehrreich zugleich.

„Paßt auf", sagte Max, „ich habe da einen dicken Hund." Und er kramte einen Zettel aus der Hosentasche, auf dem die seltsame Zahl 0 588 235 294 117 647 stand.

„So ein Blödsinn!" maulte Otto. „Was soll die Null am Anfang? Die kann man doch gleich weglassen!"

„Quatsch nicht dazwischen", griente Max, „es ist doch allgemein bekannt, daß sie bei dir die anderen Ziffern gestrichen haben und nur die Null übriggeblieben ist..."

Da ging Otto auf ihn los, und wenn die übrigen Freunde ihn nicht zurückgehalten hätten, müßten wir wahrscheinlich darauf verzichten, das Geheimnis der seltsamen Zahl zu erfahren.

„Also“, setzte Max nochmal an, nachdem sich alle wieder beruhigt hatten, „die fette Null macht den Anfang und hinter ihr drein kommen im Gänsemarsch die fünf Dreisteller: 588, 235, 294, 117 und 647. Insgesamt sind es also sechs Gruppen. Und so harmlos diese Gesellschaft aussieht, so dick hat sie es hinter den Ohren. Die sechs halten nämlich zusammen wie Pech und Schwefel. Multiplizieren wir die Zahl mit einer Zahl zwischen 2 und 16 und haben wir uns dabei nicht verrechnet, so sind alle sechs Gruppen wieder zur Stelle. Höchstens, daß von der am Schluß stehenden Gruppe eine oder zwei Ziffern sich selbständig gemacht und an den Anfang des Zuges gesetzt haben. Es sind alle wieder da, auch die Null, und sogar in der richtigen Reihenfolge.“

Max holte tief Luft, drehte seinen Geheimnisträger, den Zettel, um und las ab: „Mal 5 beispielsweise ergibt 294 117 648 0 588 235. Bei mal 10 geht die Null einfach vorne weg und schließt sich hinten wieder an. Das ist noch am einleuchtendsten. Oder mal 14 macht 8 235 294 117 647 058.“

„Ist ja toll!“ sagte Otto jetzt. Aber Max war noch nicht zu Ende: „Erst das Multiplizieren mit 17 wirkt auf die sechs Unzertrennlichen wie eine Atombombe. Mit 17 malgenommen zu werden, das können sie nicht ertragen. Wie durch Zauberschlag sind sie alle miteinander verschwunden, und statt ihrer erscheinen ... aber das könnt ihr nun ruhig einmal selbst ausknobeln und euch überraschen lassen!“

Als Erholung sei uns die Beschäftigung mit einer „hinterhältigen Zeichnung“ vergönnt, wie die Chinesen die Vexierbilder nennen. Da muß man allerdings seine Äuglein flitzen lassen und ganz scharf hinschauen, sonst kommt man nicht hinter das Geheimnis der Hotelküche, in der sich folgender nicht sehr aufschlußreicher Dialog abspielt:

„Für wen kochst du denn, es ist doch noch kein Gast da?“

„Doch!“

„Wo ist er?“ ⓫

Nun kommt Bewegung in unseren Denkapparat. Zwei Freunde treffen sich in Aufhausen. Beide wollen nach Dingsda. Dingsda liegt von Aufhausen 40 Kilometer entfernt. Der eine — Knix heißt er — ist zu Fuß. Der andere, Knax, hat sein Fahrrad bei sich. Knax sagt: „Ich werde mit dir zu Fuß gehen und das Fahrrad schieben." Knix sagt: „Nein, das wirst du nicht tun. Du fährst die erste Stunde, während ich mich zu Fuß auf den Weg mache. Nach einer Stunde stellst du dein Rad irgendwo am Weg unter und gehst zu Fuß weiter. Nachdem werde ich das Rad nehmen und eine Stunde fahren. Und so wechseln wir ab, bis wir am Ziel sind. Wir kommen so eher in Dingsda an, als wenn wir beide zu Fuß gehen." Stimmt das? ⓬

Begeben wir uns nun noch auf ein weniger gefährliches Pflaster. Tun wir mal so, als gehörten wir zum Gefolge des Pharao, der sich soeben von seinem Architekt über den Fortgang der Bauten berichten läßt. Nehmen wir an, wir seien der Mann ganz links im Bild, dessen Kopf gerade noch zu sehen ist. Was muß ihm auffallen? ⓭

Diese Frage war — hoffentlich! — leicht zu beantworten. Übrigens soll ein Pharao einst den weisen Spruch getan haben: „Ohne Sklaven ist keine Kultur möglich." Er meinte das so: Wenn einem niemand die Mühen des täglichen Lebens abnimmt, hat man keine Zeit, sich eingehend mit höheren Dingen zu befassen. Diese Rechnung dürfte stimmen! Aber wie steht es heute damit, da es keine Sklaven mehr gibt? Nun, auch diese Frage ist leicht zu beantworten: Unsere modernen Sklaven sind die vielen Maschinen und Geräte, die für uns arbeiten. Dazu gehört nicht nur die Teigrührmaschine der Bäcker, sondern auch das Elektronengehirn der Wissenschaftler. Womit wir wieder am Anfang unserer Ausführungen angelangt wären. Eigentlich wollten wir darauf gar nicht mehr zurückkommen.

HELMUT SOHRE

Jeder will der Schnellste sein

Die aufregende Hetzjagd auf den Geschwindigkeitsweltrekord für Automobile

Monteure, Zeitmesser, Journalisten und eine Handvoll Neugieriger halten den Atem an, als Gary Gabelichs „Riesenzigarre" auf dem Salzsee von Utah davonschießt — eine Rauchfahne hinter sich wie ein Kometenschweif. Es ist ein elf Meter langes, 1,50 Meter hohes Monstrum mit Raketenantrieb und 9980 Kilopond Schubkraft. Das bedeutet umgerechnet eine Leistung von 58 000 PS. Mit diesem Ungeheuer auf Rädern, das Gary Gabelich „The Blue Flame" (Die blaue Flamme) getauft hat, will er dem absoluten Geschwindigkeitsweltrekord für Landfahrzeuge seines Landsmannes Craig Breedlove zu Leibe rücken. Gary Gabelich ist ausgebildeter Astronaut, 30 Jahre alt und als Mondfahrer nicht zum Zuge gekommen, weil er krank wurde. Nun will er beweisen, welch ein wagemutiger Mann er ist, und Weltrekordfahrer werden. Breedloves Rekord steht bei 966 km/h.

Das Geld für „The Blue Flame" hat die amerikanische Erdgasindustrie aufgebracht, allein um das Bild, das sich die Öffentlichkeit vom Gas macht, zu berichtigen, oder, wie man heute sagt, um ihr Image aufzubessern! Denn noch immer kämpft die Erdgasindustrie in der ganzen Welt gegen Vorurteile. Gas — das bedeutet in der Vorstellung der Verbraucher ein Überbleibsel aus Großvaters Zeiten. Um mit dieser Ansicht aufzuräumen, ließ es sich die „Natural Gas Industry" 1,7 Millionen Mark kosten, Gary Gabelich zum Rekord zu verhelfen.

Als Meßstrecke gilt die Entfernung über eine Meile. Sie muß in beiden Richtungen innerhalb einer Stunde durchfahren werden. Aus den dabei erzielten Zeiten wird das Mittel und damit die Durchschnittsgeschwindigkeit errechnet. Anfahrweg und Auslauf betragen jeweils etwa 10 Kilometer. Die Auslaufgeschwindigkeit muß durch Bremsfallschirme verringert werden. Als Gary Gabelich die Meßstrecke das erstemal durchrast hat und sein Fahrzeug mit Hilfe der Bremsfallschirme zum Stehen bringt, hat er eine Durchschnittsgeschwindigkeit über die Meile von 993,937 km/h erreicht.

Ehe es nun zur Rückfahrt kommt, muß Gabelich noch die Schwierigkeit meistern, sein Fahrzeug in die neue Fahrtrichtung zu drehen, beträgt doch der Lenkausschlag nur 1 Grad. Der Wagen ist praktisch nur für die Geradeausfahrt geeignet, denn Lenkkorrekturen gibt es bei dieser hohen Geschwindigkeit ohnehin nicht. Bei um 1 Grad eingeschlagenen Rädern beträgt der Wendekreisdurchmesser des Rekordfahrzeuges etwa 800 Meter. Mit Hilfe eines Traktors gelingt das Wendemanöver in erstaunlich kurzer Zeit, und Gary Gabelich startet aufs Neue. Seine Durchschnittsgeschwindigkeit für die Meile wird diesmal mit 1009,517 km/h gemessen, und das bedeutet neuen Weltrekord mit dem Mittel von 1001,727 km/h. Es ist der Sieg der Erdgasindustrie über die Erdölindustrie, denn das Fahrzeug des bisherigen Rekordhalters Breedlove war mit herkömmlichem Treibstoff gespeist worden.

Gary Gabelich will sich mit diesem Rekord nicht zufrieden geben und noch höher hinaus. Er möchte mit „The Blue Flame" als erster Mensch auf einem Landfahrzeug die Schallmauer durchbrechen. Sie liegt etwa bei 1200 km/h. Obwohl im Windkanal für „The Blue Flame" eine Höchstgeschwindigkeit von 1500 km/h errechnet worden ist und auf dem Prüfstand die Reifen Geschwindigkeiten bis zu 1600 km/h standgehalten haben, weiß man nicht, wie sich das Fahrzeug bei Erreichen der Schallgeschwindigkeit verhalten wird, welche unvorhergesehenen Kräfte darauf einwirken werden.

„The Blue Flame" hat vier Räder. Die vorderen liegen eng beisammen, die hinteren weiter auseinander. Das Chassis besteht aus Aluminium und Stahl. Das Leergewicht des Wagens beträgt 6500 amerikanische Pfund, das sind rund 5,8 Tonnen. Um überhaupt in dem gewaltigen Sog, der im Cockpit des Rekordfahrzeugs herrscht, atmen zu können, trug Gary Gabelich eine Sauerstoffmaske.

„Nächstes Jahr komme ich wieder und werde noch schneller sein", erklärt er gleich nach seiner Rekordfahrt.

„Warum, du hast doch durch deinen Rekord 100 000 Dollar gewonnen —

steuerfrei. Hast du das nötig, dein Leben nochmals aufs Spiel zu setzen?" wird er gefragt.

Seine Antwort lautet: „Ich bin nicht zufrieden mit dem Erreichten. Man soll nicht stillstehen und niemals zufrieden sein!" Nicht zufrieden! „Jamais content — niemals zufrieden!" Das pinselte schon im Jahr 1899 der Belgier Camille Jenatzy auf sein Fahrzeug, der als erster Mensch die 100 Stundenkilometer überschritt. Und die Hetzjagd auf den absoluten Geschwindigkeitsweltrekord für Landfahrzeuge nahm fortan kein Ende. Keiner war mit dem Erreichten zufrieden.

Am 23. April 1911 überschritt der Amerikaner Bob Burman mit seinem „Blitzen-Benz" am Strand der Daytonbucht in Florida die 200-Stundenkilometer-Grenze, auch er war bald übertroffen. Die Rekordjagd ging weiter.

Deutschland war einmal stark am absoluten Geschwindigkeitsweltrekord für Landfahrzeuge interessiert, nachdem Flugkapitän Wendel bereits den absoluten Weltrekord für Flugzeuge nach Deutschland geholt hatte und Ernst Henne mit 279,503 km/h den für Motorräder hielt.

Mit 3030 PS sollte der „T 80" von Daimler-Benz dem absoluten Geschwindigkeitsweltrekord des englischen Pelzhändlers John Cobb von 595,037 km/h zu Leibe rücken. Das Fahrzeug, von Professor Dr. Porsche entworfen, hatte zwei 12-Zylinder-Flugmotoren vom Typ DB 601 mit 44 Liter Gesamthubraum. Als Pilot war Hans Stuck vorgesehen. Doch der zweite Weltkrieg machte aus dem Rekordwagen ein legendäres Museumsstück.

Heute ist er in seinem Silberglanz in der historischen Mercedes-Automobilhalle in Stuttgart-Untertürkheim nur noch als Monstrum zu bewundern. In seinem Äußeren gleicht der „T 80" eher einem Weltraumschiff als einem Landfahrzeug.

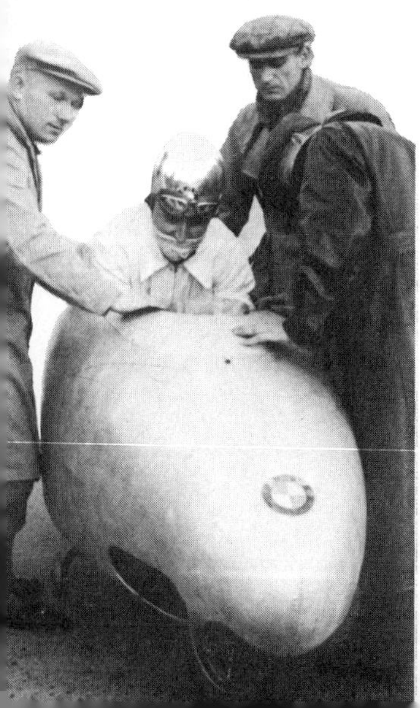

14 Jahre Schnellster auf zwei Rädern: der deutsche Rennfahrer Ernst Henne, der auf seiner stromlinienförmig verkleideten BMW-Maschine den absoluten Geschwindigkeitsweltrekord für Motorräder hielt.

Vom Rekordfieber gepackt: John Cobb. Der Londoner Pelzhändler schraubte mit seinem 12-Zylinder-Napier den absoluten Automobilweltrekord auf 634 km/h und übertrumpfte damit den berühmten Malcolm Campell.

12 Zylinder hatte auch der von Professor Porsche entworfene Mercedes-Benz-Rekordwagen „T 80". Mit 3030 PS und zwei flügelähnlichen Stabilisierungsflächen sollte dieses Fahrzeug Cobb seinen Rekord streitig machen. Der Krieg verhinderte dieses Vorhaben.

Er war 8,50 Meter lang und 1,80 Meter breit. Bevor dieses Ungetüm jedoch an den Start ging, wollte man es noch mit zwei Stabilisierungsflächen ausrüsten, die wie Flügel aussahen und die ihm eine Breite von 3,20 Meter gegeben hätten. Das Gesamtgewicht dieses Dreiachsers betrug mit den sechs Rädern 2,8 Tonnen, die errechnete Höchstgeschwindigkeit 700 km/h. Um aber eine Geschwindigkeit von nur 600 km/h zu erzielen, brauchte der Rekordwagen mindestens sechs Kilometer Anfahrweg und nach der Meile weitere 3500 Meter Bremsweg, insgesamt also 11,1 Kilometer Fahrstrecke.

Nach streng geheimgehaltenen Versuchen auf dem Prüfstand des Werkes Vahrenwald schufen die Rennreifenfachleute der Hannoverschen Continental-Gummi-Werke einen 1,20 Meter hohen Superreifen der Ausmaße 7.00-32 mit der Profilstärke von 0,6 Millimeter.

Da wird im September 1939 die Mobilmachung befohlen, und der „T 80" wurde, anstatt aufs Schiff verladen und zum Salzsee transportiert, aufs Abstellgleis geschoben — und schließlich Museumsstück.

Zum ersten Mal hörte die Öffentlichkeit vom Salzsee in Utah, als im Jahre 1934 der Bürgermeister von Salt Lake City, Ab Jenkins, mehrere Weltrekorde auf der Salzpiste aufstellte. Ab Jenkins blieb dem Salzsee bis 1950 treu. Er fuhr noch im Alter von 60 Jahren mit 317,095 km/h einen neuen Stundenweltrekord, doch als er ausstieg, erklärte er: „Nun habe ich genug. Es war mein letzter Weltrekord. Man soll das Schicksal nicht herausfordern und die Dinge nicht auf die Spitze treiben."

Sechs berühmte Geschwindigkeitsfanatiker sind mit der Rekordgeschichte auf dem Salzsee eng verbunden: Ab Jenkins, Sir Malcolm Campbell, dessen Sohn Donald Campbell, George Eyston, John Cobb und Craig Breedlove. Viel Aufsehen erregte ob seiner Geschwindigkeits-„Narretei" Sir Malcolm Campbell mit seinem Fahrzeug „Bluebird". Damit jagte er mit 484 Stundenkilometern seinem Landsmann Major Segrave den Rekord ab. Segrave war als erster Mensch auf einem Landfahrzeug schneller als 300 km/h gewesen.

Sir Malcolm Campbell hatte seine „Bluebird" selbst entworfen und mit einem Rolls-Royce-Motor ausgestattet, der 2500 PS leistete. Der Wagen war 9,3 Meter lang und hatte ein Dreiganggetriebe. Neben üblichen Bremsen besaß der „Blaue Vogel" Bremsklappen. Bei seiner Rekordfahrt wäre

Malcolm Campbell beinahe erstickt. Der Sog des Fahrtwindes hatte aus der Kabine die Luft entführt und statt dessen Kohlenoxydgas eindringen lassen. Als der Wagen hielt, zog man Campbell ohnmächtig heraus. Das bedeutete für ihn, daß er mit der Raserei Schluß machen mußte. Nur auf dem Wasser versuchte er nochmals sein Glück und stellte einen Geschwindigkeitsweltrekord auf. Im Jahre 1949 starb er im Krankenbett.

Sein Weltrekord auf dem Lande lebte nicht lange. Der englische Captain George Eyston baute in seinen „Blitz" zwei Rolls-Royce-Motoren von je 3000 PS ein und schraubte den Weltrekord für Landfahrzeuge auf 555,9 km/h hoch. In jeder Minute verbrauchte dieser Superrennwagen 22 Liter Benzin. Ingenieure haben berechnet, daß er in voller Fahrt die Panzerwand eines Schlachtschiffes durchschlagen hätte oder — über eine Rampe gejagt — mehr als 1100 Meter weit durch die Luft geflogen wäre, ehe er wieder auf der Erde aufgesetzt haben würde.

Sir Campbell mußte auch noch erleben, daß im Jahre 1947 der Londoner Pelzhändler John Cobb 634 km/h fuhr. Malcolm meinte dazu: „Mit seinem Weltrekord hat mich Cobb zum Spaziergänger degradiert."

Von allen Geschwindigkeitsbesessenen war Cobb der seltsamste. Ihm ging es ursprünglich nur darum, zu wissen, wie es ist, wenn man mit 600 Stundenkilometern über den Erdboden braust. Als er aber dieses Gefühl kennengelernt hatte, ließ ihn der Geschwindigkeitsrausch nicht mehr los. Cobb verunglückte im Jahr 1952 auf dem Loch Ness mit seinem Düsenboot „Crusader" bei dem Versuch, auch noch der schnellste Mann auf dem Wasser zu werden.

Cobbs Rekord wurde von dem Amerikaner Mickey Thompson gebrochen. Er kam auf 654 km/h, und sein Fahrzeug hieß „Challenger I", auf deutsch „Herausforderung".

Mickey Thompson mit seinem Rekordwagen „Challenger I" trug sich als nächster in die Rekordliste ein. Auf der 18,5 km langen Salzpiste bei Bonneville im Staate Utah holte er den Rekord nach Amerika. Fot. AP

Als eine Herausforderung empfand es auf alle Fälle Sir Malcolm Campbells Sohn Donald, der im September 1961 seine Stunde gekommen glaubte und mit seinem Fahrzeug „Bluebird II" auf Rekordjagd ging. Mit einem herkömmlichen Automobil hatte das längst nichts mehr gemeinsam. Angetrieben wurde „Bluebird II" durch eine Flugzeugturbine von 4000 PS, und die Abgase lieferten noch einen zusätzlichen Schub von rund 550 Kilopond. Als Bremsweg standen dem Rekordfahrer elf Kilometer zur Verfügung. Das hieß: Campbell mußte den 3,5 Tonnen schweren Wagen bei einer Höchstgeschwindigkeit von nahezu 700 km/h innerhalb einer Minute zum Stillstand bringen. Nur eine geringfügige Überdosis an Bremsdruck genügte, und der „Bluebird II" würde sich überschlagen. Beim Abbremsen aus solchen Geschwindigkeiten erhitzen sich die Bremsscheiben bis zur Weißglut auf 1000 Grad Celsius. Aus diesem Grunde bekam der „Bluebird II" als Bremshilfe zusätzliche Luftbremsen an den Heckflossen. Die Profile seiner Reifen hatten eine Stärke von 0,5 Millimeter. Ihre Haltbarkeit war auf fünf Minuten Gesamtfahrzeit berechnet.

Dann kam Donald Campbell, der Sohn Sir Malcolms. Die Räder seines „Bluebird II" — oben das Fahrzeug mit hochgeklapptem Dach — wurden erstmals von einer Turbine angetrieben, deren Abgase noch zusätzlichen Schub lieferten.

Mit äußerster Sorgfalt wurde das Fahrzeug startklar gemacht. Eine lotrechte Stabilisierungsfläche sollte den Wagen auf der Bahn halten. Fotos Black Star

Donald Campbell startete und hatte sofort die Angst im Nacken, als er spürte, daß der Seitenwind den „Bluebird II" aus der Richtung drängte. Er konnte sich nicht mehr korrigieren und überschlug sich. Der Rekordwagen wurde zertrümmert, Campbell kam mit dem Leben davon. Seine Frau Tonia erklärte nach dem Unfall wißbegierigen Reportern ganz kühl: „Wie ich meinen Mann kenne, wird er die Raserei nicht sein lassen und einen neuen Wagen bauen. Donald muß gefährlich leben oder — es wäre nicht mein Mann."

Als die Trümmer von Campbells „Bluebird II", der einmal 10 Meter lang und 1,25 Meter hoch gewesen war, weggeräumt wurden, ließ sich nicht das kleinste Teil mehr verwenden.

Am glimpflichsten war eigentlich Campbell selbst davongekommen. Sein Überleben verdankte er lediglich dem Umstand, daß „Bluebird II" nach jener Luftfahrt von über 100 Metern wieder auf den Rädern landete.

Die englische Automobil- und Zubehörindustrie ließ Campbell für 16 Millionen Mark einen neuen Rekordwagen, „Bluebird III", bauen. Doch ehe der Wagen an den Start rollen konnte, stellte der 26jährige Amerikaner Craig Breedlove im Jahre 1963 in Utah auf dem Salzsee mit 656,6 km/h einen neuen Weltrekord auf und war damit um 22,2 km/h schneller als am 16. September 1947 John Cobb an gleicher Stelle. Der Rekordwagen hieß „Spirit of America" (Geist von Amerika) und hatte ein Düsentriebwerk mit einer Schubkraft von 2350 Kilopond, die Baukosten betrugen etwa 4 Millionen Mark. Doch schon gingen von England aus Proteste ein, die Breedloves Weltrekord nicht anerkannt haben wollten. Denn in den Bestimmungen hieß es, daß bei einem Rekordwagen mindestens zwei Räder unmittelbar vom Triebwerk, also über Zahnräder, angetrieben werden müssen. Ein Fahrzeug mit Düsenantrieb hingegen braucht keine Kraftübertragung auf die Räder durch ein Getriebe.

Und so sah das Ende aus: Nichts als ein Haufen Schrott war von dem 4,5-Millionen-Dollar-Fahrzeug, auf das Donald so große Hoffnungen gesetzt hatte, übriggeblieben. Sein „Bluebird II" hatte sich bei 480 km/h Geschwindigkeit überschlagen.

Nun war wieder ein Amerikaner am Zug: Craig Breedlove. Glücklich springt er nach seiner Rekordfahrt aus dem Cockpit seiner „Spirit of America", mit der er soeben 656 km/h erreicht hatte. Aber der Weltrekord wurde nicht anerkannt. Fot. AP

Schon rein äußerlich glich die „Spirit of America" einer Rakete, und tatsächlich hatte das dreirädrige Fahrzeug zwei Düsentriebwerke. Damit entsprach es aber nicht den Vorschriften für den absoluten Automobilweltrekord.

Das Schauspiel, das Craig Breedlove mit seinem „Spirit of America" bot, schilderte ein Beobachter mit den Worten: „Es sah aus, als komme ein Düsenflugzeug nicht hoch. Der Krach war dementsprechend."

Craig Breedloves neue Rekordmarke ließ Donald Campbell keine Ruhe, obwohl sie nicht als absoluter Geschwindigkeitsweltrekord für Automobile anerkannt werden konnte. Eben, weil der Antrieb nicht unmittelbar über die Räder erfolgte. So blieb Campbell immer noch die Aussicht, es seinem Vater gleichzutun und den Geschwindigkeitsweltrekord für Automobile in den Familienbesitz der Campbells zurückzubringen. Am 17. Juli 1964 versuchte er es auf dem Salzsee Eyre in Australien. Da raste er mit einer Geschwindigkeit von 648,7 km/h für die Hin- und Rückfahrt über die Piste und hatte Erfolg. Der Weltrekord gehörte ihm.

Ohne Zwischenfall ging es auch hier nicht ab. „Bluebird III" wurde von einer Windböe zur Seite gedrückt, und dabei löste sich die Lauffläche des rechten Hinterreifens. Die Gummistücke, die wegflogen, wurden später im Umkreis von 7 Meilen wiedergefunden.

Donald Campbell war jedoch sehr glücklich. Er besaß nicht nur den absoluten Geschwindigkeitsweltrekord für Wasserfahrzeuge, sondern nun auch den für Automobile. Dieses Kunststück war bisher nur noch Donald Campbells Vater Malcolm und Henry Segrave gelungen.

Den Ruhm, schnellster Mann mit dem Auto und mit dem Motorboot zu sein, genoß Donald Campbell nicht einmal drei Jahre lang. Dann verunglückte er im Alter von 46 Jahren am 4. Januar 1967 auf dem Coniston See in England bei dem Versuch, seinen eigenen Weltrekord hochzuschrauben. Sein Turbojetboot „Bluebird" bekam bei einer Geschwindigkeit von 458 km/h so viel Auftrieb, daß es wie ein Flugzeug vom Wasser abhob, 200 Meter weit durch die Luft flog, sich überschlug und explodierte. Die Reste versanken in dem 40 Meter tiefen See. Von dem Piloten Donald Campbell fand man, auf dem Wasser treibend, den Sturzhelm, die Sauerstoffmaske und die Schuhe. Von ihm selbst nichts! Wahrscheinlich ist sein Körper durch die Explosion zerrissen worden. Kameramänner des Britischen Fernsehens filmten Campbells Todesfahrt. Er hatte die Meßstrecke bereits einmal durchfahren und war auf ein Stundenmittel von 482,8 km gekommen.

Hatte Donald Campbell Vorahnungen von seinem Tod? Er galt als abergläubisch. Einen Tag vor dem Unfall hat er sich Karten gelegt und Pik-As und Pik-Dame gezogen.

„Die gleichen Karten zog Maria Stuart", sinnierte Donald Campbell. „Da wußte sie, daß sie enthauptet werden würde."

„Rede keinen Quatsch", fiel ihm sein Chefmechaniker, Leo Villa, ins Wort. „Du bist keine Maria Stuart und wirst leben, nicht sterben. Rede dir nichts ein!" Am anderen Tag war Donald Campbell tot.

Breedloves Rekord für Spezialfahrzeuge aus dem Jahre 1963 wurde am 3. Oktober 1964 von Tom Green gebrochen, der auf 664,8 km/h kam und ein Düsentriebwerk mit der Leistung von 3200 Kilopond Schubkraft benutzte. Das 7,20 Meter lange Rekordfahrzeug hieß „Wingfoot Express" und hatte vier Räder, im Gegensatz zu Breedloves Rekordfahrzeug, das nur drei Räder besaß. Es war von Tom Green und Walt Arfons gebaut worden. Walt Arfons stand im Wettbewerb mit seinem Bruder Art, der ebenfalls auf Rekordjagd ging und mit einem — wie es anfangs schien — unmöglichen Rekordwagen aufkreuzte. Er sah aus, als hätte man lediglich vier Räder an ein riesiges Düsentriebwerk gebaut.

Gerade dieses Triebwerk aber erregte großes Aufsehen, denn es zählte noch zu den militärischen Geheimnissen und war für einen Bomber bestimmt. Es besaß 7700 Kilopond Schubkraft, war 6,60 Meter lang und leistete nicht weniger als 17 000 PS.

Auch Breedlove war wieder auf dem Salzsee erschienen und wollte den Geschwindigkeitsweltrekord zurückerobern, den ihm Tom Green entrissen hatte. Er kam mit dem „Spirit of America", doch Art Arfons kam ihm zuvor und fuhr 698,7 km/h. Dann war wieder Craig Breedlove an der Reihe. Er verbesserte den Weltrekord auf 741,4 km/h, dann auf 846,6 km/h und schließlich auf 848,6 km/h.

Geschwindigkeitsbesessen steckte Donald Campell nicht auf: Er legt selbst die Strecke für den nächsten Rekordversuch fest.

Tom Green neben dem „Wingfoot Express". Das Düsenfahrzeug hatte nur 8 cm Bodenfreiheit und Reifen mit 75 cm Durchmesser.

Dieser Rekordversuch hätte Craig Breedlove fast das Leben gekostet. Als er die Meßstrecke bereits in beiden Richtungen durchfahren hatte, öffneten sich beim Auslaufen die Bremsfallschirme nicht und der Rekordwagen schoß mit kaum verminderter Fahrt weiter — über die Auslaufstrecke hinaus, über eine mit einer dünnen Wasserschicht überzogene Salzfläche!

Die Bremsfallschirme hätten das Fahrzeug so weit abbremsen sollen, bis die Scheibenbremsen eingesetzt werden konnten. Auf diese Geschwindigkeit kam aber der Rekordwagen nicht herunter, und so mußte Breedlove wohl oder übel die mechanischen Bremsen betätigen. Das aber hatte zur Folge, daß die Bremsscheiben auf Weißglut erhitzt wurden und sich schließlich verformten, weil sie zu schmelzen begannen. Der Rekordwagen wollte einfach nicht zum Stillstand kommen und raste mit hoher Geschwindigkeit auf einen Telefonmast zu, der wie ein Zahnstocher geknickt wurde. Als Breedlove dann in eine Schlammpfütze geriet, wurde der Wagen 30 Meter durch die Luft geschleudert, prallte auf, flog wieder hoch, bekam abermals mit den Rädern Bodenberührung und fegte dann in einen etwa fünf Meter tiefen Wassertümpel.

Bei dieser Höllenfahrt hatte der Pilot ein unwahrscheinliches Glück. Er blieb nahezu unverletzt, konnte die Anschnallgurte lösen, sich befreien und an Land schwimmen.

Als die Rettungsfahrzeuge angebraust kamen, hatte Breedlove bereits seine durchnäßte Kleidung abgelegt, lag splitternackt in der Sonne und fragte: „Wie schnell bin ich gefahren? War es ein neuer Rekord?"

Breedlove erfreute sich des Ruhmes, der schnellste Mann der Welt auf einem Landfahrzeug zu sein, nicht lange. Am 7. November entriß ihm Art Arfons den Weltrekord mit 875,6 km/h.

Es war der letzte des Jahres 1964, in dem insgesamt sieben absolute Geschwindigkeitsweltrekorde aufgestellt worden waren. Da schwor auch Craig Breedlove Rache und arbeitete ein ganzes Jahr lang wie besessen an seinem „Spirit of America", mit dem er dann Ende September auf dem Salzsee im Staate Utah eintraf. Am 3. November 1965 holte er mit 893,1 km/h den absoluten Geschwindigkeitsweltrekord für Landfahrzeuge wieder zurück. Er hatte den „Spirit of America" umgebaut, der nun auf vier Rädern lief und 10,5 Meter lang war.

Craig Breedlove hatte genau vier Tage Zeit, das erhebende Gefühl auszukosten, wieder schnellster Mann auf dem Lande zu sein, da schob bereits Art Arfons seinen Rekordwagen „Grünes Ungeheuer" an den Start, und als seine beiden Ergebnisse für Hin- und Rückfahrt zusammengezählt wurden, kam man auf 927,8 km/h. Breedlove war den Weltrekord wieder los.

Art Arfons war der erste Mensch, der auf dem Lande die Geschwindigkeit von 900 km/h überschritt. Und das wäre beinahe schiefgegangen, denn auf der Rückfahrt platzte beim Auslaufen ein Vorderreifen. Art Arfons jedoch brachte das „Grüne Ungeheuer" zum Stehen, ohne sich zu überschlagen.

Craig Breedlove ging im Leben nie etwas schnell genug, und Art Arfons Erfolg ließ ihn nicht ruhen. So wurde der 15. November 1965 zum schnellsten Tag seines Lebens. Breedlove stellte mit seinem „Spirit of America Sonic I" auf dem Salzsee bei Bonneville mit 966,547 km/h Geschwindigkeit einen neuen absoluten Weltrekord für Landfahrzeuge auf.

Die Zeit für Rekordfahrten war eigentlich schon vorbei. Es hatte tagelang geregnet und die Piste war aufgeweicht, doch inmitten großer Pfützen hatte Craig sein rot-weiß-blaues Zelt aufgestellt, und jeder wußte, Craig hat sich etwas vorgenommen.

Zwei Tage lang war dieses bunte Zelt naß, und die Landschaft rundum war alles andere als ermunternd.

Da kam am 15. November die Sonne und brannte, wie sie nur in einer Salzwüste brennen kann. Man sah das Wasser förmlich verdunsten und die Pfützen eintrocknen. Die meterdicke Salzkruste war wieder befahrbar, wenn das Salz auch noch sehr feucht war. Einige Einsichtige mahnten Craig Breedlove, seinen „Spirit of America" im Zelt zu lassen und noch nicht zu fahren. Doch davon wollte er nichts hören.

Oben: Ein wahres Ungeheuer brachte Art Arfons auf die Salt Flats von Utah. Mit seinem düsengetriebenen „Green Monster" holte er sich den absoluten Geschwindigkeitsweltrekord für Landfahrzeuge mit 927,8 km/h — der erste Mensch, der die 900 km/h überschritt.

Doch die Jagd geht weiter: Als Antwort auf Art Arfons Rekordfahrt baute Craig Breedlove seinen Düsenwagen „Spirit of America Sonic I". Er wartete nicht lange, bei ungünstigen Wetterbedingungen griff er Arfons Rekord an ...

Craig Breedlove war sehr blaß, als er einstieg, und er dachte mit Unbehagen an die vielen Miseren, die hinter ihm lagen — wo er immer noch einmal davongekommen war. Aber sollte er plötzlich das herrliche Leben, das er jetzt führte, aufgeben: den Luxus, den Wohlstand, das Selbstbewußtsein, es geschafft und zu etwas gebracht zu haben? Er mußte weiterfahren, um seinen Lebensstandard zu halten. Nur deshalb! Das Glücksgefühl, der schnellste Automobilist der Welt zu sein, beseelte ihn längst nicht mehr. Dieses Gefühl hat man nur, wenn man noch ganz jung ist. Craig Breedlove war 28 Jahre alt und hatte Frau und fünf Kinder. Ihm ging es nur noch um das Geld, das man durch die Rekordfahrten verdienen konnte.

Jetzt, als er den „Spirit" aus dem bunten Zelt freischälte, wirkte dieses Zelt wie eine Standarte; farbig, in der Sonne leuchtend. Eine Standarte auf einem modernen Turnierplatz, wo mit tausenden von Pferdestärken gerechnet wird.

... und Breedlove hatte Glück. Er durchraste die Meßstrecke auf Hin- und Rückfahrt mit einer Durchschnittsgeschwindigkeit von 966,547 km/h. Damit war er wieder der schnellste Mann auf einem Landfahrzeug. Mit einem Auto freilich hatte der „Spirit of America Sonic I" außer den vier Rädern kaum noch etwas gemein. — dpa

Craig Breedlove hatte Glück. Im ersten Lauf kam er auf 964,601 km/h, bei der Rückfahrt auf 968,493 km/h. Das bedeutete einen Gesamtdurchschnitt von 966,547 km/h und damit neuen Weltrekord.

Der „Spirit of America Sonic I" hatte ein Düsentriebwerk von 6800 Kilopond Schubkraft, Bremsfallschirme, als Lenker zwei Handgriffe, ähnlich dem Fahrradlenker, also kein herkömmliches Lenkrad, Goodyear-Reifen, die auf dem Prüfstand bis zu einer Geschwindigkeit von 1370 km/h erprobt worden waren, und ein gesamtes Wagengewicht von 3620 Kilogramm.

Bei einem Versuch im November 1966, seinem Rivalen Breedlove den Rekord wieder zu entreißen, überschlug sich Art Arfons mit dem Düsenwagen, stieß beim Ausrollen gegen einen stählernen Pfosten und kam, Salto auf Salto schlagend, erst drei Kilometer weiter zum Stehen. Dabei wurde sein „Grünes Monstrum" restlos zerstört. Der Fahrer kam mit äußeren Verletzungen noch glimpflich davon.

Breedloves Weltrekord hielt fünf Jahre stand. Bis am 23. Oktober 1970 ein neuer Mann in Bonneville auftauchte, ein Astronaut, und noch schneller war: Gary Gabelich, der Mann, der als erster Mensch mit einem Landfahrzeug die 1000-km/h-Grenze überschritt.

Jamais content — niemals zufrieden! Camille Jenatzy hatte es im Jahre 1899 auf seinen Rekordwagen gepinselt, mit dem er die 100-km/h-Grenze überschritt. Gary Gabelich ist zehnmal so schnell gefahren, aber auch er ist nicht zufrieden mit dem Erreichten. „Jamais content", dieses Zauberwort brennenden menschlichen Ehrgeizes treibt ihn weiter. Und wenn er die Schallmauer durchbricht? Dann wird das Wort weiterhin bestehen bleiben. Wenn nicht für ihn, dann für einen anderen. Jamais content!

Links: Art Arfons gab sich nicht geschlagen, noch einmal kletterte er in das Cockpit. Er überschlug sich und das grüne Monstrum wurde völlig zerstört. Fot. UPI

Rechte Seite: Das — vorläufig— schnellste Fahrzeug der Welt, „Die Blaue Flamme", wird auf der Salzsee-Rekordstrecke Bonneville für die erste Versuchsfahrt fertig gemacht. Es fehlt noch das Dach des Cockpit. Ganz vorn das Pitotrohr, ein Staudruckmesser, der dem Fahrer die Geschwindigkeit anzeigt. — Unten ein Blick von rückwärts auf die Düsenöffnung des Raketenmotors, darüber sind die beiden Bremsfallschirme untergebracht. Die Reifen sind ohne Profil, das Fahrzeug wird mit Flüssiggas aufgetankt. Am 23. Oktober 1970 erreichte Gary Gabelich mit dieser „Kurzstreckenrakete" eine Durchschnittsgeschwindigkeit von 1001,721 km/h. Fotos Black Star

NATURAL GAS INDUSTRY'S
THE BLUE FLAME
GOODYEAR

CRAGAR

WALTER B. SACHS

DER AFFENDOKTOR

Daß sich Tiere in der Not beistehen und sich gegenseitig zu helfen versuchen, kann man fast alltäglich beobachten, wenn man nur mit offenen Augen durch die Natur geht. Wehe der Eule, die sich frühzeitig auf Mäusejagd wagt, wenn noch ein Krähenschwarm in der Nähe ist. Die Rabenvögel „hassen" in fortwährenden Angriffen auf den ungebetenen Kostgänger, bis es dem endlich gelingt, das Weite zu suchen. Elefanten sind verzweifelt bemüht, einen kranken oder angeschossenen Artgenossen aufzurichten und zu stützen. Fassungslos stehen die Dickhäuter einen Augenblick neben ihrem toten Kameraden, betasten ihn mit dem Rüssel, bis die Herde das Nutzlose begreift und weiterzieht. Delphine sowie auch andere große Meeressäuger sind bestrebt, kranke Artgenossen an die Wasseroberfläche zu heben, wahrscheinlich, damit das leidende Tier Luft schöpfen kann. Aus dieser Neigung heraus sind Delphine schon zum Lebensretter für Menschen geworden, wie es in der Legende von Arion, dem Meister der Töne, besungen wird.

Auf Jagden hat man beobachtet, daß Affen Blätter auf Wunden pressen oder sie hineinstopfen, um das Blut zu stillen. Im Grunde genommen ist das dasselbe wie eine einfache Hilfeleistung beim Menschen. Noch erstaunlichere Tatsachen als in der freien Natur konnte man bei den Menschenaffen im Zoo belauschen. Ein Orang-Utan zog sich mit den Zähnen selbst einen Splitter heraus, und er half oft auch anderen Tieren. Sogar einfache Instrumente verwendete er dazu. Auch ein Schimpanse war zu einem richtigen Affendoktor geworden. Er untersuchte gründlich seine Patienten, die Tiere einer Beobachtungsstation, in der die Affen fast völlig frei lebten. Fand er an den Armen oder Beinen verdächtige Stellen, nahm er einen spitzen Bambus und bohrte so lange in den Wundgängen herum, bis er die winzigen Fliegen und ähnliches daraus entfernt hatte.

Ein anderer „Doktor" hatte seine eigene Behandlungsmethode entwickelt. War bei einem seiner Gefährten ein Splitter tief unter die Haut gedrungen, dann spreizte er ganz fachmännisch die Haut nach unten auseinander, bis die Spitze ein wenig heraustrat; nicht viel anders, als es ein Menschenarzt auch macht. Dann entfernte er den Fremdkörper mit den Zähnen. Als der bekannte Zoologe Wolfgang Köhler sich eines Tages selbst einen Schiefer in die Hand eingezogen hatte, hielt er sie dem Affendoktor hin und deutete auf die schmerzende Stelle. Der Schimpanse betrachtete mit gespannter Miene die Verletzung, dann packte er ein wenig derb — derb eben für Menschenbegriffe — zu und zog sehr geschickt den tiefliegenden Splitter heraus. Anschließend sah er sich seine Arbeit prüfend an, ehe er befriedigt die Hand seines Patienten losließ.

Geschickt entfernt ein Schimpanse seinem Gefährten einen kleinen Splitter aus dem Kopf. Auch Tiere stehen einander bei und gehen genauso vorsichtig zu Werke, wie das ein Menschendoktor tut.
Fot. Gerhard Gronefeld

Ach, auch Affen leiden unter Zahnschmerzen. So bekam das Männchen einer Schimpansenherde einmal ein großes Geschwür am Unterkiefer. Wehleidig näherte es sich mit der Beule einem anderen Tier, das sofort damit begann, an der wehen Stelle geduldig herumzudrücken, bis der Eiter herausspritzte. Die Wunde heilte danach tadellos ab. Medizinische Künste sind also durchaus nicht nur beim Menschengeschlecht verbreitet.

In ganz ähnlicher Weise mögen sich auch die ersten Affenmenschen vor mehr als einer halben Million Jahre gegenseitig behandelt haben. Man weiß, daß diese Australopithecinen schon aufrecht gingen und ein recht menschenähnliches Gebiß bei sonst noch affenartigem Aussehen hatten. An — leider nur spärlichen — Knochenfunden hat man ein wenig verblüfft entdeckt, daß diese Wesen schon damals an Zahnfäule und eiternden Zähnen litten. Es ist kaum anzunehmen, daß unsere Urväter zuviel Schokolade und Bonbons gegessen haben.

Eine Beobachtung allerdings, die wir häufig machen, führt zu einem Fehlschluß: Wir sprechen davon, daß sich Affen gern lausen. In Wirklichkeit suchen sie sich gegenseitig die salzig schmeckenden Hautschuppen ab. Sozusagen als Leckerbissen, und wenn sie wirklich einmal Läuse aufweisen, dann haben die Affen sie — leider — vom Menschen.

KLINGENDE DIAMANTEN

Verfeinerung in der Hi-Fi-Stereo-Technik

VON OTTO KNÖDLER

Es war vor über hundert Jahren in Südafrika. Ein Junge hatte bei Hopetown am Oranjefluß einen Stein gefunden, der ihm so gut gefiel, daß er ihn mit nach Hause nahm. Es war ein 21,75 Karat schwerer Diamant. Durch diesen Fund wurde erstmals der Kimberlit, das Muttergestein der Diamanten, bekannt. In dem an der Oberfläche gelbbraunen, in der Tiefe schwarzgrünen Eruptivgestein haben sich Explosionsschlote gebildet, die sogenannten Pipes, aus deren Verwitterung die Diamantseifen entstanden sind. Da sich

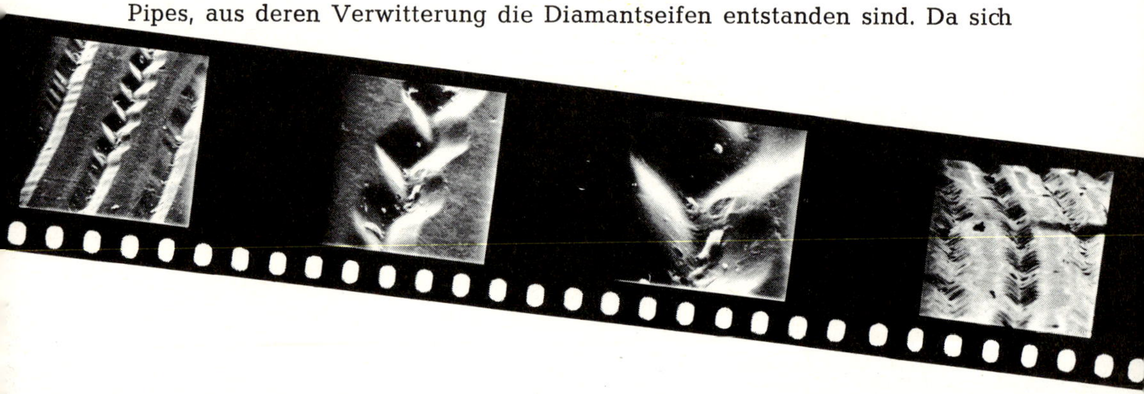

der Diamant meist allseitig ausbildet, nimmt man an, daß er noch im flüssigen Magma kristallisiert ist, und zwar vorwiegend als Oktaeder, einem regelmäßigen Körper, der von acht gleichseitigen Dreiecken begrenzt wird. Um einen Diamanten verarbeiten zu können, ist es wichtig, sein Gefüge genau zu kennen, denn es läßt sich wohl die äußere Form des Kristalls zerstören, nicht aber die Gesetzmäßigkeit seines inneren Aufbaues. Selbst bei dem kleinsten, mit dem Auge kaum sichtbaren Diamanten sind die Bausteine, Moleküle, nach ganz bestimmten Gesetzen „kristallin" angeordnet. Der Rohdiamant ist unscheinbar. Erst der kunstgerechte Schliff, der dann vollkommen ist, wenn die Winkel sowie die Zahl und Form der Flächen ganz bestimmten Regeln entsprechen, verleiht dem Diamanten sein „Feuer", seinen hohen, lebhaften Glanz und jenes funkelnde Farbenspiel, das diesen Edelstein so wertvoll und begehrenswert macht.

Aber dieser Schliff muß teuer erkauft werden, denn beim Schleifen geht vom Gewicht des Rohdiamanten über die Hälfte verloren. Von den geschliffenen Steinen ist wiederum nur ein kleiner Teil von einwandfreier Güte, und davon haben wenige ein Gewicht von über einem Karat (1 Karat = 0,200 Gramm). Das erklärt den hohen Preis für Diamanten. Ein Stein mit einem Gewicht von einem Karat kostet zwischen 1000 und 6000 Mark. Die große Preisspanne ergibt sich vor allem aus der unterschiedlichen Farbe des Diamanten. Am häufigsten kommen gelbliche Tönungen vor, und nur jeder zehnte ist völlig farblos. Den höchsten Wert erzielt ein schwach blauer Ton, der als „blauweiß" bezeichnet wird. Um Fundort, Größe und Güte der Diamanten ranken sich abenteuerliche Geschichten. Da gibt es berühmte Diamanten, wie etwa den „Cullinan", mit 3106 Karat der größte, der je gefunden worden ist, den „Jonker", der als der schönste und hochwertigste gilt und aus dem 12 Steine mit einem Gesamtwert von vier Milliarden Mark geschliffen wurden, und den abenteuerumwitterten „Blauen Hope", der seinen Besitzern stets Unglück gebracht haben soll.

Wer die glänzende Oberfläche einer Schallplatte mit dem bloßen Auge betrachtet, sieht nur eine Vielzahl feiner Linien. Erst das Mikroskop läßt das technische Wunder erkennen: Mit der Genauigkeit von Tausendstelmillimetern sind in den Rillenwänden Tonschwingungen in die harte Plattenmasse eingestichelt. Da auch der Abtaststift aus hartem Material ist, kommt es zu einer Zerreißprobe zwischen Saphir und Tonrille, wie unsere Bilder zeigen.

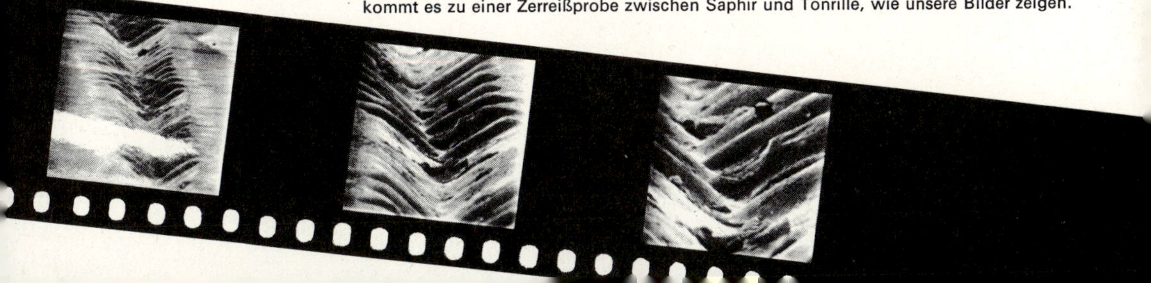

Doch die meisten Diamanten liegen nicht in den Safes reicher Leute, sie zieren weder Königskronen noch schmücken sie schöne Frauen, sondern werden für industrielle Zwecke verwendet. 80 von 100 geförderten Diamanten wandern in die Werkhallen der Fabriken, wo sie beim Bohren, Schleifen, Schneiden, Gravieren und Fräsen unentbehrliche Helfer und in hochempfindlichen Meßgeräten als „Kontrolleure" tätig sind. Nicht zuletzt sind sie als Tonnadeln in feinfühligen Abtastsystemen anzutreffen. Erst durch die Verwendung des Diamanten ist es möglich geworden, bei der Wiedergabe von Schallplatten Fehler auszuschalten, die schon am Anfang der Wiedergabekette entstehen. Die Tonnadel ist darin das erste Glied und das einzige, das mit der Schallplatte unmittelbar in Berührung kommt. Durch die in Tonrillen eingegrabenen Auslenkungen wird sie gezwungen, mechanische Bewegungen auszuführen, die dann im Tonabnehmer in elektrische Impulse umgewandelt werden. Diese Abtasttechnik ist in den letzten Jahren so verbessert worden, daß heute selbst einfache Abspielsysteme einen besseren Klang liefern als Spitzenerzeugnisse von ehemals. Wie erklärt sich das?

Betrachten wir zunächst die Tonnadel selbst. Ihre physikalischen Eigenschaften, aber auch die Genauigkeit ihrer Herstellung sind für die Tonwiedergabe maßgebend. Lange Zeit verwendete man einfache Stahlnadeln. Sie nutzten sich rasch ab, jedoch wurde dieser Nachteil dadurch aufgewogen, daß sie „im Dutzend" recht billig waren. Um sie haltbarer zu machen, versah man sie mit einer Spitze aus Osmium, einem sehr harten Metall. Dann folgte die Saphirspitze, die in zahlreichen Arbeitsgängen aus künstlichen Edelsteinen geschliffen wird. Trotz ihres hohen Härtegrades wetzt sich auch die Saphirspitze allmählich ab, und die ursprünglich sehr kleinen Berührungsflächen, mit denen die halbkugelförmige „Spitze" an den Rillenwänden der Schallplatte anliegt, werden immer größer. Es entstehen scharfe Kanten, so daß die Nadel wie ein Pflug die Rillen aufreißt. Saphirnadeln sollten nach mindestens 100 bis 150 Abspielstunden erneuert werden. Eine bis zu hundertfach längere Lebensdauer hat dagegen die Diamantspitze, die zudem auch noch den Klang sehr viel besser wiedergibt.

Die heutige Mikrorillen-Stereo-Schallplatte wird aus Kunststoff, meist Polyvinylchlorid, gepreßt. Die Festigkeit dieser Masse machte es notwendig, Abtastspitzen aus dem härtesten Stoff anzufertigen, der überhaupt poliert werden kann. Außerdem mußte er einen niedrigen Reibungswiderstand aufweisen, um die Abnützung zu veringern. Hier bot sich der Diamant — mit dem Wert 10 nach der Mohsschen Härteskala der härteste Edelstein — geradezu an. Schon die Griechen hatten ihn als „adamas", als den Unbezwingbaren, bezeichnet. Aber noch vor wenigen Jahren war es nicht möglich, eine Diamantspitze serienmäßig zu einem erschwinglichen Preis herzustellen. Verteuernd wirkte, daß das kristalline Gefüge des Diamanten, dem er ja seine Härte und Abreibfestigkeit verdankt, bei der Bearbeitung des Steines sorgfältig beachtet werden muß. Der Diamantenschleifer bezeichnet dies

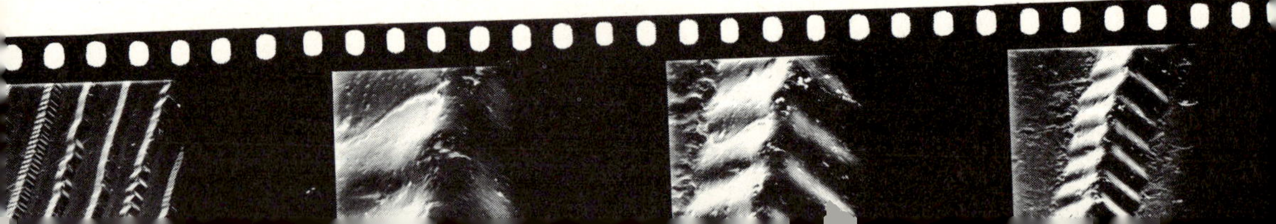

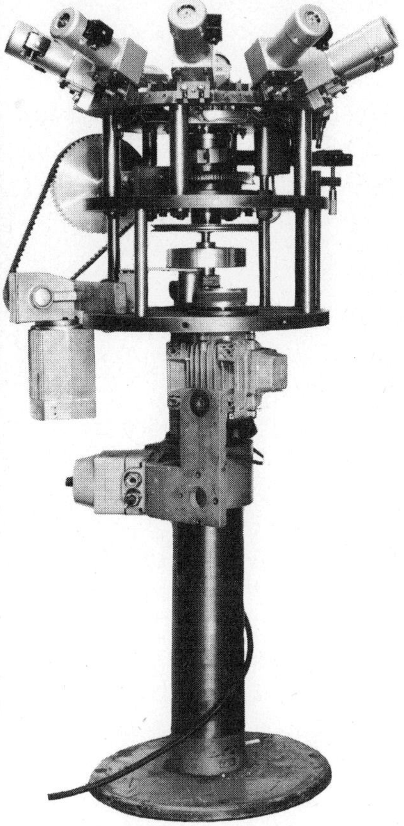

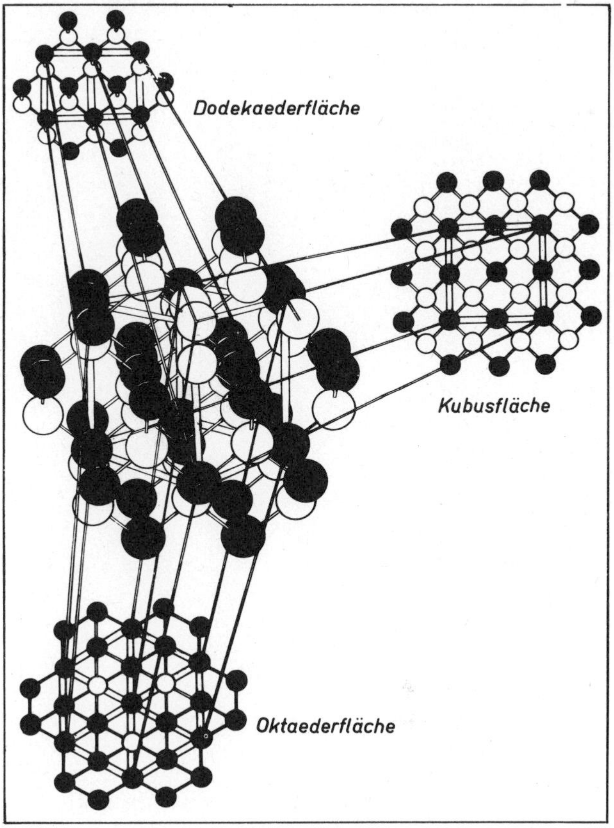

Ein Tonnadel-Schleifautomat. Mikroskope ermöglichen es, den winzigen Diamanten in einem ganz bestimmten Winkel anzusetzen.

Das Diamantengitter. Selbst die allerkleinsten kaum noch sichtbaren Diamanten haben ein regelmäßiges Gefüge. Die Moleküle, die Bausteine des Kristalls, sind nach ganz bestimmten Gesetzen angeordnet.

Diamanten sind teuer. Um dennoch preiswerte Diamantspitzen für Tonnadeln herstellen zu können, verwendet man winzige Steine, die auf Stahlschäfte aufgelötet werden. Die Verarbeitung solcher Mini-Steinchen ist nicht einfach. Hier ein Zählautomat für kleinste Diamanten. Fotos Ernst Fr. Weinz, Idar-Oberstein

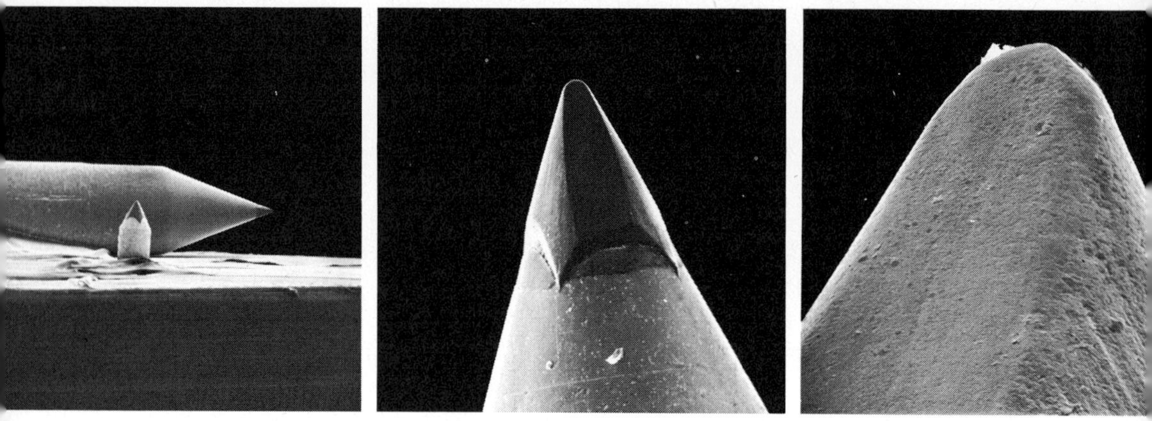

Abtastspitzen für Tonnadeln. Links eine kegelförmig geschliffene Diamantspitze in 10facher Vergrößerung, in der Mitte die biradiale Diamantspitze 100fach und rechts ein völlig abgeschliffener, nicht mehr brauchbarer Abtaststift 500fach vergrößert. Fotos Institut für angewandte Mikroskopie Karlsruhe

Rechte Seite: Die Schallrillen sind bei der Entwicklung von der Normalrillen- zur Stereoplatte immer kleiner geworden. Das bedingte, daß auch die Spitzenverrundungen des Diamanten oder Saphirs ständig verringert werden mußten. Schaubild Dual

als „Orientierung". Außerdem dürfen für erstklassige Diamantspitzen, die aus Vierkantstäbchen gefertigt werden, nur Steine verwendet werden, die ganz rein sind, das heißt, die keine Kohleeinschlüsse oder gar Sprünge aufweisen. Ferner kommt es darauf an, daß der Oktaeder zum Schleifen in einem ganz genau vorgeschriebenen Winkel angesetzt wird. Nur so erhält man ein Stäbchen, das richtig „orientiert" ist. Diese Feinarbeit, die unter Mikroskopen ausgeführt wird, erfordert viel Zeit und kostspielige, eigens dafür entwickelte Werkzeugmaschinen, die nur erfahrene Facharbeiter bedienen können.

In der Massenherstellung werden des Preises wegen Diamantspitzen daher auch aus winzigen Steinen angefertigt, die man aus Sand ausgesiebt hat und von denen 500 Stück nur ein Karat wiegen. Diese Steine, die nicht mehr zu Stäbchen verarbeitet werden können, da sie zu klein sind, werden unmittelbar auf Stahlschäfte aufgelötet und sind preiswerter. Immerhin, eine Orientierung ist hier noch möglich. Für die billigsten Diamantspitzen werden noch kleinere Steine verwendet, die, ebenfalls aus Sand ausgesiebt, zu der gewünschten Größe „getrommelt" werden. Etwa tausend Stück davon wiegen ein Karat — die Diamantspitze nur ein fünftausendstel Gramm! Eine Orientierung ist hier nicht mehr gegeben: Es bleibt dem Zufall überlassen, ob der härteste Teil der Spitze an der Rillenwand der Schallplatte anliegt. Solche „billige" Diamanten werden deshalb schon nach kurzer Lebensdauer wie die Saphirspitzen zu „Drehwerkzeugen" und zerstören die Rillen.

Spielt die Wahl der Rohstoffe schon eine entscheidende Rolle, so gilt das noch weit mehr für den Aufwand bei der Verarbeitung. Die hochwertigen Diamantstäbchen werden zum Beispiel nicht wie die Mini-Steinchen einfach

auf die Halterung aufgelötet, sondern in Stahlröhren eingeführt. Der Lötvorgang erfolgt unter völligem Luftabschluß — in einem Hochvakuum, was bewirkt, daß sich die beiden Stoffe besonders gut miteinander verbinden. Anschließend werden die Diamanten geschliffen und poliert, und zwar mit Maschinen, die auf tausendstel Millimeter genau arbeiten. Auch die Art des Schliffes, die der Nadel ihre Form gibt, ist von Bedeutung. Bis vor kurzem war nur die kegelförmige Nadel bekannt. Sie hatte den großen Nachteil, daß sie den engen Auslenkungen der Tonschrift, die besonders bei hohen Frequenzen entstehen, nicht folgen konnte und sie einfach „unterschlug". Da der Weg der Abtastnadel damit nicht mehr genau dem des Schneidstichels bei der Herstellung der „Mutterplatte" entspricht, ergeben sich Verzerrungen, die das Ohr des Musikfreundes quälen.

Um diesem Übel abzuhelfen, versuchten die Tontechniker, die Spitzenrundung der Abtastnadel immer kleiner zu machen, damit sie auch die feinste Auslenkung erreichen kann. Doch ist hier eine Grenze gezogen: International hat man sich auf eine Spitzenrundung der kegelförmigen Nadel von 15 Mikron (1 Mikron = ein tausendstel Millimeter) festgelegt. So besteht bei einer geringeren Rundung die Gefahr, daß die Abtastnadel den Rillen-

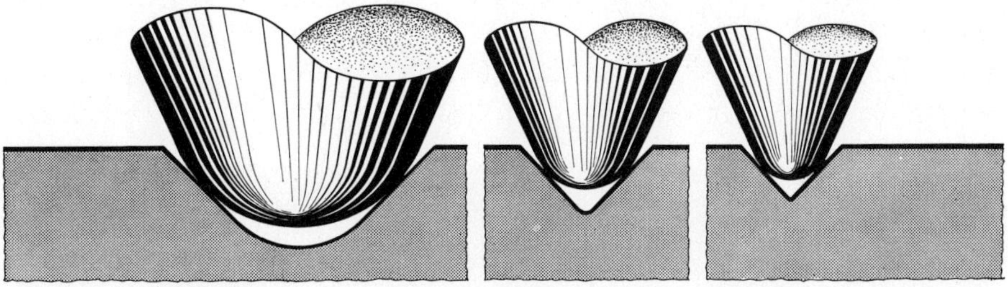

Normalrille **Mikrorille** **Stereorille**

grund berührt, ins Flattern kommt und dabei starke Nebengeräusche und weitere Verzerrungen verursacht. Die Lösung fanden die Tontechniker schließlich, indem sie der Nadel eine andere Form gaben: Die sogenannte biradiale Nadel ähnelt in ihrem Querschnitt einer Ellipse. Sie hat, wie ihr Name sagt, zwei (bi) Durchmesser (Radien), den vorderen Rundungsradius, der der Norm entspricht, und einen seitlichen, der um die Hälfte kleiner ist. Der elliptische Diamant ist so in den Nadelhalter eingesetzt, daß beim Abtastvorgang die Längsachse der Ellipse quer zur Tonrille steht. Der Winkel zur Plattenoberfläche beträgt 15 Grad, damit die Lage der Abtastspitze mit der des Schneidstichels übereinstimmt. All das bewirkt, daß der Diamant den engen Auslenkungen der Tonschrift folgen kann, immer fest geführt wird und selbst bei kleinsten Spitzenrundungen nicht auf den Rillengrund absinkt. Allerdings darf die Auflagekraft nicht zu hoch sein. Sie sollte einerseits bei dieser Nadelform zwei Gramm nicht überschreiten, andererseits sind Auflagekräfte von einem halben Gramm nur bei erstklassigen Tonarmen möglich. Bei einer guten Stereo-Anlage, die den genau festgelegten High-Fidelity-Bedingungen entsprechen muß, zieht das eine das andere nach sich, und die beste biradiale Diamantennadel wäre nutzlos ohne das entsprechende Abtastsystem.

Das wichtigste Element bei der Schallplattenwiedergabe ist das Tonabnehmersystem. Es hat, wie eingangs schon angedeutet, die Aufgabe, beide Flanken der Stereorille gleichzeitig abzutasten, denn die Stereorille enthält zwei Informationen — für den rechten und den linken Kanal —, die in Winkeln von je 45 Grad gegen die Plattenoberfläche und 90 Grad gegeneinander seitlich in die Rillenwand eingeschnitten sind. Die von der Nadel beim Abtasten ausgeführten mechanischen Bewegungen müssen in elektrische Wechselspannungen umgeformt und dem Verstärker zur weiteren Verarbeitung zugeführt werden. Diese Aufgabe übernimmt der im Tonabnehmersystem enthaltene elektromechanische Wandler, der recht unterschiedlich arbeiten kann.

Die beiden wichtigsten Wandler sind magnetisch-elektrischer und piezoelektrischer Art. Der piezo-elektrische Effekt ist um das Jahr 1880 von den Gebrüdern Curie aufgefunden worden und wird seither in der Elektroakustik vielfach angewandt. Er beruht auf der Erkenntnis, daß Kristalle bestimmter chemischer Verbindungen (Seignette-Salz, Quarze, Turmaline und andere) an ihrer Oberfläche elektrische Ladungen zeigen, wenn sie nur um Bruchteile eines Tausendstelmillimeters durch Zug, Druck oder Biegung verformt werden. Und das geschieht, wenn die Saphirnadel den Auslenkungen der Tonrille wie ein Bobschlitten folgen muß. Bei diesen Kristalltonabnehmern, sogenannten Biegern, besteht der Wandler aus einem dünn geschnittenen Kristallplättchen, das an einem Ende fest eingespannt ist. Das andere Ende wird über einen Bügel durch die Schwingungen der Abtastspitze hin- und hergebogen. Durch diese Biegungen entstehen infolge der piezo-elektrischen Wirkung elektrische Spannungen von mehreren hundert Millivolt, die dann

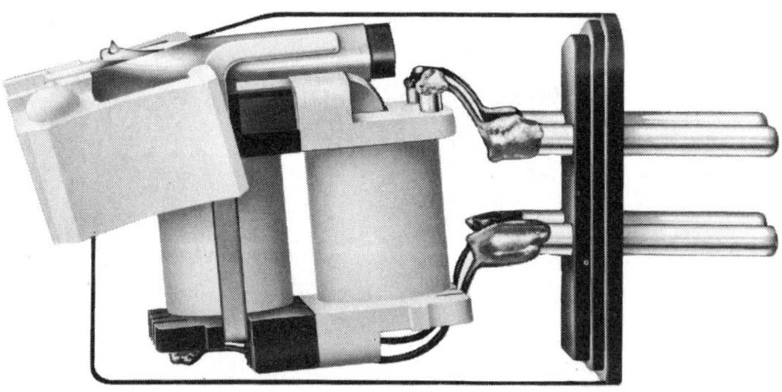

Bei hochwertigen Hi-Fi-Stereo-Magnet-Tonabnehmern, auch Pickups genannt, ist der Abtaststift über den Nadelträger mit einem winzigen permanenten Magneten gekoppelt, der zwei magnetische Kreise beeinflußt (einen für jeden Kanal). Die Lage der Spulen ist so gewählt, daß sie durch den Antriebsmotor des Plattenspielers nicht gestört werden. Außerdem ...

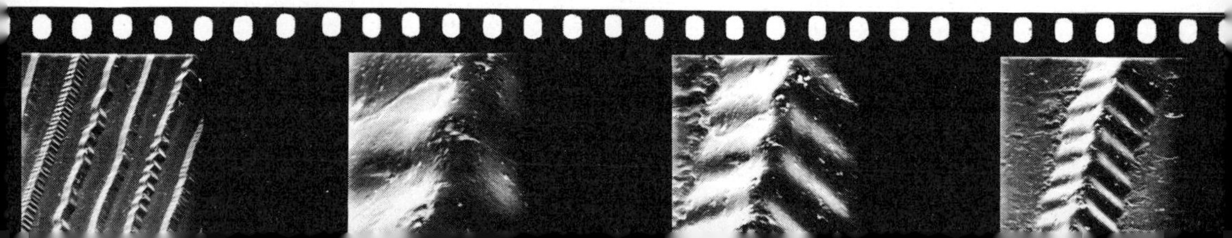

in einem Rundfunkgerät weiter verstärkt werden können. Die meisten Kristalltonabnehmer werden jedoch den hohen Anforderungen, wie sie eine naturgetreue Tonwiedergabe (High-Fidelity) verlangt, nicht gerecht. Das auf Biegung beanspruchte Material ist zu starr, um auf die feinsten Auslenkungen der Rille ansprechen zu können. Da die Kristalle außerdem gegen Feuchtigkeit und Hitze empfindlich sind, wurden in den letzten Jahren statt Kristallplättchen solche aus keramischer Masse hergestellt, die ebenfalls die gewünschten piezo-elektrischen Eigenschaften aufweist. Unter diesen keramischen Tonabnehmern gibt es bereits einige Muster, mit denen sich eine Hi-Fi-Wiedergabe erzielen läßt. Auch sie erreichen jedoch nicht die Nachgiebigkeit und Feinfühligkeit der elektromagnetischen Systeme.

Schon der Name des elektromagnetischen Wandlers verrät, daß hier die Bewegungen der Abtastnadel mit Hilfe eines Magneten in elektrische Spannungen umgewandelt werden. Dabei ist es gleichgültig, ob der magnetische Kraftfluß durch Bewegungen eines Hilfsmagneten im Kraftfeld der Spulen oder aber durch Bewegung der Spulen selbst verändert wird. Ist mit der Abtastnadel eine Spule verbunden, die sich beim Lauf der Nadel durch die Tonrille in einem permanenten magnetischen Kraftlinienfeld bewegt und dadurch eine Wechselspannung erzeugt, sprechen wir von einem dynamischen System. Wird die Abtastspitze dagegen mit einem kleinen Magneten verbunden, der in einer festen Spule hin- und herschwingt, entsteht ebenfalls eine Wechselspannung, die genau den Rillenauslenkungen und damit auch den darin aufgezeichneten Tonfrequenzen entspricht. Diese magnetischen Tonabnehmer sind so außerordentlich nachgiebig und feinfühlig, daß mit ihnen höchste Klangtreue erzielt werden kann.

Unter den Herstellern solcher Spitzensysteme ist ein regelrechter Wettlauf ausgebrochen, die Abtastfähigkeit, die Fachleute sagen dazu Trackability, immer noch weiter zu verbessern. Dazu werden Computer eingesetzt, die alle Einflüsse genau berechnen, welche — zusammengenommen und auf-

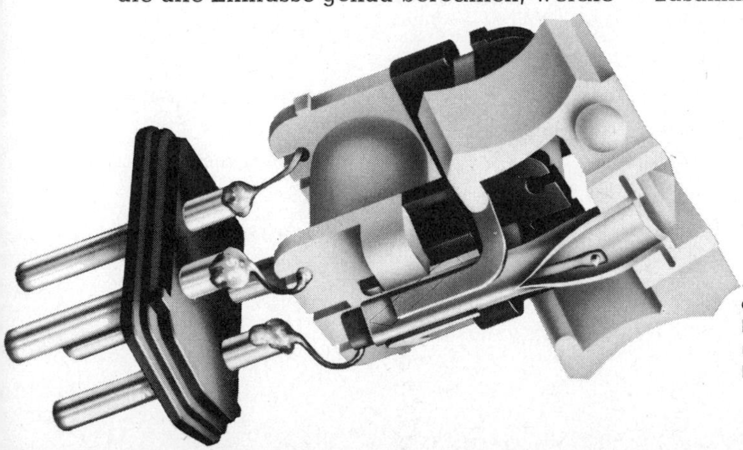

... werden durch Erdung der Polschuhe elektrische Aufladungen vermieden, die beim Abspielvorgang zwischen Nadelspitze und Platte entstehen und Knisterstörungen hervorrufen könnten. Foto ELAC, Kiel

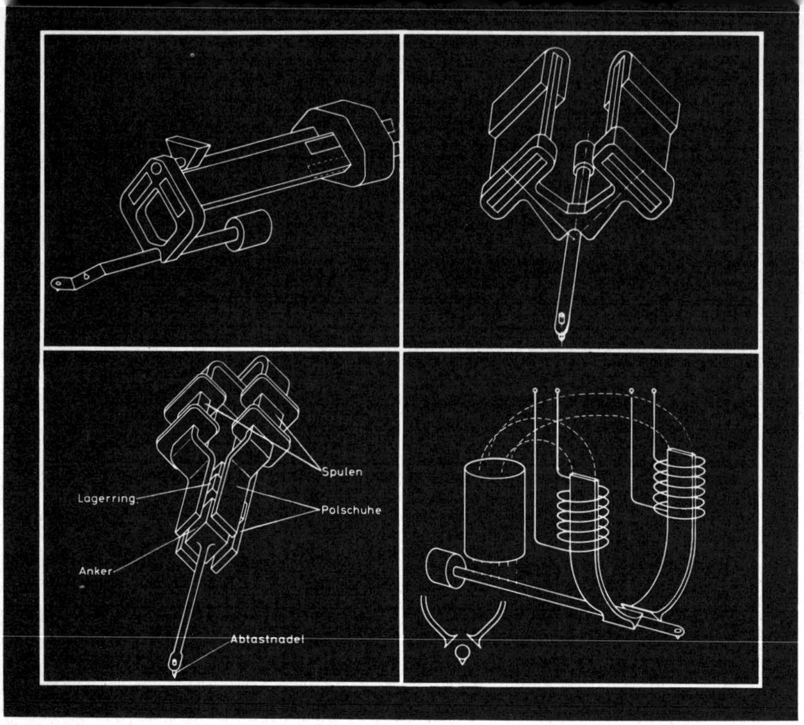

Da die Auslenkung in den Schallrillen nur Tausendstelmillimeter betragen, muß der Wandler auch kleinste vom Abtaststift übertragene Bewegungen verarbeiten. Links oben ein piezo-elektrischer und rechts daneben ein keramischer Stereoabtaster.

Die besten Übertragungseigenschaften weisen magnetische Stereoabtaster mit schwingendem Magneten (links) und elektromagnetische Abtaster auf. Allerdings erzeugen sie eine wesentlich niedrigere Spannung als die Kristallsysteme. Bilder ELAC

einander abgestimmt — die Abtastfähigkeit kennzeichnen: Beharrungskraft und Massenträgheit an der Nadelspitze und beim Magneten, die Nachgiebigkeit (Compliance) zwischen Plattenmaterial und Abtaststift sowie zwischen dem Nadelträger und dem Lager, in dem er sich bewegt. Auch die Dämpfung des Lagers und der richtige Auflagedruck spielen dabei eine Rolle. Nicht zuletzt aber müssen Schwierigkeiten gelöst werden, die in der Tonrille selbst liegen, wie etwa in den „Schnellen", jener Geschwindigkeit, mit der die Abtastnadel durch die Modulationen der Rille seitlich abgelenkt wird. Diese Schnellen sind besonders bei hohen Frequenzen und großen Lautstärken ein Prüfstein für die Güte der Anlage, ein anderer ist die möglichst hohe Übersprechdämpfung. Je weniger bei einem Tonabnehmer die Informationen des einen Kanals auf den anderen „übersprechen", je schärfer also die Kanäle getrennt sind, desto besser ist die Übersprechdämpfung. Sie wird in Dezibel (dB) ausgedrückt; bei guten Systemen liegt sie über 25 dB.

Jahrelange Forschungs- und Entwicklungsarbeiten waren erforderlich, um einen Diamanten mikroskopisch bis auf fünftausendstel Millimeter genau (seitlicher Rundungsradius einer elliptischen Diamantspitze) herstellen zu können. Wissenschaftler in aller Welt entwickelten in ihren Labors hochempfindliche Abtastsysteme, die in der Lage sind, alle Frequenzen über den hörbaren Bereich hinaus (von 20 bis 25 000 Hertz) verzerrungsfrei wiederzugeben. Es war ein schwieriger, aber lohnender Weg vom ersten „Hallo", das Thomas Alva Edison seiner „Narrenwalze" krächzend entlockte, bis zu der faszinierenden Hi-Fi-Stereo-Technik von heute, dem unverfälschten, räumlichen Hören.

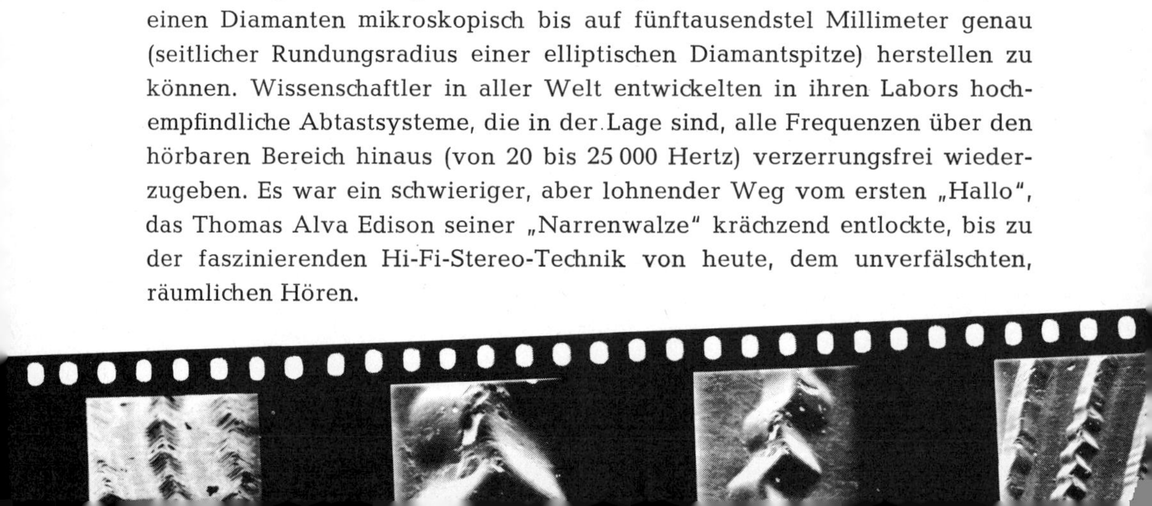

Weizen für alle

EVA EMDE

Den Friedensnobelpreis für das Jahr 1970 bekam ein Weizenzüchter: Norman Ernest Borlaug, Direktor des Mexican International Maize and Wheat Improvement Centre. Und eine Menge Leute schüttelten die Köpfe. Satte Völker hätten im Laufe der Geschichte mindestens so gern Krieg geführt wie hungrige, sagten sie, und Weizen habe noch nichts mit Frieden zu tun!

Mit der ersten Feststellung hatten sie recht, vor allem, soweit sie sich ausdrücklich auf Geschichtliches bezogen. Mit der zweiten weit weniger.

Denn in unserer heutigen, immer mehr übervölkerten Welt ist die Sorge, wie jeder auf dem bißchen Platz, das ihm bleibt, sein Auskommen findet, die weitaus wichtigste — auch für den Frieden. Der Weg zu sicherem Auskommen ist weit und schlecht beschildert. Für ein Siebtel der Erdbevölkerung reicht die tägliche Kalorienmenge nicht annähernd aus, sie hungern ihr Leben lang. Weit über die Hälfte leidet Mangel an Eiweiß und Vitaminen und ist dadurch Krankheiten ausgesetzt, die sie als selbstverständlich hinnimmt. Nur vierzehn von hundert Menschen haben eine gesunde Ernährung, die über das Nötigste hinausgeht. Und die Erdbevölkerung nimmt immer weiter zu.

All die schönen Reden von dem vielen, noch nicht nutzbar gemachten Land beachten nicht, daß der größte Teil dieses Landes schon genutzt ist —

Kurzstrohweizen steht auch dann nicht mehr als kniehoch, wenn er am längsten ist: Wenn seine Halme ausgewachsen, aber noch nicht vom Gewicht der reifen Ähren gebeugt sind. Prof. Norman C. Borlaug zeigt Lehrgangsteilnehmern aus dem Vorderen Orient, der Urheimat des Weizens, was die Züchtung aus einem ehemaligen Wildgras gemacht hat.

zwar nicht geradewegs zur Erzeugung von Lebensmitteln, aber für nicht weniger wichtige Dinge. Waldgebiete und Sumpflandschaften bestimmen das Klima halber Erdteile, von dem wiederum das Leben von Millionen abhängt. Andererseits wachsen die meisten tropischen Urwälder nur aus dem nach, was ihr eigener Verfall immer wieder liefert. Wenn man dort anbaut, aberntet und fortschafft, so ist der Boden in ganz kurzer Zeit erschöpft, verweht und weggespült, und kein Kunstdünger der Welt bringt neue Ernten. In ganzen Erdgürteln schließlich müßten wir das Klima ändern, ehe wir sie im Sinne solcher unbedachter Vorschläge nutzbar machen könnten. Die Folgen wären, da die Klimaverhältnisse rund um den Erdball miteinander verzahnt und voneinander abhängig sind, nicht abzusehen.

Wir können heute nicht mehr viel Land für die Bedürfnisse unserer Kulturpflanzen zubereiten, weil wir nicht mehr viel Land dazu haben. Wir können nur noch die Bedürfnisse der Kulturpflanzen dem Land anpassen, das wir ihnen bieten können, und die Pflanzen veranlassen, auf diesem Land möglichst hohe Erträge zu bringen. Weizensorten mit vorzüglichen Eigenschaften gibt es längst in großer Zahl. Aber sie zeigen solche Eigenschaften eben nur an dem Standort, für den sie gezüchtet worden sind, und manchmal täuschen sie sie sogar nur vor. So schienen etwa skandinavische und türkische Sorten unanfällig für Pilzkrankheiten, bis man dahinterkam, daß es im Norden zu der Zeit, in der die Pilzsporen keimen, noch zu kalt für deren Entwicklung war, im Süden aber zu trocken. Sobald man Saatgut von dort in wärmere und feuchtere Gegenden sandte, war von Widerstand gegen Pilzansteckung nichts mehr zu bemerken.

Häufig haben eingeführte Zuchtsorten schon die einheimischen Pflanzensorten fast verdrängt, ehe sich herausstellt, daß sie völlig unnütz sind. Denn alle ihre prächtigen Eigenschaften haben sie zu Hause gelassen, weil die von den dortigen Lebensbedingungen abhingen. Die einheimischen Arten dagegen, mögen sie in Ertrag und Qualität noch so schwach sein, verstehen die Kunst, trotz aller landeseigenen Wetterschwierigkeiten und Krankheitskeime zu leben. Aus Klima und Boden, Tageslängen und Sonnenscheindauer holen sie das Bestmögliche für sich heraus. Man müßte also, statt fremde Hochzuchtpflanzen neben ihnen verkümmern zu lassen, deren gute Eigenschaften den alterprobten der einheimischen hinzufügen. Daß sie von selber auf Wünsche der Verbraucher Rücksicht nehmen, wird auch das sonnigste Gemüt kaum erwarten, schließlich denkt auch eine Pflanze zuerst einmal an sich selber; aber spätestens seit Steinzeit-Zeiten haben sich ja die Menschen, wenn auch meist nur durch Auslese, da eingemischt.

Könnte man, irgendwo am Rand einer syrischen Straße, den Emmer über sich selber befragen — ein ganz gewöhnliches Gras und doch Ahnherr auch des berühmtesten Hochzuchtweizens —, er wäre wohl in jeder Hinsicht mit sich zufrieden. Er hat sich bestens eingerichtet. Er treibt rechtzeitig im Frühjahr genug grüne Blätter und mit ihrer Hilfe grüne Halme. Die ganze grüne Ausstattung hilft mit, Körner wachsen zu lassen, natürlich nicht mehr als nötig, um die Nachkommenschaft zu sichern, und nicht zu groß, um die Halme nicht zu belasten. Denn die haben ja lang wachsen müssen, damit sie die Blüten hoch in den Wind halten können. Jedes Korn hat er schön fest in Spelzen verpackt, damit es nicht austrocknet, und das körnertragende Halmende, die Spindel, ist leicht zerbrechlich, damit die Kinder, wenn sie ausgereift sind, nicht aneinander hängen bleiben. Er selber geht dann friedlich ein: Wozu soll er sich mit viel Wurzeln plagen, um gegen die Sommerdürre zu kämpfen? Bis dahin lebt man, was will man mehr?

Die Menschen, die an solchem Emmer vor etlichen zehntausend Jahren die eßbaren Körner entdeckten, wollten aber doch mehr. Sobald sie anfingen, die Ähren abzupflücken und mit heim zu nehmen, gab es Ärger mit der zerbrechlichen Spindel, von der man die Hälfte unterwegs verlor. Das besserte sich aber von selber, denn je zäher eine Spindel, desto eher wurde sie heil geerntet, und ihre Körner bekamen Gelegenheit, sich aus Abfällen und Speiseresten um die menschlichen Behausungen herum zu neuen Pflanzen, diesmal mit erhöhtem Erbanteil zäher Spindeln, zu entwickeln. Ihre Ähren wurden wiederum gepflückt, andere störende Pflanzen zu Unkräutern ernannt und ausgerissen — das gab nach und nach schon beinahe ein Feld. Für die Düngung sorgten die ersten Haustiere und die nicht ganz erstklassigen hygienischen Verhältnisse bei den Menschen. Dann spannte man Ochsen vor den Hakenpflug und erntete Getreide, das man zum Reinigen gegen den Wind warf. Die größten und schwersten Körner flogen am weitesten und wurden als Saatgut Eltern einer Pflanzengeneration, die wenigstens im Durchschnitt besser war — denn bekanntlich haben nicht alle klugen Eltern gescheite Kinder. Innerhalb der nächsten paar Jahrtausende war aber doch ein Fortschritt zu verzeichnen, und Zeit hatte man ja. Es gab weit mehr Getreidehalme und Platz zum Wachsen, als die paar verstreuten Menschlein verbrauchen konnten. Die brachten auch einmal eine Handvoll Saatgut von anderen Stämmen mit, bei dem die Körner

Reis ist weniger anpassungsfähig als Weizen. Eine bisher in Indien übliche Sorte wie CO 32 wird nicht an schlechtere Böden zu gewöhnen sein, doch die Neuzüchtung IR 5 wird am alten Standort vielfache Erträge bringen.

freiwillig aus den Spelzen fielen, was das lästige Schälen ersparte, und sogar Wildgräser brachten gute Eigenschaften ins Familienerbe. Alles das säte man munter durcheinander und dachte sich nichts dabei, am allerwenigsten, daß man da einen großartigen Gen-Pool — nach unserer heutigen Bezeichnung — hatte, eine Art Storchenteich unendlicher Erbeigenschaften, die man züchterisch hätte nutzen können.

Der Weizen entstand und gedieh trotzdem. Was als Pflanze nichts taugte, ging stillschweigend ein, was die Menschen nicht brauchen konnten, wurde nicht wieder ausgesät — und so bildeten sich die Sortengemische der Landweizen, für jede Gegend die richtige. Alle gehören sie zu einer von zwei großen Familien, die sich von des alten Emmers Zeiten her durchgesetzt haben. Da ist der Hartweizen, reinblütiger Emmer-Nachfahre, inzwischen aber mit großen, harten Körnern. Er ist unempfindlich gegen Krankheiten und Dürre wie sein Ahn, aber — unvermischt — in der Brotqualität mehr für bronzezeitliche Ansprüche geeignet. Dafür ist er Mitbegründer des Ruhmes der italienischen Makkaroni und anderer Teigwaren. Der andere, der Weichweizen, Emmer-Enkel auch er, ist durch südlichere Gräserahnen verfeinert, anfälliger und anspruchsvoller. Mit seinen guten Backqualitäten liefert er auf neun Zehntel der Weltanbaufläche alles Weißbrot der Erde.

Als die Vererbungsforschung aus dem Gröbsten heraus war und in der Landwirtschaft Anwendung finden konnte, war nicht mehr viel zu tun, um die Weizensorten den örtlichen Gegebenheiten anzupassen. Wohl aber ließen sich Menge und Güte steigern und ebenso ihre Widerstandskraft gegen Krankheiten, die allzuoft Mißernten und im Mittelalter sogar Hungersnöte schrecklichsten Ausmaßes gebracht hatten. Es fanden sich Einzelpflanzen, ja Sorten, die weder Brand- noch Rostpilz befiel, nur waren die meist sehr weit entfernt von allen anderen züchterischen Wunschträumen; andere mit Riesenerträgen wurden bei dem ersten feuchtwarmen Wetter krank. Sie litten darunter weit schlimmer als die alten Landsorten, weil sie nicht mehr gemischt, sondern als reine Zuchtsorten alle gleich empfindlich waren. Es wurde ausgelesen und gekreuzt, vermehrt und geprüft, wie-

der gekreuzt, jahrzehntelang. Von Tausenden Urgroßelternsorten blieben Hunderte Großeltern als möglicherweise brauchbar übrig, etliche Dutzend Elternsorten ergaben unter vielen unbrauchbaren Nachfahren eine oder zwei mit den gewünschten Eigenschaften. Man vermehrte sie und empfahl sie den Bauern als Saatgut. Kaum waren die ersten Ernten verkauft, da standen erbitterte Leserbriefe in der Fachzeitschrift des Müllergewerbes, oder die Bäcker meldeten, daß zuerst ihre Backwaren im Ofen und dann sie auf den Backwaren sitzengeblieben waren. Und stand eine Weizenernte zur Zufriedenheit aller auf dem Feld, dann hatte irgendein Rostpilz sich inzwischen angepaßt und befiel sie doch.

Trotzdem hat man aus der zehntausendjährigen Mischung von Eigenschaften Sorten gezüchtet, die regelmäßige und hohe Ernteerträge bringen. Aber sie entarten in kurzer Zeit, wenn ihnen der Züchter nicht scharf auf die Ähren guckt. Und, natürlich, auf Wurzeln, Halme und Blätter, denn daß die den europäischen Verhältnissen angepaßt sind, genügt schon lange nicht mehr. Neben dem Reis ist der Weizen heute das wichtigste Getreide; ein Drittel der Weltanbaufläche für Getreide ist mit ihm bestellt. Sein Welt-Durchschnittsertrag je Hektar ist geringer als der des Reises, dafür wächst er aber auch noch auf Böden, die keine Reispflanze jemals in Betracht ziehen würde. Der Reis ist, seit er sich einmal bereitgefunden hat, aus den heimatlichen Bergen in die Flußniederungen zu steigen und den gewohnten Monsunregen gegen regelmäßige Überschwemmungen einzutauschen, seinen Züchtern keinen Schritt auf schlechterem Boden entgegengekommen, so wie umgekehrt der Hafer an seinen Magerböden festhält, so daß man ihn mit hohen Düngergaben eher umbringen als zu Ertragssteigerungen ermuntern kann. Der Weizen aber findet sich nicht nur auf schlechteren Böden zurecht, er hat sich Eigenschaften anzüchten lassen, die eigentlich im Widerspruch zueinander stehen.

Die von Ernest Borlaug gezüchteten Sorten haben kurze Halme, ein Erbe japanischer und italienischer Zwergweizen. Das erleichtert die Ernte und macht die Pflanzen widerstandsfähig gegen Trockenheit und Wind. Jede

Im Labor wird Getreidesaat von Neuzüchtungen auf feuchtem Sand ausgelegt, um sie unter verschiedenen kontrollierten Bedingungen auf Eigenschaften wie Keimfähigkeit und Keimdauer zu prüfen.

Ungerührt von Wind und Wetter tragen die modernen Getreidesorten ihre Ähren aufrecht. Die herkömmlichen dagegen wären längst alle in die Windrichtung geneigt und vielleicht sogar zu Boden gedrückt. Alle Fotos F.A.O.

Einzelpflanze treibt zahlreiche Halme und erspart damit nicht nur Saatgut, sondern ist in ihrer Büschelform auch besonders standfest. Trotzdem hat sie große Ähren und bringt es bis auf das Dreifache des bisher üblichen Ertrags. Zwar enthält jeder Weizen Eiweißstoffe, doch sind die je nach Rasse verschieden und längst nicht alle wertvoll für die menschliche Ernährung. Durch Anbauverhältnisse und Düngung kann nicht die Art, sondern nur die Menge des pflanzeneigenen Eiweißes verbessert werden. Borlaugs Weizen aber enthält nun gerade Stoffe, die zum Aufbau von menschlichem Körpereiweiß brauchbar sind.

In einem weltweiten Programm, an dem die F.A.O., die Food and Agricultural Organization der Vereinten Nationen, maßgeblich beteiligt ist, bemüht man sich um die Züchtung von Getreidesorten mit hohem Eiweißgehalt. Weil Einfuhren von Saatgut allzuoft Mißerfolge brachten, hat man inzwischen in siebzehn Ländern auf Wunsch der Regierungen Saatgutvermehrungsanstalten eingerichtet, elf weitere sind in Vorbereitung. Dadurch konnten Borlaugs Weizensorten, die neuen philippinischen Reissorten und andere ertragreiche Getreidesorten nicht nur in Mexiko und auf den Philippinen, sondern in einer Vielzahl von Ländern in Südasien und Fernost, im Nahen Osten, in Ost- und Westafrika und in Lateinamerika eingesetzt werden. Ein weltweiter Erfolg, der den Völkern Asiens bereits große Hilfe gebracht hat und der in Afrika und Lateinamerika erhebliche Fortschritte verspricht.

Wo zur Zeit der indianischen Hochkulturen Getreide an terrassierten und mühsam bewässerten Andenhängen angebaut wurde, hat der Enkel heute sichere Erträge aus modernen Hochzuchtweizen.

Chemische Waffen im Tierreich

Drohend hat dieser marokkanische Skorpion den fünfgliedrigen „Schwanz" in Angriffstellung gehoben. Man sieht deutlich an seinem Ende den Giftstachei. Fot. Bavaria

VON HEINZ WOLTERECK

Wer von uns hat nicht schon abenteuerliche Geschichten über die Begegnung mit giftigen Schlangen, mörderischen Spinnen und Fischen gelesen, die ätzende Flüssigkeiten absondern? Und wer hat nicht schon einmal schmerzhafte Bekanntschaft mit einer Mücke, Biene oder Ameise gemacht? Die Natur hat die Tiere für den Kampf ums Dasein gut ausgerüstet, und bei den zahlreichen Waffen zum eigenen Schutz wie für den Angriff hat sie auch die chemischen Mittel, die verschiedensten Gifte, nicht vergessen.

Die Menschen kennen diese tierischen Gifte schon seit grauer Vorzeit, doch über deren chemische Natur wissen wir auch heute noch herzlich wenig.

Die meisten Tiere bringen das Gift durch Stich oder Biß an den Feind, seltener dadurch, daß ein an sich giftiges Tier verspeist wird. Um es wirkungsvoll zu übertragen, besitzen die Tiere mitunter kunstvolle Einrichtungen. Auf diese Weise können sich verschiedene kleine Käfer gegen größere Insekten und sogar gegen Frösche und Lurche wehren. Geradezu raffiniert geht dabei der Bombardierkäfer vor. Er besitzt in seinem Hinterleib ein Drüsensystem, das den Giftstoff Hydrochinon (das auch im photographischen Entwickler enthalten ist) und Wasserstoffperoxid erzeugt. Die beiden Substanzen werden in der recht stabilen „Explosionskammer" des Käfers gemischt, worauf sich unter der Einwirkung eines besonderen Wirkstoffes das Wasserstoffperoxid zersetzt und Sauerstoff frei wird. Er hat in der Enge der „Explosionskammer" die gleiche Wirkung wie das Treibgas in einer modernen Sprühdose: Unter Druck wird der giftige Inhalt der Kammer ins Freie geschleudert und trifft, wenn der Käfer gut gezielt hat, den Angreifer. Dabei raucht, zischt und stinkt es wie bei einer richtigen kleinen Explosion. Es ist klar, daß der Widersacher bei diesem unerwarteten Gegenangriff erschrickt und es nicht mehr wagen wird, seinem Opfer nachzustellen. Diese erstaunliche Leistung des Bombardierkäfers auf dem Gebiet der chemischen Kriegsführung ist allerdings ein Sonderfall, meist sind die Abwehrwaffen von Käfern recht einfach. Sie bestehen aus Drüsen oder Körperöffnungen, aus denen giftige Sekrete abgesondert werden. Ein Hecht zum Beispiel wird wohl nur einmal in seinem Leben versuchen, einen Schwimmkäfer zu fressen, denn dieses Tier scheidet ein Gift aus, das dem Feind recht unangenehm werden kann. Das stark duftende Sekret wird in Drüsen gebildet, die paarweise unter der Rückenhaut liegen. Da es der

Einem Fallschirm gleich schwebt diese zarte Qualle mit ihren langen Fangarmen im Meerwasser. Quallen sind mit Nesseln bewaffnete Tierstaaten, deren Glieder sich in bestimmte Arbeitsleistungen zum Wohle des Ganzen teilen. Fot. Bavaria

Dieser Tintenfisch erinnert an ein Seeungeheuer. Seine langen Arme sind mit zwei Reihen von Saugnäpfen ausgestattet, mit denen er sein Opfer festhält, um es dann mit dem Gift seiner Speicheldrüsen zu lähmen oder zu töten. Fot. Bavaria

Käfer in verhältnismäßig großen Mengen speichert, ist es verfügbar, wenn immer ein Feind sich nähert. Dieser Saft hat für einen Fisch eine betäubende Wirkung. Schon I. L. Frisch schrieb im Jahre 1721, daß der Gelbrandkäfer (der bekannteste Schwimmkäfer) „mit diesen garstigen Tropfen einen Hecht oder ein anderes Tier innen quälen könnte, das ihn verschluckt, und es dadurch zwingen, ihn wieder auszuspeien". Die Schwimmkäfer kommen von Zeit zu Zeit ans Land, um Luft zu holen, denn ihre Atmungsvorgänge sind die gleichen wie bei den Landkäfern. Dabei beschmieren sie sich mit verschiedenen chemischen Substanzen, die im Hinterleib erzeugt werden. Diese „Antibiotica" bewahren den Käfer vor Befall durch Bakterien und

Pilze. Er kann diese Gesundheitspflege in aller Ruhe am Ufer vornehmen, denn zusätzlich schützt ihn ja noch das giftige Abwehrsekret. Den Fröschen, die einmal einen Schwimmkäfer verschluckt haben, ist der Appetit auf diese Art Leckerbissen gründlich vergangen. Neuerdings hat man sich mit der Chemie der Abwehrstoffe verschiedener Insekten beschäftigt und dabei die interessante Feststellung gemacht, daß sich der Gelbrandkäfer gegen seine Feinde mit Cortexon wehrt. In seinen Nackendrüsen findet sich etwa ein halbes Milligramm — das ist sehr viel, denn man müßte über 1000 Rinder schlachten, wollte man aus deren Nebennieren die gleiche Menge dieses Hormons gewinnen.

Anderer Art sind die Waffen, deren sich die Quallen bedienen. Wer schon einmal mit ihren Fangarmen in Berührung gekommen ist, weiß, wie außerordentlich schmerzhaft das sein kann. An den Fangarmen befinden sich Nesselzellen, birnenförmige Kapseln, in deren Innerem ein dünner Schlauch, der Nesselfaden, aufgerollt ist. Er trägt am Ende einen Dorn. Wird das Tier gereizt, schleudert es den Faden explosionsartig aus der Kapsel, der Dorn durchdringt die Haut des Opfers, und der giftige Inhalt der Kapsel gelangt in die Wunde. Beim Menschen brennt und juckt die verletzte Stelle, und es entstehen große Blasen. In schweren Fällen kommt es sogar zu heftigen Krämpfen der Atmungsmuskulatur, die mehrere Stunden anhalten können. Unter den verschiedenen Giftstoffen in der Kapsel hat man das Congestin festgestellt. Von diesem hochwirksamen Stoff genügen schon 25 Milligramm, um einen 5 Kilogramm schweren Hund zu töten. In den Meeren zwischen den beiden Wendekreisen lebt eine besonders gefährliche Qualle, die „Chironex fleckeri". Sie kann bis zu 15 Fangarme ausbilden und so groß werden, daß sie einen 10-Liter-Eimer füllt. Die Giftmenge ihrer zahlreichen Nesselzellen würde ausreichen, drei Menschen zu töten. Die Dornen an den Nesselfäden wirken wie Harpunen und durchdringen leicht die Haut des Opfers. Wird der Angefallene nicht sofort, z. B. mit Alkohol, behandelt, kann die Begegnung mit dieser Qualle tödlich enden. Eine besonders schöne, aber auch gefürchtete Qualle ist die „Portugiesische Galeere". Sie schillert in vielen Farben und hat bis zu 30 Meter lange Fangarme, an denen fast 2000 Nesselkapseln sitzen. Damit beschießt sie ihr als Nahrung dienende Fische und umschlingt sie. Indem sich die Fangarme verkürzen, hissen sie das Opfer unter die Schwimmblase, wo dann die Verdauung vor sich geht. Eine Berührung mit dieser Qualle hinterläßt beim Menschen Narben und starke Vergiftungserscheinungen. Kommt er ein zweites Mal mit ihr in Kontakt, kann das zum Tode führen. Bis jetzt gibt es noch kein sicher wirkendes Heilmittel gegen Nesselverletzungen.

Anderen Bewohnern der Meere, den großen Tintenfischen, hat man lange alle möglichen bösen Eigenschaften nachgesagt, nur nicht, daß sie giftig wären. Aber es ist so: Diese Tiere erzeugen in ihren Speicheldrüsen ein

Gift, das Eiweißstoffe, deren Bausteine sowie Substanzen enthält, die den Blutdruck senken und die glatte Muskulatur erregen. Auch Histamin, ein Stoff, der wie ein Hormon wirkt, wurde im Krakengift entdeckt. Schon bei einer auf 1 : 100 000 verdünnten Lösung erzeugt ein einziger Tropfen auf der menschlichen Haut Rötung, Juckreiz und Quaddeln, und nur 0,5 Milligramm Histamin genügen, den Puls zu beschleunigen und Schwindel hervorzurufen. Der Krake fängt seine Beute in eine Art Sack ein und bespritzt sie aus zwei Paar Speicheldrüsen mit dem Gift, wodurch das Opfer getötet und anschließend verdaut wird.

Unzählige Tiere brauchen, um sich zu ernähren, das Blut und die Körpersäfte anderer Tiere. Meist handelt es sich um flinke Tiere, die sehr viel kleiner sind als ihre Beute und die sie deshalb nicht überwältigen können. Sie besitzen ein ganzes Arsenal chemischer Kampfmittel, die sie dem Opfer durch Stich oder Biß beibringen. Bei dem Stich einer Bettwanze dringen nur 16 Milliardstel Liter Speichel in die Wunde. Um zu veranschaulichen, wie gering diese Menge ist, hier ein Beispiel: Der 16milliardste Teil der Entfernung zwischen Erde und Mond beträgt nur 2,5 Zentimeter! Die Mundwerkzeuge dieser blutsaugenden Insekten sind als Stech- und Saugborsten ausgebildet. Erst wird die Haut des Opfers durchbohrt, dann, um das Gewebe aufzulösen, die giftige Speichelflüssigkeit in die Wunde eingespritzt, und schließlich saugt die Wanze Blut und verflüssigtes Gewebe ein. Ähnlich blutdürstig verhalten sich gewisse Läuse, Flöhe und auch die Stechfliegen.

Alles andere als vertrauenerweckend sieht dieser häßliche Bursche aus, und tatsächlich ist Vorsicht geboten: Der Steinfisch ist der giftigste Fisch, den wir kennen. Fot. Anthony

Allgemein bekannt ist die Giftigkeit von Wespen- und Bienenstichen. Sie können dem Menschen gefährlich werden, einerseits durch den Ort des Stiches, etwa in der Speiseröhre, andererseits durch die große Zahl. Manche Menschen sind schon gegen nur wenige Stiche empfindlich, während Imker oft eine ganze Menge davon vertragen. Um einen gesunden erwachsenen Menschen zu töten, bedarf es wohl einiger hundert Stiche. Nur die Arbeitsbienen erzeugen Gift; in ihrer Giftblase befinden sich etwa 0,3 Milligramm. Es enthält ebenfalls Histamin sowie Eiweiß- und verschiedene Wirkstoffe. Bienengift besitzt aber auch Heilwirkung. Schon im Altertum wurde es als Arzneimittel verwendet, und man behandelt damit auch heute noch rheumatische Leiden.

Nicht viel schmerzhafter als ein Wespenstich sind die Stiche der kleineren europäischen Skorpione. Sie verursachen meist nur Entzündungen im Bereich der Einstichstelle. Die Skorpione sind ein uraltes Geschlecht. Es gibt sie schon seit 350 Millionen Jahren. Sie sind oft recht gefährliche Gifttiere. Ihr Körper besteht aus zahlreichen ringförmigen Gliedern. Sechs sind deutlich schmäler und bilden den „Schwanz". Dieser hintere Körperteil kann nach allen Richtungen gedreht werden und trägt einen Stachel mit zwei Giftdrüsen. Auf ihren nächtlichen Raubzügen jagen die Skorpione Insekten, Spinnen und Asseln, wobei sie das Opfer mit ihren Scheren packen und es durch einen Stich mit dem Giftstachel töten. Die Skorpiongifte enthalten giftige Eiweißkörper, die im Gegensatz zu den Schlangengiften den Blutdruck steigern und den Herzrhythmus verlangsamen. Der Stich manch großer tropischer Skorpione — eine westafrikanische Art wird bis zu 18 Zentimeter lang — kann einen Menschen töten.

Auch Fische, von deren 20 000 Arten 600 giftig sind, haben meist Stacheln, in deren Rinnen Giftdrüsen liegen. Der giftigste Fisch von allen ist der

Unheimlich wirken die Muränen — fast sieht man ihnen ihre Giftigkeit an. Sie leben in Felsenhöhlen, aus denen sie meist erst nachts hervorkommen. Die aalartigen, bis zu 1,5 m langen Tiere werden auch dem Menschen gefährlich. Fot. Bavaria

Ganz rechts: Nur wenige Spinnenarten sind giftig, zu ihnen zählt die zottige Vogelspinne, die hier ihre krummen, scharfen Hornkiefer tief in den Körper einer Eidechse geschlagen hat. Die Kiefer stehen mit dem Giftapparat in Verbindung.

Steinfisch. In Form und Farbe einem Stein ähnelnd und damit vorzüglich getarnt, lauert er in tropischen Gewässern am Meeresboden auf Beute. Tritt ein ahnungsloser Badender versehentlich auf ihn, so rinnt Gift, das auf das Nervensystem wirkt, aus den Stacheln in die Wunde, und der Mensch ist unrettbar verloren. Dem Steinfisch verwandt sind die Rotfeuerfische; zwar besitzen ihre Stacheln, die sie der Beute mit einem ruckartigen Schwimmstoß in den Leib treiben, ebenfalls Giftdrüsen, doch sind die Stichverletzungen für den Menschen kaum tödlich. Gefährlich sind die Stechrochen — flache Fische mit breiten Brustflossen und langem schmalem Schwanz, an dessen Rückseite ein gezähnter Giftstachel sitzt. Die im Stachel gespeicherte Giftmenge kann ein 3 Kilogramm schweres Kaninchen innerhalb weniger Minuten töten. Das Gift des Runden Stechrochens greift Herz und Kreislauf an und kann in wenigen Stunden den Tod eines Menschen verursachen. Über das chemische Gefüge der Giftstoffe ist wenig bekannt.

In vielen Abenteuergeschichten spielen die Muränen eine Rolle. Es sind aalartige Fische, die in tropischen und subtropischen Gewässern leben. Einige von ihnen sind ungewöhnlich giftig, etwa jeder zehnte Mensch, der von ihnen gebissen wird, stirbt daran. Das Gift befindet sich in der Gaumenschleimhaut. Außerdem besitzt die Muräne, die in den Mittelmeerländern gern gegessen wird, noch einen Giftstoff in ihrem Blut. Auch ihr Verwandter, unser Flußaal, enthält ein eiweißartiges Gift. Doch wird der Giftstoff beim Kochen und Räuchern völlig zerstört, und man kann sich unbesorgt auch weiterhin einen Spickaal schmecken lassen.

Spinnen pflegen ihre Opfer durch Bisse zu überwältigen. Sie ernähren sich meist von kleinen Insekten, die sie in ihren Netzen fangen, durch einen

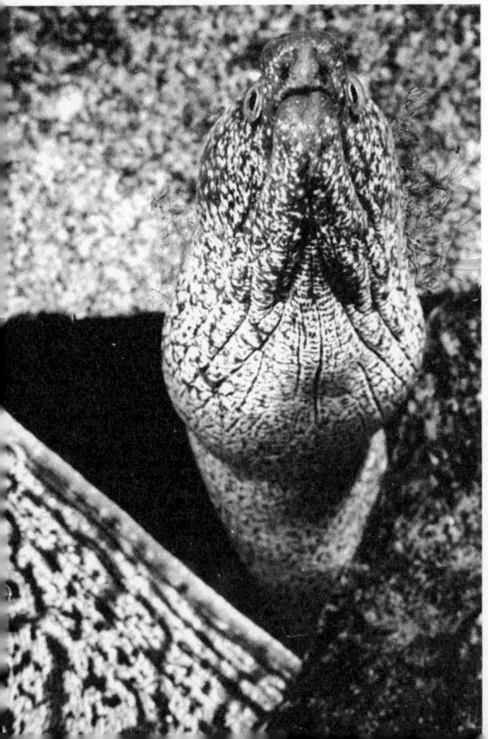

Biß lähmen oder töten und schließlich aussaugen. Die größten aller Spinnen sind die zottigen Vogelspinnen. Sie haben etwa 9 Zentimeter Körperlänge und leben hauptsächlich in Süd- und Mittelamerika. Sie bauen kein Netz. Eine Vogelspinne faßt ihre Beute — Insekten, Eidechsen, Frösche, kleine Vögel und Mäuse — mit den vorderen Fußpaaren und schlägt ihre krummen, scharfen Hornkiefer tief in den Körper des Opfers. Die Kieferklauen stehen mit einer Giftdrüse in Verbindung, deren Inhalt übrigens von den Buschmännern als Pfeilgift verwendet wird. Spinnen sind über die ganze Erde verbreitet — von Grönland bis zu den Höhen des Himalaja. Obgleich sich viele Menschen vor ihnen fürchten, sind die meisten harmlos. Einige Spinnen allerdings haben ein Gift, das auch dem Menschen gefährlich werden kann. Es ist eine farblose, etwas ölige Flüssigkeit, deren chemische Zusammensetzung noch nicht völlig geklärt werden konnte. Der Giftapparat sitzt in den Mundgliedmaßen. Natürlich können nur solche Spinnen dem Menschen Schaden zufügen, deren Mundwerkzeuge stark genug sind, die menschliche Haut zu durchbeißen. Von unseren einheimischen Spinnen hat eigentlich nur der schmerzhafte Biß der wenig bekannten Dornfingerspinne unangenehme Folgen. Lebensgefährlich aber kann der Biß von dem in Rußland vorkommenden „Schwarzen Wolf" und von der „Schwarzen Witwe" sein, die über ganz Nord- und Südamerika verbreitet ist. Er kann zu schwerer Krankheit und schließlich zum Tod durch Atemstillstand führen. Bei uns werden gefährliche Giftspinnen manchmal mit Bananenstauden eingeschleppt. Eine südamerikanische Art ist so giftig, daß das Gift eines einzigen Bisses ausreichen würde, 500 Mäuse zu töten. Alle Bananensendungen werden jedoch streng überwacht, und ihre Verpackung wird verbrannt. Kommt es wirklich einmal dazu, daß jemand von einer Giftspinne gebissen wird, stehen wirksame Seren zur Verfügung.

Spricht man von giftigen Tieren, denkt man in erster Linie an Schlangen. In der Tat sind sie es, die dem Menschen am meisten Schaden zufügen. Nach den letzten Feststellungen der Weltgesundheitsorganisation fordern Schlangenverletzungen jährlich etwa 40 000 Todesopfer. Gefährlich sind Schlangen, deren vorderstes Zahnpaar eine Furche aufweist — sie haben eine besonders wirksame Giftdrüse. Der Drüsengang mündet unmittelbar am Ansatz des Giftzahns in einer Schleimhautfalte, welche die Zahnfurche eng umschließt. Diese Anordnung stellt einen sehr leistungsfähigen Giftapparat dar. So kann beispielsweise eine Kobra mehrere Portionen von ihrem Gift in die Wunde des Beutetieres geben, von denen jede an sich

Die Kreuzotter, an ihrer Rückenzeichnung zu erkennen, zählt zu den Tieren, die dem Menschen am meisten Schaden zufügen. In Süditalien, wo weite Gebiete von den Bauern verlassen worden sind, nehmen sie beängstigend überhand. Fot. Anthony

schon tödlich wäre. Eine Verwandte der Kobra, die australische Tigerotter, besitzt so viel Gift in ihren Drüsen, daß sie damit 400 Menschen töten könnte. Nahezu vollendet aber ist der Giftapparat der Vipern, zu denen auch die Kreuzottern zählen. Ihre Giftzähne ruhen in einer Schleimhautfalte und richten sich erst beim Angriff in dem weitgeöffneten Rachen auf. Wie Stilette durchstechen sie dann die Haut des Opfers. Eine Kreuzotter vermag sogar im Bruchteil einer Sekunde die feste Haut eines Pferdes zu durchdringen und ihr Gift einzuspritzen. Die Menge des Giftes ist beträchtlich, sie beträgt bei der Sandviper etwa 80 Milligramm je Biß. Schlangengift besteht hauptsächlich aus verschiedenen Wirkstoffen mit ganz besonderen

Aufgaben. Kaum ein anderes Naturprodukt weist ein so aufeinander abgestimmtes Gemisch von Wirkstoffen hoher Konzentration auf. Für die eigentliche Giftwirkung aber sind auch hier eiweißartige Stoffe verantwortlich. Schlangengifte wirken hauptsächlich auf den Kreislauf, führen zu Atemlähmung und lebensbedrohlichen Blutungen. Eine wirksame Behandlung von Schlangenbissen ermöglicht die Serumtherapie. Früher verwendete man Seren, die jeweils nur beim Biß einer ganz bestimmten Schlangenart ansprachen. Da der Verunglückte aber oft nicht weiß, von welcher Schlangenart er gebissen worden ist, benutzt man heute sogenannte polyvalente Schlangengift-Seren, die gegen das Gift aller in dem betreffenden Erdteil vorkommenden Schlangen wirken. So gibt es ein Europa-Serum, aber auch ein Afrika-, Orient- und Amerika-Serum.

In unseren Breiten brauchen wir die chemischen Waffen der Tiere kaum zu fürchten, sie haben zwar manchmal unangenehme Folgen, sind aber selten lebensbedrohend. Leider nehmen Anzahl und Gefährlichkeit der Gifttiere in den südlichen Gegenden unserer Erde zu. Gerade am üppig gedeckten Tisch der tropischen Natur, wo es reichlich Wasser und Nahrung gibt, sind die Tiere mit furchtbaren Waffen ausgerüstet.

Medizin aus dem Giftzahn einer Schlange. Das Tier wird gezwungen, in den Rand einer Glasschale zu beißen, die das dabei austretende Gift auffängt.

Um Gegengifte gegen Schlangenbisse zu gewinnen, injiziert man das Schlangengift Pferden, die daraufhin Abwehrstoffe entwickeln. Aus dem Blut, das man ihnen abzapft, erhält man das Heilserum. Fot. H. v. Irmer

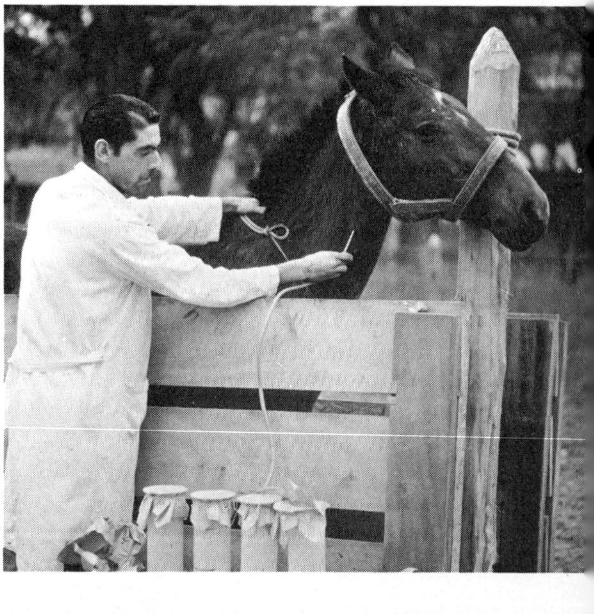

CHARLES GAUTHIER

TEST-PILOTEN SIND GANZ ANDERS

Als die Konstrukteure bei Dornier den Auftrag erhalten hatten, für die deutsche und französische Luftwaffe ein neues Düsen-Schulflugzeug zu entwerfen, holten sie erst einmal Dieter Thomas. Er hielt ihnen einen dreistündigen Vortrag, wie er sich eine solche Maschine vorstellte, wie sie sich fliegen lassen und was sie leisten müsse. Die Flugzeugbauer hörten ihn an, dann machten sie sich an die Arbeit.

Dieter Thomas ist Testpilot — oder, um es ganz genau zu sagen, Erprobungspilot. Das heißt, daß er zu den wenigen Menschen gehört, denen die Berechtigung zuerkannt worden ist, Flugzeugmuster zu fliegen, die noch nicht zugelassen sind. Daß das Anforderungen an den Piloten stellt, ist leicht einzusehen: Von einem solchen „Prototyp" wissen die Konstrukteure niemals genau, wie er sich im Flug verhalten wird. Sie haben ihn nach bestem Wissen und Gewissen gebaut, doch Windkanalversuche, Computer-Simulationen und alle anderen Hilfsmittel können niemals alle Fragen beantworten. Die Arbeit des Erprobungspiloten ist also Teil der Entwicklung eines neuen Flugzeugmusters, und es ist die Regel, daß die Maschine im Lauf der Flugerprobung weiter verändert und verbessert wird, ehe das Muster entsteht, das dann die Zulassung der Behörden erhält. Der Erprobungspilot ist gleichsam sein eigener Fluglehrer; er hat niemanden, der ihn auf dem neuen Flugzeug einweist, und er muß eine Maschine fliegen, deren Eigenschaften nicht bis ins letzte bekannt sind. Es ist sogar seine Aufgabe, alle Einzelheiten ihres Flugverhaltens planvoll herauszufinden; auf Grund der Kenntnisse, die er dabei von dem Prototyp gewinnt, werden die Anweisungen geschrieben, die später, wenn das Muster zugelassen ist, den Flugzeugführern Richtschnur und Hilfe sind. Das ist nicht so sehr das Abenteuer, das sich viele vorstellen mögen — es ist harte, angestrengte Arbeit. Gerade deswegen nimmt der Erprobungspilot bei der Entwicklung eines neuen Typs eine Schlüsselstellung ein.

Wie kommt man zu diesem Beruf? Streng genommen muß man vorher schon zwei Berufe gehabt haben, ehe man zu diesem gelangen kann. Gefordert wird nicht nur die Ausbildung zum Flugzeugführer, sondern auch die zum Ingenieur; beides wird während der Entwicklung einer Maschine gebraucht. Und man muß sich schon sehr früh entscheiden, damit man rechtzeitig die umfassende Erfahrung erwerben kann, ohne die der Erprobungspilot nicht auskommt.

Spätere Erprobungsflieger erwerben gewöhnlich schon als Jungen ihre ersten Segelflugscheine. Regelmäßig haben sie eine technisch-praktische Ausbildung erhalten, und es gibt keinen unter ihnen, der nicht jahrelang Flieger bei der Luftwaffe seines Heimatlandes war. Das hat einen sehr einfachen Grund: Nirgendwo sonst gibt es eine gleich gute Möglichkeit, Flugstunden mit modernen Düsenmaschinen zu sammeln. Die braucht jeder, der in irgendeiner Form Testpilot werden will, und es wäre eine seltene Ausnahme, daß jemand die nötige Flugerfahrung aus dem eigenen Geldbeutel erwerben könnte.

Es gibt drei verschiedene Arten von Testpiloten oder — wie es im Amtsdeutsch heißt — technischen Flugzeugführern: Einflieger, Abnahmeflieger und Erprobungsflieger. Die beiden ersten sind erfahrene Piloten, die im allgemeinen auf rund 1500 Flugstunden zurückblicken können. Der Einflieger prüft als Werksangestellter die fertiggestellten Serienflugzeuge vor der Übergabe an den Besteller. Der Abnahmeflieger ist das Gegenstück des Einfliegers auf der Seite des Kunden: Er übernimmt die eingeflogene Maschine und stellt in einer Kurzerprobung fest, ob sie den Zusicherungen entspricht. Beide aber — und darin liegt der Unterschied zum Erprobungspiloten — brauchen nur erfahrene Flugzeugführer zu sein. Sie bekommen

Erprobungsflieger Dieter Thomas ist Mittler zwischen zwei Welten: der des Ingenieurs und der des Piloten. Er begann schon mit 15 Jahren zu fliegen — heute ist er bei Dornier der „Projektpilot" für den „Alpha-Jet".

An dieser Holzattrappe des „Alpha-Jet", eines neuen Düsen-Schulflugzeuges der deutschen und der französischen Luftwaffe, werden die Sichtverhältnisse und die Anordnung der Instrumente und der Steueranlagen erprobt. Bei der Entwurfsarbeit spricht der Testpilot ein gewichtiges Wort.

Maschinen in die Hand, die schon fertig entwickelt sind. Die Eigenschaften der Flugzeuge sind genau bekannt, und der Typ hat bereits die behördliche Musterzulassung erhalten. Der Einflieger kennt die Maschine entweder, weil er schon andere Flugzeuge des gleichen Musters geflogen hat, oder, weil er vor seinem ersten Flug mit einem neuen Typ sorgfältig „eingewiesen" worden ist. Solche Hilfen gibt es für den Erprobungspiloten nicht, und das ist auch der Grund, warum er die Ausbildung zum Ingenieur braucht: Er muß anhand der Bauweise einer Maschine wissen, wie er sie zu fliegen hat und wo ihre Leistungsgrenzen etwa liegen könnten.

Bis zum Einflieger kann sich jeder aus eigener Kraft auf den Beruf des Erprobungspiloten vorbereiten. Auch Ingenieur-Akademien sind jedem zugänglich. Für den letzten Schritt, den Besuch einer Testpilotenschule, gilt das nicht mehr. Solche Schulen kann nicht jedermann nach Belieben be-

Dieter Thomas und der Amerikaner Drury Wood vor dem Senkrechtstarter Do 31, mit dem beide zusammen am 27. Mai 1969 fünf Weltrekorde aufstellten. Die Helme, die beide tragen, dienen nicht zuletzt dem Lärmschutz, denn Prototypen besitzen keine Schalldämmung. Außerdem enthalten sie die Kopfhörer des Bordfunks.

Neben dem Fliegen steht die Schreibtischarbeit. Viel Mühe muß der Erprobungspilot auf die Auswertungsberichte verwenden, die er nach jedem Flug verfaßt. Sie dienen den Ingenieuren als Unterlagen für Verbesserungen an dem Prototyp, oft macht er auch selbst technische Vorschläge und bespricht sie mit den Ingenieuren.

suchen, zudem sind sie sehr teuer. Die Kurse dauern zehn Monate und kosten rund 200 000 Mark. Man muß entweder von einer Firma oder von einer Behörde angemeldet werden.

In der westlichen Welt gibt es vier solcher Schulen. Zwei davon befinden sich in den Vereinigten Staaten, nämlich im Zentrum Patuxent River der Marine und auf dem kalifornischen Luftwaffenstützpunkt Edwards. Die dritte ist die Empire Test Pilot School bei Farnborough in England, die vierte die Testpilotenschule in Istres bei Aix-en-Provence in Frankreich. Sie trägt die amtliche Bezeichnung „Ecole du personnel navigant d'essais et de réception" (E.P.N.E.R. = Schule für fliegendes Versuchs- und Abnahmepersonal) und gilt in mancher Hinsicht als die schärfste.

In Istres werden nämlich nicht Piloten, sondern Gruppen ausgebildet, die jeweils aus einem Flugzeugführer, einem Flugversuchsingenieur und unter Umständen noch einem Flugmeßingenieur bestehen. Unterschiede in den Unterrichtsfächern werden jedoch nicht gemacht. Ebenso wie die Ingenieure müssen die Piloten theoretische Lehrstoffe wie Aerodynamik, Thermodynamik oder Flugmechanik pauken, und auf der anderen Seite müssen die Ingenieure mit „ihrem" Piloten auch den fliegerischen Teil der Ausbildung durchmachen. Er besteht beispielsweise darin, daß dem Piloten irgendein Flugzeug zugeteilt wird, das er nicht kennt. Er bekommt eine Kurzbeschreibung dazu, dann werden ihm rein technische Unterlagen zur Verfügung gestellt, und nun muß er sich selbst erarbeiten, wie er die Maschine fliegen wird. Dafür hat er acht Tage Zeit. Bis dahin muß er sich mit der Pilotenkanzel vertraut gemacht, das Flugzeug geflogen und einen Bericht mit der Auswertung der Flugversuche vorgelegt haben. Wie man so etwas macht, wird nur zu Anfang vorgeführt. Die meisten der 14 Flugzeuge, die der Schüler während der Testpilotenausbildung in die Hand bekommt, werden ihm übergeben, ohne daß ihn vorher ein erfahrener Fluglehrer einweist. Es liegt allein bei ihm, auf Grund der technischen Angaben und seiner Erfahrung herauszufinden, wie sich das Flugzeug in bestimmten Fluglagen verhält, wie man es bei kritischen Flugzuständen noch beherrschen kann. Auf Grund seiner theoretischen Kenntnisse muß er abschätzen, wie sich Besonderheiten in der Bauweise auf das Verhalten des Flugzeuges auswirken. Der angehende Testpilot lernt dabei, wichtige Flugeigenschaften zuverlässig vorherzusagen. So gewinnt er ein Zutrauen in seine Kenntnisse und Fähigkeiten, das ihm die Angst vor einem Prototyp nimmt. Kein Wunder, daß die ersten Astronauten alle ausgebildete Testpiloten waren!

Das Unterrichtsverfahren hat noch einen wichtigen Vorzug: „Heute", sagt Dieter Thomas, „weiß mein Ingenieur genau, welches theoretische Wissen er bei mir erwarten kann, und ich weiß genau — wenn eine kritische Lage kommt —, wann ich meinem Flugversuchsingenieur die Kontrolle des Flugzeugs übergeben und was ich nicht mehr von ihm verlangen kann."

Das bedeutet nicht, daß die anderen Testpilotenschulen schlechter wären. Schließlich dienen alle dem gleichen Ziel: Männer auszubilden, die in der Lage sind, neue Flugzeuge mit nicht bis ins einzelne bekannten Eigenschaften zu übernehmen, um sie zu Maschinen höchster Sicherheit und auch Wirtschaftlichkeit zu entwickeln. Sie sollen den späteren Benutzern ein

Flugzeug gewährleisten, wie es im Augenblick der Herstellung nicht besser gebaut werden kann. Der Testpilot muß auf die entscheidende Rolle, die er in diesem Entwicklungsvorgang zu spielen hat, so sorgfältig wie möglich vorbereitet werden. Vielleicht läßt sich aus dieser Überlegung heraus verstehen, daß es für den Erprobungspiloten gerade das nicht geben darf, was viele an seinem Beruf reizen mag: Worte wie „Hochgefühl" oder „Abenteuer" sind tabu. Denn wer sich dem Hochgefühl des Fliegens hingibt, wer das Abenteuer auskosten will, in einer neuen Maschine gen Himmel zu jagen, der verliert die Fähigkeit, kritisch, ja gewissermaßen unbeteiligt-kühl zu beobachten, sofort zu verstehen und zu deuten.

Bis dahin ist es allerdings ein „Rennen gegen die Uhr". Wer als Flugzeugführer in die Testpilotenschule aufgenommen werden will, muß mindestens 1500 Flugstunden vorweisen können und darf nicht älter als 33 Jahre sein. Das vor allem ist der Grund, warum der künftige Testpilot schon sehr früh mit dem Fliegen begonnen haben muß; anders kann er diese Voraussetzungen nicht erfüllen. Sie sind aber auch notwendig, denn die Erprobung von Prototypen erfordert Nervenkraft. In der Regel hören Testpiloten nach dem 45. Lebensjahr langsam auf und übernehmen andere Aufgaben in der Flugzeugentwicklung, beispielsweise als Erprobungsleiter. Auch dazu sind sie ja durch ihre technische Ausbildung befähigt.

Bis dahin ist der Erprobungsflieger aber ein Mittler zwischen zwei Welten, der des Piloten und der des Ingenieurs. Beide gehen — obwohl der Gegenstand derselbe ist — von entgegengesetzten Gesichtspunkten aus, die sich unter anderem in einem unterschiedlichen Wortschatz ausdrücken. Wenn Flugzeugführer das Flugverhalten einer Maschine beschreiben, bedienen sie sich einer gefühlsbetonten Sprache, die sie oft noch durch großartige Handbewegungen untermalen. Das ist ganz natürlich, denn der Flugzeugführer gibt seine Empfindungen während des Flugs wieder, und er kann sie oftmals gar nicht kraß genug aussprechen. Mit seinesgleichen wird er sich auf diese Weise einwandfrei verständigen, weil alle Piloten solche Empfindungen aus ihrer Erfahrung kennen. Die Ingenieure aber werden, wenn sie solche Kraftworte hören, höchstens den Kopf schütteln und den Sprecher als primitiven Luftkutscher einordnen, der von Tuten und Blasen keine Ahnung hat. Sie sind gewohnt, in theoretisch begründeten physikalischen Begriffen und Gesetzmäßigkeiten zu denken, also beispielsweise von Schwingungen, Stabilität oder Dämpfung zu sprechen. Das ist aber für die Flugzeugführer wiederum weltfremder, überspannter Kokelores. Der Testpilot muß in den beiden grundverschiedenen Denkweisen zu Hause sein. Was er im Gesäß spürt, muß er in sachliche, technische Aussagen übersetzen können.

Bei den Entwicklungsingenieuren wird er auf diese Weise zu einer Art von „Sprecher der Piloten". Deshalb wird der Testpilot von den Ingenieuren befragt, noch ehe die Entwurfsarbeiten beginnen. Aus dem gleichen Grunde

Der Erstflug für dieses leichte, zweisitzige Schulflugzeug vom Typ Dornier/Dassault „Alpha Jet" ist für Mai 1972 vorgesehen. Für den Erprobungspiloten ...

... beginnt dann wieder eine Zeit harter Arbeit: Es gilt, die Eigenheiten, die jedem neuen Flugzeugtyp anhaften, herauszufinden und Mängel zu beheben.

ist er während aller der Arbeiten, die schließlich im Bau des Prototyps ihren Höhepunkt finden, ein kritischer Beobachter und Berater.

Gerade das Schulflugzeug Alpha-Jet ist dafür ein besonders gutes Beispiel. Da es der Ausbildung Tausender junger Flugzeugführer-Anwärter dienen soll, muß es ein sicheres Flugzeug sein, darf sich auf der anderen Seite aber auch nicht zu einfach fliegen lassen. „Wenn ein Flugzeug zu einfach zu fliegen ist", begründet Thomas, „dann lernt man nichts." Hier das richtige Maß der Anforderungen finden, ist eine wichtige Aufgabe des Testpiloten. Der Ingenieur kann das nicht.

Diese Aufgabe besteht auch noch während der Flugerprobungen des Prototyps. Ein Prototyp ist kein fertiges Flugzeug, sondern nur seine Vorstufe. Er ist immer mit Unvollkommenheit behaftet, die sich einfach nicht ausschließen läßt. Der Prototyp ist zum Probieren und Verbessern da.

Das wird oftmals nicht verstanden. Bei jedem neuen Typ laufen die gleichen Nachrichten um, die von diesen oder jenen Schwierigkeiten mit den Vorausmustern wissen wollen. Das ist gar nichts Besonderes. Der Prototyp, der keinen Ärger macht, ist noch nicht erfunden worden.

André Turcat, der Chef-Testpilot der britisch-französischen „Concorde", hat sich lange gegen den Vorwurf wehren müssen, daß das russische Konkurrenzmodell Tu-144 bei der Flugerprobung schneller vorankomme. Er hat immer wieder gesagt, daß er sich nicht drängen lasse. Turcat hat sein Flugzeug planmäßig von einer Geschwindigkeitsstufe zur nächsthöheren geführt. Jeder neue Schritt wurde erst getan, wenn das Verhalten der Überschallmaschine auf der vorhergehenden Stufe genauestens bekannt war.

Das zeigt noch etwas Wichtiges: Jeder Testpilot ist der Herr über sein Flugzeug. Er bestimmt letzten Endes aus seiner Verantwortung heraus das Programm seiner Erprobungsflüge — zu Versuchen, für die er sich nicht bereit fühlt, kann ihn niemand zwingen. Turcat hat nicht zu Unrecht geäußert, daß Bedachtsamkeit ihm lieber sei als die Schleudersitze seiner Kollegen in der Tu-144.

Der Testpilot ist einerseits Bestandteil, nämlich das „Nervenzentrum" seiner Maschine, andererseits ist er außenstehender Beobachter, der kühl und kritisch notiert, wie sie auf Steuerbewegungen unter bewußt herbeigeführten Umständen anspricht oder wie sie sich in allen denkbaren Flugzuständen verhält. Ja, er muß bewußt Fehler machen, um zu sehen, was dabei herauskommt. Denn, so Thomas: „Man muß berücksichtigen, daß jeder Fehler, den man machen kann, irgendwann einmal auch von irgendeinem Piloten gemacht wird." Und dabei tritt eine zweite Schwierigkeit der Arbeit eines Testpiloten auf: Obwohl er eine sehr große Flugerfahrung hat, die ihm hilft, sich aus einer gefährlichen Fluglage zu retten, muß er das Flugzeug mit den Augen der späteren Flugzeugführer beurteilen können, die seine Erfahrungen nicht haben. Unvollkommenheiten der Maschine, die ihm selbst vielleicht keine Schwierigkeiten bereiten und darum kaum auffallen, können für einen Anfänger lebensgefährlich werden. Hier muß der Testpilot sich in die Lage des Anfängers hineinversetzen können, und das ist alles andere als einfach; denn es bedeutet letzten Endes, daß er die Erfahrung haben und sie sich zugleich wegdenken muß.

Aus seinen theoretischen und praktischen Kenntnissen kann der Erprobungspilot ungefähr vermuten, wo die Schwierigkeiten und Unsicherheiten eines Prototyps liegen. Er muß sie suchen und sie nicht nur im Flug, sondern später auch vor den Entwicklungsingenieuren deutlich machen können. Oftmals hat er auch gleich Vorschläge, wie man einen Mangel bautechnisch beheben könnte. Bemerkt er einen schwachen Punkt des Prototyps nicht, so können die Konstrukteure ihn nicht beseitigen. Dann würde das Flugzeug mit dieser schwachen Stelle zur Serienherstellung freigegeben. Irgendwann wird sie bestimmt offenbar, und dann wird die Änderung erst richtig teuer, weil sie nicht nur Umstellungen der Serie, sondern auch Veränderungen an den bereits ausgelieferten Flugzeugen notwendig macht. Hier trägt der Testpilot eine große Verantwortung.

Wie groß sie ist, läßt sich auch anhand der Meßelektronik zeigen, die in jeden Prototyp eingebaut wird. Bei einem modernen Flugzeug müssen mindestens 40 bis 50 verschiedene Dinge messend verfolgt und aufgezeichnet werden — bei den Prototypen des Überschall-Verkehrsflugzeuges „Concorde" sind es sogar 3000! Die wichtigsten davon werden durch Funk an die Bodenstelle übertragen, so daß die Flugversuchsingenieure dort gefährliche Flugzustände erkennen und notfalls den Piloten rechtzeitig warnen können; denn die Erprobung reicht weit über die Normalbeanspruchung hinaus bis an die Grenzen der Leistungsfähigkeit des Prototyps. Der Testpilot muß vieles ausprobieren, was dem späteren Piloten strikt verboten ist. Nur so läßt sich die Sicherheit des Typs richtig bestimmen. Da der Testpilot aber während des Fluges gar nicht alle Messungen ablesen kann, muß er sie praktisch „erfühlen".

Das ist kein Abenteuer mehr, sondern blanke Anstrengung. Sie erklärt, warum der Testpilot nach einem Dutzend Jahren langsam an andere Aufgaben denken muß. Daß keiner von ihnen seinen Beruf missen möchte, hat wohl einen anderen Grund: Er gehört zu den Berufen, in denen der einzelne unersetzlich ist, die seine volle Leistungsfähigkeit und Hingabe erfordern, durch die er seinen persönlichen Wert nicht nur immer wieder beweisen kann, sondern sogar muß. Solche Berufe werden in unserer technisierten Welt immer seltener.

Sie erproben das erste deutsche Düsenverkehrsflugzeug: Leif Nielsen (rechts) und Abe van der Schraaf, die Testpiloten der VFW 614. Beide haben die ... britische Testpilotenschule besucht und besaßen 3500 beziehungsweise 5000 Flugstunden Erfahrung, als sie ihre jetzige Aufgabe übernahmen. Fot. VFW/L

Die Wetzsteine des Verstandes — blank poliert

Lösungen zu den Denksportaufgaben auf Seite 417

❶ Wer einen Fünfzigmarkschein und einen Zwanzigmarkschein genau betrachtet, findet dort die Köpfe abgebildet.

❷ Gewichte sind zu dem ganzen Verfahren nicht erforderlich. Auf die beiden Schalen der Waage werden je 3 Kugeln gelegt. Sinkt eine der beiden Schalen, so enthält sie schon die schwerere Kugel und die 7. und 8. Kugel können außer Betracht bleiben.

Bei der zweiten Wägung legen wir von den 3 Kugeln, unter denen die schwerere war, eine auf die rechte und eine auf die linke Waagschale. Bleiben die Schalen im Gleichgewicht, so ist die beiseite gelegte dritte Kugel die schwerere; sinkt eine der beiden Schalen, enthält diese die schwerere Kugel.

Sind jedoch bei der ersten Wägung die beiden mit je 3 Kugeln belasteten Schalen im Gleichgewicht geblieben, so befindet sich die schwerere Kugel bei den beiden übrigen und ist durch die zweite Wägung sofort herauszufinden.

❸ Herr Krause muß erst rechts gehen, dann nach links an der Kirche vorbei in die Anlagen, dort über das Brückchen wieder nach rechts, nochmal um eine Häusergruppe herum und steht dann endlich vor dem Hotel.

❹ Es gelingt ihm! Denn eines der Mädchen muß unter allen Umständen Annemarie Hartmann heißen. Dieser Name bleibt mindestens einmal übrig, wie auch immer man die Namen zusammenstellen mag.

❺ Es fehlen: Kleiderbügel, Ball, Buch, Tasche, Ski, ein Einmachglas.

❻ Man muß 26 Steine aus der Vase nehmen, denn nur so sind mit Sicherheit 6 von einer Farbe. Würde man beispielsweise nur 25, also einen Stein weniger entnehmen, könnte man das Pech haben, von jeder der fünf Farben 5 Steine zu bekommen. Nimmt man nun einen Stein mehr, so müssen mindestens von einer Farbe 6 Steine beisammen sein.

❼ In der entsprechenden Reihenfolge gelesen ergibt sich:
A - UT - OF - RI - E - D - H - OF
= Autofriedhof.

❽ Der mit Gleichungen einigermaßen Vertraute hat es natürlich schnell heraus, aber auch durch einfaches Probieren kann man es finden:
28 Jünger hatte Pythagoras.

❾ $^2/_3$ nach $^9/_{10}$; $^5/_6$ nach $^2/_3$; $^8/_9$ nach $^5/_6$; $^1/_2$ nach $^8/_9$.

❿ Die beiden mußten sich auf den 16. und den 31. Platz stellen, was wohl noch am einfachsten durch Auszählung gefunden werden kann. Über die mathematische Seite der Angelegenheit wurden dicke Bücher geschrieben. Sie ist nicht in 99 Zeilen zu erklären, und wir wollen daher die Leser lieber damit verschonen. Eines jedoch steht fest, und das wird nach dieser Eröffnung jedermann selbst empfinden: alle Achtung vor den mathematischen Kenntnissen des Josephus.

⓫ Bild auf den Kopf stellen, dann findet man das Gesicht des Gastes zwischen den beiden Köchen.

⓬ Ja, es stimmt. Nehmen wir an, der Radfahrer macht 10 km, der Fußgänger 5 km in der Stunde, dann fährt Knax in der ersten Stunde 10 km und läuft die nächsten 10 km in weiteren zwei Stunden. Bei Knix ist es umgekehrt, er läuft zuerst 10 km in zwei Stunden und fährt die nächsten 10 km mit dem Rad, wobei er den inzwischen weitergelaufenen Knax einholt. Im ganzen brauchen sie also zu 20 km Wegstrecke 3 Stunden. Bei der zweiten Hälfte der Wegstrecke machen sie es genauso. In 6 Stunden sind sie so am Ziel, während sie zu Fuß 8 Stunden benötigt hätten. Wer's nicht glaubt, kann es ausprobieren!

⓭ Ihm muß das Hochrad auffallen, denn zur Zeit der Pharaonen gab es noch keine Fahrräder.

Gesucht und gefunden

Die im nachstehenden Sachregister hinter dem Stichwort vermerkte Seitenzahl gibt den Beginn des Aufsatzes an, in dem der betreffende Begriff vorkommt.